重庆市高等教育重点建设教材

高等职业教育建筑工程技术专业系列教材

总主编 /李　辉
执行总主编 /吴明军

建筑结构（第3版）

主　编 张银会 黎洪光
副主编 刘光华 骆文进
张乐翼 蒋代波
参　编 赵智慧 陈　鹏
王丽英 黄思权
王　蕊 张京街
主　审 李正良

重庆大学出版社

内容提要

本书是“高等职业教育建筑工程技术专业系列教材”之一。全书共12章，主要讲述了建筑结构基本计算原则、钢筋混凝土结构材料的力学性能、受弯构件承载力计算、受扭构件承载力计算、受压构件承载力计算、受拉构件承载力计算、钢筋混凝土梁板结构、多高层框架结构、钢筋混凝土结构施工图识读、砌体结构、钢结构、装配式混凝土结构。

本书内容系统、新颖、实用，依据国家最新的技术标准和技术规范编写，可作为高等职业教育建筑工程技术、工程监理、工程管理等土建类专业的专业教材，也可作为从事相关工作的技术和管理人员自学和参考使用。

图书在版编目(CIP)数据

建筑结构/张银会，黎洪光主编. --3版.--重庆：重庆大学出版社，2023.1(2024.7重印)

高等职业教育建筑工程技术专业系列教材

ISBN 978-7-5624-8394-6

Ⅰ.①建… Ⅱ.①张… ②黎… Ⅲ.①建筑结构—高等职业教育—教材 Ⅳ.①TU3

中国版本图书馆CIP数据核字(2022)第235927号

高等职业教育建筑工程技术专业系列教材

建筑结构

(第3版)

主　编　张银会　黎洪光

副主编　刘光华　骆文进

张乐翼　蒋代波

主　审　李正良

策划编辑：范春青　刘颖果

责任编辑：林青山　　版式设计：林青山

责任校对：姜　凤　　责任印制：赵　晟

*

重庆大学出版社出版发行

出版人：陈晓阳

社址：重庆市沙坪坝区大学城西路21号

邮编：401331

电话：(023)88617190　88617185(中小学)

传真：(023)88617186　88617166

网址：http://www.cqup.com.cn

邮箱：fxk@cqup.com.cn (营销中心)

全国新华书店经销

重庆金博印务有限公司印刷

*

开本：787mm×1092mm　1/16　印张：23.5　字数：582千

2014年8月第1版　2023年1月第3版　2024年7月第11次印刷

印数：22 001—25 000

ISBN 978-7-5624-8394-6　定价：59.00元

序 言

进入21世纪,高等职业教育建筑工程技术专业办学在全国呈现出点多面广的格局。截至2013年,我国已有600多所院校开设了高职建筑工程技术专业,在校生达到28万余人。如何培养面向企业、面向社会的建筑工程技术技能型人才,是广大建筑工程技术专业教育工作者一直在思考的问题。建筑工程技术专业作为教育部、住房和城乡建设部确定的国家技能型紧缺人才培养专业,也被许多示范高职院校选为探索构建“工作过程系统化的行动导向教学模式”课程体系建设的专业,这些都促进了该专业的教学改革和发展,其教育背景以及理念都发生了很大变化。

为了满足建筑工程技术专业职业教育改革和发展的需要,重庆大学出版社在历经多年深入高职高专院校调研的基础上,组织编写了这套“高等职业教育建筑工程技术专业系列教材”。本系列教材由住房和城乡建设职业教育教学指导委员会副主任委员吴泽教授担任顾问,四川建筑职业技术学院李辉教授、吴明军教授分别担任总主编和执行总主编,以国家级示范高职院校,或建筑工程技术专业为国家级特色专业、省级特色专业的院校为编著主体,全国共20多所高职高专院校建筑工程技术专业的骨干教师参与完成,极大地保障了教材的品质。

系列教材精心设计该专业课程体系,共包含两大模块:通用的“公共模块”和各具特色的“体系方向模块”。公共模块包含专业基础课程、公共专业课程、实训课程三个小模块;体系方向模块包括传统体系专业课程、教改体系专业课程两个小模块。各院校可根据自身教改和教学条件实际情况,选择组合各具特色的教学体系,即传统教学体系(公共模块+传统体系专业课)和教改教学体系(公共模块+教改体系专业课)。

本系列教材在编写过程中，力求突出以下特色：

(1)依据《高等职业学校专业教学标准(试行)》中“高等职业学校建筑工程技术专业教学标准”和“实训导则”编写，紧贴当前高职教育的教学改革要求。

(2)教材编写以项目教学为主导，以职业能力培养为核心，适应高等职业教育教学改革的发展方向。

(3)教改教材的编写以实际工程项目或专门设计的教学项目为载体展开，突出“职业工作的真实过程和职业能力的形成过程”，强调“理实”一体化。

(4)实训教材的编写突出职业教育实践性操作技能训练，强化本专业基本技能的实训力度，培养职业岗位需求的实际操作能力，为停课进行的实训专周教学服务。

(5)每本教材都有企业专家参与大纲审定、教材编写以及审稿等工作，确保教学内容更贴近建筑工程实际。

我们相信，本系列教材的出版将为高等职业教育建筑工程技术专业的教学改革和健康发展起到积极的促进作用！

前　言

本书第一版于2014年出版，并先后入选“十二五”职业教育国家规划教材、重庆市高等教育重点建设教材（高职高专），是根据建筑工程技术、建设工程监理、建设工程管理等专业的建筑结构课程的基本要求，并结合高等职业教育教学改革实践经验而编写的。

本书由校企“双元”合作编写，充分体现职业教育特色，保障课程适应性。教材的编写成员除了来自院校的教师，还有重庆市建筑科学研究院总工程师张京街教授、重庆中科建设（集团）有限公司技术总监黄思权高工参与编写和审定工作，并提供了丰富的案例素材。

本书第2版在第1版的基础上，融入了“岗课赛证融通”四位一体的理念，从行业实际需求出发，以最新发布的教学标准、专业规范和图集作为编写和修订的依据，同时结合“1+X”建筑工程识图技能等级证书标准和“建筑工程识图”国赛考核要求（在章节前用*号标示），突出岗位群对知识、能力和技能的要求，强调教材的实用性和前瞻性。教材立足于“立德树人”，在相关章节中有机融入工程思维和工程伦理，使读者对职业道德、工匠精神、爱岗敬业等有深刻的认识，培养读者敬畏科学、遵从规范、合理创新的严谨学习态度。同时，本书力求做到内容安排全面、新颖、实用，编排层次清晰、结构紧凑，图文并茂、表述简洁、通俗易懂，大量采用工程实例素材，增加了教材的可读性和适用性。

本书由张银会（重庆建筑工程职业学院）、黎洪光（重庆水利电力职业技术学院）主编。具体编写分工如下：张银会编写绪论，合编第2、5章；黎洪光编写第8章，合编第11章；刘光华（重庆水利电力职业技术学院）合编第10章；骆文进（重庆建筑工程职业学院）编写第7

章;张乐翼(重庆工业职业技术学院)编写第3、6章;蒋代波(重庆工商职业学院)编写第1章,合编第2章;陈鹏(重庆水利电力职业技术学院)合编第5章;赵智慧(重庆工业职业技术学院)编写第4章;王丽英(重庆建筑工程职业学院)合编第11章;张京街(重庆市建筑科学研究院有限公司)合编第10章;黄思权(重庆中科建设(集团)有限公司)、王蕊(重庆建筑工程职业学院)合编第9章。另外,张京街教授级高级工程师、黄思权高级工程师为本书的编写提供了诸多指导、资料和案例。

重庆大学土木工程学院李正良教授主审了全书,重庆科技学院黄林青教授提出了许多宝贵的修改意见,在此对专家们的悉心指导深表感谢;在编写的过程中也得到了校企合作单位重庆建筑科学研究院有限公司和重庆中科建设(集团)有限公司的大力支持与帮助,谨表诚挚的谢意;许多同事也对本书的编写提出了宝贵的意见和建议,在此表示衷心的感谢;编写过程中参阅了一些公开出版和发表的文献,在此对相关作者一并感谢!

由于编者水平有限,书中不足之处在所难免,恳请读者批评指正。

编者

附:本书编写参考的规范和标准

1.《混凝土结构设计规范》(GB 50010—2010,2015年版);

2.《砌体结构设计规范》(GB 50003—2011);

3.《钢结构设计标准》(GB 50017—2017);

4.《建筑抗震设计规范》(GB 50011—2010,2016年版);

5.《建筑结构荷载规范》(GB 50009—2012);

6.《高层建筑混凝土结构技术规程》(JGJ 3—2010);

7.《建筑地基基础设计规范》(GB 50007—2011);

8.《混凝土结构施工图平面整体表示方法 制图规则和构造详图》22G101系列图集。

目　录

绪　论

本章导读

• **基本要求**　了解建筑结构的发展和建筑结构设计规范；熟悉本课程的学习目标与内容；掌握建筑结构的概念、分类及优缺点；养成敬畏科学的严谨学习态度和精益求精的学习作风。

• **重点**　建筑结构的发展；建筑结构的分类及优缺点。

• **难点**　建筑结构的概念；课程的学习目标与内容。

0.1　建筑结构的概念及分类

0.1.1　建筑结构的概念

1)概念

通常认为，建筑是建筑物和构筑物的总称。建筑物是供人们生产、生活和进行其他活动的房屋或场所，如住宅、学校、办公楼等；构筑物指人们不在里面进行生产、生活的建筑，如水塔、烟囱等。各类建筑都离不开板、梁、墙、柱、基础等构件，它们连接形成建筑的骨架，由若干构件连接而形成的能承受作用的平面或空间体系称为建筑结构，简称结构。

承重骨架的组成

2)组成

建筑物主要由基础、楼地层、墙柱、楼电梯、屋盖、门窗六部分组成。从承重

骨架来分,建筑结构由水平构件、竖向构件和基础三大部分组成。这些构件因所处部位不同,承受的荷载不同,其作用也各不相同。

①板:水平承重构件,承受作用在本层楼盖或屋盖上的全部荷载,并将荷载传递给梁或墙。

②梁:水平承重构件,承受由板传来的荷载及本身的自重,并将荷载传递给柱或墙。

③墙:竖向承重构件,承受由板和梁传来的荷载、水平荷载及本身的自重,并将荷载传递给基础。

④柱:竖向承重构件,承受由板、梁传来的荷载及本身的自重,并将荷载传递给基础。

⑤基础:地面以下的建筑物底部的竖向构件,承受由墙、柱传来的全部荷载及本身的自重,并将荷载扩散到地基中。

0.1.2 建筑结构的分类及主要优缺点

建筑结构按承重结构所用材料不同,可以分为混凝土结构、砌体结构、钢结构和木结构。本书只讲述前 3 种结构及其构件。

1)混凝土结构

主要以混凝土为材料组成的结构称为混凝土结构。混凝土结构包括素混凝土结构、钢筋混凝土结构和预应力混凝土结构。

(1)钢筋和混凝土的共同工作

钢筋混凝土结构是工程中应用非常广泛的一种结构类型。混凝土是脆性材料,抗压强度较高而抗拉强度很低,因此,不配置受力钢筋的素混凝土结构只能用于受压构件,且破坏突然,很少使用。钢筋的抗拉压强度都很高,在受弯构件中,由混凝土承担压力,受拉一侧布置适量钢筋承担拉力;在受压构件中,配置抗压强度较高的钢筋,协助混凝土一起受压。从而充分发挥两种材料的力学性能,提高钢筋混凝土构件的承载力,改善构件的脆性性质,满足工程要求。

如图 0.1 所示,两根截面尺寸、跨度和混凝土强度等级(C25)完全相同的梁,其中一根梁为素混凝土梁(a),另一根为在受拉一侧配置 2 根直径为 20 的 HRB335 级钢筋的钢筋混凝土梁(b)。由试验可知:当荷载加至 $F=21$ kN 时,素混凝土梁(a)由于受拉一侧混凝土开裂而突然破坏;对于(b),虽然 $F=21$ kN 时仍然开裂,但钢筋可以代替开裂部分的混凝土承担拉力,继续加载,裂缝进一步开展,受压区高度减小,当荷载增加到 $F=103$ kN 时,钢筋处于屈服阶段,受压区混凝土被压碎而破坏。

钢筋和混凝土是两种物理力学性质完全不同的材料,之所以可以共同工作,主要原因如下。

①共同受力:钢筋与混凝土间有足够的粘结力,能使两种材料形成整体,这是共同工作的主要条件。粘结力主要由 3 个部分组成:一是混凝土结硬时收缩将钢筋紧紧握固而产生的摩擦力;二是钢筋与混凝土接触面产生的胶结力;三是由于钢筋表面凸凹不平与混凝土间产生的机械咬合力。

②共同变形:钢筋与混凝土的温度线膨胀系数基本相等,钢筋约为 1.2×10^{-5}/℃、混凝土为 $(1.0\sim1.5)\times10^{-5}$/℃,温度变化时,两者的变形基本相同,不致产生较大的变形差而破坏钢

筋混凝土的整体性。

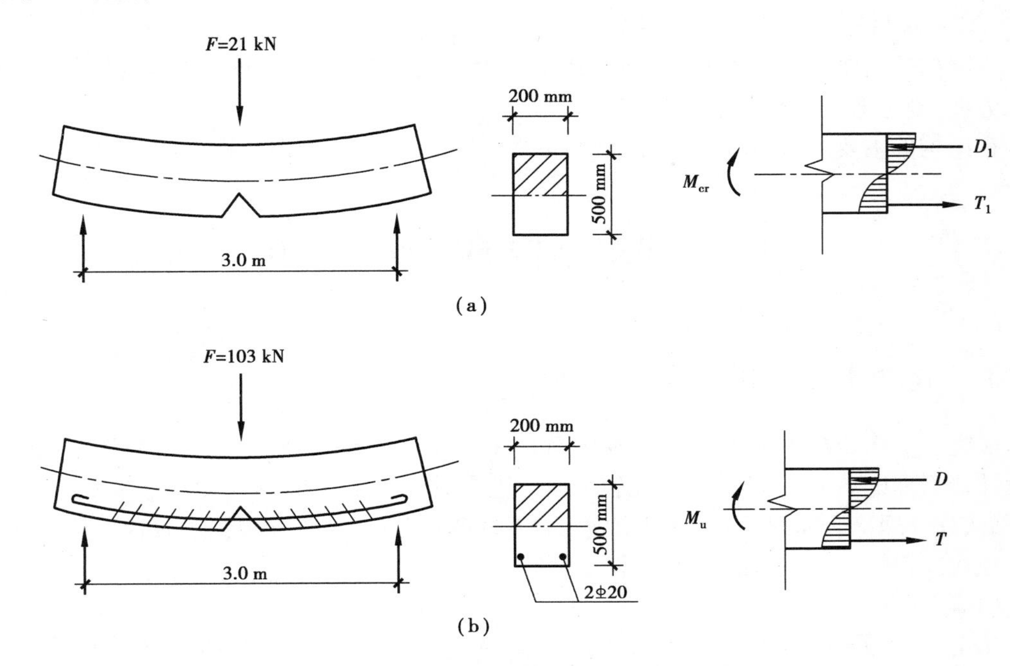

图 0.1 素混凝土梁与钢筋混凝土梁的比较

③有足够的耐久性:钢筋外面有足够的混凝土保护层厚度,防止钢筋锈蚀,保证了钢筋混凝土结构的耐久性。

(2)混凝土结构的优缺点

混凝土结构的主要优点:a.耐久性和耐火性均较好;b.就地取材;c.可模性好;d.节约钢材;e.刚度大,整体性好。

混凝土结构的主要缺点:a.自重大、施工复杂;b.抗裂性差;c.浇筑混凝土时需要模板、支撑多;d.建造费工费时;e.补强维修困难。

2)砌体结构

(1)砌体结构的概念

砌体结构是由各种块材用砂浆通过人工铺砌而成的结构。由于块材可分为砖、石材和砌块,因此砌体结构可分为砖砌体、石砌体和砌块砌体 3 种类型;根据是否在砌体里加入受力钢筋,又可分为配筋砌体和无筋砌体。

(2)砌体结构的优缺点

砌体结构的主要优点:a.就地取材,造价低廉;b.耐久性和耐火性均较好;c.隔热保温性能好。

砌体结构的主要缺点:a.自重大,承载力低;b.砌筑工作量大;c.抗震性能差。

3)钢结构

(1)钢结构的概念

钢结构是钢板及型钢经连接而成的结构。它应用非常广泛,目前主要用于大跨度结构、

高层和超高层建筑、高耸结构、重工业厂房等。

(2)钢结构的优缺点

钢结构的主要优点:a.强度高,重量轻;b.塑性和韧好性;c.材质均匀,物理性能好;d.制作加工方便,施工速度快;e.抗震性能好。

钢结构的主要缺点:a.耐火性差、耐腐蚀性差;b.造价高;c.低温环境,可能发生脆断。

0.2 建筑结构的发展及应用

0.2.1 混凝土结构的发展及应用

混凝土结构是在19世纪中期开始得到应用的,由于当时水泥和混凝土的强度很低,同时设计计算理论不成熟,所以发展比较缓慢。进入20世纪,随着生产的发展,以及试验工作的开展、计算理论研究的深入、材料及施工技术的改进,这一技术才得到了较快发展,目前已成为现代工程建设中应用最广泛的建筑结构。

(1)材料方面

从1824年英国烧瓦工人阿斯普丁(Joseph Aspdin)发明波特兰水泥到混凝土结构的诞生,从钢筋混凝土的应用到预应力混凝土的推广,再到钢—混凝土组合结构的兴起,材料的发展是混凝土结构发展的关键因素。

目前我国混凝土结构主要采用C20~C40混凝土,预应力混凝土结构则主要采用C40~C80混凝土。近年来,国内外关于高性能混凝土的研究取得了很好的成果,如美国已制成C200的混凝土,我国也已制成C100的混凝土。此外,钢筋的强度也有大幅度提高,HRB400、HRB500级钢筋在混凝土结构中得到广泛应用,这些都为进一步扩大钢筋混凝土的应用范围创造了条件。

(2)设计理论方面

1955年,我国有了第一批建筑结构设计规范,至今建筑结构设计规范已修订了5次,现行《混凝土结构设计规范》(GB 50010—2010,2015年版)是在总结过去几十年的丰富工程实践经验、设计理论和最新研究成果的基础上编制而成,采用概率理论为基础的极限状态设计方法。

(3)结构应用方面

由于轻质、高强混凝土材料的发展以及结构设计理论水平的提高,使得混凝土结构应用跨度和高度都在不断增大。例如:世界上最高的混凝土建筑为香港中环广场,达78层374 m,其次是平壤柳京饭店,达105层334.2 m,芝加哥水塔广场大楼,达76层262 m;最高的全部轻混凝土结构的高层建筑是休斯顿贝壳广场大厦,达52层215 m;预应力轻骨料混凝土建造的飞机库(德国)房盖结构跨度达90 m;预应力混凝土箱形截面桥梁跨度已达240 m以上(日本沃名大桥);加拿大建成了549 m高的预应力混凝土电视塔。

为了节约资源、减少施工污染、提升劳动生产效率和质量安全水平,促进建筑业与信息化、工业化深度融合,推进新型城镇化发展,2016年国务院出台《关于大力发展装配式建筑的指导意见》,提出大力发展装配式建筑,推动产业结构调整升级。装配式建筑是用预制部品、部件在工地装配而成的建筑,其中装配式混凝土结构是应用最广泛的装配式建筑。

0.2.2 砌体结构的发展及应用

我国是砌体大国,在历史上有举世闻名的万里长城、赵州桥、都江堰等。砌体结构的应用非常广泛,不仅在低层、多层住宅及办公建筑中大量应用,也用于桥梁、隧道、涵洞和挡土墙工程中,同时还用于水池、料仓、烟囱等特种结构中。

《砌体结构设计规范》(GB 50003—2011)根据多年研究成果,注入新材料和新技术,对原有的砌体结构设计理论和方法作了适当的补充和完善,使砌体结构的设计理论趋于完善。

砌体作为最传统的建筑材料之一,自 20 世纪以来,在结构材料和构造形式上有了新的发展,研制生产轻质、高强的块材及砂浆材料,采用配筋砌体、组合砌体、预应力砌体等结构形式,都拓宽了砌体结构的应用范围。

0.2.3 钢结构的发展及应用

钢结构在我国国民经济建设中应用非常广泛,从四川泸定大渡河上的泸定桥、湖北当阳玉朱寺的 13 层铁塔到国家体育场(鸟巢)和国家游泳中心(水立方),可以说钢结构有着悠久的历史和广阔的发展前景。

随着高科技的迅速发展以及钢结构自重轻、承载力大、良好的弹塑性性能和抗震性等的优点,钢结构的重要性已得到国内外的认可,钢结构的广泛应用是必然的发展趋势。目前钢结构在大跨度结构、工业厂房、受动力荷载影响的结构、多层和高层建筑、高耸建筑。可拆卸或移动的结构、轻型钢结构及钢-混凝土组合结构等方面得到了广泛的应用和发展。钢结构良好的市场前景也会带动钢结构设计施工人员的良好的就业。

0.3 本课程的学习目标、内容及要求

0.3.1 学习目标和内容

建筑结构是土建类专业一门专业核心课程。通过学习本课程,掌握建筑结构基本概念、基本理论和构造要求;能进行一般工业与民用建筑的设计;具有绘制和识读结构施工图的能力,为将来从事施工管理工作打下牢固基础。

建筑结构课程包含有混凝土结构、砌体结构、钢结构及建筑抗震基本知识等内容。主要讲授建筑结构基本计算原则、材料的力学性能、基本构件的受力特征和计算。使学生能掌握混凝土结构梁、板、柱、楼(屋)盖的设计和构造;砌体结构的墙、柱的计算和构造;钢结构的连接计算和构造;同时熟练识读结构施工图。

0.3.2 学习要求

(1)理论联系实际

本课程集理论与实践于一体,除了要掌握一些必要的理论,更重要的是实践和应用,要

经常到工程一线参观、学习,积累工程经验。

(2)注重力学原理的理解和应用

本课程的基本计算原理是以建筑力学为基础的,在学习结构的过程中,要能正确理解和应用所学力学知识,培养用力学的思维方式考虑结构问题。研究对象都不符合均匀、连续、各向同性的弹性材料假定,因此,要合理应用力学知识。

(3)正确理解和运用公式,重视各种构造措施

建筑结构的公式都是建立在科学和工程实践经验基础上的,要理解公式的基本假定和适用条件。有些在结构计算中不易详细考虑,在施工方便和经济合理的情况下而采用一些构造措施,建筑结构构造措施多而杂,不能死记硬背,要理解记忆。

(4)熟悉标准、规范、规程和标准图集

本课程的编写依据是《建筑结构可靠度设计统一标准》(GB 50068—2018)、《混凝土结构设计规范》(GB 50010—2010,2015 年版)、《砌体结构设计规范》(GB 50003—2011)、《钢结构设计标准》(GB 50017—2017)、《建筑抗震设计规范》(GB 50011—2010,2016 年版)、《建筑结构荷载规范》(GB 50009—2012)、《高层建筑混凝土结构技术规程》(JGJ 3—2010)、《建筑地基基础设计规范》(GB 50007—2011)及其他相应新规范和《混凝土结构施工图平面整体表示方法制图规则和构造详图》22G101 系列图集。这些都是工程设计和施工人员必须共同遵守的技术标准,应在学习中自觉结合课程内容正解掌握相关规范条文,达到逐步熟悉并正确应用的目的。

(5)关注结构发展前沿

注重学习新知识、新技术,关注建筑结构前沿发展,不断提高,与时俱进。

本章小结

1.建筑结构是指承重的骨架,即由若干构件连接而形成的能承受作用的平面或空间体系称为建筑结构。

2.建筑结构按承重结构所用的材料不同,可分为混凝土结构、砌体结构、钢结构和木结构。各种结构均有一定的优缺点。

3.随着建筑科学技术的发展,混凝土结构和砌体结构的一些缺点已经或正在逐步地加以改善,应用更加广泛。

4.建筑结构课程是土建类专业进行职业能力培养的一门专业核心课程,集理论与实践为一体,在学习中要注意多种学习方法的运用。

本章习题

1.什么叫建筑结构?

2.简述建筑结构的分类及各种结构的优缺点。

3.简述如何学好本门课程。

第 1 章

建筑结构基本计算原则

本章导读

● **基本要求** 理解工程设计的基本原则和方法;掌握结构设计的荷载分类及荷载代表值;掌握建筑结构的功能要求和极限状态;树立遵从规范的严谨态度。

● **重点** 荷载分类及荷载代表值;建筑结构的功能要求和极限状态;极限状态设计方法。

● **难点** 荷载代表值确定;极限状态设计方法。

1.1 建筑结构设计的基本要求

1.1.1 建筑结构的安全等级

我国根据建筑结构破坏后果的影响程度,将其安全等级分为 3 个等级:破坏后果很严重的为一级,严重的为二级,不严重的为三级(表 1.1)。对特殊的建筑物,其设计安全等级可视具体情况确定。另外,建筑物中梁、柱等各类构件的安全等级一般与整个建筑物的安全等级相同,对部分特殊的构件可根据其重要程度作适当调整。

表 1.1 建筑结构的安全等级

安全等级	破坏后果的严重程度	建筑物的类型
一级	很严重:对人的生命、经济、社会或环境影响很大	重要的建筑物
二级	严重:对人的生命、经济、社会或环境影响较大	一般的建筑物
三级	不严重:对人的生命、经济、社会或环境影响较小	次要的建筑物

1.1.2 建筑结构的设计使用年限

设计使用年限是指设计规定的结构或结构构件不需进行大修即可按其预定功能使用的时期。设计使用年限可按《建筑结构可靠度设计统一标准》确定,也可按业主的要求经主管部门批准确定。各类结构的设计使用年限是不统一的。一般建筑物的使用年限为 50 年,而桥梁、大坝的设计使用年限更长。

需注意的是,结构的设计使用年限虽与其使用寿命相关联,但并不等同。超过设计使用年限的结构并不是不能使用,只是说明其完成预定功能的能力越来越低了。

1.1.3 建筑结构的功能要求

设计的结构和结构构件在规定的设计使用年限内,在正常维护条件下,应能保持其使用功能,而不需进行大修加固。建筑结构应该满足的功能要求主要有以下 3 个方面:

①安全性:建筑结构应能承受正常施工和正常使用时可能出现的各种荷载和变形,如偶然事件(如地震、爆炸等)发生时和发生后保持必需的整体稳定性,不至于因局部破坏而产生连续破坏。

②适用性:结构在正常使用荷载作用下具有良好的工作性能,如不发生影响正常使用的过大的挠度、永久变形和动力效应(过大的振幅和震动),不产生令使用者感到不安全的裂缝宽度等。

③耐久性:结构在正常使用和正常维护的条件下,在规定的环境中,在预定的使用期限内有足够的耐久性。如不发生由于混凝土保护层碳化或裂缝宽度开展过大而导致的钢筋锈蚀,不发生混凝土在恶劣环境中侵蚀或化学腐蚀而影响结构的使用年限。

上述功能要求概括起来可以称为结构的可靠性,即结构在规定的时间(设计使用年限)、规定的条件下(正常设计、正常施工、正常使用和正常维护),完成其预定功能的能力。显然,增大结构设计的余量(如加大截面尺寸,提高材料性能),势必能满足结构的功能要求,但将会导致结构的造价提高,结构设计的经济效益就会随之降低。结构的可靠性和结构的经济性二者是相互矛盾的,科学的设计方法就能够在结构的可靠性和结构的经济性之间选择一种最佳方案,使设计符合技术先进、安全适用、经济合理、确保质量的要求。

1.1.4 建筑结构的极限状态

整个结构或结构的一部分超过某一特定状态就不能满足设计指定的某一功能的要求,这个特定状态称为该功能的极限状态。例如,构件即将开裂、倾覆、滑移、压屈、失稳等。当结构未达到这种状态时,结构能满足功能要求,结构即处于有效状态;当结构超过这一状态时,结构不能满足其功能要求,结构即处于失效状态。有效状态和失效状态的分界,称为极限状态,是结构开始失效的标志。我国现行设计标准中把极限状态分为两类:

1)承载能力极限状态

结构或构件达到最大承载能力或达到不适于继续承载的变形的极限状态为承载能力极限状态。当结构或构件出现下列状态之一时,即认为超过了承载能力极限状态。

①整个结构或其中的一部分作为刚体失去平衡(如倾覆、过大的滑移),如整体倾覆。

②结构构件或连接部位因材料强度被超过而遭破坏,或因疲劳而破坏,或因过度的塑性变形而不适于继续加载。

③构件转变为机动体系(如超静定结构由于某些截面的屈服,形成塑性铰使结构成为几何可变体系)。

④地基丧失承载力而破坏。

⑤结构或构件丧失稳定(如细长柱达到临界荷载发生压屈)。

2)正常使用极限状态

结构或构件达到正常使用或耐久性的某项规定限制的极限状态为正常使用极限状态。当结构或构件出现下列状态之一时,应认为超过了正常使用极限状态。

①影响正常使用的外观变形(如梁产生超过了挠度限值的挠度)。

②影响正常使用的耐久性局部损坏(如不允许出现裂缝的构件开裂;或允许出现裂缝的构件,其裂缝宽度超过了允许限值)。

③影响正常使用的振动。

④影响正常使用的其他特定状态(如由于钢筋锈蚀产生的沿钢筋的纵向裂缝)。

1.2 荷载效应与结构抗力

1.2.1 作用及作用效应

结构在施工和使用期间,将受到其自身和外加的各种因素作用,这些作用在结构中产生不同的效应——内力和变形。这些引起结构内力和变形的一切原因通称为结构上的作用。结构上的作用分为直接作用和间接作用两种。荷载是直接作用,混凝土的收缩、温度变化、基础的差异沉降、地震等引起结构外加变形或约束的原因称为间接作用。间接作用与外界因素和结构本身的特性有关。例如,地震对结构物的作用是间接作用,它不仅与地震加速度有关,还与结构自身的动力特性有关,所以不能把地震作用称为“地震荷载”。

结构构件在各种作用下所引起的内力(弯矩、剪力、扭矩、压力和拉力等)、变形(挠度、转角)和裂缝等统称为作用效应。由荷载引起的作用效应称为荷载效应。

1.2.2 荷载分类

按作用的时间长短和性质不同,我国现行《建筑结构荷载规范》将荷载分为3类:

①永久荷载:指在设计基准期内其值不随时间而变化,或其变化与平均值相比可以忽略不计,或其变化是单调的并能趋于限值的荷载。例如:结构自重、土压力、围岩应力、预应力等。永久荷载又称为恒荷载。

②可变荷载:指在结构设计基准期内,其值随时间变化,其变化与平均值相比不可忽略的荷载。例如建筑安装荷载、楼面活荷载、屋面活荷载和积灰荷载、风荷载、雪荷载、吊车荷载等。可变荷载又称活荷载。

③偶然荷载:指在设计基准期内不一定出现,一旦出现,其量值很大且作用时间很短。例如,爆炸力、撞击力等。

另外,按照空间位置的变异性分类,荷载可分为固定荷载和移动荷载。

①固定荷载:指在结构空间位置上具有固定的分布,但其量值是随机的。例如固定设备、水箱等。

②移动荷载:指在结构空间位置上的一定范围内可以任意分布,其出现的位置和量值是随机的。例如楼面上的人群荷载、吊车荷载、车辆荷载等。

还有,按结构对荷载的反应性质,荷载可分为静力荷载和动力荷载。

①静力荷载:对结构或构件不产生动力效应,或其动力效应与其静态效应相比可忽略不计。例如结构的自重、雪荷载、楼面活荷载。

②动力荷载:对结构或构件产生动力效应,且其动力效应与其静态效应相比不可以忽略不计。例如风荷载、吊车荷载、设备振动、车辆刹车、撞击力和爆炸力等。

1.2.3 荷载代表值

任何荷载都具有不同性质的变异性。在设计中,为了便于荷载的统计和表达,简化设计公式,通常以一些确定的值来表达这些不确定的荷载量。这些确定的值就叫荷载代表值,它是根据对荷载统计得到的概率分布模型,按照概率方法确定的。

我国《建筑结构荷载规范》给出了 4 种荷载代表值,即标准值、组合值、频遇值和准永久值。结构设计时,应根据各种极限状态的设计要求,采取不同的荷载代表值。对永久荷载应采用标准值作为代表值;对可变荷载应根据设计要求采用标准值、组合值、频遇值和准永久值作为代表值;对偶然荷载按结构的使用特点确定其代表值。

(1)荷载标准值

荷载标准值是在设计基准期(一般结构的设计基准期为 50 年)内可能出现的最大荷载值。永久荷载标准值(如结构自重),可按结构构件的设计尺寸与材料单位体积的自重计算确定。对于自重变异性较大的构件,自重标准值应根据对结构的不利状态取其上限或下限值。

对于可变荷载标准值,应按《建筑结构荷载规范》的规定确定。

(2)荷载组合值

荷载组合值是对可变荷载而言的。当结构上同时作用两种或两种以上可变荷载时,它们同时以各自荷载的标准值出现的可能性极小,此时应考虑荷载的组合问题,即可变荷载应取小于其标准值的组合值为荷载代表值。荷载组合值可以表示为 $Q_c=\psi_c Q_K$,其中 ψ_c 为荷载组合值系数。

(3)荷载频遇值

可变荷载的频遇值是指在设计基准期内,其超越的总时间为规定的较小比率,或超越频率为规定频率的荷载值。可变荷载频遇值可表示为 $Q_f=\psi_f Q_K$,其中 ψ_f 为可变荷载频遇值系数。

(4)荷载准永久值

荷载准永久值也是对可变荷载而言的。可变荷载的准永久值是指在设计基准期内,其超越的总时间为设计基准期一半的荷载值。可变荷载的准永久值可表示为 $Q_q=\psi_q Q_K$,其中 ψ_q 为可变荷载准永久值系数。

常见民用建筑楼面均布活荷载的标准值及其组合值系数、频遇值系数和准永久值系数的取值,不应小于表 1.2 的规定。

表 1.2 民用建筑楼面均布活荷载标准值及其组合值、频遇值和准永久值系数

项次	类别	标准值（kN/m^2）	组合值系数 ψ_c	频遇值系数 ψ_f	准永久值系数 ψ_q
1	（1）住宅、宿舍、旅馆、办公楼、医院病房、托儿所、幼儿园	2.0	0.7	0.5	0.4
	（2）试验室、阅览室、会议室、医院门诊室	2.0	0.7	0.6	0.5
2	教室、食堂、餐厅、一般资料档案室	2.5	0.7	0.6	0.5
3	（1）礼堂、剧场、影院、有固定座位的看台	3.0	0.7	0.5	0.3
	（2）公共洗衣房	3.0	0.7	0.6	0.5
4	（1）商店、展览厅、车站、港口、机场大厅及其旅客等候室	3.5	0.7	0.6	0.5
	（2）无固定座位的看台	3.5	0.7	0.5	0.3
5	（1）健身房、演出舞台	4.0	0.7	0.6	0.5
	（2）运动场、舞厅	4.0	0.7	0.6	0.3
6	（1）书库、档案库、储藏室	5.0	0.9	0.9	0.8
	（2）密集柜书库	12.0	0.9	0.9	0.8
7	通风机房、电梯机房	7.0	0.9	0.9	0.8
8	汽车通道及客车停车库 （1）单向板楼盖（板跨不小于2 m）和双向板楼盖（板跨不小于3 m×3 m） 客车	4.0	0.7	0.7	0.6
	汽车通道及客车停车库 （1）单向板楼盖（板跨不小于2 m）和双向板楼盖（板跨不小于3 m×3 m） 消防车	35.0	0.7	0.5	0.0
	汽车通道及客车停车库 （2）双向板楼盖（板跨不小于6 m×6 m）和无梁楼盖（柱网不小于6 m×6 m） 客车	2.5	0.7	0.7	0.6
	汽车通道及客车停车库 （2）双向板楼盖（板跨不小于6 m×6 m）和无梁楼盖（柱网不小于6 m×6 m） 消防车	20.0	0.7	0.5	0.0
9	厨房 （1）餐厅	4.0	0.7	0.7	0.7
	厨房 （2）其他	2.0	0.7	0.6	0.5
10	浴室、卫生间、盥洗室	2.5	0.7	0.6	0.5
11	走廊、门厅 （1）宿舍、旅馆、医院病房、托儿所、幼儿园、住宅	2.0	0.7	0.5	0.4
	走廊、门厅 （2）办公楼、餐厅、医院门诊部	2.5	0.7	0.6	0.5
	走廊、门厅 （3）教学楼及其他可能出现人员密集的情况	3.5	0.7	0.5	0.3
12	楼梯 （1）多层住宅	2.0	0.7	0.5	0.4
	楼梯 （2）其他	3.5	0.7	0.5	0.3
13	阳台 （1）可能出现人员密集的情况	3.5	0.7	0.6	0.5
	阳台 （2）其他	2.5	0.7	0.6	0.5

注：本表所给各项活荷载适用于一般使用条件，当使用荷载较大、情况特殊或有专门要求时，应按实际情况采用。

房屋建筑的屋面,其水平投影面上的屋面均布活荷载的标准值及其组合值系数、频遇值系数和准永久值系数的取值,不应小于表 1.3 的规定。

表 1.3 屋面均布活荷载标准值及其组合值系数、频遇值系数和准永久值系数

项次	类 别	标准值 (kN/m^2)	组合值系数 ψ_c	频遇值系数 ψ_f	准永久值系数 ψ_q
1	不上人的屋面	0.5	0.7	0.5	0.0
2	上人的屋面	2.0	0.7	0.5	0.4
3	屋顶花园	3.0	0.7	0.6	0.5
4	屋顶运动场地	3.0	0.7	0.6	0.4

注:不上人的屋面,当施工或维修荷载较大时,应按实际情况采用。

1.2.4 结构抗力

结构抗力是指结构或构件承受内力和变形的能力(如构件的承载能力、刚度等),以"R"表示,而结构或构件的材料强度是决定其抗力的主要因素。在实际工程中,由于受材料强度的离散性、构件几何特征(如尺寸偏差、局部缺陷等)和计算模式不定性的综合影响,结构抗力是一个随机变量。结构构件的工作状态可以用作用效应 S 和结构抗力 R 的关系式来描述,如果用 $Z=R-S=G(R,S)$ 来表示,则可以按照 Z 值的不同来描述结构所处的 3 种不同工作状态:

当 $Z>0$,结构处于可靠状态;

当 $Z=0$,结构处于极限状态;

当 $Z<0$,结构处于失效状态。

上式中 Z 值代表在扣除了荷载效应以后结构内部所具有的多余抗力,可以称为"结构余力",也称为"功能函数",它是结构失效的标准。由于 R 和 S 都是非确定性的随机变量,故 Z 也是一个非确定性的随机变量函数。

1.3 极限状态设计法及耐久性验算

在进行建筑构件设计时,应对两类极限状态,根据结构的特点和使用要求给出具体的标志和限值,以作为结构设计的依据。这种以结构的各种功能要求的极限状态作为结构设计依据的设计方法,称为极限状态设计法。

1.3.1 承载能力极限状态计算

对于承载能力极限状态设计,应考虑作用效应的基本组合,即永久荷载和引起作用效应

最大的可变荷载以标准值为代表值,其他可变荷载以组合值为代表值,必要时应考虑作用效应的偶然组合。

在极限状态设计方法中,对于基本组合结构构件的承载能力计算应采用下列表达式:

$$\gamma_0 S_d \leqslant R_d \tag{1.1}$$

式中　γ_0——结构重要性系数,应按各有关建筑结构设计规范的规定采用;

S_d——荷载组合的效应设计值;

R_d——结构构件抗力的设计值,应按各有关建筑结构设计规范的规定确定。

按承载能力极限状态设计时,应考虑作用的荷载基本组合,必要时,还应考虑作用效应的偶然组合。《建筑结构荷载规范》规定:对于荷载基本组合,荷载效应组合的设计值应从由可变荷载效应控制的组合和由永久荷载效应控制的两组组合中取最不利值来确定。

由可变荷载控制的效应设计值,应按下式进行计算

$$S_d = \sum_{j=1}^{m} \gamma_{G_j} S_{G_j k} + \gamma_{Q_1} \gamma_{L_1} S_{Q_1 k} + \sum_{i=2}^{n} \gamma_{Q_i} \gamma_{L_i} \psi_{c_i} S_{Q_i k} \tag{1.2}$$

由永久荷载控制的效应设计值,应按下式进行计算:

$$S_d = \sum_{j=1}^{m} \gamma_{G_j} S_{G_j k} + \sum_{i=1}^{n} \gamma_{Q_i} \gamma_{L_i} \psi_{c_i} S_{Q_i k} \tag{1.3}$$

式中　γ_{G_j}——第 j 个永久荷载的分项系数。当永久荷载效应对结构不利时,对由可变荷载效应控制的组合应取1.2,对由永久荷载效应控制的组合取1.35;当永久荷载对结构有利时,不应大于1.0;

γ_{Q_i}——第 i 个可变荷载的分项系数,一般取1.4;当工业楼面活荷载标准值>4 kN/m^2 时,应取1.3,其中 γ_{Q_1} 为主导可变荷载 Q_1 的分项系数;

γ_{L_i}——第 i 个可变荷载考虑设计使用年限的调整系数,其中 γ_{L_1} 为主导可变荷载 Q_1 考虑设计使用年限的调整系数;

$S_{G_j k}$——按第 j 个永久荷载标准值 G_{jk} 计算的荷载效应值;

$S_{Q_i k}$——按第 i 个可变荷载标准值 Q_{ik} 计算的荷载效应值,其中 $S_{Q_i k}$ 为诸可变荷载效应中起控制作用者;

ψ_{c_i}——第 i 个可变荷载 Q_i 的组合值系数;

m——参与组合的永久荷载数;

n——参与组合的可变荷载数。

1.3.2　正常使用极限状态计算

正常使用极限状态计算,主要是验算构件的变形和抗裂度或裂缝宽度。应根据不同的设计要求,采用荷载的标准组合、频遇组合或准永久组合,按下列设计表达式进行设计:

$$S_d \leqslant C \tag{1.4}$$

式中　C——结构或结构构件达到正常使用要求的规定限值,例如变形、裂缝、振幅、加速度、应力等的限值,应按各有关建筑结构设计规范的规定采用。

正常使用情况下荷载效应和结构抗力的变异性,已经在确定荷载标准值和结构抗力标

准值时做出了一定程度的处理,并具有一定的安全储备。考虑到正常使用极限状态设计属于校核验算性质,所要求的安全储备可以略低一些,所以采用荷载效应及结构抗力标准值进行计算。

(1)标准组合

荷载标准组合的效应设计值 S_d 按下式计算:

$$S_d = \sum_{j=1}^{m} S_{G_jk} + S_{Q_1k} + \sum_{i=2}^{n} \psi_{c_i} S_{Q_ik} \tag{1.5}$$

(2)频遇组合

荷载频遇组合的效应设计值 S_d 可按下式计算:

$$S_d = \sum_{j=1}^{m} S_{G_jk} + \psi_{f_1} S_{Q_1k} + \sum_{i=2}^{n} \psi_{q_i} S_{Q_ik} \tag{1.6}$$

(3)准永久组合

荷载准永久组合的效应设计值 S_d 应按下式进行计算:

$$S_d = \sum_{j=1}^{m} S_{G_jk} + \sum_{i=1}^{n} \psi_{q_i} S_{Q_ik} \tag{1.7}$$

标准组合,主要用于当一个极限状态被超越时,将产生严重的永久性伤害的情况;频遇组合,主要用于当一个极限状态被超越时,将产生局部伤害、较大变形或短暂振动的情况;准永久组合,主要用于当长期效应是决定性因素的情况。

【例 1.1】 某办公楼采用钢筋混凝土矩形截面简支梁,安全等级为二级,截面尺寸 $b\times h=250\ \text{mm}\times500\ \text{mm}$,计算跨度 $l_0=6\ \text{m}$,净跨度 $l_n=5.76\ \text{m}$。承受均布线荷载:活荷载标准值 $q_k=7\ \text{kN/m}$,恒荷载标准值 $g_{1k}=10\ \text{kN/m}$(不含自重)。($\psi_c=0.7,\gamma_0=1.0,\gamma_L=1.0$)

试计算按承载能力极限状态设计时的跨中弯矩设计值和支座边缘截面剪力设计值。

【解】 (1)求恒荷载的作用效应

钢筋混凝土的重度标准值为 25 kN/m^3

故梁自重标准值为 $g_{2k}=25\times0.25\times0.5=3.125\ (\text{kN/m})$

总恒荷载标准值 $g_k=g_{1k}+g_{2k}=10+3.125=13.125\ (\text{kN/m})$

恒载产生的跨中弯矩标准值和支座边缘截面剪力标准值分别为:

$$M_{gk}=\frac{1}{8}g_k^2 l_0=\frac{1}{8}\times13.125\times6^2=59.06\ (\text{kN}\cdot\text{m})$$

$$V_{gk}=\frac{1}{2}g_k l_n=\frac{1}{2}\times13.125\times5.76=37.8\ (\text{kN})$$

(2)求活荷载的作用效应

活荷载产生的跨中弯矩标准值和支座边缘截面剪力标准值分别为:

$$M_{qk}=\frac{1}{8}q_k l_0^2=\frac{1}{8}\times7\times6^2=31.5\ (\text{kN}\cdot\text{m})$$

$$V_{qk}=\frac{1}{2}q_k l_n=\frac{1}{2}\times7\times5.76=20.16\ (\text{kN})$$

(3)求承载能力极限状态设计时的跨中 M_{max} 和支座 V_{max} 设计值

本例只有一个活荷载,即为主导可变荷载。由活荷载控制效应组合时,$\gamma_G=1.2$,$\gamma_Q=1.4$,跨中弯矩和支座边缘截面剪力设计值为:

$M=\gamma_0(\gamma_G M_{gk}+\gamma_Q\gamma_L M_{qk})=1.0\times(1.2\times59.06+1.4\times1.0\times31.5)=114.97\ (kN\cdot m)$

$V=\gamma_0(\gamma_G V_{gk}+\gamma_Q\gamma_L V_{qk})=1.0\times(1.2\times37.8+1.4\times1.0\times20.16)=73.58\ (kN)$

由恒载控制效应组合时,$\gamma_G=1.35$, $\gamma_Q=1.4$,$\psi_c=0.7$,跨中弯矩和支座边缘截面剪力设计值为:

$M=\gamma_0(\gamma_G M_{gk}+\gamma_Q\gamma_L\psi_c M_{qk})=1.0\times(1.35\times59.06+1.4\times1.0\times0.7\times31.5)=110.60\ (kN\cdot m)$

$V=\gamma_0(\gamma_G V_{gk}+\gamma_Q\gamma_L\psi_c V_{qk})=1\times(1.35\times37.8+1.4\times1.0\times0.7\times20.16)=70.79\ (kN)$

比较可知,由活荷载控制效应组合,跨中弯矩设计值 $M_{max}=114.97\ (kN\cdot m)$,支座边缘截面剪力设计值 $V_{max}=73.58\ (kN)$。

【例 1.2】 已知某截面的恒荷载标准值作用下产生的弯矩为 $M_{Gk}=250\ kN\cdot m$,在活荷载标准值作用下产生的弯矩 $M_{Qk}=200\ kN\cdot m$,结构安全等级为二级。($\gamma_0=1.0$,$\gamma_L=1.0$,$\psi_c=0.7$,$\psi_f=0.5$,$\psi_q=0.35$)

求:(1)按照承载力极限状态设计的荷载效应设计值 M_{max}。

(2)按照正常使用极限状态设计的标准组合值 M_k、频遇组合值 M_f 和准永久组合值 M_q。

【解】 (1)按照承载力极限状态设计的荷载效应设计值 M_{max}

由活荷载控制效应组合时,$\gamma_G=1.2$,$\gamma_Q=1.4$,跨中弯矩和支座边缘截面剪力设计值为:

$M=\gamma_0(\gamma_G \mathrm{M}_{Gk}+\gamma_Q\gamma_L \mathrm{M}_{Qk})=1.0\times(1.2\times250+1.4\times1.0\times200)=580\ (kN\cdot m)$

由恒载控制效应组合时,$\gamma_G=1.35$, $\gamma_Q=1.4$,$\psi_c=0.7$,跨中弯矩和支座边缘截面剪力设计值为:

$M=\gamma_0(\gamma_G M_{Gk}+\gamma_Q\gamma_L\psi_c M_{Qk})=1.0\times(1.35\times250+1.4\times1.0\times0.7\times200)=533.5(kN\cdot m)$,比较可知,由活荷载控制效应组合,跨中弯矩设计值 $M_{max}=580(kN\cdot m)$。

(2)按照正常使用极限状态设计的标准组合值、频遇组合值和准永久组合值

标准组合值:$M_k=M_{Gk}+M_{Qk}=250+200=450\ (kN\cdot m)$

频遇组合值:$M_f=M_{Gk}+\psi_f M_{Qk}=250+0.7\times200=350\ (kN\cdot m)$

准永久组合值:$M_q=M_{Gk}+\psi_q M_{Qk}=250+0.35\times200=320\ (kN\cdot m)$

1.3.3 耐久性验算

材料的耐久性是指它暴露在使用环境下,抵抗各种物理和化学作用的能力。对钢筋混凝土结构而言,钢筋被浇筑在混凝土内,混凝土起到保护钢筋的作用。如果对钢筋混凝土结构能够根据使用条件进行正确的设计和施工,在使用过程中又能对混凝土认真地进行定期维护,可使其使用年限达百年以上,因此,它是一种很耐久的材料。

钢筋混凝土结构长期暴露在使用环境中,会使材料的耐久性降低。影响因素主要有材料的质量、钢筋的锈蚀、混凝土的抗渗及抗冻性、除冰盐对混凝土的破坏等。设计使用年限为 50 年的结构混凝土应符合表 1.4 的规定。

表 1.4　设计使用年限为 50 年的结构混凝土耐久性的基本要求

环境等级	最大水胶比	最低强度等级	最大氯离子含量(%)	最大碱含量(kg/m^3)
一	0.60	C20	0.30	不限制
二 a	0.55	C25	0.20	3.0
二 b	0.50(0.55)	C30(C25)	0.15	
三 a	0.45(0.50)	C35(C30)	0.15	
三 b	0.40	C40	0.10	

注:1.氯离子含量系指其占胶凝材料总量的百分比;

2.预应力构件混凝土中的最大氯离子含量为 0.06%;最低混凝土强度等级应按表的规定提高两个等级;

3.素混凝土构件的水胶比及最低强度等级的要求可适当放松;

4.有可靠工程经验时,二类环境中的最低混凝土强度等级可降低一个等级;

5.处于严寒和寒冷地区二 b、三 a 类环境中的混凝土应使用引气剂,并可采用括号中的有关参数;

6.当使用非碱活性骨料时,对混凝土中的碱含量可不作限制。

设计使用年限为 100 年且处于一类环境中的混凝土结构应符合下列规定:

①钢筋混凝土结构混凝土强度等级不应小于 C30,预应力混凝土结构混凝土强度等级不应低于 C40。

②混凝土中氯离子质量分数不得超过水泥质量的 0.06%。

③宜使用非碱活性骨料;当使用碱活性骨料时,混凝土中的碱含量不得超过 3.0 kg/m^3。

④混凝土保护层在使用过程中宜采取表面防护、定期维护等有效措施。

混凝土结构及构件尚应采取下列耐久性技术措施:

①预应力混凝土结构中的预应力筋应根据具体情况采取表面防护、孔道灌浆、加大混凝土保护层厚度等措施,外露的锚固端应采取封锚和混凝土表面处理等有效措施。

②有抗渗要求的混凝土结构,混凝土的抗渗等级应符合有关标准的要求。

③严寒及寒冷地区的潮湿环境中,结构混凝土应满足抗冻要求,混凝土抗冻等级应符合有关标准的要求。

④处于二、三类环境中的悬臂构件宜采用悬臂梁—板的结构形式,或在其上表面增设防护层。

⑤处于二、三类环境中的结构构件,其表面的预埋件、吊钩、连接件等金属部件应采取可靠的防锈措施。

⑥处于三类环境中的混凝土结构构件,可采用阻锈剂、环氧树脂涂层钢筋或其他具有耐腐蚀性能的钢筋、采取阴极保护处理等防锈措施或采用可更换的构件等措施。

混凝土结构暴露的环境类别应按表 1.5 的要求划分。

表 1.5 混凝土结构的环境类别

环境类别	条 件
一	室内干燥环境； 无侵蚀性静水浸没环境
二 a	室内潮湿环境； 非严寒和非寒冷地区的露天环境； 非严寒和非寒冷地区与无侵蚀性的水或土直接接触的环境； 严寒和寒冷地区的冰冻线以下与无侵蚀性的水或土直接接触的环境
二 b	干湿交替环境； 水位频繁变动区环境； 严寒和寒冷地区的露天环境； 严寒和寒冷地区冰冻线以上与无侵蚀性的水或土直接接触的环境
三 a	严寒和寒冷地区冬季水位变动区环境； 受除冰盐影响环境； 海风环境
三 b	盐渍土环境； 受除冰盐作用环境； 海岸环境
四	海洋环境
五	受人为或自然的侵蚀性物质影响的环境

注：1.室内潮湿环境是指构件表面经常处于结露或湿润状态的环境；

2.严寒和寒冷地区的划分应符合国家现行标准《民用建筑热工设计规程》的有关规定；

3.海岸环境和海风环境宜根据当地情况，考虑主导风向及结构所处迎风、背风部位等因素的影响，由调查研究和工程经验确定；

4.受除冰盐影响环境是指受到除冰盐盐雾影响的环境；受除冰盐作用环境是指被除冰盐溶液溅射的环境以及使用除冰盐地区的洗车房、停车楼等建筑；

5.暴露的环境是指混凝土结构表面所处的环境。

本章小结

1.建筑结构的功能要求：安全性、适用性、耐久性。结构在规定的时间内、规定的条件下，完成预定功能的能力称为结构的可靠度。

2.结构上的作用分为两类：直接作用和间接作用。荷载就是直接作用。4 种荷载代表值，即标准值、组合值、频遇值和准永久值。

3.结构的极限状态划分为两类：承载能力极限状态和正常使用极限状态。承载能力极限状态一般采用荷载的基本组合，实用设计表达式中应考虑结构的重要性系数。正常使用极限状态采用荷载的标准组合、频遇组合或准永久组合，实用设计表达式中不考虑结构的重要性系数。

本章习题

1.1 填空题

1.建筑结构的功能是指________、________、________。

2.我国的结构设计的基准期规定为 ________。

3.作用在结构上的荷载的类型有 ________、________、________3 种。

4.荷载的代表值有________、________、________、________4 种。

5.在荷载的代表值中________是最基本的代表值,其他的值都是以此为基础进行计算的。

6.荷载的设计值是指________。

7.结构功能的两种极限状态包括________、________。

8.荷载的分项系数是通过________和________确定的。

9.为提高结构可靠度结构设计时从________、________、________三方面给予保证。

10.结构安全等级为二级的结构重要性系数为________。

1.2 判断题

1.在进行构件承载力计算时荷载应取设计值。 (　　)

2.在进行构件变形和裂缝宽度验算时荷载应取设计值。 (　　)

3.设计基准期等于结构的使用寿命,结构使用年限超过设计基准期后结构即告报废,不能再使用。 (　　)

4.结构使用年限超过设计基准期后其可靠性减小。 (　　)

5.荷载的设计值永远比荷载的标准值要大。 (　　)

6.恒载的存在对结构作用有利时其分项系数取得大些这样对结构是安全的。 (　　)

1.3 单选题

1.永久荷载效应控制的内力组合,其永久荷载和活荷载的分项系数取为(　　)。

A.1.35 和 1.4　　B.1.2 和 1.4　　C.1.2 和 1.3　　D.1.2 和 1.35

2.当结构或构件出现下列状态(　　)时,即认为超过了正常使用极限状态。

A.结构转变为可变体系　　B.结构或构件丧失稳定

C.挠度超过允许限值　　D.结构发生倾覆

3.当结构或结构的一部分作为刚体失去了平衡状态,就认为超出了(　　)。

A.承载能力极限状态　　B.正常使用极限状态

C.刚度　　D.强度

4.下列几种状态中,不属于超过承载力极限状态的是(　　)。

A.结构转变为机动体系　　B.结构丧失稳定

C.地基丧失承载力而破坏　　D.结构产生影响外观的变形

5.结构的可靠性是指(　　)。

A.安全性、耐久性、稳定性　　B.安全性、适用性、稳定性

C.适用性、耐久性、稳定性　　D.安全性、适用性、耐久性

1.4　简答题

1.建筑结构应满足哪些功能要求？建筑结构的安全等级是按什么原则划分的？结构的设计使用年限如何确定？结构超过其设计使用年限是否意味着不能再使用？为什么？

2.什么是荷载的基本代表值？永久荷载的代表值是什么？可变荷载的代表值有几个？荷载设计值与标准值有何关系？

3.什么是结构的极限状态？结构的极限状态分为几类,其含义各是什么？

4.影响混凝土结构耐久性的因素有哪些？

第 2 章

钢筋混凝土结构材料的力学性能

本章导读

- **基本要求** 熟悉影响混凝土和钢筋性能的因素；掌握混凝土立方体抗压强度、轴心抗压强度和轴心抗拉强度；掌握钢筋的分类及各类钢筋的力学性能和适用范围；熟悉混凝土和钢筋的选用原则；理解钢筋和混凝土一起工作的原理及它们之间的粘结力；树立敬畏科学的严谨学习态度。
- **重点** 钢筋和混凝土性能的影响因素；钢筋的分类及其力学性能；混凝土的强度等级；钢筋和混凝土的选用。
- **难点** 钢筋和混凝土的力学性质；钢筋和混凝土共同工作的原理以及它们之间的粘结力。

2.1 混凝土的力学性能

混凝土是一种以水硬性水泥为主要胶结材料，以水、砂和石子按一定的配合比拌和在一起，经凝结和硬化形成的人工混合材料。

2.1.1 混凝土强度

1）混凝土立方体抗压强度

混凝土的强度和所采用的水泥标号、骨料（砂和石子）质量、水灰比大小、制作方法、养护

条件以及混凝土的龄期等因素有关。试验时采用试件尺寸的大小和形状、试验方法和加载速度不同，测得的强度也会不同，因此需要制定一个标准作为依据。我国《混凝土结构设计规范》（后文简称《规范》）规定：以边长为 150 mm 的立方体试件，在温度（20±3）℃及相对湿度不低于90%的环境里养护28 d，以每秒0.3~0.5 N/mm^2 的加载速度试验，并取得具有95%保证率时得出的抗压强度极限值（单位为 N/mm^2），称为混凝土的立方体抗压强度标准值，用符号$f_{cu,k}$表示，它是确定混凝土强度等级的依据，也是混凝土各种力学指标的基本代表值。

在我国，混凝土强度分为 14 个强度等级，即 C15，C20，C25，C30，C35，C40，C45，C50，C55，C60，C65，C70，C75，C80。字母 C 表示混凝土，后面的数字表示以 N/mm^2 为单位的立方体强度标准值。例如，C30 表示立方体抗压强度标准值$f_{cu,k}$=30 N/mm^2。混凝土按照强度等级的不同，可以分为普通混凝土、高强混凝土和超高强混凝土，三者之间并没有明显的区分界限，通常认为强度等级在 C50 以内为普通混凝土，从 C60 到 C80 为高强混凝土，而 C100 及以上为超高强混凝土。

2）混凝土的轴心抗压强度

混凝土的轴心抗压强度与试件的形状有关，由于在实际工程中，受压构件往往不是立方体，而是棱柱体。因而采用棱柱体试件比立方体试件能更好地反映混凝土的实际抗压能力。用 150 mm×150 mm×300 mm 标准棱柱体试件测定的混凝土抗压强度称为混凝土的轴心抗压强度标准值，用f_{ck}表示。通过大量试验表明

$$f_{ck} = \alpha f_{cu,k} \tag{2.1}$$

式中，α 为与混凝土强度有关的参数，C50 及以下混凝土取 α=0.67，C80 的混凝土取 α=0.72，其间按线性插入。

3）混凝土的轴心抗拉强度

混凝土的抗拉强度远小于其抗压强度，一般只有抗压强度的 1/18~1/9。混凝土轴心抗拉强度用f_t 表示，其标准值用f_{tk}表示。

各个强度等级混凝土的轴心抗压、轴心抗拉强度以及弹性模量，见表 2.1。

表 2.1 混凝土强度

强度	混凝土强度等级													
	C15	C20	C25	C30	C35	C40	C45	C50	C55	C60	C65	C70	C75	C80
f_{ck}	10.0	13.4	16.7	20.1	23.4	26.8	29.6	32.4	35.5	38.5	41.5	44.5	47.4	50.2
f_{tk}	1.27	1.54	1.78	2.01	2.20	2.39	2.51	2.64	2.74	2.85	2.93	2.99	3.05	3.11
f_c	7.2	9.6	11.9	14.3	16.7	19.1	21.1	23.1	25.3	27.5	29.7	31.8	33.8	35.9
f_t	0.91	1.10	1.27	1.43	1.57	1.71	1.80	1.89	1.96	2.04	2.09	2.14	2.18	2.22
E_c（$\times10^4$ N/mm^2）	2.20	2.55	2.80	3.00	3.15	3.25	3.35	3.45	3.55	3.60	3.65	3.70	3.75	3.80

4)复合应力状态下混凝土的强度

在钢筋混凝土结构中,混凝土处于单向受力状态的情况比较少,通常是处于双向或三向应力状态。因此,研究混凝土在复合应力状态下的强度问题,对进一步认识混凝土的强度理论具有重要意义。

(1)混凝土的双向受力强度

试验表明:

①当混凝土双向受压时,一个方向强度随另一个方向压力增加而增加,最大双向受压强度比单向受压强度高约27%。

②一个方向受压,另一个方向受拉,混凝土的强度均低于单向受力(拉或压)的强度,即异号应力使强度降低。

③当双向受拉时,接近于单向抗拉强度。

(2)混凝土在法向应力和切向应力作用下的复合强度

当混凝土同时受到剪力或扭矩引起的剪应力及轴力引起的法向应力时,形成剪压或剪拉复合应力状态。混凝土的抗剪强度随拉应力的增大而减小,随压应力的增大而增大;但当压应力大于$(0.5\sim0.7)f_c$时,由于内部裂缝的明显发展,抗剪强度反而随压应力的增大而减小。从抗压强度的角度分析,由于剪应力的存在,混凝土的抗压强度要比单向抗压强度低。故在梁、柱等构件中,当有剪应力时,将要影响受压区混凝土的强度,这点应该予以考虑。

(3)混凝土三向受压下的强度

当混凝土在三向受压的情况时,由于侧向压力的约束,延续了混凝土内部裂缝的产生和发展。侧向压力值越大,对裂缝的约束作用就越大,即最大主应力方向的抗压强度取决于侧向压应力的约束程度。在实际工程中,常常要配置密排侧向箍筋、螺旋箍筋及钢管等提供侧向约束,以提高混凝土的抗压强度和延性。

2.1.2 混凝土的变形

混凝土的变形可以分为两种:一种是混凝土的受力变形,主要是由于一次短期加荷的变形和荷载长期作用下的变形等;另一种是混凝土的体积变形,是由于混凝土的收缩和温度变化等引起的变形等。

1)混凝土在一次短期加载时的变形性能

用混凝土标准棱柱体或圆柱体试件,作一次短期单轴单调加荷作用下的变形性能,所得的应力-应变曲线如图2.1所示,该曲线反映了混凝土受荷各阶段内部结构的变化及其破坏状态,是研究钢筋混凝土结构强度机理的重要依据。

混凝土的应力-应变曲线分析:

①OA段:当应力较小时($\sigma\leqslant0.3f_c$),混凝土内的骨料和水泥晶体基本处于弹性工作阶

段，其应力与应变呈线性关系，内部裂缝没有发展。试件的变形主要是骨料和水泥结晶体的弹性变形，水泥胶凝体的粘性流动以及初始微裂缝变化的影响很小。

②AB 段：当应力超过 A 点增加至 B 点后（$0.3f_c<\sigma\leqslant 0.8f_c$），在这个阶段里，由于水泥胶凝体的粘性流动和混凝土中微裂缝的发展以及新裂缝的不断产生，塑性变形逐渐增加，内部裂缝有所发展。混凝土表现出塑性性质，应变的增加开始大于应力的增加，应力-应变关系偏离直线，曲线逐渐弯曲。

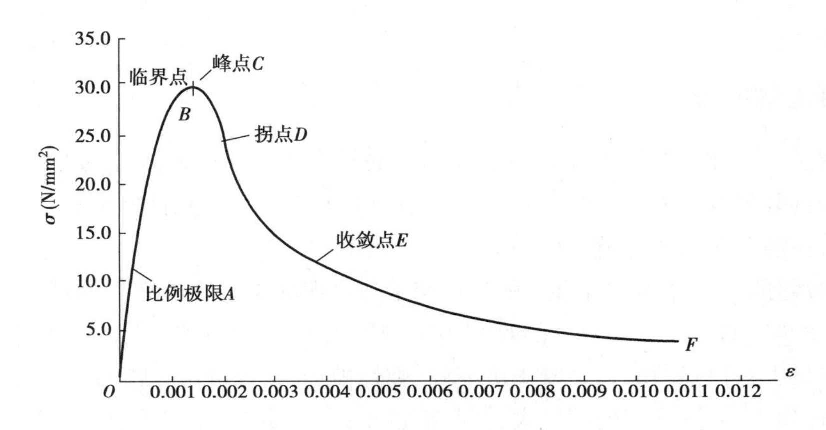

图 2.1 混凝土受压时应力-应变曲线

③BC 段：当应力超过 B 点增加到 f_c 值时（$0.8f_c<\sigma\leqslant 1.0f_c$），混凝土内裂缝不断扩展，裂缝的数量和宽度急剧增加，内部裂缝呈非稳定状态，C 点的应力达到最大值，出现若干条通缝，试件即将破坏。此时曲线上 C 点为混凝土受压应力达到最大时的应力值，称为混凝土达到轴心抗压强度 f_c，相应于 f_c 的极限应变值在 0.002 左右。

④CE 段：当应力超过 f_c 之后，裂缝迅速发展、传播，内部结构的整体性受到越来越严重的破坏。当其变形达到 E 点时，试件完全被压坏，相应于 E 的应变值称为极限压应变。在实际工程中，对于截面上压应力均匀分布的混凝土构件是不存在下降段的，其极限压应变就是最大压应力 f_c 对应的应变值。

影响混凝土应力-应变曲线形状的因素有很多，如混凝土强度、组成材料的性质及配合比、试验方法及约束情况等。不同强度的混凝土对应的应力-应变曲线如图 2.2 所示，混凝土强度对上升段影响不大，在下降段区别较明显，混凝土强度越高，曲线下降越陡，应力下降越快，延性越差。

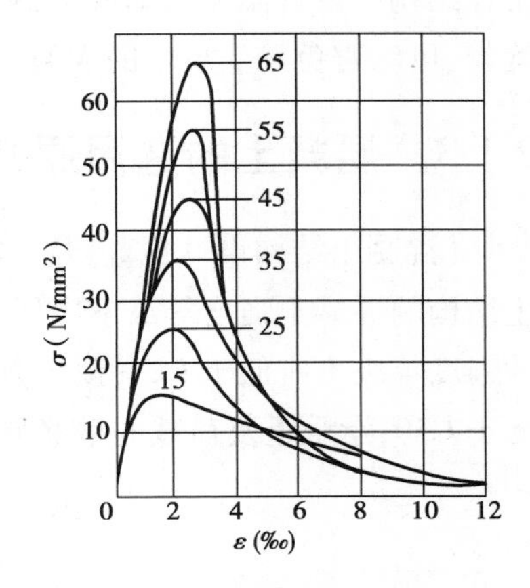

图 2.2 不同强度混凝土受压时应力-应变曲线

2）荷载长期作用下混凝土的变形性能（徐变）

混凝土在某一不变荷载的长期作用下，其应变随时间而增长的现象称为混凝土的徐变。钢筋混凝土构件由于徐变使其应力重分布，就能充分利用材料的强度，对构件的工作起积极的作用。但混凝土的徐变会使构件变形增大,影响结构的正常使用功能。

试验表明:持续的荷载(应力)越大,混凝土的徐变也就越大;而在保持荷载(应力)不变的时候,混凝土的加载龄期越长,则徐变越大。因此,加强养护促使混凝土尽早结硬,对减小徐变是较有效的,如采用蒸汽养护可使徐变减小20%~35%;水灰比大,水泥用量多,徐变大;使用高质量水泥以及强度和弹性模量高、级配好的集料(骨料),徐变小;混凝土工作环境的相对湿度越低,失水就越多,则徐变大;在高温干燥环境中,混凝土的徐变也将显著增大。

3)混凝土的收缩

混凝土在空气中结硬,体积减小的现象称为混凝土的收缩。混凝土的收缩变形随时间而增长,初期的收缩变形发展较快,前一个月大约可以完成全部收缩的50%,三个月之后增长就很缓慢,一般两年后收缩就可以完成。

混凝土收缩的主要原因是混凝土硬化初期水与水泥的水化反应产生的凝缩和混凝土内的自由水蒸发产生的干缩。混凝土的收缩与下列因素有关:水泥强度高、水泥用量多、水灰比大,则收缩量大;骨料粒径大、混凝土级配好、弹性模量大,则混凝土的收缩量小;混凝土在结硬和使用过程中,周围环境的湿度大,则收缩量小;当混凝土在较高的气温条件下浇筑时,其表面的水分容易蒸发而出现过大的收缩变形并过早地开裂,因此一定要注意混凝土的早期养护。

混凝土的收缩对钢筋混凝土构件是不利的。因为混凝土构件受到约束时,混凝土的收缩将使混凝土中产生收缩应力,过大的收缩应力可能使混凝土的表面或内部产生裂缝。通常在结构中设置温度收缩缝来减少其收缩应力,而在构件中通过设置构造钢筋使收缩应力均匀,可以避免发生集中的大裂缝。

2.1.3 混凝土的选用原则

《混凝土结构设计规范》规定:素混凝土结构的混凝土强度等级不应低于C15;钢筋混凝土结构的混凝土强度等级不应低于C20;采用强度等级为400 MPa及以上的钢筋时,混凝土的强度等级不应低于C25;预应力钢筋混凝土结构的混凝土强度等级不宜低于C40,且不应低于C30;承受重复荷载的钢筋混凝土构件,混凝土强度等级不应低于C30。

2.2 钢筋的力学性能

2.2.1 钢筋的种类

按照我国《混凝土结构设计规范》的规定,根据“四节一环保”的要求,提倡应用高强、高性能钢筋。我国的钢筋根据生产工艺可分为热轧钢筋、中高强钢丝和钢绞线以及冷加工钢筋三大系列。

1)热轧钢筋

热轧钢筋是经热轧成型并自然冷却的成品钢筋,由低碳钢和普通合金钢在高温状态下压制而成,主要用于钢筋混凝土和预应力混凝土结构的配筋,是土木建筑工程中使用量最大的钢材品种之一。热轧钢筋可分为:HPB300级、HRB400级和HRB500级。强度依次升高,塑性降低。热轧光面钢筋HPB300塑性好,用于中小型钢筋混凝土构件中的受力筋和箍筋;热轧带肋钢筋HRB400和HRB500强度高,用于钢筋混凝土构件中的受力筋。所谓带肋钢筋指钢筋表面通过热轧工艺轧制出变形以增加与混凝土之间的咬合力,包括表面带肋钢筋、螺旋纹钢筋、人字纹钢筋、月牙纹钢筋等,如图2.3所示。《混凝土结构设计规范》推广延性好、可焊性好的HRB系列普通热轧钢筋。

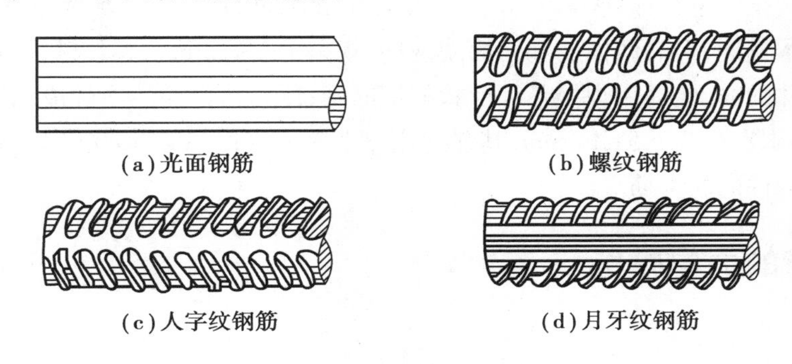

图2.3 钢筋的形式

2)中高强钢丝和钢绞线

消除应力钢丝分光面钢丝、刻痕钢丝和螺旋肋钢丝等。

光面钢丝:用高碳镇静钢轧制成圆盘后经过多道冷拔并进行应力消除、矫直、回火处理而成。其强度高、塑性好,但与混凝土的粘结力差,一般用作预应力筋。

刻痕钢丝:在光面钢丝的表面进行机械刻痕处理而成,可增加与混凝土的粘结能力,亦用作预应力筋。

螺旋肋钢丝:用普通低碳钢或低合金钢热轧的圆盘条作为母材,经冷轧减径在其表面形成二面或三面有月牙肋的钢丝。与混凝土之间的粘结力强,可用作预应力筋。

钢绞线是由多根消除应力钢丝用绞盘绞结成一股而形成,可分为3股和7股两种。

3)冷加工钢筋

冷加工钢筋是指在特定的温度下采用某种工艺对热轧钢筋进行机械加工得到的钢筋。常用的加工工艺有冷拉、冷拔和冷轧3种。其目的都是提高钢筋的强度,以节约钢材;但是冷加工后的钢材在强度提高的同时,延伸率会显著降低。

(1)冷拉

利用有明显屈服点的热轧钢筋“屈服强度/极限抗拉强度”比值低的特性,在常温条件下把钢筋应力拉到超过原有的屈服点,然后完全放松,若钢筋再次受拉,则能获得较高屈服强度的一种加工方法。

(2)冷拔

将钢筋用强力拔过比起直径小的硬质合金拔丝模,这时钢筋受到纵向拉力和横向压力的作用,内部结构发生变化,截面变小而长度增加,经过几次冷拔之后,钢筋强度比原来的有很大提高,但是塑性显著降低。冷拔可以同时提高钢筋的抗拉强度和抗压强度。

(3)冷轧

热轧钢筋经冷轧加工之后,表面轧制成不同的形状,其材料的内部组织变得更加密实,使得钢筋的强度和粘结性能有所提高,但相应的塑性性能有所下降。冷轧是我国目前冷加工普遍采用的一种加工方法,生产的产品有冷轧带肋钢筋和冷轧扭钢筋。冷轧带肋钢筋采用低碳热轧盘圆钢筋进行冷轧减轻,并在其表面轧出横肋的钢筋,外形为月牙肋,与热轧带肋钢筋外形基本相同,但有两面肋和三面肋两种,规格为4~12 mm,粘结性能好,适用于钢筋混凝土板类构件配筋,也适用焊接各种形状的钢筋网;冷轧扭钢筋经冷轧成扁平状并经扭转而成的钢筋,标志直径为6.5~14 mm,其强度比原来提高将近一倍,但延性较差,一般用于钢筋混凝土结构构件的受力筋。

2.2.2 钢筋的力学性能

钢材的
强度和塑性

1)应力-应变关系

钢筋混凝土结构所用的钢筋,按其单向受力试验所得的应力-应变曲线性质不同,可分为有明显屈服点的钢筋(如热轧钢筋)和无明显屈服点的钢筋(如热处理钢筋)两大类。

(1)有明显屈服点的钢筋

如图2.4(a)所示,有明显屈服点的钢筋拉伸应力-应变曲线可以分为4个阶段。

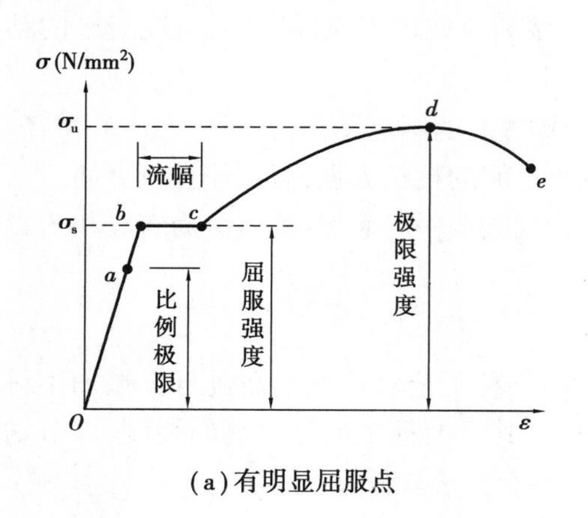

(a)有明显屈服点

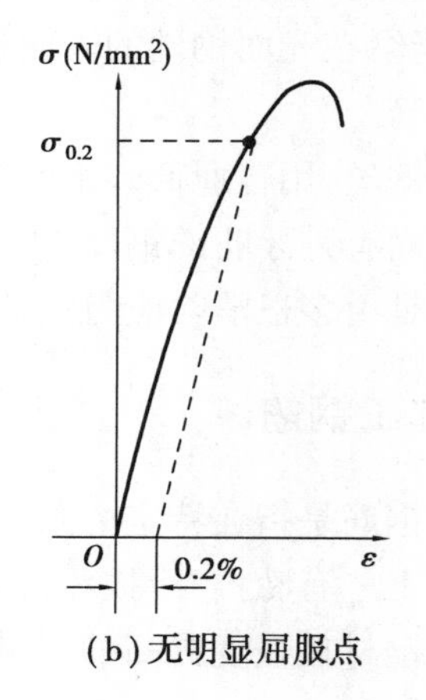

(b)无明显屈服点

图2.4 钢筋的应力-应变曲线

①弹性阶段（*ob* 段）：应力值在 *a* 点以前，应力与应变为线性关系，*a* 点对应的钢筋应力称为“比例极限”，$E=\dfrac{\sigma}{\varepsilon}$，*E* 称为弹性模量。过 *a* 点以后应力-应变线略有弯曲，应变较应力增长更快，钢筋表现出塑性性质。

②屈服阶段（*bc* 段）：到达 *b* 点后钢筋开始进入屈服阶段，这时应力基本不变，而应变继续增加，直至 *c* 点，取 *bc* 段的最低点的应力作为钢筋的屈服强度，用 σ_s 表示。

③强化阶段（*cd* 段）：过了 *c* 点之后，应力又继续上升，说明钢筋的抗拉能力有所提高，直到曲线上升到最高点 *d*，*d* 点的钢筋应力称为极限抗拉强度，用 σ_b 表示。

④颈缩阶段（*de* 段）：过了 *d* 点以后，试件在薄弱处截面将显著缩小，产生局部颈缩观象，塑性变形迅速增加，而应力随之下降，到达 *e* 点试件被拉断，*de* 段称为颈缩阶段。

在钢筋混凝土构件计算中，通常取钢筋的屈服强度（σ_s）作为强度计算的指标。因为当结构构件某个截面中的受拉或受压钢筋应力达到屈服，进入屈服阶段后，在应力保持不变的情况下将产生较大的塑性变形，使构件产生不能闭合的裂缝而导致破坏，因此取钢筋的屈服强度作为构件破坏时的强度指标，而不是取钢筋的极限强度。

（2）没有明显屈服点的钢筋

如冷轧钢筋、预应力所用的钢丝、钢绞线和热处理钢筋等。图2.4（b）是没有屈服点的钢筋应力-应变曲线。由图中可以看出：钢筋没有明显的流幅，塑性变形也大大减小。对于这种没有明显屈服点的钢筋，取相应于残余应变为0.2%的应力 $\sigma_{0.2}$ 作为条件屈服强度标准值。$\sigma_{0.2}$ 大致相当于极限抗拉强度的0.86~0.90倍，为了统一起见，取 $\sigma_{0.2}$ 为极限抗拉强度 σ_b 的0.85倍，即 $\sigma_{0.2}=0.85\sigma_b$。

各种钢筋的强度标准值与设计值见表2.2和表2.3。

2）塑性性能

钢筋除了要有足够的强度外，还应该具有一定的塑性变形能力，以防止其在弯折加工时断裂和使用过程中脆断。钢筋的塑性性能指的是应力超过屈服点以后，由于塑性变形钢筋可以拉得很长，或绕着很小的直径弯转很大的角度而不会断裂的性能。通常用伸长率和冷弯性能两个指标来衡量钢筋的塑性性能。

（1）伸长率

伸长率试验

钢筋的伸长率：在标距范围内钢筋试件拉断后的残余变形与原标距之比，用 δ（%）表示，即

$$\delta=\frac{l-l_0}{l_0}\times 100\% \tag{2.2}$$

式中 l_0——试件拉伸前的标距。国内采用两种试验标距：短试件取 $l_0=5d$，长试件取 $l_0=10d$，相应的伸长率分别用 δ_5 和 δ_{10} 表示，*d* 为钢筋的直径；

l——试件拉断后并重新合并起来测量得到的标距，即产生残余伸长后的标距。

表 2.2　普通钢筋强度值

牌号	符号	公称直径 d(mm)	屈服强度标准值 f_{yk}(N/mm^2)	极限强度标准值 f_{stk}(N/mm^2)	抗拉强度设计值 f_y(N/mm^2)	抗压强度设计值 f'_y(N/mm^2)	弹性模量 E_S(10^5 N/mm^2)
HPB300	Φ	6~22	300	420	270	270	2.1
HRB335	Φ	6~50	335	455	300	300	2.0
HRBF335	$Φ^F$	6~50	335	455	300	300	2.0
HRB400	Φ	6~50	400	540	360	360	2.0
HRBF400	$Φ^F$	6~50	400	540	360	360	2.0
RRB400	$Φ^R$	6~50	400	540	360	360	2.0
HRB500	Φ	6~50	500	630	435	410	2.0
HRBF500	$Φ^F$	6~50	500	630	435	410	2.0

表 2.3 预应力筋强度值

种类		符号	公称直径 d(mm)	屈服强度标准值 f_{pyk}(N/mm²)	极限强度标准值 f_{ptk}(N/mm²)	抗拉强度设计值 f_{py}(N/mm²)	抗压强度设计值 f'_{py}(N/mm²)	弹性模量 E_S(10^5 N/mm²)
中强度预应力钢丝	光面螺旋肋	ϕ^{PM} ϕ^{HM}	5,7,9	620	800	510	410	2.05
				780	970	650	410	2.05
				980	1 270	810	410	2.05
消除应力钢丝	光面螺旋肋	ϕ^{P}	5	—	1 570	1 110	410	2.05
				—	1 860	1 320	410	2.05
		ϕ^{H}	7	—	1 570	1 110	410	2.05
			9	—	1 470	1 040	410	2.05
				—	1 570	1 110	410	2.05
钢绞线	1×3(三股)	ϕ^{s}	8.6,10.8,12.9	—	1 570	1 110	390	1.95
				—	1 860	1 320	390	1.95
				—	1 960	1 390	390	1.95
	1×7(七股)		9.5,12.7,15.2,17.8	—	1 720	1 220	390	1.95
				—	1 860	1 320	390	1.95
				—	1 960	1 390	3 90	1.95
			21.6	—	1 860	1 320	390	1.95
预应力螺纹钢	螺纹	ϕ^{T}	18,25,32,40,50	785	980	650	410	2.00
				930	1 080	770	410	2.00
				1 080	1 230	900	410	2.00

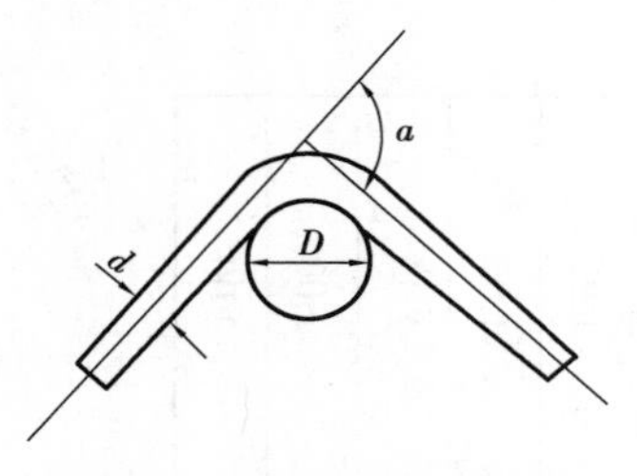

图 2.5 钢筋的冷弯试验

(2)冷弯试验

冷弯试验是检验钢筋塑性的另一方法，它是用来检验钢筋在弯折加工时不致脆断的一种试验方法，而伸长率一般不能反映钢筋的脆性性能。如图 2.5 所示在常温下将钢筋绕规定的直径 D 弯曲 α 角度而不出现裂纹或断裂现象，则认为钢筋弯曲性能符合要求。通常 D 越小，α 越大，则钢筋的弯曲性能越好。

总之，钢筋的伸长率越大，塑性性能就越好，破坏时有明显的预兆；钢筋的弯曲性能好，构件破坏时不会发生脆断。故在选择钢筋品种时，应该同时考虑钢筋的强度和塑性两个方面的要求。

2.2.3 钢筋的选用原则

《混凝土结构设计规范》规定，混凝土结构的钢筋应按照下列规定选用：

①纵向受力普通钢筋可采用 HRB400、HRB500、HRBF400、HRBF500、HPB300、HRB335、RRB400 钢筋。

②梁、柱和斜撑构件的纵向受力普通钢筋宜采用 HRB400、HRB500、HRBF400、HRBF500 钢筋。

③箍筋宜采用 HRB400、HRBF400、HPB300、HRB500、HRBF500 钢筋。

④预应力筋宜采用预应力钢丝、钢绞线和预应力螺纹钢筋。

2.3 钢筋与混凝土的粘结

2.3.1 粘结力的概念

钢筋混凝土结构是由钢筋和混凝土两种材料组成的共同受力结构，这两种性能不同的材料能结合在一起工作，主要是依靠钢筋和混凝土之间的粘结应力。从内力角度来说，所谓粘结应力就是分布在钢筋和混凝土接触表面上的剪应力，它在钢筋和混凝土之间起传递内力的作用，使钢筋应力沿长度方向发生了变化。因此，构件内粘结应力的存在能够阻止钢筋与混凝土之间的相对滑动，并使钢筋和混凝土能很好地共同受力、共同变形。只要沿钢筋纵向的应力大小发生变化，则钢筋与混凝土之间即有粘结应力产生。

2.3.2 粘结力的组成

大量的试验表明，钢筋和混凝土之间的粘结力主要由以下 4 部分组成：

(1)化学胶结力

钢筋和混凝土接触面上的化学吸附作用，亦称胶结力。这种吸附作用力一般很小，仅在受力阶段的局部无滑移区域起作用；当接触面发生相对滑移时，胶结力就会消失。这来源于浇注时水泥浆体向钢筋表面氧化层的渗透和养护过程中水泥晶体的生长和硬化，从而使水泥胶体与钢筋表面产生吸附胶着作用。

(2)摩阻力

由于混凝土凝固时收缩使钢筋产生垂直于摩擦面的压应力，这种压应力越大，接触面就越粗糙，则钢筋和混凝土之间摩阻力就越大。

(3)机械咬合力

对于光面钢筋，咬合力是指表面粗糙不平而产生的咬合作用；对于带肋钢筋，咬合力是指带肋钢筋肋间嵌入混凝土而形成的机械咬合作用，这是带肋钢筋与混凝土粘结力的主要来源。

(4)钢筋端部的锚固力

通过钢筋端部弯钩、弯折及在锚固区焊接钢筋短脚钢等机械作用来维持锚固力。

光圆钢筋和带肋钢筋粘结机理的主要差别：对于光圆钢筋而言，钢筋和混凝土之间的粘结力主要来自胶结力和摩阻力，当外力较小时，钢筋与混凝土表面的粘结力主要以化学胶结力为主，钢筋与混凝土表面无相对滑移，随着外力的增加胶结力被破坏，钢筋与混凝土之间有明显的相对滑移，这时胶结力主要是钢筋与混凝土之间的摩擦力。如果继续加载，嵌入钢筋中的混凝土将被剪碎，最后可把钢筋拔出而破坏。但对于带肋钢筋而言，钢筋和混凝土之间的粘结力主要是来自摩擦力和机械咬合力。

本章小结

1.混凝土是由水泥、水、砂和石子组成的人工混合材料，在工程中主要运用混凝土强度的立方体抗压强度($f_{cu,k}$)、轴心抗压强度(f_{ck})和轴心抗拉强度(f_t)等，立方体抗压强度是评价混凝土强度等级的标准；混凝土在复合应力作用下的力学性能差异明显，在选择混凝土时一定要综合考虑。

2.我国的钢筋根据生产工艺可分为热轧钢筋、中高强钢丝和钢绞线以及冷加工钢筋三大系列；按其力学性能的不同可以分为有明显屈服点的钢筋和无明显屈服点的钢筋。钢筋选用时，应根据“四节一环保”的要求，提倡应用高强、高性能钢筋。

3.钢筋和混凝土在一起正常工作，主要是依靠钢筋和混凝土之间的粘结应力；钢筋和混凝土之间的粘结力主要由化学胶结力、摩阻力、机械咬合力和钢筋端部的锚固力。

本章习题

2.1　判断题

1.混凝土立方体试块的尺寸越大，强度越高。　(　　)

2.普通热轧钢筋受压时的屈服强度与受拉时基本相同。　(　　)

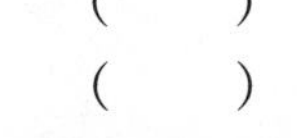

3.钢筋经冷拉后,强度和塑性均可提高。 ( )

4.C20 表示 $f_{cu}=20$ N/mm。 ( )

5.混凝土抗拉强度随着混凝土强度等级提高而增大。 ( )

2.2 简答题

1.我国用于钢筋混凝土结构的钢筋有几种?我国热轧钢筋的强度分为几个等级?

2.混凝土的强度等级是如何确定的。

3.简述混凝土在单轴短期加载下的应力-应变关系特点。

4.什么叫混凝土徐变?混凝土徐变对结构有什么影响?

5.钢筋与混凝土之间的粘结力是如何组成的?

6.在钢筋混凝土结构中,宜采用哪些钢筋?

*第 3 章

钢筋混凝土受弯构件

本章导读

●**基本要求**　熟悉梁、板的常用截面形式及截面尺寸,保护层厚度和作用;掌握梁、板内钢筋布置、作用及其构造;掌握梁的正截面破坏形态和斜截面破坏形态,适筋梁破坏的三个阶段;掌握单筋矩形截面梁、双筋矩形截面梁正截面受弯计算;掌握T形截面梁两种类型的判断及正截面受弯计算;熟悉梁的变形验算和裂缝验算;锻炼工程思维的能力。

●**重点**　梁、板内钢筋布置、作用及其构造;单、双筋矩形截面梁正截面受弯计算;T形截面梁两种类型的判断及正截面受弯计算;梁的斜截面受剪承载力计算及构造措施、变形验算和裂缝验算。

●**难点**　单、双筋矩形截面梁正截面受弯计算;T形截面梁两种类型的判断及正截面受弯计算;梁的斜截面受剪承载力计算、变形验算和裂缝验算。

3.1　受弯构件的基本构造

3.1.1　截面形式及尺寸

1)截面形式

梁常采用矩形、T形、工字形等对称截面形式以及倒L形的不对称截面形式,板常采用矩形、槽形、空心的截面形式,如图3.1所示。

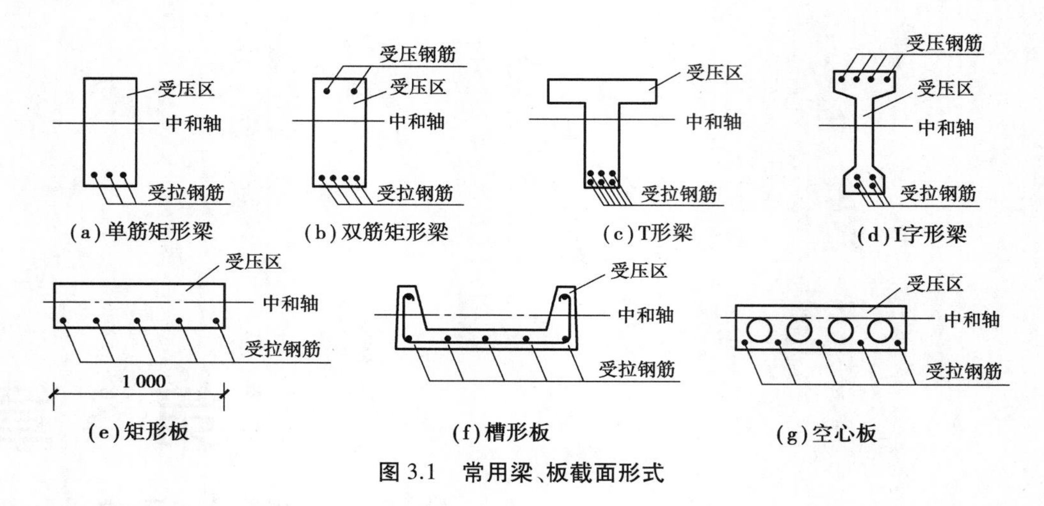

图 3.1 常用梁、板截面形式

2)截面尺寸

梁和板的截面高度 h 根据跨度 l_0 估算,再根据计算结果进行调整。对于各种梁的截面高度估算取值,参照表 3.1。对于现浇矩形平板,可取 $h/l_0=1/40\sim1/25$,且必须满足规范要求的现浇板最小厚度要求,见表 3.2。

表 3.1 梁截面最小高度(不做挠度验算时)

构件类型		简支	连续	悬臂
整体肋形梁	主梁	$l_0/14$	$l_0/15$	$l_0/6$
	次梁	$l_0/18$	$l_0/20$	$l_0/8$
独立梁		$l_0/15$	$l_0/20$	$l_0/6$

注:l_0 为计算跨度,当梁的跨度大于 9 m 时,表中数值应乘以 1.2。

表 3.2 现浇钢筋混凝土板最小厚度

板的类别		最小厚度(mm)
单向板	屋面板、民用建筑楼板	60
	工业建筑楼板	70
	行车道下的楼板	80
双向板		80
悬臂板(根部)	悬臂长度不大于 500 mm	60
	悬臂长度 1 200 mm	100
密肋楼盖	面板	50
	肋高	250
无梁楼板		150
现浇空心楼盖		200

矩形截面梁的高宽比 h/b 一般取 2.0~3.5;T 形或工字形截面梁的 h/b 一般取 2.5~4.0（b 为梁肋宽）。矩形截面的宽度或 T 形截面的肋宽 b 一般取为 100 mm、120 mm、150 mm、(180 mm)、200 mm、(220 mm)、250 mm 和 300 mm,300 mm 以上的模数为 50 mm,括号中的数值仅用于木模。

梁高 h 不大于 800 mm 时,模数为 50 mm;梁高大于 800 mm 的,模数为 100 mm。

现浇板的厚度一般以 10 mm 为模数,板的宽度一般较大,设计时可取单位宽度(b = 1 000 mm)进行计算。

3.1.2 混凝土

1)混凝土强度等级

现浇钢筋混凝土梁、板常用的混凝土强度等级是 C25、C30,一般不超过 C40,主要是为了防止混凝土产生过大收缩,并且提高混凝土强度等级不能显著增大受弯构件正截面承载力。

2)混凝土保护层厚度

钢筋外边缘至混凝土表面的距离称为钢筋的混凝土保护层厚度。其主要作用:一是保护钢筋不致锈蚀,保证结构的耐久性;二是保证钢筋与混凝土间的粘结;三是在火灾等情况下,使钢筋温度上升缓慢。纵向受力钢筋的混凝土保护层不应小于钢筋的公称直径,并符合表 3.3 的规定。

表 3.3 混凝土保护层最小厚度 c

环境类别	板、墙、壳(mm)	梁、柱、杆(mm)
一	15	20
二 a	20	25
二 b	25	35
三 a	30	40
三 b	40	50

注:1.混凝土强度等级不大于 C25 时,表中保护层厚度数值应增加 5 mm;
2.钢筋混凝土基础宜设置混凝土垫层,基础中钢筋的混凝土保护层厚度应从垫层顶面算起,且不应小于 40 mm;
3.本表中所示混凝土结构的设计使用年限为 50 年。

3.1.3 梁的钢筋

梁的钢筋骨架

梁中通常配置纵向受力钢筋、架立钢筋、弯起钢筋、箍筋等,构成钢筋骨架(图 3.2),有时还配置纵向构造钢筋及相应的拉筋等。

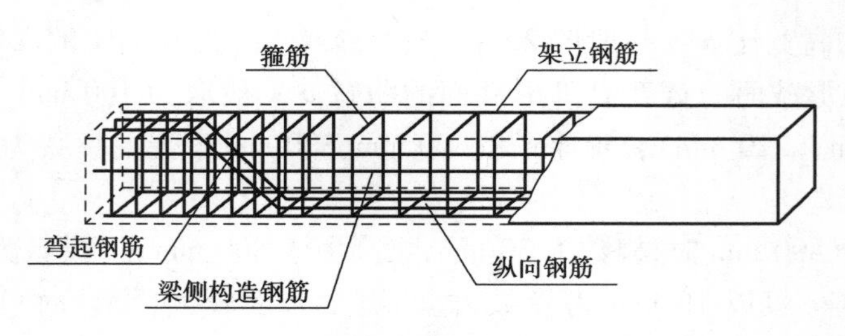

图 3.2 梁的配筋

1)纵向受力钢筋

梁中纵向受力钢筋采用 HRB400 级和 HRB500 级。直径为 12 mm、14 mm、16 mm、18 mm、20 mm、22 mm 和 25 mm,一般不宜超过 28 mm。当梁高 $h<300$ mm 时,纵向受力钢筋直径 $d\geqslant8$ mm;当 $h\geqslant300$ mm 时,$d\geqslant10$ mm;当 $h\geqslant500$ mm 时,$d\geqslant12$ mm。一根梁中同一种受力钢筋最好为同一种直径;当有两种直径时,其直径相差不应小于 2 mm,以便施工时辨别。梁中受拉钢筋的根数不应少于 2 根。纵向受力钢筋应尽量布置成一层。当一层排不下时,可布置成两层,但应尽量避免出现两层以上的受力钢筋,以免过多地影响截面受弯承载力。

为了保证钢筋周围的混凝土浇筑密实,避免钢筋锈蚀而影响结构的耐久性,梁的纵向受力钢筋间必须留有足够的净距,如图 3.3 所示:梁上部纵向钢筋水平方向的净距不应小于 30 mm和 $1.5d$(d 为钢筋的最大直径);下部纵向钢筋水平方向的净间距不应小于 25 mm 和 d;上下部钢筋中,各层钢筋之间的净间距不应小于 25 mm 和 d。上、下层钢筋应对齐,不应错列,方便混凝土的浇筑和振捣。

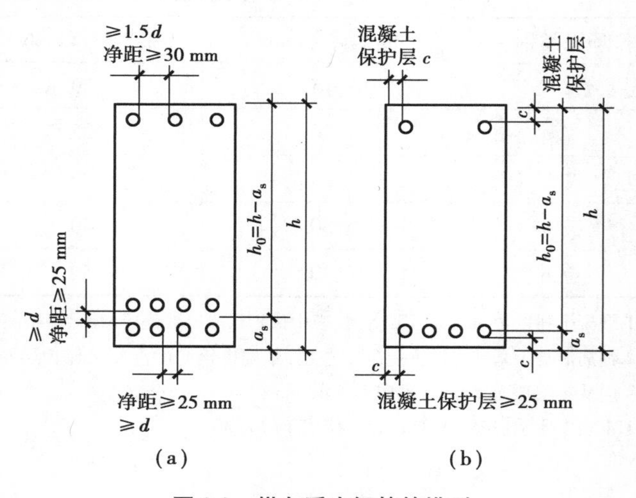

图 3.3 纵向受力钢筋的排列

2)架立钢筋

当梁内设置箍筋,且梁顶位置无纵向受压钢筋时,应设置架立钢筋。架立钢筋设置在受压区外缘两侧,并沿着梁的纵向布置。其作用,一是固定箍筋位置,和梁底纵向受力钢筋形成梁的钢筋骨架；二是承受因温度变化和混凝土收缩而产生的拉应力，防止发生裂缝。受压区配置的纵向受压钢筋可兼作架立钢筋。

架立钢筋的直径与梁的跨度有关，其最小直径不宜小于表3.4所列数值。架立钢筋应伸至梁端，架立钢筋需要与受力钢筋搭接时，其搭接长度应满足：当架立钢筋直径为8 mm时，其搭接长度为100 mm；当架立钢筋直径≥10 mm时，其搭接长度为150 mm。

表3.4 架立钢筋最小直径

梁跨(m)	$l_0<4$	$4 \leqslant l_0 \leqslant 6$	$l_0>6$
架立钢筋最小直径(mm)	8	10	12

3)弯起钢筋

梁中纵向受力钢筋在靠近支座位置承受的拉应力较小，为了增加斜截面抗剪承载力，可将部分纵向钢筋弯起来伸至梁顶，形成弯起钢筋，有时也专门设置弯起钢筋来承担剪力。弯起钢筋在跨中是纵向受力钢筋的一部分；在靠近支座的弯起段(弯矩较小处)，则用来承受弯矩和剪力共同产生的主拉应力，即作为受剪钢筋的一部分；弯起后的水平段可以承担支座处的负弯矩。此时，弯起钢筋端部应有足够的锚固长度。钢筋的弯起角度一般为45°，梁高$h>$800 mm时可采用60°。

4)箍筋

箍筋沿着梁的横截面方向布置，与梁的纵向轴线垂直。箍筋的主要作用是用来承受由剪力和弯矩共同作用下在梁内引起的主拉应力，并用绑扎或者焊接的方式把其他钢筋联系在一起，形成空间骨架。

梁内的箍筋根据计算确定，若计算不需要箍筋的梁，则按照构造要求设置箍筋：当梁的截面高度$h>300$ mm，应沿梁全长按构造配置箍筋；当$h=150\sim300$ mm时，可仅在梁的端部各1/4跨度范围内设置箍筋，但当梁的中部1/2跨度范围内有集中荷载作用时，仍应沿梁的全长设置箍筋；若$h<150$ mm，可不设箍筋。

梁内箍筋宜采用HRB400、HPB300级钢筋，也可采用HRB335级。箍筋直径，当梁截面高度$h \leqslant 800$ mm时，不宜小于6 mm；当$h>800$ mm时，不宜小于8 mm。当梁中配有计算需要的纵向受压钢筋时，箍筋直径还应不小于纵向受压钢筋最大直径的1/4。为了便于加工，箍筋直径一般不宜大于12 mm。箍筋的常用直径为6 mm，8 mm，10 mm。箍筋的间距在后面章节中详细介绍。

箍筋的形式可分为开口式和封闭式两种(图3.4)。除无振动荷载且计算不需要配置纵向受压钢筋的现浇T形梁的跨中部分可用开口箍筋外，均应采用封闭式箍筋。箍筋的肢数，当梁的宽度$b \leqslant 150$ mm时，可采用单肢；当$b \leqslant 400$ mm，且一层内的纵向受压钢筋不多于4根时，可采用双肢箍筋；当$b>400$ mm，且一层内的纵向受压钢筋多于3根，或当梁的宽度不大于400 mm但一层内的纵向受压钢筋多于4根时，应设置复合箍筋。梁中一层内的纵向受拉钢筋多于5根时，宜采用复合箍筋。

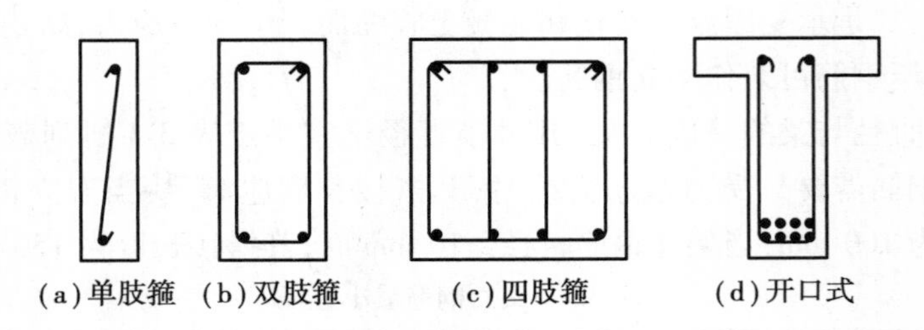

图 3.4　梁中箍筋的主要形式

5)纵向构造钢筋及拉筋

为了防止在梁的侧面产生垂直于梁轴线的收缩裂缝,同时也为了增强钢筋骨架的刚度,增强梁的抗扭作用,当梁的腹板高度 $h_w \geqslant 450$ mm 时,应在梁的两个侧面沿高度配置纵向构造钢筋(亦称腰筋),并用拉筋固定(图 3.5)。每侧纵向构造钢筋(不包括梁的受力钢筋和架立钢筋)的截面面积不应小于腹板截面面积 $b \times h_w$ 的 0.1%,且其间距不宜大于 200 mm。此处 h_w 的取值为:矩形截面取截面有效高度,T 形截面取有效高度减去翼缘高度,工字形截面取腹板净高(图3.6)。纵向构造钢筋一般不必做弯钩。拉筋直径一般与箍筋相同,间距常取为箍筋间距的两倍。

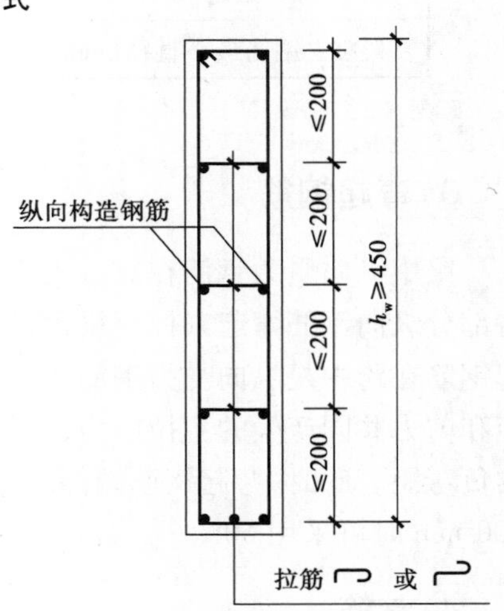

图 3.5　纵向构造钢筋及拉筋

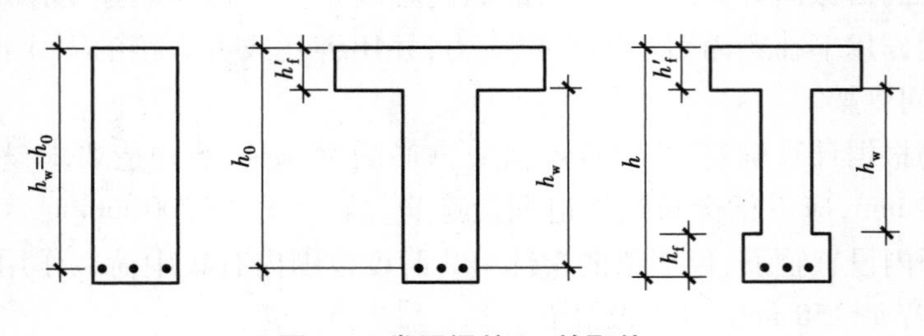

图 3.6　常用梁的 h_w 的取值

3.1.4　板的钢筋

板通常配置纵向受力钢筋和分布钢筋(图 3.7)。

1)受力钢筋

梁板结构中的板的受力钢筋沿板的受力方向布置在截面受拉一侧,用来承受弯矩产生的拉力。板的纵向受力钢筋常用 HRB400、HRB500 级,常用直径为 6 mm,8 mm,10 mm,12 mm。

为了正常地分担内力,板中受力钢筋的间距不宜过稀,但为了绑扎方便和保证浇捣质量,板的受力钢筋间距也不宜过密。当 $h \leqslant 150$ mm 时,不宜大于 200 mm;当 $h > 150$ mm 时,不宜大于 $1.5h$,且不宜大于 300 mm(h 为板厚)。板的受力钢筋间距通常不宜小于 70 mm。

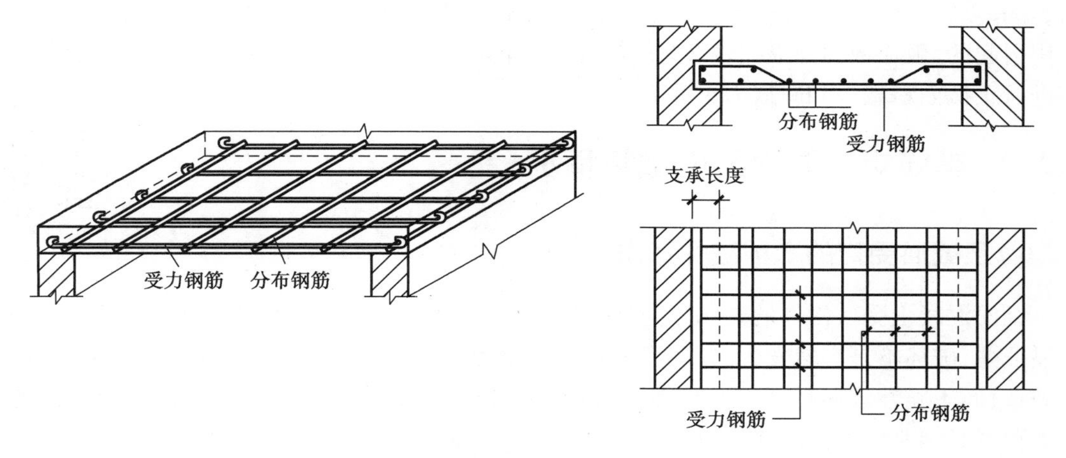

图 3.7 板的配筋

2)分布钢筋

分布钢筋垂直于板的受力钢筋方向,在受力钢筋内侧按构造要求配置。分布钢筋的作用:一是固定受力钢筋的位置,形成钢筋骨架;二是将板上荷载有效地传到受力钢筋上去;三是防止温度或混凝土收缩等原因产生沿跨度方向的裂缝。

分布钢筋宜采用 HPB300,HRB400,HRB335 级钢筋。梁式板中单位长度上分布钢筋的截面面积不宜小于单位宽度上受力钢筋截面面积的 15%,且不宜小于该方向板截面面积的 0.15%。分布钢筋的直径不宜小于 6 mm,间距不宜大于 250 mm;当集中荷载较大时,分布钢筋截面面积应适当增加,间距不宜大于 200 mm。分布钢筋应沿受力钢筋直线段均匀布置,并且受力钢筋所有转折处的内侧也应配置。

3.1.5 纵向受拉钢筋的配筋率

设正截面上所有下部纵向受拉钢筋的合力点至截面受拉区边缘的竖向距离为 a_s,则合力点至截面受压区边缘的竖向距离为 $h_0=h-a_s$(图 3.3)。其中,h 是截面的高度,h_0 称为截面有效高度,bh_0 为有效截面面积,b 为截面宽度。

纵向受拉钢筋的截面总面积用 A_s 表示,单位为 mm^2。纵向受拉钢筋截面总面积 A_s 与有效截面面积 bh_0 的比值,称为纵向受拉钢筋的配筋率,用 ρ 表示,以百分数计量,即

$$\rho=\frac{A_s}{bh_0} \tag{3.1}$$

纵向受拉钢筋的配筋率 ρ 在一定程度上标志着正截面上纵向受拉钢筋与混凝土之间的面积比率,它是对梁的受力性能有很大影响的一个重要指标。

3.2 受弯构件正截面承载力计算

钢筋混凝土受弯构件通常承受弯矩和剪力共同作用,其破坏有两种可能:一种是由弯矩

引起的,破坏截面与构件的纵向轴线垂直,称为沿正截面破坏;另一种是由弯矩和剪力共同作用引起的,破坏截面与纵向轴线呈一定角度,称为沿斜截面破坏。所以,设计受弯构件时,需进行正截面承载力和斜截面承载力计算。

梁的正截面受弯破坏

3.2.1　单筋矩形截面梁的破坏情况

1)正截面受弯的 3 种破坏形态

钢筋混凝土受弯构件的破坏分为延性破坏和脆性破坏两种类型。破坏前,变形较大,有明显征兆,破坏不是突然发生的,属于延性破坏类型;破坏前,变形很小,没有明显征兆的突然破坏,属于脆性破坏类型。脆性破坏的后果严重,且难以预知,材料没有充分利用,因此,在工程中必须避免脆性破坏的发生。

据试验研究,受弯构件正截面的破坏形态主要与配筋率、混凝土和钢筋的强度等级、截面形式等因素有关,但以配筋率对构件的破坏形态的影响最为明显。根据纵向受拉钢筋配筋率 ρ 的不同,其破坏形态为适筋破坏、超筋破坏和少筋破坏 3 种,如图 3.8 所示。

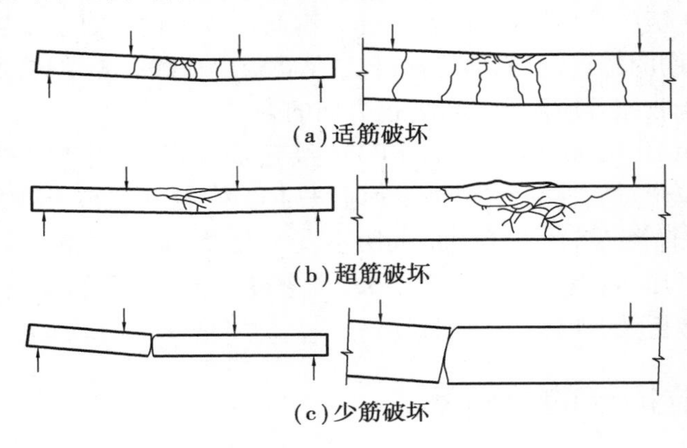

(a)适筋破坏

(b)超筋破坏

(c)少筋破坏

图 3.8　梁的破坏形态

(1)适筋破坏

当配筋适中,即 $\rho_{\min} \cdot h/h_0 \leqslant \rho \leqslant \rho_{\max}$ 时,发生适筋梁破坏,其特点是纵向受拉钢筋先屈服,然后随着弯矩的增加受压区混凝土被压碎,截面破坏,破坏时两种材料的性能均得到充分发挥,属延性破坏类型,如图 3.8(a)所示。

(2)超筋破坏

当纵向受拉钢筋配置过多,即 $\rho>\rho_{\max}$ 时,发生超筋梁破坏,其特点是混凝土受压区先压碎,纵向受拉钢筋不屈服,它在没有明显预兆的情况下由于受压区混凝土被压碎而突然破坏,故属于脆性破坏类型,如图 3.8(b)所示。

(3)少筋破坏

当纵向受拉钢筋配置过少,即 $\rho<\rho_{\min} \cdot h/h_0$ 时发生少筋破坏形态,其特点是受拉区混凝土一开裂就破坏,受拉钢筋立即达到屈服强度,有时可迅速经历整个流幅而进入强化阶段,在个别情况下,钢筋甚至可能被拉断,故属于脆性破坏类型,如图 3.8(c)所示。

2)适筋梁正截面破坏的3个阶段

(1)第Ⅰ阶段:未裂阶段

开始加载,弯矩很小,整个截面均参加受力。混凝土应变沿梁截面高度呈直线变化,应力与应变成正比,故截面应力分布为直线变化,整个截面的受力接近线弹性。

当弯矩增大到开裂弯矩 M_{cr}时,截面受拉边缘混凝土的拉应变达到极限拉应变 $\varepsilon_t=\varepsilon_{tu}$,截面达到即将开裂的临界状态($\text{I}_a$状态)。此时,截面受拉区混凝土出现明显的受拉塑性,应力呈曲线分布,但受压区压应力较小,仍处于弹性状态,应力为直线分布。第Ⅰ阶段中,混凝土没有开裂。

第Ⅰ阶段末(I_a状态)可作为受弯构件抗裂度的计算依据(图3.9)。

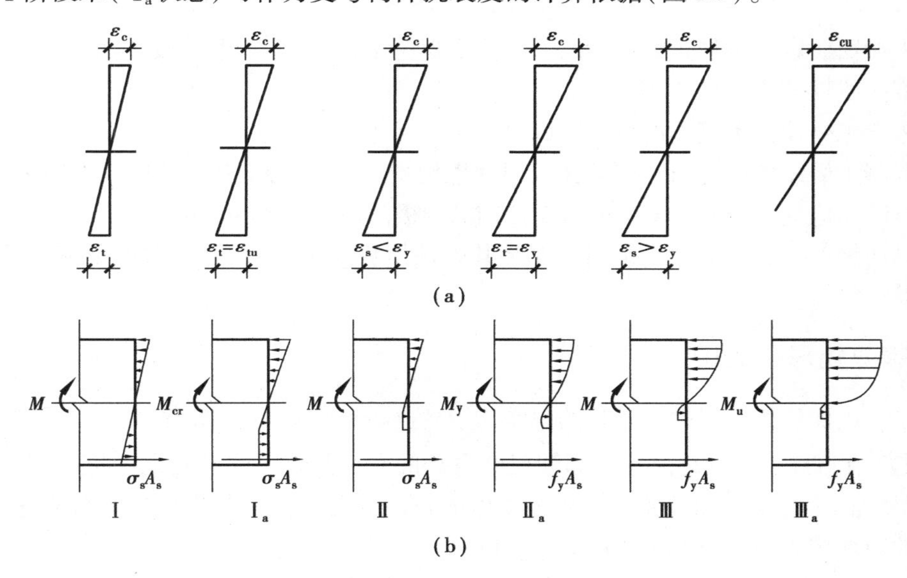

图3.9 适筋梁破坏的应力应变图

(2)第Ⅱ阶段:带裂缝工作阶段

当弯矩继续增加时,受拉区混凝土的拉应变超过其极限拉应变 ε_{tu},受拉区出现裂缝,截面即进入第Ⅱ阶段。

裂缝出现后,在裂缝截面处,受拉区混凝土大部分退出工作,拉力几乎全部由受拉钢筋承担。随着弯矩的不断增加,裂缝逐渐向上扩展,中和轴逐渐上移,受压区混凝土呈现出一定的塑性特征,应力图形呈曲线形。当弯矩继续增加,钢筋应力达到屈服强度 f_y,这时截面所能承担的弯矩称为屈服弯矩 M_y,它标志截面进入第Ⅱ阶段末,以 II_a 表示。

第Ⅱ阶段末(II_a 状态)可作为受弯构件裂缝宽度和变形验算的依据。

(3)第Ⅲ阶段:破坏阶段

弯矩继续增加,受拉钢筋的应力保持屈服强度不变,钢筋的应变迅速增大,促使受拉区混凝土的裂缝迅速向上扩展,受压区混凝土的塑性特征表现得更加充分,压应力呈显著曲线分布,截面即进入第Ⅲ阶段。

随弯矩继续增加,着受压边缘混凝土压应变达到极限压应变,受压区混凝土产生近乎水平的裂缝,混凝土被压碎,甚至崩脱,截面宣告破坏,此时截面所承担的弯矩即为破坏弯矩 M_u,它标志截面进入第Ⅲ阶段末,以Ⅲ$_a$ 表示。

第Ⅲ阶段末(Ⅲ$_a$ 状态)可作为受弯构件承载力计算的依据。

3.2.2 单筋矩形截面梁正截面受弯计算

1)正截面承载力计算的基本假定

受弯构件正截面承载力计算时,应以Ⅲ$_a$ 阶段的受力状态为依据。为简化计算,《规范》规定,包括受弯构件在内的各种混凝土构件的正截面承载力应按下列 4 个基本假定进行计算:

①平截面假定。构件正截面弯曲变形后仍保持平面,即在 3 个阶段中,截面上的应变沿截面高度为线性分布。

②不考虑受拉区混凝土的抗拉强度。

③混凝土受压的应力与应变关系采用理想化关系,当混凝土强度等级为 C50 及以下时,混凝土极限压应变 $\varepsilon_{cu}=0.003\ 3$,纵向受拉钢筋的极限应变取值为 0.01。

④纵向钢筋的应力取等于钢筋应变与其弹性模量的乘积,但其绝对值不应大于其相应的强度设计值。

2)等效矩形应力图

由于正截面抗弯计算的主要目的只是为了建立极限弯矩 M_u 的计算公式,从理论应力图求 M_u 很繁杂,而在 M_u 的计算中仅需知道合力 C 的大小和作用位置 y_c 就足够了。为此,《规范》对于受弯、偏心受压和大偏心受拉等构件的正截面受压区混凝土的应力分布进行简化,即用等效矩形应力图来代换理论应力图,如图 3.10 所示。

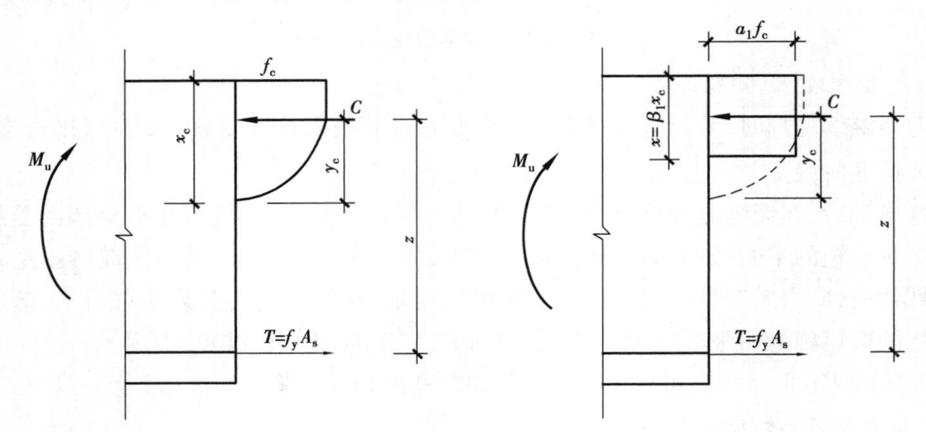

图 3.10 理论应力图与等效矩形应力图

两个图形等效的条件:

①混凝土压应力的合力 C 大小相等。

②两图形中受压区合力 C 的作用点不变。

等效矩形应力图由系数 α_1 和 β_1 确定。系数 α_1 为受压区混凝土矩形应力图的应力值与混凝土轴心抗压强度设计值 f_c 的比值；系数 β_1 为矩形应力图受压区高度 x（简称混凝土受压区高度）与平截面假定的中和轴高度 x_c（中和轴到受压区边缘的距离）的比值，即 $\beta_1 = x/x_c$。根据试验及分析，系数 α_1 和 β_1 仅与混凝土应力-应变曲线有关。α_1 和 β_1 的取值见表 3.5。

表 3.5　混凝土受压区等效矩形应力图系数

混凝土强度等级	≤C50	C55	C60	C65	C70	C75	C80
α_1	1.0	0.99	0.98	0.97	0.96	0.95	0.94
β_1	0.8	0.79	0.78	0.77	0.76	0.75	0.74

3）适筋梁与超筋梁的界限——最大配筋率

比较适筋梁和超筋梁的破坏特点，可以发现两者的差异在于：前者破坏始自受拉钢筋屈服，后者破坏则始自受压区混凝土被压碎。显然，总会有一个界限配筋率，这时钢筋应力达到屈服强度的同时，受压区边缘纤维应变也恰好达到混凝土受弯时极限压应变值，这种破坏形态叫“界限破坏”，即适筋梁与超筋梁的界限。界限配筋率即为适筋梁的最大配筋率 $\rho_{\max}$。

将受弯构件等效矩形应力图形的混凝土受压区高度 x 与截面有效高度 h_0 之比称为相对受压区高度，用 ξ 表示，即 $\xi = \dfrac{x}{h_0}$。适筋梁界限破坏时等效受压区高度与截面有效高度之比称为界限相对受压区高度，用 ξ_b 表示，即 $\xi_b = \dfrac{x_b}{h_0}$，其取值见表 3.6。若 $\xi \leqslant \xi_b$，表明发生的破坏为适筋破坏或少筋破坏；若 $\xi > \xi_b$，表明构件的破坏为超筋破坏。

$$\xi_b = \frac{\beta_1}{1 + \dfrac{f_y}{\varepsilon_{cu} E_s}} \tag{3.2}$$

式中　h_0——截面有效高度；

f_y——普通钢筋抗拉强度设计值；

E_s——钢筋的弹性模量；

ε_{cu}——非均匀受压时的混凝土极限压应变，混凝土强度等级不大于 C50 时，$\varepsilon_{cu} = 0.003\,3$。

表 3.6　相对受压区高度 ξ_b 取值

混凝土强度等级	≤C50	C60	C70	C80
HPB300 钢筋	0.576	0.557	0.537	0.518
HRB335 钢筋	0.550	0.531	0.512	0.493
HRB400 钢筋	0.518	0.499	0.481	0.463
HRB500 钢筋	0.482	0.464	0.447	0.429

4)适筋梁与少筋梁的界限——最小配筋率

最小配筋率的确定原则是:配筋率为 ρ_{min} 的钢筋混凝土受弯构件,按Ⅲ$_a$ 阶段计算的正截面受弯承载力 M_u 等于同截面素混凝土梁所能承受的弯矩 M_{cr}。《规范》规定:对梁类受弯构件,受拉钢筋的最小配筋率取 $0.45f_t/f_y$,同时不应小于0.2%。而为了保证工程中部出现少筋破坏,适筋梁和少筋梁的界限配筋率表示为 $\rho_{min}\cdot h/h_0$。这里用 $\rho_{min}\cdot h/h_0$ 而不是用 ρ_{min},因为《规范》中最小配筋率 ρ_{min} 是按 A_s/bh 来定义的,和配筋率 ρ 的定义不同。纵向受力钢筋的最小配筋率见表3.7。

表3.7 纵向受力钢筋的最小配筋率

受力类型			最小配筋率(%)
受压构件	全部纵向钢筋	强度等级500 MPa	0.50
		强度等级400 MPa	0.55
		强度等级300 MPa、335 MPa	0.60
	一侧纵向钢筋		0.20
受弯构件、偏心受拉、轴心受拉构件一侧的受拉钢筋			0.20和 $45f_t/f_y$ 中较大值

注:1.受压构件全部纵向钢筋最小配筋百分率,当采用C60以上强度等级的混凝土时,应按表中规定增大0.1;

2.板类受弯构件(不包括悬臂板)的受拉钢筋,当采用强度等级400 MPa、500 MPa的钢筋时,其最小配筋率应采用0.15和 $45f_t/f_y$ 中的较大值;

3.偏心受拉构件中的受压钢筋,应按受压构件一侧纵向钢筋考虑;

4.受压构件的全部纵向钢筋和一侧纵向钢筋的配筋率以及轴心受拉构件和小偏心受拉构件一侧受拉钢筋的配筋率应按构件的全截面面积计算;

5.受弯构件、大偏心受拉构件一侧受拉钢筋的配筋率应按全截面面积扣除受压翼缘面积 $(b'_f-b)h'_f$ 后的截面面积计算;

6.当钢筋沿构件截面周边布置时,"一侧纵向钢筋"系指沿受力方向两个对边中的一边布置的纵向钢筋;

7.规范只规定了受力钢筋最小配筋率,所以构造钢筋不要满足最小配筋率,只需满足构造要求。

5)基本公式

单筋矩形截面受弯构件正截面承载力计算简图如图3.11所示。

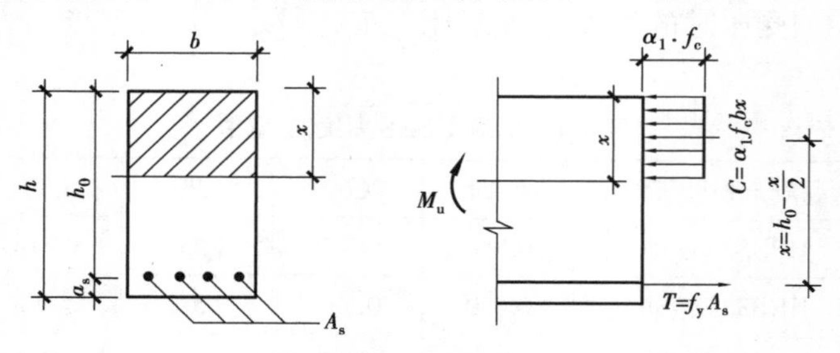

图3.11 单筋矩形截面受弯构件正截面承载力计算简图

根据平衡条件,可得(基本公式法)

$$\alpha_1 f_c bx = f_y A_s \tag{3.3a}$$

$$M \leqslant M_u = \alpha_1 f_c bx\left(h_0 - \frac{x}{2}\right) \tag{3.3b}$$

$$M \leqslant M_u = f_y A_s\left(h_0 - \frac{x}{2}\right) \tag{3.3c}$$

式中 M——弯矩设计值；

M_u——正截面受弯承载力设计值。

由 $x=\xi h_0$ 代入上式，并取 $a_s=\xi(1-0.5\xi)$，$\gamma_s=1-0.5\xi$，可得（表格法）

$$\alpha_1 f_c b \cdot \xi h_0 = f_y A_s \tag{3.4a}$$

$$M \leqslant M_u = \alpha_1 f_c b h_0^2 a_s \tag{3.4b}$$

$$M \leqslant M_u = f_y A_s h_0 \gamma_s \tag{3.4c}$$

6）基本公式适用条件

①防止发生超筋破坏，$\xi \leqslant \xi_b$。 (3.5)

②防止发生少筋破坏，应满足 $\rho \geqslant \rho_{min} \cdot h/h_0$。 (3.6)

7）正截面承载力计算步骤

在受弯构件正截面承载力计算时，一般仅需对控制截面进行受弯承载力计算。所谓控制截面，在等截面构件中一般是指弯矩设计值最大的截面；在变截面构件中，则是指截面尺寸相对较小而弯矩相对较大的截面。

在工程设计计算中，正截面受弯承载力计算包括截面设计和截面复核。

（1）截面设计

截面设计是指根据截面所承受的弯矩设计值 M 选定材料、确定截面尺寸，选择钢筋级别并计算配筋量。设计时，应满足 $M \leqslant M_u$，按照极限状态设计法，一般按 $M=M_u$ 进行计算。

主要计算步骤：

①确定截面有效高度 h_0。

由 3.1.5 节可知，截面有效高度 h_0 的计算式为：

$$h_0 = h - a_s \tag{3.7}$$

在截面设计中，由于钢筋数量和布置情况都是未知的，那么 a_s 需要根据环境类别和混凝土保护层厚度（见表 3.3）进行预估，以此估计 h_0 的取值。当环境类别为一类时（室内环境），通常取：

梁内一层纵向钢筋时，$a_s=40$ mm；

梁内两层纵向钢筋时，$a_s=65$ mm；

板，$a_s=25$ mm。

②计算混凝土受压区高度 x，并判断是否属于超筋梁。

$$x = h_0 - \sqrt{h_0^2 - \frac{2M}{\alpha_1 f_c b}} \tag{3.8}$$

若 $x \leqslant \xi_b h_0$，即满足 $\xi = x/h_0 \leqslant \xi_b$，则不属超筋梁。否则为超筋梁，应加大截面尺寸，或提高混凝土强度等级，或改用双筋截面。

③计算钢筋截面面积 A_s，并判断是否属于少筋梁。

$$A_s = \alpha_1 f_c bx/f_y \tag{3.9}$$

若 $A_s \geqslant \rho_{min} \cdot bh$，即满足 $\rho = A_s/bh_0 \geqslant \rho_{min} \cdot h/h_0$，则不属于少筋梁；否则为少筋梁，应按 $A_s = \rho_{min} \cdot bh$ 进行纵向受拉钢筋配筋面积 A_s 的计算。

④选配钢筋：根据计算出的 A_s 选配钢筋，所选用的钢筋实际配筋面积与 A_s 相差不超过 ±5%。

【例 3.1】 已知矩形梁截面尺寸 $b\times h$ = 250 mm×500 mm，弯矩设计值 M = 150 kN·m，混凝土强度等级为 C30，钢筋采用 HRB400 级，环境类别为一类，结构的安全等级为二级。求所需的受拉钢筋截面面积 A_s。

【解】 查表得 $f_c = 14.3\ \text{N/mm}^2$，$f_t = 1.43\ \text{N/mm}^2$，$f_y = 360\ \text{N/mm}^2$，$\alpha_1 = 1.0$，$\xi_b = 0.518$。

1.确定截面有效高度 h_0

假设纵向受拉钢筋按一层布置，则

$$h_0 = h - a_s = 500 - 40 = 460(\text{mm})$$

2.计算受压区高度 x，并判断是否为超筋梁

$$x = h_0 - \sqrt{h_0^2 - \frac{2M}{\alpha_1 f_c b}} = 460 - \sqrt{460^2 - \frac{2\times 150\times 10^6}{1.0\times 14.3\times 250}}$$

$$= 460 - 357.33 = 102.67(\text{mm})$$

$$< \xi_b h_0 = 0.518 \times 460 = 238.28(\text{mm})$$

不属于超筋梁。

3.计算 A_s，并判断是否为少筋梁

$$A_s = \alpha_1 f_c bx/f_y = 1.0\times 14.3\times 250\times 102.67/360 = 1\ 020(\text{mm}^2)$$

$$0.45f_t/f_y = 0.45\times 1.43/360 = 0.179\% < 0.2\%\text{，取 }\rho_{min} = 0.2\%$$

则，$A_{s,min} = \rho_{min}\cdot bh = 0.2\%\times 250\times 500 = 250(\text{mm}^2) < A_s = 1\ 020(\text{mm}^2)$

不属于少筋梁。

4.选配钢筋

初步选配 4 ⌀ 18（A_s = 1 018 mm^2），单层布置，钢筋布置如图 3.12 所示。

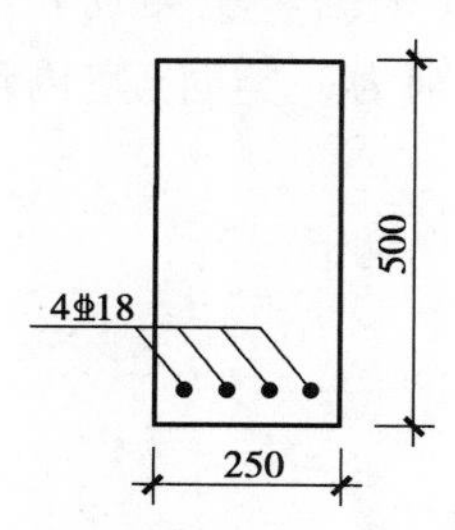

图 3.12 例 3.1 图

【例 3.2】 某教学楼钢筋混凝土矩形截面简支梁，安全等级为二级，截面尺寸 $b\times h$ = 250 mm×550 mm，承受恒载标准值 10 kN/m（不包括梁的自重），活荷载标准值 12 kN/m，计算跨度为 6 m，采用 C20 级混凝土，HRB335 级钢筋。试确定纵向受力钢筋的数量。

【解】 查表得 $f_c = 9.6\ \text{N/mm}^2$，$f_t = 1.10\ \text{N/mm}^2$，$f_y = 300\ \text{N/mm}^2$，$\xi_b = 0.550$，$\alpha_1 = 1.0$，结构重要性系数 $\gamma_0 = 1.0$，可变荷载组合值系数 $\psi_c = 0.7$。

1.计算弯矩设计值 M

钢筋混凝土重度为 25 kN/m^3，故作用在梁上的恒荷载标准值为：

$$g_k = 10 + 0.25\times 0.55\times 25 = 13.438(\text{kN/m})$$

简支梁在恒荷载标准值作用下的跨中弯矩为：

$$M_{gk}=g_k l_0^2/8=13.438\times6^2/8=60.471(\text{kN}\cdot\text{m})$$

简支梁在活荷载标准值作用下的跨中弯矩为：

$$M_{qk}=q_k l_0^2/8=12\times6^2/8=54(\text{kN}\cdot\text{m})$$

由恒载控制的跨中弯矩为：

$$\gamma_0\times(\gamma_G M_{gk}+\gamma_Q\psi_c M_{qk})=1.0\times(1.35\times60.471+1.4\times0.7\times54)=134.556(\text{kN}\cdot\text{m})$$

由活荷载控制的跨中弯矩为：

$$\gamma_0\times(\gamma_G M_{gk}+\gamma_Q\psi_c M_{qk})=1.0\times(1.2\times60.471+1.4\times54)=148.165(\text{kN}\cdot\text{m})$$

取较大值，得跨中弯矩设计值 $M=148.165$ kN·m。

2.计算 h_0

假定受力钢筋排一层，则 $h_0=h-40=550-40=510(\text{mm})$

3.计算 x，并判断是否属超筋梁

$$x=h_0-\sqrt{h_0^2-\frac{2M}{\alpha_1 f_c b}}=510-\sqrt{510^2-\frac{2\times148.165\times10^6}{1.0\times9.6\times250}}$$

$$=140.4(\text{mm})<\xi_b h_0=0.550\times510=280.5(\text{mm})$$

不属超筋梁。

4.计算 A_s，并判断是否少筋

$$A_s=\alpha_1 f_c bx/f_y=1.0\times9.6\times250\times140.4/300=1\ 123.2(\text{mm}^2)$$

$$0.45f_t/f_y=0.45\times1.10/300=0.17\%<0.2\%\text{，取}\ \rho_{min}=0.2\%$$

$$A_{s,min}=\rho_{min}bh=0.2\%\times250\times550=275(\text{mm}^2)<A_s=1\ 123.2(\text{mm}^2)$$

不属少筋梁。

5.选配钢筋

选配2 ⌀ 20+2 ⌀ 18（$A_s=1\ 137\ \text{mm}^2$），单层布置。

【例3.3】 如图3.13所示，某教学楼现浇钢筋混凝土走道板，厚度 $h=80$ mm，板面做20 mm水泥砂浆面层，计算跨度为2 m，采用C20级混凝土，HRB400级钢筋。试确定板的配筋。

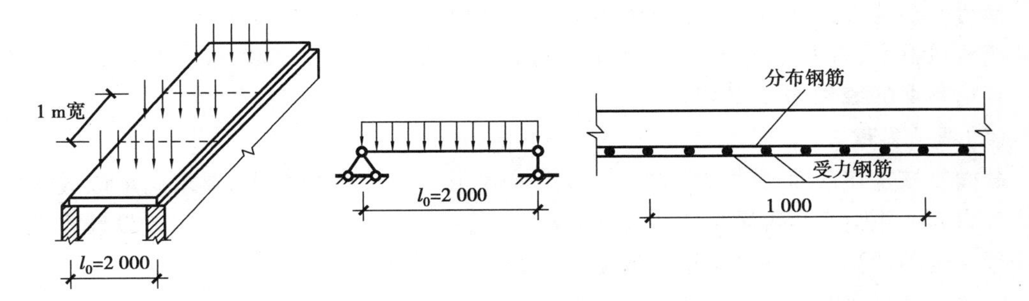

图3.13 例3.3图

【解】 查表得，楼面均布活荷载 $q_k=2.5\ \text{kN/m}^2$，$f_c=9.6\ \text{N/mm}^2$，$f_t=1.10\ \text{N/mm}^2$，$f_y=360\ \text{N/mm}^2$，$\xi_b=0.518$，$\alpha_1=1.0$，结构重要性系数 $\gamma_0=1.0$（教学楼安全等级为二级），可变荷载组合值系数 $\psi_c=0.7$。

1.计算跨中弯矩设计值 M

钢筋混凝土和水泥砂浆重度分别为 25 kN/m³ 和 20 kN/m³，故作用在板上的恒荷载标准值为

80 mm 厚钢筋混凝土板	$0.08\times25=2\ \text{kN/m}^2$
20 mm 水泥砂浆面层	$0.02\times20=0.4\ \text{kN/m}^2$
	$g_k=2.4\ \text{kN/m}^2$

取 1 m 板宽作为计算单元，即 $b=1\ 000$ mm，则 $g_k=2.4$ kN/m，$q_k=2.5$ kN/m

$\gamma_0\times(1.2g_k+1.4q_k)=1.0\times(1.2\times2.4+1.4\times2.5)=6.38(\text{kN/m})$

$\gamma_0\times(1.35g_k+1.4\psi_c q_k)=1.0\times(1.35\times2.4+1.4\times0.7\times2.5)=5.69(\text{kN/m})$

取较大值得板上荷载设计值 $p=6.38$ kN/m。

板跨中弯矩设计值为：

$$M=pl_0^2/8=6.38\times2^2/8=3.19(\text{kN}\cdot\text{m})$$

2.计算 h_0

$$h_0=h-20=80-20=60(\text{mm})$$

3.计算受压区高度 x，并判断是否超筋

$$x=h_0-\sqrt{h_0^2-\frac{2M}{\alpha_1 f_c b}}=60-\sqrt{60^2-\frac{2\times3.19\times10^6}{1.0\times9.6\times1\ 000}}$$

$$=5.82(\text{mm})<\xi_b h_0=0.518\times60=31.08(\text{mm})$$

不超筋。

4.计算 A_s，并判断是否少筋

$$A_s=\alpha_1 f_c bx/f_y=1.0\times9.6\times1\ 000\times5.82/360=155.2(\text{mm}^2)$$

$$0.45f_t/f_y=0.45\times1.10/360=0.137\ 5\%<0.2\%，取\ \rho_{min}=0.2\%$$

$$A_{s,min}=\rho_{min}bh=0.2\%\times1\ 000\times80=160(\text{mm}^2)>A_s=155.2(\text{mm}^2)$$

板的计算 A_s 少筋，则按照 $A_{s,min}=\rho_{min}bh=160\ \text{mm}^2$ 进行选配钢筋。

5.选配钢筋

受力钢筋选用⌀ 6@170（$A_s=166\ \text{mm}^2$），受力钢筋不能选用⌀ 8@300（$A_s=168\ \text{mm}^2$），因为按照构造要求，当 $h\leqslant150$ mm 时，板的受力钢筋间距不宜大于 200 mm。分布钢筋按构造要求可选用Φ 6@250 或Φ 8@250。

（2）截面复核

截面复核是在截面尺寸、截面配筋以及材料强度已给定的情况下，要求确定该截面的受弯承载力 M_u，并验算是否满足 $M\leqslant M_u$ 的要求。若不满足承载力要求，应修改设计或进行加固处理。这种计算一般在设计审核或结构检验鉴定时进行。

主要计算步骤：

①确定截面有效高度 h_0。

②计算实际受压区高度 x，判断梁的类型。

$$x=\frac{A_sf_y}{\alpha_1 f_c b} \tag{3.10}$$

若 $A_s \geqslant \rho_{min} \cdot bh$，且 $x \leqslant \xi_b h_0$，为适筋梁；

若 $x > \xi_b h_0$，为超筋梁；

若 $A_s < \rho_{min} \cdot bh$，为少筋梁。

③计算截面受弯承载力 M_u。

适筋梁
$$M_u=A_sf_y\left(h_0-\frac{x}{2}\right) \tag{3.11}$$

超筋梁
$$M_u=M_{u,max}=\alpha_1 f_c bh_0^2\xi_b(1-0.5\xi_b) \tag{3.12}$$

对超筋梁，其最大受弯承载力按照式(3.12)确定；若出现少筋梁，则该受弯构件认为是不安全的，应修改设计或进行加固。

④判断截面是否安全。若截面满足 $M \leqslant M_u$，则截面安全；但当 M 比 M_u 小得比较多时，截面不经济。

【例3.4】 某钢筋混凝土矩形截面梁，截面尺寸 $b \times h = 200\ \text{mm} \times 500\ \text{mm}$，安全等级为二级，环境类别为二a类，混凝土强度等级C25，纵向受拉钢筋选用HRB400级，为3 ⌀ 18，混凝土保护层厚度25 mm。该梁承受最大弯矩设计值 $M=105\ \text{kN} \cdot \text{m}$。试校核该梁是否安全。

【解】 查表得 $f_c=11.9\ \text{N/mm}^2$，$f_t=1.27\ \text{N/mm}^2$，$f_y=360\ \text{N/mm}^2$，$\xi_b=0.518$，$\alpha_1=1.0$，$A_s=763\ \text{mm}^2$。

1.计算 h_0

因纵向受拉钢筋布置成一层，故 $h_0=h-40=500-40=460(\text{mm})$。

2.计算 x，判断梁的类判

$$x=\frac{A_sf_y}{\alpha_1 f_c b}=\frac{763\times360}{1.0\times11.9\times200}=115.4(\text{mm}) < \xi_b h_0=0.518\times460=238.3(\text{mm})$$

$$0.45f_t/f_y=0.45\times1.27/360=0.16\% < 0.2\%，取\ \rho_{min}=0.2\%$$

$$A_{s,min}=\rho_{min}bh=0.2\%\times200\times500=200(\text{mm}^2) < A_s=763(\text{mm}^2)$$

故该梁属适筋梁。

3.求截面受弯承载力 M_u，并判断该梁是否安全

$$M_u=f_yA_s(h_0-x/2)=360\times763\times(460-115.4/2)\times10^{-6}$$
$$=110.5(\text{kN}\cdot\text{m}) > M=105(\text{kN}\cdot\text{m})$$

该梁安全。

双筋矩形截面梁

3.2.3 双筋矩形截面梁正截面受弯计算

如果在受压区配置的纵向受压钢筋数量比较多，不仅起架立钢筋的作用，而且在正截面受弯承载力的计算中必须考虑它的作用，这样配筋的截面称为双筋截面。一般来说，采用受压钢筋协助混凝土承受压力是不经济的。因此，一般工程中，下列情况下采用双筋截面：

①弯矩很大，同时按单筋矩形截面计算所得的 $\xi > \xi_b$，而梁截面尺寸受到限制，混凝土强

度等级又不能提高时。

②在不同荷载组合情况下,梁截面承受异号弯矩。

③在抗震结构中,框架梁必须配置一定比例的受压钢筋,以此提高截面的延性和抗裂性。

1)计算公式及适用条件

试验表明,双筋截面破坏时的受力特点与单筋截面相似,只要满足 $\xi \leqslant \xi_b$ 时,双筋矩形截面的破坏也是受拉钢筋的应力先达到抗拉强度 f_y(屈服强度),然后受压区混凝土的应力达到其抗压强度,具有适筋梁的塑性破坏特征。由于受压区混凝土塑性变形的发展,受压钢筋的应力一般也将达到其抗压强度 f'_y。

如图 3.14(a)所示,根据平衡条件,可得

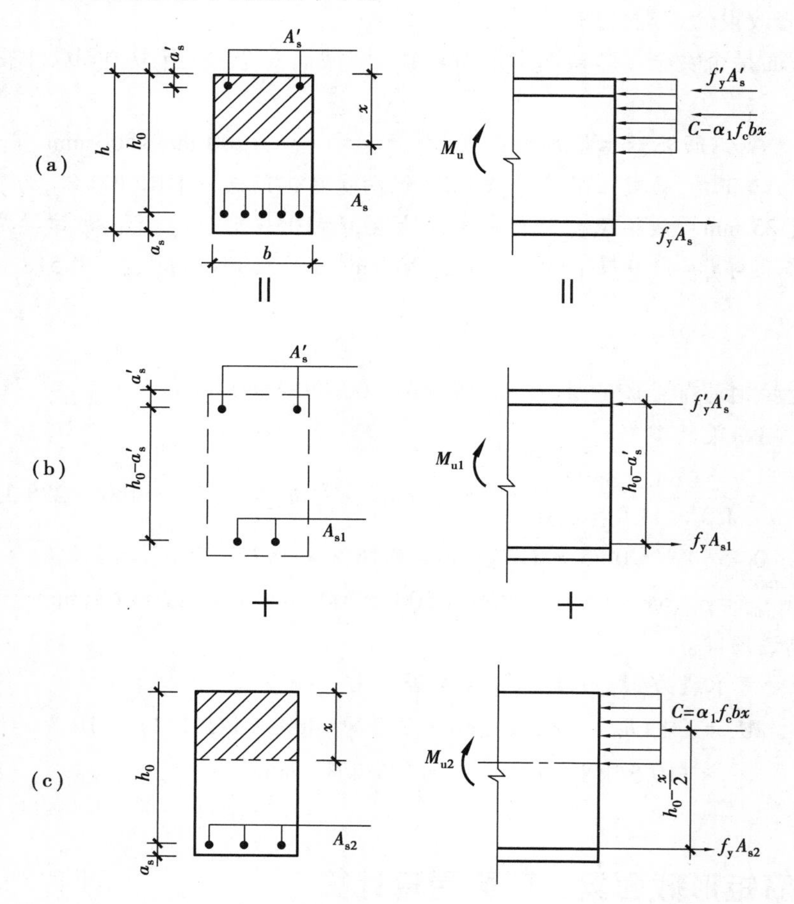

图 3.14　双筋矩形截面受弯构件正截面受弯承载力计算简图

$$\alpha_1 f_c bx + f'_y A'_s = f_y A_s \tag{3.13}$$

$$M_u = \alpha_1 f_c bx(h_0 - x/2) + f'_y A'_s(h_0 - a'_s) \tag{3.14}$$

应用以上两式,必须满足下列适用条件:

$$① \quad x \leqslant \xi_b h_0 \tag{3.15a}$$

$$② \quad x \geqslant 2a'_s \tag{3.15b}$$

当不满足上述条件②时，则表明受压钢筋应力达不到抗压强度设计值f_y'。正截面受弯承载力按式(3.16)计算。

$$M_u = f_y A_s (h_0 - a_s') \tag{3.16}$$

2)正截面承载力计算步骤

(1)截面设计

有两种情况：一种是受压钢筋和受拉钢筋都是未知的；另一种是因构造要求等原因，受压钢筋是已知的，求受拉钢筋。

情况一：已知截面尺寸$b\times h$，混凝土强度等级及钢筋等级，弯矩设计值M。求：受压钢筋A_s'和受拉钢筋A_s。

由于两个基本计算公式中含有x, A_s', A_s 3个未知数，其解是不定的，故尚需补充一个条件才能求解。在截面尺寸及材料强度已知的情况下，只有引入$(A_s'+A_s)$之和最小为其最优解。

①确定受压钢筋A_s'。为充分发挥混凝土抗压强度，取$\xi=\xi_b$，$x=\xi_b h_0$。

$$A_s' = \frac{M - \alpha_1 f_c b x_b \left(h_0 - \dfrac{x_b}{2}\right)}{f_y'(h_0 - a_s')} = \frac{M - \alpha_1 f_c b h_0^2 \xi_b (1 - 0.5\xi_b)}{f_y'(h_0 - a_s')} \tag{3.17}$$

②确定受拉钢筋A_s。

$$A_s = A_s' \frac{f_y'}{f_y} + \xi_b \frac{\alpha_1 f_c b h_0}{f_y} \tag{3.18}$$

当$f_y = f_y'$时

$$A_s = A_s' + \xi_b \frac{\alpha_1 f_c b h_0}{f_y} \tag{3.19}$$

情况二：已知截面尺寸$b\times h$、混凝土强度等级、钢筋等级、弯矩设计值M及受压钢筋A_s'，求受拉钢筋A_s。

如图3.14所示，双筋矩形截面受弯承载力设计值M_u可分为两部分：第一部分是由受压钢筋和相应的另一部分受拉钢筋A_{s1}所形成的承载力设计值M_{u1}，如图3.14(b)所示；第二部分是由受压区混凝土和相应的一部分受拉钢筋A_{s2}所形成的承载力设计值M_{u2}，如图3.14(c)所示，相当于单筋矩形截面的受弯承载力。即

$$M_u = M_{u1} + M_{u2} \tag{3.20}$$

又由于A_s'和f_y'是已知的，可由平衡条件分别计算得出A_{s1}和A_{s2}。

$$A_{s1} = \frac{f_y'}{f_y} A_s' \tag{3.21}$$

$$M_{u1} = f_y' A_s' (h_0 - a_s') \tag{3.22}$$

而A_{s2}可按照单筋矩形截面梁进行计算，由式(3.8)和式(3.9)计算出A_{s2}。

最后可得

$$A_s = A_{s1} + A_{s2} \tag{3.23}$$

在计算A_{s2}中，需要注意以下3个问题：

①若$\xi>\xi_b$，表明原有的A_s'不足，需按照A_s'未知的情况一重新计算。

②若计算得 $x<2a'_s$，则取 $x=2a'_s$，按照式(3.24)直接计算 A_s。

$$A_s=\frac{M}{f_y(h_0-a'_s)} \tag{3.24}$$

③当 a'_s/h_0 较大，若 $M<2\alpha_1 f_c ba'_s(h_0-a'_s)$ 时，按单筋梁计算得到的 A_s 将比按式(3.24)求出的 A_s 要小，这时应不考虑受压钢筋，按单筋梁确定受拉钢筋截面面积 A_s，以节约钢材。

【例 3.5】 已知矩形梁的截面尺寸 $b\times h=250\ \text{mm}\times 500\ \text{mm}$，承受弯矩设计值 $M=300\ \text{kN}\cdot\text{m}$，混凝土强度等级为 C30，钢筋采用 HRB400 级，环境类别为一类，结构的安全等级为二级，试计算所需配置的纵向受力钢筋面积。

【解】 查表得 $f_c=14.3\ \text{N/mm}^2$，$f_t=1.43\ \text{N/mm}^2$，$\alpha_1=1.0$，$\xi_b=0.518$，$f_y=360\ \text{N/mm}^2$，$f'_y=360\ \text{N/mm}^2$ 假设受拉钢筋为双层配置，$a=65\ \text{mm}$，$h_0=500-65=435(\text{mm})$。

1.确定是否需要选用双筋梁

$$x=h_0-\sqrt{h_0^2-\frac{2M}{\alpha_1 f_c b}}=435-\sqrt{435^2-\frac{2\times 300\times 10^6}{1.0\times 14.3\times 250}}=288.74(\text{mm})$$

$$\xi=x/h_0=288.74/435=0.664>\xi_b=0.518$$

需要布置受压钢筋。

2.确定受压钢筋 A'_s(取 $\xi=\xi_b$)

$$A'_s=\frac{M-\alpha_1 f_c bh_0^2\xi_b(1-0.5\xi_b)}{f'_y(h_0-a'_s)}$$

$$=\frac{300\times 10^6-1.0\times 14.3\times 250\times 435^2\times 0.518\times(1-0.5\times 0.518)}{360\times(435-40)}$$

$$=283.7(\text{mm}^2)$$

3.确定受拉钢筋 A_s

$$A_s=A'_s\frac{f'_y}{f_y}+\xi_b\frac{\alpha_1 f_c bh_0}{f_y}=283.7\times\frac{360}{360}+0.518\times\frac{1.0\times 14.3\times 250\times 435}{360}$$

$$=283.7+2\ 237.7=2\ 521.4(\text{mm}^2)$$

4.选配钢筋

受压钢筋选配 2 ⌀ 14($A'_s=308\ \text{mm}^2$)，受拉钢筋选配 8 ⌀ 20($A_s=2\ 513\ \text{mm}^2$)，通过钢筋排布计算，可以布置 8 ⌀ 20 3/5 或者 8 ⌀ 20 4/4。

【例 3.6】 已知条件同例 3.5，但在受压区已经布置 3 ⌀ 18 钢筋，$A'_s=763\ \text{mm}^2$，计算受拉钢筋 A_s。

【解】 查表得 $f_c=14.3\ \text{N/mm}^2$，$f_t=1.43\ \text{N/mm}^2$，$\alpha_1=1.0$，$\xi_b=0.518$，$f_y=360\ \text{N/mm}^2$，$f'_y=360\ \text{N/mm}^2$ 假设受拉钢筋为双层配置，$a=65\ \text{mm}$，$h_0=500-65=435(\text{mm})$。

1.计算 M_{u2}

$$M_{u1}=f'_yA'_s(h_0-a'_s)=360\times 763\times(435-40)=108.50\times 10^6(\text{kN}\cdot\text{mm})$$

$$M_{u2}=M_u-M_{u1}=300\times 10^6-108.50\times 10^6=191.50\times 10^6(\text{kN}\cdot\text{mm})$$

2.计算 A_{s2}

$$x=h_0-\sqrt{h_0^2-\frac{2M_{u2}}{\alpha_1 f_c b}}=435-\sqrt{435^2-\frac{2\times 191.5\times 10^6}{1.0\times 14.3\times 250}}=148.50(\text{mm})$$

$$\xi = x/h_0 = 148.5/435 = 0.341 < \xi_b = 0.518$$

$$A_{s2} = \alpha_1 f_c bx/f_y = 1.0 \times 14.3 \times 250 \times 148.5/360 = 1\ 474.7(\text{mm}^2)$$

3.计算 A_s

$$A_s = A_{s1} + A_{s2} = 763 + 1\ 474.7 = 2\ 237.7(\text{mm}^2)$$

4.选配钢筋

纵向受拉钢筋选配 6 ⌀ 22 2/4(A_s=2 281 mm^2)。

比较例 3.4 和例 3.5 的结果发现,例 3.4 中总的受力钢筋用量($A_s+A'_s$)比例 3.5 中总的受力钢筋用量($A_s+A'_s$)要少,这是由于在例 3.4 中,取 $\xi=\xi_b$,充分利用了受压区混凝土对正截面受弯承载力的作用,能节约钢筋。

(2)截面复核

已知截面尺寸 $b\times h$、混凝土强度等级及钢筋等级、受拉钢筋面积 A_s 及受压钢筋面积 A'_s,弯矩设计值 M,求正截面受弯承载力 M_u,并判断是否满足 $M\leqslant M_u$。

首先计算 x

$$x = \frac{f_y A_s - f'_y A'_s}{\alpha_1 f_c b} \tag{3.25}$$

若 $2a'_s \leqslant x \leqslant \xi_b h_0$,则可代入式(3.14)中求出 M_u;

若 $x<2a'_s$,可利用式(3.24)求出 M_u;

若 $x>\xi_b h_0$,应按照 $x=\xi_b h_0$ 代入式(3.14)中求出 M_u。

3.2.4　T 形截面梁正截面受弯计算

1)T 形截面梁

受弯构件在破坏时,大部分受拉区混凝土早已退出工作,故可挖去部分受拉区混凝土,并将钢筋集中放置,如图 3.15(a)所示,形成 T 形截面,对受弯承载力没有影响。这样既可节省混凝土,也可减轻结构自重。

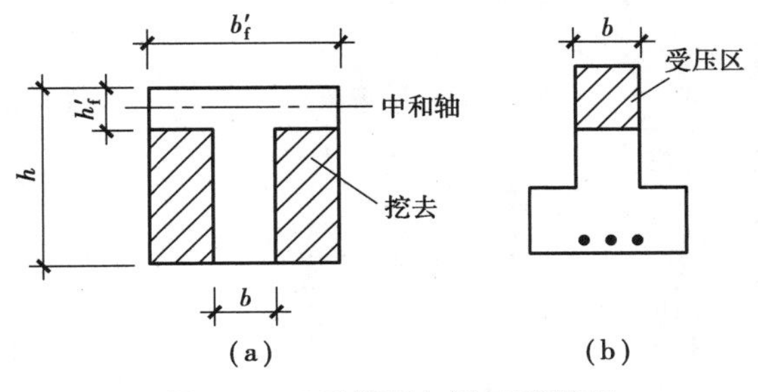

图 3.15　T 形截面与倒 T 形截面

T 形截面伸出部分称为翼缘,中间部分称为肋或梁腹板。肋的宽度为 b,位于截面受压区的翼缘宽度为 b'_f,厚度为 h'_f,截面总高度为 h。工形截面位于受拉区的翼缘不参与受力,因此也按 T 形截面计算。若翼缘在梁的受拉区,如图 3.15(b)所示的倒 T 形截面梁,当受拉区的混凝土开裂以后,翼缘对承载力就不再起作用了,对于这种梁应按肋宽为 b 的矩形截面计算承载力。

工程结构中,T形和工形截面受弯构件的应用是很多的,如现浇肋形楼盖中的主、次梁,T形吊车梁、薄腹梁、槽形板等均为T形截面;箱形截面、空心楼板、桥梁中的梁为工形截面。

2)翼缘的计算宽度 b'_f

由实验和理论分析可知,T形截面梁受力后,翼缘上的纵向压应力是不均匀分布的,离梁肋越远压应力越小,实际压应力分布如图3.16(a)、(c)所示。故在设计中把翼缘限制在一定范围内,称为翼缘的计算宽度 b'_f,并假定在 b'_f范围内压应力是均匀分布的,如图3.16(b)、(d)所示。

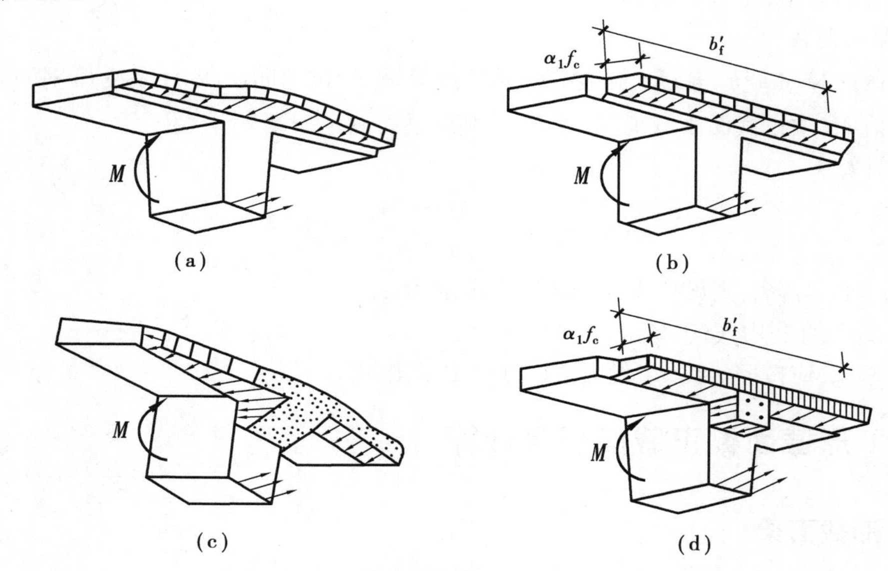

图3.16 T形截面梁受压区实际应力和计算应力图

《规范》对翼缘计算宽度 b'_f的取值规定见表3.8,计算时应取表中有关各项中的最小值。

表3.8 受弯构件受压区有效翼缘计算宽度 b'_f

计算情况		T形、I形截面		倒L形截面
		肋形梁、肋形板	独立梁	肋形梁、肋形板
按计算跨度 l_0 考虑		$l_0/3$	$l_0/3$	$l_0/6$
按梁(纵肋)净距 s_n 考虑		$b+s_n$	—	$b+s_n/2$
按翼缘高度 h'_f考虑	$h'_f/h_0 \geqslant 0.1$	—	$b+12h'_f$	—
	$0.1>h'_f/h_0 \geqslant 0.05$	$b+12h'_f$	$b+6h'_f$	$b+5h'_f$
	$h'_f/h_0<0.05$	$b+12h'_f$	b	$b+5h'_f$

注:1.表中 b 表示梁的腹板厚度;

2.肋形梁在梁跨内设有间距小于纵肋间距的横肋时,可不考虑表中情况3的规定;

3.加腋的T形、I形和倒L形截面,当受压区加腋的高度 h_h 不小于 h'_f且加腋长度 b_h 不大于 $3h_h$ 时,按表中情况3分别增加 $2b_h$(T形、I形截面)和 b_h(倒L形截面);

4.独立梁受压区翼缘板在荷载作用下,经验算沿纵肋方向可能产生裂缝时,其计算宽度应取腹板宽度 b。

3)基本公式与适用条件

按照构件破坏时中和轴位置的不同,T形截面可分为两种类型:

第一类T形截面:中和轴在翼缘内,即 $x \leqslant h'_f$;

第二类T形截面:中和轴在梁肋内,即 $x > h'_f$。

为了判别T形截面属于哪一种类型,首先分析 $x = h'_f$ 的特殊情况,图3.17为两类T形截面的界限情况。

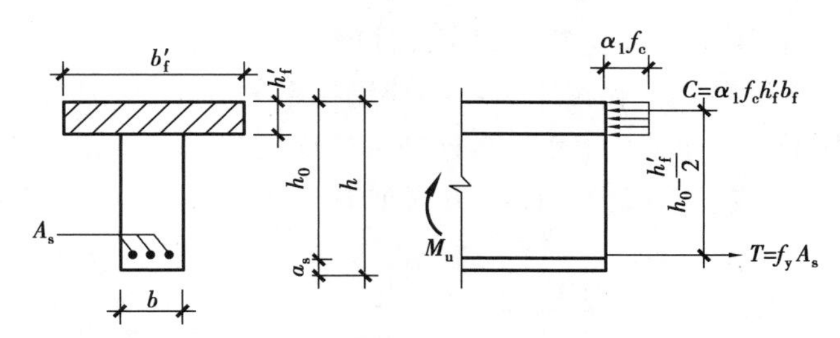

图3.17 $x = h'_f$ 时T形截面梁应力图

由平衡条件,可得

$$\alpha_1 f_c b'_f h'_f = f_y A_s \tag{3.26}$$

$$M_u = \alpha_1 f_c b'_f h'_f (h_0 - h'_f/2) \tag{3.27}$$

由此界限情况可知,若

$$f_y A_s \leqslant \alpha_1 f_c b'_f h'_f \tag{3.28a}$$

或

$$M_u \leqslant \alpha_1 f_c b'_f h'_f (h_0 - h'_f/2) \tag{3.29a}$$

则 $x \leqslant h'_f$,属于第一种类型。相反的,若

$$f_y A_s > \alpha_1 f_c b'_f h'_f \tag{3.28b}$$

或

$$M_u > \alpha_1 f_c b'_f h'_f (h_0 - h'_f/2) \tag{3.29b}$$

则 $x > h'_f$,属于第二种类型。

(1)第一类T形截面计算公式及适用条件

由于 $x \leqslant h'_f$,则梁的受压区等效矩形应力图完全在翼缘内,且为矩形,如图3.18所示,则可直接按照单筋矩形截面的计算方法进行计算,只不过受压区宽度为翼缘计算宽度 b'_f。

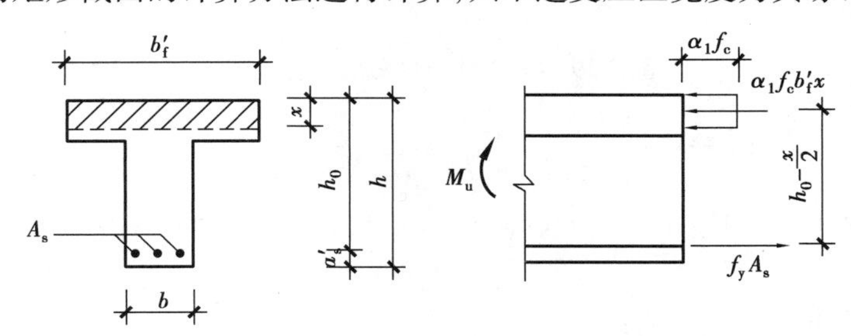

图3.18 第一类T形截面梁受力图

由平衡条件,可得

$$\alpha_1 f_c b'_f x = f_y A_s \tag{3.30}$$

$$M_u = \alpha_1 f_c b'_f x(h_0 - x/2) \tag{3.31}$$

适用条件：

①防止发生超筋破坏，$\xi \leqslant \xi_b$；

②防止发生少筋破坏，应满足 $\rho \geqslant \rho_{min} \cdot h/h_0$，因 T 形截面的开裂弯矩和同肋宽、同高度的矩形截面的开裂弯矩接近，此处 ρ_{min} 仍然按照矩形截面数值采用。

(2)第二类 T 形截面计算公式及适用条件

由于 $x>h'_f$，则梁的受压区等效矩形应力图除了全部翼缘之外，在肋部也有部分混凝土在受压区内，那么就可以把 T 形截面受弯承载力设计值 M_u 分为两部分，与双筋矩形截面类似。第一部分是由肋部受压区混凝土和相应的一部分受拉钢筋 A_{s1} 所形成的承载力设计值 M_{u1}，相当于单筋矩形截面的受弯承载力；第二部分是由翼缘挑出部分的受压混凝土和相应的另一部分受拉钢筋 A_{s2} 所形成的承载力设计值 M_{u2}，如图 3.19 所示。

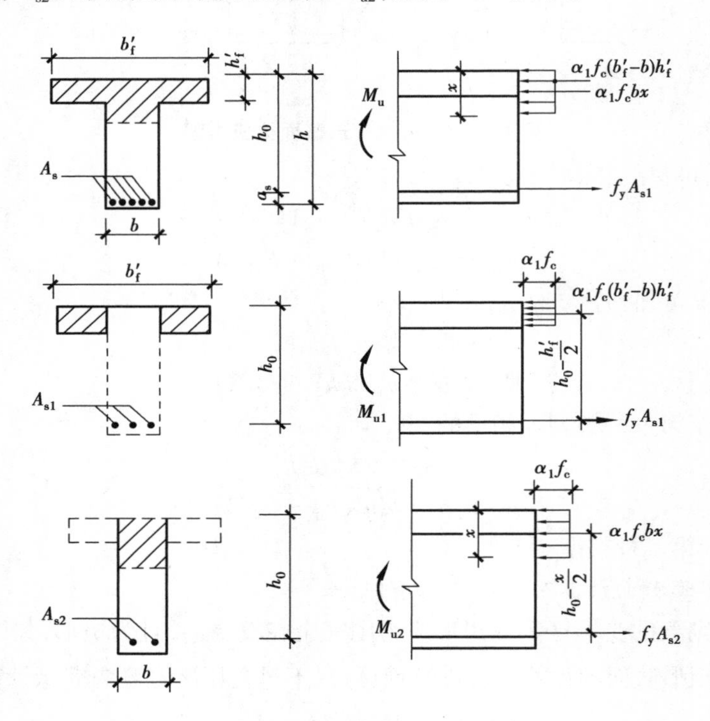

图 3.19　第二类 T 形截面梁受力图

由平衡条件，可得

$$\alpha_1 f_c(b'_f - b)h'_f + \alpha_1 f_c bx = f_y A_s \tag{3.32}$$

$$M_u = M_{u1} + M_{u2} = \alpha_1 f_c bx(h_0 - x/2) + \alpha_1 f_c(b'_f - b)h'_f(h_0 - h'_f/2) \tag{3.33}$$

适用条件：

①防止发生超筋破坏，$\xi \leqslant \xi_b$；

②防止发生少筋破坏，应满足 $\rho \geqslant \rho_{min} \cdot h/h_0$。

4) T形截面正截面承载力计算步骤

(1) 截面设计

已知:弯矩设计值 M、截面尺寸、混凝土和钢筋的强度等级,求受拉钢筋面积 A_s。

计算主要步骤框图如图3.20所示。

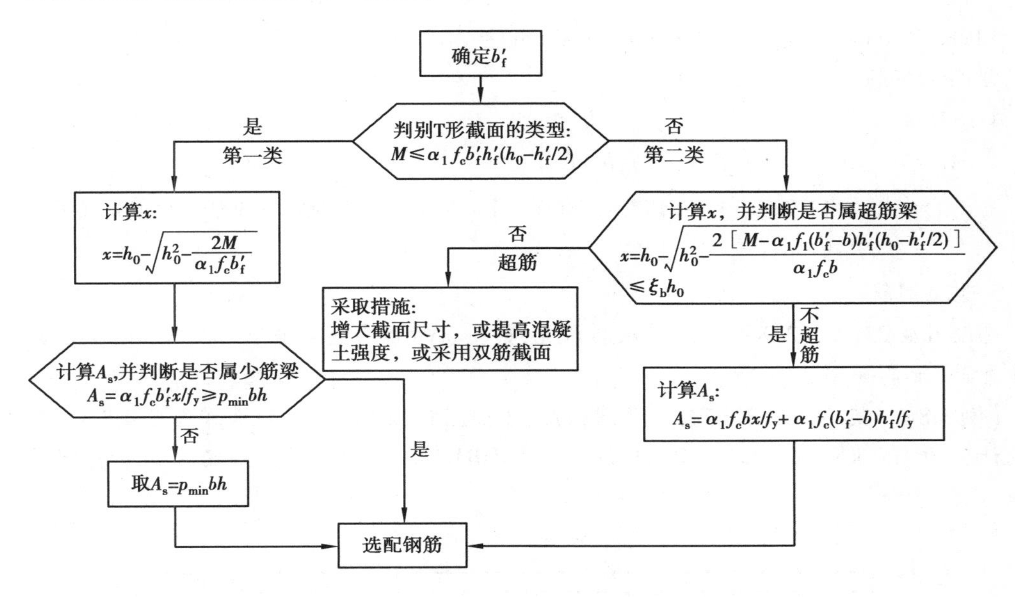

图3.20 T形截面梁截面设计计算步骤

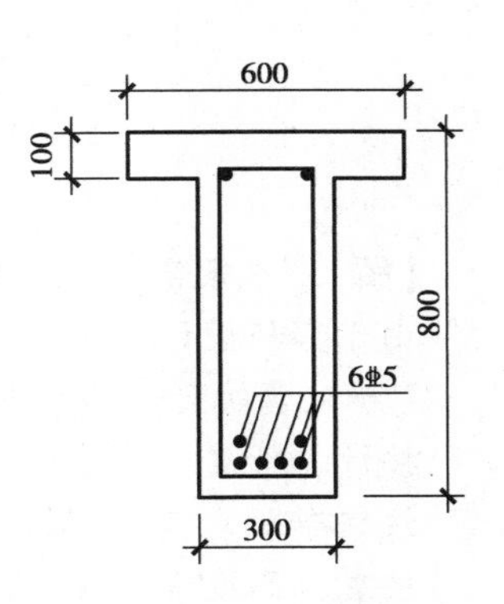

图3.21 某T形梁截面尺寸

【例3.7】 某独立T形梁,截面尺寸如图3.21所示,安全等级为二级,环境类别为一类,计算跨度为7 m,承受弯矩设计值695 kN·m,采用C25级混凝土和HRB400级钢筋,试确定纵向钢筋截面面积。

【解】 查表得 $f_c = 11.9\ \text{N/mm}^2$, $f_t = 1.27\ \text{N/mm}^2$, $f_y = 360\ \text{N/mm}^2$, $\alpha_1 = 1.0$, $\xi_b = 0.518$。

假设纵向钢筋排两排,则 $h_0 = 800-65 = 735(\text{mm})$

1.确定翼缘计算宽度 b'_f

按计算跨度 l_0 考虑: $b'_f = l_0/3 = 7\ 000/3 = 2\ 333.33(\text{mm})$

按翼缘高度考虑: $h'_f/h_0 = 100/735 = 0.136 > 0.1$

则 $b'_f = b+12h'_f = 300+12\times100 = 1\ 500(\text{mm})$。

上述两项均大于实际翼缘宽度600 mm,故取 $b'_f = 600$ mm。

2.判别T形截面的类型

$$\alpha_1 f_c b'_f h'_f\left(h_0 - \frac{h'_f}{2}\right) = 1.0 \times 11.9 \times 600 \times 100 \times (735 - 100/2) \times 10^{-6}$$

$$= 489.09(\text{kN}\cdot\text{m}) < M = 695(\text{kN}\cdot\text{m})$$

该梁为第二类T形截面。

3.计算 x,并验算是否超筋

$$x = h_0 - \sqrt{h_0^2 - \frac{2[M - \alpha_1 f_c(b'_f - b)h'_f(h_0 - h'_f/2)]}{\alpha_1 f_c b}}$$

$$= 735 - \sqrt{735^2 - \frac{2[695 \times 10^6 - 1.0 \times 11.9 \times (600 - 300) \times 100 \times (735 - 100/2)]}{1.0 \times 11.9 \times 300}}$$

$$= 198.47(\text{mm}) < \xi_b h_0 = 0.518 \times 735(\text{mm}) = 380.73(\text{mm})$$

截面不超筋。

4.计算 A_s

$$A_s = \alpha_1 f_c bx/f_y + \alpha_1 f_c(b'_f - b)h'_f/f_y$$

$$= 1.0 \times 11.9 \times 300 \times 198.47/360 + 1.0 \times 11.9 \times (600 - 300) \times 100/360$$

$$= 2\,977.9(\text{mm}^2)$$

5.选配钢筋

选配 6 ⌀ 25(A_s = 2 945 mm^2),双层布置,第一层对称布置 4 ⌀ 25,第二层沿截面两侧布置 2 ⌀ 25,配筋如图 3.21 所示。

【例 3.8】 某现浇肋形楼盖次梁,截面尺寸如图 3.22 所示,梁的计算跨度 4.8 m,跨中弯矩设计值为 120 kN · m,采用 C25 级混凝土和 HRB400 级钢筋。试确定纵向受拉钢筋截面面积。

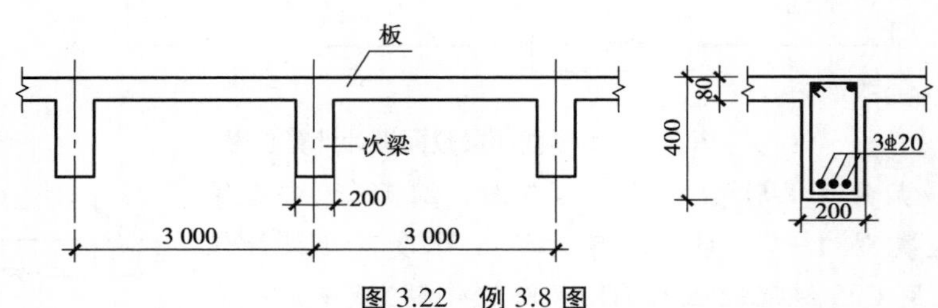

图 3.22 例 3.8 图

【解】 查表得 $f_c = 11.9$ N/mm^2,$f_t = 1.27$ N/mm^2,$f_y = 360$ N/mm^2,$\alpha_1 = 1.0$,$\xi_b = 0.518$。

由于弯矩设计值较小,假设纵向钢筋排一排,则 $h_0 = 400 - 40 = 360$ mm。

1.确定翼缘计算宽度 b'_f

按计算跨度 l_0 考虑:$b'_f = l_0/3 = 4\,800/3 = 1\,600$(mm)。

按梁净距 s_n 考虑:$b'_f = b + s_n = 3\,000$ mm。

按翼缘高度考虑:$h'_f/h_0 = 80/360 = 0.222 > 0.1$,不受此项限制。

取较小值得翼缘计算宽度 $b'_f = 1\,600$ mm。

2.判别 T 形截面的类型

$$\alpha_1 f_c b'_f\left(h_0 - \frac{h'_f}{2}\right) = 1.0 \times 11.9 \times 1\,600 \times 80 \times (360 - 80/2) \times 10^{-6}$$

$$= 487.42(\text{kN} \cdot \text{m}) > M = 120(\text{kN} \cdot \text{m})$$

该梁为第一类 T 形截面。

3.计算 x(第一类 T 形截面不需要验算是否超筋)

$$x = h_0 - \sqrt{h_0^2 - \frac{2M}{\alpha_1 f_c b'_f}} = 360 - \sqrt{360^2 - \frac{2 \times 120 \times 10^6}{1.0 \times 11.9 \times 1\,600}} = 17.95(\text{mm})$$

4.计算 A_s,并验算是否少筋

$$A_s = \alpha_1 f_c b'_f x / f_y = 1.0 \times 11.9 \times 1\,600 \times 17.95/360 = 949.4(\mathrm{mm}^2)$$

$$0.45 f_t / f_y = 0.45 \times 1.27/360 = 0.16\% < 0.2\%,\text{取 } \rho_{\min} = 0.2\%$$

$$A_{s,\min} = \rho_{\min} bh = 0.2\% \times 200 \times 400 = 160(\mathrm{mm}^2) < A_s = 949.4(\mathrm{mm}^2)$$

截面不少筋。

5.选配钢筋

选配3 ⊈ 20(A_s=942 mm²)。

(2)截面校核

已知:弯矩设计值 M、截面尺寸、混凝土和钢筋的强度等级、受拉钢筋面积 A_s,求受弯承载力 M_u,并判断是否满足 $M \leqslant M_u$。

计算步骤:

①由 $f_y A_s \leqslant \alpha_1 f_c b'_f h'_f$ 判断截面类型,满足公式为第一类T形截面,否则为第二类T形截面。

②若为第一类T形截面,则用式(3.31)$M_u = \alpha_1 f_c b'_f x(h_0 - x/2)$ 直接计算;

若为第二类T形截面,则根据式(3.32)可得

$$x = \frac{f_y A_s - \alpha_1 f_c (b'_f - b) h'_f}{\alpha_1 f_c b} \tag{3.34}$$

若 $x \leqslant \xi_b h_0$,则直接代入式(3.33)计算。

若 $x > \xi_b h_0$,则取 $x = \xi_b h_0$,根据式(3.33)可得

$$M_u = \alpha_1 f_c b h_0^2 \xi_b (1 - 0.5\xi_b) + \alpha_1 f_c (b'_f - b) h'_f (h_0 - h'_f/2) \tag{3.35}$$

③验算是否满足 $M \leqslant M_u$。

3.3 受弯构件斜截面承载力计算

受弯构件在荷载作用下,截面除产生弯矩 M 外,常常还产生剪力 V,在剪力和弯矩共同作用的剪弯区段产生斜裂缝,如果斜截面承载力不足,可能沿斜裂缝发生斜截面受剪破坏或斜截面受弯破坏。因此,还要保证受弯构件斜截面承载力,即斜截面受剪承载力和斜截面受弯承载力。工程设计中,斜截面受剪承载力是由抗剪计算来满足的,斜截面受弯承载力则是通过构造要求来满足的。

3.3.1 斜裂缝的产生

由于混凝土抗拉强度很低,随着荷载的增加,当主拉应力超过混凝土复合受力下的抗拉强度时,就会出现与主拉应力轨迹线大致垂直的裂缝。除纯弯段的裂缝与梁纵轴垂直以外,M、V 共同作用下的截面主应力轨迹线都与梁纵轴有一倾角,如图3.23所示。其裂缝与梁的纵轴是倾斜的,故称为斜裂缝。

为了防止斜截面破坏,理论上应在梁中设置与主拉应力方向平行的钢筋最合理,可以有

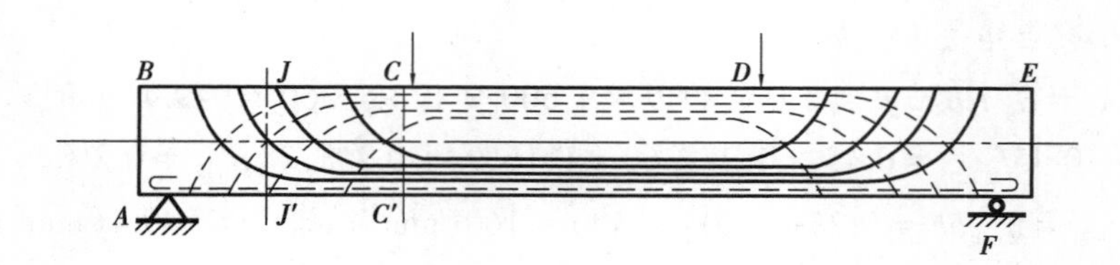

图 3.23　梁主应力迹线图

效地限制斜裂缝的发展。但为了施工方便，一般采用梁中设置箍筋和弯起钢筋，箍筋和弯起钢筋称为腹筋。

3.3.2　斜截面破坏的 3 种形态

承受集中荷载的简支梁中，最外侧的集中力到临近支座的距离 a 称为剪跨。剪跨 a 与梁截面有效高度 h_0 的比值，称为计算截面的剪跨比，简称剪跨比，用 λ 表示：

$$\lambda = a/h_0 \tag{3.36}$$

对于承受集中荷载的简支梁，$\lambda = M/Vh_0 = a/h_0$，这时的剪跨比与广义的剪跨比相同。剪跨比在一定程度上反映了截面上弯矩与剪力的相对比值，对斜截面受剪承载力有着极为重要的影响。

根据箍筋数量和剪跨比的不同，受弯构件主要有以下 3 种斜截面受剪破坏形态：

(1) 斜压破坏

当梁的箍筋配置过多、过密或者梁的剪跨比 $\lambda<1$ 时，发生斜压破坏。破坏时，混凝土被斜裂缝分割成若干个斜向短柱，在正应力和剪应力共同作用下而压坏，破坏时箍筋应力尚未达到屈服强度，如图 3.24(a) 所示。因此受剪承载力取决于混凝土的抗压强度，斜压破坏属脆性破坏。

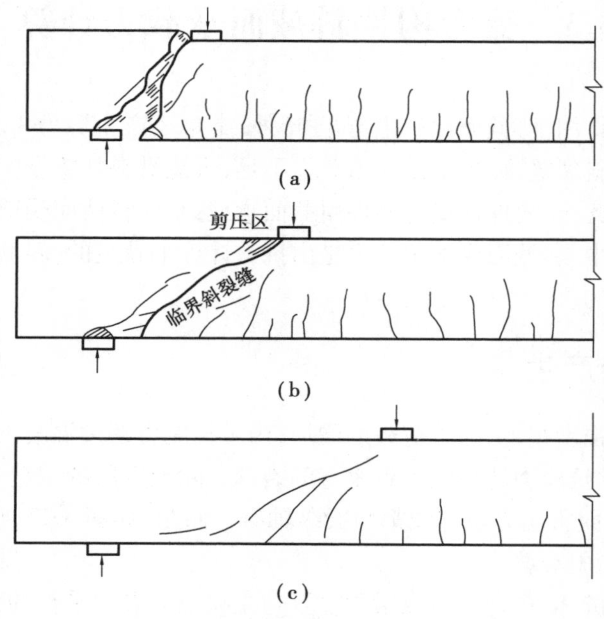

图 3.24　斜截面破坏形态

(2)剪压破坏

构件的箍筋适量,且剪跨比 $1 \leq \lambda \leq 3$ 时将发生剪压破坏。当荷载增加到一定值时,首先在剪弯段受拉区出现斜裂缝,其中一条将发展成临界斜裂缝(即延伸较长和开展较大的斜裂缝)。荷载进一步增加,与临界斜裂缝相交的箍筋应力达到屈服强度。随后,斜裂缝不断扩展,斜截面末端剪压区不断缩小,最后剪压区混凝土在正应力和剪应力共同作用下达到极限状态而压碎[图3.24(b)]。剪压破坏没有明显预兆,属于脆性破坏。

(3)斜拉破坏

当箍筋配置过少,且剪跨比 $\lambda > 3$ 时,常发生斜拉破坏。其特点是一旦出现斜裂缝,与斜裂缝相交的箍筋应力立即达到屈服强度,箍筋对斜裂缝发展的约束作用消失,随后斜裂缝迅速延伸到梁的受压区边缘,将梁劈裂为两部分而破坏[图3.24(c)]。斜拉破坏荷载与开裂时荷载接近,这种梁的抗剪强度取决于混凝土抗拉强度,承载力较低,剪压破坏没有明显预兆,属于脆性破坏。

《规范》规定用构造措施来防止斜拉、斜压破坏,通过计算来防止剪压破坏。

3.3.3 影响斜截面受剪承载力的主要因素

(1)剪跨比

梁的剪跨比反映了截面上正应力和剪应力的相对关系,决定了该截面上任一点主应力的大小和方向,因而影响梁的破坏形态和受剪承载力的大小。随着剪跨比 λ 的增加,梁的破坏形态按斜压($\lambda < 1$)、剪压($1 \leq \lambda \leq 3$)和斜拉($\lambda > 3$)的顺序演变,其受剪承载力则逐步减弱。当 $\lambda > 3$ 时,剪跨比的影响将不明显。

(2)混凝土强度

斜截面破坏是由混凝土到达极限强度而发生的,故混凝土的强度对梁的受剪承载力影响很大。在3种破坏形态中,斜拉破坏取决于混凝土的抗拉强度 f_t,剪压破坏取决于顶部混凝土的抗压强度 f_c 和腹部的骨料咬合作用(接近抗剪或抗拉),斜压破坏取决于混凝土的抗压强度 f_c,而斜压破坏是受剪承载力的上限。

(3)箍筋的配筋率

梁内箍筋的配筋率是指沿梁长,在箍筋的一个间距范围内,箍筋各肢的全部截面面积与混凝土水平截面面积的比值。梁内箍筋的配筋率

$$\rho_{sv} = \frac{A_{sv}}{bs} = \frac{nA_{sv1}}{bs} \tag{3.37}$$

式中 A_{sv}——配置在同一截面内箍筋各肢的全部截面面积;

n——同一截面内箍筋肢数,如图3.25所示;

A_{sv1}——为单肢箍筋的截面面积;

b——矩形截面的宽度,T形、I形截面的腹板宽度;

s——箍筋间距。

(4)纵筋配筋率

纵向钢筋能抑制斜裂缝的开展,使斜裂缝顶部混凝土受压区高度(面积)增大,间接地提高梁的受剪承载力,纵筋的受剪产生了销栓力,它能限制斜裂缝的伸展,从而使剪压区的高

度增大。所以,纵筋的配筋率越大,梁的受剪承载力也就提高。

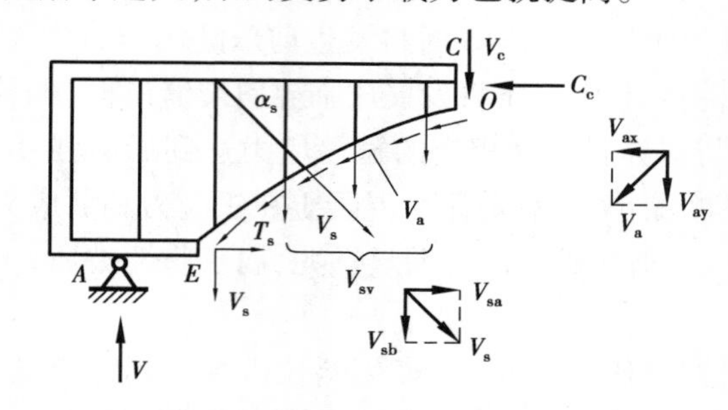

图 3.25 混凝土梁斜截面受剪示意图

(5)斜截面上的骨料咬合力

斜裂缝处的骨料咬合力对无腹筋梁的斜截面受剪承载力影响较大。

(6)截面形状

这里主要是指 T 形梁和 I 形梁,其翼缘大小对受剪承载力有影响。适当增加翼缘宽度,可提高受剪承载力约 25%,但翼缘过大,增大作用就趋于平缓。一般情况下,忽略翼缘的作用,只取腹板的宽度当作矩形截面梁计算构件的受剪承载力,其结果偏于安全。

(7)截面尺寸

截面尺寸对无腹筋梁的受剪承载力有较大影响,尺寸大的构件,抗剪承载力更大;对于有腹筋梁,截面尺寸的影响将减小。

3.3.4 基本计算公式

梁发生剪压破坏时,斜截面所承受的剪力设计值由 3 部分组成(图 3.25):

$$V_u = V_c + V_{sv} + V_{sb} \tag{3.38}$$

式中 V_u——受弯构件斜截面受剪承载力;

V_c——剪压区混凝土受剪承载力设计值,即无腹筋梁的受剪承载力;

V_{sv}——与斜裂缝相交的箍筋受剪承载力设计值;

V_{sb}——与斜裂缝相交的弯起钢筋受剪承载力设计值。

需要说明的是,式(3.38)中 V_c 和 V_{sv} 密切相关,无法分开表达,故以 $V_{cs}=V_c+V_{sv}$ 来表达混凝土和箍筋总的受剪承载力,于是有:

$$V_u = V_{cs} + V_{sb} \tag{3.39}$$

(1)仅配置箍筋的矩形、T 形和 I 形截面受弯构件的斜截面受剪承载力设计值

$$V_u = V_{cs} = \alpha_{cv} f_t b h_0 + f_{yv} \frac{A_{sv}}{s} h_0 \tag{3.40}$$

式中 f_t——混凝土轴心抗拉强度设计值;

α_{cv}——斜截面受剪承载力系数,对于一般构件取 0.7;对集中荷载作用下(包括作用多种荷载,其中集中荷载对支座截面或节点边缘所产生的剪力占该截面总剪力值的 75%以上的情况)的独立梁,取 α_{cv} 为 $1.75/(\lambda+1)$,λ 为计算截面的剪跨比,当 $\lambda<1.5$ 时,取 $\lambda=1.5$;当 $\lambda>3$ 时,取 $\lambda=3$;

A_{sv}——配置在同一截面内箍筋各肢的全部截面面积，$A_{sv}=nA_{sv1}$，其中 n 为同一截面内箍筋肢数，A_{sv1} 为单肢箍筋的截面面积；

s——箍筋间距；

f_{yv}——箍筋抗拉强度设计值。

(2)同时配置箍筋和弯起钢筋时，矩形、T 形和 I 形截面受弯构件的斜截面承载力设计值

$$V_u = V_{cs} + V_{sb} = V_{cs} + 0.8 f_y A_{sb} \sin \alpha_s \tag{3.41}$$

式中 f_t——弯起钢筋的抗拉强度设计值；

A_{sb}——同一弯起平面内弯起钢筋的截面面积；

α_s——弯起钢筋与构件纵轴线之间的夹角，一般情况 $\alpha_s=45°$，梁截面高度 $h \geqslant$ 800 mm时，取 $\alpha_s=60°$。

(3)不配置箍筋和弯起钢筋的一般板类受弯构件，其斜截面受剪承载力设计值

$$V_u = 0.7\beta_h f_t b h_0 \tag{3.42}$$

$$\beta_h = \left(\frac{800}{h_0}\right)^{1/4} \tag{3.43}$$

式中 β_h——截面高度影响系数：当 $h_0<800$ mm 时，取 800 mm；当 $h_0>2\ 000$ mm 时，取 2 000 mm。

3.3.5 基本公式适用条件

1)截面的最小尺寸(上限值)

《规范》对矩形、T 形和 I 形截面梁的截面尺寸作如下规定：

当 $h_w/b \leqslant 4$ 时，应满足

$$V \leqslant 0.25\beta_c f_c b h_0 \tag{3.44a}$$

当 $h_w/b \geqslant 6$ 时(薄腹梁)，应满足

$$V \leqslant 0.2\beta_c f_c b h_0 \tag{3.44b}$$

当 $4<h_w/b<6$ 时，按线性内插法取用。

式中 V——构件斜截面上的剪力设计值；

β_c——混凝土强度影响系数，当混凝土强度等级不大于 C50 级时，取 $\beta_c=1$；当混凝土强度等级为 C80 时，$\beta_c=0.8$，其间按线性内插法取值；

h_w——截面腹板高度，矩形截面取有效高度 h_0，T 形截面取有效高度减去翼缘高度，I 形截面取腹板净高；

b——矩形截面的宽度或 T 形截面和 I 形截面的腹板宽度。

2)箍筋的最小配箍率(下限值)

箍筋配置过少，一旦斜裂缝出现，箍筋中突然增大的拉应力很可能达到屈服强度，造成裂缝的加速开展，甚至箍筋被拉断，而导致斜拉破坏。为了避免这类破坏，当 $V>0.7f_t b h_0$ 时规定了梁内箍筋配筋率的下限值，即箍筋的配筋率 ρ_{sv} 应不小于其最小配筋率 $\rho_{sv,min}$。

$$\rho_{sv} = \frac{A_{sv}}{bs} \geqslant \rho_{sv,min} \tag{3.45}$$

$$\rho_{sv,min} = \frac{0.24f_t}{f_{yv}} \tag{3.46}$$

3.3.6 斜截面受剪承载力的计算位置

①支座边缘处的截面,即图 3.26(a)中的截面 1—1;

②受拉区弯起钢筋弯起点处的斜截面,即图 3.26(a)中截面 2—2;

③箍筋截面面积或间距改变处的斜截面,即图 3.26(a)中的截面 3—3;

④腹板宽度改变处的斜截面。例如薄腹梁在支座附近的截面变化处,即图 3.26(b)中的截面 4—4。

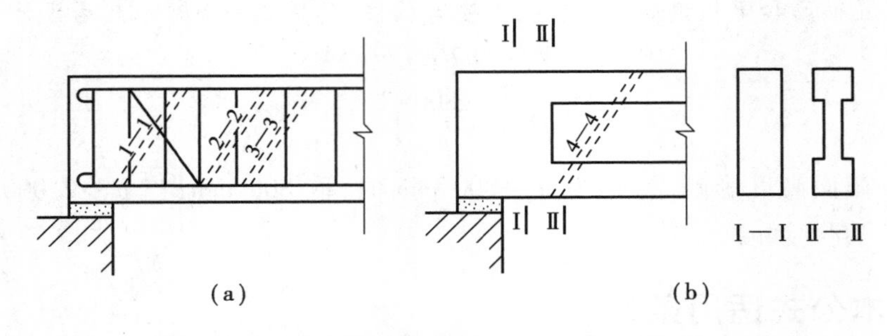

图 3.26 斜截面受剪承载力的计算截面位置

3.3.7 斜截面受剪承载力的计算步骤

已知:剪力设计值 V、截面尺寸、混凝土强度等级、箍筋级别、纵向受力钢筋的级别和数量。求:腹筋数量。

计算步骤:

①复核截面尺寸。梁的截面尺寸应满足式(3.44a)或者式(3.44b)的要求,否则应加大截面尺寸或提高混凝土强度等级。

②确定是否需按计算配置箍筋。当满足下式条件时,可按构造配置箍筋,否则需按计算配置箍筋:

$$V \leqslant \alpha_{cv} f_t b h_0 \tag{3.47}$$

按构造配置箍筋时,箍筋的直径、肢数、间距均按照构造要求确定。

③确定腹筋数量。仅配置箍筋时:

$$\frac{A_{sv}}{s} \geqslant \frac{V - \alpha_{cv} f_t b h_0}{f_{yv} h_0} \tag{3.48}$$

求出 A_{sv}/s 的值后,即可根据构造要求选定箍筋肢数 n 和直径 d,然后求出间距 s,或者根据构造要求选定 n、s,然后求出 d。箍筋的间距和直径应满足构造要求。梁中箍筋的最大间距见表 3.9。《规范》规定“混凝土梁宜采用箍筋作为承受剪力的钢筋”,同时考虑到设计与施工的方便,现今建筑工程中的一般梁(除悬臂梁外)、板都已经基本上不再采用弯起钢筋,故本书不介绍同时配置箍筋和弯起钢筋时的计算情况。

表 3.9 梁中箍筋的最大间距 单位:mm

梁高 h	$V>\alpha_{cv} f_t bh_0$	$V\leqslant\alpha_{cv} f_t bh_0$
$150<h\leqslant300$	150	200
$300<h\leqslant500$	200	300
$500<h\leqslant800$	250	350
$h>800$	300	400

④验算配箍率。对 $V>0.7f_t bh_0$ 的情况,配箍率应满足式(3.45)要求。

【例 3.9】 某办公楼矩形截面简支梁,截面尺寸 250 mm×500 mm,h_0=460 mm,承受均布荷载作用,已求得支座边缘剪力设计值为 200 kN,混凝土为 C25 级,箍筋采用 HPB300 级钢筋,试确定箍筋数量。

【解】 查表得 f_c=11.9 N/mm²,f_t=1.27 N/mm²,f_{yv}=270 N/mm²,β_c=1.0。

1.复核截面尺寸

$$h_w/b = h_0/b = 460/250 = 1.84 < 4.0$$

应按式(3.44a)复核截面尺寸。

$$0.25\beta_c f_c bh_0 = 0.25 \times 1.0 \times 11.9 \times 250 \times 460 \times 10^{-3} = 342.125(\text{kN}) > V = 200(\text{kN})$$

截面尺寸满足要求。

2.确定是否需按计算配置箍筋

$$0.7f_t bh_0 = 0.7 \times 1.27 \times 250 \times 460 \times 10^{-3} = 102.235(\text{kN}) < V = 200(\text{kN})$$

需按计算配置箍筋。

3.确定箍筋数量

$$\frac{A_{sv}}{s} \geqslant \frac{V - 0.7f_t bh_0}{f_{yv}h_0} = \frac{200 \times 10^3 - 102\ 235}{270 \times 460} = 0.787(\text{mm}^2/\text{mm})$$

按构造要求,箍筋直径不宜小于 6 mm,肢数选择双肢,现选用Φ 8 双肢箍筋(A_{sv1} = 50.3 mm²),则箍筋间距 $s\leqslant\dfrac{A_{sv}}{0.787}=\dfrac{nA_{sv1}}{0.787}=\dfrac{2\times50.3}{0.787}=127.8(\text{mm})$。

查表 3.9 得 s_{max}=200 mm,取 s=120 mm。

4.验算配箍率

$$\rho_{sv} = \frac{nA_{sv1}}{bs} = \frac{2 \times 50.3}{250 \times 120} = 0.335\%$$

$$\rho_{sv,min} = 0.24f_t/f_{yv} = 0.24 \times 1.27/270 = 0.113\% < \rho_{sv} = 0.335\%$$

配箍率满足要求。

所以箍筋选用Φ 8@120(2),沿梁长均匀布置。

【例 3.10】 已知一钢筋混凝土矩形截面简支梁,截面尺寸 $b\times h$=200 mm×600 mm,h_0=530 mm,计算简图和剪力图如图 3.27 所示,采用 C25 级混凝土,箍筋采用 HPB300 级钢筋。试配置箍筋。

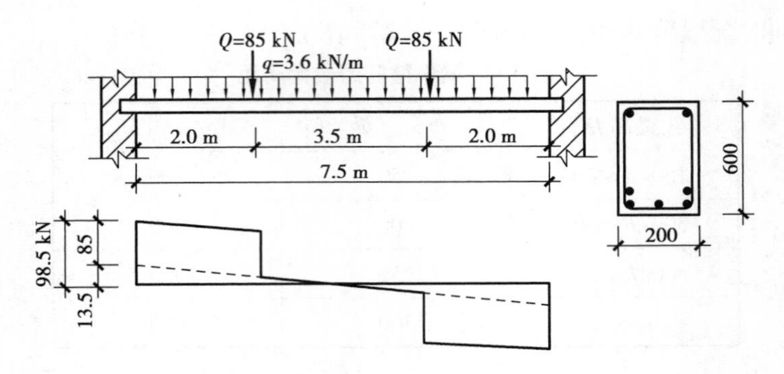

图 3.27　例 3.10 图

【解】　查表得$f_c=11.9\ \text{N/mm}^2$，$f_t=1.27\ \text{N/mm}^2$，$f_{yv}=270\ \text{N/mm}^2$，$\beta_c=1.0$。

1.验算截面尺寸

$$h_w/b=h_0/b=530/200=2.65<4.0$$

按式(3.44a)复核截面尺寸。

$$0.25\beta_c f_c bh_0=0.25\times1.0\times11.9\times200\times530\times10^{-3}=315.35(\text{kN})>V=98.5(\text{kN})$$

截面尺寸满足要求。

2.确定是否需按计算配置箍筋

集中荷载在支座边缘截面产生的剪力为 85 kN，占支座边缘截面总剪力 98.5 kN 的 86.3%，大于 75%，应按以承受集中荷载为主的构件计算。

$$\lambda=a/h_0=2\ 000/530=3.77>3，取\ \lambda=3$$

$$\frac{1.75}{\lambda+1}f_t bh_0=\frac{1.75}{3+1}\times1.27\times200\times530\times10^{-3}=59(\text{kN})<V=98.5(\text{kN})$$

需按计算配置箍筋。

3.确定箍筋数量

$$\frac{A_{sv}}{s}\geqslant\frac{V-\frac{1.75}{\lambda+1}f_t bh_0}{f_{yv}h_0}=\frac{98.5\times10^3-59\ 000}{270\times530}=0.276(\text{mm}^2/\text{mm})$$

按构造要求，选用Φ 6 双肢箍筋($A_{sv1}=28.3\ \text{mm}^2$)，则箍筋间距

$$s\leqslant\frac{A_{sv}}{0.276}=\frac{nA_{sv1}}{0.276}=\frac{2\times28.3}{0.276}=205.1(\text{mm})$$

查表 3.9 得$s_{max}=250$ mm，取$s=200$ mm。

4.验算配箍率

$$\rho_{sv}=\frac{nA_{sv1}}{bs}=\frac{2\times28.3}{200\times200}=0.142\%$$

$$\rho_{sv,min}=0.24f_t/f_{yv}=0.24\times1.27/270=0.113\%<\rho_{sv}=0.142\%$$

配箍率满足要求。

所以箍筋选用Φ 6@200(2)，沿梁长均匀布置。

3.4 保证斜截面受弯承载力的构造措施

受弯构件的斜截面承载力包括斜截面受剪承载力和斜截面受弯承载力两方面。斜截面受剪承载力通过对腹筋的计算保证，而斜截面受弯承载力是通过构造措施来保证的。这些措施包括纵向钢筋的锚固、简支梁下部纵向钢筋伸入支座的锚固长度、支座截面负弯矩纵筋截断的伸出长度、弯起钢筋弯终点外的锚固长度、箍筋的间距与肢距等。

3.4.1 正截面受弯承载能力图

按构件实际配置的钢筋所绘出的各正截面所能承受的弯矩图形称为正截面受弯承载能力图，也称为抵抗弯矩图或材料图。

1）绘制方法简介

设梁截面所配钢筋总截面积为 A_s，每根钢筋截面积为 A_{si}，则截面抵抗弯矩 M_u 及第 i 根钢筋的抵抗弯矩 M_{ui} 分别表示为：

$$M_u = A_s f_y \left(h_0 - \frac{f_y A_s}{2\alpha_1 f_c b} \right) \tag{3.49}$$

$$M_{ui} = \frac{A_{si}}{A_s} M_u \tag{3.50}$$

绘制抵抗弯矩图时，与设计弯矩图相同的比例，将每根钢筋在各正截面上的抵抗弯矩绘在设计弯矩图上，便可得到抵抗弯矩图，如图 3.28 和图 3.29 所示。

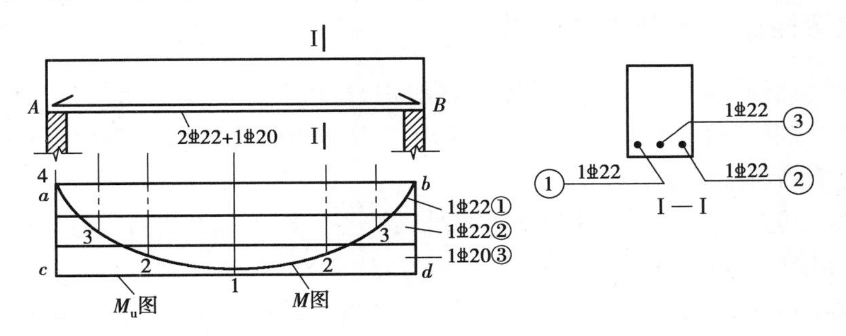

图 3.28 配通长直筋简支梁的正截面受弯承载力图

2）配通长直筋简支梁的正截面受弯承载力图

如图 3.28 所示，某简支梁纵向受拉钢筋配置 3 根，如果 3 根钢筋均伸入支座，则 M_u 图为图中的 $abdc$ 线。每根钢筋所提供的 M_{ui} 分别都是水平线。除跨中外，其他正截面处的 M_u 图都比 M 图大得多，支座附近受弯承载力大大富余。由图中可以看出，③号钢筋在截面 1 处被充分利用，②号钢筋在截面 2 处被充分利用，①号钢筋在截面 3 处被充分利用。因而，可以把截面 1、2、3 分别称为③、②、①号钢筋的充分利用截面。由图 3.28 还可知，过了截面 2 以

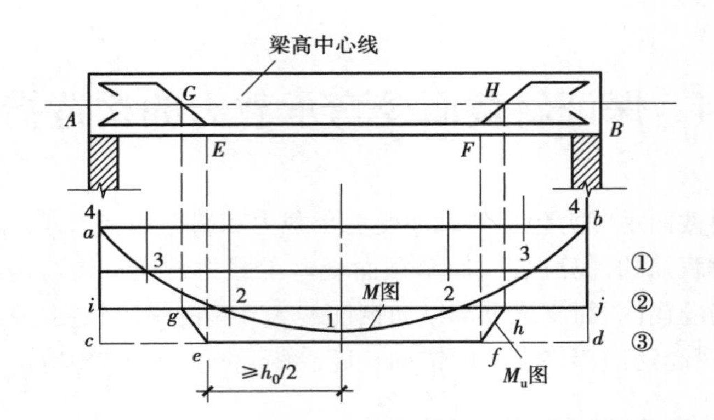

图 3.29　配弯起钢筋简支梁的正截面受弯承载力图

后，就不需要③号钢筋了，过了截面 3 以后也不需要②号钢筋了，所以可把截面 2，3，4 分别称为③，②，①号钢筋的不需要截面。但是，要特别注意的是，梁底部的纵向受力钢筋是不能截断的，伸入支座也不能少于两根，所以工程中采用将部分纵筋弯起，利用其受剪，达到充分利用钢筋的目的。

3）配弯起钢筋简支梁的正截面受弯承载力图

如果将图 3.28 中的③号钢筋在临近支座处弯起，如图 3.29 所示，弯起点 e、f 必须在截面 2 的外面。可近似认为，当弯起钢筋在与梁截面高度的中心线相交处时，不再提供受弯承载力，故该处的 M_u 图即为图 3.29 中所示的 $aigefhjb$ 线。图中 e、f 点分别垂直对应于弯起点 E、F，g、h 点分别垂直对应于弯起钢筋与梁高度中心线的交点 G、H。由于弯起钢筋的正截面受弯内力臂逐渐减小，其承担的正截面受弯承载力相应减小，所以反映在 M_u 图上 eg 和 fh 呈斜线。这里的 g、h 点都不能落在 M 图以内，也即纵筋弯起后的 M_u 图应能完全包住 M 图。

4）抵抗弯矩图与承载力的关系

在纵向受力钢筋既不弯起又不截断的区段内，抵抗弯矩图是一条平行于梁纵轴线的直线。在纵向受力钢筋弯起的范围内，抵抗弯矩图为一条斜直线段，该斜线段始于钢筋弯起点，终于弯起钢筋与梁纵轴线的交点。

抵抗弯矩图能包住设计弯矩图，则表明沿梁长各个截面的正截面受弯承载力是足够的。抵抗弯矩图越接近设计弯矩图，则说明设计越经济。

抵抗弯矩图能包住设计弯矩图，只是保证了梁的正截面受弯承载力。实际上，纵向受力钢筋的弯起与截断还必须考虑梁的斜截面受弯承载力的要求。因此，施工时，钢筋弯起和截断位置必须严格按照施工图施工。

3.4.2　纵筋的截断

梁跨中下部承受正弯矩的钢筋及支座承受负弯矩的钢筋，是分别根据梁的跨中最大正弯矩及支座最大负弯矩配置的，从理论上说，对这些钢筋中的一部分，可在其不需要的位置截断。但是，对于跨中下部钢筋，除焊接骨架外，一般不允许截断，而采用弯起，或者一直伸进支座。在支座负弯矩区段，负弯矩向支座两侧迅速减小，常采用截断钢筋的办法，减少钢筋用量，以节省钢材。

梁支座负钢筋也常根据材料图截断。从理论上讲，某一根纵筋可在其不需要点（称为理论断点）处截断，但事实上，当在理论断点处切断钢筋后，相应于该处的混凝土拉应力会突增，有可能在切断处过早地出现斜裂缝，而该处未切断的纵筋的强度是被充分利用的，斜裂缝的出现使斜裂缝顶端截面处承担的弯矩增大，未切断的纵筋应力就有可能超过其抗拉强度，造成梁的斜截面受弯破坏。因而，纵筋必须从理论断点以外延伸一定长度后再切断。此时，若在实际切断处再出现斜裂缝，则因该处未切断的纵筋并未充分利用，能承担因斜裂缝出现而增大的弯矩，再加上与斜裂缝相交的箍筋也能承担一部分增长的弯矩，从而使斜截面的受弯承载力得以保证。

梁支座截面承担负弯矩的纵向钢筋若要分批截断时，每批钢筋应延伸至按正截面受弯承载力计算不需要该钢筋的截面之外。从不需要该钢筋的截面起到截断点的长度，称为“延伸长度”；从该钢筋充分利用的截面起到截断点的长度，称为“伸出长度”。延伸长度和伸出长度必须满足表3.10的要求。

表3.10 负弯矩钢筋延伸长度和伸出长度的最小值

截面类型	延伸长度	伸出长度
$V \leqslant 0.7f_t bh_0$	$20d$	$1.2l_a$
$V > 0.7f_t bh_0$	$\max(20d, h_0)$	$1.2l_a + h_0$
$V > 0.7f_t bh_0$，且按上述规定确定的截断点仍位于负弯矩受拉区内	$\max(20d, 1.3h_0)$	$1.2l_a + 1.7h_0$

3.4.3 纵筋在支座内的锚固

钢筋混凝土简支梁和连续梁简支端支座处，存在着横向压应力，这将使钢筋与混凝土力增大，因此，下部纵向受力钢筋伸入支座内的锚固长度 l_{as} 可比基本锚固长度 l_a 略支座边截面的剪力有关。《规范》规定，l_{as} 的数值不应小于表3.11的规定。伸入梁锚固的纵向受力钢筋的数量不宜少于2根，但梁宽 b<100 mm的小梁可为1根。

表3.11 简支支座的钢筋锚固长度 l_{as}

锚固条件		$V \leqslant 0.7f_t bh_0$	$V > 0.7f_t bh_0$
钢筋类型	光面钢筋（带弯钩）	$5d$	$15d$
	带肋钢筋	$5d$	$12d$
	C25及以下混凝土，跨边有集中力作用		$15d$

注：1. d 为纵向受力钢筋直径；

2. 跨边有集中力作用，是指混凝土梁的简支支座跨边 $1.5h$ 范围内有集中力作用，且其对支座截面所产生的剪力占总剪力值的75%以上。

简支板或连续板简支端下部纵向受力钢筋伸入支座的锚固长度 $l_{as} \geqslant 5d$（d 为受力钢筋直径）。伸入支座的下部钢筋的数量，当采用弯起式配筋时其间距不应大于400 mm，截面面积不应小于跨中受力钢筋截面面积的1/3；当采用分离式配筋时，跨中受力钢筋应全部伸入支座。

因条件限制不能满足上述规定锚固长度时，可将纵向受力钢筋的端部弯起，或采取附加锚固措施，如在钢筋上加焊锚固钢板或将钢筋端部焊接在梁端的预埋件上等，如图 3.30 所示。

(a)纵筋端部弯起锚固　(b)纵筋端部加焊锚固钢板　(c)纵筋端部焊接在梁端预埋件上

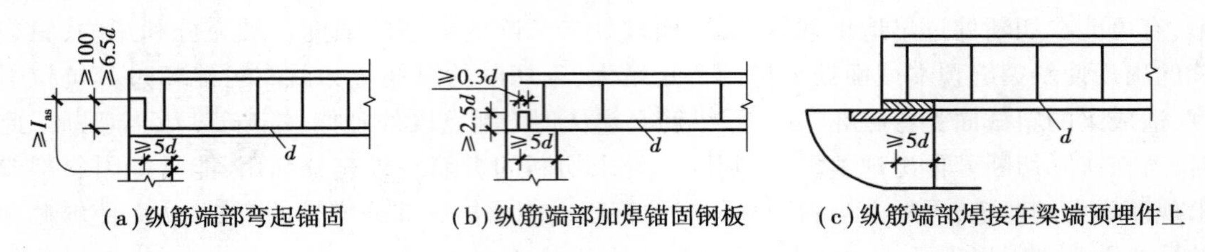

图 3.30　锚固长度不足时的措施

3.4.4　纵向受拉钢筋弯起构造

位于梁底或梁顶的角筋以及梁截面两侧的钢筋不宜弯起。

弯起钢筋的弯终点到支座边或到前一排弯起钢筋弯起点之间的距离，都不应大于箍筋的最大间距，其值见表 3.11 内 $V>0.7f_tbh_0$ 一栏的规定。这一要求是为了使每根弯起钢筋都能与斜裂缝相交，以保证斜截面的受剪和受弯承载力。

(a)受拉区　(b)受压区

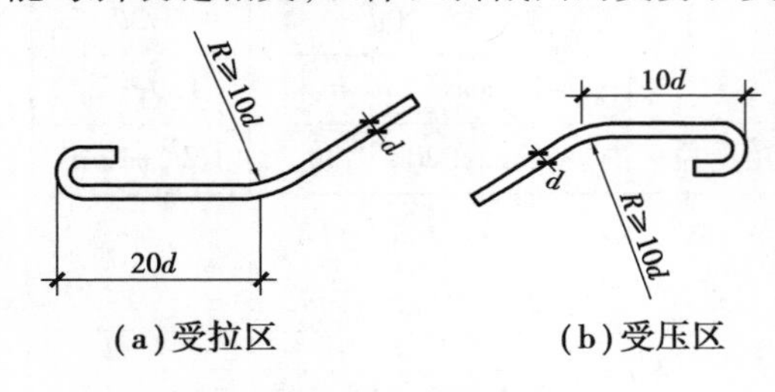

图 3.31　弯起钢筋的端部构造

弯起钢筋在弯终点外应有一直线段的锚固长度，以保证在斜截面处发挥其强度。《规范》规定，当直线段位于受拉区时，其长度不小于 20d，位于受压区时不小于 10d（d 为弯起钢筋的直径）。光圆钢筋的末端应设弯钩。为了防止弯折处混凝土挤压力过于集中，弯折半径应不小于 10d，如图 3.31 所示。

当纵向受力钢筋不能在需要的地方弯起或弯起钢筋不足以承受剪力时，可单独为抗剪设置弯起钢筋。此时，弯起钢筋应采用“鸭筋”形式，严禁采用“浮筋”（图 3.32）。“鸭筋”的构造与弯起钢筋基本相同。

3.4.5　悬臂梁纵筋的弯起与截断

负弯矩钢筋可以分批向下弯折并锚固在梁的下部（同弯起钢筋的构造），但必须有不少于 2 根上部钢筋伸至悬臂梁外端，并向下弯折不小于 12d，如图 3.33 所示。

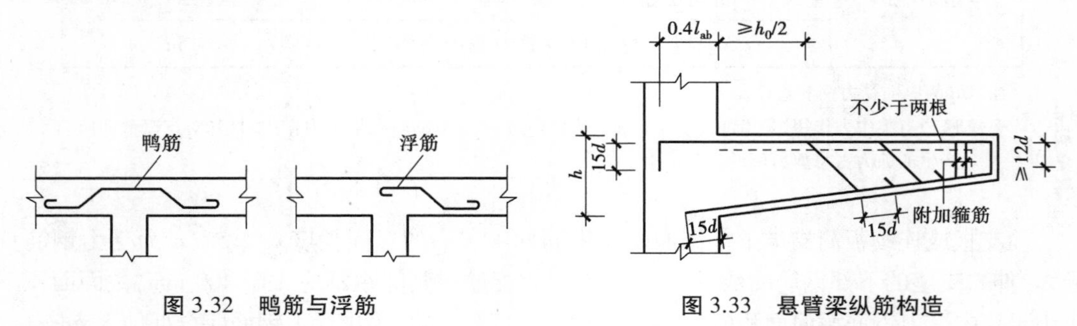

图 3.32　鸭筋与浮筋

图 3.33　悬臂梁纵筋构造

3.5 受弯构件变形及裂缝验算

结构或构件应满足两种极限状态要求:一是承载能力极限状态,二是正常使用极限状态。这是因为构件过大的挠度和裂缝会影响结构的正常使用。例如,楼盖构件挠度过大,将造成楼层地面不平,或使用中发生有感觉的震颤;屋面构件挠度过大会妨碍屋面排水;吊车梁挠度过大会影响吊车的正常运行,等等。而构件裂缝过大时,会使钢筋锈蚀,从而降低结构的耐久性,并且裂缝的出现和扩展还会降低构件的刚度,从而使变形增大,甚至影响正常使用。可见,受弯构件除应满足承载力要求外,必要时还需进行变形和裂缝宽度验算,以保证其不超过正常使用极限状态,确保结构构件的耐久性和正常使用。

3.5.1 变形验算

1)钢筋混凝土受弯构件截面刚度

(1)钢筋混凝土受弯构件截面刚度的特点

钢筋混凝土受弯构件变形验算的实质是刚度验算。研究表明,钢筋混凝土构件的截面刚度为一变量,其特点可归纳为:

①随弯矩的增大而减小。这意味着,某一根梁的某一截面,当荷载变化而导致弯矩不同时,其弯曲刚度会随之变化,并且,即使在同一荷载作用下的等截面梁中,由于各个截面的弯矩不同,其弯曲刚度也会不同。

②随纵向受拉钢筋配筋率的减小而减小。

③在荷载长期作用下,由于混凝土徐变的影响,梁的某个截面的刚度将随时间增长而降低。影响受弯构件刚度的因素有弯矩、纵筋配筋率与弹性模量、截面形状和尺寸、混凝土强度等级等,在长期荷载作用下刚度还随时间而降低。在上述因素中,梁的截面高度 h 影响最大。

(2)短期刚度 B_s 计算

钢筋混凝土受弯构件出现裂缝后,在荷载效应的标准组合作用下的截面弯曲刚度称为短期刚度,用 B_s 表示。

在短期刚度 B_s 计算中,反映裂缝间混凝土协助钢筋抗拉作用的程度的裂缝间纵向受拉钢筋应变不均匀系数 ψ 对短期刚度 B_s 的影响较大。系数 ψ 越小,说明裂缝间受拉混凝土帮助纵向受拉钢筋承担拉应力的程度越大,对增大截面弯曲刚度、减小变形和裂缝宽度的作用越大。ψ 按式(3.51)计算。

$$\psi = 1.1 - 0.65 \frac{f_{tk}}{\rho_{te}\sigma_{sq}} \tag{3.51}$$

式中 f_{tk}——混凝土轴心抗拉强度标准值。

ρ_{te}——按截面的“有效受拉混凝土截面面积”A_{te}计算的纵向受拉钢筋配筋率:

$$\rho_{te} = A_s/A_{te} \tag{3.52}$$

对受弯构件，A_{te}按照式(3.53)进行计算，如图3.34所示。

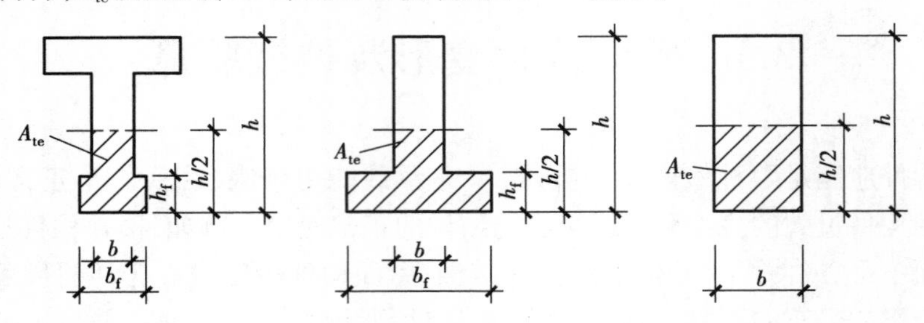

图3.34 "有效受拉混凝土截面面积"A_{te}计算示意图

$$A_{te} = 0.5bh + (b_f - b)h_f \tag{3.53}$$

当计算出的$\rho_{te}<0.01$时，取$\rho_{te}=0.01$。

σ_{sq}——按荷载效应的准永久组合计算的钢筋混凝土构件纵向受拉钢筋的应力：

$$\sigma_{sq} = \frac{M_q}{0.87h_0A_s} \tag{3.54}$$

M_q——按荷载效应准永久组合计算的弯矩。

由式(3.51)计算出来的ψ值，当$\psi<0.2$时，取$\psi=0.2$；当$\psi>1.0$时，取$\psi=1.0$。

根据理论分析和试验研究的结果，矩形、T形、倒T形、I形截面钢筋混凝土受弯构件的短期刚度表达式为：

$$B_s = \frac{E_sA_sh_0^2}{1.15\psi + 0.2 + \dfrac{6\alpha_E\rho}{1 + 3.5\gamma'_f}} \tag{3.55}$$

式中 E_s——受拉纵筋的弹性模量；

A_s——受拉纵筋的截面面积；

h_0——受弯构件截面有效高度；

ψ——裂缝间纵向受拉钢筋应变不均匀系数；

α_E——钢筋弹性模量E_s与混凝土弹性模量E_c的比值，即$\alpha_E=E_s/E_c$；

ρ——纵向受拉钢筋配筋率；

γ'_f——受压翼缘截面面积与腹板有效截面面积的比值：

$$\gamma'_f = \frac{(b'_f - b)h'_f}{bh_0} \tag{3.56}$$

当$h'_f>0.2h_0$时，取$h'_f=0.2h_0$。当截面受压区为矩形时，$\gamma'_f=0$。

(3)长期刚度B

在荷载长期作用下，构件截面弯曲刚度将随时间增长而降低。而实际工程中，总是有部分荷载长期作用在构件上，因此计算挠度时必须采用按荷载效应的标准组合并考虑荷载效应的长期作用影响的刚度，即长期刚度，以B表示。

$$B = \frac{M_k}{M_q(\theta - 1) + M_k}B_s \tag{3.57}$$

式中 M_q——按荷载效应准永久组合计算的弯矩；

M_k——按荷载效应标准组合计算的弯矩；

θ——考虑荷载长期作用对挠度增大的影响系数，对钢筋混凝土受弯构件，取 $\theta=2.0-0.4\rho'/\rho$，此处 ρ 为纵向受拉钢筋的配筋率，ρ' 为纵向受压钢筋的配筋率。

对于翼缘位于受拉区的倒T形截面，θ 值应增大20%。

长期刚度实质上是考虑荷载长期作用部分使刚度降低的因素后，对短期刚度 B_s 进行的修正。

2）钢筋混凝土受弯构件的挠度验算

如前所述，钢筋混凝土受弯构件开裂后，其截面弯曲刚度是随弯矩增大而降低的，因此，较准确的计算方法似乎应该将构件按弯曲刚度大小分段计算挠度，但这样计算无疑会显得十分烦琐。为简化计算，可取同号弯矩区段内弯矩最大截面的弯曲刚度作为该区段的弯曲刚度，即在简支梁中取最大正弯矩截面的刚度为全梁的弯曲刚度，而在外伸梁、连续梁或框架梁中，则分别取最大正弯矩截面和最大负弯矩截面的刚度作为相应正、负弯矩区段的弯曲刚度。很明显，按这种处理方法所算出的弯曲刚度值最小，所以我们称这种处理原则为“最小刚度原则”。

梁的弯曲刚度确定后，就可以根据材料力学公式计算其挠度。但需注意，公式中的弯曲刚度 EI 应以长期刚度 B 代替，公式中的荷载应按荷载效应标准组合取值，即

$$f=\beta_f\frac{M_k l_0^2}{B} \tag{3.58}$$

式中 f——按“最小刚度原则”并采用长期刚度计算的挠度；

β_f——与荷载形式和支承条件有关的系数。例如，简支梁承受均布荷载作用时 $\beta_f=5/48$，简支梁承受跨中集中荷载作用时 $\beta_f=1/12$，悬臂梁受杆端集中荷载作用时 $\beta_f=1/3$。

3）变形验算的步骤

挠度验算是在承载力计算完成后进行的。此时，构件的截面尺寸、跨度、荷载、材料强度以及钢筋配置情况都是已知的，故挠度验算可按下述步骤进行：

①计算荷载效应标准组合及准永久组合下的弯矩 M_k、M_q；

②计算短期刚度 B_s；

③计算长期刚度 B；

④计算最大挠度 f，并判断挠度是否符合要求。

钢筋混凝土受弯构件的挠度应满足：

$$f\leqslant[f] \tag{3.59}$$

式中 $[f]$——钢筋混凝土受弯构件的挠度限值，按表3.12采用。

当不能满足式（3.59）时，说明受弯构件的弯曲刚度不足，应采取措施后重新验算。理论上讲，提高混凝土强度等级、增加纵向钢筋的数量、选用合理的截面形状（如T形、I形等）都能提高梁的弯曲刚度，但其效果并不明显，最有效的措施是增加梁的截面高度。

表 3.12　受弯构件的挠度限值

构件类型		挠度限值
吊车梁	手动吊车	$l_0/500$
	电动吊车	$l_0/600$
屋盖、楼盖及楼梯构件	当 $l_0<7$ m 时	$l_0/200(l_0/250)$
	当 7 m$\leqslant l_0 \leqslant$9 m 时	$l_0/250(l_0/300)$
	当 $l_0>9$ m 时	$l_0/300(l_0/400)$

注：1.表中 l_0 为构件的计算跨度；计算悬臂构件的挠度限值时，其计算跨度 l_0 按实际悬臂长度的 2 倍取用；
2.表中括号内的数值适用于使用上对挠度有较高要求的构件；
3.如果构件制作时预先起拱，且使用上也允许，则在验算挠度时，可将计算所得的挠度值减去起拱值；对预应力混凝土构件，尚可减去预加力所产生的反拱值；
4.构件制作时的起拱值和预加力所产生的反拱值，不宜超过构件在相应荷载组合作用下的计算挠度值；
5.当构件对使用功能和外观有较高要求时，设计可对挠度限值适当加严。

【例 3.11】　某办公楼矩形截面简支楼面梁，计算跨度 $l_0=6.0$ m，截面尺寸 $b\times h=200\times450$ mm，承受恒载标准值 $g_k=16.55$ kN/m（含自重），活荷载标准值 $q_k=2.7$ kN/m，混凝土强度等级为 C25，纵向受拉钢筋为 3 ⌀ 25，挠度限值为 $l_0/200$，试验算其挠度。

【解】　查表得 $A_s=1\ 473$ mm^2，$h_0=410$ mm（纵筋单层布置），$f_{tk}=1.78$ N/mm^2，$E_c=2.8\times10^4$ N/mm^2，$E_s=2\times10^5$ N/mm^2，活荷载准永久值系数 $\psi_q=0.4$。

1.计算荷载效应

$$M_{gk}=1/8\times g_k l_0^2=1/8\times16.55\times6^2=74.475(\text{kN}\cdot\text{m})$$

$$M_{qk}=1/8\times q_k l_0^2=1/8\times2.7\times6^2=12.15(\text{kN}\cdot\text{m})$$

$$M_k=M_{gk}+M_{qk}=74.475+12.15=86.625(\text{kN}\cdot\text{m})$$

$$M_q=M_{gk}+\psi_q M_{qk}=74.475+0.4\times12.15=79.335(\text{kN}\cdot\text{m})$$

2.计算短期刚度 B_s

$$A_{te}=0.5bh=0.5\times200\times450=45\ 000(\text{mm}^2)$$

$$\rho_{te}=A_s/A_{te}=1\ 473\ /4\ 500=0.033$$

$$\sigma_{sq}=\frac{M_q}{0.87h_0A_s}=\frac{79.335\times10^6}{0.87\times410\times1\ 473}=151(\text{N/mm}^2)$$

$$\psi=1.1-0.65\frac{f_{tk}}{\rho_{te}\sigma_{sq}}=1.1-0.65\times\frac{1.78}{0.033\times151}=0.868$$

$$\alpha_E=E_s/E_c=2\times10^5/(2.8\times10^4)=7.143$$

$$\rho=A_s/bh_0=1\ 473/(200\times410)=1.80\%,\rho'=0$$

由于是矩形截面，则 $\gamma_f'=0$。

$$B_s=\frac{E_sA_sh_0^2}{1.15\psi+0.2+\dfrac{6\alpha_E\rho}{1+3.5\gamma_f'}}=\frac{2\times10^5\times1\ 473\times410^2}{1.15\times0.868+0.2+6\times7.143\times1.8\%}$$

$$=2.514\times10^{13}(\text{N}\cdot\text{mm}^2)$$

3.计算长期刚度 B

由于 $\rho'=0$,故 $\theta=2$

$$B=\frac{M_k}{M_q(\theta-1)+M_k}\times B_s=\frac{86.625\times10^6}{79.335\times10^6(2-1)+86.625\times10^6}\times2.514\times10^{13}$$

$$=1.31\times10^{13}(\text{N}\cdot\text{mm}^2)$$

4.计算最大挠度 f,并判断挠度是否符合要求

$$\text{梁的跨中最大挠度}\ f=\frac{5}{48}\times\frac{M_k l_0^2}{B}=\frac{5}{48}\times\frac{86.625\times10^6\times6\ 000^2}{1.31\times10^{13}}=24.8(\text{mm})$$

$$<[f]=l_0/200=6\ 000/200=30(\text{mm})$$

故该梁满足刚度要求。

3.5.2 裂缝验算

1)裂缝的产生和开展

钢筋混凝土受弯构件的裂缝有两种:一种是由于混凝土的收缩或温度变形引起的;另一种则是由荷载引起的。对于前一种裂缝,主要是采取控制混凝土浇筑质量、改善水泥性能、选择集料成分、改进结构形式、设置伸缩缝等措施解决,不需进行裂缝宽度计算。以下所指的裂缝均指由荷载引起的裂缝。

由于混凝土的抗拉强度很低,当构件受拉区外边缘混凝土的拉应力达到其抗拉强度时,由于混凝土的塑性变形,尚不会马上开裂,但当受拉区外边缘混凝土在构件抗弯最薄弱的截面达到其极限拉应变时,就会在垂直于拉应力方向形成第一批(一条或若干条)裂缝。由于混凝土具有离散性,因而裂缝发生的部位是随机的。在裂缝出现瞬间,裂缝截面处混凝土退出工作,应力降低为零,原来的拉应力全部由钢筋承担,使钢筋应力突然增大。裂缝出现后,原来处于拉伸状态的混凝土便向裂缝两侧回缩,混凝土与受拉纵向钢筋之间产生相对滑移而使裂缝不断开展。但是,由于混凝土与钢筋之间的粘结作用,使混凝土的回缩受到钢筋约束,在离开裂缝某一距离的截面处,混凝土不再回缩,此处混凝土的拉应力仍保持裂缝出现前瞬时的数值。若荷载不增加,该范围内不会产生新的裂缝;当荷载继续增加时,有可能在距离已裂截面一定距离的另一薄弱截面出现新的裂缝。

沿裂缝深度,裂缝的宽度是不相同的。钢筋表面处的裂缝宽度只有构件混凝土表面裂缝宽度的1/5~1/3。我们所要验算的裂缝宽度是指受拉钢筋重心水平处构件侧表面上混凝土的裂缝宽度。

2)裂缝宽度计算方法

(1)影响裂缝宽度的主要因素

①纵向钢筋的应力:裂缝宽度与钢筋应力近似呈线性关系。

②纵筋的直径:当构件内受拉纵筋截面相同时,采用细而密的钢筋,则会增大钢筋表面积,因而使粘结力增大,裂缝宽度变小。

③纵筋表面形状:带肋钢筋的粘结强度较光面钢筋大得多,可减小裂度宽度。

④纵筋配筋率:构件受拉区混凝土截面的纵筋配筋率越大,裂缝宽度越小。

⑤保护层厚度:保护层越厚,裂缝宽度越大。

(2)裂缝宽度计算公式

在一、二级裂缝控制等级的构件中,裂缝的控制是按照受拉边缘应力进行计算的,三级裂缝控制等级才是直接计算构件最大裂缝宽度 ω_{max},判断是否满足式(3.60)的要求。民用建筑的裂缝控制等级通常均为三级,因此,这里只讨论裂缝控制等级为三级的情况下的具体计算要求。

$$\omega_{max} \leqslant \omega_{lim} \tag{3.60}$$

式中,w_{lim}为最大裂缝宽度限值,按表3.13取值。

表3.13 结构构件的裂缝控制等级为三级的最大裂缝宽度限值

环境类别	一	二a,二b	三a,三b
裂缝控制等级	三	三	三
最大裂缝宽度限值 ω_{lim}(mm)	0.3(0.4)	0.2	0.2

注:1.表中规定是用于采用热轧钢筋的钢筋混凝土构件,当采用其他类别的钢筋时,其裂缝控制要求可按专门标准确定;

2.对处于年平均相对湿度小于60%地区的一类环境下的受弯构件,其最大裂缝宽度限值可采用括号内的数值;

3.在一类环境下,对钢筋混凝土屋架、托架及需作疲劳验算的吊车梁,其最大裂缝宽度限值应取0.2 mm;对钢筋混凝土屋面梁和托架,其最大裂缝宽度限值应取0.3 mm;

4.对于烟囱、筒仓和处于液体压力下的结构构件,其裂缝控制要求应符合专门标准的有关规定;

5.对处于四、五类环境下的结构构件,其裂缝控制要求应符合专门标准的有关规定。

钢筋混凝土受弯构件在荷载长期效应组合作用下的最大裂缝宽度计算公式为:

$$\omega_{max} = \alpha_{cr}\psi\frac{\sigma_{sq}}{E_s}\left(1.9c_s + 0.08\frac{d_{eq}}{\rho_{te}}\right) \tag{3.61}$$

$$d_{eq} = \frac{\sum n_i d_i^2}{\sum n_i \nu_i d_i} \tag{3.62}$$

式中 α_{cr}——构件受力特征系数,对于混凝土构件,有:轴心受拉构件,α_{cr}取2.7;偏心受拉构件,α_{cr}取2.4;受弯和偏心受压构件,α_{cr}取1.9;

c_s——最外层纵向受拉钢筋的混凝土保护层厚度,当 c_s<20 mm时,取 c_s=20 mm;当 c_s>65 mm时,取 c_s=65 mm;

d_{eq}——受拉区纵向钢筋的等效直径,当受拉区纵向钢筋为一种直径时,$d_{eq}=d_i/v_i$;

ν_i——受拉区第 i 种钢筋的相对粘结特性系数,对带肋钢筋,取 $\nu_i=1.0$;对光圆钢筋,取 $\nu_i=0.7$;

n_i——受拉区第 i 种钢筋的根数;

d_i——受拉区第 i 种钢筋的公称直径。

其余符号意义同前。

(3)裂缝宽度验算步骤

①计算 d_{eq};

②计算 ρ_{te}，σ_{sq}，ψ；

③计算 ω_{max}，并判断裂缝是否满足要求。

减小裂缝宽度的措施包括：a.增大钢筋截面积；b.在钢筋截面面积不变的情况下，采用较小直径的钢筋；c.采用变形钢筋；d.提高混凝土强度等级；e.增大构件截面尺寸；f.减小混凝土保护层厚度。其中，采用较小直径的变形钢筋是减小裂缝宽度最有效的措施。需要注意的是，混凝土保护层厚度应同时考虑耐久性和减小裂缝宽度的要求。

【例3.12】 某简支梁条件同例3.11，裂缝宽度限值为0.3 mm，试验算裂缝宽度。

【解】 查表得 $E_s=2\times10^5\ \text{N/mm}^2$，混凝土保护层厚 $c_s=25$ mm，采用带肋钢筋 $v_i=1.0$。

1.计算 d_{eq}

受力钢筋为同一种直径，故 $d_{eq}=d_i/v_i=25/1.0=25(\text{mm})$。

2.计算 ρ_{te}，σ_{sq}，ψ

例3.10中已求得：$\rho_{te}=0.033$，$\sigma_{sq}=155.3\ \text{N/mm}^2$，$\psi=0.874$。

3.计算 ω_{max}，并判断裂缝是否符合要求

$$\omega_{max}=1.9\psi\frac{\sigma_{sq}}{E_s}\left(1.9c_s+0.08\frac{d_{eq}}{\rho_{te}}\right)$$

$$=1.9\times0.874\times\frac{155.3}{2\times10^5}\left(1.9\times25+0.08\times\frac{25}{0.033}\right)$$

$$=0.14(\text{mm})<\omega_{lim}=0.3(\text{mm})$$

裂缝宽度满足要求。

本章小结

1.适[illegible]3个阶段：

第Ⅰ[illegible]第Ⅰ阶段末（$Ⅰ_a$）可作为受弯构件抗裂度的计算依据。

第Ⅱ[illegible]作阶段，第Ⅱ阶段相当于梁使用时的应力状态，可作为使用阶段验算变[illegible]的依据。

第Ⅲ[illegible]段，第Ⅲ阶段末（$Ⅲ_a$）可作为正截面受弯承载力计算的依据。

2.钢[illegible]配筋率不同，有适筋梁、超筋梁和少筋梁3种破坏形态，其中超筋梁和少筋[illegible]采用。

适筋梁的破坏特点：受拉钢筋先屈服，而后受压区混凝土被压碎，属于延性破坏。

超筋梁的破坏特点：受拉钢筋未屈服而受压混凝土先被压碎，其承载力取决于混凝土的抗压强度，属于脆性破坏。

少筋梁的破坏特点：受拉区混凝土一开裂就破坏。一旦开裂，受拉钢筋立即达到屈服强度，有时可迅速经历整个流幅而进入强化阶段，在个别情况下，钢筋甚至可能被拉断。它的承载力取决于混凝土的抗拉强度，属于脆性破坏。

3.影响受弯构件正截面承载力的最主要因素是截面高度和配筋率、钢筋强度，混凝土强度对受弯构件正截面承载力的影响比钢筋强度小得多。

4.受弯构件正截面承载力计算采用4个基本假定,据此可确定截面应力图形。为简化计算,混凝土的压应力图形又以等效矩形应力图形代替。

5.在实际工程中,受弯构件应设计成适筋截面。适筋截面计算应力图形为:受压区采用等效矩形应力图,应力值取混凝土抗压强度设计值f_c乘以系数α_1,受拉钢筋应力达到其抗拉强度设计值f_y;当有受压钢筋时,受压钢筋应力达到其抗压强度设计值f'_y。根据平衡条件,建立基本计算公式。

公式适用条件对单筋截面为$\xi \leqslant \xi_b$和$\rho_1 \geqslant \rho_{min}$,对双筋截面为$\xi \leqslant \xi_b$和$x \geqslant 2a'_s$。

6.受弯构件分为单筋矩形截面、双筋矩形截面和T形截面。正截面承载力计算分为截面设计和截面复核两类问题。

7.箍筋和弯起钢筋可以直接承担剪力,并限制斜裂缝的延伸和开展,提高剪压区的抗剪能力;还可以增强骨料咬合作用和摩阻作用,提高纵筋的销栓作用。因此,配置腹筋可使梁的受剪承载力有较大提高。

8.钢筋混凝土受弯构件因配箍率和剪跨比的不同,斜截面主要有斜拉、斜压和剪压3种破坏形态,它们均为脆性破坏。斜压破坏时受剪强度虽高,但突然发生,且腹筋不能屈服;斜拉破坏时,受剪承载力最低,且破坏更加突然,所以设计时,斜拉和斜压破坏不允许发生,通常通过构造措施予以防止;剪压破坏通过抗剪计算来保证。

9.影响斜截面受剪承载力的主要因素有梁的纵向钢筋配筋率、剪跨比、混凝土强度等级以及配箍率等。

10.按照最小刚度原则进行挠度验算,并且要求裂缝不能超过允许限值。

本章习题

3.1 思考题

1.梁、板的截面尺寸应满足哪些要求?从利于模板定型化的角度出发,梁、板截面高度应按什么要求取值?

2.钢筋混凝土梁和板中通常配置哪几种钢筋?各起何作用?

3.什么是双筋截面梁?有何特点?在什么情况下采用双筋截面梁?

4.梁、板内纵向受力钢筋的直径、根数、间距有何规定?梁中箍筋有哪几种形式?各适用于什么情况?箍筋肢数、间距有何规定?

5.混凝土保护层的作用是什么?室内正常环境中梁、板的保护层厚度一般取为多少?

6.何谓等效矩形应力图形?确定等效矩形应力图形的原则是什么?

7.根据纵向受力钢筋配筋率的不同,钢筋混凝土梁可分为哪几种类型?不同类型梁的破坏特征有何不同?破坏性质分别属于什么?实际工程设计中如何防止少筋梁和超筋梁?

8.单筋矩形截面受弯构件正截面承载力计算公式的适用条件是什么?

9.适筋梁正截面受弯全过程可划分为几个阶段?各阶段的主要特点是什么?与计算有何联系?

10.钢筋混凝土梁为什么要进行斜截面承载力计算？受弯构件斜截面承载力问题包括哪些内容？结构设计时分别如何保证？

11.钢筋混凝土受弯构件斜截面受剪破坏有哪几种形态？破坏特征各是什么？以哪种破坏形态作为计算的依据？如何防止斜压和斜拉破坏？

12.影响钢筋混凝土梁斜截面受剪承载力的主要因素有哪些？梁斜截面承载力计算的基本公式的适用条件是什么？其意义是什么？

13.钢筋混凝土受弯构件斜截面受剪承载力计算时,有哪些截面需计算？这些截面为什么需计算？

14.什么是抵抗弯矩图？它与设计弯矩图有什么关系？什么是钢筋的"延伸长度"和"伸长长度"？

15.简述保证钢筋混凝土受弯构件斜截面受弯承载力的构造措施。

16.钢筋混凝土受弯构件为什么要进行变形和裂缝宽度验算？影响变形和裂缝宽度的主要因素各有哪些？增大弯曲刚度和减小裂缝宽度的措施各有哪些？

17.两类T形截面梁如何判别？计算中分别有什么不同？

18.如果构件的计算挠度超过允许值,可采取哪些措施来减小梁的挠度？最有效的措施是哪些？

3.2 计算题

1.钢筋混凝土矩形梁的某截面承受弯矩设计值 $M=100$ kN·m,$b\times h=200$ mm×500 mm,采用C25级混凝土,HRB335级钢筋。试求该截面所需纵向受力钢筋的数量。

2.某钢筋混凝土矩形截面简支梁,$b\times h=200$ mm×450 mm,计算跨度6 m,承受的均布荷载标准值为:恒荷载8 kN/m(不含自重),活荷载6 kN/m,可变荷载组合值系数 $\psi_c=0.7$。采用C25级混凝土,HRB400级钢筋。试求纵向钢筋的数量。

3.某办公楼矩形截面简支楼面梁,承受均布恒载标准值8 kN/m(不含自重),均布活荷载标准值7.5 kN/m,计算跨度6 m,采用C25级混凝土和HRB400级钢筋。试确定梁的截面尺寸和纵向钢筋的数量。

4.某教学楼内廊现浇简支在砖墙上的钢筋混凝土平板,板厚80 mm,混凝土强度等级为C25,采用HPB300级钢筋,计算跨度 $l_0=2.45$ m。板上作用的均布活荷载标准值为2 kN/m^2,水磨石地面及细石混凝土垫层共30 mm厚(容重为22 kN/m^3),板底抹灰12 mm厚(容重为17 kN/m^3),试求受拉钢筋的截面面积 A_s。

5.某钢筋混凝土矩形截面梁,$b\times h=200$ mm×450 mm,承受的最大弯矩设计值 $M=140$ kN·m,所配纵向受拉钢筋为4 ⌀16,混凝土强度等级为C25。试复核该梁是否安全。

6.有一矩形截面梁,截面尺寸 $b\times h=200$ mm×550 mm,采用混凝土强度等级C25。现配有HRB335级纵向受拉钢筋6 ⌀20(排两排)。试求该梁的受弯承载力。

7.某T形截面独立梁,$b'_f=600$ mm,$h'_f=100$ mm,$b=200$ mm,$h=550$ mm。采用C30级混凝土,HRB400级钢筋。求纵向受力钢筋的数量。

(1)承受弯矩设计值115 kN·m。

(2)承受弯矩设计值450 kN·m。

8.有一矩形截面梁，截面尺寸 $b \times h = 200\ \text{mm} \times 600\ \text{mm}$，采用混凝土强度等级 C30，HRB400 级钢筋。承受弯矩设计值 $M = 350\ \text{kN} \cdot \text{m}$，试求该梁的受力钢筋（考虑是否需要双筋截面）。

9.有一矩形截面梁，截面尺寸 $b \times h = 200\ \text{mm} \times 550\ \text{mm}$，采用混凝土强度等级 C30。承受弯矩设计值 $M = 350\ \text{kN} \cdot \text{m}$，所配纵向受压钢筋为 3 Φ 20，试求该梁的受拉钢筋。

10.矩形截面简支梁，截面尺寸 $b \times h = 250\ \text{mm} \times 550\ \text{mm}$，净跨 $l_n = 6.0\ \text{m}$，混凝土强度等级 C25，箍筋 HPB300 级，承受荷载设计值（含自重）$q = 50\ \text{kN/m}$，试计算梁内所需箍筋。

11.某钢筋混凝土简支梁，截面尺寸 $b \times h = 200\ \text{mm} \times 400\ \text{mm}$，净跨 $l_n = 3.5\ \text{m}$，混凝土强度等级 C25，箍筋 HPB300 级，承受均布荷载，梁内配有双肢 Φ 8@ 200 的箍筋。试计算该梁能承受的最大剪力设计值 V_u。

12.某钢筋混凝土矩形截面简支梁，计算跨度为 $l_0 = 4.8\ \text{m}$，截面尺寸 $b \times h = 200\ \text{mm} \times 500\ \text{mm}$，承受楼面传来的均布恒载标准值（包括自重）$g_k = 25\ \text{kN/m}$，均布活荷载标准值 $q_k = 14\ \text{kN/m}$，准永久值系数 $\psi_q = 0.5$。采用 C25 级混凝土，6 Φ 18HRB400 级钢筋（$A_s = 1\ 526\ \text{mm}^2$），梁的允许挠度 $f_{lim} = l_0/250$，最大允许裂缝宽度为 $\omega_{lim} = 0.2\ \text{mm}$，混凝土保护层厚度 $c = 25\ \text{mm}$。试验算梁的挠度及裂缝。

第 4 章
钢筋混凝土受扭构件

本章导读

- **基本要求** 了解受扭构件计算理论；理解纯扭构件破坏特征；掌握受扭构件构造要求；锻炼工程思维的能力。
- **重点** 纯扭构件破坏特征；纯扭构件承载力计算。
- **难点** 弯、剪、扭共同作用下构件承载力计算。

由建筑力学可知，当杆件在两端承受一对作用面垂直于杆轴的外力偶作用时，杆件任意两横截面间将发生绕轴线的相对转动，此变形称为扭转变形。钢筋混凝土构件在荷载作用平面偏离构件主轴线使截面产生转角时，构件就发生了受扭变形（例如，吊车的水平制动力使吊车梁受扭），如图 4.1 所示。

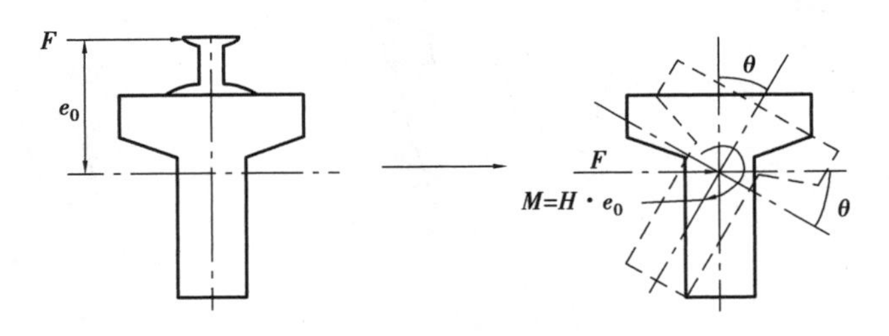

图 4.1 吊车梁受扭图

工程中，钢筋混凝土受扭构件可分两类：一类称"平衡扭转"[图 4.2(a)]，其扭矩的大小由荷载作用决定，基本上不受构件本身抗扭刚度变化的影响；另一类承担"变形协调扭转"的构件，其所受扭矩作用的大小随构件本身抗扭刚度的变化而变化，称为"约束扭转"[图 4.2(b)]。

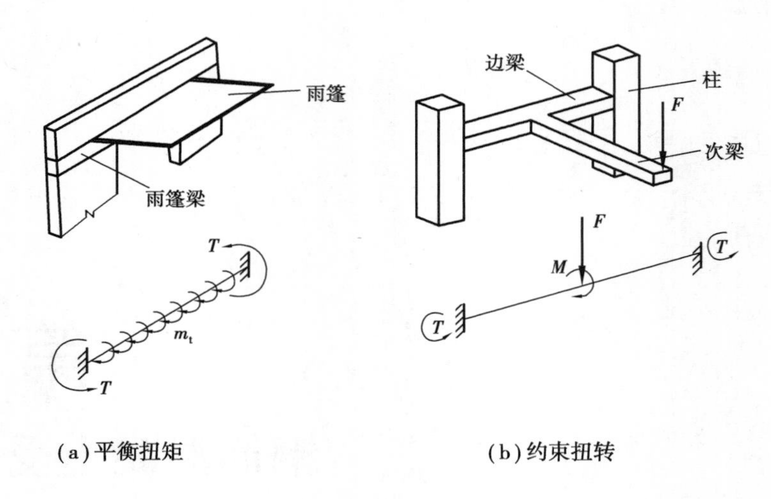

(a)平衡扭矩　　(b)约束扭转

图 4.2　钢筋混凝土受扭构件

本章主要讨论受"平衡扭转"时的钢筋混凝土受扭构件的承载力计算。实际工程中,受扭构件还受到弯矩、剪力或者弯矩和剪力的共同作用。因此,受扭构件的承载力计算问题,实质上是一个弯、剪、扭(有可能还会受压)的复杂受力问题。为了便于分析,首先介绍纯扭构件的承载力计算,然后介绍弯、剪、扭作用下的承载力计算。

纯扭构件破坏

4.1　纯扭构件的破坏形态

构件在扭转时产生的裂缝方向与构件轴线成 45°角,根据受扭试验的观察,配置抗扭钢筋对构件在破坏时的抗扭承载力有很大作用。抗扭钢筋包括抗扭纵向钢筋和抗扭横向箍筋。钢筋混凝土构件的受扭破坏形态主要与配筋量多少有关,一般可分为少筋破坏、超筋破坏和适筋破坏 3 种类型,如图 4.3 所示。

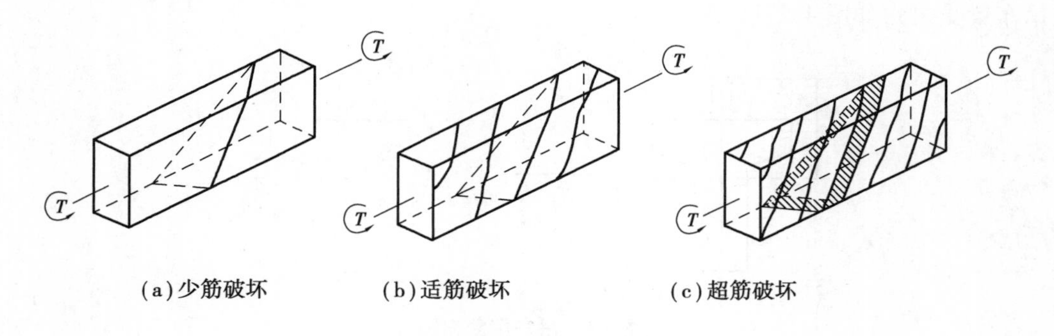

(a)少筋破坏　　(b)适筋破坏　　(c)超筋破坏

图 4.3　纯扭破坏形态

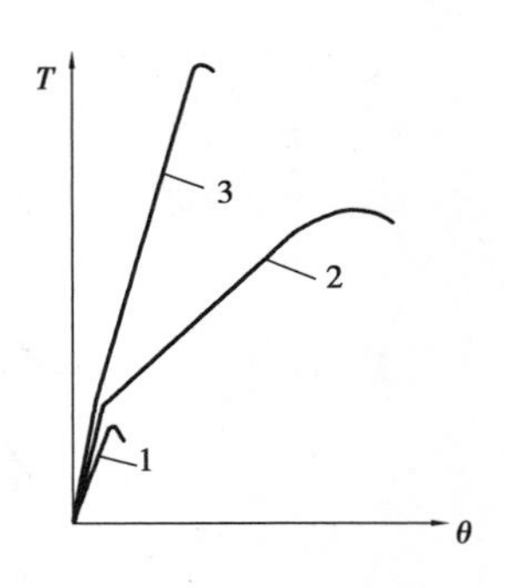

图 4.4 扭矩-扭转角关系曲线

1)少筋破坏

当抗扭钢筋配置过少时,裂缝首先出现在截面长边中点处,并迅速沿 45°方向向邻边两个短边的面上发展,在第四个面上出现裂缝后(压区很小)构件就突然破坏,破坏面为一空间扭曲裂面。破坏钢筋不仅屈服,还可经过流幅进入强化阶段甚至被拉断,构件截面的扭转角较小(图 4.4 曲线 1)。破坏无任何预兆,属于脆性破坏,这类破坏称为少筋破坏,如图 4.3(a)所示。构件受扭极限承载力控制于混凝土抗拉强度及截面尺寸,在设计中应予避免。此类破坏模型是求混凝土开裂扭矩的试验依据,还可以求出抗扭钢筋的最小值。

2)超筋破坏

当抗扭钢筋配置过多时,破坏是由某相邻两条 45°螺旋裂缝间的混凝土被压碎引起的。构件破坏时螺旋裂缝很多、很细,抗扭钢筋均未达到屈服强度。破坏时扭转角也较小(图 4.4 曲线 3),属于脆性破坏,这类破坏称为超筋破坏,如图 4.3(b)所示。构件受扭极限承载力控制于混凝土抗压强度及截面尺寸,在设计中应予避免。此类破坏模型是求得抗扭钢筋最大值的试验依据。

超筋破坏还可分为部分超筋破坏和完全超筋破坏。由于抗扭钢筋包括纵筋和箍筋两部分,若两者比值不当,致使混凝土压碎时两者之一(箍筋或纵筋)尚不屈服,这种破坏称为部分超筋破坏,破坏时构件有一定的延性,设计可采用,但不经济;若两者都未屈服,称为完全超筋破坏。

3)适筋破坏

当配置适量的抗扭钢筋时,破坏是在由多条螺旋裂缝中的一条主裂缝造成的空间扭曲面上发生的。裂缝最初的发生如同少筋破坏,但由于抗扭钢筋用量适当,在出现第一条裂缝后抗扭钢筋就发挥作用,使构件在破坏前形成多条裂缝,当通过主裂缝的抗扭钢筋达到屈服强度后,构件在主裂缝的第四个面上的受压区混凝土被压碎时破坏。破坏时,扭转角较大(图 4.4 曲线 2),属于延性破坏,这类破坏称为适筋破坏,如图 4.3(c)所示。此类破坏模型是设计的试验依据。

为了使受扭构件的破坏形态呈现适筋破坏,充分发挥抗扭钢筋的作用,抗扭纵筋和抗扭箍筋应有合理的最佳搭配。《规范》引入 ζ 系数,ζ 为受扭构件纵向钢筋与箍筋的配筋强度比,计算公式为:

$$\zeta = \frac{A_{stl}s}{A_{st1}u_{cor}} \times \frac{f_y}{f_{yv}} \tag{4.1}$$

式中 A_{stl}——受扭计算中取对称布置的全部纵向非预应力钢筋截面面积,因截面内力平衡的需要,对于不对称配置纵向钢筋截面面积的情况,在计算中只取对称布置的纵向钢筋截面面积(图 4.5);

A_{st1}——受扭计算中沿截面周边配置的箍筋单肢截面面积；

s——抗扭箍筋的间距；

u_{cor}——截面核心部分的周长(图 4.6)，$u_{cor}=2(b_{cor}+h_{cor})$，$b_{cor}=b-2c-2\phi$，$h_{cor}=h-2c-2\phi$。

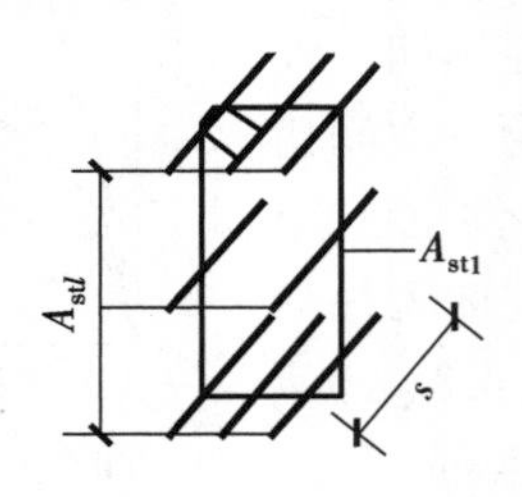

图 4.5　纵筋与箍筋面积

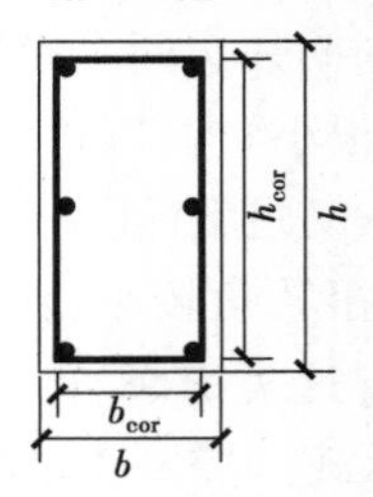

图 4.6　截面核心尺寸

试验表明，当 ζ 值在 0.5~2.0，钢筋混凝土受扭构件破坏时，其纵筋和箍筋基本能达到屈服强度。安全起见，取限制条件为$0.6\leqslant\zeta\leqslant1.7$。当 $\zeta>1.7$ 时，取 1.7。当 ζ 接近 1.2 时为钢筋达到屈服的最佳值，因此，通常可取 $\zeta=1.2$。

4.2　钢筋混凝土受扭构件的构造要求

4.2.1　截面尺寸

为避免受扭构件配筋过多、保证构件不致因截面过小出现破坏时混凝土首先被压碎，防止产生超筋性质的脆性破坏。受扭构件的截面应符合下列条件：

当$\dfrac{h_w}{b}\leqslant4$ 时，$\dfrac{V}{bh_0}+\dfrac{T}{0.8W_t}\leqslant0.25\beta_c f_c$　　(4.2)

当$\dfrac{h_w}{b}=6$ 时，$\dfrac{V}{bh_0}+\dfrac{T}{0.8W_t}\leqslant0.2\beta_c f_c$　　(4.3)

当 $4<\dfrac{h_w}{b}<6$ 时，按线性内插法确定。

式中　h_w——截面的腹板高度。对于矩形截面，取有效高度 h_0；对于 T 形截面，取有效高度减去翼缘高度；对于 I 形和箱形截面，取腹板净高；

b——矩形截面的宽度，T 形或 I 形截面取腹板宽度，箱形截面取两侧壁总厚度 $2t_w$；

V——剪力设计值；

T——扭矩设计值；

β_c——混凝土强度影响系数。当混凝土强度等级不超过 C50 时，取 1.0；当混凝土强度等级为 C80 时，取 0.8；其间按线性内插法确定；

W_t——受扭构件的截面受扭塑性抵抗矩。

(1)矩形截面受扭塑性抵抗矩 W_t

$$W_t=\frac{b^2}{6}(3h-b)\tag{4.4}$$

(2)T 形和 I 形截面受扭塑性抵抗矩 W_t

$$W_t = W_{tw} + W'_{tf} + W_{tf} \tag{4.5}$$

腹板、受压翼缘及受拉翼缘部分矩形截面(图 4.7)受扭塑性抵抗矩 W'_{tw}, W'_{tf}, W_{tf}按下列规定计算:

腹板:

$$W_t = \frac{b^2}{6}(3h - b) \tag{4.6}$$

受压翼缘:

$$W'_{tf} = \frac{h_f^2}{2}(b'_f - b) \tag{4.7}$$

受拉翼缘:

$$W_{tf} = \frac{h_f^2}{2}(b_f - b) \tag{4.8}$$

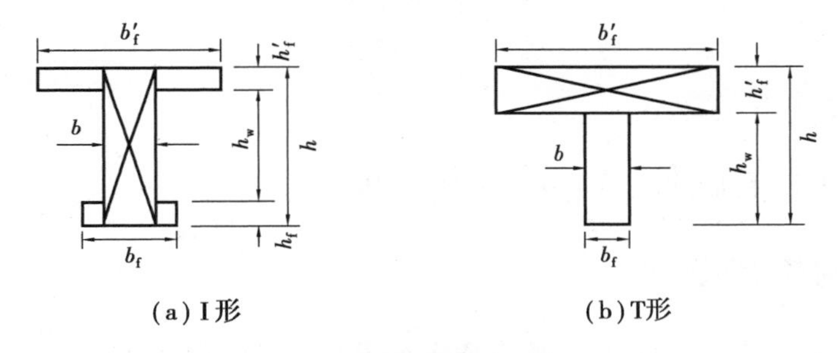

图 4.7 带翼缘构件矩形划分原则

4.2.2 构造配筋界限

当钢筋混凝土构件所能承受的荷载效应相当于混凝土构件即将开裂时所达到的剪力及扭矩值的界限状态,称为构造配筋界限。当构件处于这一状态时,混凝土承受外荷载而不会开裂,可以不设置受剪及受扭钢筋;为保证安全,防止因偶然因素导致构件开裂而产生突然的脆性破坏,故规定在构造上尚应设置最小配筋率的要求。

当满足下列条件时,可不进行构件受剪扭承载力计算,按规定配置构造纵向钢筋和箍筋:

$$\frac{V}{bh_0} + \frac{T}{W_t} \leqslant 0.7f_t \tag{4.9}$$

或

$$\frac{V}{bh_0} + \frac{T}{W_t} \leqslant 0.7f_t \tag{4.10}$$

4.2.3 最小配筋率

最小配筋率主要是为了防止构件发生“少筋”性质的脆性破坏,钢筋混凝土受扭构件钢筋的最小配筋相当于素混凝土受扭构件所能承受的极限承载力相应的配筋率，包括纵筋最小配筋率及箍筋最小配筋率。

1）纵筋的最小配筋率 $\rho_{tl,\min}$

$$\rho_{tl,\min}=0.6\sqrt{\frac{T}{Vb}}\frac{f_t}{f_y} \tag{4.11}$$

当 $T/(Vb)>2.0$ 时，取 $T/(Vb)=2.0$。

$$\rho_{tl}=\frac{A_{stl}}{bh} \tag{4.12}$$

$$\rho_{tl}\geqslant\rho_{tl,\min} \tag{4.13}$$

A_{stl} 为沿截面周边布置的受扭纵向钢筋总截面面积。

在弯剪扭构件中，配置在截面弯曲受拉边的纵向受力钢筋，其截面面积不应小于受弯构件受拉钢筋最小配筋率计算出的钢筋截面面积与受扭纵向钢筋配筋率计算并分配到弯曲受拉边的钢筋截面面积之和。

2）箍筋的最小配筋率 ρ_{sv}

在弯剪扭构件中，箍筋的配筋率 ρ_{sv} 不应小于 $0.28f_t/f_{yv}$。

4.2.4 钢筋的构造要求

当满足式(4.9)或式(4.10)时，按构造要求配置受扭纵向钢筋和箍筋。钢筋构造要求如图 4.8 所示。

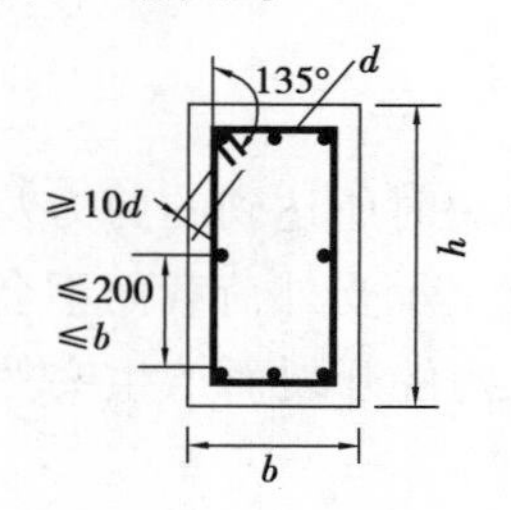

图 4.8 钢筋构造要求

（1）受扭纵向钢筋的构造要求

沿截面周边布置的受扭纵向钢筋的间距不应大于 200 mm 和梁截面短边长度。除应在梁截面四角设置受扭纵向钢筋外，其余受扭纵向钢筋宜沿截面周边均匀对称布置。受扭纵向钢筋应按受拉钢筋锚固在支座内。

（2）箍筋的构造要求

箍筋的间距应符合表 3.9 的规定，其中受扭所需的箍筋应做成封闭式，且应沿截面周边布置；当采用复合箍筋时，位于截面内部的箍筋不应计入受扭所需的箍筋面积；受扭所需箍筋的末端应做成 135°弯钩，弯钩端头平直段长度不应小于 10*d*（*d* 为箍筋直径），合理的抗扭箍筋应该是沿 45°方向布置的螺旋箍筋，但是这种方式非但施工不方便，并且只能适应一个方向的扭矩。

4.3 纯扭构件承载力计算

4.3.1 矩形截面纯扭构件的承载力计算

钢筋混凝土纯扭构件的承载力计算已有较接近实际的理论计算方法,例如:变角空间桁架模型;斜弯理论-扭曲破坏面极限平衡理论。但由于受扭构件的受力复杂,影响因素又很多,因此实际计算时要对试验结果进行修正。《规范》中矩形截面纯扭构件承载力的计算公式是在变角空间桁架模型理论的基础上根据试验分析得到的。

$$T \leqslant T_u = 0.35 f_t W_t + 1.2\sqrt{\zeta}\frac{f_{yv}A_{st1}}{s}A_{cor} \tag{4.14}$$

式中 T——扭矩设计值

A_{cor}——截面核心部分的面积 $A_{cor}=b_{cor}h_{cor}$(图 4.6)。

其余符号含义同前。

右边第一项为开裂后的混凝土由于抗扭钢筋使骨料间产生咬合作用而具有的受扭承载力;第二项则为抗扭钢筋的受扭承载力。

式(4.14)的使用要满足截面尺寸和最小配筋率,同样若满足式(4.9)或式(4.10),只需根据构造要求配置抗扭钢筋。

4.3.2 带翼缘截面纯扭构件的承载力计算

由试验可知,带翼缘的T形、L形和I形截面构件受扭时第一条斜裂缝仍出现在构件腹板侧面中部,裂缝的发展和破坏形态与矩形截面相似。

《规范》对带翼缘的受扭构件承载力计算,采用的仍是将其划分为若干个矩形截面分别计算的简化方法。各矩形截面所承担的扭矩值,按各自的截面受扭塑性抵抗矩与截面总受扭塑性抵抗矩的比值进行分配原则确定,即:

$$T_i = \frac{W_{ti}}{W_t}T \tag{4.15}$$

带翼缘的构件划分为若干小块矩形截面(划分原则按图 4.7),各小块矩形截面所应承受的扭矩为:

腹板:
$$T_w = \frac{W_{tw}}{W_t}T \tag{4.16}$$

受压翼缘:
$$T'_f = \frac{W'_{tf}}{W_t}T \tag{4.17}$$

受拉翼缘:
$$T_f = \frac{W_{tf}}{W_t}T \tag{4.18}$$

由上述方法先求得各小块矩形截面所分配到的扭矩 T_i,再按 T_i 进行配筋计算。但计算所得的抗扭纵向钢筋应配置在整个截面的外边沿上。

【例 4.1】 钢筋混凝土矩形截面构件,截面尺寸为 $b\times h=250\ mm\times500\ mm$,承受扭矩设计值 $T=12\ kN\cdot m$。混凝土强度等级为 C25,箍筋用 HPB300 级钢筋,纵筋用 HRB400 级钢筋,安全等级为二级,环境类别为一类。确定抗扭钢筋。

【解】 查《规范》可知该构件的纵筋混凝土保护层厚度 $c=25\ mm$,设纵向钢筋的合力中心到近边的距离 $a_s=40\ mm$,$h_0=h-a_s=500-40=460(mm)$。

C25 级混凝土:$f_t=1.27\ N/mm^2$,$f_c=11.9\ N/mm^2$;

HPB300 级钢筋:$f_{yv}=270\ N/mm^2$;

HRB400 级钢筋:$f_y=360\ N/mm^2$。

1.求 W_t

$$W_t=\frac{b^2}{6}(3h-b)=\frac{250^2}{6}\times(3\times500-250)=1.302\times10^7(mm^3)$$

2.验算截面尺寸

$$h_w=h_0=460\ mm,\frac{h_w}{b}=\frac{460}{250}=1.84<4$$

因为混凝土强度等级不超过 C50,所以 $\beta_c=1.0$。

由式(4.1)得:$0.25\beta_c f_c\times(0.8W_t)=0.25\times1.0\times11.9\times0.8\times1.302\times10^7$

$=30.98\times10^6(N\cdot mm)>12\ (kN\cdot m)$,满足要求。

3.验算是否需要按计算配置抗扭钢筋

由式(4.8)得:$0.7f_tW_t=0.7\times1.27\times1.302\times10^7=11.57\times10^7(N\cdot mm)$

$=11.57(kN\cdot m)<T=12(kN\cdot m)$

要按计算配置抗扭钢筋。

4.求 u_{cor}、A_{cor}

$b_{cor}=b-2c-2\phi=250-2\times25-2\times8=184(mm)$

$h_{cor}=h-2c-2\phi=500-2\times25-2\times8=434(mm)$

$A_{cor}=b_{cor}\times h_{cor}=184\times434=79\ 856(mm^2)$

$u_{cor}=2(b_{cor}+h_{cor})=2\times(184+384)=1\ 236(mm)$

5.计算受扭钢筋用量

取配筋强度比 $\zeta=1.2$。

由式(4.14)得:

$$\frac{A_{st1}}{s}=\frac{T-0.35f_tW_t}{1.2\sqrt{\zeta}f_{yv}A_{cor}}=\frac{12\times10^6-0.35\times1.27\times1.302\times10^7}{1.2\times\sqrt{1.2}\times270\times79\ 856}=0.22(mm^2/mm)$$

选用Φ 8 的双肢箍,$A_{st1}=50.3\ mm$。箍筋间距 $s=\frac{A_{st1}}{0.22}=\frac{50.3}{0.22}\ mm=229\ mm$,实取 $s=200\ mm$。因此箍筋配置选用Φ 8@ 200 mm。

6.验算箍筋配筋率

受扭箍筋的配筋率:$\rho_{sv}=\frac{A_{sv}}{bs}=\frac{2\times50.3}{250\times200}=0.201\%$

箍筋最小配筋率:$\rho_{sv,min}=0.28\frac{f_t}{f_{yv}}=0.28\times\frac{1.27}{270}=0.132\%$

$\rho_{sv}=0.201\%>\rho_{sv,\min}=0.132\%$，满足要求。

7.计算受扭纵筋用量

由式(4.1)得：$A_{stl}=\zeta\dfrac{f_{yv}A_{st1}u_{cor}}{f_y s}=1.2\times\dfrac{270\times50.3\times1\ 236}{360\times200}=280(\text{mm}^2)$

《规范》中受扭纵筋构造要求，间距不大于200 mm，那么把受扭纵筋分为4排，每根纵筋的面积$\dfrac{280}{2\times4}=35\ \text{mm}^2$，选8⌀10，$A_{stl}=8\times78.5=628(\text{mm}^2)$。

8.验算受扭纵筋配筋率

受扭纵向钢筋的配筋率：$\rho_{tl}=\dfrac{A_{stl}}{bh}=\dfrac{628}{250\times500}=0.502\%$

由式(4.11)得：$\rho_{tl,\min}=0.6\sqrt{\dfrac{T}{Vb}}\dfrac{f_t}{f_y}$，因为$V=0$，所以$\dfrac{T}{Vb}>2$，取$\dfrac{T}{Vb}=2$。$\rho_{tl,\min}=0.6\times\sqrt{2}\times\dfrac{1.27}{360}=0.299\%$

$\rho_{tl}=0.502\%>\rho_{tl,\min}=0.299\%$，满足要求。

配筋图如图4.9所示。

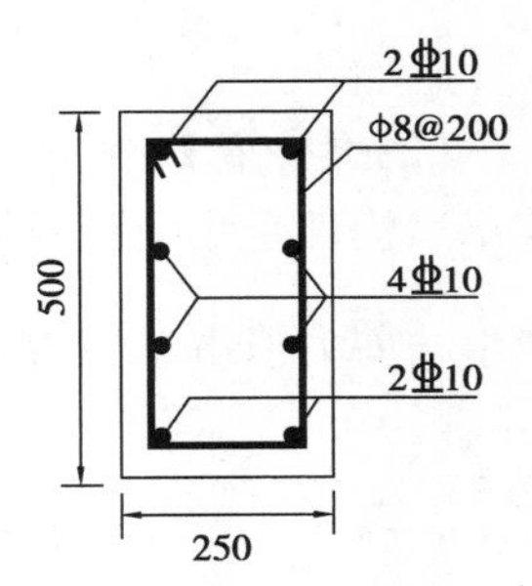

图4.9 配筋图

4.4 弯剪扭构件承载力计算

4.4.1 矩形截面构件在剪扭作用下的承载力计算

1)剪扭相关性

剪力和扭矩共同作用下的构件的承载力比单独作用下承载力更低。构件的受扭承载力随着剪力的增加而减小；同理，构件的受剪承载力也随着扭矩的增加而减小。这称为剪扭相关性。

2)简化计算

《规范》为了简化计算，采用混凝土部分相关、钢筋部分不相关的近似方法。混凝土为避免双重利用而引入相关折减系数β_t，分别对抗扭及抗剪承载力计算公式进行调整，从而得：

$$\beta_t=\frac{1.5}{1+\dfrac{V_c/V_{co}}{T_c/T_{co}}}\tag{4.19}$$

(1)一般剪扭构件

用实际作用的剪力设计值和扭矩设计值V、T代替式(4.19)中的V_c和T_c，并将$V_{co}=0.7f_tbh_0$和$T_{co}=0.35f_tW_t$代入，经整理后得：

$$\beta_t=\frac{1.5}{1+0.5\dfrac{VW_t}{Tbh_0}}\tag{4.20}$$

β_t 表示剪扭构件混凝土受扭承载力降低系数。按照简化关系，$\beta_t<0.5$ 时，取 0.5；当 $\beta_t>1.0$ 时，取 1.0。

构件抗剪承载力计算所需的抗剪箍筋

$$V \leqslant (1.5-\beta_t)0.7f_t b h_0 + f_{yv}\frac{A_{sv}}{s}h_0 \tag{4.21}$$

构件受扭承载力计算所需的抗扭箍筋和纵筋

$$T \leqslant \beta_t 0.35 f_t W_t + 1.2\sqrt{\zeta} f_{yv}\frac{A_{st1}A_{cor}}{s} \tag{4.22}$$

(2)集中荷载作用下的剪扭构件

当构件受集中荷载作用(包括作用有多种荷载，其中集中荷载对支座截面或节点边缘所产生的剪力值占总剪力值的 75%以上的情况)，将 $V_{co}=\dfrac{1.75}{\lambda+1}f_t b h_0$ 代入式(4.19)得：

$$\beta_t = \frac{1.5}{1+0.2(\lambda+1)\dfrac{VW_t}{Tbh_0}} \tag{4.23}$$

构件抗剪承载力计算所需的抗剪箍筋

$$V \leqslant (1.5-\beta_t)\frac{1.75}{\lambda+1}f_t b h_0 + f_{yv}\frac{A_{sv}}{s}h_0 \tag{4.24}$$

构件受扭承载力计算所需的抗扭箍筋和纵筋仍采用式(4.22)，β_t 采用式(4.23)。

3)按照叠加原则计算构件抗剪扭总的箍筋用量

由上述抗剪和抗扭分别计算了所需箍筋用量后，按照叠加原则计算构件总的箍筋用量，如图 4.10 所示。叠加原则是指单肢箍筋相加，即

$$\frac{A'_{sv1}}{s} = \frac{A_{sv1}+A_{st1}}{s} \tag{4.25}$$

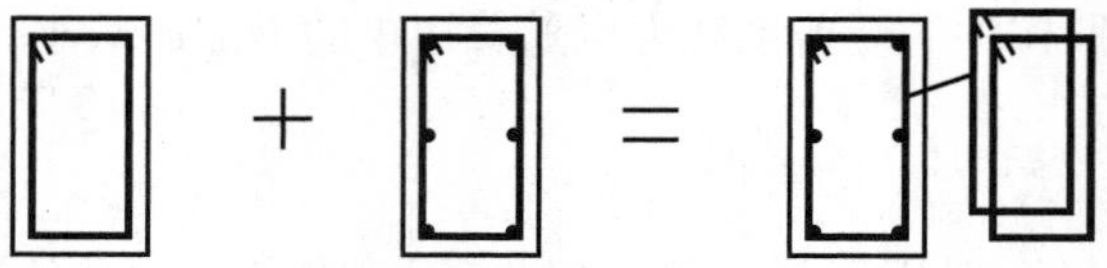

(剪) + (扭) = (剪扭)

图 4.10　叠加原则计算构件抗剪扭总的箍筋用量

4)T 形和 I 形截面剪扭构件的受剪扭承载力

①受剪承载力可按式(4.20)与式(4.21)或式(4.23)与式(4.24)进行计算，但应该将式中的 T 及 W_t 分别用 T_w 及 W_{tw} 代替。

②受扭承载力可根据划分为若干个矩形截面分别计算的简化方法进行计算。其中，腹板可按式(4.20)、式(4.22)或式(4.23)、式(4.22)进行计算，但应将公式中的 T 及 W_t 分别用 T_w 及 W_{tw} 代替；受压翼缘及受拉翼缘按纯扭构件的规定进行计算，但应将 T 及 W_t 分别用 T'_f

及 W'_{tf}或者 T_f 及 W_{tf}代替。

4.4.2 矩形截面构件在弯扭作用下的承载力计算

计算弯、扭共同作用下的受弯和受扭承载力,不考虑弯扭相关性,可分别按受弯构件的正截面受弯承载力和纯扭构件的受扭承载力进行计算,求得的钢筋应分别按弯、扭对纵筋和箍筋的构造要求进行配置,位于相同部位处的钢筋可进行钢筋截面面积叠加后配筋,如图 4.11所示。

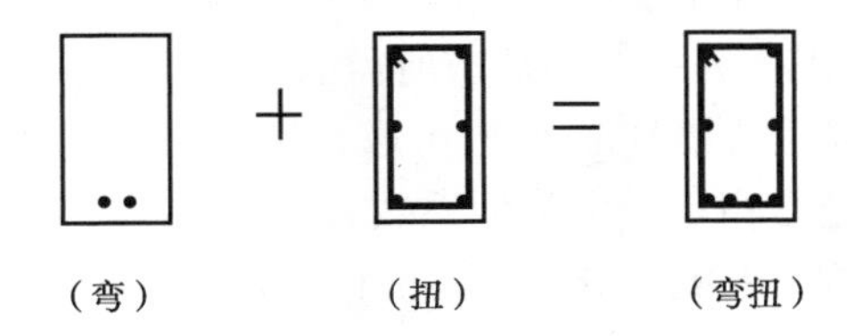

图 4.11　叠加原则计算构件抗弯扭总的钢筋用量

带翼缘截面构件在弯、扭共同作用下的承载力计算,可分别按弯、扭单独作用时相应方法进行(受弯按 T 形截面,受扭按腹板和上、下翼缘截面)。

4.4.3 矩形截面构件在弯剪扭作用下的承载力计算

钢筋混凝土构件在弯矩、剪力和扭矩作用下的受力性能比剪扭、弯扭复杂,影响因素有很多。因此,《规范》规定:弯、剪、扭共同作用下的承载力计算还是采用按受弯和受剪扭分别计算,然后进行叠加的近似计算方法。即纵向钢筋应通过正截面受弯承载力和剪扭构件的受扭承载力计算求得的纵向钢筋进行配置,重叠处的纵筋截面面积可叠加。箍筋应按剪扭构件受剪承载力和受扭承载力计算求得的箍筋进行配置,相应部位处的箍筋截面面积也可叠加,如图 4.12 所示。

纵向钢筋=受弯(M)纵筋+受扭(T)纵筋

箍筋用量=受剪(V)箍筋+受扭(T)箍筋

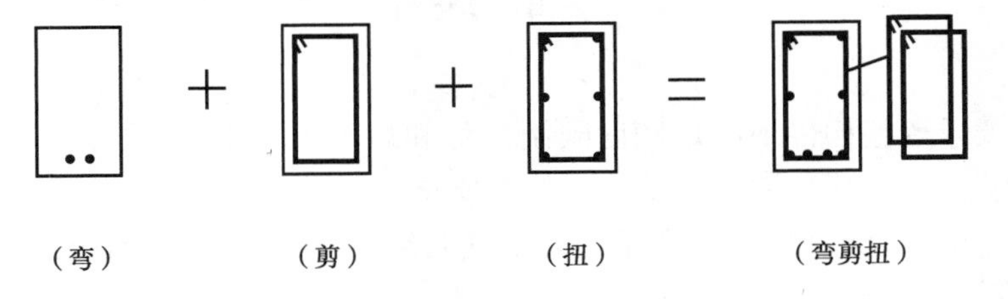

图 4.12　叠加原则计算构件抗弯剪扭总的钢筋用量

弯剪扭构件的截面设计计算步骤:当已知构件中的设计弯矩图、设计剪力图和设计扭矩图,并初步选定了截面尺寸和材料强度等级后,即可按下列步骤进行弯剪扭构件的截面设计:

(1)验算截面尺寸的限制条件

(2)验算简化计算的条件

①当符合下列条件时:$V \leqslant 0.35 f_t b h_0$ 或者对于集中荷载作用(包括集中荷载在计算截面

产生的剪力值占该截面总剪力值75%以上的情况）的构件 $V\leqslant\frac{0.875}{\lambda+1}f_tbh_0$，可不考虑剪力，仅按弯扭构件进行计算。

②当符合下列条件时：$T\leqslant0.175f_tW_t$ 可以不考虑扭矩作用，仅按弯剪构件进行计算。

③若不符合上述条件，按弯剪扭构件计算。

（3）验算构造配筋条件

（4）确定箍筋用量

构件中的箍筋用量不受弯矩的影响，因此可选取扭矩和剪力相对较大的截面，考虑混凝土扭矩和剪力的相关性，分别计算抗扭和抗剪所需的箍筋数量。

①选定适当的纵筋与箍筋强度比 ζ，一般可取 ζ 为1.2或其附近的数值。

②确定剪扭构件混凝土受扭承载力降低系数 β_t。

③求出抗剪所需的单侧箍筋数量 A_{sv1}/s 和抗扭所需的单侧箍筋用量 A_{st1}/s，然后叠加求出单侧的总箍筋数量。

$$\frac{A'_{sv1}}{s}=\frac{A_{sv1}}{s}+\frac{A_{st1}}{s}$$

④按 $\frac{A'_{sv1}}{s}$ 选定箍筋的直径和间距。所选的箍筋直径和间距还必须符合 $\rho_{st,min}$ 等有关的构造规定。

（5）确定纵筋用量

①按受弯构件正截面受弯承载力计算抗弯纵筋面积 A_s。

②根据计算所得 $\frac{A_{st1}}{s}$ 及已选定的系数 ζ，求出抗扭纵筋配置 A_{stl}。

③按叠加原则考虑整个截面中的纵向钢筋用量及布置方式，同时应满足最小配筋率及纵向钢筋有关的各项构造要求。

本章小结

1.《规范》要求受扭构件须满足截面限制条件和最小配筋率条件，以防止“超筋”或“少筋”破坏，还须满足受扭纵向钢筋和箍筋的构造要求。

2.纯扭构件在不同的配筋状况下的破坏形式归纳为：少筋破坏、超筋破坏、适筋破坏，少筋破坏和超筋破坏属于脆性破坏。

3.钢筋混凝土构件在纯扭作用下其承载力分别由混凝土和钢筋承担，为了使受扭构件的破坏形态呈现适筋破坏，充分发挥抗扭钢筋的作用，抗扭纵筋和抗扭箍筋应有合理的最佳搭配，《规范》引入 ζ 系数，ζ 一般取1.2。

4.剪扭作用下，混凝土的承载力基本符合1/4圆弧的变化规律，《规范》采用了部分相关的计算方案，即计算中考虑混凝土这部分剪扭相关。

5.弯剪扭作用下，构件的相关关系比较复杂，它与作用在构件上的弯矩和扭矩比值的改变，构件截面上下部纵筋数量的变化、构件截面高宽比的变化等因素有关，在这些因素的影响下，构件可能出现“弯型破坏”“扭型破坏”“弯扭型破坏”。

6.弯剪扭作用下，构件的受力复杂。《规范》建议采用简便适用的叠加法，即纵筋的数量由抗弯和抗扭计算的结果进行叠加，箍筋数量由剪扭相关性的抗扭和抗剪计算结果进行叠加。

7.《规范》对带翼缘的受扭构件承载力计算，采用的仍是将其划分为若干个矩形截面分别计算的简化方法。

本章习题

1.矩形截面纯扭构件，截面尺寸为 $b=240$ mm，$h=360$ mm，扭矩 $T=10$ kN·m，混凝土强度等级为C25，纵筋为HRB400级，箍筋为HPB300级。试计算该梁配筋，并绘制截面配筋图。

2.钢筋混凝土矩形截面梁，受均布荷载作用下，$b=250$ mm，$h=550$ mm，梁上承受的弯矩设计值为 $M=140$ kN·m，剪力设计值为 $V=80$ kN，扭矩设计值为 $T=20$ kN·m。混凝土强度等级为C25，纵筋为HRB400级，箍筋为HPB300级。试设计该梁，并画出配筋图。

*第5章

钢筋混凝土受压构件

本章导读

• **基本要求** 了解受压构件的材料、截面形式及尺寸和构造要求；了解偏心受压构件的破坏特征；掌握大、小偏心受压构件的判别方法；了解受压构件斜截面受剪承载力的计算特点；锻炼工程思维的能力。

• **重点** 受压构件的构造要求，普通箍筋柱的正截面承载力计算，偏心受压构件的承载力计算公式及其适用条件。

• **难点** 螺旋箍筋柱的正截面承载力计算；对附加偏心距、偏心距增大系数的理解；小偏心受压构件的承载力计算；对受压构件斜截面受剪承载力计算的理解。

5.1 受压构件的基本构造

5.1.1 类型

受压构件是混凝土结构中最常见的构件之一。钢筋混凝土受压构件在其截面上一般作用有轴力、弯矩和剪力。当只作用有轴力且轴向力作用线与构件截面形心轴重合时，称为轴心受压构件；当同时作用有轴力和弯矩或轴向力作用线与构件截面形心轴不重合时，称为偏心受压构件。当轴向力作用线与截面的形心轴平行且沿某一主轴偏离形心时，称为单向偏心受压构件；当轴向力作用线与截面的形心轴平行且偏离两个主轴时，称为双向偏心受压构件，如图5.1所示。

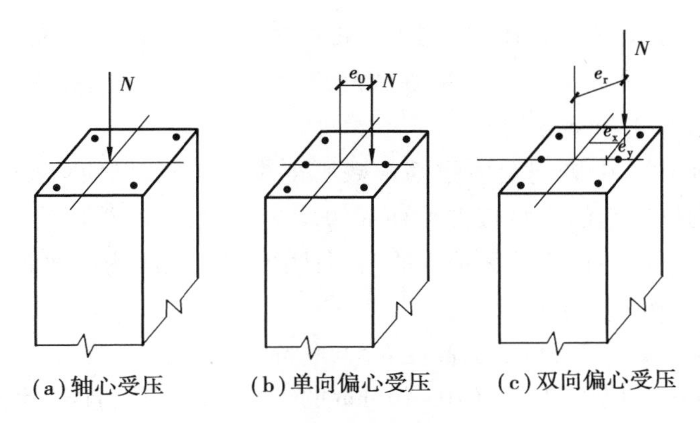

图5.1　轴心受压与偏心受压

5.1.2　材料强度

受压构件的承载力主要取决于混凝土强度,采用较高强度等级的混凝土可以减小构件截面尺寸,节省钢材,因而柱中混凝土一般宜采用较高强度等级,但不宜选用高强度钢筋。其原因是受压钢筋要与混凝土共同工作,钢筋应变受到混凝土极限压应变的限制,而混凝土极限压应变很小,所以高强度钢筋的受压强度不能充分利用。《规范》规定:一般柱中采用C25及以上等级的混凝土,对于高层建筑的底层柱可采用更高强度等级的混凝土,例如采用C40或以上;纵向钢筋一般采用HRB400、HRB500等级热轧钢筋,箍筋宜采用HRB400、HPB300等级钢筋。

5.1.3　截面形式及尺寸

钢筋混凝土受压构件的截面形式要考虑到受力合理和模板制作方便。轴心受压构件的截面形式一般做成正方形或边长接近的矩形,有特殊要求的情况下,亦可做成圆形或多边形;偏心受压构件的截面形式一般多采用矩形截面,还可采用I形、T形等截面。

钢筋混凝土受压构件截面尺寸一般不宜小于300 mm×300 mm,以避免长细比过大,降低受压构件截面承载力。一般应符合$l_0/b \leqslant 30$,$l_0/h \leqslant 25$(其中l_0为柱的计算长度,h和b分别为截面的高度和宽度)。为了施工制作方便,在800 mm以内时,宜取50 mm为模数;800 mm以上时,可取100 mm为模数。

5.1.4　钢筋构造

1)纵向受力钢筋

钢筋混凝土受压构件中,纵向受力钢筋的作用是与钢筋混凝土共同承担由外荷载引起的内力,防止构件突然的脆性破坏,减小混凝土不匀质性引起的影响;同时,纵向钢筋还可以承担构件失稳破坏时,凸出面出现的拉力以及由于荷载的初始偏心、混凝土收缩变形等因素所引起的拉力等。

受压构件中,为了增加钢筋骨架的刚度,减小钢筋在施工时的纵向弯曲及减少箍筋用量,宜采用较粗直径的钢筋,以便形成刚性较好的骨架。因此,纵向受力钢筋直径 d 不宜小于 12 mm,一般在 12~32 mm 选用。

矩形截面受压构件中纵向受力钢筋根数不得少于 4 根,以便与箍筋形成钢筋骨架。轴心受压构件中的纵向钢筋应沿构件截面周边均匀布置,偏心受压构件中的纵筋应按计算要求布置在离偏心压力作用平面垂直的两侧;圆形截面受压构件截面周边均匀布置,根数不宜少于 8 根,且不应少于 6 根。

当矩形截面偏心受压构件的截面高度 $h \geq 600$ mm 时,为防止构件因混凝土收缩和温度变化产生裂缝,应沿长边设置直径为 10~16 mm 的纵向构造钢筋,且间距不应超过 500 mm,并相应地配置复合箍筋或拉筋。为便于浇筑混凝土,纵向钢筋的净间距不应小于 50 mm,对水平放置浇筑的预制受压构件,其纵向钢筋的间距要求与梁相同。偏心受压构件中,垂直于弯矩作用平面的侧面上的纵向受力钢筋以及轴心受压构件中各边的纵向受力钢筋中距不宜大于 300 mm。

为使纵向受力钢筋起到提高受压构件截面承载力的作用,纵向钢筋应满足最小配筋率的要求。对于轴心受压构件,全部受压钢筋的配筋率应满足《规范》中关于最小配筋率的要求(见表 3.7),同时一侧钢筋的配筋率不应小于 0.2%。当温度、收缩等因素对结构产生较大影响时,构件的最小配筋率应适当增加。为了施工方便和经济要求,全部纵向钢筋配筋率不宜超过 5%。受压钢筋的配筋率一般不超过 3%,通常在 0.5%~2%。

2)箍筋

受压构件中,一般箍筋沿构件纵向等距离放置,并与纵向钢筋构成空间骨架,如图 5.2 所示。箍筋除了在施工时对纵向钢筋起固定作用外,还给纵向钢筋提供侧向支点,防止纵向钢筋受压弯曲而降低承压能力。此外,箍筋在柱中也起到抵抗水平剪力的作用。密布箍筋还起约束核心混凝土,改善混凝土变形性能的作用。

为了有效地阻止纵向钢筋的压屈破坏和提高构件斜截面抗剪能力,周边箍筋应做成封闭式。箍筋间距不应大于 400 mm 及构件截面短边尺寸,同时在绑扎骨架中不应大于 $15d$,在焊接骨架中不应大于 $20d$(d 为纵向钢筋最小直径)。箍筋直径不应小于纵向钢筋最大直径的 1/4,且不应小于 6 mm;当柱中全部纵向受力钢筋配筋率大于 3%时,箍筋直径不应小于 8 mm,间距不应大于纵向钢筋最小直径的 10 倍,且不应大于 200 mm。箍筋末端应做成 135°弯钩且弯钩末端平直段长度不应小于箍筋直径的 10 倍。箍筋也可焊接成封闭环式。当柱截面短边尺寸大于 400 mm 且各边纵向钢筋多于 3 根时,或当柱截面短边尺寸不大于400 mm但各边纵向钢筋多于 4 根时,应设置复合箍筋,如图 5.2 所示。

对于截面形状复杂的柱,为了避免产生向外的拉力致使折角处的混凝土破损,不可采用具有内折角的箍筋[图 5.2(i)],而应采用分离式箍筋,如图 5.2(h)所示。

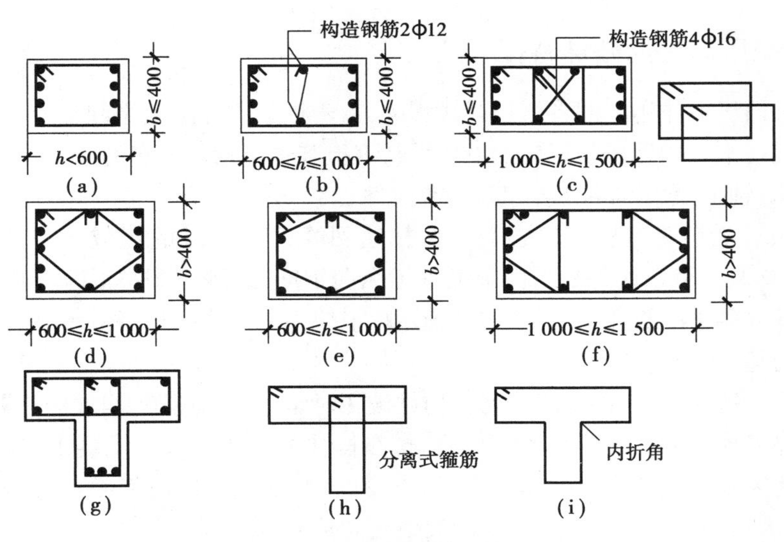

图 5.2　柱的箍筋形式

5.2　轴心受压构件的承载力计算

按照箍筋配置方式不同,钢筋混凝土轴心受压柱可分为两种:一种是配置纵向钢筋和普通箍筋的柱,称为普通箍筋柱[图 5.3(a)];另一种是配置纵向钢筋和螺旋筋的柱,称为螺旋箍筋柱或间接箍筋柱[图 5.3(b)]。

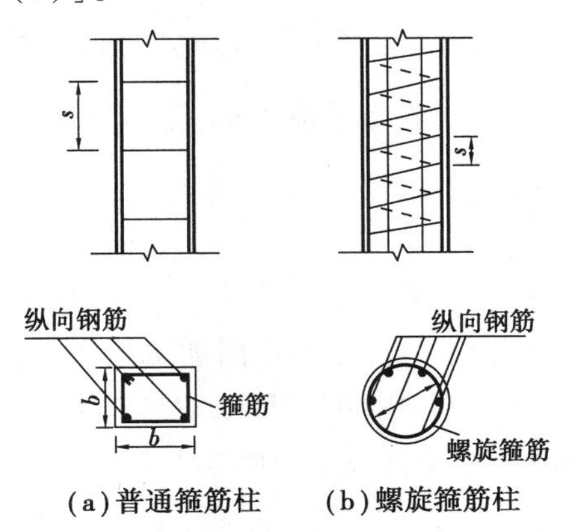

图 5.3　间接钢筋柱的配筋构造

5.2.1　轴心受压构件的破坏特征

按照长细比 l_0/b 的大小,轴心受压柱可分为短柱和长柱两类。对方形和矩形柱,当 $l_0/b \leqslant 8$ 时属于短柱,否则为长柱。其中 l_0 为柱的计算长度,b 为矩形截面的短边尺寸。

1)轴心受压短柱的破坏特征

构件在轴向压力作用下的各级加载过程中,由于钢筋和混凝土之间存在着粘结力,因此纵向钢筋与混凝土共同受压。压应变沿构件长度上基本是均匀分布的。

试验表明,轴心受压素混凝土棱柱体构件达到最大压应力值时的压应变值一般在0.001 5~0.002。而钢筋混凝土轴心受压短柱达到峰值应力时的压应变一般在0.002 5~0.003 5,其主要原因可以认为是构件中配置了纵向钢筋,起到了调整混凝土应力的作用,能比较好地发挥混凝土的塑性性能,使构件到达峰值应力时的应变值得到增加,改善了轴心受压构件破坏的脆性性质。

在轴心受压短柱中,不论受压钢筋在构件破坏时是否达到屈服,构件的承载力最终都是由混凝土压碎来控制的。当达到极限荷载时,在构件最薄弱区段的混凝土内将出现由微裂缝发展而成的肉眼可见的纵向裂缝,随着压应变的增长,这些裂缝将相互贯通,在外层混凝土剥落之后,核芯部分的混凝土将在纵向裂缝之间被完全压碎。在这个过程中,混凝土的侧向膨胀将向外推挤钢筋,而使纵向受压钢筋在箍筋之间呈灯笼状向外受压屈服[图5.4(a)]。破坏时,一般中等强度的钢筋均能达到其抗压屈服强度,混凝土能达到轴心抗压强度,钢筋和混凝土都得到了充分利用。

(a)轴心受压短柱的破坏形式

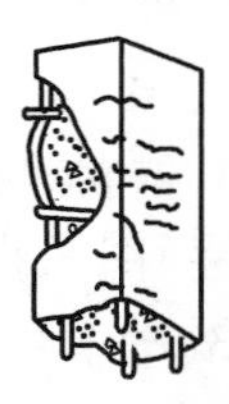

(b)轴心受压长柱的破坏形式

图5.4 轴心受压柱的破坏形式

2)轴心受压长柱的破坏特征

由于材料本身的不均匀性、施工的尺寸误差等原因,轴心受压构件的初始偏心是不可避免的。初始偏心距的存在,必然会在构件中产生附加弯矩和相应的侧向挠度,而侧向挠度又加大了原来的初始偏心距。这样相互影响的结果,必然导致构件承载能力的降低。试验表明,对粗短受压构件,初始偏心距对构件承载力的影响并不明显,而对细长受压构件,这种影响是不可忽略的。细长轴心受压构件的破坏,实质上已具有偏心受压构件强度破坏的典型特征:破坏时,首先在凹边出现纵向裂缝,接着混凝土被压碎,纵向钢筋被压弯向外凸出,侧向挠度急速发展,最终柱子失去平衡并将凸边混凝土拉裂而破坏[图5.4(b)]。

5.2.2 轴心受压构件的承载力计算

1)基本公式

钢筋混凝土轴心受压柱的正截面承载力由混凝土承载力及钢筋承载力两部分组成,如

图5.5所示。根据力的平衡条件,得短柱和长柱的承载力计算公式为:

$$N \leqslant 0.9\varphi(f_c A + f'_y A'_s) \quad (5.1)$$

式中 N——轴向压力设计值;

φ——钢筋混凝土构件的稳定系数;

f_c——混凝土的轴心抗压强度设计值;

A——构件截面面积,当纵向钢筋配筋率大于3%时,A应改为$A_c(A_c=A-A'_s)$;

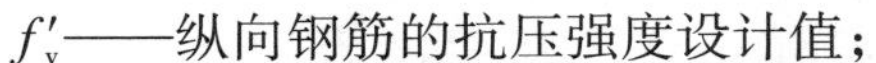

f'_y——纵向钢筋的抗压强度设计值;

A'_s——全部纵向钢筋的截面面积。

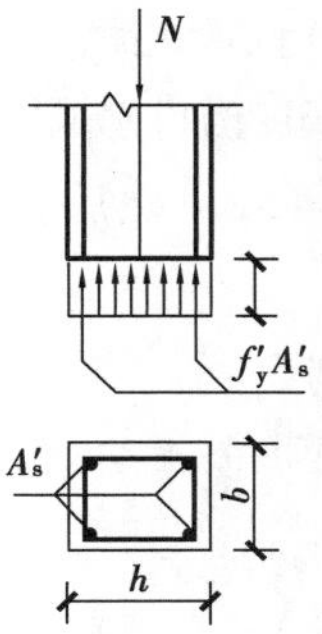

图5.5 轴心受压构件计算简图

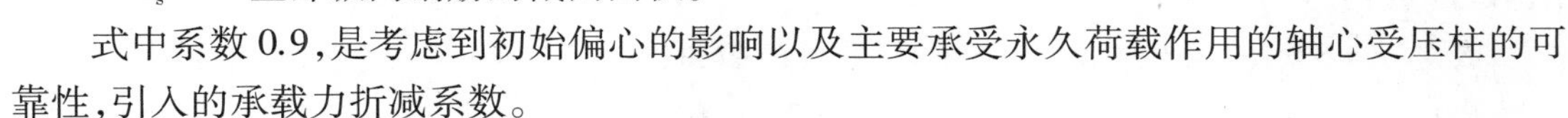

式中系数0.9,是考虑到初始偏心的影响以及主要承受永久荷载作用的轴心受压柱的可靠性,引入的承载力折减系数。

2)稳定系数

稳定系数φ主要与构件的长细比l_0/i有关(l_0为构件的计算长度,i为截面的最小回转半径)。当为矩形截面时,长细比用l_0/b表示(b为截面短边)。长细比越大,φ值越小。《规范》给出的φ值见表5.1。当$l_0/i\leqslant 28$或$l_0/b\leqslant 8$时,即为短柱,$\varphi=1$。

表5.1 钢筋混凝土轴心受压构件的稳定系数φ

l_0/b	l_0/d	l_0/i	φ	l_0/b	l_0/d	l_0/i	φ
≤8	≤7	≤28	1.0	30	26	104	0.52
10	8.5	35	0.98	32	28	111	0.48
12	10.5	42	0.95	34	29.5	118	0.44
14	12	48	0.92	36	31	125	0.40
16	14	55	0.87	38	33	132	0.36
18	15.5	62	0.81	40	34.5	139	0.32
20	17	69	0.75	42	36.5	146	0.29
22	19	76	0.70	44	38	153	0.26
24	21	83	0.65	46	40	160	0.23
26	22.5	90	0.60	48	41.5	167	0.21
28	24	97	0.56	50	43	174	0.19

注:表中l_0—构件计算长度;b—矩形截面的短边尺寸;d—圆形截面的直径;i—截面最小回转半径。

3)设计方法

实际工程中,轴心受压构件的承载力计算问题可归纳为截面设计和截面复核两大类。

(1)截面设计

已知:轴向力设计值N、构件的计算长度l_0、材料强度等级。求构件截面面积及纵向受力钢筋的截面面积A_s。

(2)截面复核

已知:构件截面尺寸 $b\times h$、轴向力设计值 N、构件的计算长度 l_0、纵向钢筋数量及级别、材料强度等级。然后将相关参数代入式(5.1)便可。若该式成立,说明截面安全;否则,为不安全。

【例 5.1】 某钢筋混凝土轴心受压柱,计算长度 $l_0=4.5$ m,承受轴向压力设计值 $N=$ 2 420 kN(含柱自重)。采用 C25 混凝土和 HRB335 级钢筋。求该柱的截面尺寸及纵筋面积。

【解】 1.初步确定截面形式和尺寸

由于是轴心受压构件,截面形式选用正方形。查表得,C25 混凝土,$f_c=11.9$ N/mm^2;HRB335 级钢筋,$f'_y=300$ N/mm^2。

假定 $\rho'=3\%$,$\varphi=0.9$,代入式(5.1)估算截面面积,得

$$A \geqslant \frac{N}{0.9\varphi(f_c+f'_y\rho')}=\frac{2\ 420\times 10^3}{0.9\times 0.9\times(11.9+0.03\times 300)}=142\ 950.0(\text{mm}^2)$$

$$b=h=\sqrt{A}\geqslant 378.1\ \text{mm}$$

选截面尺寸为 400 mm×400 mm。

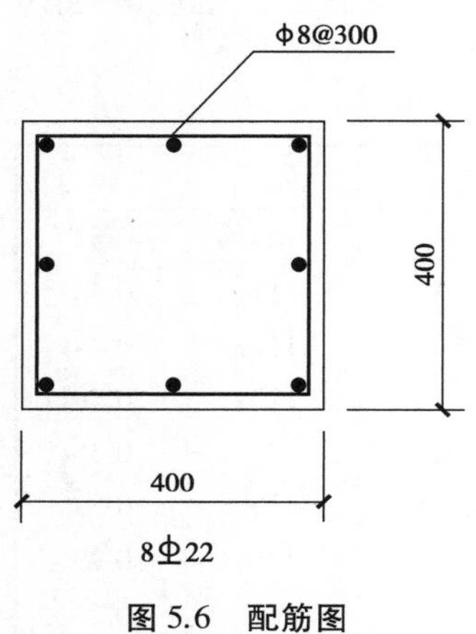

图 5.6 配筋图

2.计算受压纵筋面积

长细比 $l_0/b=4.5/0.4=11.25$,查表 5.1,$\varphi=0.961$。

由式(5.1)得

$$A'_s=\frac{\frac{N}{0.9\varphi}-f_cA}{f'_y}=\frac{\frac{2\ 420\times 10^3}{0.9\times 0.961}-11.9\times 400\times 400}{300}=2\ 980.0(\text{mm}^2)$$

3.选配钢筋

选配纵筋 8 Φ 22,实配纵筋面积 $A_s=3\ 014$ mm^2。

$\rho'=A'_s/A=3\ 041/160\ 000=1.9\%>\rho_{\min}=0.6\%$,满足配筋率要求。

按构造要求,选配箍筋Φ 8@ 300。

5.2.3 螺旋式箍筋柱的承载力计算

1)螺旋式箍筋柱简介

由于螺旋筋(或焊接环筋)的套箍作用可约束核心混凝土(螺旋筋或焊接环筋所包围的混凝土)的横向变形,使得核心混凝土处于三向受压状态,从而间接地提高混凝土的纵向抗压强度。当混凝土纵向压缩产生横向膨胀时,将受到密排螺旋筋或焊接环筋的约束,在箍筋中产生拉力而在混凝土中产生侧向压力。当构件的压应变超过无约束混凝土的极限应变时,尽管箍筋以外的表层混凝土会开裂甚至剥落而退出工作,但核心混凝土尚能继续承担更大的压力,直至箍筋屈服。显然,混凝土抗压强度的提高程度与箍筋的约束力大小有关。为

了使箍筋对混凝土有足够大的约束力，箍筋应为圆形，当为圆环时应焊接。由于螺旋筋或焊接环筋间接地起到了纵向受压钢筋的作用，故又称之为间接钢筋。

需要说明的是，螺旋箍筋柱虽可提高构件承载力，但施工复杂，用钢量较多，一般仅用于轴力很大，截面尺寸又受限制，采用普通箍筋柱会使纵向钢筋配筋率过高，而混凝土强度等级又不宜再提高的情况。

螺旋箍筋柱的截面形状一般为圆形或正八边形。箍筋为螺旋环或焊接圆环，间距不应大于 80 mm 及 $0.2d_{cor}$（d_{cor}为构件核心直径，即螺旋箍筋内皮直径），且不宜小于 40 mm。间接钢筋的直径应符合柱中箍筋直径的规定。

2）承载力计算

间接钢筋所包围的核心截面混凝土处于三向受压状态，其实际抗压强度因套箍作用而高于混凝土轴心抗压强度。这类配筋柱在进行承载力计算时，与普通箍筋不同的是要考虑横向箍筋的作用。

根据圆柱体混凝土三向受压的试验结果，被约束混凝土的轴心抗压强度可近似按式(5.2)计算。

$$f = f_c + 4\sigma_r \tag{5.2}$$

式中　f——被约束混凝土轴心抗压强度；

σ_r——间接钢筋屈服时，柱的核心混凝土受到的径向压应力。

当间接钢筋达到屈服时，如图 5.7 所示，根据力的平衡条件可得

$$\sigma_r = \frac{2f_y A_{ss1}}{d_{cor}s} \tag{5.3}$$

式中　A_{ss1}——单根间接钢筋的截面面积；

f_y——间接钢筋的抗拉强度设计值；

s——间接钢筋的间距；

d_{cor}——混凝土核心截面直径。

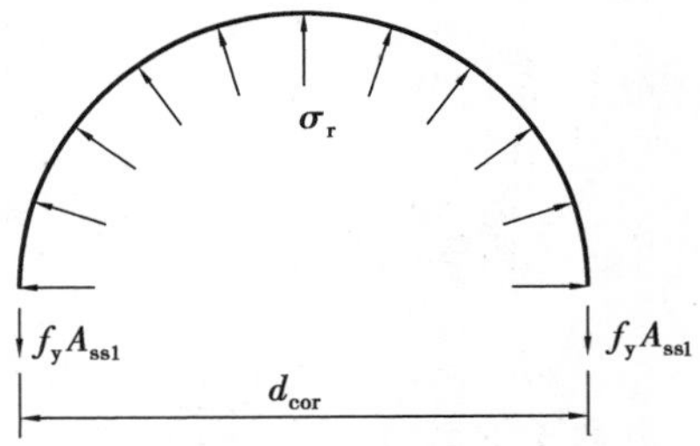

图 5.7　σ_r 的计算简图

将式(5.3)代入式(5.2)，得间接钢筋所约束的核心截面面积内的混凝土强度为：

$$f = f_c + \frac{8f_y A_{ss1}}{d_{cor}s} = f_c + \frac{2f_y A_{ss0}}{A_{cor}} \tag{5.4}$$

式中　$A_{ss0} = \dfrac{\pi d_{cor} A_{ss1}}{s}$，为间接钢筋的换算截面面积；$A_{cor}$为混凝土核心截面面积。

受压构件破坏时纵筋达到其屈服强度，考虑间接钢筋对混凝土的约束作用，核心混凝土强度达到f，得到配有间接钢筋的轴心受压柱的正截面承载力计算公式为

$$N \leqslant 0.9(f_c A_{cor} + f'_y A'_s + 2\alpha f_y A_{ss0}) \tag{5.5}$$

式中，α 为间接钢筋对混凝土约束的折减系数，当混凝土强度等级不超过 C50 时，取 1.0；为 C80 时，取 0.85；其间按线性内插法确定。

为了保证间接钢筋外面的混凝土保护层在正常使用阶段不致于过早剥落，按式(5.5)计

算的间接钢筋柱的轴心受压承载力设计值，不应比按式(5.1)计算的同样材料和截面的普通箍筋柱的轴压承载力设计值大50%。

凡属以下情况之一者，不考虑间接钢筋的影响而按普通箍筋柱计算其承载力：

①当 $l_0/d>12$ 时，长细比较大，由于初始偏心距引起的侧向挠度和附加弯矩使构件处于偏心受压状态，有可能导致间接钢筋不起作用。

②当外围混凝土较厚，混凝土核心面积较小，按间接钢筋轴压构件算得的受压承载力小于按普通箍筋轴压构件算得的受压承载力。

③当间接钢筋换算截面面积 A_{ss0} 小于纵筋全部截面面积的25%时，可以认为间接钢筋配置太少，它对混凝土的有效约束作用很弱，套箍作用的效果不明显。

另外，为了便于施工，间接钢筋间距不宜小于40 mm，也不应大于80 mm及 $0.2d_{cor}$。

【例5.2】 某宾馆门厅现浇的圆形钢筋混凝土柱，直径为450 mm，承受轴向压力设计值 $N=4\ 680$ kN，计算长度 $l_0=H=4.5$ m，混凝土强度等级为C30，柱中纵筋和箍筋分别采用HRB400和HRB335级钢筋，试进行该柱配筋计算。

【解】 1.先按普通箍筋柱计算

查表得，C30混凝土：$f_c=14.3\ \text{N/mm}^2$；

HRB400级钢筋：$f'_y=360\ \text{N/mm}^2$；HRB335级钢筋：$f_y=300\ \text{N/mm}^2$。

由 $l_0/d=4\ 500/450=10$，查表5.1得 $\varphi=0.957\ 5$。

圆柱截面面积为：$A=\dfrac{\pi d^2}{4}=\dfrac{3.14\times450^2}{4}=158\ 962.5(\text{mm}^2)$

由式(5.1)得

$$A'_s=\frac{\dfrac{N}{0.9\varphi}-f_cA}{f'_y}=\frac{\dfrac{4\ 680\times10^3}{0.9\times0.957\ 5}-14.3\times158\ 962.5}{360}=8\ 771.24(\text{mm}^2)$$

$$\rho'=A'_s/A=8\ 771.24/158\ 962.5=5.52\%>\rho_{max}=5\%$$

配筋率太高，因 $l_0/d=10<12$，若混凝土强度等级不再提高，则可改配螺旋箍筋，以提高柱的承载力。

2.按配有螺旋式箍筋柱计算

假定 $\rho'=3\%$，则：$A'_s=0.03A=0.03\times158\ 962.5=4\ 768.88(\text{mm}^2)$

选配纵筋为10 Φ 25，实际 $A_s=4\ 909\ \text{mm}^2$

取 $c=30$ mm，假定螺旋箍筋直径为14 mm，则 $A_{ss1}=153.9\ \text{mm}^2$

混凝土核心截面直径为：$d_{cor}=450-2\times(30+14)=362(\text{mm})$

混凝土核心截面面积为：$A_{cor}=\dfrac{\pi d_{cor}^2}{4}=\dfrac{3.14\times362^2}{4}=102\ 869.5(\text{mm}^2)$

由式(5.5)得

$$A_{ss0}=\frac{\dfrac{N}{0.9}-(f_cA_{cor}+f'_yA'_s)}{2\alpha f_y}=\frac{\dfrac{4\ 680\times10^3}{0.9}-14.3\times102\ 869.5-360\times4\ 909}{2\times1\times300}$$

$$=3\ 269.5(\text{mm}^2)$$

因 $A_{ss0}>0.25A_s$，满足构造要求。

$$s=\frac{\pi d_{cor}A_{ss1}}{A_{ss0}}=\frac{3.14\times 362\times 153.9}{3\ 269.5}=53.5(\text{mm})$$

取 $s=50$ mm，满足 40 mm$\leqslant s\leqslant$80 mm，且不超过 $0.2d_{cor}=0.2\times358$ mm$\approx$72 mm 的要求。

$$A_{ss0}=\frac{\pi d_{cor}A_{ss1}}{s}=\frac{3.14\times 362\times 153.9}{50}=3\ 498.7(\text{mm}^2)$$

按式(5.5)计算

$$\begin{aligned}N_u&=0.9(f_cA_{cor}+f_y'A_s'+2\alpha f_yA_{ss0})\\&=0.9\times(14.3\times 102\ 869.5+360\times 4\ 909+2\times 1\times 300\times 3\ 498.7)\\&=4\ 803.74\ \text{kN}>N=4\ 680\ \text{kN}\end{aligned}$$

按式(5.1)计算

$$\begin{aligned}N_u&=0.9\varphi(f_cA+f_y'A_s')\\&=0.9\times 0.957\ 5\times(14.3\times 158\ 962.5+360\times 4\ 909)\\&=3\ 481.81(\text{kN})\end{aligned}$$

$$N/N_u=4\ 680/3\ 481.8=1.344<1.5$$

故满足设计要求。

5.3 偏心受压构件正截面承载力计算

偏心受压构件在工程中应用得非常广泛，例如，常用的多层框架柱，大量的实体剪力墙以及联肢剪力墙中的相当一部分墙肢，屋架和托架的上弦杆和某些受压腹杆，以及水塔、烟囱的筒壁等都属于偏心受压构件。

钢筋混凝土偏心受压构件多采用矩形截面，截面尺寸较大的预制柱可采用工字形截面和箱形截面，公共建筑中的柱多采用圆形截面。

5.3.1 偏心受压构件正截面的破坏特征

钢筋混凝土偏心受压构件正截面的受力特点和破坏特征与轴向压力偏心距大小、纵向钢筋的数量、钢筋强度和混凝土强度等因素有关，一般可分为下述两种主要破坏形态。

1) 受拉破坏——大偏心受压破坏

在相对偏心距 e_0/h 较大，且受拉钢筋配置得不太多时，会发生这种破坏形态。短柱受力后，截面靠近偏心压力 N 的一侧（钢筋为 A_s'）受压，另一侧（钢筋为 A_s）受拉。随着荷载增大，受拉区混凝土先出现横向裂缝，裂缝的开展使受拉钢筋 A_s 的应力增长较快，首先达到屈服。中和轴向受压边移动，受压区混凝土压应变迅速增大，最后，受压区钢筋 A_s' 达到抗压强度设计值，混凝土达到极限压应变而压碎（图 5.8）。

许多大偏心受压短柱试验都表明，当偏心距较大，且受拉钢筋配筋率适中时，偏心受压构件的破坏是受拉钢筋首先到达屈服强度，然后受压混凝土压坏。临近破坏时有明显的预兆，裂缝显著开展，称为受拉破坏。构件的承载能力取决于受拉钢筋的强度和数量。

2)受压破坏——小偏心受压破坏

小偏心受压破坏是指初始偏心距 e_0 较小，或当偏心距 e_0 较大但纵筋的配筋率很高时。当 e_0 较小时，短柱受力后，处于全截面受压或大部分截面受压，无论配筋率的大小，破坏总是由于受压钢筋 A'_s 屈服，压区混凝土到达抗压强度被压碎，距轴力较远一侧的钢筋 A_s 未达到屈服；当偏心距 e_0 较大但纵筋的配筋率很高时，虽然同样是部分截面受拉，但拉区裂缝出现后，受拉钢筋应力增长缓慢，破坏是由于受压区混凝土到达其抗压强度被压碎，受压钢筋 A'_s 到达屈服，而受拉一侧钢筋应力未达到其屈服强度，破坏形态与超筋梁相似(图 5.9)。

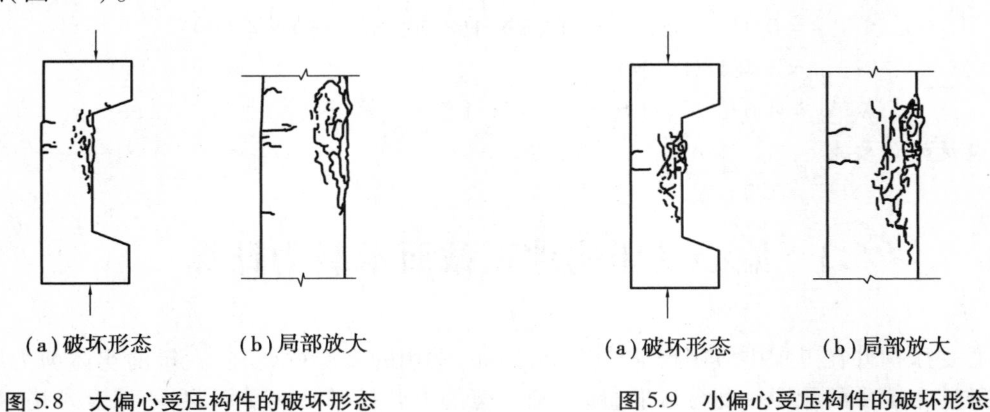

图 5.8　大偏心受压构件的破坏形态

图 5.9　小偏心受压构件的破坏形态

5.3.2　界限破坏及大小偏心受压的分界

1)界限破坏

在大偏心受压破坏和小偏心受压破坏之间，从理论上考虑存在一种“界限破坏”状态：当受拉区的受拉钢筋达到屈服时，受压区边缘混凝土的压应变刚好达到极限压应变值 ε_{cu}，同时受压钢筋达到抗压强度设计值。这种特殊状态可作为区分大小偏压的界限。二者本质区别在于受拉区的钢筋是否屈服。

2)大小偏心受压的分界

由于大偏心受压与受弯构件的适筋梁破坏特征类同，因此，也可用相对受压区高度比值大小来判别。

当 $\xi \leqslant \xi_b$ 时，截面属于大偏心受压；

当 $\xi > \xi_b$ 时，截面属于小偏心受压；

当 $\xi = \xi_b$ 时，截面处于界限状态。

5.3.3 附加偏心距和初始偏心距

由于工程中实际存在着荷载作用位置的不定性、混凝土的不均匀性及施工的偏差等因素，都可能产生附加偏心距。因此，在偏心受压构件正截面承载力计算中，应计入轴向压力在偏心方向存在的附加偏心距 e_a，其值应取 20 mm 和偏心方向截面尺寸的 1/30 两者中的较大值。引进附加偏心距后，在计算偏心受压构件正截面承载力时，应将轴向力作用点到截面形心的偏心距取为 e_i，称为初始偏心距。

$$e_i = e_0 + e_a \tag{5.6}$$

5.3.4 构件截面承载力计算中二阶效应的考虑

除排架结构柱以外，弯矩作用平面内截面对称的偏心受压构件，当同一主轴方向的杆端弯矩比 M_1/M_2 不大于 0.9，设计轴压比不大于 0.9 且构件的长细比满足式(5.7)的要求，可不考虑轴向压力在该方向挠曲杆件中产生的附加弯矩影响；否则，应根据《规范》的规定，按截面的两个主轴方向分别考虑轴向压力在挠曲杆件中产生的附加弯矩影响。

$$l_c/i \leqslant 34 - 12(M_1/M_2) \tag{5.7}$$

式中 M_1，M_2——分别为偏心受压构件两端截面按结构分析确定的对同一主轴的组合弯矩设计值，绝对值较大端为 M_2，绝对值较小端为 M_1。当构件按单曲率弯曲时，M_1/M_2 取正值，否则取负值；

l_c——构件的计算长度，可近似取偏心受压构件相应主轴方向上下支撑点之间的距离；

i——偏心方向的截面回转半径。

偏心受压构件，考虑轴向压力在挠曲杆件中产生的二阶效应后控制截面弯矩设计值应按下列公式计算：

$$M = C_m \eta_{ns} M_2 \tag{5.8}$$

$$C_m = 0.7 + 0.3\frac{M_1}{M_2} \geqslant 0.7 \tag{5.9}$$

$$\eta_{ns} = 1 + \frac{1}{1\,300\left(\dfrac{M_2}{N} + e_a\right)/h_0}\left(\frac{l_0}{h}\right)^2 \zeta_c \tag{5.10}$$

$$\zeta_c = 0.5 f_c A/N \tag{5.11}$$

当 $C_m \eta_{ns}$ 小于 1.0 时，取 1.0；对剪力墙类构件及核心筒类构件，可取 $C_m \eta_{ns}$ 等于 1.0。

式中 C_m——柱端截面偏心弯矩调节系数；

η_{ns}——弯矩增大系数；

ζ_c——截面曲率修正系数，当计算值大于 1.0 时取 1.0。

5.3.5 偏心受压构件正截面承载力计算

1)矩形截面对称配筋构件正截面承载力公式及适用条件

在实际工程中,偏心受压构件在不同荷载作用下,可能会产生相反方向的弯矩,当其数值相差不大时,或即使相反方向弯矩相差较大,但按对称配筋设计求得的纵筋总量比按非对称设计所得纵筋的总量增加不多时,为使构造简单及便于施工,宜采用对称配筋。

矩形截面大、小偏心受压构件正截面承载力计算简图如图 5.10、图5.11所示。

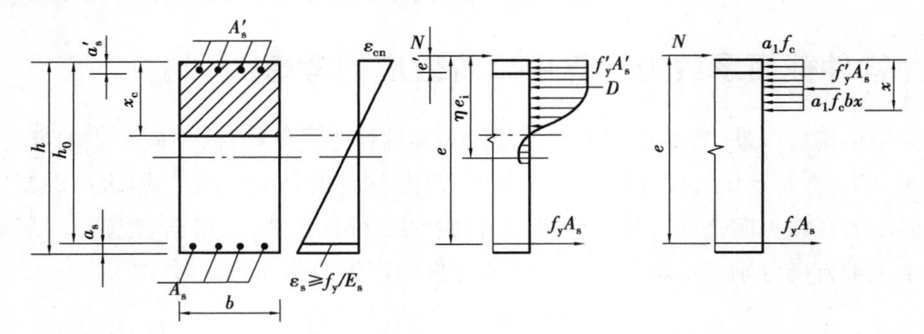

图 5.10 矩形截面大偏心受压构件正截面承载力计算简图

(1)大偏心受压($\xi \leqslant \xi_b$)

$$\sum X = 0, N \leqslant N_u = \alpha_1 f_c bx + f'_y A'_s - f_y A_s \tag{5.12}$$

$$\sum M = 0, Ne \leqslant N_u e = \alpha_1 f_c bx\left(h_0 - \frac{x}{2}\right) + f'_y A'_s (h_0 - a'_s) \tag{5.13}$$

$$e = e_i + \left(\frac{h}{2} - a_s\right) \tag{5.14}$$

公式的适用条件:

$$x \geqslant 2a'_s \tag{5.15}$$

$$\xi \leqslant \xi_b \tag{5.16}$$

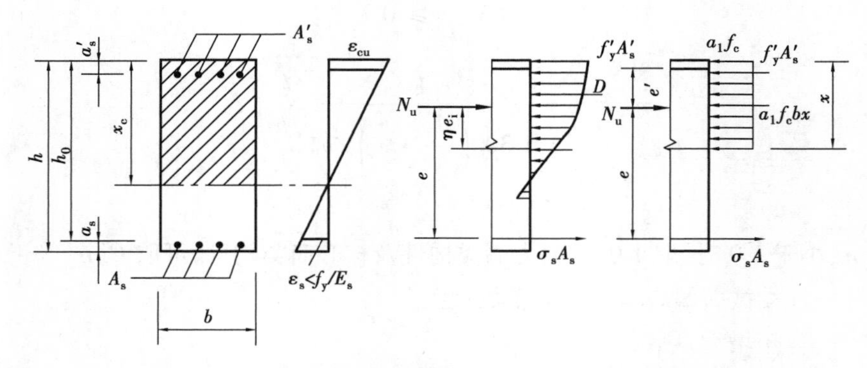

图 5.11 矩形截面小偏心受压构件正截面承载力计算简图

(2)小偏心受压($\xi>\xi_b$)

$$\sum X = 0, N \leqslant N_u = \alpha_1 f_c bx + f'_y A'_s - \sigma_s A_s \tag{5.17}$$

$$\sum M = 0, Ne \leqslant N_u e = \alpha_1 f_c bx\left(h_0 - \frac{x}{2}\right) + f'_y A'_s(h_0 - a'_s) \tag{5.18}$$

$$\sum M = 0, Ne' \leqslant N_u e' = \alpha_1 f_c bx\left(\frac{x}{2} - a'_s\right) - \sigma_s A_s(h_0 - a'_s) \tag{5.19}$$

式中 σ_s 根据实测结果可近似按下式计算:

$$-f'_y \leqslant \sigma_s = f_y \frac{\xi - \beta_1}{\xi_b - \beta_1} \leqslant f'_y \tag{5.20}$$

注意:基本公式中 $x \geqslant 2a'_s$ 条件满足时,才能保证受压钢筋达到屈服;当 $x<2a'_s$ 时,受压钢筋达不到屈服,其正截面的承载力按式(5.21)计算。

$$Ne' \leqslant f_y A_s(h_0 - a'_s) \tag{5.21}$$

式中,$e' = e_i - \frac{h}{2} + a'_s$。

2)矩形截面对称配筋构件正截面承载力计算

(1)截面设计

①大、小偏心受压构件的判别。

由大偏压计算公式 $N \leqslant N_u = \alpha_1 f_c bx$ 得:$x = \frac{N}{\alpha_1 f_c b}$。以 $x = \zeta h_0$ 代入上式,整理后可得到:

$$\xi = \frac{N}{\alpha_1 f_c bh_0} \tag{5.22}$$

当按式(5.22)计算得 $\xi \leqslant \xi_b$ 时,按大偏心受压构件设计;当 $\xi>\xi_b$ 时,按小偏心受压构件设计。

②大偏心受压构件($\xi \leqslant \xi_b$)的计算。

当 $2a'_s \leqslant x \leqslant \xi_b h_0$ 时,直接利用式(5.12)和式(5.13)可得到:

$$A_s = A'_s = \frac{Ne - \alpha_1 f_c bx\left(h_0 - \frac{x}{2}\right)}{f'_y(h_0 - a'_s)} \tag{5.23}$$

当 $x<2a'_s$ 时,近似取 $x = 2a'_s$,则 $A'_s = A_s = \frac{Ne'}{f_y(h_0 - a'_s)}$。

③小偏心受压构件($\xi>\xi_b$)的计算。

对称配筋的小偏心受压构件,由于 $A_s = A'_s$,即使在全截面受压情况下,也不会出现远离偏心压力作用点一侧混凝土先破坏的情况。

首先应计算截面受压区高度 x。《规范》建议矩形截面对称配筋的小偏心受压构件截面相对受压区高度 ξ 按下式计算:

$$\xi = \frac{N - \alpha_1 f_c bh_0 \xi_b}{\dfrac{Ne - 0.43\alpha_1 f_c bh_0^2}{(\beta_1 - \xi_b)(h_0 - a'_s)} + \alpha_1 f_c bh_0} + \xi_b \tag{5.24}$$

式中　β_1——截面受压区矩形应力图高度与实际受压区高度的比值。

求得 ξ 的值后，可求得所需的钢筋面积 A'_s。

$$A'_s = \frac{Ne - \alpha_1 f_c b h_0^2 \xi(1 - 0.5\xi)}{f'_y(h_0 - a'_s)} \tag{5.25}$$

(2)截面复核

截面复核仍是对偏心受压构件垂直于弯矩作用方向和弯矩作用方向都进行计算，计算方法与截面非对称配筋方法相同。

【例 5.3】　某矩形截面钢筋混凝土柱，构件环境类别为一类。$b = 400$ mm，$h = 600$ mm。柱的计算长度 $l_c = 7.2$ m。承受轴向压力设计值 $N = 1\ 000$ kN，柱两端弯矩设计值分别为 $M_1 = 400$ kN · m，$M_2 = 450$ kN · m。该柱采用 HRB400 级钢筋，混凝土强度等级为 C25，$a_s = a'_s = 45$ mm。试求对称配筋的纵向钢筋截面面积。

【解】　1.材料强度和几何参数

C25 混凝土，$f_c = 11.9$ N/mm²；HRB400 级钢筋，$f_y = f'_y = 360$ N/mm²。

HRB400 级钢筋，C25 混凝土，$\xi_b = 0.518$，$\alpha_1 = 1.0$，$\beta_1 = 0.8$。

2.求弯矩设计值(考虑二阶效应后)

由于 $M_1/M_2 = 400/450 = 0.889 < 0.9$

$$i = \sqrt{\frac{I}{A}} = \sqrt{\frac{1}{12}}h = \sqrt{\frac{1}{12}} \times 600 = 173.2(\text{mm})$$

$l_c/i = 7\ 200/173.2 = 41.57(\text{mm}) > 34 - 12 \times \dfrac{M_1}{M_2} = 23.33(\text{mm})$，应考虑附加弯矩的影响。

根据式(5.9)至式(5.11)有：

$$\zeta_c = \frac{0.5 f_c A}{N} = \frac{0.5 \times 11.9 \times 400 \times 600}{1\ 000 \times 10^3} = 1.428 > 1.0，取\ \zeta_c = 1.0$$

$$C_m = 0.7 + 0.3 \times \frac{M_1}{M_2} = 0.7 + 0.3 \times \frac{400}{450} = 0.966\ 7$$

$$e_a = \frac{h}{30} = \frac{600}{30} = 20(\text{mm})$$

$$\eta_{ns} = 1 + \frac{1}{1\ 300(M_2/N + e_a)/h_0}\left(\frac{l_0}{h}\right)^2 \zeta_c$$

$$= 1 + \frac{1}{1\ 300(450 \times 10^6/1\ 000 \times 10^3 + 20)/555} \times \left(\frac{7\ 200}{600}\right)^2 \times 1.0 = 1.13$$

考虑纵向挠曲影响后的弯矩设计值为：

$$M = C_m \eta_{ns} M_2 = 0.966\ 7 \times 1.13 \times 450 = 491.57(\text{kN} \cdot \text{m})$$

3.求 e_i，判别大小偏心受压

$$e_0 = \frac{M}{N} = \frac{491.57 \times 10^6}{1\ 000 \times 10^3} = 491.57(\text{mm})$$

$$e_i = e_0 + e_a = 491.57 + 20 = 511.57(\text{mm})$$

$$\xi = \frac{N}{\alpha_1 f_c b h_0} = \frac{1\ 000 \times 10^3}{1.0 \times 11.9 \times 400 \times 555} = 0.378 < \xi_b = 0.518$$

故按大偏心受压计算。

4.求 A_s 及 A_s'

$$\xi = 0.378 > \frac{2a_s'}{h_0} = \frac{2 \times 45}{555} = 0.162$$

$$e = e_i + \frac{h}{2} - a_s = 511.57 + 300 - 45 = 766.57(\text{mm})$$

$$A_s = A_s' = \frac{Ne - \alpha_1 f_c b h_0^2 \xi(1 - 0.5\xi)}{f_y'(h_0 - a_s')}$$

$$= \frac{1\ 000 \times 10^3 \times 766.57 - 1.0 \times 11.9 \times 400 \times 555^2 \times 0.378(1 - 0.5 \times 0.378)}{360(555 - 45)}$$

$$= 1\ 727.1(\text{mm}^2) > 0.002bh = 480(\text{mm}^2)$$

每边选用纵筋 3 ⌀22+2 ⌀20 对称配置($A_s = A_s' = 1\ 769\ \text{mm}^2$),按构造要求箍筋选用 φ8@250。配筋如图 5.12 所示。

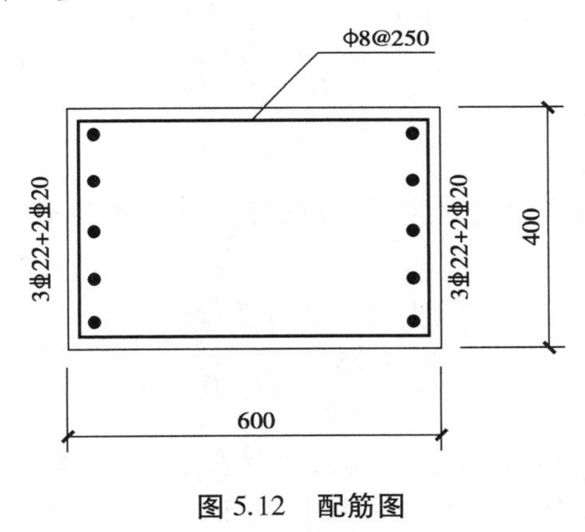

图 5.12 配筋图

5.4 偏心受压构件斜截面承载力计算

本节主要介绍偏心受压构件斜截面抗剪强度的计算。

1)试验研究分析

在偏心受压构件中一般都伴随有剪力作用。试验表明,当轴向力不太大时,轴向压力对构件的抗剪强度起有利作用。这是由于轴向压力的存在将使斜裂缝的出现相对推迟,斜裂缝宽度也发展得相对较慢。当$\dfrac{N}{f_c bh}$在 0.3~0.5 时,轴向压力对抗剪强度的有利影响达到峰值;若轴向压力更大,则构件的抗剪强度反而会随着 N 的增大而逐渐下降。

2)偏心受压构件斜截面承载力计算公式

(1)计算公式

$$V = \frac{1.75}{\lambda + 1} f_t b h_0 + f_{yv} \frac{A_{sv}}{s} h_0 + 0.07N \tag{5.26}$$

式中 λ——偏心受压构件计算截面的剪跨比;

N——与剪力设计值 V 相对应的轴向压力设计值,当 $N>0.3f_cA$ 时,取 $N=0.3f_cA$,A 为构件的截面面积。

(2)计算剪跨比的取值

对各类结构的框架柱,宜取 $\lambda=\frac{M}{Vh_0}$。对框架结构中的框架柱,当其反弯点在层高范围内时,可取 $\lambda=\frac{H_n}{2h_0}$;当 $\lambda<1$ 时,取 $\lambda=1$;当 $\lambda>3$ 时,取 $\lambda=3$;此处 H_n 为柱净高,M 为计算截面上与剪力设计值 V 相应的弯矩设计值。

对其他偏心受压构件,当承受均布荷载时,取 $\lambda=1.5$。当承受集中荷载时(包括作用有多种荷载且集中荷载对支座截面或节点边缘所产生的剪力值占总剪力值75%以上时),取 $\lambda=a/h_0$;当 $\lambda<1.5$ 时,取 $\lambda=1.5$;当 $\lambda>3$ 时,取 $\lambda=3$;此处,a 为集中荷载至支座或节点边缘的距离。

(3)公式的适用条件

为了防止箍筋充分发挥作用之前产生由混凝土的斜向压碎引起的斜压型剪切破坏,框架柱截面还必须满足下列条件:

$$V \leqslant 0.25\beta_c f_c b h_0 \tag{5.27}$$

当满足

$$V \leqslant \frac{1.75}{\lambda+1.5} f_t b h_0 + 0.07N \tag{5.28}$$

条件时,框架柱就可不进行斜截面抗剪强度计算,按构造要求配置箍筋。

【例5.4】 已知一矩形截面偏心受压柱的截面尺寸 $b\times h=300\ \text{mm}\times 400\ \text{mm}$,柱的净高 $H_n=2.8\ \text{m}$,计算长度 $l_0=3.0\ \text{m}$,$a_s=a_s'=35\ \text{mm}$,混凝土强度等级为C35,$f_c=16.7\ \text{N/mm}^2$,用HRB400级钢筋配筋,$f_y=f_y'=360\ \text{N/mm}^2$,轴心压力设计值 $N=715\ \text{kN}$,弯矩设计值 $M=235.2\ \text{kN}\cdot\text{m}$,剪力设计值 $V=175\ \text{kN}$,箍筋采用HPB300级钢筋配筋($f_{yv}=270\ \text{N/mm}^2$),试求所需箍筋数量。

【解】 1.验算截面尺寸

$$h_w = h_0 = 365\ \text{mm}, \frac{h_w}{b} = \frac{365}{300} < 4$$

属厚腹梁,混凝土强度等级为C35,$f_c=16.7\ \text{N/mm}^2$,$\beta_c=1$。

$0.25\beta_c f_c b h_0 = 0.25\times 1\times 16.7\times 300\times 365 = 457\ 162.5(\text{N}) > V_{max} = 175\ 000(\text{N})$

截面符合要求。

2.验算是否需要计算配置箍筋

$\lambda=\frac{H_n}{2h_0}=\frac{2\ 800}{2\times 365}=3.83>3$,取 $\lambda=3$

$0.3f_cA=0.3\times16.7\times300\times400=601.2(\text{kN})<715(\text{kN})$，取 $N=601.2$ kN

$\frac{1.75}{\lambda+1}f_tbh_0+0.07N=\frac{1.75}{3+1}\times1.43\times300\times365+0.07\times601\ 200=110\ 590(\text{N})<V_{max}$

故需要进行配箍计算。

3.箍筋计算

$$V=\frac{1.75}{\lambda+1}f_tbh_0+1.0f_{yv}\cdot\frac{nA_{sv1}}{s}\cdot h_0+0.07N$$

则
$$\frac{nA_{sv1}}{s}=\frac{V-\left(\frac{1.75}{\lambda+1}f_tbh_0+0.07N\right)}{f_{yv}h_0}=0.69(\text{mm}^2/\text{mm})$$

若选用Φ8@120，实有

$$\frac{nA_{sv1}}{s}=\frac{2\times50.3}{120}=0.838，满足要求。$$

本章小结

1.配有普通箍筋的轴心受压短柱，钢筋和混凝土的共同工作可直到破坏为止，同样可用材料力学的方法分析混凝土和钢筋的应力，但应考虑混凝土塑性变形的影响。配有螺旋箍筋的柱，由于螺旋箍筋对混凝土的约束而可以提高柱的承载力。

2.在进行轴心受压构件的承载力计算时，除满足计算公式要求外，尚需符合有关构造要求，配筋不应小于最小配筋百分率，也不应超过最大配筋百分率的规定。

3.轴心受压构件由于纵向弯曲的影响将降低构件的承载力，因而在计算长柱时引入稳定系数 φ。

4.根据偏心距的大小和配筋情况，偏心受压构件可分为大偏心受压和小偏心受压两种状态。其界限破坏状态与适筋和超筋梁的界限完全相同。当 $\xi\leqslant\xi_b$ 时，构件处于大偏心受压状态（含界限状态）；当 $\xi>\xi_b$ 时，构件为小偏心受压状态。

5.在大偏心受压承载力极限状态时，受拉钢筋和受压钢筋都达到屈服，混凝土压应力图形与适筋梁相同，据此建立的两个平衡方程是进行截面选择和承载力校核的依据。

6.在小偏心受压承载力极限状态下，离纵向力较近一侧钢筋受压屈服，混凝土被压碎，但离纵向力较远一侧的钢筋无论受拉和受压都不会屈服，混凝土压应力图形也比较复杂。

7.考虑纵向弯曲引起的二阶弯矩的影响将降低长柱的承载力，引进偏心距增大系数 η 以考虑其影响，η 值随 l_0/h 及 e_i/h_0 的增加而增大。

8.偏心受压的斜截面抗剪计算，与受弯构件矩形截面独立梁受集中荷载的抗剪公式有密切联系。轴向压力的存在对抗剪有利。

本章习题

5.1 思考题

1.钢筋混凝土柱中配置纵向钢筋的作用是什么？对纵向受力钢筋的直径、根数和间距有什么要求？为什么要有这些要求？为什么对纵向受力钢筋要有最小配筋率的要求，其数值为多少？

2.钢筋混凝土柱中配置箍筋的目的是什么？对箍筋的直径、间距有什么要求？在什么情况下要设置附加箍筋、附加纵筋？为什么不能采用内折角钢筋？

3.轴心受压柱的破坏特征是什么？长柱和短柱的破坏特点有何不同？计算中如何考虑长柱的影响？

4.试分析轴心受压柱受力过程中，纵向受压钢筋和混凝土由于混凝土徐变和随荷载不断增加的应力变化规律。

5.轴心受压柱中在什么情况下混凝土压应力能达到f_c，钢筋压应力也能达到f'_y？在什么情况下混凝土压应力能达到f_c时钢筋压应力却达不到f'_y？

6.配置间接钢筋柱承载力提高的原因是什么？若用矩形加密箍筋能否达到同样的效果？为什么？

7. 间接钢筋柱的适用条件是什么？为何限制这些条件？

8.偏心受压构件的长细比对构件的破坏有什么影响？

9.钢筋混凝土柱大小偏心受压破坏有何本质区别？大小偏心受压的界限是什么？截面设计时如何初步判断？截面校核时如何判断？

10.为什么有时虽然偏心距很大，也会出现小偏心受压破坏？为什么在小偏心受压的情况下，有时要验算反向偏心受压的承载能力？

11.偏心受压构件正截面承载能力计算中的设计弯矩与基本计算公式中的Ne是否相同？Ne的物理意义是什么？

12.在偏心受压构件承载力计算中，为什么要考虑偏心距增大系数η的影响？

13.为什么要考虑附加偏心距？附加偏心距的取值与什么因素有关？

14.小偏心受压构件中远离轴向力一侧的钢筋可能有几种受力状态？

15.为什么偏心受压构件一般采用对称配筋截面？对称配筋的偏心受压构件如何判别大小偏心？

16.对偏心受压除应计算弯矩作用平面的受压承载能力外，尚应按轴心受压构件验算垂直于弯矩作用平面的承载能力，而一般认为实际上只有小偏心受压才有必要进行此项验算，为什么？

17.轴向压力对钢筋混凝土偏心受力构件的受剪承载力有何影响？它在计算公式中是如何反映的？

18.受压构件的受剪承载力计算公式的适用条件是什么？如何防止发生其他形式的破坏？

5.2 计算题

1.某多层房屋现浇钢筋混凝土框架的底层中柱,处于一类环境,截面尺寸 350 mm×350 mm,计算长度 $l_0=5$ m,轴向力设计值 $N=1\ 600$ kN,混凝土采用 C30,纵向钢筋采用 HRB400 级钢筋,试进行截面配筋设计。

2.某多层房屋现浇钢筋混凝土框架的底层中柱,处于一类环境,截面尺寸为 400 mm×400 mm,配有 8Φ20 的 HRB335 级钢筋。混凝土采用 C20,计算长度 $l_0=7$ m,试确定该柱承受的轴向力 N_u 为多少?

3.已知某矩形截面柱,处于一类环境,截面尺寸为 300 mm×600 mm,轴力设计值为 600 kN,弯矩设计值为 $M_1=260$ kN · m,$M_2=300$ kN · m,$\alpha'_s=40$ mm,计算长度为 6 m,选用 C30 混凝土和 HRB400 级钢筋,求截面纵向配筋。

第6章

钢筋混凝土受拉构件

本章导读

- **基本要求** 熟悉钢筋混凝土轴心受拉构件的构造要求；掌握钢筋混凝土轴心受拉构件正截面承载力计算；掌握钢筋混凝土大偏心受拉构件和小偏心受拉构件的受力特点，以及大、小偏心受拉构件的正截面承载力计算；了解钢筋混凝土偏心受拉构件的斜截面受剪承载力计算；锻炼工程思维的能力。
- **重点** 钢筋混凝土轴心受拉构件正截面承载力计算；钢筋混凝土大偏心受拉构件和小偏心受拉构件的受力特点；钢筋混凝土大偏心和小偏心受拉构件的正截面承载力计算。
- **难点** 钢筋混凝土大偏心受拉构件和小偏心受拉构件的正截面承载力计算。

6.1 轴心受拉构件的承载力计算

钢筋混凝土结构中，单纯的轴心受拉构件是很少的。通常近似按轴心受拉构件计算的，有屋架或托架的受拉弦杆和腹杆以及拱的拉杆，还有承受内压力的圆管管壁和圆形储存器的筒壁等。

6.1.1 轴心受拉承载力计算

轴心受拉构件破坏时，混凝土早已被拉裂，全部拉力由钢筋来承受，直到钢筋受拉屈服。故轴心受拉构件正截面受拉承载力计算公式为：

$$N_u = f_y A_s \tag{6.1}$$

式中 N_u——轴向受拉构件承载能力；

f_y——钢筋抗拉强度设计值；

A_s——全部受拉纵向钢筋截面面积。

6.1.2 混凝土受拉构件构造要求

1)纵向受力钢筋

①轴心受拉构件和小偏心受拉构件的受力钢筋不得采用绑扎搭接接头，受力钢筋接头应按规定错开。

②纵向受力钢筋应沿截面周边均匀布置，并宜优先选用直径较小的钢筋。

③单侧纵向受拉钢筋的最小配筋率不应小于0.2%和$(45f_t/f_y)$%中的较大值，由于轴心受拉构件受拉钢筋通常沿截面四周均匀布置，那么全部纵向受拉钢筋的最小配筋率就应该为0.4%和$(90f_t/f_y)$%中的较大值。

2)箍筋

箍筋直径一般为6~8 mm，间距一般不大于200 mm(对屋架的腹杆不宜超过150 mm)。

【例6.1】 某钢筋混凝土屋架下弦，其截面尺寸为$b \times h = 150\ \text{mm} \times 150\ \text{mm}$，混凝土强度等级为C30，钢筋为HRB400级，承受轴向拉力设计值为$N = 280$ kN，试求纵向钢筋截面面积A_s。

【解】 查表得，$f_c = 14.3\ \text{N/mm}^2$，$f_t = 1.43\ \text{N/mm}^2$，$f_y = 360\ \text{N/mm}^2$。

由式(6.1)得

$$A_s = \frac{N}{f_y} = \frac{280 \times 10^3}{360} = 777.78(\text{mm}^2)$$

配置4⌀16($A_s = 806\ \text{mm}^2$)

验算配筋率：

$$0.9f_t/f_y = 0.9 \times 1.43/360 = 0.359\% < 0.4\%，取\ \rho_{\min} = 0.4\%。$$

则，$A_{s,\min} = \rho_{\min} \cdot bh = 0.4\% \times 150\ \text{mm} \times 150\text{mm} = 90\ \text{mm}^2 < A_s = 806\ \text{mm}^2$(满足要求)。

6.2 偏心受拉构件正截面承载力计算

偏心受拉构件正截面受拉承载力计算，按纵向拉力N作用的位置不同，分为大偏心受拉和小偏心受拉两种情况。轴向拉力N作用于钢筋A_s合力点与钢筋A_s'合力点间的范围以外($e_0 > h/2 - a_s$)，截面破坏时，有部分截面受压，钢筋A_s'受压，称为大偏心受拉；轴向拉力N作用于钢筋A_s合力点与钢筋A_s'合力点间的范围之内($0 \leqslant e_0 \leqslant h/2 - a_s$)，截面破坏时均为全截面受拉，称为小偏心受拉。

6.2.1 大偏心受拉构件

如图 6.1 所示为矩形截面大偏心受拉构件的受力情况。构件破坏时,A'_s和 A_s 的应力都达到屈服强度,受压区混凝土强度达到 $\alpha_1 f_c$。

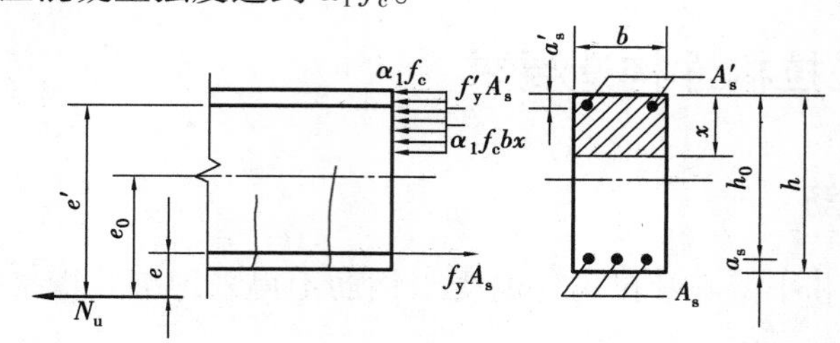

图 6.1 大偏心受拉构件正截面受拉承载力计算图

根据平衡条件,基本计算公式如下:

$$N_u = A_s f_y - A'_s f'_y - \alpha_1 f_c bx \tag{6.2}$$

$$N_u e = \alpha_1 f_c bx\left(h_0 - \frac{x}{2}\right) + A'_s f'_y (h_0 - a'_s) \tag{6.3}$$

其中

$$e = e_0 - \frac{h}{2} + a_s \tag{6.4}$$

受压区的高度应当符合 $x \leqslant x_b$ 的条件,计算中考虑受压钢筋时,还要符合 $x \geqslant 2a'_s$的条件。

为了使钢筋($A'_s + A_s$)的总用量最小,与偏心受压构件一样,取 $x = x_b = \xi_b h_0$,代入式(6.2)和式(6.3)中可得

$$A'_s = \frac{Ne - \alpha_1 f_c bx_b (h_0 - x_b/2)}{f'_y (h_0 - a'_s)} \tag{6.5}$$

$$A_s = \frac{\alpha_1 f_c bx_b + N_u}{f_y} + \frac{f'_y}{f_y} A'_s \tag{6.6}$$

对称配筋时,由于 $A_s = A'_s$和 $f_y = f'_y$,将其代入式(6.2)后,必然会求得 x 为负值,即属于 $x < 2a'_s$的情况。这时候,可按偏心受压的相应情况类似处理,即取 $x = 2a'_s$,并对 A'_s合力点取矩计算 A_s 值和取 $A'_s = 0$ 分别计算 A_s 值,最后按所得较小值配筋。

其他情况的设计和复核计算与大偏心受压构件类似,唯一不同的是轴力为轴向拉力。

6.2.2 小偏心受拉构件

在小偏心拉力作用下,临破坏前,一般情况截面全部裂通,拉力全部由钢筋承担,在这种情况下,不考虑混凝土的受拉工作,如图 6.2 所示。

假定构件达到破坏时钢筋 A_s 及 A'_s的应力都达到屈服强度。根据对钢筋合力点分别取矩的平衡条件,可得小偏心受拉构件的计算公式为:

$$N_u e = f_y A'_s (h_0 - a'_s) \tag{6.7}$$

$$N_u e' = f_y A_s (h'_0 - a_s) \tag{6.8}$$

式中 f_y——钢筋的受拉强度设计值。

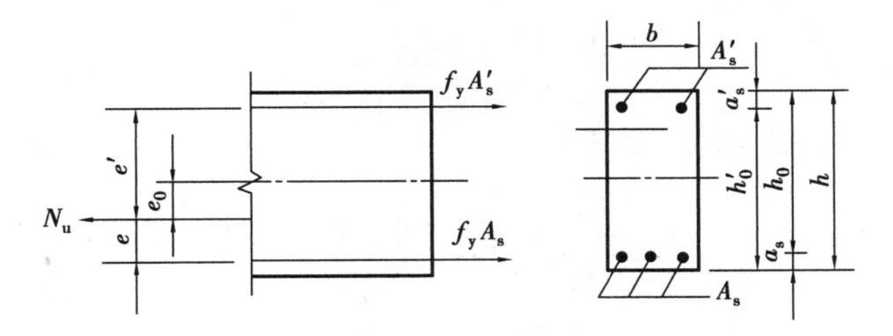

图 6.2 小偏心受拉构件正截面受拉承载力计算图

$$e = \frac{h}{2} - e_0 - a_s \tag{6.9}$$

$$e' = e_0 + \frac{h}{2} - a'_s \tag{6.10}$$

当对称配筋时,为了达到内外力平衡,远离偏心一侧的钢筋 A'_s达不到屈服,在设计时可取:

$$A'_s = A_s = \frac{N_u e'}{f'_y(h_0 - a'_s)} \tag{6.11}$$

【例 6.2】 已知某矩形水池,壁厚 300 mm,每米宽度水平方向上轴向拉力设计值 $N=$ 240 kN,弯矩设计值为 $M=120$ kN · m,混凝土强度等级为 C30,钢筋选用 HRB400 级,计算 A_s 及 A'_s。

【解】 查表得$f_c=14.3$ N/mm²、$f_t=1.43$ N/mm²、$f_y=360$ N/mm²,取 $a_s=a'_s=35$ mm。

取 1 m 宽作为计算单元,则 $b\times h=1\ 000$ mm×300 mm。

$e_0=M/N=120\times1\ 000/240=500(mm)>h/2-a_s=115$(mm),为大偏心受拉。

则,$e=e_0-\dfrac{h}{2}+a_s=500-150+35=385$(mm)

先假定 $x=x_b=0.518h_0=0.518\times265=137$(mm)来计算 A'_s值,使(A'_s+A_s)用量最少。

$$A'_s=\frac{Ne-\alpha_1 f_c b x_b(h_0-x_b/2)}{f'_y(h_0-a'_s)}$$
$$=\frac{240\times10^3\times385-1.0\times14.3\times1\ 000\times137\times(265-68.5)}{360\times(265-35)}<0$$

$0.45f_t/f_y=0.45\times1.43/360=0.179\%<0.2\%$,取 $\rho_{min}=0.2\%$

取 $A'_s=\rho'_{min}\cdot bh=0.002\times1\ 000\times300=600$(mm²),选用Φ 12@ 180 mm($A'_s=628$ mm²)。

至此,问题由计算求得 A'_s及 A_s,转化为已知 A'_s求 A_s 的问题。但此时 x 不再是界限值 x_b 了,必须重新计算 x 值,计算方法和偏心受压构件计算类似。

由式(6.3)转化为:

$$\frac{\alpha_1 f_c b x^2}{2} - \alpha_1 f_c b x h_0 - A'_s f'_y (h_0 - a'_s) + Ne = 0$$

代值计算,得

$$1.0\times14.3\times1\ 000\times x^2/2-1.0\times14.3\times1\ 000\times265x+240\times10^3\times385-360\times628\times(265-35)=0$$

$$7.15x^2-3\ 789.5x+40\ 401.6=0$$

解得 $x=10.9$ mm$<2a'_s=70$ mm,取 $x=2a'_s$,并对 A'_s合力点取矩,可得

$$A_s = \frac{Ne'}{f_y(h'_0 - a_s)} = \frac{240\ 000 \times (500 + 150 - 35)}{360 \times (265 - 35)} = 1\ 782.6(\text{mm}^2)$$

另外，不考虑 A'_s，取 $A'_s=0$，重新计算 x 值。

$$\frac{\alpha_1 f_c b x^2}{2} - \alpha_1 f_c b x h_0 + Ne = 0$$

代值计算，得

$$1.0 \times 14.3 \times 1\ 000 \times x^2/2 - 1.0 \times 14.3 \times 1\ 000 \times 265x + 240 \times 10^3 \times 385 = 0$$

$$7.15x^2 - 3\ 789.5x + 92\ 400 = 0$$

解得 $x=25.6$ mm

由式(6.2)重新求得 A_s 值为：

$$A_s = \frac{N + \alpha_1 f_c b x}{f_y} = \frac{240\ 000 + 1.0 \times 14.3 \times 1\ 000 \times 25.6}{360} = 1\ 683.6(\text{mm}^2)$$

从上面计算中取较小值，即取 $A_s=1\ 683.6\ \text{mm}^2$ 进行配筋，选配⌀ 14@ 90($A_s=1\ 710\ \text{mm}^2$)。

【例 6.3】 已知某矩形水池，每米宽度水平方向上轴向拉力设计值 $N=240$ kN，弯矩设计值 $M=18$ kN · m，混凝土强度等级为 C30，钢筋选用 HRB400 级，计算 A_s 及 A'_s。

【解】 设计条件除弯矩设计值外，其余条件均同例 6.2，则：

$e_0=M/N=18\times1\ 000/240=75(\text{mm})<h/2-a_s=115(\text{mm})$，为小偏心受拉。

可得，$e=\frac{h}{2}-e_0-a_s=150-75-35=40(\text{mm})$

$$e'=e_0+\frac{h}{2}-a'_s=75+150-35=190(\text{mm})$$

直接代值在式(6.7)和式(6.8)中计算，可得

$$A'_s = \frac{Ne}{f_y(h_0 - a'_s)} = \frac{240\ 000 \times 40}{360 \times (265 - 35)} = 116(\text{mm}^2)$$

$$A_s = \frac{Ne'}{f_y(h'_0 - a_s)} = \frac{240\ 000 \times 190}{360 \times (265 - 35)} = 551(\text{mm}^2)$$

$0.45f_t/f_y=0.45\times1.43/360=0.179\%<0.2\%$，取 $\rho_{\min}=0.2\%$

取 $A'_{s,\min}=\rho'_{\min}\cdot bh=0.002\times1\ 000\times300=600(\text{mm}^2)$，比 A_s 及 A'_s 均大，所以 $A_s=A'_s=600\ \text{mm}^2$，选配⌀ 10@ 130($A_s=604\ \text{mm}^2$)。

6.3　偏心受拉构件斜截面承载力计算

偏心受拉构件在承受弯矩和拉力的同时，也存在着剪力，当剪力较大时，不能忽视斜截面承载力的计算。拉力的存在有时会使斜裂缝贯通全截面，使斜截面末端无剪压区，构件的斜截面承载力比无轴向拉力时要降低一些，降低的程度和轴拉力的数值有关。

《规范》对矩形截面偏心受拉构件的受剪承载力，采用下列公式计算：

$$V_u = \frac{1.75}{\lambda + 1.0} f_t b h_0 + f_{yv} \frac{A_{sv}}{s} h_0 - 0.2N \tag{6.12}$$

式中 N——轴向拉力设计值；

V_u——与轴向拉力设计值 N 相应的剪力设计值；

λ——计算截面的剪跨比，$\lambda=a/h_0$，a 为集中荷载至支座截面或节点边缘的距离，当 $\lambda<1.0$ 时，取 $\lambda=1$；当 $\lambda>3.0$ 时，取 $\lambda=3$。

式(6.12)中，若 $\frac{1.75}{\lambda+1.0}f_t bh_0+f_{yv}\frac{A_{sv}}{s}h_0-0.2N$ 的计算值小于 $f_{yv}\frac{nA_{sv1}}{s}h_0$ 时，应取等于 $f_{yv}\frac{nA_{sv1}}{s}h_0$，并不得小于 $0.36f_t bh_0$。

本章小结

1.混凝轴心受拉构件计算中不考虑混凝土本身的抗拉强度，所有拉力均由钢筋承担。

2.偏心受拉构件正截面受拉承载力计算，按纵向拉力 N 作用的位置不同，分为大偏心受拉和小偏心受拉两种情况：大偏心受拉构件中有部分截面受压，小偏心受拉构件则是全截面受拉。

本章习题

6.1 思考题

1.举例说明常见的钢筋混凝土受拉构件。

2.受拉构件如何分类？分类的依据是什么？

3.如何区别偏心受拉构件的类型？

4.大偏心受拉构件正截面承载力计算中，x_b 为何取值与受弯构件相同？

5.小偏心受拉构件主要计算思路是什么？

6.2 计算题

1.已知某轴向受拉钢筋混凝土构件，轴向拉力设计值 $N=200$ kN，弯矩 $M=320$ kN · m，混凝土强度等级为C30，采用HRB400级钢筋。截面为 $b=300$ mm，$h=300$ mm，$a'_s=a_s=45$ mm。求所需纵筋面积。

2.已知某矩形受拉柱，柱端承担轴向拉力设计值 $N=360$ kN，弯矩设计值 $M=30$ kN · m，混凝土强度等级为C30，纵向钢筋HRB335，截面尺寸为 $b\times h=400$ mm×400 mm，计算 A_s 及 A'_s。

3.已知某矩形受拉柱，柱端承担轴向拉力设计值 $N=500$ kN，弯矩设计值 $M=400$ kN · m，混凝土强度等级为C30，纵向钢筋HRB400，截面尺寸为 $b\times h=400$ mm×400 mm，计算 A_s 及 A'_s。

*第 7 章 钢筋混凝土梁板结构

本章导读

• **基本要求** 理解连续梁的内力包络图、塑性铰、内力重分布、弯矩调幅、折算荷载等概念；熟练掌握单向板肋梁楼盖设计；了解双向板肋梁楼盖设计；了解梁式楼梯、板式楼梯的应用范围，掌握其计算方法和配筋构造要求；了解雨篷的构造及相关设计方法；树立严谨的工作作风。

• **重点** 单向板肋梁楼盖设计。

• **难点** 单向板肋梁楼盖设计、双向板肋梁楼盖设计。

7.1 梁板结构概述

7.1.1 单向板与双向板

混凝土楼盖中，板总是支承在其周边的构件上，如梁、墙体等。在荷载作用下只在一个方向弯曲或者主要在一个方向弯曲的板，称为单向板；在两个方向弯曲且任一方向的弯曲都不能忽略的板，称为双向板，如图 7.1 所示。《规范》规定：

①两对边支承的板，应按单向板计算。

②四边支承的板应按下列规定计算：

a.当长边与短边长度之比不大于 2.0 时，应按双向板计算；

b.当长边与短边长度之比大于 2.0，但小于 3.0 时，宜按双向板计算；

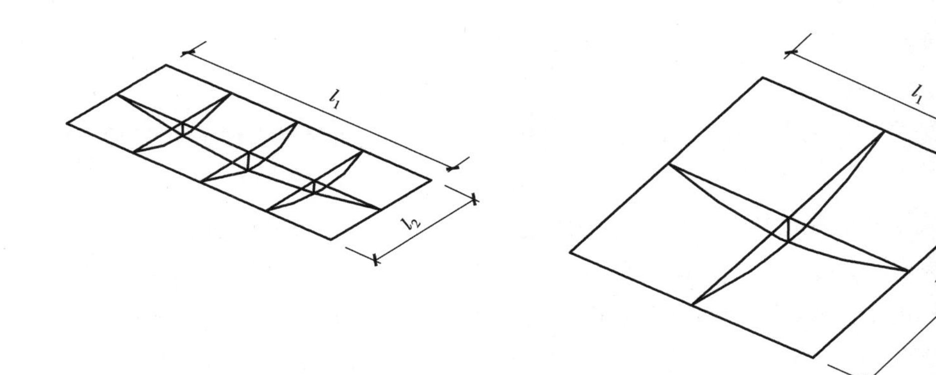

图 7.1 单向板与双向板

c.当长边与短边长度之比不小于 3.0 时,宜按沿短边方向受力的单向板计算,并应沿长边方向布置构造钢筋。

单向板肋形楼盖的荷载传递

7.1.2 楼盖的结构类型

(1)按结构形式分类

按结构形式可分为单向板肋梁楼盖、双向板肋梁楼盖、井式楼盖和无梁楼盖,如图 7.2 所示。

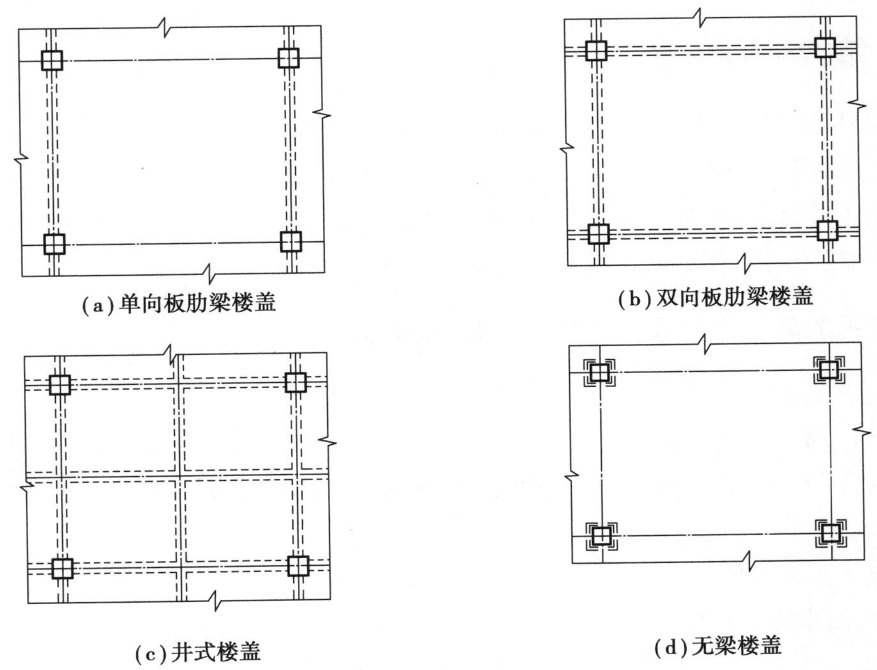

(a)单向板肋梁楼盖　(b)双向板肋梁楼盖

(c)井式楼盖　(d)无梁楼盖

图 7.2 楼盖结构类型

(2)按预应力施加情况分类

按预应力施加情况可分为钢筋混凝土楼盖和预应力钢筋混凝土楼盖。预应力钢筋混凝土楼盖主要用于柱距较大、要求降低层高的建筑。

(3)按施工方法分类

按施工方法可分为现浇整体式钢筋混凝土楼盖、装配式钢筋混凝土楼盖和装配整体式楼盖3种类型。

现浇整体式钢筋混凝土楼盖的优点是整体刚度好、抗震性强、防水性能好，缺点是模板用量多、施工作业量较大。现浇整体式钢筋混凝土楼盖的应用最为广泛。

装配式钢筋混凝土楼盖的楼板为预制构件，造价较低，施工进度快，预制构件质量稳定，便于工业化生产和机械化施工。但这种楼面因其整体性、抗震性、防水性都较差，不便于开设孔洞，故对于高层建筑及有抗震设防要求的建筑以及要求防水和开设孔洞的楼面，均不宜采用，且在城市地区已限制其使用。

装配整体式楼盖是在预制板上现浇混凝土叠合层而成为一个整体。这种楼盖兼有现浇整体式楼盖整体性好和装配式楼盖节省模板和支撑的优点，但一般需要在板面做40 mm厚的配筋现浇层，有时还需增加焊接工作量，造价偏高。

7.2 单向板肋梁楼盖

7.2.1 结构平面布置

单向板肋梁楼盖由板、次梁和主梁构成。其结构布置包括柱网和主次梁的合理布置，以确定出板、次梁和主梁的方向和跨度，为确定结构计算简图做准备。一般柱网的布置决定主梁的跨度；主梁的布置决定次梁的跨度；次梁的布置决定板的跨度。对一般工程而言，单向板、次梁、主梁的经济跨度：单向板为1~3 m；次梁为4~6 m；主梁为5~8 m。

1)常用的单向板肋梁楼盖结构平面布置方式

(1)主梁横向布置

主梁横向布置如图7.3(a)所示，这种布置方法使主梁和柱形成多榀横向平面框架，纵向次梁起连接作用，从而横向抗侧移刚度大，整体性较好，对采光通风有利，但对建筑物的室内净高有影响。

(2)主梁纵向布置

主梁纵向布置如图7.3(b)所示，这种布置方法横向为次梁。由于次梁高度较小，可获得较高的室内净高，也利于管线的穿行，但横向抗侧刚度较差，进深尺寸受限制。

(3)不分主、次梁的混合布置

不分主、次梁的混合布置如图7.3(c)所示，这种布置方法使两个方向的框架梁均承受楼面荷载，具有较好的整体工作性能，当楼面作用荷载较大时，常采用此种布置方式。

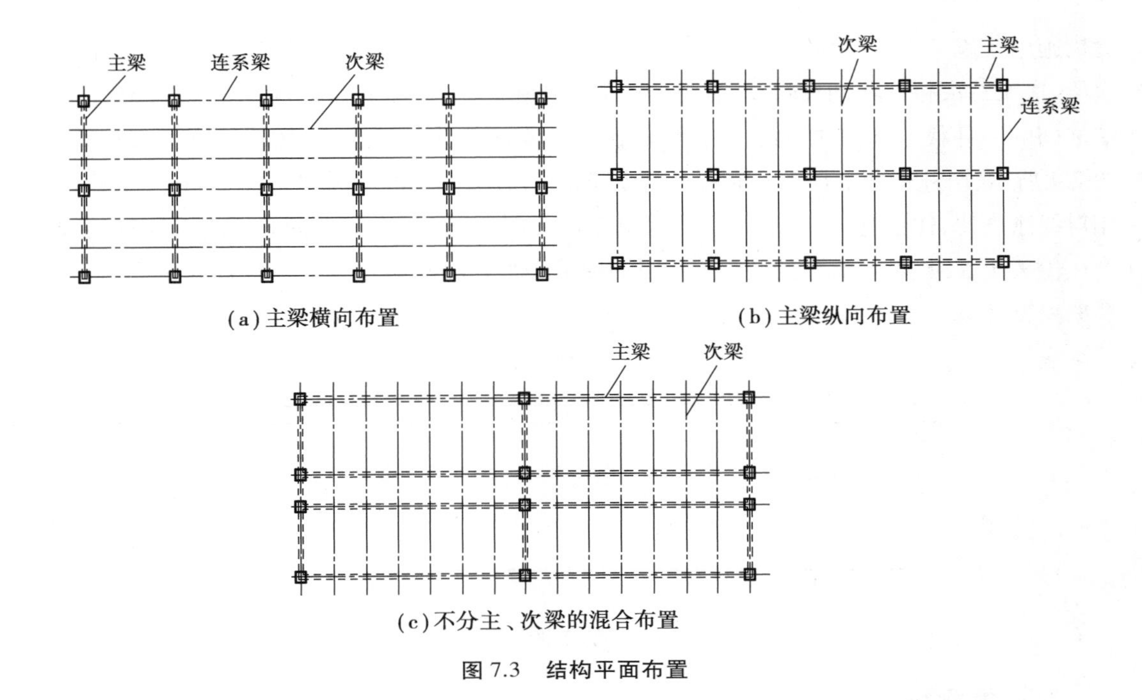

(a) 主梁横向布置

(b) 主梁纵向布置

(c) 不分主、次梁的混合布置

图 7.3 结构平面布置

2) 结构平面布置应遵循的原则

①满足使用要求。对于不封闭的阳台、厨房和卫生间的板面标高宜低于相邻板面。

②柱网和梁的布置尽可能规则，结构布置宜简单、整齐、统一，方便施工。

③合理受力。对于框架结构，为加强结构的侧向刚度，主梁一般应沿房屋横向布置。在混合结构中，梁的支座应设置在窗间墙或壁柱处，避开门窗洞口，否则洞口上的过梁就要加强以承受梁的反力；在楼板上有固定的集中荷载时，如隔墙或较重设备等，则必须在它下面专门布置承重梁；当楼盖中开有较大的洞口时，沿洞口周边需布置梁。

7.2.2 计算简图

结构的计算简图是确定结构内力的基础。确定结构的计算简图主要需要确定支座形式、计算跨数、计算跨度、荷载取值等几方面。

1) 支座形式

在单向板肋梁楼盖中，一般板的支座是次梁或墙体，次梁的支座是主梁或墙体，主梁的支座是柱或墙体。为了简化计算，常忽略一些次要因素，抓住主要矛盾，尽量反映结构的实际受力状态，同时又便于计算。通常假定支座可以自由转动且没有竖向位移，并将整个结构分解为板、次梁和主梁几类构件单独计算、配筋并辅以构造措施予以弥补。

当板或梁支承在砖墙或砖柱上时，砖构件对板或梁的嵌固作用较小，能产生相对大的转动，边支座可假设为铰支座，中间支座可假设为不动铰支座，实际产生的较小嵌固作用在构造措施内予以考虑。当板、次梁、主梁和柱子均为现浇结构，在活荷载隔跨布置时，主梁约束次梁，次梁约束板的移动和转动，有一定的嵌固作用，但又不是完全的固端，是介于铰支和固端之间的一种状态，通常的做法是将板和次梁的支座简化为铰支座，按连续梁模型计算，如图 7.4 所示，由此引起的误差在荷载上予以调整。柱对主梁的约束作用大小取决于梁柱的相对线刚度比，比值越大，柱对主梁的约束作用就越弱，通常认为主梁的线刚度与柱的线刚度比值大于 5 时，可忽略柱的约束作用，简化为不动铰支座，按连续梁模型计算主梁，否则按框架模型计算。

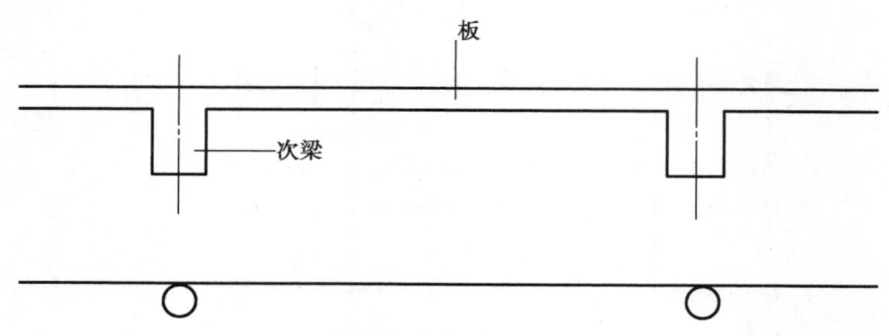

图 7.4　板的支座计算模型

2）计算跨数

由结构力学连续梁的计算结果可知，当其跨数超过 5 跨时，相隔两跨以上的荷载、刚度、跨数、跨度等对本截面的内力影响很小，中间各跨的内力与第三跨非常接近，为了减少计算工作量，方便手算，将跨数大于等于 5 跨的等截面、等跨度的连续板或连续梁，近似地按 5 跨计算，如图 7.5 所示。对于非等跨的情况，只要跨度差不超过 10%也可近似地按等跨考虑，否则按实际情况计算。

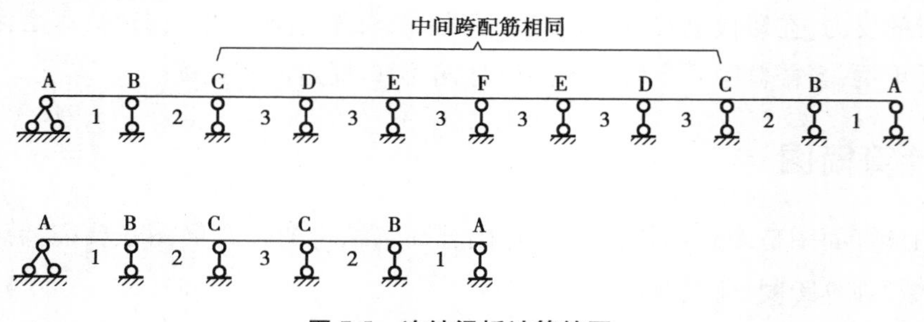

图 7.5　连续梁板计算简图

3）计算跨度

首先，梁的净距是两根梁内侧之间的距离，梁的中距是两根梁截面中心线之间的距离，板的跨长取决于次梁的间距，次梁的跨长取决于主梁的间距，在计算连续梁的内力时应该用计算跨度但不一定等于跨长。计算跨度与梁、板本身的刚度和支座情况有关，从理论上讲应该是两端支座转动中心之间的距离，一般计算跨度的取值原则：中间跨取支承中心线之间的距离；边跨按表 7.1 取值。

表 7.1 梁板的计算跨度

<table>
<tr><th rowspan="2">跨数</th><th rowspan="2" colspan="2">支座情况</th><th colspan="2">计算跨度 l_0</th><th rowspan="2">符号意义</th></tr>
<tr><th>板</th><th>梁</th></tr>
<tr><td rowspan="3">单跨</td><td colspan="2">两端简支</td><td>$l_0=l_n+h$</td><td rowspan="3">$l_0=l_n+a\leqslant 1.05l_n$</td><td rowspan="9">$l_n$ 为支座间净距；
l_c 为支座中心距；
h 为板的厚度；
a 为边支座宽度；
b 为中间支座宽度</td></tr>
<tr><td colspan="2">一端简支，另一端与梁整体浇筑</td><td>$l_0=l_n+0.5h$</td></tr>
<tr><td colspan="2">两端与梁整体浇筑</td><td>$l_0=l_n$</td></tr>
<tr><td rowspan="6">多跨</td><td colspan="2" rowspan="2">两端简支</td><td>当 $a\leqslant 0.1l_c$ 时，
$l_0=l_c$</td><td>当 $a\leqslant 0.05l_c$ 时，
$l_0=l_c$</td></tr>
<tr><td>当 $a>0.1l_c$ 时，
$l_0=1.1l_n$</td><td>当 $a>0.05l_c$ 时，
$l_0=1.05l_n$</td></tr>
<tr><td rowspan="2">一端简支，另一端与梁整体浇筑</td><td>按塑性计算</td><td>$l_0=l_n+0.5h$</td><td>$l_0=l_n+0.5a$
$\leqslant 1.025l_n$</td></tr>
<tr><td>按弹性计算</td><td>$l_0=l_n+0.5(h+b)$</td><td>$l_0=l_c+1.025l_n$
$\leqslant 0.5b$</td></tr>
<tr><td rowspan="2">两端与梁整体浇筑</td><td>按塑性计算</td><td>$l_0=l_n$</td><td>$l_0=l_n$</td></tr>
<tr><td>按弹性计算</td><td>$l_0=l_c$</td><td>$l_0=l_c$</td></tr>
</table>

4）荷载取值

作用在梁板结构上的荷载分为恒荷载和活荷载两类，具体算法不再赘述。

如图 7.6(a)所示，当楼面承受均布荷载时，对于板，通常取 1 m 宽的板带作为计算单元，如图中阴影部分 1，在此范围内，楼板本身的恒荷载和楼面均布活荷载为该板带承受的荷载，其计算简图如图 7.6(b)所示；对于次梁，受荷面积如图阴影部分 2 所示，此部分荷载由板传来，其宽度为相邻梁中心距的一半，计算简图如图 7.6(d)所示；对于主梁，受荷面积如图阴影部分 3 所示，此部分荷载由次梁以集中力的形式传来；另外，主梁自重产生的均布荷载化为集中荷载加入次梁传来的集中荷载中，合并计算，其计算简图如图 7.6(c)所示。

将支座简化为如前支座形式所述的模型以后，现浇结构的实际受力情况与相应的计算简图有差距，事实上，支撑梁的抗扭刚度对被支承构件的内力是不可忽略的。如图 7.7 所示，当活荷载隔跨布置时，在简化支座处产生的转角为理想角度 θ，如图 7.7(a)所示；而实际上，由于两端构件嵌固作用的存在使转角为实际角度 θ'，而实际角度 $\theta'<$理想角度 θ，如图 7.7(b)所示。为了使计算结果符合实际情况，采取增大恒荷载而减小活荷载，荷载总量保持不变的方法来计算内力，以考虑此类影响，使折算角度 θ 约等于实际角度 θ'，如图 7.7(c)所示。折算荷载取值如下：

对于连续板 $$g'=g+\frac{q}{2} \qquad q'=\frac{q}{2} \tag{7.1}$$

对于连续次梁 $$g'=g+\frac{q}{4} \qquad q'=\frac{3q}{4} \tag{7.2}$$

式中　g,q——实际作用的恒荷载、活荷载；

g',q'——折算恒荷载、折算活荷载。

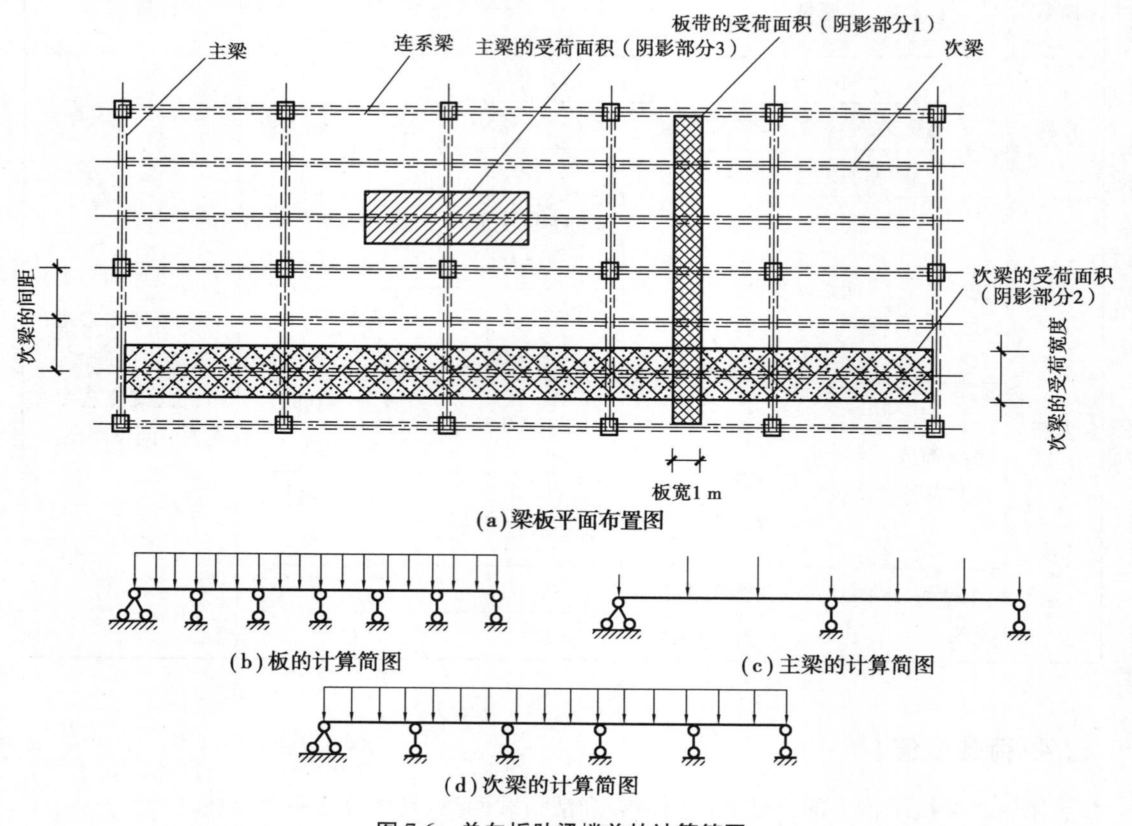

(a)梁板平面布置图

(b)板的计算简图

(c)主梁的计算简图

(d)次梁的计算简图

图 7.6　单向板肋梁楼盖的计算简图

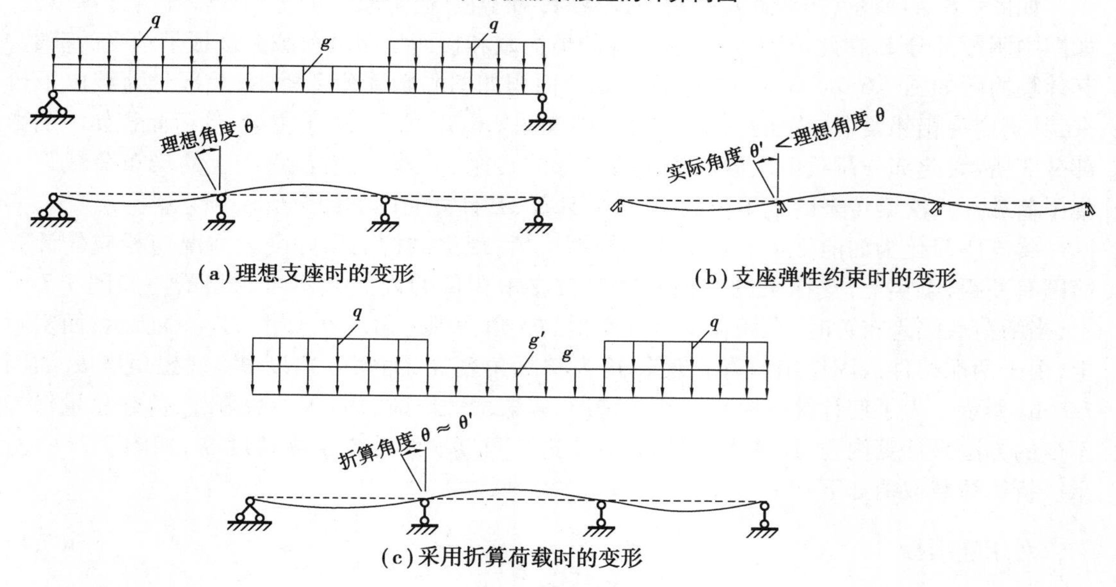

(a)理想支座时的变形

(b)支座弹性约束时的变形

(c)采用折算荷载时的变形

图 7.7　支座弹性荷载时的变形

7.2.3 单向板结构内力计算方法——弹性法

1)活荷载的不利布置

作用于梁或板上的恒荷载是保持不变的,恒荷载应按实际情况布置。而活荷载出现的时间和位置具有不确定性,为设计方便,规定活荷载以整跨为单位变动,即不考虑某一跨内作用有部分荷载的情况,那么就需要研究活荷载如何布置才能得到某截面内力的绝对最大值,即活荷载的最不利布置。

如图7.8所示为5跨连续梁,当活荷载分别布置在1、2、3跨时的弯矩图和剪力图。由图可见,当活荷载布置在1、3、5跨时,可以得到1、3、5跨的跨内最大正弯矩和2、4跨的跨内最大负弯矩;反之,当活荷载布置在2、4跨时,可得到2、4跨的跨内最大正弯矩和1、3、5跨的跨内最大负弯矩;当活荷载布置在1、2、4跨时,可得到左第二支座的最大负弯矩和最大剪力值。

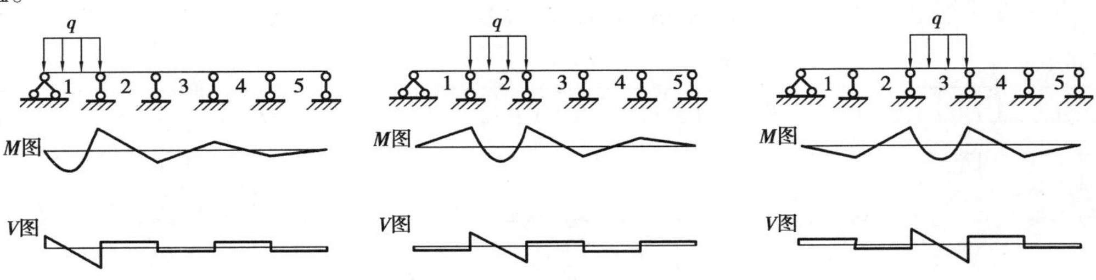

图7.8 连续梁活荷载在不同跨时的内力图

根据上述情况可知,活荷载最不利布置的规律为:

①欲求结构某跨跨内截面最大正弯矩时,应在该跨布置活荷载,然后隔跨布置活荷载。

②欲求结构某跨跨内截面最大负弯矩(绝对值)时,应该不在该跨布置活荷载,应在相邻两跨布置活荷载,然后隔跨布置活荷载。

③欲求结构某支座截面最大负弯矩(绝对值)时,应在该支座相邻两跨布置活荷载,然后隔跨布置活荷载。

④欲求结构边支座截面最大剪力时,其活荷载布置与求该跨跨内最大正弯矩时活荷载布置相同;欲求结构中间支座截面最大剪力时,其活荷载布置与求该支座截面最大负弯矩(绝对值)时活荷载的布置相同。

2)内力计算

根据活荷载的最不利组合,按结构力学的方法求出弯矩图和剪力图,或利用附录1查出弯矩系数和剪力系数,并利用下列公式求出跨内和支座的最大内力值。

在均布及三角形荷载作用下 $M=\text{表中系数}\times ql_0^2(\text{或 } gl_0^2)$ (7.3)

$V=\text{表中系数}\times ql_0(\text{或 } gl_0)$ (7.4)

在集中荷载作用下 $M=\text{表中系数}\times Ql_0(\text{或 } Gl_0)$ (7.5)

$V=\text{表中系数}\times Q(\text{或 } G)$ (7.6)

式中　g,q——单位长度上的均布恒荷载与均布活荷载；

G,Q——集中恒荷载与集中活荷载；

l_0——梁的计算跨度，按表 7.1 的规定采用。

3）内力包络图

内力包络图由各种活荷载不利布置情况下的内力图叠合形成的外包线构成。现以图7.9为例来说明内力包络图的构成。由活荷载的最不利布置可知，5 跨连续梁的最不利布置情况有 6 种，由图 7.9(a)所示，由情况 a 可得到第 1 跨、第 3 跨和第 5 跨内的最大弯矩值；由情况 b 可得到第 2 跨和第 4 跨内的最大弯矩值；由情况 c 可得到 B 支座的最大负弯矩值和最大剪力值；由情况 d 可得到 C 支座的最大负弯矩值和最大剪力值；由情况 e 可得到 D 支座的最大负弯矩值和最大剪力值；由情况 f 可得到 E 支座的最大负弯矩值和最大剪力值。把得到的各种情况的弯矩图叠合在同一基线上，形成弯矩包络图。弯矩包络图的外包线所对应的弯矩值代表该截面可能出现的最大正、负弯矩值，如图 7.9(b)中的外边线所示，用以指导上部负弯矩钢筋和下部正弯矩钢筋的截断和弯起。同理可画出剪力包络图，如图 7.9(c)所示。

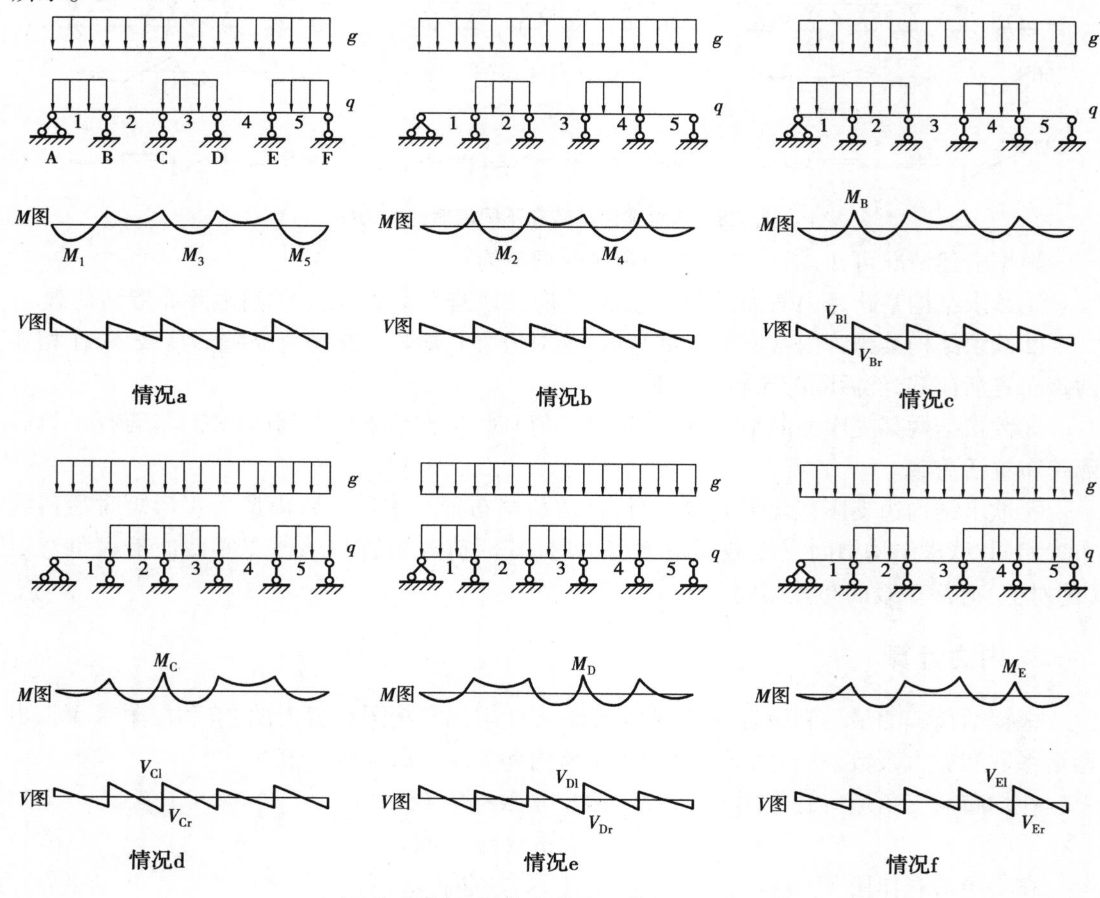

(a)5 跨连续梁、板的荷载最不利布置及内力图

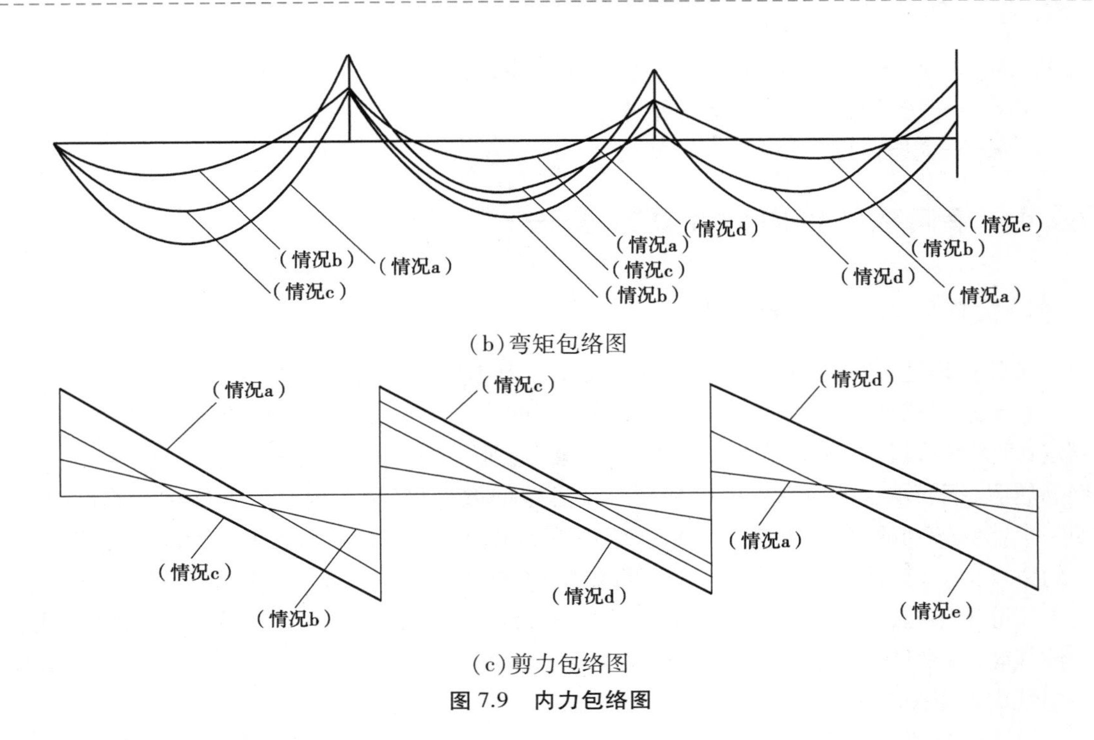

(b)弯矩包络图

(c)剪力包络图

图 7.9 内力包络图

4)支座截面的内力设计值

按弹性理论计算内力时,中间跨求出的内力是支座中心线处的内力,而实际的控制截面应该在支座边缘处,如图 7.10 所示。所以,支座的内力设计值应该以支座边缘处为准,其大小为:

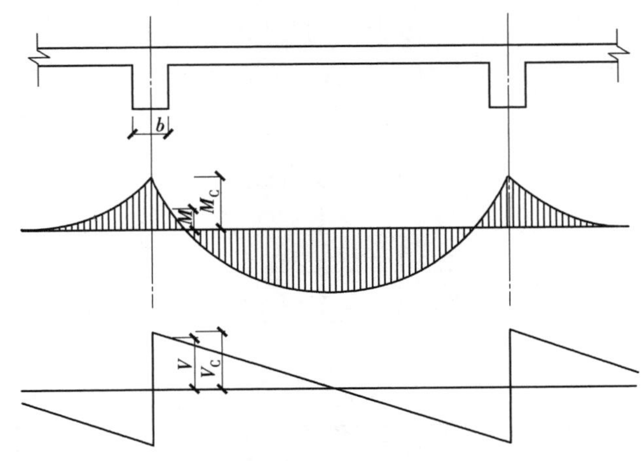

图 7.10 梁支座边缘的弯矩和剪力

$$M = M_C - V_0 \times \frac{b}{2} \tag{7.7}$$

$$V = V_C - (g + q) \times \frac{b}{2} \tag{7.8}$$

式中　M_C, V_C——支座中心线处截面弯矩、剪力设计值；
V_0——按简支梁计算的支座剪力；
b——支座宽度。

7.2.4　单向板结构内力计算方法——塑性法

1)塑性内力重分布的概念

按弹性理论计算内力时，是把钢筋混凝土材料当作理想的弹性体。

对于适筋梁而言，在未裂阶段，各截面之间的应力关系服从弹性性质，刚度由弹性刚度确定；到裂缝阶段，该截面进入非线性，刚度减小；到屈服阶段，该截面刚度进一步减小，受拉钢筋屈服，钢筋承受的应力不再增加而应变迅速增大，裂缝两侧截面产生相对大的转动，犹如一个能够转动的"铰"，称为塑性铰。塑性铰的出现标志着该截面丧失受弯承载力，减少一个约束反力，计算简图发生变化。对于静定结构，减少一个约束反力，就形成几何可变体系；对于超静定结构，减少一个约束反力并不能使结构立刻形成几何不变体系，直到陆续形成塑性铰，陆续减少约束反力，形成可变体系为止，才宣告整个结构的破坏。整个过程也就是结构塑性内力重分布的过程。

以图7.11为例说明塑性铰的形成及内力重分布的过程。在 F_1 作用下，第一个屈服的截面是 B 截面，屈服弯矩为 M_{yB}，$M_{yB}=0.188Fl_0$，而跨内最大弯矩 $M_{11}=0.156Fl_0$，$M_{yB}>M_{11}$，1截面处于弹性阶段，如图7.11(a)所示。此时，B 截面受拉钢筋屈服，应力不变，应变增大，形成塑性铰。当 B 截面形成塑性铰后，减少一个约束反力，计算简图发生变化，内力图相应改变，如图7.11(b)所示。这时，外力 F 增加到 F'，直到跨内最大弯矩由 M_{11} 增大到 M_{y1} 为止，1截面屈服，整个结构形成几何可变体系而破坏。可见增大的弯矩 $M_{y1}-M_{11}=M_{12}$ 集中到了截面1处，而 B 截面承受的弯矩值依然是 M_{yB} 不变，结构产生了塑性内力重分布，如图7.11(c)所示。

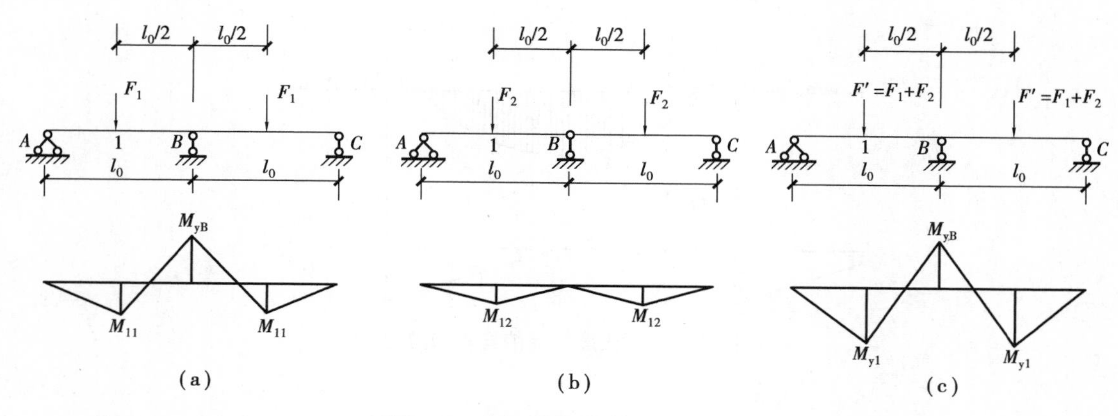

图7.11　弯矩分布及破坏机构形成

此外，混凝土结构中的塑性铰有如下特征：

①能沿弯矩作用的方向发生单向转动,能承受屈服弯矩,而不能像理想铰那样沿任意方向转动且不能承受弯矩值。

②塑性铰实际上具有一定范围,分析时为一个截面。

③塑性铰的转动是有限的,而不能像理想铰那样可以无限制地转动。

2)考虑塑性内力重分布的适用范围

下列情况不宜考虑此种方法:

①对裂缝宽度和挠度要求较严格的构件。

②直接承受动荷载和重复荷载的构件。

③预应力和二次受力构件。

④重要的或可靠性要求较高的构件。

3)考虑塑性内力重分布的方法——弯矩调幅法

弯矩调幅法是目前为止考虑塑性内力重分布用得最多的一种实用计算法,即在按弹性理论计算的弯矩包络图的基础上,对有较大弯矩的支座截面,也就是较早出现塑性铰的支座截面进行调整。通常的做法是调小支座截面弯矩,调大跨内截面弯矩。其基本原理如图7.12所示,两跨的等跨连续梁,在跨中作用有集中荷载 F,按弹性理论计算的支座最大弯矩 $M_B=-0.188Fl_0$ 在图(c)下产生,图(a)是图(b)和图(c)的叠加,对应的跨中弯矩 $M_1=0.156Fl_0$。现将支座弯矩下调20%,得到 $M'_B=-0.15Fl_0$,此时跨中弯矩由静力平衡条件求出,$M'_1=\frac{1}{4}Fl_0-\frac{1}{2}\times0.15Fl_0=0.175Fl_0$。可见 $0.175Fl_0$ 并没有达到弯矩包络图中的跨中弯矩的最大值 $0.203Fl_0$,如图7.12(d)所示。这样支座弯矩减小,节约了钢筋,并改善了支座配筋拥挤现象,而跨中的钢筋也得到了更加充分的利用,产生了较好的经济效益。

《规范》规定,连续梁板按塑性内力重分布计算应遵循如下原则:

①混凝土连续梁和连续单向板,可采用塑性内力重分布方法进行分析。

②按考虑塑性内力重分布分析方法设计的结构或构件,应选用符合规范规定的钢筋,并应满足正常使用极限状态要求且采取有效的构造措施。对于直接承受动力荷载的构件,以及要求不出现裂缝或处于三a、三b类环境情况下的结构,不应采用考虑塑性内力重分布的分析方法。

③钢筋混凝土梁支座或节点边缘截面的负弯矩调幅幅度不宜大于25%;弯矩调整后的梁端截面相对受压区高度不应超过0.35,且不宜小于0.1。钢筋混凝土板的负弯矩调幅幅度不宜大于20%。

4)用调幅法计算等跨连续梁、板

为方便计算,工程中常见的承受均布荷载作用的等跨连续梁、板的控制内力,由按调幅法求得的系数算出。具体的计算公式如下:

$$M=\alpha_m(g+q)l_0^2 \tag{7.9}$$

$$V=\alpha_V(g+q)l_n \tag{7.10}$$

式中　α_m, α_V——考虑塑性内力重分布的弯矩系数和剪力系数，按表 7.2 和表 7.3 采用；

g, q——均布恒荷载和活荷载设计值；

l_0——计算跨度；

l_n——净跨。

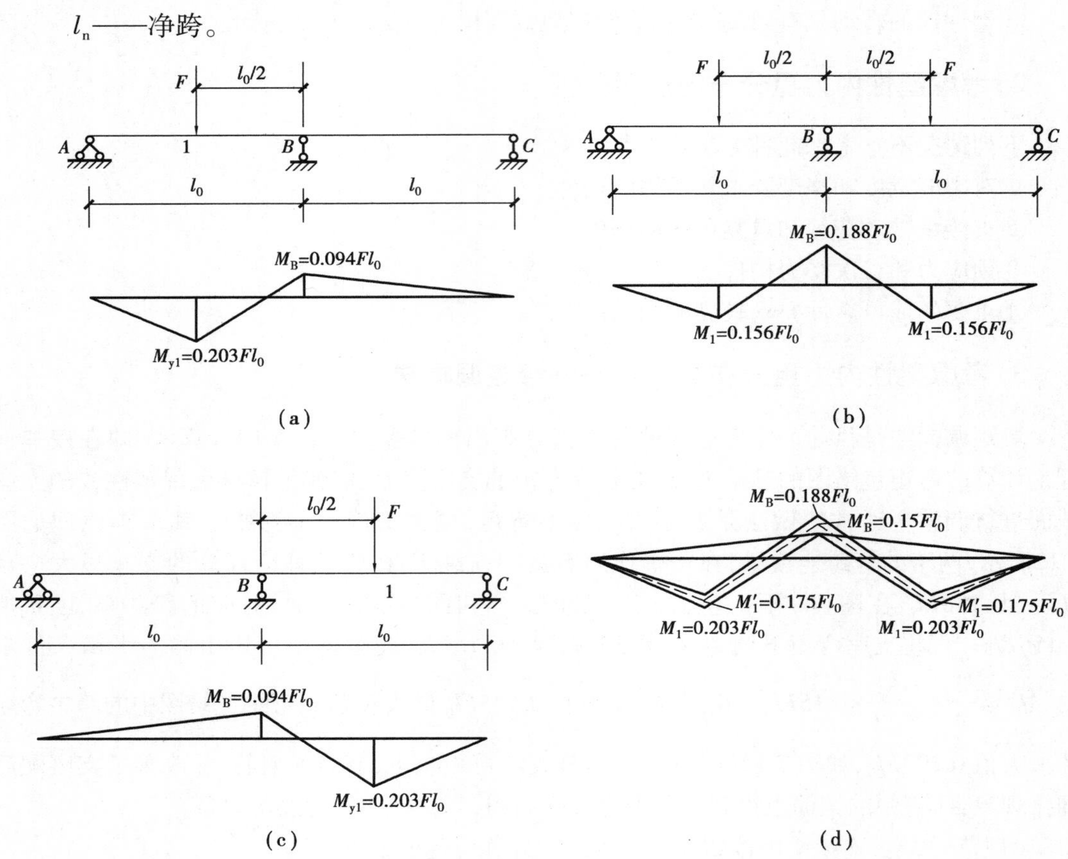

图 7.12　调幅法基本原理

表 7.2　考虑塑性内力重分布的弯矩系数

<table>
<tr><th rowspan="2">支承情况</th><th colspan="5">截面位置</th></tr>
<tr><th>端支座</th><th>边跨跨中</th><th>离端第二支座</th><th>中间跨跨中</th><th>中间支座</th></tr>
<tr><td>梁、板搁置在墙上</td><td>0</td><td>$\frac{1}{11}$</td><td rowspan="2">$-\frac{1}{10}$</td><td rowspan="4">$\frac{1}{16}$</td><td rowspan="4">$-\frac{1}{14}$</td></tr>
<tr><td>板与梁整体连接</td><td>$-\frac{1}{16}$</td><td rowspan="3">$\frac{1}{14}$</td></tr>
<tr><td>梁与梁整体连接</td><td>$-\frac{1}{24}$</td><td rowspan="2">$-\frac{1}{11}$</td></tr>
<tr><td>梁与柱整体连接</td><td>$-\frac{1}{16}$</td></tr>
</table>

表 7.3 考虑塑性内力重分布的剪力系数

<table>
<tr><th rowspan="3">支承情况</th><th colspan="4">截面位置</th></tr>
<tr><th rowspan="2">端支座内侧</th><th colspan="2">离端第二支座</th><th rowspan="2">中间支座</th></tr>
<tr><th>外 侧</th><th>内 侧</th></tr>
<tr><td>梁、板搁置在墙上</td><td>0.45</td><td>0.6</td><td rowspan="2">0.55</td><td rowspan="2">0.55</td></tr>
<tr><td>与梁或柱整体连接</td><td>0.50</td><td>0.55</td></tr>
</table>

7.2.5 单向板的计算与构造要求

1)单向板的设计要点

①单向板的厚度不小于跨度的 1/30,当板的荷载和跨度较大时还应适当增大。现浇钢筋混凝土板的最小厚度见表 7.4。

表 7.4 现浇钢筋混凝土板的最小厚度

<table>
<tr><th colspan="2">板的类别</th><th>最小厚度(mm)</th></tr>
<tr><td rowspan="4">单向板</td><td>屋面板</td><td>60</td></tr>
<tr><td>民用建筑楼板</td><td>60</td></tr>
<tr><td>工业建筑楼板</td><td>70</td></tr>
<tr><td>行车道下的楼板</td><td>80</td></tr>
<tr><td rowspan="2">悬臂板(根部)</td><td>悬臂长度不大于 500 mm</td><td>60</td></tr>
<tr><td>悬臂长度 1 200 mm</td><td>100</td></tr>
</table>

②对于四周与梁整体连接的连续板,在荷载作用下,支座负弯矩使板上部开裂,跨中正弯矩使板下部开裂。这时,板内部的实际受力形状为拱形,四周的梁对板产生水平推力,对板的承载能力有利,如图 7.13 所示。为了考虑这种有利因素,将四周与梁整体连接的中间区格板的跨中截面弯矩和支座截面弯矩各折减 20%,但边跨跨中及第一支座截面弯矩不折减。

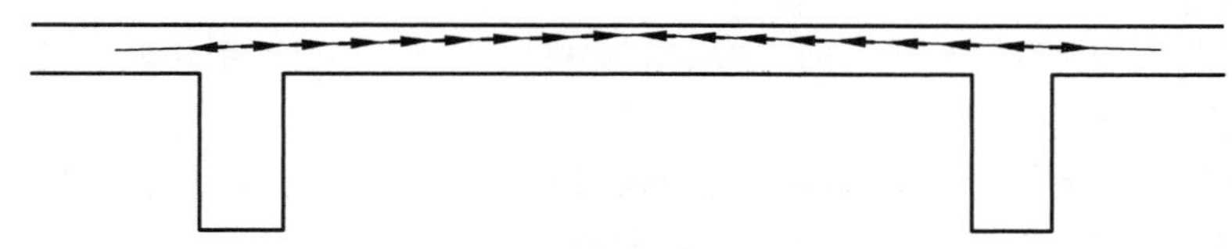

图 7.13 拱推力示意图

③由于板的跨高比小,一般能满足斜截面抗剪承载力需求,可不进行斜截面承载力计算。另外,板的支承长度应满足受力钢筋在支座内的锚固要求,一般不小于板厚,当搁置在砌体墙上时,不小于 120 mm。

2)单向板的配筋及构造

(1)受力钢筋

连续板受力钢筋的配置分为弯起式和分离式两种,如图7.14所示。

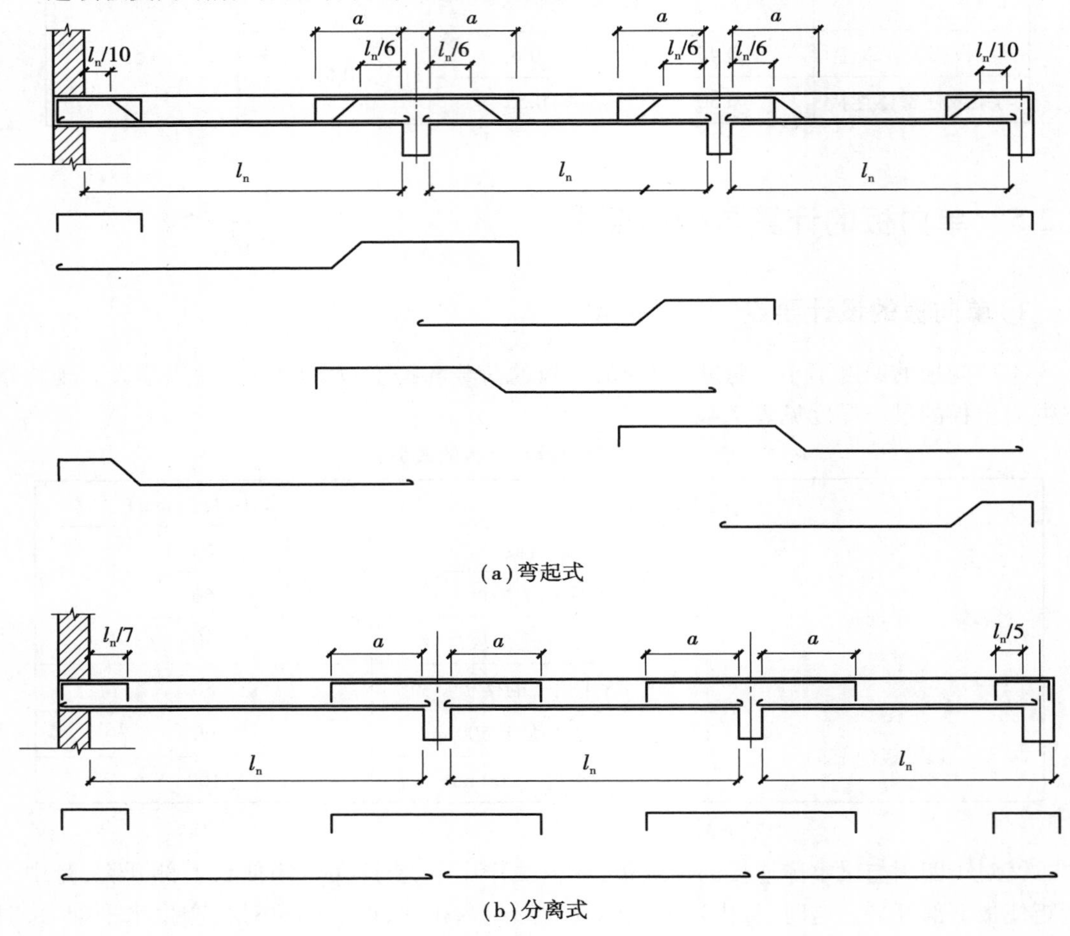

图7.14 连续梁的配筋

弯起式配筋是将跨中一部分钢筋,一般1/2~2/3,在弯起点处向上弯起,在支座处形成抵抗负弯矩的上部钢筋。如果还不能抵抗支座负弯矩则需要另加钢筋。弯起钢筋的弯起角度一般为30°,当板厚大于120 mm时,弯起角为45°。弯起式配筋锚固较好、整体性好,节约钢材,但施工较复杂,目前用得较少。

分离式配筋是将板的上部钢筋和下部钢筋分开配置,钢筋锚固稍差,耗钢量比弯起式高,但设计施工简便明了,是目前最常用的板配筋方式。

连续板的支座负弯矩钢筋的弯起和截断位置如图7.14所示,当板上均布活荷载 q 和均布恒荷载 g 的比值 $q/g \leqslant 3$ 时,$a=l_n/4$;$q/g>3$ 时,$a=l_n/3$(l_n 为板的净跨)。

连续板中受力钢筋常用HPB300级和HRB335级钢筋,常用直径为6~12 mm,且现浇板的受力钢筋直径不小于8 mm。板中受力钢筋的间距,当板厚不大于150 mm时不宜大于

200 mm；当板厚大于150 mm时不宜大于板厚的1.5倍，且不宜大于250 mm。连续板板底钢筋宜全部伸入支座，锚固长度不应小于钢筋直径的5倍，且宜伸过支座中心线。

(2)构造钢筋

①分布钢筋。当按单向板设计时，应在垂直于受力的方向布置分布钢筋，单位宽度上的配筋不宜小于单位宽度上的受力钢筋的15%，且配筋率不宜小于0.15%；分布钢筋直径不宜小于6 mm，间距不宜大于250 mm；当集中荷载较大时，分布钢筋的配筋面积应增加，且间距不宜大于200 mm。

②墙边板面构造钢筋。嵌固在墙上的板端，因计算简图按铰支考虑而没有考虑该处实际产生的负弯矩，应设置板面构造钢筋。钢筋直径不小于8 mm，间距不大于200 mm，钢筋截面面积不宜小于受力方向跨中板底钢筋截面面积的1/3，且伸出墙边的长度不应小于短跨跨度的1/7，板角的构造钢筋不宜小于短跨跨度的1/4，如图7.15所示。

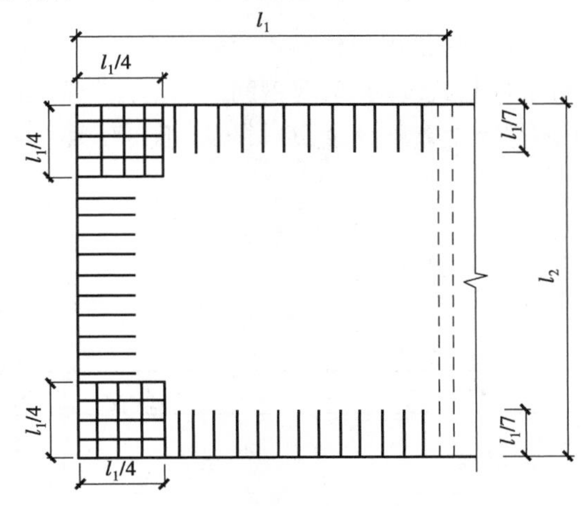

图7.15 嵌固在墙内的板上部的构造钢筋

③梁上板面构造钢筋。当板与主梁整体浇筑时，主梁上部应配置与主梁垂直的构造钢筋，钢筋直径不宜小于8 mm，间距不宜大于200 mm，且单位宽度内的配筋面积不宜小于跨中相应方向板底钢筋截面面积的1/3，且伸出主梁的长度不应小于板计算跨度的1/4，如图7.16所示。

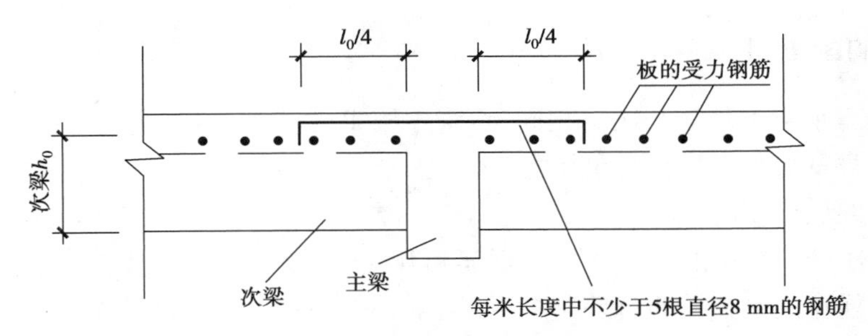

图7.16 垂直于主梁的板面附加钢筋

钢筋从混凝土梁边、柱边、墙边伸入板内的长度不宜小于$l_0/4$，砌体墙支座处钢筋伸入板边的长度不宜小于$l_0/7$，其中计算跨度l_0对单向板按受力方向考虑。在楼板角部，宜沿两个方向正交、斜向平行或放射状布置附加钢筋。

7.2.6 次梁的计算与构造要求

1)次梁的配筋计算

在单向板肋梁楼盖中,楼板的支座是次梁,与次梁整体浇注受力,板作为梁的翼缘参与工作。在荷载作用下,跨中的板处于受压区,按T形截面计算正截面承载能力;支座的板处于受拉区,板面开裂,按矩形截面计算正截面承载能力。

次梁的跨度一般为4~6 m,梁高为跨度的1/18~1/12,梁宽为梁高的1/3~1/2,纵向钢筋的配筋率一般为0.6%~1.5%。

2)次梁的配筋构造

连续梁的配筋方式同样分为弯起式和分离式两种。因分离式具有方便设计和施工的优点,所以得到广泛采用。对于弯起式配筋,弯起钢筋的弯起点与截断点的位置应该由该梁的弯矩包络图决定。但对于相邻跨度差不超过20%的梁,且$q/g \leqslant 3$时,可参考如图7.17所示的钢筋布置图。

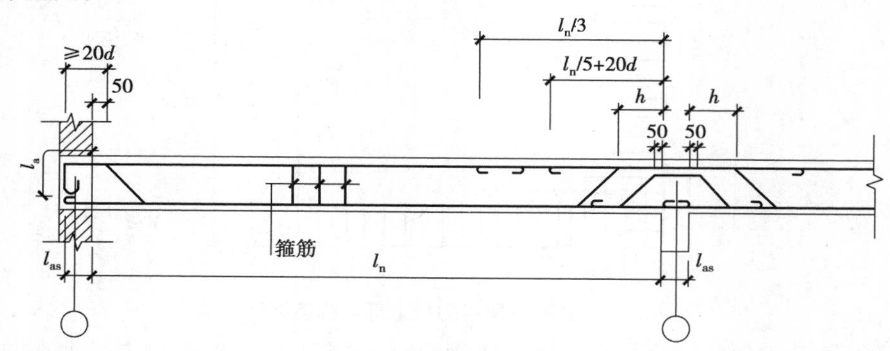

图7.17 次梁的配筋构造图

7.2.7 主梁的计算与构造要求

1)主梁的配筋计算

主梁的受弯承载力计算与次梁相同,在跨中按T形截面计算,在支座按矩形截面计算。主梁除受到自身重力和直接作用在其上的荷载外,还主要受到次梁传来的集中荷载的作用,作用点与次梁的位置相同。

由于在支座处主次梁的钢筋和板的钢筋相互交错,根据传力路线,次梁将力传给主梁,所以主梁的负筋在次梁和板的负筋之下,如图7.18所示。这样,主梁支座处截面有效高度有所减小,当钢筋单排布置时,$h_0=h-(50\sim60)$ mm;当钢筋双排布置时,$h_0=h-(70\sim80)$ mm。

主梁的跨度一般为5~8 m,梁高为跨度的1/14~1/8,梁宽为梁高的1/3~1/2。

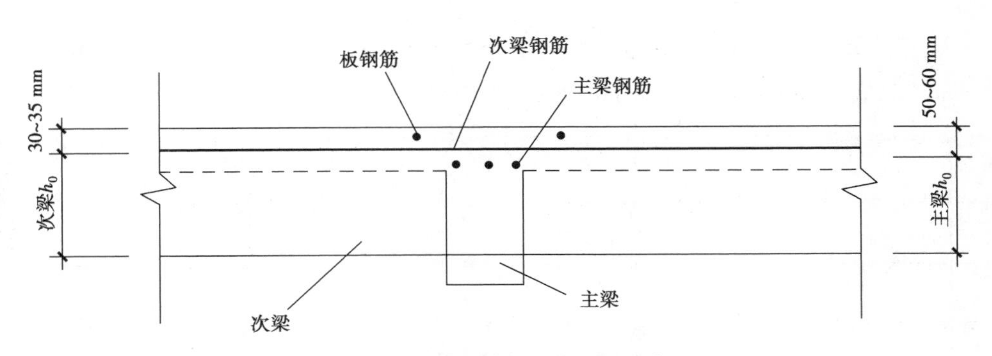

图 7.18 主梁支座处的截面有效高度

2)主梁的配筋构造

主梁纵向受力钢筋的弯起与截断应该根据弯矩包络图来确定，当弯起钢筋不够时可考虑在支座处使用专门抗剪的压筋。

由于主梁受到次梁的集中荷载的作用，并作用在主梁的梁腹，产生腹部斜裂缝而引起局部破坏，为此需设置附加横向钢筋将这部分荷载传至主梁的顶部。《规范》规定：位于梁下部或梁截面高度范围内的集中荷载，应全部由附加横向钢筋承担；附加横向钢筋宜采用箍筋。箍筋应布置在长度为 $2h_1+3b$ 的范围内，如图 7.19 所示。当采用吊筋时，弯起段应伸至梁的上边缘，且末端水平段长度在受拉区不应小于 $20d$，在受压区不应小于 $10d$（d 为吊筋的直径）。附加横向钢筋所需的总截面面积应符合下列规定：

$$A_{sv} \geqslant \frac{F}{f_{yv}\sin\alpha} \tag{7.11}$$

式中 A_{sv}——承受集中荷载所需的附加横向钢筋总截面面积，当采用附加吊筋时，A_{sv}应为左、右弯起段截面面积之和；

F——作用在梁的下部或梁截面高度范围内的集中荷载设计值；

α——附加横向钢筋与梁轴线间的夹角，一般为 45°，当梁高 h>800 mm 时，采用 60°。

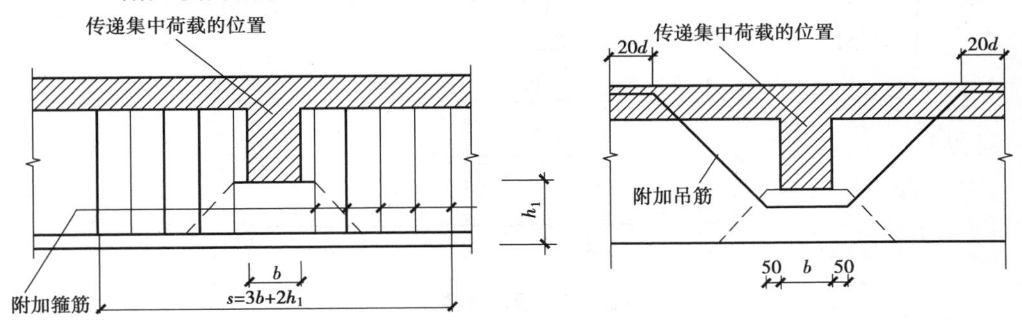

图 7.19 附加横向钢筋的布置

7.2.8 单向板肋梁楼盖设计例题

【例 7.1】 某多层工业建筑楼盖平面如图 7.20 所示。楼面为现浇混凝土肋形楼盖，楼面活荷载标准值 6 kN/m^2；楼面面层采用 30 mm 厚水磨石，板底、梁底及梁侧 20 mm 厚混合砂浆粉底；梁板均采用C25(f_c = 11.9 N/mm^2，f_t = 1.27 N/mm^2)混凝土，纵筋采用HRB400(f_y = 360 N/mm^2)，箍筋和板的钢筋采用HPB300(f_y = 270 N/mm^2)。

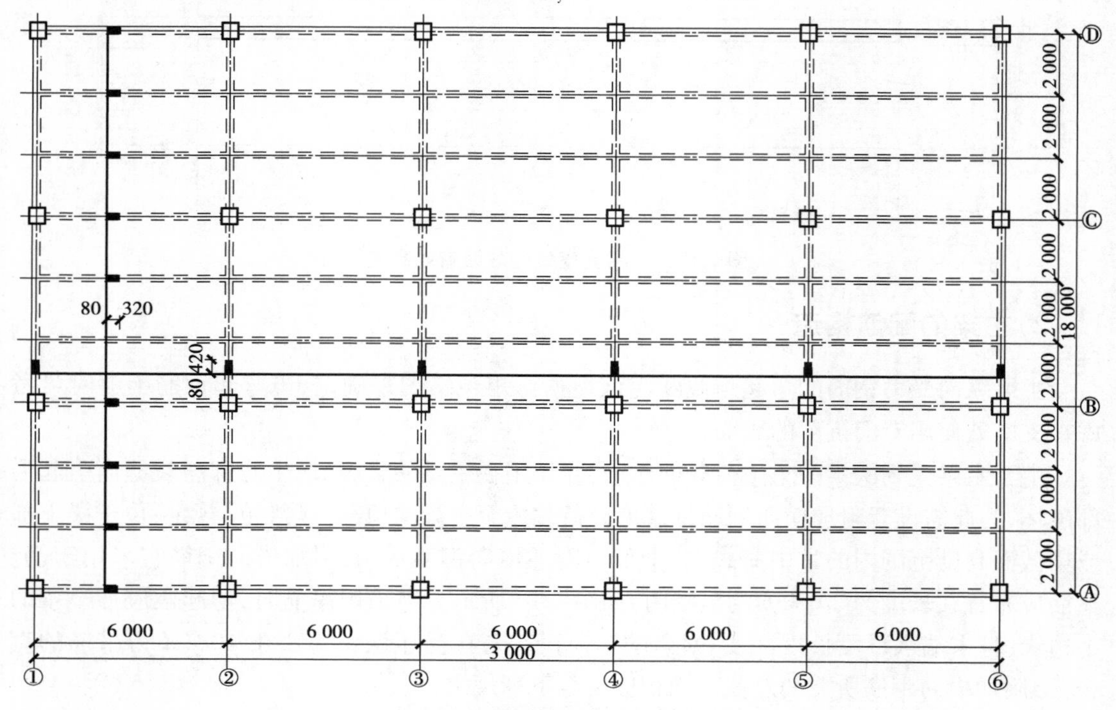

图 7.20　楼盖结构的平面布置图

【解】　1.板的设计

板按考虑塑性内力重分布的方法计算，取1 m宽的板带为计算单元，取板厚h = 80 mm > l/40 = 50 mm，有关尺寸及计算简图如图7.21所示。《规范》规定：对活荷载标准值大于4 kN/m^{2}的工业房屋楼面结构的活荷载，分项系数取1.3。

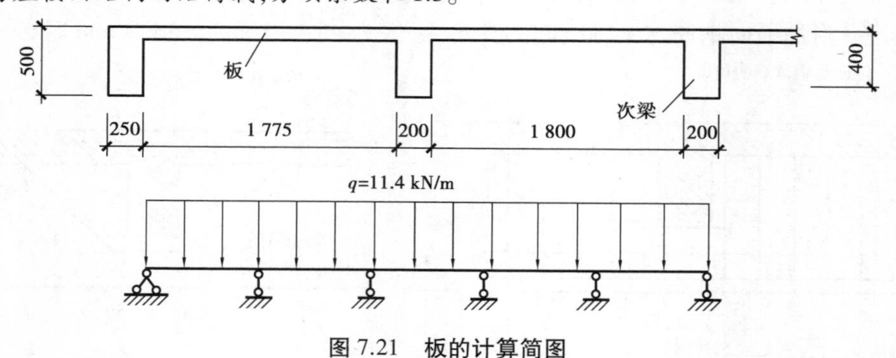

图 7.21　板的计算简图

(1)荷载计算

30 mm厚水磨石面层	22×0.03 = 0.66(kN/m^2)
80 mm厚钢筋混凝土板	25×0.08 = 2(kN/m^2)
20 mm厚混合砂浆粉底	17×0.02 = 0.34(kN/m^2)
恒荷载标准值	g_k = 3.00 kN/m^2

活荷载标准值　　$q_k = 6\ kN/m^2$

荷载设计值　　$g+q=1.2\times3.0+1.3\times6=11.4(kN/m^2)$

(2)内力计算

初估次梁截面尺寸:

高 $h=l/18\sim l/12$,取 $h=400$ mm;

宽 $b=h/3\sim h/2$,取 $b=200$ mm;

边梁尺寸取:$b\times h=250\ mm\times500\ mm$。

计算跨度:

边跨　　$l_0=l_n=2\ 000-100-125=1\ 775(mm)$

中间跨　　$l_0=l_n=2\ 000-100-100=1\ 800(mm)$

因跨度差(1 800−1 750)/1 800=2.8%,在10%以内,故可按等跨计算。计算结果见表7.5。

表7.5　板的弯矩计算　　单位:kN·m

截　面	端支座	边跨跨中	第二支座	第二跨跨中	中间支座
弯矩系数 α_m	−1/16	1/14	−1/10	1/16	−1/14
$M=\alpha_m(g+q)l_0^2$	$-1/16\times11.4\times1.775^2$ $=-2.24$	$1/14\times11.4\times1.775^2$ $=2.57$	$-1/10\times11.4\times1.8^2$ $=-3.69$	$1/16\times11.4\times1.8^2$ $=2.3$	$-1/14\times11.4\times1.8^2$ $=-2.64$

(3)配筋计算

取1 m宽板带计算,$b=1\ 000$ mm,$h=80$ mm,$h_0=80\ mm-20\ mm=60$ mm。

钢筋采用HPB300($f_y=270\ N/mm^2$),混凝土C25($f_c=11.9\ N/mm^2$),$\alpha_1=1.0$。

由于板与梁整体现浇,故第二跨跨中及中间支座计算弯矩乘以系数0.8予以折减。板的配筋结果见表7.6,配筋图如图7.22所示。

表7.6　板的配筋计算表

截面位置	端支座	第一跨跨中	第二支座	第二跨跨中	中间支座
M(kN·m)	−2.24	2.57	−3.69	1.84	−2.11
$\alpha_s=M/\alpha_1 f_c bh_0^2$	0.052	0.060	0.086	0.043	0.049
$\xi=1-\sqrt{1-2\alpha_s}$	−0.053	0.062	0.09	0.044	0.050
$A_s=\xi bh_0\dfrac{\alpha_1 f_c}{f_y}(mm^2)$	141.3	163.7	238.1	116.4	−132.2
选用钢筋	Φ8@200	Φ8@200	Φ8@200	Φ8@200	Φ8@200
实配钢筋面积(mm^2)	251	251	251	251	251

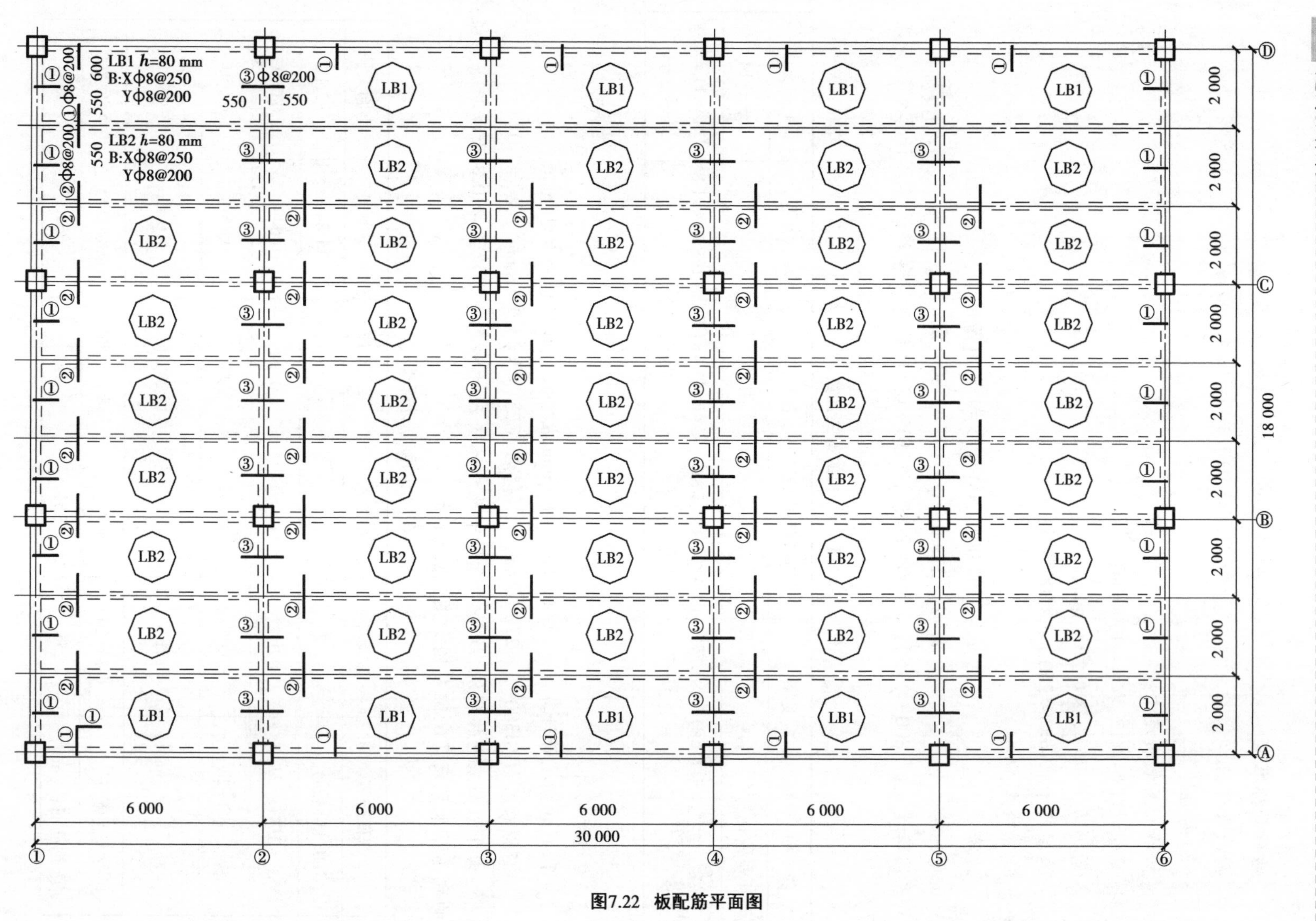
LB1 h=80 mm
B:XΦ8@250
YΦ8@200
LB2 h=80 mm
B:XΦ8@250
YΦ8@200
③Φ8@200
①Φ8@200
②Φ8@200
550
600
LB1
LB2
2 000
18 000
6 000
30 000

图7.22 板配筋平面图

2.次梁的设计

次梁按考虑塑性内力重分布的方法计算,估算主梁尺寸为250 mm×500 mm,有关尺寸及计算简图如图7.23所示。

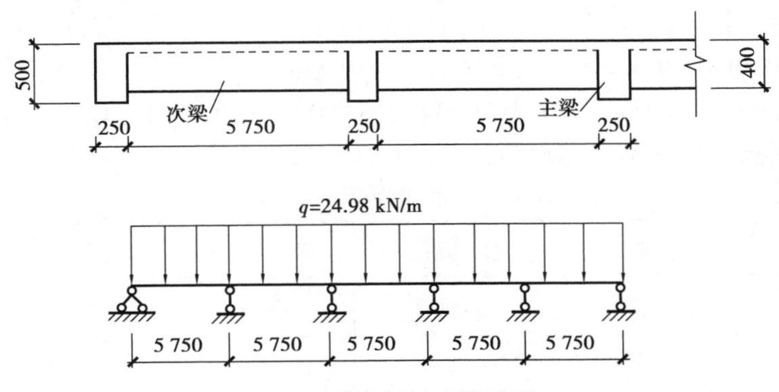

图7.23 次梁的计算简图

(1)荷载计算

由板传来恒荷载 3.00×2.0=6.00(kN/m)

次梁自重 25×0.2×(0.4−0.08)=1.6(kN/m)

次梁粉刷 17×0.02×(0.4−0.08)×2=0.218(kN/m)

恒荷载标准值 $g_k=7.82$ kN/m

活荷载标准值 $q_k=6\times2.0=12$(kN/m)

荷载设计值 $g+q=1.2\times7.82+1.3\times12=24.98$(kN/m)

(2)内力计算

计算跨度 设主梁尺寸为 $b\times h=250$ mm×500 mm

边跨 $l_0=l_n=6\ 000-125-125=5\ 750$(mm)

中间跨 $l_0=l_n=6\ 000-125-125=5\ 750$(mm)

无跨度差,按等跨计算,计算结果见表7.7、表7.8。

表7.7 次梁的弯矩计算 单位:kN·m

截　面	端支座	第一跨跨中	第二支座	第二跨跨中	中间支座
弯矩系数 α_m	−1/24	1/14	−1/11	1/16	−1/14
$M=\alpha_m(g+q)l_0^2$	$-1/24\times24.98\times5.75^2=$ −34.4	$1/14\times24.98\times5.75^2=$ 59.0	$-1/11\times24.98\times5.75^2=$ −75.1	$1/16\times24.98\times5.75^2=$ 51.6	−59.0

表7.8 次梁的剪力计算 单位:kN

截　面	端支座	第二支座(左)	第二支座(右)	中间支座
剪力系数 α_v	0.5	0.55	0.55	0.55
$V=\alpha_v(g+q)l_n$	0.5×24.98×5.75=71.82	0.55×24.98×5.75=79	0.55×24.98×5.75=79	0.55×24.98×5.75=79

(3)配筋计算

次梁的正截面配筋计算,钢筋采用 HRB400($f_y=360$ N/mm^2),混凝土 C25($f_c=11.9$ N/mm^2),$\alpha_1=1.0$。次梁的支座按矩形截面计算,跨中按 T 形截面计算,T 形截面翼缘宽度为:

边跨=中间跨 $b_f'=l_0/3=5\ 750/3=1\ 917$ mm$<b+s_n=2\ 000$ mm,故取 $b_f'=1\ 917$ mm。

设 $h_0=h-a_s=400-35=365$ mm,翼缘高 $h_f'=80$ mm。

$\alpha_1 f_c b_f' h_f'(h_0-h_f'/2)=1\times11.9\times1\ 917\times80\times(365-80/2)\times10^{-6}=593.1$ kN·m>59.0 kN,所以次梁每跨跨中截面按第一类 T 形截面计算。计算结果见表 7.9。

表 7.9　次梁受弯配筋计算

截　面	端支座	第一跨跨中	第二支座	第二跨跨中	中间支座
b_f'或 b	200	1 917	200	1 917	200
M(kN·m)	−34.4	59	−75.1	51.6	−59
$\alpha_s=M/\alpha_1 f_c bh_0^2$	0.108	0.019	0.237	0.017	0.186
$\xi=1-\sqrt{1-2\alpha_s}$	0.115	0.019	0.275	0.017	0.207
$A_s=\xi bh_0\dfrac{\alpha_1 f_c}{f_y}$(mm^2)	277.5	441.3	663.6	394.8	499.5
选用钢筋	2 ⌀ 18	3 ⌀ 14	3 ⌀ 18	2 ⌀ 16	2 ⌀ 18
实配钢筋面积(mm^2)	509	462	763	402	509

验算最小配筋率:$\rho_{min}bh=0.002\times200\times400=160$(mm^2)。

次梁的斜截面配筋计算,钢筋采用 HPB300($f_y=270$ N/mm^2),混凝土 C25($f_c=11.9$ N/mm^2)。

首先验算截面尺寸:

$$0.25\beta_c f_c bh_0=0.25\times1.0\times11.9\times200\times365$$
$$=217.2(\text{kN})>V_{(\text{第二支座右})}=79.0(\text{kN})$$

截面尺寸符合要求。

次梁箍筋的计算结果见表 7.10。

表 7.10　次梁箍筋计算

截　面	端支座	第二支座(左)	第二支座(右)	中间支座
V(kN)	71.82	79	79	79
$V_c=0.7f_t bh_0$(kN)	64.89≈V	64.89<V	64.89<V	64.89<V
试选箍筋	双肢Φ 6@ 130	双肢Φ 6@ 130	双肢Φ 6@ 130	双肢Φ 6@ 130
$V_s=f_{yv}\dfrac{A_{sv}}{S}h_0$(kN)	21.38	21.38	21.38	21.38
$V_{cs}=V_c+V_s$(kN)	86.27>V	86.27>V	86.27>V	86.27>V

次梁的配筋图如图 7.24 所示。

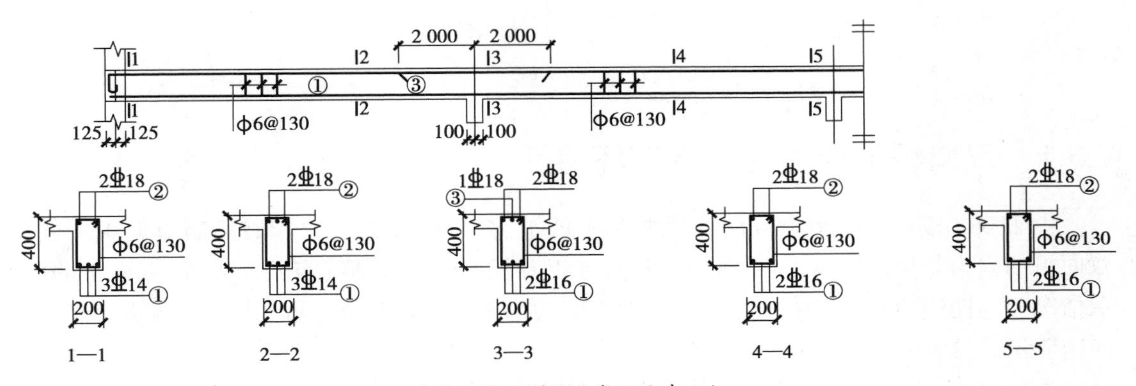

(a)次梁配筋图(截面法表示)

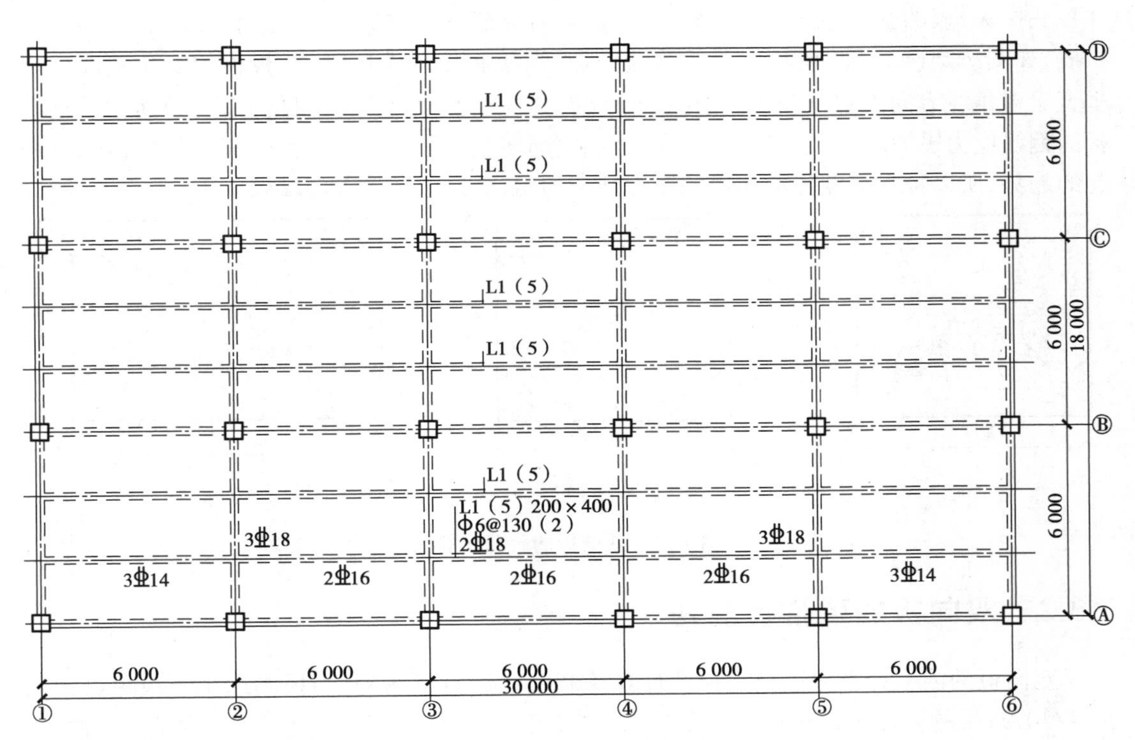

(b)次梁配筋图(平法表示)

图 7.24　次梁配筋图

3.主梁的设计

由于本例题为钢筋混凝土现浇框架结构,主梁的设计方法参见第 8 章。

7.3 双向板肋梁楼盖

7.3.1 双向板的受力特点及破坏特征

由于双向板在纵横两个方向的弯曲都不能被忽略,所以其受力和破坏与单向板不同。双向板的内力与板的支承条件、板的几何尺寸以及板上的荷载情况有关。此外,双向板的支承情况分为四边简支、一边固定三边简支、两对边固定两对边简支、两临边固定两临边简支、四边固定、三边固定一边自由6种情况。

试验表明,当四边简支板承受均布荷载作用时,当荷载逐渐增加,第一条裂缝首先出现在板底中央,板的受力性质由弹性转为塑性,接着裂缝逐渐增加,并沿着对角线成45°向四角扩展,如图7.25(a)、(c)所示。荷载继续增加,当板底接近破坏时,在板顶的四角随即出现垂直于对角线方向大致呈圆形的裂缝,导致板底裂缝进一步扩展,如图7.25(b)所示。这时板的钢筋应力迅速增大,应变随即增大,直到钢筋屈服而破坏。由于四边简支板的四角有翘起的趋势,所以板上荷载传给四边的压力并不均匀,而是中部较大两端较小。

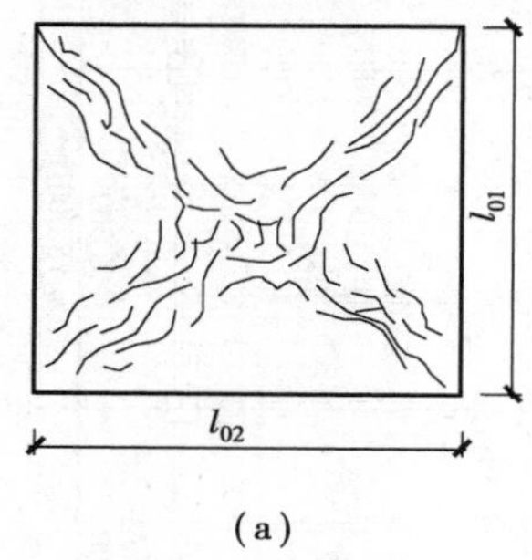

(a)

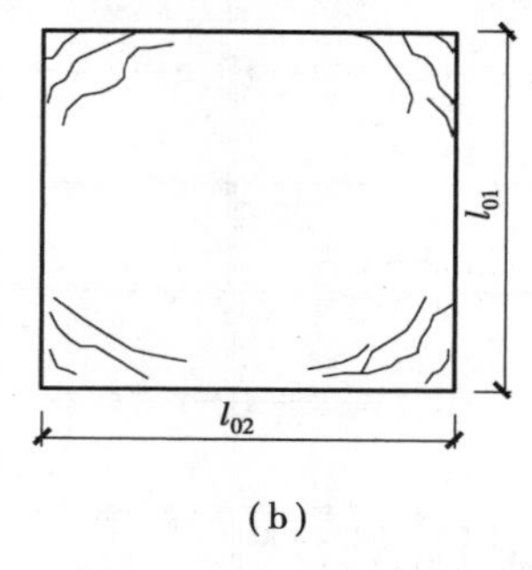

(b)

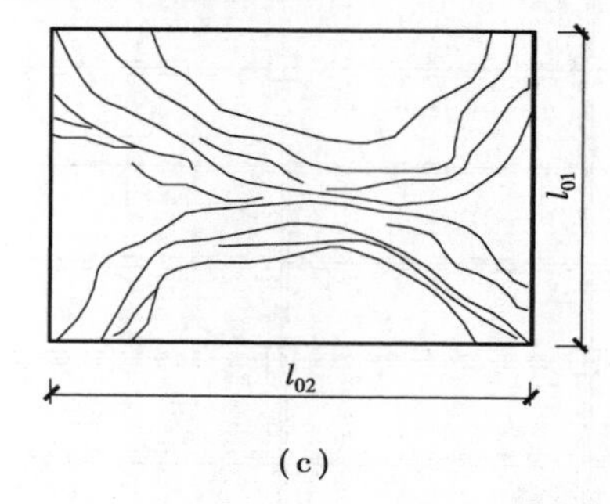

(c)

图7.25 双向板的裂缝配筋图

7.3.2 双向板的弹性计算法

双向板的内力计算方法分为弹性计算法和塑性计算法两种,当板厚远小于板短边边长的1/30,且板的挠度远小于板的厚度时,双向板可按弹性法计算,这里仅介绍弹性计算法。

1)单块双向板

由于双向板的跨度大,受多种因素影响,其内力计算非常复杂,为了便于工程应用,对于矩形板已制成可供查询的表格(见附录4),表中列出了双向板6种支承情况在均布荷载作用下板的短跨与长跨的比值,求出弯矩系数和挠度系数,即可得到有关弯矩。具体公式见附录4。

另外,值得说明的是,附录4中的系数是根据材料的泊松比$\nu=0$确定的。

2)多跨连续双向板

多跨连续双向板的内力要精确计算更加复杂,在实际设计中采用以单块双向板的计算为基础。假定板四边梁不受扭矩且不产生竖向位移,在同一方向相邻最大与最小跨度差小于20%。

(1)跨中最大正弯矩

为了求得多跨连续双向板的跨中最大正弯矩,活荷载采取棋盘式的布置方式,如图7.26(a)所示,在活荷载作用的板内产生跨中最大正弯矩。为了利用单块双向板的内力计算系数表计算多跨连续双向板,可采用如下的近似计算方法:将荷载分解为满布荷载 $g+\frac{q}{2}$ 及各跨相间布置的反对称荷载,如图7.26(b)、(c)所示。

对称荷载
$$g'=g+\frac{q}{2} \tag{7.12}$$

反对称荷载
$$q'=\pm\frac{q}{2} \tag{7.13}$$

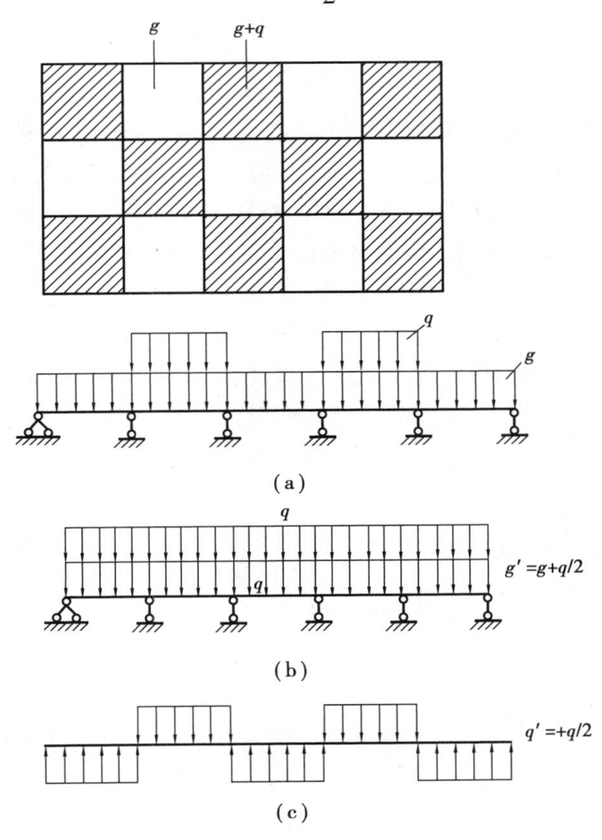

图7.26 双向板活荷载的棋盘式布置

在对称荷载作用下,板的各内支座的转角很小并忽略,可近似认为板的内支座为固定端,这样中间区格板按四边固定的单块双向板来计算其弯矩。而四边区格板则根据边支座的实际支承情况分为三边固定一边简支、两临边固定两临边简支等类型,按单块双向板计算其弯矩;在反对称荷载作用下,板的各内支座转角方向一致且大小相等,可近似认为板的内支座为简支端,因此各区格板可按四边简支的单块双向板来计算其弯矩。

最后,将以上两种情况的计算结果叠加,就可求出多跨连续双向板的跨中最大弯矩值。

(2)支座最大负弯矩

支座最大负弯矩可近似按满布活荷载的方式求得。中间支座按固定端考虑,而边支座按实际支承情况考虑,然后按单块双向板计算支座负弯矩值。当同一支座的相邻区格板计算出的支座负弯矩不相等时,按绝对值最大的考虑。

7.3.3 双向板的截面设计及构造要求

1)截面设计

①双向板的厚度。双向板的最小厚度为80 mm,且应具有足够的刚度,板厚与短跨的比值应满足如下要求:

简支板 $$h/l_{01} \geqslant \frac{1}{45}$$

连续板 $$h/l_{01} \geqslant \frac{1}{50}$$

②双向板的配筋形式。双向板的配筋形式有弯起式和分离式两种。

③双向板截面的有效高度。由于双向板纵横两个方向上都要配置钢筋,所以两个方向的截面有效高度不一样。因为短跨方向受到的弯矩大于长跨方向,则将短跨方向的受力钢筋放在长跨方向受力钢筋的外侧。截面有效高度的取值一般如下:

短跨方向 $h_0 = h - 20$ mm

长跨方向 $h_0 = h - 30$ mm

④弯矩的折减。如果双向板四周与梁整体现浇,在荷载作用下,支座对双向板有约束,整块板存在穹窿作用,使板的跨中弯矩减小,对截面设计有利。为了考虑这种有利影响,对于四边与梁整体连接的板,其弯矩值可按下列情况予以折减:

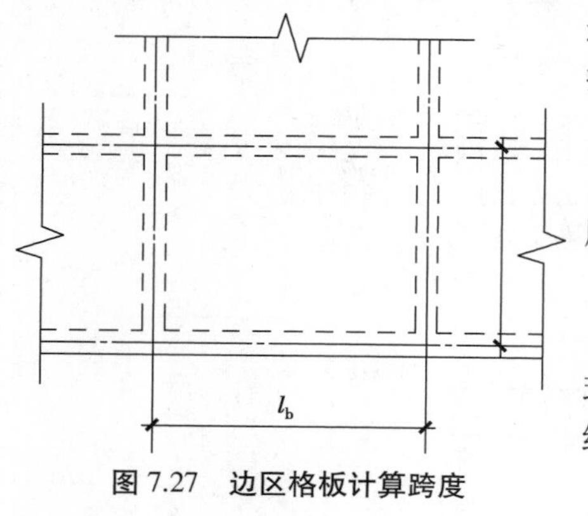

图7.27 边区格板计算跨度

a.中间区格的跨中截面及支座截面减少20%。

b.边区格的跨中截面及从板边缘算起的第二支座截面:

当 $l_b/l<1.5$ 减少20%

当 $1.5<l_b/l<2.0$ 减少10%

式中,l_b 为沿板边缘方向的计算跨度,l 为垂直于板边缘方向的计算跨度,如图7.27所示。

c.角区格不予减少。

2)构造要求

当按弹性理论计算板底钢筋数量时,是根据跨中最大正弯矩求得的,而整块板的下部弯矩是从跨中最大正弯矩向两边逐渐减小的,所以其配筋也应该逐渐减小。为设计施工方便,

通常将板在 l_{01} 和 l_{02} 方向各分为3个板带，如图7.28所示。两个方向的边缘板带长度为短跨的1/4，其余为中间板带。在中间板带按跨内最大弯矩配筋，而边缘板带则减少1/2，但支座内的配筋按支座最大负弯矩求得，沿支座均匀布置，不予变化。

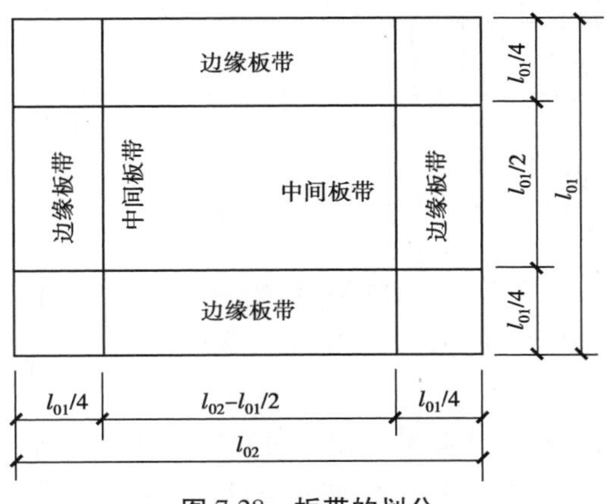

图7.28 板带的划分

7.3.4 双向板支承梁的设计

从双向板的四角作45°线与平行于长边的中线相交，将板分为4个板块，每个板块上的荷载通过本板块传给与其相连的支承梁上。所以，沿短跨方向的支承梁承受板传来的三角形分布荷载；沿长跨方向的支承梁承受板传来的梯形分布荷载，形成连续梁，如图7.29所示。

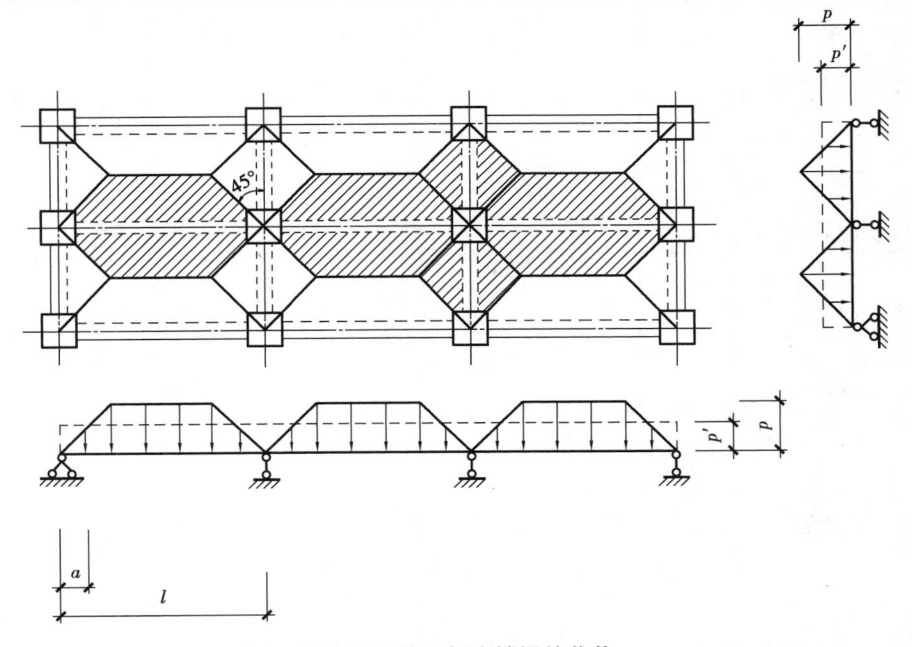

图7.29 双向板支撑梁的荷载

双向板支承梁的内力计算分为按弹性理论和按塑性理论计算。

当按弹性理论计算支承梁的内力时，可按支座弯矩等效的原则，将三角形荷载或梯形荷载化为等效的均布荷载，如图 7.30 所示，然后按结构力学的方法计算内力。如果是等跨连续梁，即可通过查表求得内力。

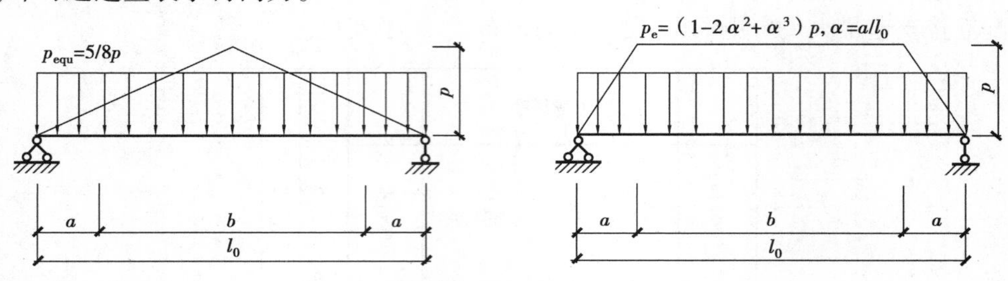

图 7.30　双向板支承梁等效均布荷载

当按塑性理论计算支承梁的内力时，可采用弯矩调幅法求得支座弯矩，再按实际荷载求得跨中弯矩。

双向板支承梁的截面设计及构造要求与单向板的支承梁相同。

【例 7.2】　某工业厂房楼盖为双向板肋梁楼盖，结构平面布置如图 7.31 所示，楼板厚 100 mm，楼面活荷载设计值 8 kN/m，楼板自重加上面层和粉刷，恒荷载设计值 4 kN/m。混凝土采用 C25（$f_c=11.9$ N/mm^2），钢筋采用 HPB300（$f_y=270$ N/mm^2）级。按弹性理论设计双向板（设短向为 x 向，长向为 y 向）。

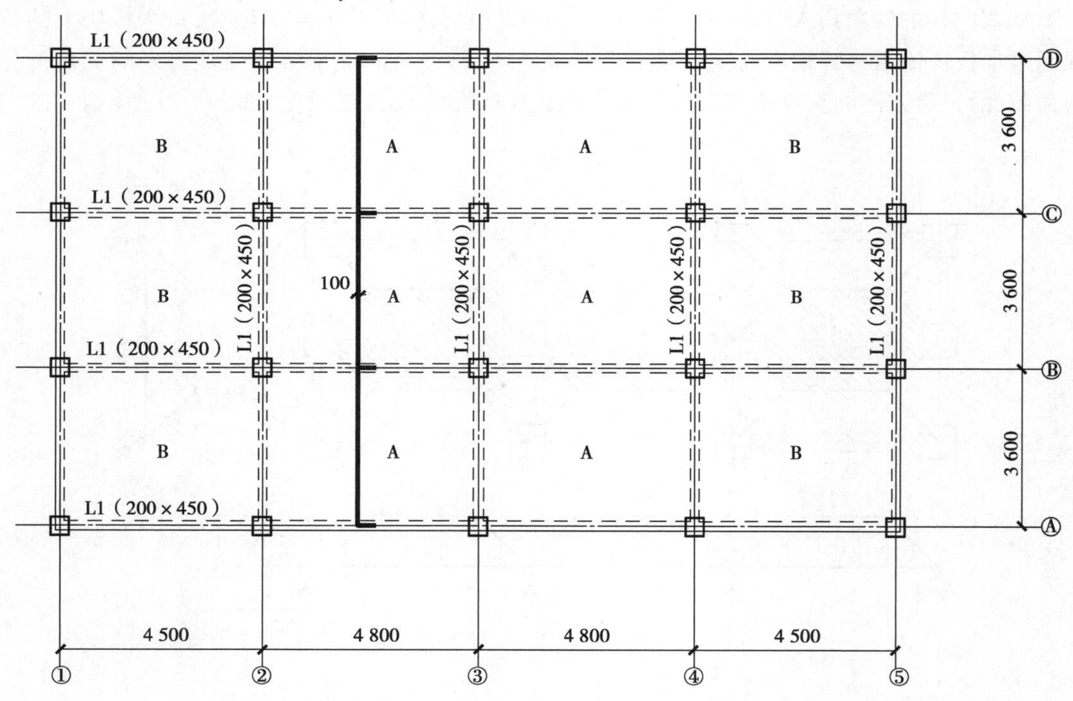

图 7.31　楼盖结构布置平面图

【解】　由于板四周与梁整体浇筑，所以支承条件为四边固定，根据板的尺寸差异将楼盖划分为 A、B 两种区格。

1.弯矩计算

求各区格板跨内正弯矩，恒荷载满布，活荷载棋盘式布置。

$$g' = g + \frac{q}{2} = 4 + \frac{8}{2} = 8(\text{kN/m}^2)$$

$$q' = \pm \frac{q}{2} = \pm \frac{8}{2} = 4(\text{kN/m}^2)$$

求支座最大负弯矩，恒荷载和活荷载均满布。

$$g = g + q = 4 + 8 = 12(\text{kN/m}^2)$$

各区格板的内力计算见表7.11，l_x 为短边方向的计算跨度，l_y 为长边方向的计算跨度，均取支座中心之间的距离。计算公式为：

跨内：
$$M = 系数 \times g'l_x^2 + 系数 \times q'l_x^2 \tag{7.14}$$

支座：
$$M' = 系数 \times (g + q)l_x^2 \tag{7.15}$$

表7.11 弯矩计算表 单位：(kN·m)/m

区 格		A	B
l_x/l_y		0.75	0.80
跨内	M_x	$0.029\,6 \times 8 \times 3.6^2 + 0.062 \times 4 \times 3.6^2 = 6.28$	$0.027\,1 \times 8 \times 3.6^2 + 0.056\,96 \times 4 \times 3.6^2 = 5.76$
	M_y	$0.013\,0 \times 8 \times 3.6^2 + 0.317 \times 4 \times 3.6^2 = 2.99$	$0.014\,4 \times 8 \times 3.6^2 + 0.030\,7 \times 4 \times 3.6^2 = 3.08$
支座	M'_x	$-0.070 \times 12 \times 3.6^2 = -10.90$	$-0.066\,4 \times 12 \times 3.6^2 = -10.33$
	M'_y	$-0.056\,5 \times 12 \times 3.6^2 = -8.79$	$-0.055\,9 \times 12 \times 3.6^2 = -8.69$

中间支座处弯矩不平衡，取平均值计算。

2.截面配筋计算

截面有效高度：$h_{0x} = 100 - 20 = 80(\text{mm})$；$h_{0y} = 100 - 30 = 70(\text{mm})$。由于楼盖周边与梁整体现浇，考虑板的穹隆作用对板弯矩的有利影响，边区格 $l_b/l < 1.5$ 的板及中间区格板的跨中及中支座弯矩可折减20%，但对角区格影响较小，所以不折减。可按近似配筋公式：$A_s = \frac{M}{f_y 0.95 h_0}$ 计算钢筋截面面积，计算结果见表7.12，配筋图如图7.32所示。

表7.12 双向板配筋计算

截 面			h_0(mm)	M(kN·m)(折减前)	M(kN·m)(折减后)	A_s(mm^2)	配 筋	实配
跨中	区格A	l_x	80	6.28	5.02	245	ϕ6@110	257
		l_y	70	2.99	2.39	133	ϕ6@200	141
	区格B(边)	l_x	80	5.76	4.61	225	ϕ6@125	226
		l_y	70	3.08	2.46	137	ϕ6@200	141
	区格B(角)	l_x	80	5.76	5.76	280	ϕ6@100	283
		l_y	70	3.08	3.08	172	ϕ6@160	177

续表

截面			h_0(mm)	M(kN·m)(折减前)	M(kN·m)(折减后)	A_s(mm^2)	配筋	实配
支座	AD 轴	A 板	80	−10.9	−10.9	531	ϕ10@140	561
		B 板	80	−10.33	−10.33	503	ϕ10@150	524
	BC 轴	A 板	80	−10.9	−8.72	425	ϕ10@180	436
		B 板	80	−10.33	−8.26	403	ϕ10@190	413
	①、⑤轴	B 板	80	−8.69	−8.69	423	ϕ10@180	436
	②、④轴	A 板	80	−8.79	$\frac{-8.79-8.69}{2}\times0.8=-6.99$	341	ϕ8@140	359
		B 板	80	−8.69				
	③轴	A 板	80	−8.79	−7.03	342	ϕ8@140	359

注:②、④轴线上既有 A 板 y 向支座弯矩,又有 B 板 y 向支座弯矩,按平均值考虑。

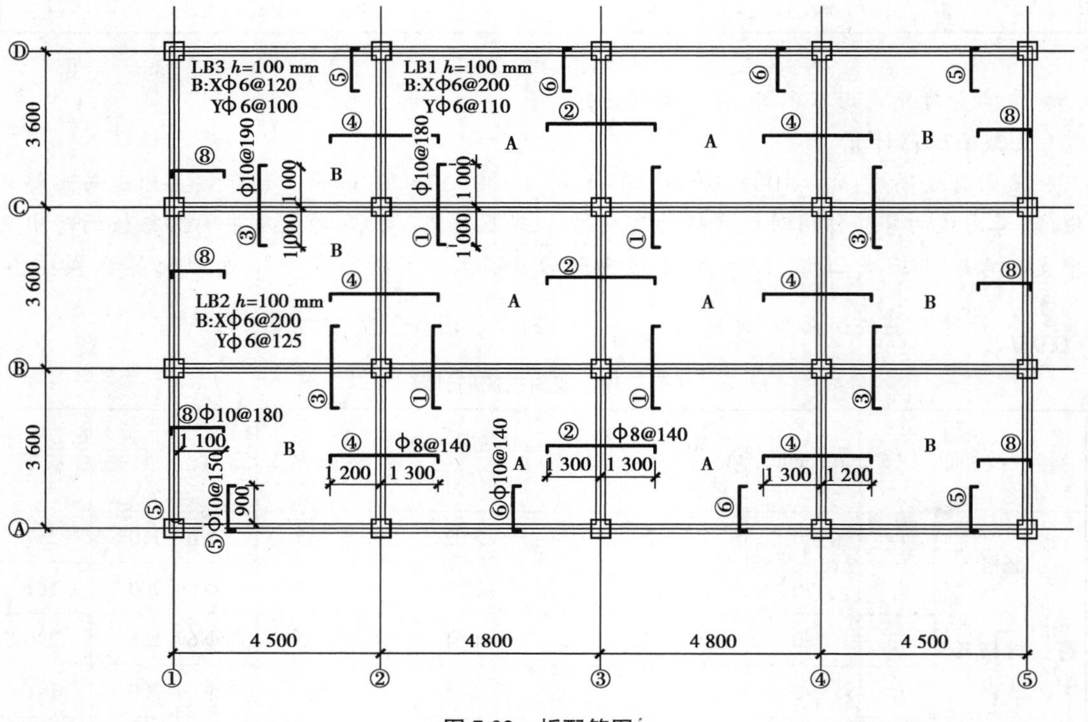

图 7.32 板配筋图

7.4 楼梯的计算与构造

7.4.1 楼梯的类型

作为多、高层房屋的竖向通道,楼梯是房屋的重要组成部分。目前用得最多的就是钢筋混凝土楼梯,具有经济、耐火的优点。

楼梯的外形和几何尺寸由建筑设计确定。目前楼梯的类型多种。按结构形式的不同分为板式、梁式、螺旋式、剪刀式等,如图7.33所示;按施工方法的不同分为装配式和装配整体式楼梯。最为常见的为梁式楼梯和板式楼梯。

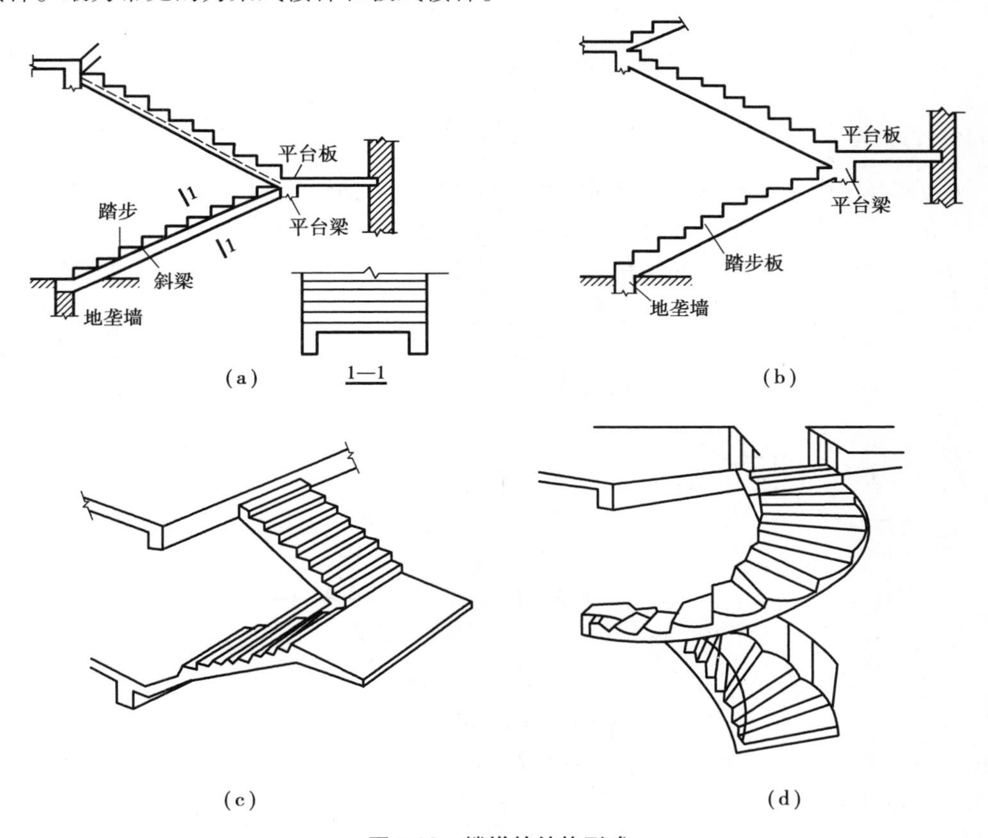

图7.33 楼梯的结构形式

板式楼梯由平台梁、平台板、梯段板组成,具有外观轻巧、施工方便、美观的优点,但由于其跨度较大、梯段板较厚、材料用量较大,一般用于梯段板的水平投影长度不超过3 m的小跨度楼梯。梁式楼梯由平台梁、平台板、踏步板和斜梁组成。踏步板支承在斜梁上,斜梁再将荷载传给平台梁和楼盖上,平台梁支承在楼梯间墙上。

7.4.2 现浇板式楼梯的计算与构造

1)梯段板

板式楼梯的梯段板是一块斜放的,上表面为锯齿形,下表面平整的板。梯段板支承在平台梁和楼层梁上。若为底层,下端一般支承在地垄梁上。由于梯段板有一定的跨度,就要保证梯段板要有一定的刚度,其厚度通常取梯段板水平投影长度的 1/25~1/30。

计算梯段板时,取 1 m 宽的板带或整个梯段板为计算单元。

梯段板按斜放的简支梁计算,计算简图如图 7.34 所示。由于竖向荷载在竖直方向,将斜板化为水平投影板计算,计算跨度为该板的水平投影长度。由结构力学的计算方法可知,梯段板的内力为:

$$M_{\max} = \frac{1}{8}(g + q)l_0^2 \tag{7.16}$$

$$V_{\max} = \frac{1}{2}(g + q)l_n\cos\alpha \tag{7.17}$$

式中 g,q——作用于梯段板上的恒荷载和活荷载的设计值;

l_0,l_n——梯段板的计算跨度和净跨度的水平投影长度;

α——梯段板与水平线的夹角。

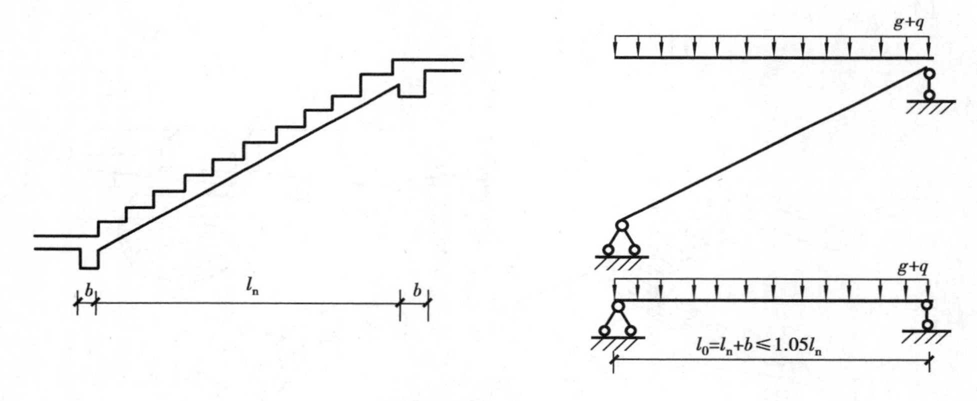

图 7.34 梯段板的计算简图

由于梯段板与平台梁整体现浇,平台梁对梯段板有一定的约束作用,所以梯段板的跨中弯矩可适当减小,计算跨中配筋时一般取:

$$M_{\max} = \frac{1}{10}(g + q)l_0^2 \tag{7.18}$$

梯段板的受力钢筋由跨中弯矩计算求得。因为平台梁对梯段板有约束作用,在梯段板的端部会产生一定的负弯矩,负弯矩钢筋通常取与跨中钢筋相同配置。此外,在垂直于受力钢筋的方向应按构造配置分布钢筋,且每个踏步板内至少放置一根分布钢筋。梯段板的配筋方式分为弯起式和分离式,一般采用分离式,如图 7.35 所示。

梯段板与一般板一样可不必进行斜截面承载力的计算,但必须满足厚度要求。

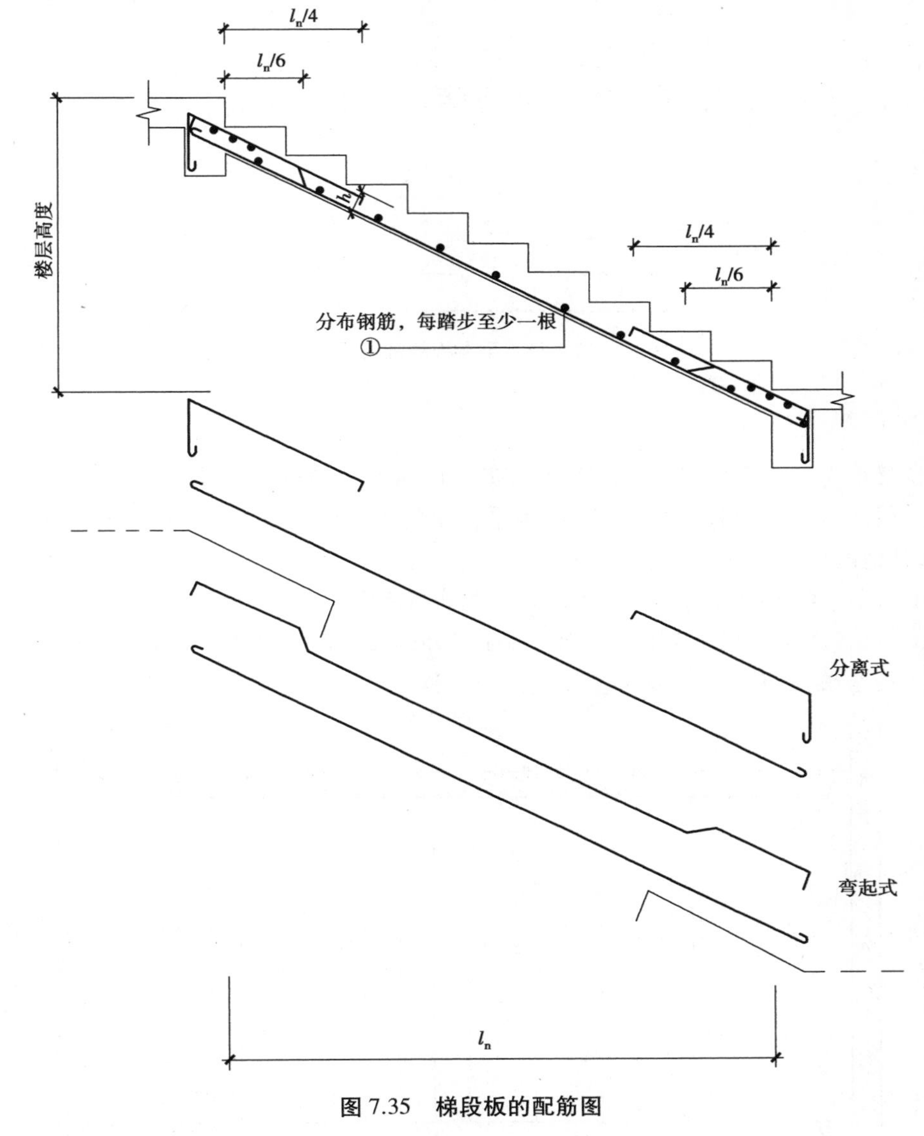

图 7.35 梯段板的配筋图

2)平台板

平台板一般为单向板,当板的一边与平台梁相连而另一端支承在墙上时,板的跨中弯矩按 $M_{\max}=\frac{1}{8}(g+q)l_0^2$ 计算;当板的两边均与梁整体相连时,考虑梁对板的约束作用,板的跨中弯矩可按 $M_{\max}=\frac{1}{10}(g+q)l_0^2$ 计算(l_0 为平台板的计算跨度)。平台板配筋方式与构造要求与普通板相同,如图 7.36 所示。

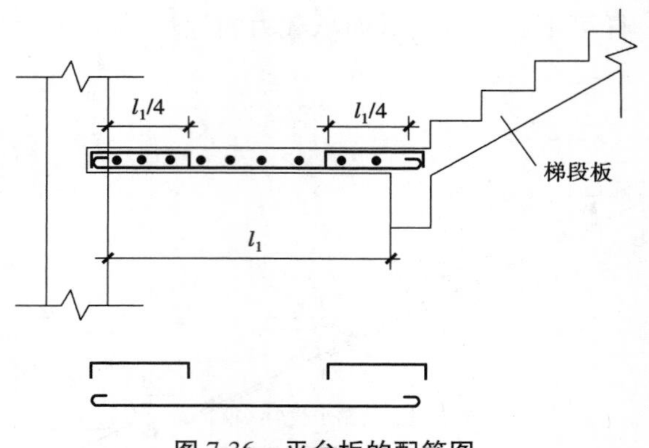

图 7.36　平台板的配筋图

3)平台梁

平台梁承受平台板与梯段板传来的均布荷载和本身的自重,一般支承在楼梯间两侧的砖墙上。截面高度一般取 $h_0 \geqslant l_0/12$(l_0 为平台梁的计算跨度)。平台梁可按简支的倒 L 形梁计算,其他的构造要求与普通梁相同。

【例 7.3】　某钢筋混凝土板式楼梯的结构布置如图 7.37 所示,承受活荷载标准值 q_k = 2.5 kN/m^2,钢筋采用 HPB300 级(f_y = 270 N/mm^2),混凝土 C20(f_c = 9.6 N/mm^2,f_t = 1.1 N/mm^2),α_1 = 1.0。面层采用 20 mm 厚找平层。试设计此楼梯。

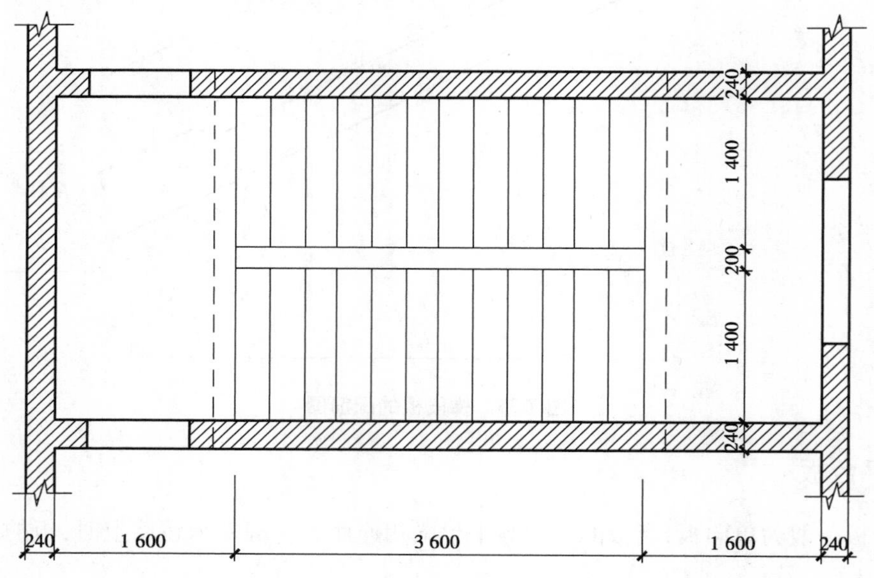

图 7.37　结构平面布置图

【解】　1.梯段板的设计

(1)梯段板的厚度:$h = l_0/30 = 3\ 600\ \text{mm}/30 = 120\ \text{mm}$,取 $h = 120$ mm。

(2)荷载计算:取 1 m 宽的板带为计算单元,梯段板的倾斜角为:$\tan\alpha = \dfrac{150}{300} = 0.5$,$\cos\alpha$ = 0.894。

恒荷载：

踏步重 $\frac{1.0}{0.3}\times\frac{1}{2}\times0.3\times0.15\times25=1.875(\text{kN/m})$

斜板重 $\frac{1.0}{0.894}\times0.12\times25=3.356(\text{kN/m})$

20 mm 厚找平层 $\frac{0.3+0.15}{0.3}\times1.0\times0.02\times20=0.6(\text{kN/m})$

恒荷载标准值 $g_k=1.875+3.356+0.6=5.831(\text{kN/m})$

恒荷载设计值 $g=1.2\times5.831=6.997(\text{kN/m})$

活荷载设计值 $q=1.4\times2.5=3.5(\text{kN/m})$

(3)内力计算

$l_0=3.6\ \text{m}$

$$M=\frac{1}{10}\times(g+q)\times l_0^2=\frac{1}{10}\times(6.997+3.5)\times3.6^2=13.6(\text{kN}\cdot\text{m})$$

(4)配筋计算

$h_0=h-a_s=120-20=100(\text{mm})$

$$\alpha_s=\frac{M}{\alpha_1 f_c b h_0^2}=\frac{13.6\times10^6}{1.0\times9.6\times1\ 000\times100^2}=0.146$$

$$\xi=1-\sqrt{1-2\alpha_s}=1-\sqrt{1-2\times0.146}=0.158$$

$$\gamma_s=1-0.5\xi=1-0.5\times0.158=0.921$$

$$A_s=\frac{M}{\gamma_s h_0 f_y}=\frac{13.6\times10^6}{0.921\times100\times270}=547(\text{mm}^2)$$

选用ϕ10@140($A_s=561\ \text{mm}^2$)，分布钢筋选用ϕ6@200。

2.平台板的设计

(1)取1 m宽的板带为计算单元，取板厚70 mm

恒荷载：平台板自重 $0.07\times1\times25=1.75(\text{kN/m})$

20 mm 厚找平层 $0.02\times1\times20=0.40(\text{kN/m})$

恒荷载标准值 $g_k=1.75+0.40=2.15(\text{kN/m})$

恒荷载设计值 $g=1.2\times2.15=2.58(\text{kN/m})$

活荷载设计值 $q=1.4\times2.5=3.5(\text{kN/m})$

(2)内力计算

计算跨度：$l_0=l_n+h/2=1.4+0.07/2=1.435(\text{m})$

$$M=\frac{1}{8}\times(g+q)\times l_0^2=\frac{1}{8}\times(2.58+3.5)\times1.435^2=1.57(\text{kN}\cdot\text{m})$$

(3)配筋计算

$h_0=70-20=50(\text{mm})$

$$\alpha_s=\frac{M}{\alpha_1 f_c b h_0^2}=\frac{1.57\times10^6}{1.0\times9.6\times1\ 000\times50^2}=0.065$$

$\xi=1-\sqrt{1-2\alpha_s}=1-\sqrt{1-2\times0.065}=0.067$

$\gamma_s=1-0.5\xi=1-0.5\times0.067=0.967$

$A_s=\dfrac{M}{\gamma_s h_0 f_y}=\dfrac{1.57\times10^6}{0.967\times50\times270}=120(\text{mm}^2)$

选用φ6@200($A_s=141\ \text{mm}^2$),分布钢筋选用φ6@200,如图7.38所示。

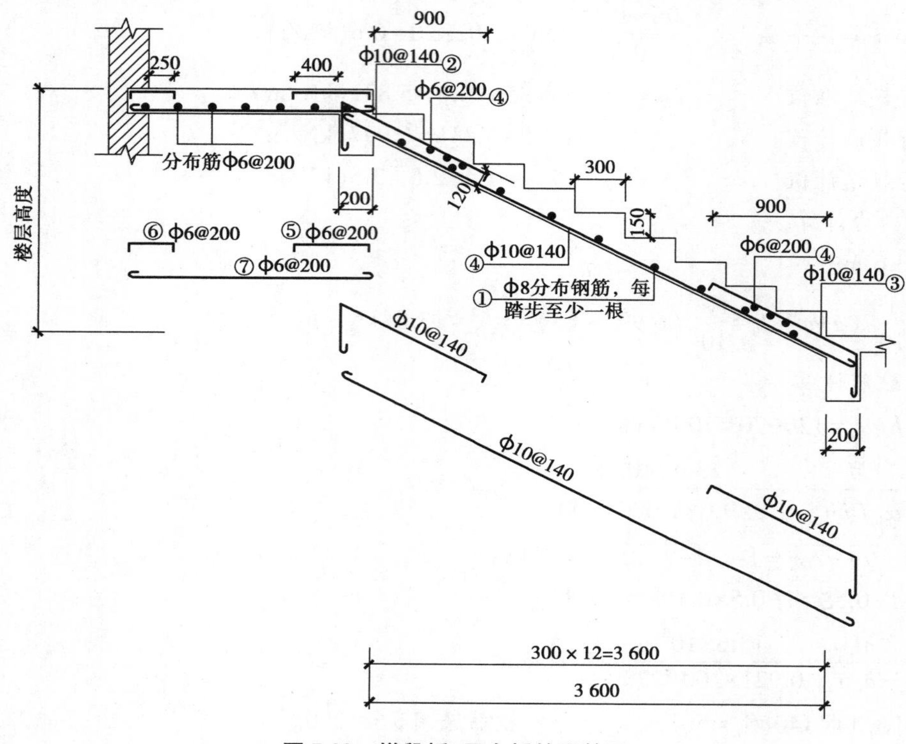

图7.38　梯段板/平台板的配筋图

3.平台梁的设计

(1)荷载计算

计算跨度　$l_0=1.05\times3.0\ \text{m}=3.15\ \text{m}<l_n+a=3.0\ \text{m}+0.24\ \text{m}=3.24\ \text{m}$

估算平台梁尺寸　$h=\dfrac{l_0}{12}=\dfrac{3\ 150\ \text{mm}}{12}=263\ \text{mm}$,取该梁截面尺寸为 $b\times h=200\ \text{mm}\times400\ \text{mm}$

梯段板传来　$10.497\times3.6/2=18.89(\text{kN/m})$

平台板传来　$6.08\times\left(\dfrac{1.4}{2}+0.2\right)=5.47(\text{kN/m})$

平台梁自重　$1.2\times0.2\times(0.4-0.07)\times25=1.98(\text{kN/m})$

荷载设计值　$p=26.34\ \text{kN/m}$

(2)内力计算

$M_{\max}=\dfrac{1}{8}\times p\times l_0^2=\dfrac{1}{8}\times26.34\times3.15^2=32.67(\text{kN}\cdot\text{m})$

$$V_{\max}=\frac{1}{2}\times p\times l_{n}=\frac{1}{2}\times 26.34\times 3.0=39.51(\text{kN})$$

(3)配筋计算

按倒L形截面计算,受压翼缘宽度为以下值的较小值:

$$b_{f}'=\frac{l_{0}}{6}=\frac{3\ 150}{6}=525(\text{mm})$$

$$b_{f}'=b+\frac{1}{2}s_{0}=200+\frac{1\ 400}{2}=900(\text{mm})$$

取 $b_{f}'=525$ mm

$h_{0}=h-a_{s}=400-35=365$ mm

$$\alpha_{s}=\frac{M}{\alpha_{1}f_{c}b_{f}'h_{0}^{2}}=\frac{32.67\times 10^{6}}{1.0\times 9.6\times 525\times 365^{2}}=0.049$$

$$\xi=1-\sqrt{1-2\alpha_{s}}=1-\sqrt{1-2\times 0.049}=0.05$$

$$\gamma_{s}=1-0.5\xi=1-0.5\times 0.05\approx 0.98$$

$$A_{s}=\frac{M}{\gamma_{s}h_{0}f_{y}}=\frac{32.67\times 10^{6}}{0.98\times 365\times 360}=254(\text{mm}^{2})$$,且满足最小配筋率的要求。

选用2⏀14($A_{s}=308\ \text{mm}^{2}$)。

斜截面受剪承载力计算:

$0.7f_{t}bh_{0}=0.7\times 1.1\times 200\times 365=56.21(\text{kN})>V_{\max}=39.51$ kN

故按构造要求配置箍筋,采用ϕ6@200,配筋图如图7.39所示。

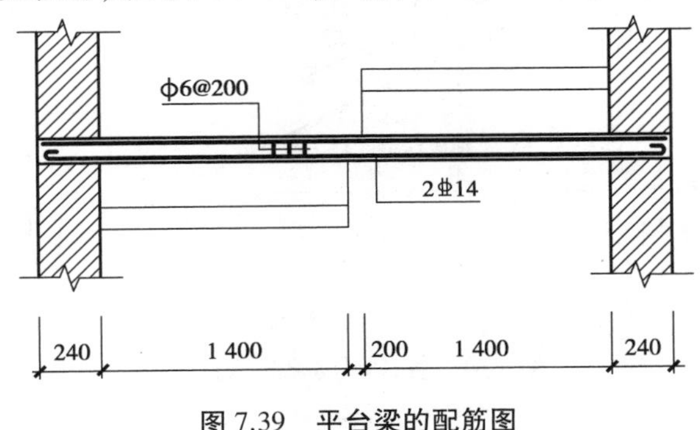

图7.39 平台梁的配筋图

7.4.3 现浇梁式楼梯的计算与构造

1)踏步板

踏步板是两端支承在斜梁上的单向板,计算时取一个踏步板为一个计算单元,按简支计算,计算简图如图7.40(a)所示。踏步板的截面形状为梯形,可按截面面积相等的原则将梯形折算为矩形截面,取平均高度 $h=(h_{1}+h_{2})/2$。斜板部分板厚一般取30~40 mm,配筋按计算确定,且每个踏步下面配置不少于2ϕ6的受力钢筋,沿斜向布置的分布钢筋直径不小于6 mm,间距不大于300 mm,如图7.40(b)所示。

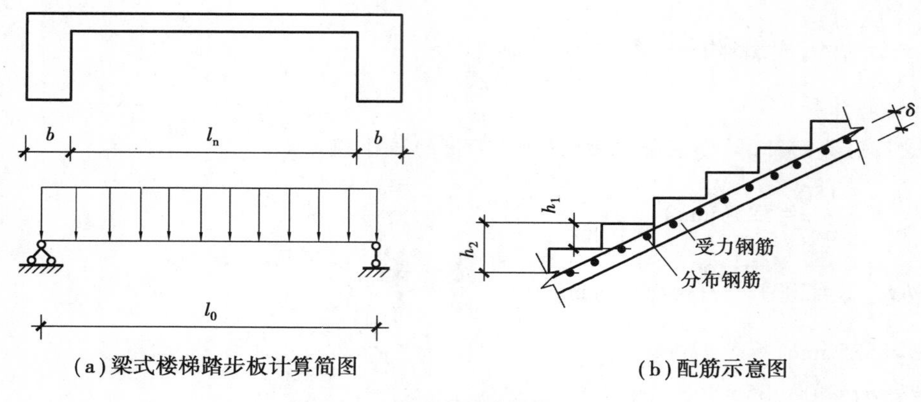

(a)梁式楼梯踏步板计算简图

(b)配筋示意图

图 7.40　踏步板计算简图及配筋

2)梯段斜梁

梯段斜梁支承在两端平台梁上,承受踏步板传来的荷载和本身自重。梯段斜梁的计算简图、内力计算方法与板式楼梯的梯段板计算相同,截面计算按倒 L 形计算,踏步板下斜板为其受压翼缘。梯段斜梁的截面高度一般取 $h_0 \geqslant \frac{l_0}{20}$($l_0$ 为斜梁水平投影的计算长度),梯段梁的配筋同一般梁,如图 7.41 所示。

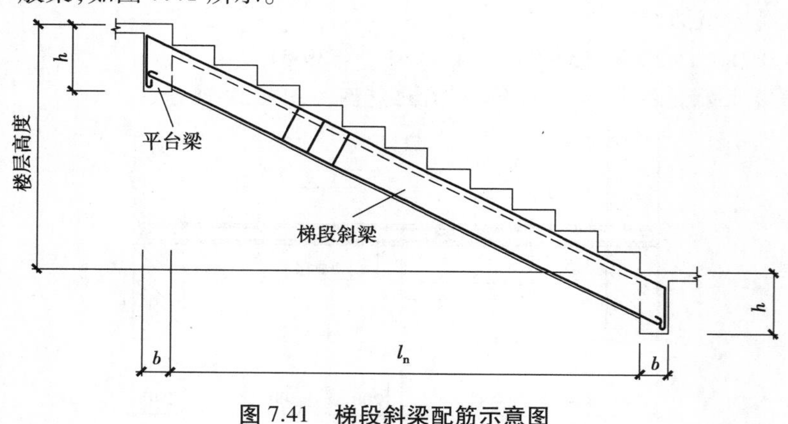

图 7.41　梯段斜梁配筋示意图

3)平台板与平台梁

平台梁承受斜梁传来的集中荷载和平台板传来的均布荷载。平台梁与平台板的计算方法与板式楼梯相同。

4)折线板的计算与构造要求

有时为了满足建筑要求,可能出现折线形的斜板,其内力计算方法与普通斜板相同,但是在配筋上需做出调整。因为如果弯折处的钢筋沿内折角配置,在荷载作用下此部分钢筋产生向外的合力,钢筋有被拉直的趋势,使该处混凝土剥落。因此,应在此处纵筋断开,各自延伸自上表面再进行锚固,如图 7.42 所示。

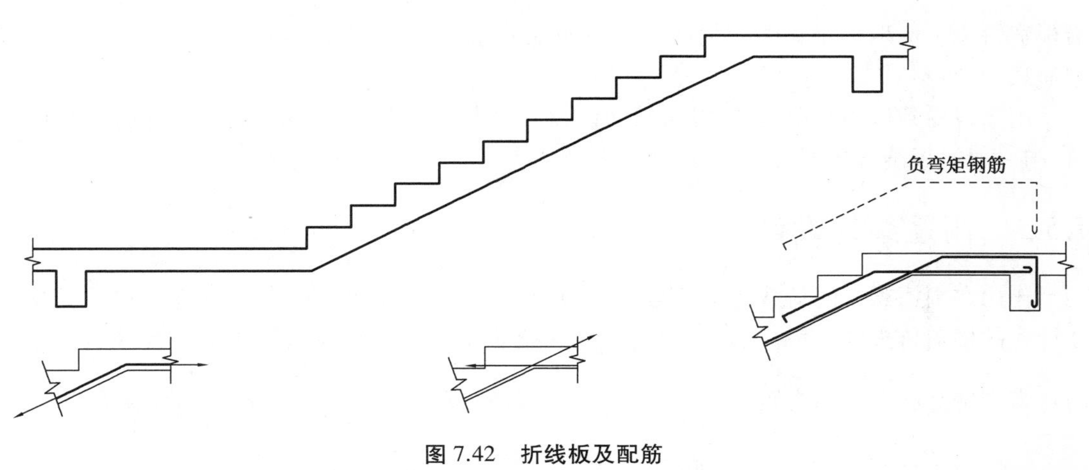

图 7.42 折线板及配筋

7.5 雨篷设计与抗倾覆验算

7.5.1 概述

雨篷是建筑工程中最常见的悬挑构件,其设计除了需要进行构件本身的计算外,还需要进行结构整体的抗倾覆验算。以板式雨篷为例,介绍其设计要点。

板式雨篷由雨篷板和雨篷梁构成,如图 7.43 所示。雨篷板的挑出长度一般为 0.6~1.5 m,视建筑要求而定。雨篷板一般做成变厚度,根部板厚度一般为挑出长度的 1/10,但不小于 70 mm,端部厚度不小于 50 mm。雨篷梁与雨篷板整体现浇,兼起过梁的作用,其宽度与墙厚相同,截面高度一般取计算跨度的 1/10,两端支承于墙体内的长度不宜小于 370 mm。

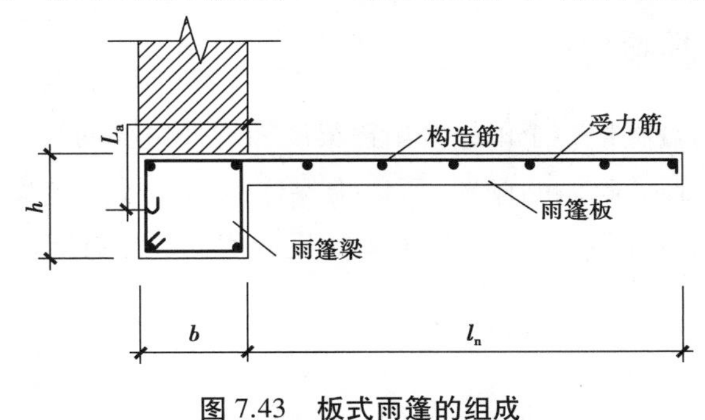

图 7.43 板式雨篷的组成

7.5.2 雨篷板的设计

作用在雨篷板上的荷载有本身自重、抹灰荷载、雪荷载、均布活荷载、施工和检修集中荷载。其中,均布活荷载与雪荷载不同时考虑,施工集中荷载与均布活荷载不同时考虑,按最不利值考虑。《建筑结构荷载规范》规定:施工集中荷载应取 1.0 kN,计算雨篷板承载力时,沿板宽每隔 1 m 取一个集中荷载；雨篷整体抗倾覆验算时，沿板宽每隔 2.5~3.0 m 取一个集中荷载。

雨篷板受到弯矩和剪力的作用，内力计算方法当无边梁时与一般悬臂板相同；当有边梁时，与一般梁板结构相同。

7.5.3 雨篷梁的设计

作用在雨篷梁上的荷载有本身自重、抹灰荷载、梁上砖墙自重、雨篷板传来的荷载及可能计入的楼盖传来的荷载。如图 7.44 所示，雨篷板上的荷载将使雨篷梁中心线处沿板宽方向每米产生竖向剪力和力矩，其大小为：$V=(g+q)\times l_n$ 和 $m=(g+q)\times l_n\times\left(\frac{b+l_n}{2}\right)$，在力矩 m 作用下，雨篷梁的最大扭矩为：$T=\frac{ml_0}{2}$（l_0 为雨篷梁的计算跨度，取 $l_0=1.05l_n$）。其计算模型为：在扭矩作用下简化为两端固定的单跨梁；在平面内竖向荷载作用下化为简支梁。所以雨篷梁为受到弯、剪、扭共同作用的构件，其计算方法见第 4 章的受扭构件承载力计算。

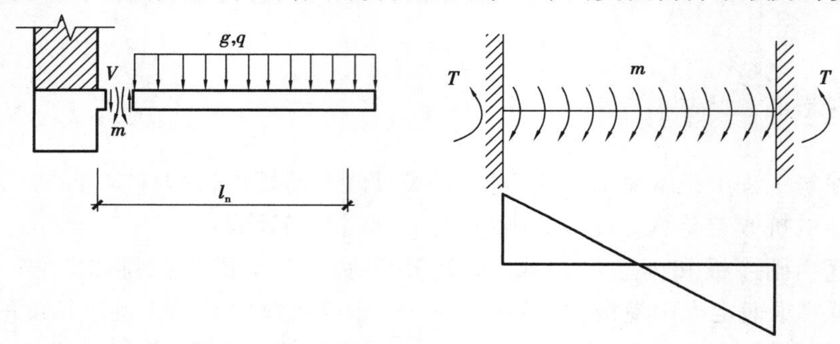

图 7.44 雨篷的计算

7.5.4 雨篷抗倾覆验算

由于雨篷板上的荷载将使整个雨篷绕雨篷梁底靠近外边缘的倾覆点产生转动而丧失平衡，而梁上砌体却又阻碍了雨篷的倾覆，所以为保证结构整体不丧失平衡需满足：$M_{ov}\leq M_r$（M_{ov} 为最不利倾覆力矩设计值，M_r 为抗倾覆力矩设计值）。其具体计算方法参见《砌体结构设计规范》。

本章小结

1.整体式单向板肋梁楼盖的内力计算方法分为弹性理论计算法和塑性理论计算法，弹性理论计算法是假定构件为理想的弹性体，其内力用结构力学的方法计算。对于连续梁、板，当跨度大于 5 跨，只要相邻跨度差不超过 10%均按 5 跨考虑。但这种计算方法忽略了材料的非线性性质，所以计算出来的结果与构件实际的受力有差距。而塑性理论计算法考虑了材料的非线性性质，允许产生最大内力的截面逐个出现塑性铰，产生塑性内力重分布，具体的方法目前用得最多的是弯矩调幅法。但这种计算方法常使构件在使用阶段的裂缝及变形较大，对于重要的及有特殊要求的结构限制使用。

2.连续梁、板的内力均按塑性法计算，配筋方式都分为弯起式和分离式，目前用得较多的是分离式。钢筋弯起和截断的位置一般按构造要求配置，而不必按内力包络图确定。主梁一般按弹性法计算，钢筋弯起和截断的位置则按内力包络图确定。

3.四边支承板且长边和短边之比≤2 时按双向板设计，在两个方向都传递力给支承梁，传递方向为 45°分布线，所以支承梁上所受的荷载有三角形和梯形两种，可化为等效均布荷载计算支撑梁的内力及配筋。双向板的计算方法为弹性法，直接利用内力系数表。活荷载的不利布置方式为棋盘式布置，为了与实际受力相符，将荷载分为两部分，一部分为 $g+q/2$，按满载计算，支座为四边固定，另一部分为 $\pm q/2$，按反对称布置，支座为四边简支。

4.楼梯的形式也是多种多样，主要为板式楼梯和梁式楼梯。民用建筑中板式楼梯用得较多，由梯段板、平台板、平台梁构成，梯段板的内力计算取其水平投影方向的最大弯矩。

5.雨篷的设计计算中，雨篷板按悬臂板设计，雨篷梁受弯剪扭的共同作用，且应进行雨篷的抗倾覆验算。

本章习题

7.1 思考题

1.简述单向板和双向板的划分方法。
2.简述现浇楼盖中单向板肋梁楼盖与双向板肋梁楼盖的设计步骤。
3.什么是“塑性铰”？与“理想铰”的差别是什么？
4.简述塑性内力重分布的概念及应用。
5.楼板设计时如何考虑拱效应的影响？
6.板中配有哪些类型的钢筋？
7.板中分布钢筋的作用？
8.什么是内力包络图，绘制步骤是什么？
9.次梁及主梁由哪些钢筋组成及其作用？
10.双向板的计算中，荷载及支座是怎样简化的？
11.楼梯的形式有哪些？简述板式楼梯的计算步骤。
12.简述雨篷的计算要点。

7.2 计算题

某钢筋混凝土现浇楼盖，如图 7.45 所示，楼面活荷载标准值 8 kN/m^2，楼面面层为20 mm 厚水泥砂浆抹面，板底抹灰为 15 mm 厚混合砂浆，采用 C20 混凝土，梁中受力钢筋采用 HRB400 级，其他钢筋采用 HPB300 级，柱子截面尺寸为 350 mm×350 mm，梁的截面尺寸自行设计，请设计此楼盖。

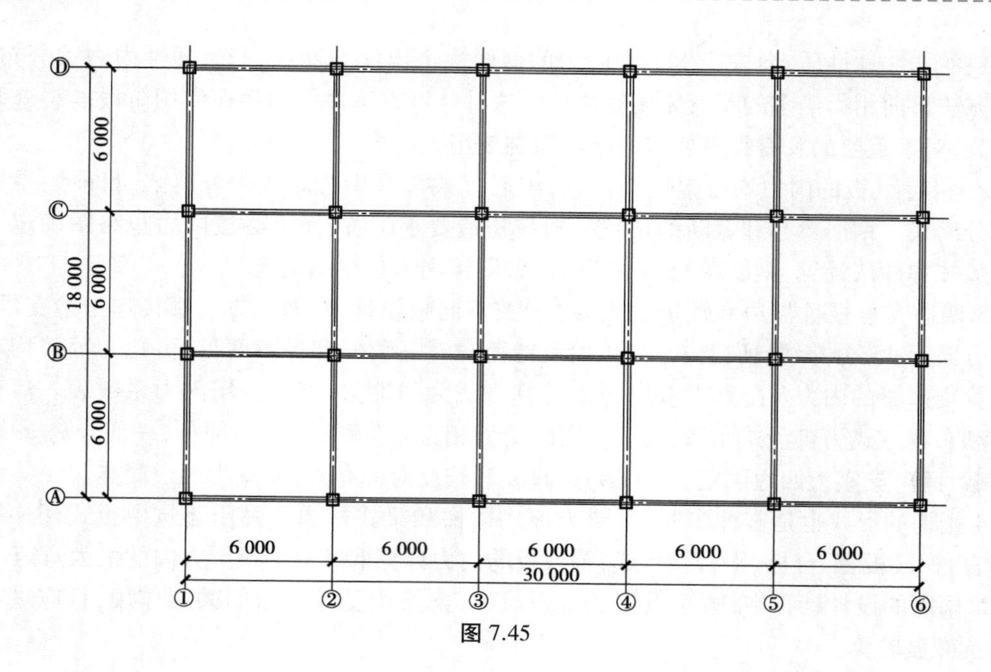

图 7.45

*第 8 章
钢筋混凝土框架结构

本章导读

• **基本要求** 了解框架结构的基本概念；熟悉框架结构的布置及特点；了解框架结构梁、柱截面及材料确定方法；掌握框架结构计算简图的确定及荷载计算方法；掌握框架结构的内力计算方法——分层法、反弯点法和 D 值法；了解框架结构位移计算方法；熟悉框架结构的活荷载最不利布置和荷载组合方法；熟悉框架结构控制截面及最不利内力组合；熟悉框架梁梁端弯矩调幅的概念及方法；了解框架结构构件截面设计的要点和一般构造要求；树立攻坚克难的工作作风。

• **重点** 框架结构计算简图确定及荷载计算方法；框架结构的内力计算方法——分层法、反弯点法和 D 值法；框架结构的恒、活荷载组合，活荷载的最不利布置；框架结构控制截面及最不利内力组合；框架梁梁端弯矩调幅的概念及方法；框架结构构件截面设计的要点和一般构造要求。

• **难点** 框架结构的荷载计算；框架结构的内力计算方法——分层法、反弯点法和 D 值法；框架结构的荷载组合、活荷载的最不利布置；框架结构控制截面及最不利内力组合；框架梁梁端弯矩调幅的概念及方法。

8.1 框架结构概述

在高层建筑中，水平荷载成为结构设计的控制因素，因此设计合理的抗侧力结构体系是高层建筑结构设计的关键。对于高层建筑而言，其抗侧力结构体系有框架结构、剪力墙结构、框架-剪力墙结构、筒体结构等多种类型。本节主要介绍框架结构。

8.1.1 框架结构的分类和布置

1)框架结构的概念、特点及适用范围

由梁、柱、板构件组成的受力结构称为框架。整幢结构都由梁、柱组成,就称为框架结构体系,有时称为纯框架结构。

框架结构的优点是空间开敞,建筑平面布置灵活,适合于做成会议室、车库、商场、教室、餐厅等大空间结构;而且,空间分隔非常方便,使用很灵活;内外墙一般都采用空心砖或轻质砌块,可大大减轻房屋自重,节省材料。

但框架结构的梁、柱截面较小,惯性矩较小,侧向刚度没有剪力墙大,容易产生较大的侧向变形。由于侧向变形随框架结构总高度的增加而增加,因此,《规范》对框架结构的总高度做了限制。钢筋混凝土框架结构的最大适用高度见表 8.1。

表 8.1　钢筋混凝土框架结构房屋的最大适用高度

框架结构体系	非抗震设计	抗震设防烈度				
		6 度	7 度	8 度(0.2 g)	8 度(0.3 g)	9 度
	70 m	60 m	50 m	40 m	35 m	24 m

注:房屋高度是指室外地面到主要屋面板顶板的高度(不包括屋顶上局部突出部分)。

2)框架结构的分类

框架结构的分类方法有很多,本书主要按施工方法分类,具体可分为:

(1)全现浇框架

全现浇框架是指所有受力构件(梁、板、柱)均在现场浇筑的框架结构。其优点主要是:整体性和抗震性能好,管线便于预埋,适合于各种形状,预埋铁件较少,节省钢材,平面布置灵活等。缺点主要是:现场湿作业多,模板消耗量大,养护周期长,质量影响因素多,寒冷地区冬季施工困难等。对于使用要求较高、功能复杂或处于地震高烈度区域的框架房屋,宜采用全现浇框架。

(2)半现浇框架

半现浇框架是指结构中部分梁、板、柱现浇,部分预制装配的框架结构。其常见做法:梁、柱现浇,楼板预制;柱现浇,梁、板预制。半现浇框架的优点是:整体性好,施工方法简单,施工速度快,整体受力性能较好,节约模板和现场支模工序。缺点主要是:整体性不如全现浇框架好,容易出现顺板裂纹等质量通病。

(3)全装配式框架

全装配式框架是指梁、板、柱构件均采用预制,预制构件运至施工现场装配、焊接、灌缝等形成的框架。其主要优点是:便于工厂大批量制作,现场采用机械化装配,构件质量容易保证,生产和安装效率高,节约模板,湿作业非常少,施工进度快;缺点主要是:结构整体性差,抗震性能差,节点预埋件多,总用钢量较大,需要大型运输和吊装机械等。

(4)装配整体式框架

装配整体式框架是指将预制的梁、柱、板安装就位后,再在构件连接处现浇混凝土以增

强其整体性的结构。其主要优点是:框架整体性较好,不需要预埋较多铁件,节点刚性好,节点用钢量减少。缺点主要是增加了一些现场混凝土浇筑量。

3)框架结构的结构布置

(1)框架结构的布置原则

框架结构布置得合理与否,对结构的安全性、适用性、耐久性以及经济性影响很大,作为结构设计者,应该根据地基情况、建筑高度、荷载大小及分布、建筑的使用和外观造型等条件,合理确定结构布置方案。框架结构在布置时应遵循以下原则:

①结构的平面形状和立面体型宜简单、规则,使各部分刚度均匀对称,减少结构的扭转效应。

②尽量统一柱网及层高,减少构件的种类及规格,简化设计与施工。

③提高结构总体刚度,以减少水平荷载作用下的侧移,非地震区房屋高宽比一般不宜超过5。

④应考虑地基不均匀沉降、温度变化和混凝土收缩等影响。

一般而言,建筑物中应尽量通过合理的平面布置和构造处理而不设缝或少设缝。但是当场地限制、地基土层构造不均匀、建筑物造型以及抗震需要时,建筑中有时也需要设置伸缩缝、沉降缝或防震缝。

对于装配式框架,当房屋长度超过75 m;现浇整体式框架,房屋长度超过55 m时,应设置伸缩缝,将房屋划分成两段或若干段,缝宽不小于50 mm。设置伸缩缝会给结构处理和建筑构造带来困难。因此,当房屋长度超过允许值不多时,应尽量避免设缝,但要采取相应的可靠措施。如:在温度影响较大的部位加配钢筋;在屋顶设置保温隔热层;施工中留置后浇带等。

当同一建筑物中,因基础类型、埋深不一致或土层变化很大,以及房屋层数、荷载相差悬殊时,应设置沉降缝将相邻部分从基础到上部结构全部分开。沉降缝缝宽不应小于100 mm。当设置沉降缝后,也会给结构和构造处理带来困难,因此,宜采取相应的施工、结构措施来减少基础不均匀沉降,尽量不设缝。

(2)框架结构的布置方案

框架按支承楼板方式,可分为横向承重框架、纵向承重框架和双向承重框架,如图8.1所示。但就抗水平荷载(风荷载和地震作用)而言,无论横向承重还是纵向承重,框架都是抗侧力结构。

(3)柱网与层高

在布置框架时,首先需要确定的就是柱网尺寸,即柱距(开间)与跨度(进深)。柱距与跨度受到生产工艺、设备大小、使用要求、建筑模数的限制,同时也受到抗震要求的影响。比如,单跨框架在抗震设计时已不准采用。

对于民用建筑而言,柱网和层高一般取300 mm为模数。如住宅、旅馆的框架设计,开间和进深可采用4.5 m、4.8 m、5.1 m、5.4 m、6.0 m、6.6 m和7.2 m等,层高可采用3.0 m、3.3 m、3.6 m、3.9 m、4.2 m、4.5 m、4.8 m、5.1 m等。

对于工业建筑而言,其生产车间的柱网和层高主要受到生产工艺影响,柱网布置一般有内廊式和跨度组合式两种,如图8.2所示。内廊式柱网常用的尺寸:进深(跨度)一般采用

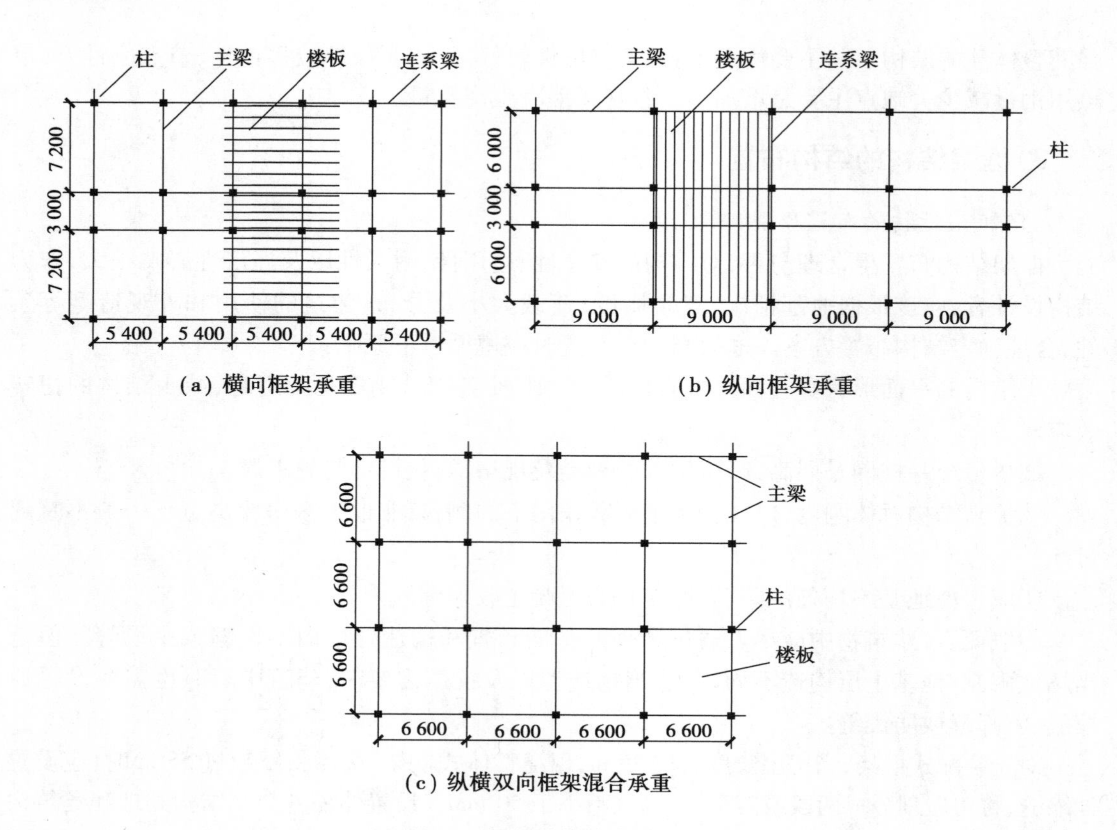

(a) 横向框架承重

(b) 纵向框架承重

(c) 纵横双向框架混合承重

图 8.1　框架结构的布置方案

6 m、6.6 m、6.9 m，走廊宽度一般采用 2.4 m、2.7 m、3.0 m，开间（柱距）的常用尺寸为 6 m（局部抽柱时，采用 12 m）。跨度组合式柱网的常用尺寸为：跨度（进深）采用 6.0 m、7.5 m、9.0 m 和 12.0 m，开间（柱距）采用 6.0 m。层高一般为 3.6 m、3.9 m、4.5 m、4.8 m 和 5.4 m。

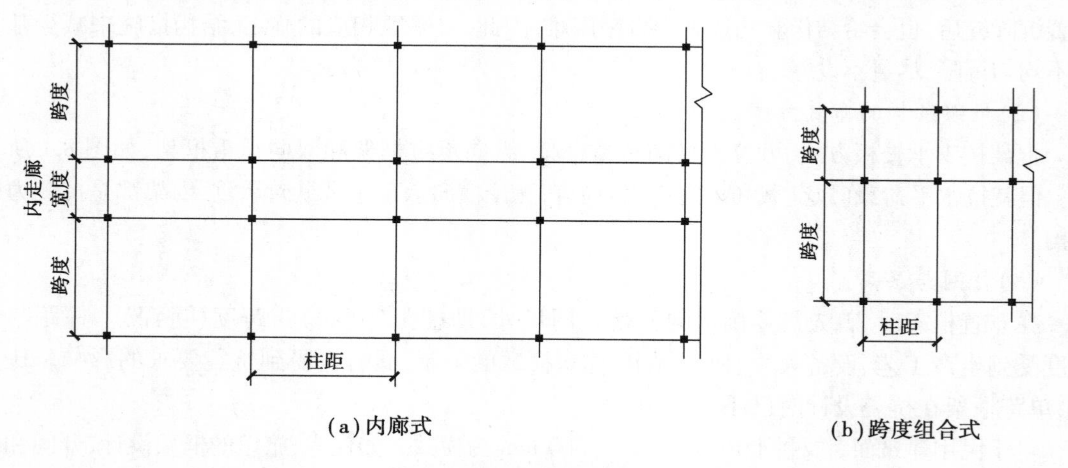

(a) 内廊式

(b) 跨度组合式

图 8.2　工业建筑柱网布置形式

4）框架结构的受力特点

框架结构承受的作用包括竖向荷载、水平荷载和地震作用。竖向荷载包括结构自重及

楼(屋)面活荷载,一般为分布荷载,有时也要考虑集中荷载;水平荷载为风荷载;地震作用包括竖向、水平及扭转作用,对框架结构影响最大的主要是水平地震作用。

框架结构是一个空间受力体系,沿房屋的短向和长向可分别视为横向框架和纵向框架。横向框架主要承受横向水平荷载,纵向框架主要承受纵向水平荷载。竖向荷载的传递主要与楼(屋)盖的布置方式有关。现浇平板楼(屋)盖主要向距离较近的梁上传递,预制板楼盖则传至支承板的梁上。

对于多层框架,影响结构内力的主要是竖向荷载,而结构变形则主要是梁在竖向荷载作用下的挠度,一般不必考虑结构侧移对建筑物使用功能和结构可靠性的影响。随着房屋高度增大,结构位移比弯矩增加更快,影响更大(图8.3)。因此,在高层框架结构中,水平荷载作用下的内力和位移成为控制因素。而竖向荷载的影响与多层框架类似。多层框架中的柱以轴力为主,而高层框架中的柱受到压、弯、剪的复合作用,其破坏形态更为复杂。

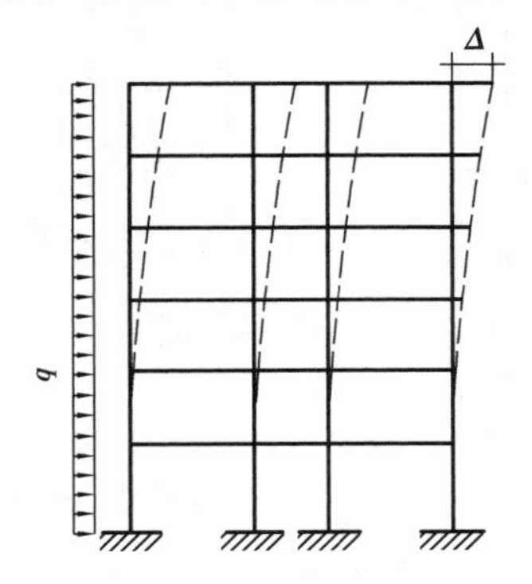

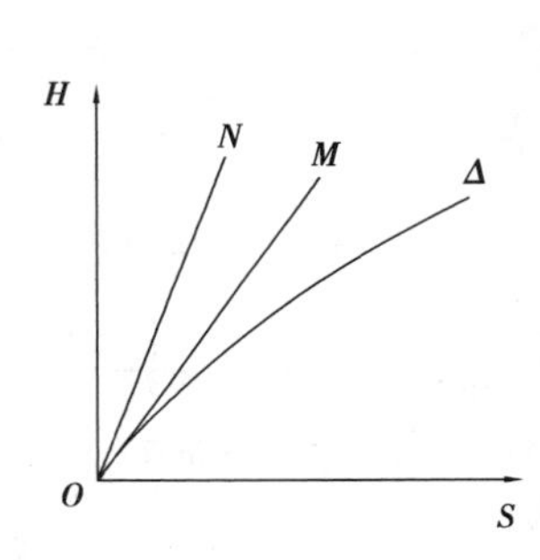

图8.3 框架结构在水平荷载作用下的轴力、弯矩、侧移和荷载的关系

框架结构在水平荷载作用下的变形特点如图8.4所示。框架结构的侧移由两部分组成:一部分侧移是由柱的轴向压缩和拉伸变形产生,其规律是框架上部侧移大,下部侧移小;另一部分侧移是由梁、柱的弯曲变形产生,梁和柱中部都有反弯点,其规律是下部侧移和层间变形大,上部侧移和层间变形小。结构过大的侧向变形会使人不舒服,影响使用,而且会使填充墙或装修出现裂缝或损坏,还可能使结构构件出现裂缝、损坏,甚至倒塌。因此,高层框架结构不仅需要较大的承载能力,而且需要较大的刚度。框架结构抗侧刚度主要取决于梁、柱的截面尺寸。而梁柱的截面尺寸一般都较小,抗侧刚度小,侧向变形大,因此框架结构一般被称为柔性结构,不太适用于高度大于50 m或层数超过18层的高层建筑。

除装配式框架外,一般可将框架结构的梁、柱节点视为刚性节点,柱固结于基础顶面,所以框架结构属于高次超静定结构。

框架结构中的竖向活荷载具有不确定性,梁、柱的内力将随活荷载的位置而变化,需要按活荷载最不利布置进行内力分析与计算(图8.5)。而水平风荷载也因风向、风力不同而具有不确定性,因此也要考虑不同荷载布置时的最不利内力组合(图8.6),多数情况下可简化,在框架柱中采用对称配筋。如图8.7、图8.8所示为框架结构在竖向荷载和水平荷载作用下的内力图。

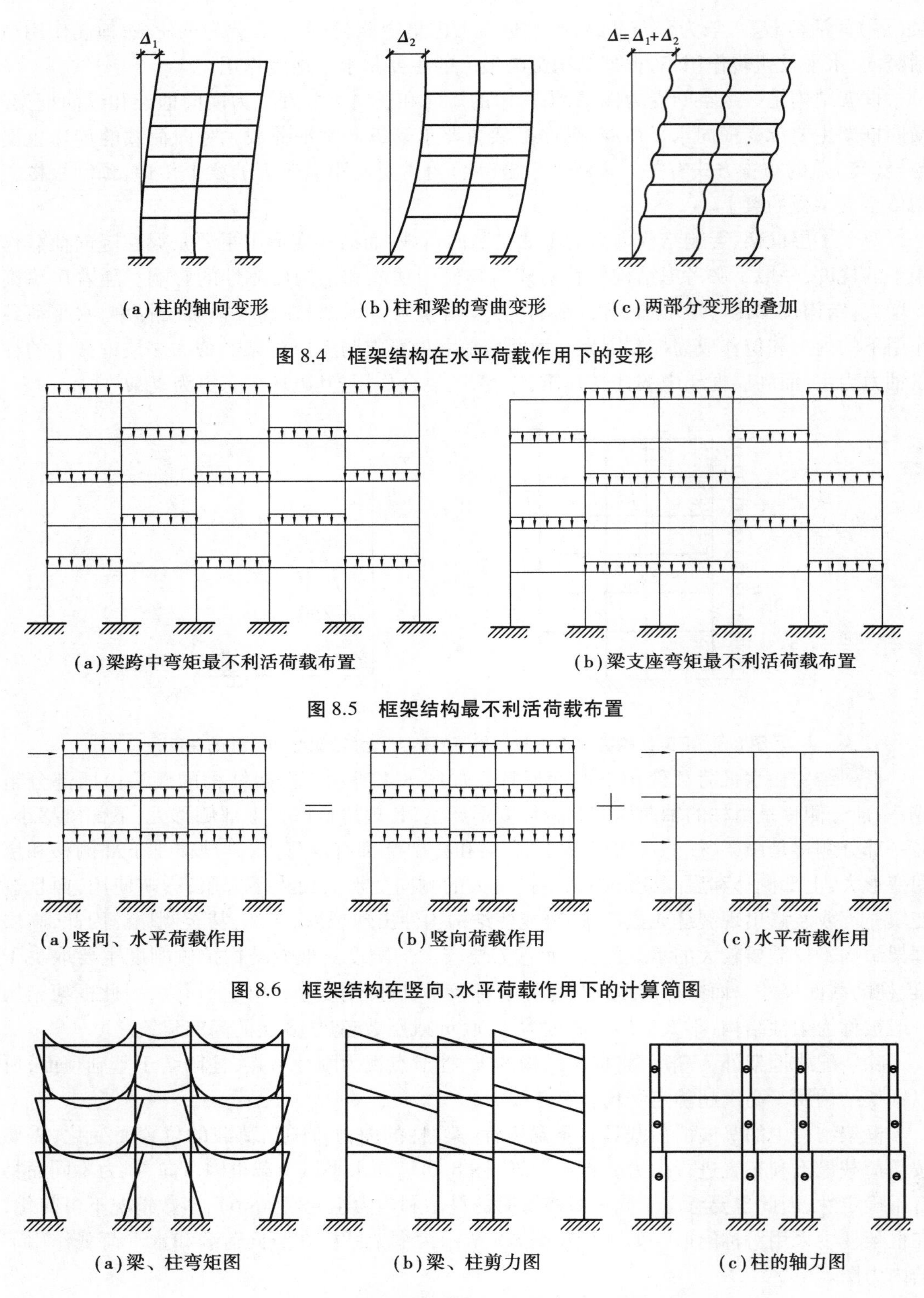

(a)柱的轴向变形　(b)柱和梁的弯曲变形　(c)两部分变形的叠加

图 8.4　框架结构在水平荷载作用下的变形

(a)梁跨中弯矩最不利活荷载布置　(b)梁支座弯矩最不利活荷载布置

图 8.5　框架结构最不利活荷载布置

(a)竖向、水平荷载作用　(b)竖向荷载作用　(c)水平荷载作用

图 8.6　框架结构在竖向、水平荷载作用下的计算简图

(a)梁、柱弯矩图　(b)梁、柱剪力图　(c)柱的轴力图

图 8.7　框架结构在竖向荷载作用下的内力图

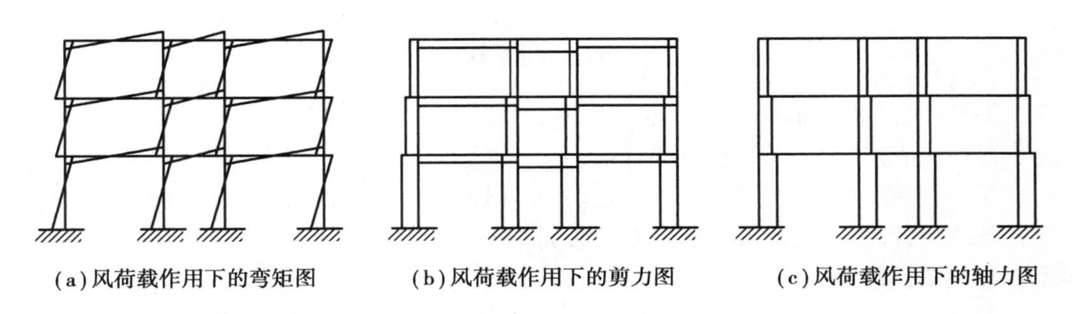

图8.8 框架结构在左向风荷载作用下的内力图

8.1.2 框架梁、柱截面尺寸及材料强度

1)框架梁

框架梁是框架结构中承受竖向荷载的主要构件,在装配式框架中,它的截面形状主要有矩形、T形、梯形、花篮形或十字形(图8.9)。在现浇整体式框架中,梁与楼板浇筑为整体,框架梁可按T形或倒L形考虑。在装配整体式框架中,预制框架梁可采用花篮形,浇筑叠浇层后形成整体。不承受主要荷载的梁(如次梁、连系梁)一般有T形、倒L形、矩形、倒T形等。

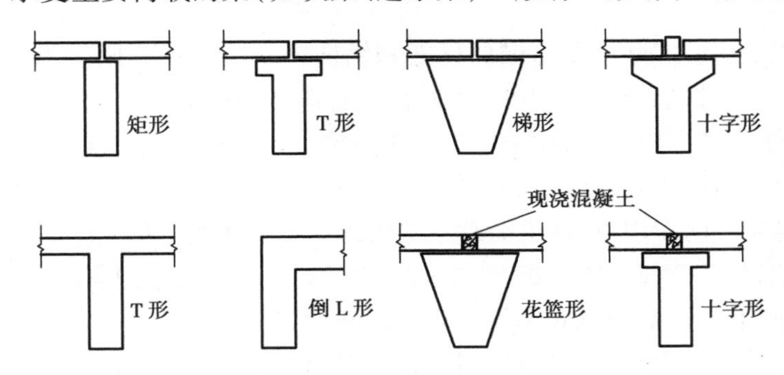

图8.9 框架梁的截面形式

框架梁截面尺寸可按受弯构件初步确定。主要承重框架梁按"主梁"估算截面,一般取梁高$h=(1/8\sim1/12)l$,当楼面上有较重设备或活荷载较大时(如工业厂房),$h=(1/7\sim1/10)l$(式中l为梁的跨度)。非主要承重框架梁可按"次梁"要求选择截面尺寸,一般取梁高$h=(1/12\sim1/18)l$。梁的截面宽度$b=(1/2\sim1/3)h$,且不应小于200 mm,一般梁的截面宽度取50 mm的倍数,梁的截面高度取100 mm的倍数。梁的混凝土强度等级不宜低于C20,预制梁可提高到C30~C50。

2)框架柱

框架柱的截面形式一般采用正方形或矩形,根据建筑设计要求,有时也采用圆形、正多边形等。柱子截面尺寸的确定方法,一般是根据柱的轴向压力值大小和轴压比估算。

按非抗震设计时:

$$\frac{N}{Af_c} \leqslant (0.9 \sim 0.95) \tag{8.1}$$

式中 A——柱的截面面积；

f_c——混凝土轴心抗压强度设计值；

N——柱的轴向压力设计值，可按该柱受荷面积大小，根据竖向荷载的经验数据估算。

按抗震设计时，柱的截面面积应考虑轴压比（N/Af_c）限值的影响，具体计算按《建筑结构抗震设计规范》要求考虑。

一般柱截面宽度取 50 mm 的倍数，柱截面高度取 100 mm 的倍数。根据经验，框架柱截面不能太小，一般取 $h \geqslant 400$ mm，$b \geqslant 350$ mm，且柱净高与截面长边之比宜大于 4。柱子所用的混凝土不宜低于 C20，高层框架结构低层受力很大，为减小柱的截面尺寸，提高柱的承载力，往往对低层逐渐提高混凝土强度等级至 C30、C40 以至 C50。

8.2 框架结构的计算简图

8.2.1 框架计算单元的确定

框架结构体系房屋实际上是由横向框架和纵向框架组成的空间受力体系，无论水平荷载从什么方向作用在框架结构上，横向框架和纵向框架都会共同受力，共同承受外部荷载。不过，水平荷载作用的方向不同，横向框架和纵向框架各自承担的荷载大小不相同。当水平荷载垂直于房屋长向作用时，水平荷载主要由横向框架承受，纵向框架承担的较少；而当水平荷载平行于房屋长向作用时，水平荷载主要由纵向框架承受，横向框架则承担较少。为了简化计算，一般把水平荷载分解为横向和纵向水平荷载，同时忽略框架结构纵、横向之间的联系，分别按横向平面框架和纵向平面框架分析和计算。

为了具有较好的代表性，一般沿房屋长向任意选取包含一榀横向平面框架的典型区段作为计算单元，计算单元的宽度为一个柱距（图 8.10）。纵向平面框架根据跨数不同可分别按中列柱纵向平面框架和边列柱纵向平面框架确定计算单元。中列柱纵向框架的计算单元宽度可取为两侧跨距的一半，边列柱纵向平面框架的计算单元宽度可取为一侧跨距的一半。当各榀框架侧移刚度不相同时，一般先计算作用在整个房屋的总水平作用，然后按框架的侧移刚度分配给各计算的框架。当各榀框架侧移刚度相同时，则按图中计算单元范围内的水平荷载计算，而框架负担竖向荷载的范围需按楼盖结构的布置方案确定。

8.2.2 框架节点的简化

按平面框架进行结构分析时，框架节点可简化为刚接节点、铰接节点和半铰接节点。对于现浇整体式框架结构，梁和柱内的纵向钢筋都将穿过节点或锚入节点区（图 8.11），这时节点就应简化为刚接节点。而装配式框架结构的节点一般可简化成铰接节点或半铰接节点（图 8.12）。在装配整体式框架结构中，梁（柱）中的钢筋在节点处采用焊接或搭接，并现场浇筑部分混凝土，硬化后，节点左右梁端可有效传递弯矩，因此可认为是刚接节点，不过这种节点的刚性不如现浇整体式框架好(图 8.13)。

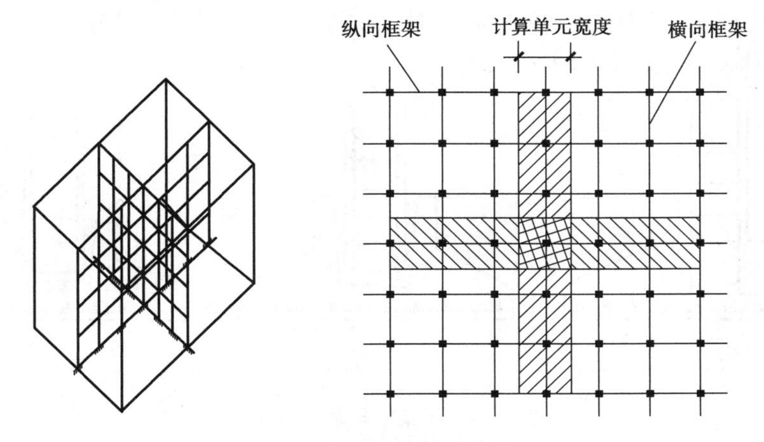

图 8.10　框架结构的计算单元

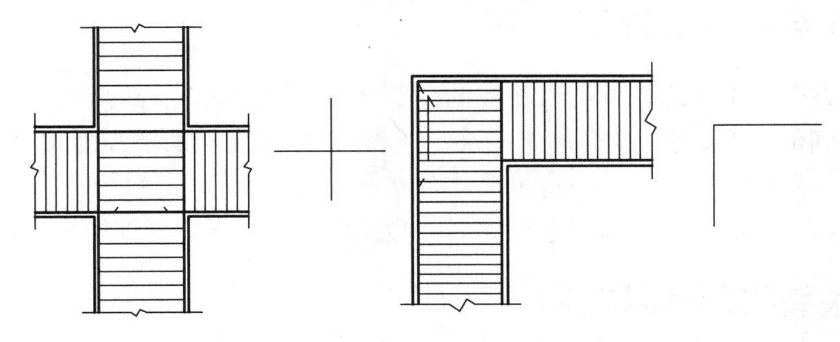

图 8.11　现浇框架的节点(刚节点)

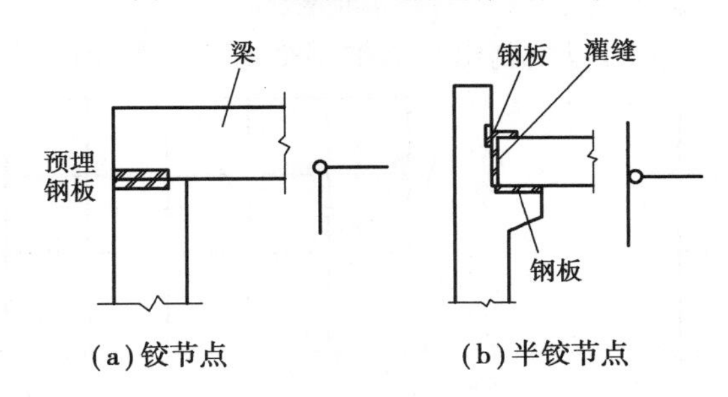

图 8.12　装配式框架的节点

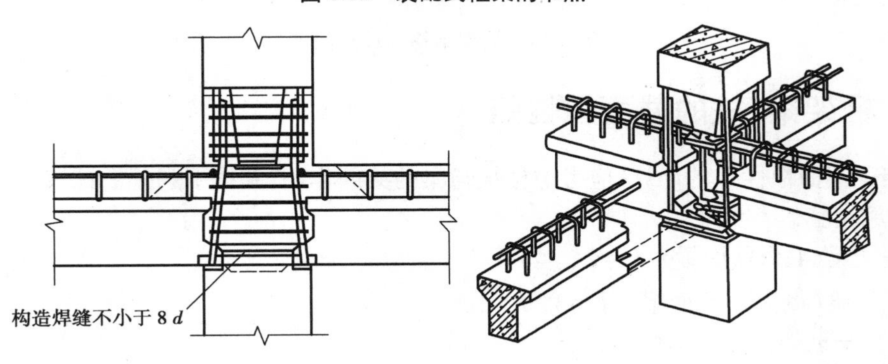

图 8.13　装配整体式框架节点

框架支座可分为固定支座和铰支座。当支座为现浇钢筋混凝土柱时,一般按固定支座考虑[图 8.14(a)];当为预制杯形基础时,则应视构造措施不同分别简化为固定支座[图 8.14(b)]和铰支座[图 8.14(c)]。

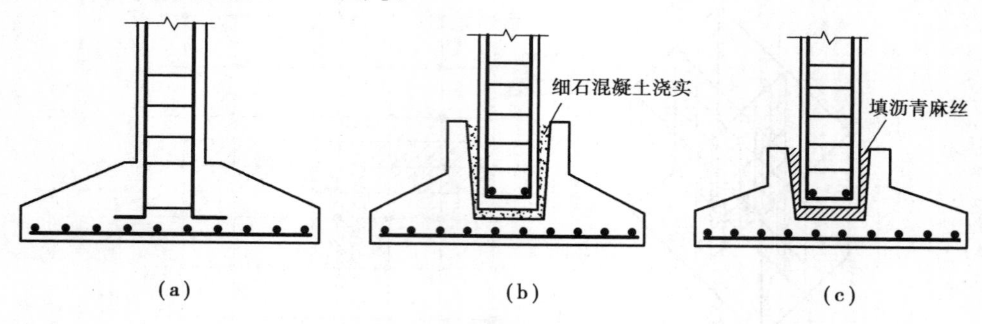

图 8.14 框架柱与基础的连接

8.2.3 跨度与层高的确定

框架的层高即框架柱的长度可取相应的建筑层高,但底层的层高则应取基础顶面到一层楼盖顶面之间的距离,当基础标高未能确定时,可近似取底层的层高加 1.0。对于倾斜的或折线形横梁,当其坡度小于 1/8 时,可简化为水平直杆。对于不等跨框架,当各跨跨度相差不大于 10%时,可简化为等跨框架,简化后的跨度取原框架各跨跨度的平均值。

8.2.4 框架结构的计算简图

在框架结构计算单元已确定、节点已合理简化、梁柱等构件已按轴线简化为杆件、跨度与层高已确定好的基础上,就可以绘制出平面框架结构的计算简图(图 8.15)。

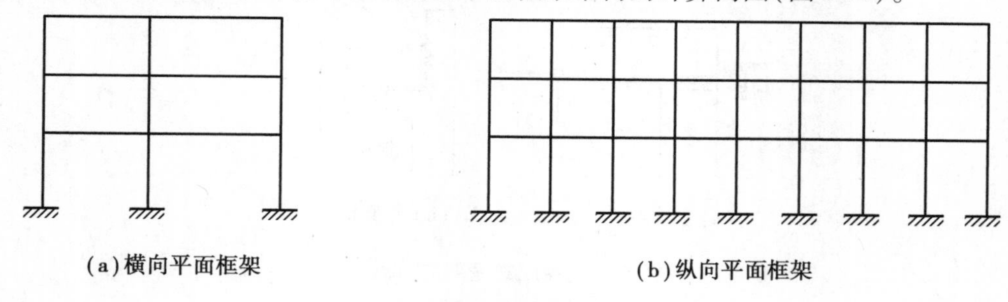

图 8.15 框架结构的计算简图

8.2.5 框架梁、柱的截面惯性矩

框架梁截面惯性矩的计算,应考虑楼板与梁的共同作用,并按下列规定计算:

(1)现浇整体式框架

中框架梁(T 形截面梁):$I_b = 2I_0$

边框架梁(倒 L 形截面梁):$I_b = 1.5I_0$

式中 I_b——框架梁截面惯性矩;

I_0——按矩形截面梁计算的截面惯性矩。

(2)装配整体式框架

中框架梁:$I_b=1.5I_0$

边框架梁(倒L形截面)梁:$I_b=1.2I_0$

在实际工程中,框架梁惯性矩的计算也可按具体情况确定。对于装配式框架的梁与板,不能考虑它们的共同作用,其惯性矩应按梁的实际截面计算。

框架柱截面的惯性矩按实际截面尺寸进行计算。

8.2.6 荷载计算

作用于框架结构上的荷载有竖向荷载和水平荷载,竖向荷载包括结构自重及楼(屋)面活荷载,一般为分布荷载,有时也有集中荷载。水平荷载包括风荷载和水平地震作用,一般可简化成作用于框架节点的水平集中力。荷载的取值详见《荷载规范》。

【例8.1】 某4层现浇框架结构办公楼,柱网尺寸为(5.40+2.70+5.40)m×3.60 m,层高为3.9 m,底层室内外高差为0.45 m,楼盖为120 mm厚现浇钢筋混凝土板,横向框架承重,不考虑抗震设防要求,如图8.16所示为结构平面布置图。要求:(1)确定梁柱截面尺寸及刚度计算;(2)进行横向框架的荷载计算(取中部一榀框架计算)。

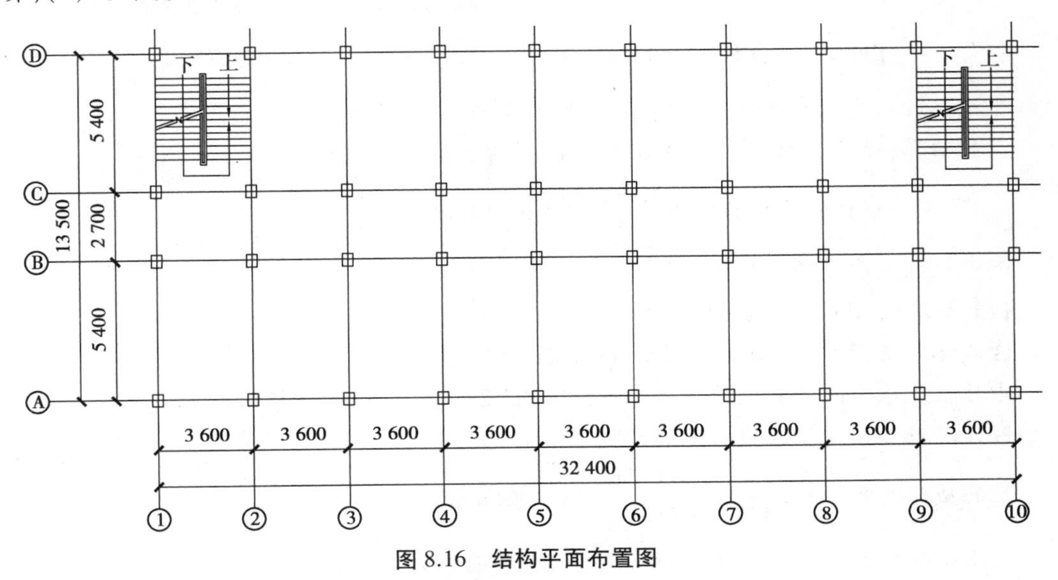

图8.16 结构平面布置图

【解】 1.框架计算简图及梁柱截面尺寸估算

(1)计算简图

梁、柱均以轴线表示杆件,跨度方向取柱截面的形心线,高度方向取横梁截面的形心线。框架层高除底层外都取建筑层高,底层从基础顶面算至一层楼盖梁截面形心处。在尚未确定基础埋深之前,可假定基础顶面在室外地面以下200 mm处。则:

底层高度=0.2 m+室内外高差+底层层高−1/2梁高

$$=0.2\ \text{m}+0.45\ \text{m}+3.9\ \text{m}-\frac{1}{2}\times0.5\ \text{m}=4.3\ \text{m}$$

横向平面框架计算简图如图8.17所示。

(2)框架梁、柱截面估算

①框架梁。边跨梁高 $h=\left(\frac{1}{12}\sim\frac{1}{8}\right)\quad l=\left(\frac{1}{12}\sim\frac{1}{8}\right)\times5\ 400\ \text{mm}=450\sim675\ \text{mm}$，取 $h=600$ mm，梁宽取 $b=250$ mm；中跨梁高取 $h=500$ mm，梁宽取 $b=250$ mm。梁的截面形式为：边跨梁倒“L”形，中跨梁“T 形”，为方便计算，均简化为矩形，截面形式如图 8.18 所示。

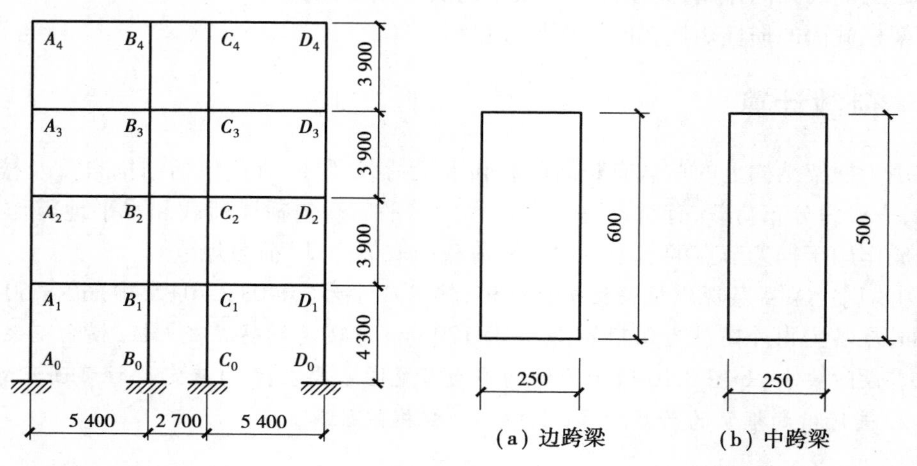

图 8.17　框架计算简图　　　　图 8.18　框架梁截面尺寸

②框架柱。截面尺寸可按下法估算(中柱负荷最大，以中柱为例)：

荷载估算：恒荷载的标准值按 10 kN/m^2 估算，活荷载的标准值取 2.0 kN/m^2。

$$中柱的负荷面积为\frac{5.4+2.7}{2}\times3.6=14.58(\text{m}^2)$$

则中柱柱底承受的荷载标准值为：

恒载标准值：10×4(层数)$\times14.58=583.2$(kN)

活载标准值：2×4(层数)$\times14.58=116.64$(kN)

中柱柱底承受的荷载设计值为：$N=1.2\times583.2+1.4\times116.64=863.136$(kN)

假设混凝土强度等级为 C20，$f_c=9.6\ \text{N/mm}^2$

柱的截面面积　$A\geqslant\frac{N}{0.9f_c}=\frac{863\ 136}{0.9\times9.6}=99\ 900(\text{mm}^2)$

选用柱的截面面积为 400 mm×500 mm，实际面积为 200 000 mm^2。

(3)梁、柱刚度计算

计算结果见表 8.2。

表 8.2　梁、柱线刚度及相对线刚度

构件	构件位置	截面 $b\times h$(m^2)	跨(高)度 $l(h)$(m)	截面惯性矩 I_0(m^4)	截面计算刚度	杆件线刚度 $i_b=E_cI/l$ $i_c=E_cI_0/l$	线刚度相对值
梁	边跨	0.25×0.6	5.4	4.5×10^{-3}	$E_cI=1.5E_cI_0=6.75\times10^{-3}E_c$	$1.25\times10^{-3}E_c$	1.28

续表

构件	构件位置	截面 $b\times h$(m^2)	跨(高)度 $l(h)$(m)	截面惯性矩 I_0(m^4)	截面计算刚度	杆件线刚度 $i_b=E_cI/l$ $i_c=E_cI_0/l$	线刚度相对值
梁	中跨	0.25×0.5	2.7	2.6×10^{-3}	$E_cI=2.0E_cI_0=5.2\times10^{-3}E_c$	$1.93\times10^{-3}E_c$	2.02
柱	其他层	0.4×0.5	3.9	4.2×10^{-3}	—	$1.08\times10^{-3}E_c$	1.10
	底层	0.4×0.5	4.3	4.2×10^{-3}	—	$0.98\times10^{-3}E_c$	1

2.荷载计算

(1)屋面梁荷载

①屋盖荷载标准值

恒载标准值:

二毡三油绿豆沙防水层及保护层　　0.35 kN/m²

30 mm 厚水泥砂浆找平层　　0.03×20=0.6(kN/m²)

150 mm 厚水泥珍珠岩　　0.15×4=0.6(kN/m²)

40 mm 厚整浇层　　0.04×25=1.0(kN/m²)

120 mm 厚现浇钢筋混凝土板　　0.12×25=3.0(kN/m²)

20 mm 厚水泥砂浆板底抹灰　　0.02×20=0.4(kN/m²)

合计　　5.95 kN/m²

活载标准值:

雪荷载　　0.45 kN/m²

不上人屋面均布活载　　0.50 kN/m²

②屋盖梁自重(包括梁侧抹灰)

边跨梁自重:0.25×0.6×25+2×0.6×0.015×17=4.056(kN/m)

中跨梁自重:0.25×0.5×25+2×0.5×0.015×17=3.38(kN/m)

③屋盖梁的线荷载

边跨梁:恒载设计值　1.2×(5.95×3.6+4.056)= 30.57(kN/m)

活载设计值　1.4×0.5×3.6=2.52(kN/m)

$g+q=33.09$ kN/m

中跨梁:恒载设计值　1.2×(5.95×3.6+3.38)= 29.76(kN/m)

活载设计值　1.4×0.5×3.6=2.52(kN/m)

$g+q=32.28$ kN/m

(2)标准层楼盖梁荷载

①楼盖荷载标准值

恒载标准值:

40 mm 厚整浇层、30 厚面层　　$0.07\times25=1.75(\mathrm{kN/m^2})$
120 mm 厚现浇钢筋混凝土板　　$0.12\times25=3.0(\mathrm{kN/m^2})$
20 mm 厚水泥砂浆板底抹灰　　$0.02\times20=0.4(\mathrm{kN/m^2})$
合计　　$5.15\ \mathrm{kN/m^2}$
活载标准值:
边跨　　$2\ \mathrm{kN/m^2}$
走廊　　$2.5\ \mathrm{kN/m^2}$
②楼盖梁自重(包括梁侧抹灰)与屋盖梁相同,即
边跨梁:4.056 kN/m
中跨梁:3.38 kN/m
边跨横墙重:$(3.9-0.6)\times5=16.5\ \mathrm{kN/m}$
③楼盖梁的线荷载
边跨梁:恒载设计值　　$1.2\times[(5.15\times3.6+4.056)+16.5]=46.92(\mathrm{kN/m})$
　　活载设计值　　$1.4\times2\times3.6=10.08(\mathrm{kN/m})$
$g+q=57.00\ \mathrm{kN/m}$
中跨梁:恒载设计值　　$1.2\times(5.15\times3.6+3.3)=26.30(\mathrm{kN/m})$
　　活载设计值　　$1.4\times2.5\times3.6=12.60(\mathrm{kN/m})$
$g+q=38.90(\mathrm{kN/m})$

(3)风荷载计算

作用在框架节点上的水平风荷载设计值按下式计算:

$$F=1.4\omega_k A=1.4\beta_z\mu_s\mu_z\omega_0 A$$

式中　A——受荷面积。本例中,一层楼盖处 $A=3.6\times(4.3+3.9)/2=14.76(\mathrm{m^2})$;二、三层楼盖处 $A=3.6\times3.9=14.04(\mathrm{m^2})$;四层屋盖处 $A=3.6\times3.9/2=7.02(\mathrm{m^2})$;

ω_k——垂直于建筑物表面上的风荷载标准值,按规范中的公式 $\omega_k=\beta_z\mu_s\mu_z\omega_0$ 计算;

β_z——高度 z 处的风振系数(此题中 $\beta_z=1.0$);

μ_s——风荷载体型系数,对矩形平面的多层房屋迎风面为+0.8,背风面为−0.5;其他平面见《荷载规范》;

ω_0——基本风压,本例为 $0.35\ \mathrm{kN/m^2}$;

μ_z——风压高度变化系数,本例按地面粗糙度C类取用,查《荷载规范》得高度系数如下:一层楼盖处 $\mu_{z1}=0.65$;二层楼盖处 $\mu_{z2}=0.65$;三层楼盖处 $\mu_{z3}=0.65$;四层楼盖处 $\mu_{z4}=0.74$。

节点水平风荷载设计值计算结果见表8.3。

表8.3　框架节点水平风荷载设计值

水平风力	作用点			
	一层楼盖	二层楼盖	三层楼盖	四层楼盖
F(kN)	6.11	5.81	5.81	3.31

8.3 框架结构的内力和位移计算

多层框架的内力和位移计算，目前设计实践中多采用计算机软件计算，比如 PKPM 结构设计软件、理正结构设计软件等。但手算是设计人员的基本功，尤其是初学者，通过手算实践练习会对框架结构的计算简图确定、荷载计算、内力计算、变形计算、内力分布特点等有更深入的认识和把握，从而也会对软件所计算出的结果进行科学分析和判断。本节重点介绍几种框架内力计算的近似方法。

8.3.1 竖向荷载作用下框架内力计算(分层法)

由于多层框架结构在竖向荷载作用下的侧移很小，因此在手算分析内力时，可忽略框架侧移的影响。而且由于框架结构上下各层梁、板、柱布置一般都比较规则，上部各层层高多数相同和梁柱截面变化不大，竖向荷载也多数相同或出入不大，各层梁上的荷载对其他层杆件的内力影响也很小，因而可采用分层法近似计算。分层法又称为分层力矩分配法，它是把每层框架梁连同上下层框架柱作为基本单元，柱的远端按固定端考虑，但由于实际情况并非理想的固定端，因此除底层外，其余各层柱的线刚度乘以折减系数 0.9，并且取相应的传递系数为 1/3(底层柱不折减，传递系数仍为 1/2)。

1)基本假定

①在竖向荷载作用下，多层多跨框架的侧移很小，可以忽略不计。

②每层梁上的荷载只对本层的梁和上、下柱产生内力，而对其他楼层梁和柱的内力的影响可以忽略不计。

根据这两个假定，可将框架的各层梁及其上、下柱作为独立的计算单元分层进行计算。分层计算所得的梁中弯矩即为梁在该荷载下的最后弯矩，而每一柱的柱端弯矩则取上下两层计算所得弯矩之和。

2)计算步骤

①画出框架计算简图(标明荷载、轴线尺寸、节点编号等)。

②按规定计算各层梁、柱的线刚度及相对线刚度，除底层以外各层柱的线刚度(或相对线刚度)均应乘以 0.9 的折减系数。

③计算各层梁柱节点处的弯矩分配系数及相应梁柱杆件的传递系数。

④将多层框架分层，以每层梁与上、下柱组成的单层框架作为计算单元，柱远端假定为固定端(图 8.19)。

⑤用力矩分配法从上至下分别计算每个计算单元的杆端弯矩。计算可从不平衡弯矩较大的节点开始，一般每个节点分配 1~2 次即可。

⑥叠加有关杆端弯矩，得出最后弯矩图(对于不平衡弯矩较大的节点，再分配一次，但不再传递)。

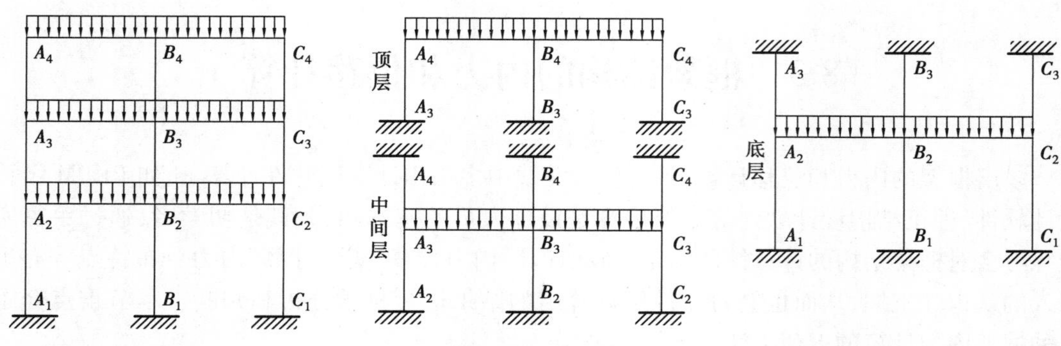

图 8.19 分层法

⑦按静力平衡条件求出框架的其他内力图(轴力图及剪力图)。

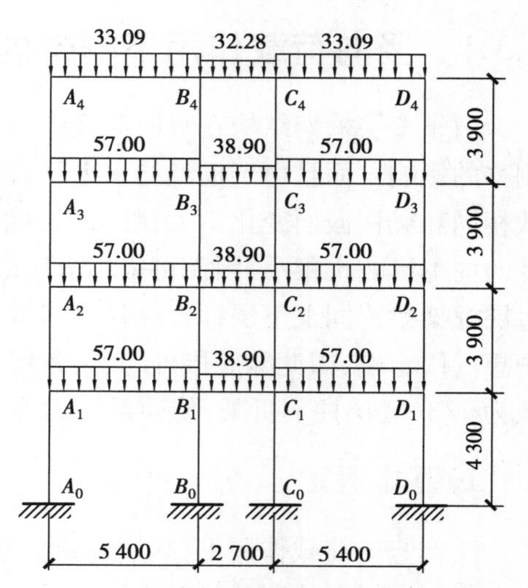

图 8.20 框架计算简图(kN/m)

【例 8.2】 如图 8.20 所示为例 8.1 中横向框架计算简图。已知跨度、层高、梁柱截面尺寸、竖向荷载大小以及梁柱相对线刚度(图 8.21),试用分层法计算该框架的弯矩和剪力,并绘出内力图。

【解】 1.确定框架结构各层梁柱调整后的相对线刚度

除底层柱以外,二至四层柱的相对线刚度 i_c 均应乘以 0.9 的折减系数,$i_c' = 0.9 i_c = 0.9 \times 1.10 = 0.99 \approx 1.0$(图 8.22)。

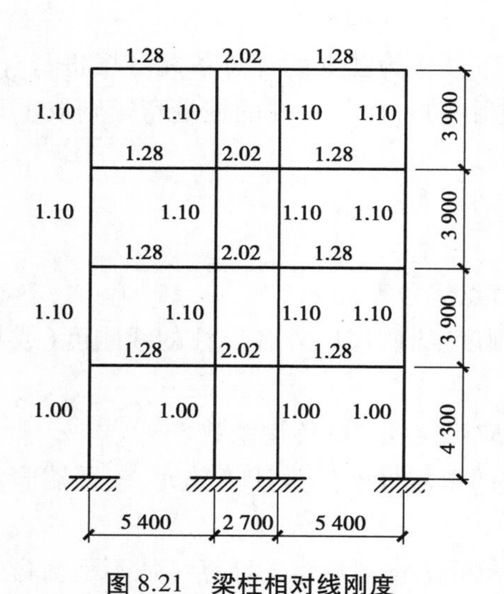

图 8.21 梁柱相对线刚度

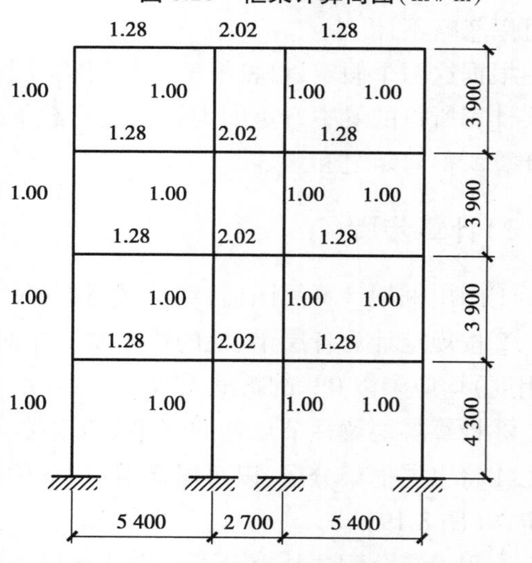

图 8.22 梁柱调整后相对线刚度

2.计算各层梁柱节点处的弯矩分配系数

节点 A_4:

$$\mu_{A4A3}=\frac{i_{A3A4}}{i_{A3A4}+i_{A4B4}}=\frac{1.0}{1.0+1.28}=0.439$$

$$\mu_{A4B4}=\frac{i_{A3A4}}{i_{A3A4}+i_{A4B4}}=\frac{1.28}{1.0+1.28}=0.561$$

节点 B_3：

$$\mu_{B3A3}=\frac{i_{B3A3}}{i_{B3A3}+i_{B3B4}+i_{B3C3}+i_{B3B2}}=\frac{1.28}{1.28+1.0+2.02+1.0}=0.242$$

$$\mu_{B3B4}=\frac{i_{B3B4}}{i_{B3A3}+i_{B3B4}+i_{B3C3}+i_{B3B2}}=\frac{1.0}{1.28+1.0+2.02+1.0}=0.189$$

$$\mu_{B3C3}=\frac{i_{B3C3}}{i_{B3A3}+i_{B3B4}+i_{B3C3}+i_{B3B2}}=\frac{2.02}{1.28+1.0+2.02+1.0}=0.381$$

$$\mu_{B3B2}=\mu_{B3B2}=0.189$$

其余节点分配系数如图 8.23 所示(计算过程略)。

由于对称,只标出半边框架的节点分配系数。

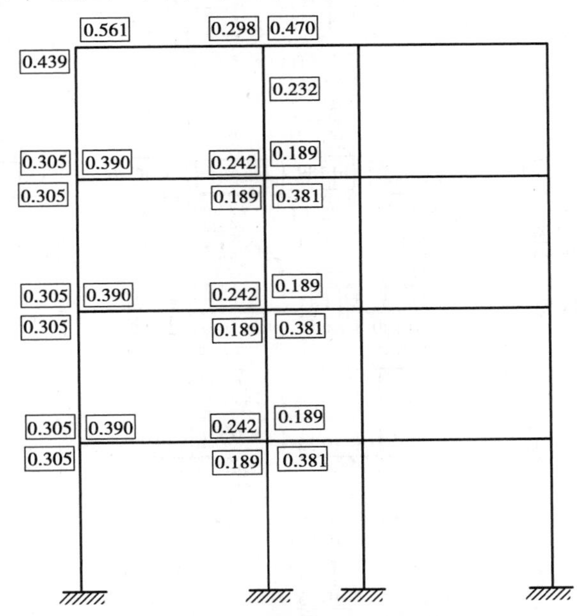

图 8.23 框架节点分配系数

3.用力矩分配法从上至下分别计算每个计算单元的杆端弯矩,并进行分配和传递

根据结构力学中单跨超静定梁的内力计算表,可求得框架中各梁端杆端弯矩。例如:

框架顶层(第四层):

梁 A_4B_4：$M_{A4B4}=-\frac{ql^2}{12}=-\frac{33.09\times5.4^2}{12}=-80.41(\text{kN}\cdot\text{m})$；

$$M_{B4A4}=\frac{ql^2}{12}=\frac{33.09\times5.4^2}{12}=80.41(\text{kN}\cdot\text{m})$$

梁 B_4C_4：$M_{B4C4}=-\frac{ql^2}{12}=-\frac{32.28\times2.7^2}{12}=-19.61(\text{kN}\cdot\text{m})$；

$$M_{C4B4}=\frac{ql^2}{12}=\frac{32.28\times2.7^2}{12}=19.61(\text{kN}\cdot\text{m})$$

其余各杆件(梁)的杆端弯矩及分配、传递计算结果如图8.24和图8.25所示。

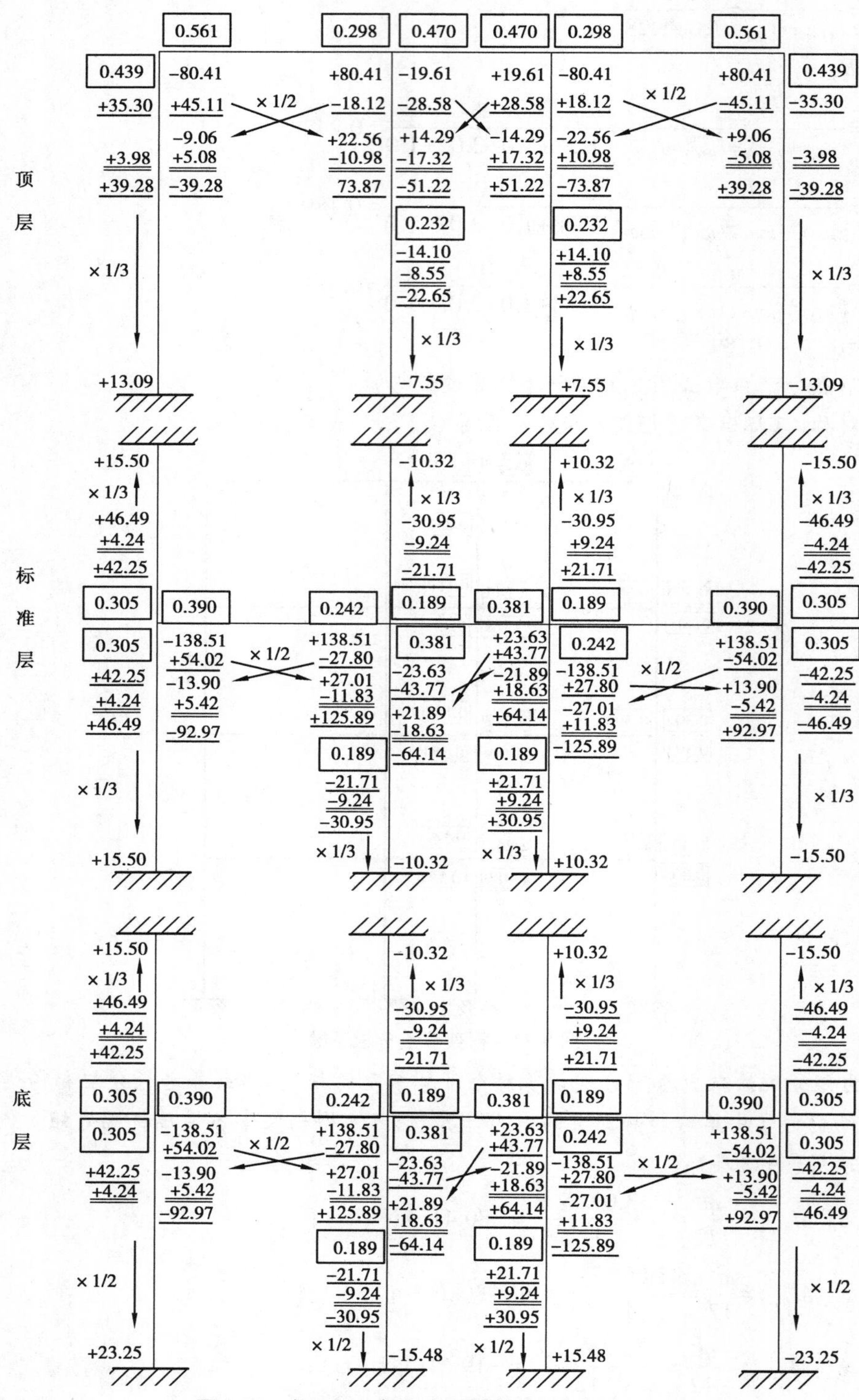

图8.24　各层开口框架弯矩计算图(单位:kN·m)

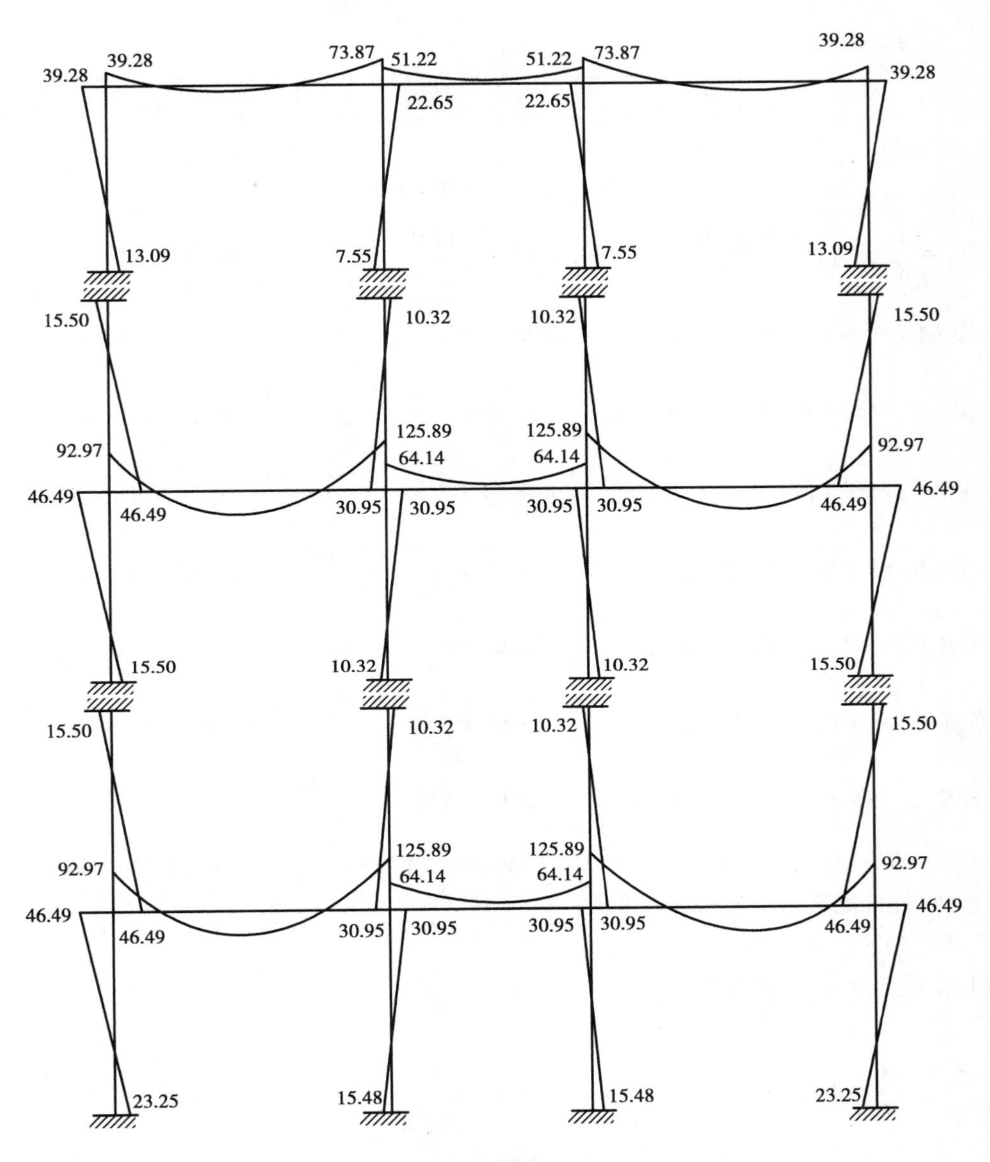

图 8.25　各层开口框架弯矩图(单位:kN·m)

4.叠加有关杆端弯矩,得出最后弯矩图

采用分层法计算出每一层的开口框架的弯矩后,将各层弯矩叠加,即可求出整个框架在竖向荷载作用下的弯矩图。在叠加过程中,对于上、下层柱传来的弯矩(即新增的节点不平衡弯矩),可变号后再按节点的分配系数进行一次分配,分配后不再传递。叠加后的结果如图 8.29 所示。

各层梁跨中弯矩可根据梁的静力平衡条件分析和计算。具体计算简图及计算过程如下:

①A_4B_4 杆件(梁)跨中弯矩(图 8.26):

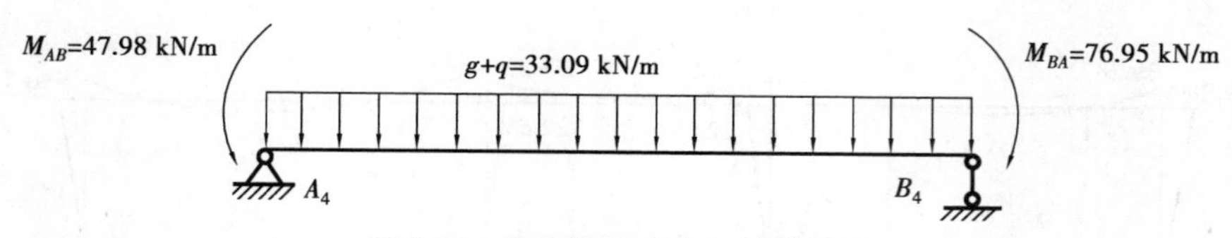

图 8.26 框架梁跨中弯矩计算简图

$$M_中=\frac{1}{8}(g+q)l^2-\frac{M_{AB}+M_{BA}}{2}=\frac{1}{8}\times33.09\times5.4^2-\frac{47.98+76.95}{2}=58.14(\text{kN}\cdot\text{m})$$

②B_4C_4 杆件(梁)跨中弯矩:$M_中=\frac{1}{8}\times32.28\times2.7^2-\frac{46.37+46.37}{2}=-16.95(\text{kN}\cdot\text{m})$

③A_3B_3 杆件(梁)跨中弯矩:$M_中=\frac{1}{8}\times57\times5.4^2-\frac{104.12+130.21}{2}=90.60(\text{kN}\cdot\text{m})$

④B_3C_3 杆件(梁)跨中弯矩:$M_中=\frac{1}{8}\times38.9\times2.7^2-\frac{57.33+57.33}{2}=-21.88(\text{kN}\cdot\text{m})$

⑤A_2B_2 杆件(梁)跨中弯矩:$M_中=\frac{1}{8}\times57\times5.4^2-\frac{105.06+130.88}{2}=89.80(\text{kN}\cdot\text{m})$

⑥B_2C_2 杆件(梁)跨中弯矩:$M_中=\frac{1}{8}\times38.9\times2.7^2-\frac{56.28+56.28}{2}=-20.83(\text{kN}\cdot\text{m})$

⑦A_1B_1 杆件(梁)跨中弯矩:$M_中=\frac{1}{8}\times57\times5.4^2-\frac{99.02+128.39}{2}=94.06(\text{kN}\cdot\text{m})$

⑧B_1C_1 杆件(梁)跨中弯矩:$M_中=\frac{1}{8}\times38.9\times2.7^2-\frac{60.21+60.21}{2}=-24.76(\text{kN}\cdot\text{m})$

由于框架对称,梁 C_4D_4、C_3D_3、C_2D_2、C_1D_1 跨中弯矩分别与梁 A_4B_4、A_3B_3、A_2B_2、A_1B_1 的跨中弯矩相同,这里不再列出其计算式。

5.根据静力平衡条件求出框架的剪力图

①梁的剪力求解(图 8.27):

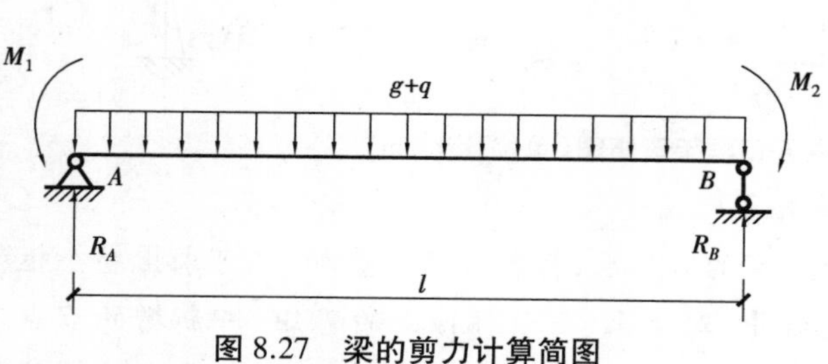

图 8.27 梁的剪力计算简图

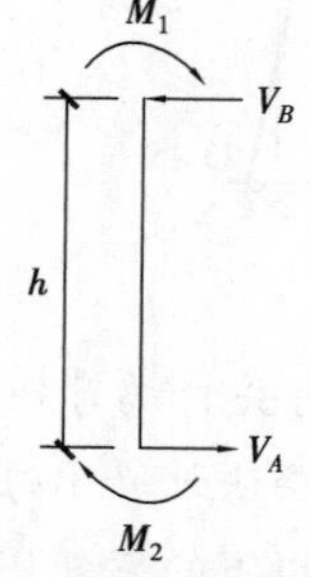

图 8.28 柱的剪力计算简图

$$\sum M_B=0:R_A\times l+M_2-M_1-\frac{(g+q)l^2}{2}=0$$

$$V_A=R_A=\frac{(g+q)l}{2}+\frac{M_1-M_2}{l}$$

$$V_B=R_B=\frac{(g+q)l}{2}+\frac{M_2-M_1}{l}$$

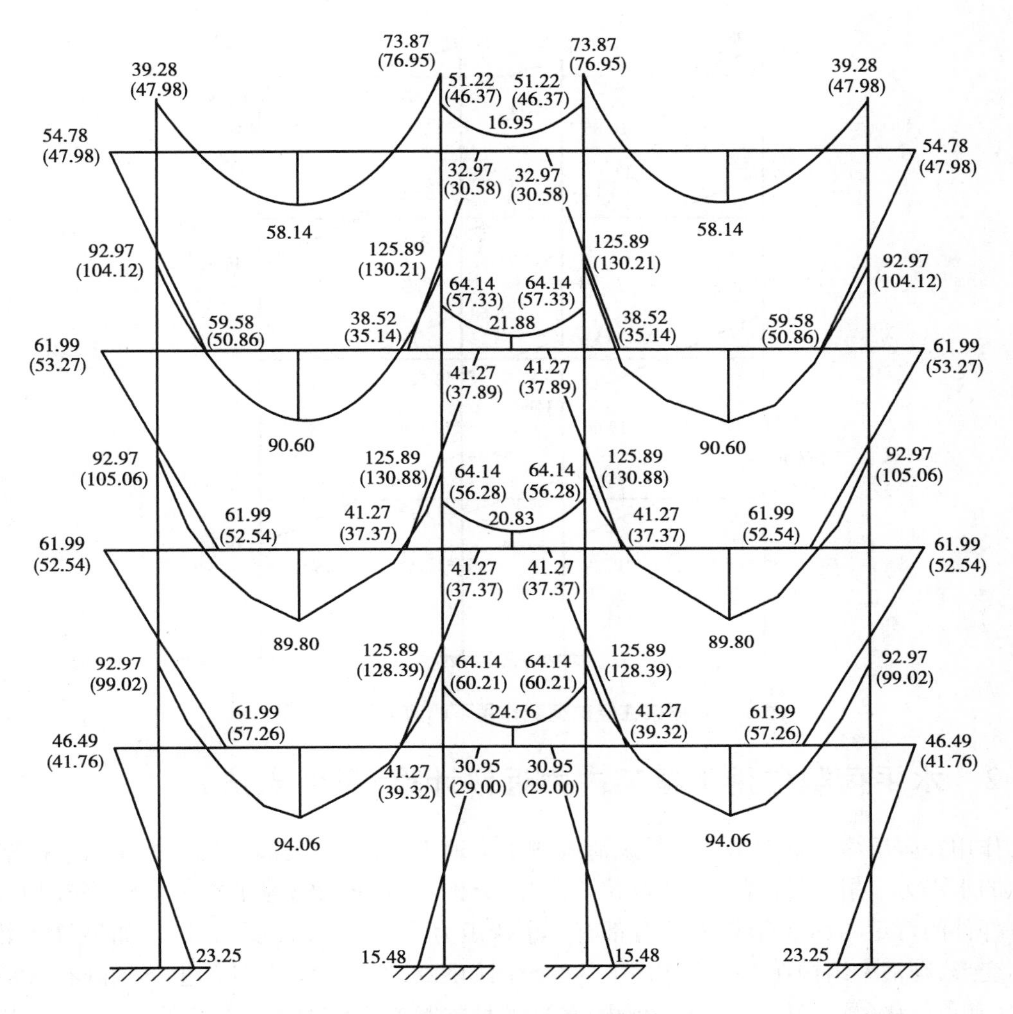

图 8.29 按各杆刚度进行分配后调整的框架弯矩图(单位:kN·m)

注:图中括号内的数字为对节点不平衡弯矩再次分配后的最终弯矩值。

②柱的剪力求解,计算简图如图 8.28 所示。

$\sum M_B = 0:\ V_A \times h - M_1 - M_2 = 0$

$V_A = \dfrac{M_1 + M_2}{h}$,同理,可得 $V_B = \dfrac{M_1 + M_2}{h}$

V_A、V_B 所产生的力偶矩与 M_1、M_2 所产生的转动效应大小相等,方向相反。

根据上述分析,可求得框架的剪力图,如图 8.30 所示。

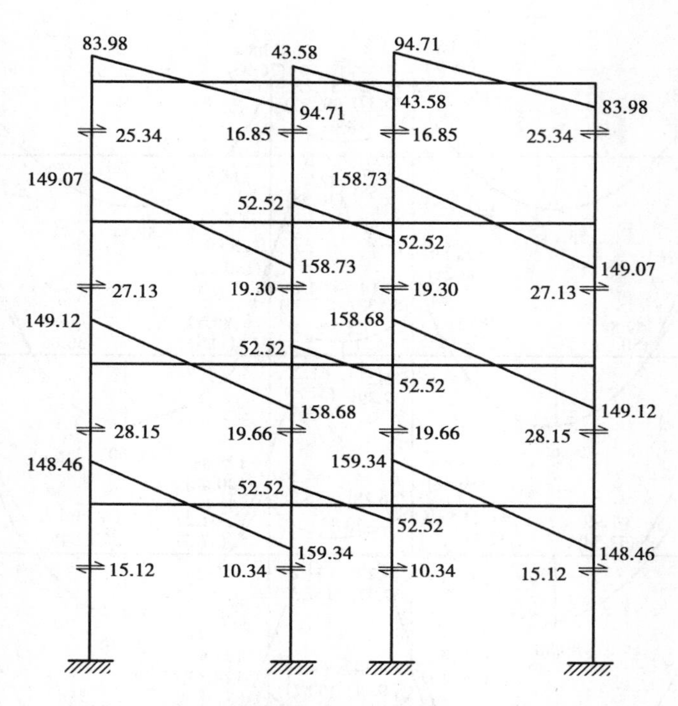

图 8.30　框架在竖向荷载作用下的剪力图(单位:kN)

8.3.2　水平荷载作用下框架内力近似计算(反弯点法)

作用在多层多跨框架结构上的风荷载或水平地震作用,一般都可简化为作用于框架节点上的水平力。根据精确法(如矩阵位移法等)分析可知,框架结构在节点水平力作用下,梁柱等杆件的弯矩图都呈直线形,而且都有一个弯矩为零的反弯点(图 8.31)。如果忽略梁的轴向变形,则框架结构在水平力作用下的变形图如图 8.32 所示。各柱的上下端既有水平位移,又有角位移(柱端转角)。同一层内,各柱的柱端都产生相同的水平位移,同一层内各柱具有相同的层间位移。

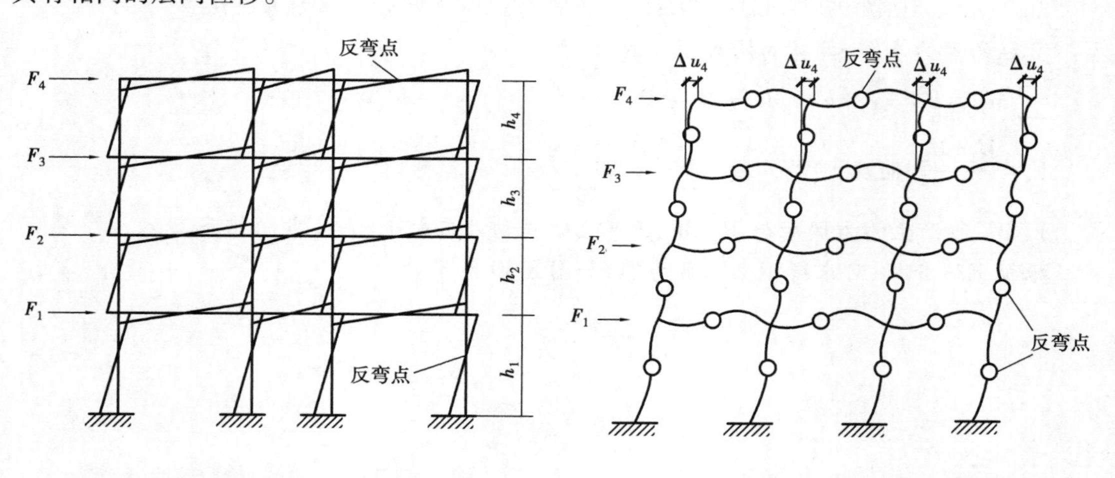

图 8.31　框架在水平力作用下的弯矩图　　　图 8.32　框架在水平力作用下的变形

在图8.32中,如果能确定各柱内的剪力及反弯点的位置,就可以求得各柱的柱端弯矩,并且可以根据节点平衡条件求得梁端弯矩及整个框架结构的其他内力。

1)基本假定

①在求解和分配各柱间的剪力时,认为梁与柱的线刚度之比为无限大。因此,各柱上下两端只有水平位移,没有角位移,而且同一层柱中各端的水平位移相等。

②在确定各柱的反弯点位置时,假定除底层以外的各柱子的上下端节点转角均相同,即假定除底层外,各层框架柱的反弯点位于柱高的中点;对于底层柱子,则假定其反弯点位于距柱底2/3柱高处。

③梁端弯矩可由节点平衡条件求出,并按节点左右梁的线刚度进行分配。

根据上述假定,就可以求出反弯点高度、侧移刚度、反弯点处剪力以及杆端弯矩。

2)反弯点高度 y

反弯点高度 y 是指反弯点处至该层柱下端的距离。对上层各柱,各柱的上下端转角相等,柱上下端弯矩也相等,故反弯点在柱中央,即 $y=h/2$;对底层柱,当柱脚固定时,柱下端转角为零,上端弯矩比下端弯矩小,反弯点偏离柱中央而上移,根据分析可取 $y=2h_1/3$(h_1 为底层柱高)。

3)侧移刚度 d

侧移刚度 d 表示柱上下两端有单位侧向位移时在柱中产生的剪力。其表达式为:

$$d_n = \frac{12i_c}{h_n^2} \tag{8.2}$$

其中,$i_c=EI/h_n$,第 n 层某柱的线刚度;h_n 为第 n 层某柱的柱高。

4)同层各柱的剪力

同层各柱的剪力大小按照各柱的侧移刚度进行分配。假设框架结构共有 n 层,每层共有 j 根柱子,则第 i 层各柱在反弯点处的剪力式如下:

$$V_{ij} = \frac{d_{ij}}{\sum_{j=1}^{j} d_{ij}} V_i \tag{8.3}$$

式中 V_{ij}——第 i 层第 j 根柱子的剪力;

d_{ij}——第 i 层第 j 根柱子的侧移刚度;

$\sum_{j=1}^{j} d_{ij}$——第 i 层第 j 根柱子的侧移刚度总和;

V_i——第 i 层楼层总剪力,为第 i 层及第 i 层以上所有水平荷载的总和。

5)柱端弯矩

柱的反弯点位置和该点的剪力确定后,即可求出各柱的柱端弯矩。具体如下:

底层柱:上端弯矩 $M_上 = V_{1j} \times \frac{1}{3} h_1$

下端弯矩 $M_下 = V_{1j} \times \frac{2}{3} h_1$

其他层柱: $M_上 = M_下 = V_{ij} \times \frac{1}{2} h_i$

式中 h_1, V_{1j}——底层柱高和底层第 j 根柱子的剪力;

h_i, V_{ij}——第 i 层柱高和第 i 层第 j 根柱子的剪力。

6)梁端弯矩

根据节点平衡条件,可求出梁端弯矩,如图 8.33 所示。

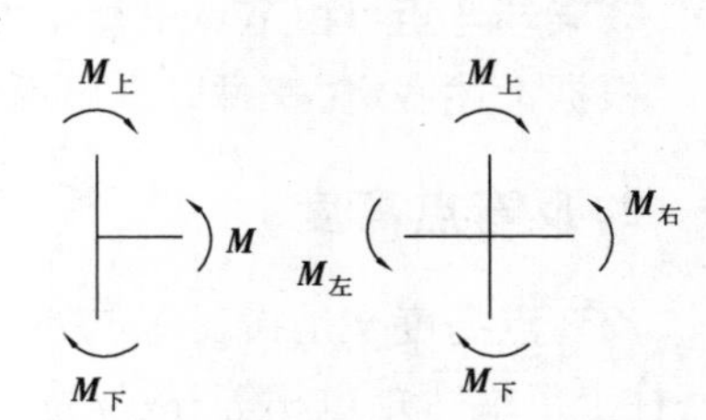

图 8.33 节点弯矩

边节点:$M = M_上 + M_下$

中间节点:按框架节点左、右梁的线刚度分配,公式如下:

$$M_左 = (M_上 + M_下)\frac{i_左}{i_左 + i_右} \tag{8.4}$$

$$M_右 = (M_上 + M_下)\frac{i_右}{i_左 + i_右} \tag{8.5}$$

式中 $i_左, i_右$——框架节点左、右梁的线刚度;

$M_上, M_下$——框架节点上、下柱的柱端弯矩。

7)反弯点法的计算要点

①直接确定反弯点高度 y。

②计算各柱的侧移刚度 d。

③计算各柱的剪力(同层各柱的剪力按侧移刚度比例分配)。

④计算各柱柱端弯矩。

⑤根据节点平衡条件及梁的线刚度比例求出梁端弯矩。

⑥绘出框架在水平荷载下的内力图(弯矩图和剪力图)。

8.3.3 水平荷载作用下框架内力近似计算(D 值法)

当梁柱线刚度比大于 3 且框架较规则时,按反弯点法计算出的框架内力还比较准确,能够满足工程实际的需要。但是,当框架的梁柱线刚度比小于 3 且框架不规则时(如上下层层高变化大、上下层梁的线刚度变化大时,导致柱的反弯点高度 y 不是一个定值),用反弯点法计算框架在水平荷载作用下的内力,结果误差较大。因此,专家们提出对框架柱的侧移刚度 d 和反弯点高度 y 进行修正的方法,称为"改进反弯点法"或"D 值法"。

1)修正后的柱侧移刚度 D

$$D=\alpha\frac{12i_c}{h^2}$$

式中 α——考虑梁柱线刚度比对柱侧移刚度的修正系数,按表8.4计算。

表8.4 梁柱线刚度比$\overline{K}$和柱抗侧移刚度修正系数 α

楼层		简图		$\overline{K}$	α
		边柱	中柱		
一般层		i_c; i_2, i_4	i_c; i_1, i_2, i_3, i_4	$\overline{K}=\frac{i_1+i_2+i_3+i_4}{2i_c}$	$\alpha=\frac{\overline{K}}{2+\overline{K}}$
底层	固接	i_c; i_2	i_c; i_1, i_2	$\overline{K}=\frac{i_1+i_2}{i_c}$	$\alpha=\frac{0.5+\overline{K}}{2+\overline{K}}$
	铰接	i_c; i_2	i_c; i_1, i_2	$\overline{K}=\frac{i_1+i_2}{i_c}$	$\alpha=\frac{0.5\overline{K}}{1+2\overline{K}}$

注:i_1、i_2、i_3、i_4 为梁的线刚度,i_c 为柱的线刚度。

2)修正后的柱反弯点高度 y

当梁柱线刚度比无限大时,柱上下两端的转角相等,反弯点就在柱高的中点;而当梁柱线刚度之比不是很大时,柱两端的转角相差较大(尤其是最上层和最下几层更是如此),因此,其反弯点不一定在柱的中点。反弯点的位置主要取决于柱上下两端的转角,一般情况下是偏向于转角较大的一端(即约束刚度较小的一端)。影响柱两端转角大小的因素有:水平荷载的形式、梁柱线刚度比、结构总层数及该柱所在的层次、柱上下层横梁线刚度比及上下层层高变化等因素。

考虑上述各种因素,经修正后,框架各层柱修正后的反弯点高度 yh 可用下式计算:

$$yh=(y_0+y_1+y_2+y_3)h \tag{8.6}$$

式中 yh——柱底至反弯点的高度。

h——计算层层高(柱高)。

y——反弯点高度比,$y=y_0+y_1+y_2+y_3$。

y_0——各层柱标准反弯点高度比。y_0 值与结构总层数 n、该柱所在的层数 j、梁柱线刚度比$\overline{K}$以及水平荷载的形式等有关。可由附录5附表5.1或附表5.2查得。

y_1——考虑上下层梁线刚度不同时的修正值。y_1 可根据上下横梁线刚度比 α_1 及$\overline{K}$由附表5.3查得。附表5.3中,当 $i_1+i_2<i_3+i_4$ 时,$\alpha_1=\frac{i_1+i_2}{i_3+i_4}$,$y_1$ 取正值,即反弯点上

移；当 $i_1+i_2>i_3+i_4$ 时，$\alpha_1=\frac{i_3+i_4}{i_1+i_2}$，$y_1$ 取负值，即反弯点下移。对于底层柱，不考虑此项修正，即 $y_1=0$。

y_2,y_3——考虑上下层层高不同时的修正值。当柱所在楼层的上下楼层高有变化时，则反弯点的位置将会偏离标准反弯点位置。如果上层层高较高，反弯点将从标准反弯点向上移动 y_2h（图 8.34）；如果下层层高较高，反弯点则从标准反弯点向下移动 y_3h（图 8.35）。上层层高与本层层高之比为 α_2，下层层高与本层层高之比为 α_3，通过查附表 5.4 可得修正值 y_2、y_3。对于底层柱，不考虑修正值 y_3。

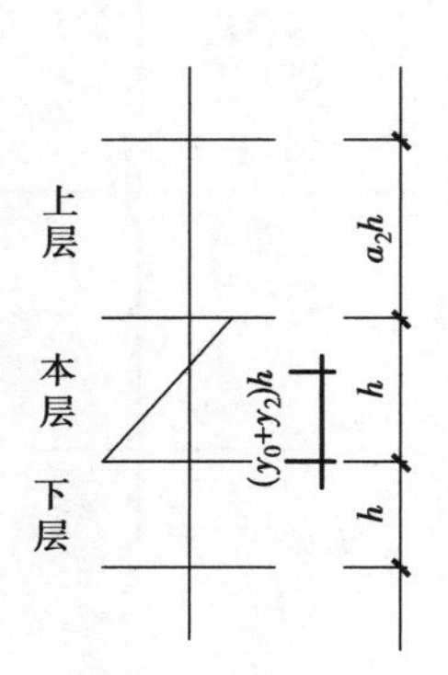

图 8.34　上层层高大于下层层高时柱反弯点修正

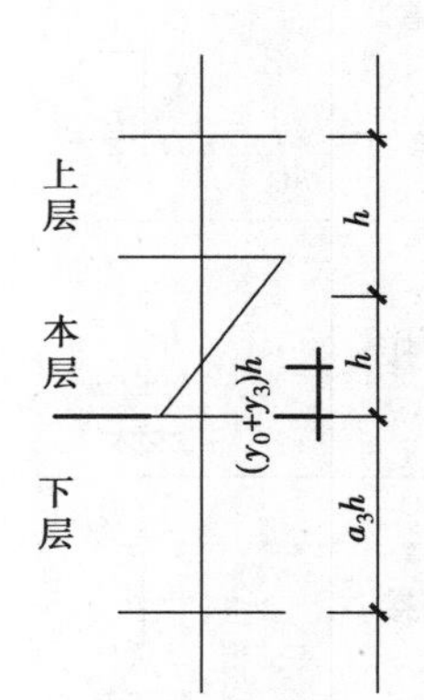

图 8.35　下层层高大于上层层高时柱反弯点修正

求出各层柱的反弯点位置 yh 及柱的侧移刚度 D 后，框架在水平荷载作用下的内力计算与反弯点法完全相同。

3）D 值法的计算步骤

①求出在水平力作用下各楼层剪力 V_i。

②求出所计算楼层各柱的侧移刚度 D，并将楼层剪力 V_i 按柱侧移刚度比例分配到各柱，得到柱剪力 V_{ij}。

③求出柱的反弯点高度 yh。

④由剪力 V_{ij} 及反弯点高度 yh 计算出柱上、下端弯矩。

⑤根据梁柱节点平衡条件，求得节点左右梁端弯矩。

⑥将框架梁左、右端弯矩之和除以梁的跨度，得到梁端剪力。

⑦从上到下逐层叠加梁柱节点左右边梁端剪力值，可得到各层柱在水平力作用下的轴力值。

⑧根据计算出的内力值可以绘出框架的内力图。

【例 8.3】　按 D 值法计算如图 8.36 所示横向框架在风荷载作用下的内力，并绘出弯矩图和剪力图。

【解】　1.横向框架在水平风荷载作用下的计算简图，如图 8.36 所示。

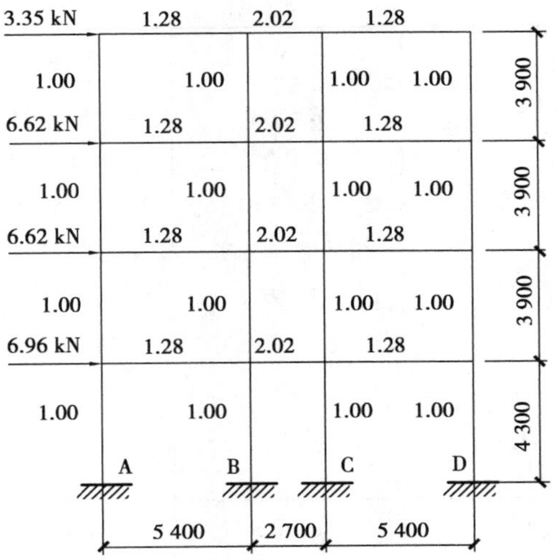

图 8.36　水平荷载作用下计算简图

2.求出各柱的 D 值及每根柱分配的剪力 V_{ij}，见表 8.5。

表 8.5　各层柱的 D 值及每根柱分配的剪力

层　数	4	3	2	1
层剪力（kN）	3.35	9.97	16.59	23.55
D 值求法	① 求出 $\overline{K}$ 值：$\overline{K}=\dfrac{\sum i_b}{2i_c}$（一般层）或 $\overline{K}=\dfrac{\sum i_b}{i_c}$（底层） ② 求出 α 值：$\alpha=\dfrac{\overline{K}}{2+\overline{K}}$（一般层）或 $\alpha=\dfrac{0.5+\overline{K}}{2+\overline{K}}$（底层） ③ 求出 d 值：$d=\dfrac{12i_c}{h^2}$ ④ 求出 D 值：$D=\alpha\dfrac{12i_c}{h^2}=\alpha d$；换算出相对侧移刚度			
A 柱 D 值	$\overline{K}=\dfrac{1.28+1.28}{2\times1}=1.28$ $\alpha=\dfrac{1.28}{2+1.28}=0.390$ $D=0.39\times\dfrac{12\times1.08\times10^{-3}E_c}{3.9^2}$ $=3.323\times10^{-4}E_c$ 相对侧移刚度：1.0	$\overline{K}=1.28$ $\alpha=0.390$ $D=3.323\times10^{-4}E_c$ 相对侧移刚度：1.0	$\overline{K}=1.28$ $\alpha=0.390$ $D=3.323\times10^{-4}E_c$ 相对侧移刚度：1.0	$\overline{K}=\dfrac{1.28}{1}=1.28$ $\alpha=\dfrac{0.5+1.28}{2+1.28}=0.543$ $D=0.543\times$ $\dfrac{12\times0.98\times10^{-3}E_c}{4.3^2}$ $=3.454\times10^{-4}E_c$ 相对侧移刚度： $3.454\div3.323=1.039$

续表

层　数	4	3	2	1
B 柱 D 值	$\bar{K}=\frac{2\times(1.28+2.02)}{2\times1}=3.3$ $\alpha=\frac{3.3}{2+3.3}=0.623$ $D=0.623\times\frac{12\times1.08\times10^{-3}E_c}{3.9^2}$ $=5.308\times10^{-4}E_c$ 相对侧移刚度： 5.308÷3.323=1.597	$\bar{K}=3.3$ $\alpha=0.623$ $D=5.308\times10^{-4}E_c$ 相对侧移刚度： 1.597	$\bar{K}=3.3$ $\alpha=0.623$ $D=5.308\times10^{-4}E_c$ 相对侧移刚度： 1.597	$\bar{K}=\frac{1.28+2.02}{1}=3.3$ $\alpha=\frac{0.5+3.3}{2+3.3}=0.717$ $D=0.717\times$ $\frac{12\times0.98\times10^{-3}E_c}{4.3^2}$ $=4.56\times10^{-4}E_c$ 相对侧移刚度： 4.56÷3.323=1.372
C 柱 D 值	$\bar{K}=3.3$ $\alpha=0.623$ $D=5.308\times10^{-4}E_c$ 相对侧移刚度：1.597	$\bar{K}=3.3$ $\alpha=0.623$ $D=5.308\times10^{-4}E_c$ 相对侧移刚度： 1.597	$\bar{K}=3.3$ $\alpha=0.623$ $D=5.308\times10^{-4}E_c$ 相对侧移刚度： 1.597	$\bar{K}=3.3$ $\alpha=0.717$ $D=4.56\times10^{-4}E_c$ 相对侧移刚度：1.372
D 柱 D 值	$\bar{K}=1.28$ $\alpha=0.390$ $D=3.323\times10^{-4}E_c$ 相对侧移刚度：1.0	$\bar{K}=1.28$ $\alpha=0.390$ $D=3.323\times10^{-4}E_c$ 相对侧移刚度：1.0	$\bar{K}=1.28$ $\alpha=0.390$ $D=3.323\times10^{-4}E_c$ 相对侧移刚度：1.0	$\bar{K}=1.28$ $\alpha=0.543$ $D=3.454\times10^{-4}E_c$ 相对侧移刚度：1.039
D 值之和	5.194	5.194	5.194	4.822
A 柱剪力(kN)	$V_{A4}=\frac{D_A}{\sum D}V_i$ $=\frac{1.0}{5.194}\times3.35=0.645$	$V_{A3}=\frac{1.0}{5.194}\times9.97$ $=1.92$	$V_{A2}=\frac{1.0}{5.194}\times16.59$ $=3.194$	$V_{A1}=\frac{1.039}{4.822}\times23.55$ $=5.074$
B 柱剪力(kN)	$V_{B4}=\frac{D_B}{\sum D}V_i$ $=\frac{1.597}{5.194}\times3.35=1.03$	$V_{B3}=\frac{1.597}{5.194}\times9.97$ $=3.065$	$V_{B2}=\frac{1.597}{5.194}\times16.59$ $=5.101$	$V_{B1}=\frac{1.372}{4.822}\times23.55$ $=6.701$
C 柱剪力(kN)	$V_{C4}=1.03$	$V_{C3}=3.065$	$V_{C2}=5.101$	$V_{C1}=6.701$
D 柱剪力(kN)	$V_{D4}=0.645$	$V_{D3}=1.92$	$V_{D2}=3.194$	$V_{D1}=5.074$

3.计算反弯点高度比 y 及反弯点高度 yh，见表 8.6。

表 8.6 计算反弯点高度比 y 及反弯点高度 yh

层 数	4($n=4,j=4$)	3($n=4,j=3$)	2($n=4,j=2$)	1($n=4,j=1$)
A 柱	$\overline{K}=1.28, y_0=0.364$ $\alpha_1=1, y_1=0$ $\alpha_3=1, y_3=0$ $y=0.364$, $yh=0.364\times3.9=1.42$	$\overline{K}=1.28, y_0=0.45$ $\alpha_1=1, y_1=0$ $\alpha_2=1, y_2=0$ $\alpha_3=1, y_3=0$ $y=0.45$, $yh=0.45\times3.9$ $=1.755$	$\overline{K}=1.28$, $y_0=0.464$ $\alpha_1=1, y_1=0$ $\alpha_2=1, y_2=0$ $\alpha_3=\frac{4.3}{3.9}=1.1$, $y_3=0$ $y=0.464$, $yh=0.464\times3.9$ $=1.81$	$\overline{K}=1.28, y_0=0.586$ $y_1=0$ $\alpha_2=\frac{3.9}{4.3}=0.9, y_2=0$ $y=0.586$, $yh=0.586\times4.3=2.52$
B 柱	$\overline{K}=3.3, y_0=0.45$ $\alpha_1=1, y_1=0$ $\alpha_3=1, y_3=0$ $y=0.45$, $yh=0.45\times3.9=1.755$	$\overline{K}=3.3, y_0=0.5$ $\alpha_1=1, y_1=0$ $\alpha_2=1, y_2=0$ $\alpha_3=1, y_3=0$ $y=0.5$, $yh=0.5\times3.9$ $=1.95$	$\overline{K}=3.3, y_0=0.5$ $\alpha_1=1, y_1=0$ $\alpha_2=1, y_2=0$ $\alpha_3=1.1, y_3=0$ $y=0.5$, $yh=0.5\times3.9$ $=1.95$	$\overline{K}=3.3, y_0=0.55$ $y_1=0$ $\alpha_2=0.9, y_2=0$ $y=0.55$, $yh=0.55\times4.3=2.365$
C 柱	$\overline{K}=3.3, y_0=0.45$ $\alpha_1=1, y_1=0$ $\alpha_3=1, y_3=0$ $y=0.45$, $yh=0.45\times3.9=1.755$	$\overline{K}=3.3, y_0=0.5$ $\alpha_1=1, y_1=0$ $\alpha_2=1, y_2=0$ $\alpha_3=1, y_3=0$ $y=0.5$, $yh=0.5\times3.9$ $=1.95$	$\overline{K}=3.3, y_0=0.5$ $\alpha_1=1, y_1=0$ $\alpha_2=1, y_2=0$ $\alpha_3=1.1, y_3=0$ $y=0.5$, $yh=0.5\times3.9$ $=1.95$	$\overline{K}=3.3, y_0=0.55$ $y_1=0$ $\alpha_2=0.9, y_2=0$ $y=0.55$, $yh=0.55\times4.3$ $=2.365$
D 柱	$\overline{K}=1.28, y_0=0.364$ $\alpha_1=1, y_1=0$ $\alpha_3=1, y_3=0$ $y=0.364$, $yh=0.364\times3.9=1.42$	$\overline{K}=1.28, y_0=0.45$ $\alpha_1=1, y_1=0$ $\alpha_2=1, y_2=0$ $\alpha_3=1, y_3=0$ $y=0.45$, $yh=0.45\times3.9$ $=1.755$	$\overline{K}=1.28$, $y_0=0.464$ $\alpha_1=1, y_1=0$ $\alpha_2=1, y_2=0$ $\alpha_3=1.1, y_3=0$ $y=0.464$, $yh=0.464\times3.9$ $=1.81$	$\overline{K}=1.28, y_0=0.586$ $y_1=0$ $\alpha_2=\frac{3.9}{4.3}=0.9, y_2=0$ $y=0.586$, $yh=0.586\times4.3$ $=2.52$

4.计算各柱的柱端弯矩,见表 8.7。

表 8.7 计算各柱的柱端弯矩

层数	4	3	2	1
A 柱	$M_{底}=0.645$ kN×1.42 m=0.916 kN·m $M_{顶}=0.645$ kN×(3.9−1.42) m=1.6 kN·m	$M_{底}=1.92$ kN×1.755 m=3.37 kN·m $M_{顶}=1.92$ kN×(3.9−1.755) m=4.12 kN·m	$M_{底}=3.194$ kN×1.81 m=5.78 kN·m $M_{顶}=3.194$ kN×(3.9−1.81) m=6.68 kN·m	$M_{底}=5.074$ kN×2.52 m=12.79 kN·m $M_{顶}=5.074$ kN×(4.3−2.52) m=9.03 kN·m
B 柱	$M_{底}=1.03$ kN×1.755 m=1.81 kN·m $M_{顶}=1.03$ kN×(3.9−1.755) m=2.21 kN·m	$M_{底}=3.065$ kN×1.95 m=5.98 kN·m $M_{顶}=3.065$ kN×(3.9−1.95) m=5.98 kN·m	$M_{底}=5.101$ kN×1.95 m=9.95 kN·m $M_{顶}=5.101$ kN×(3.9−1.95) m=9.95 kN·m	$M_{底}=6.701$ kN×2.365 m=15.85 kN·m $M_{顶}=6.701$ kN×(4.3−2.365) m=12.97 kN·m
C 柱	$M_{底}=1.03$ kN×1.755 m=1.81 kN·m $M_{顶}=1.03$ kN×(3.9−1.755) m=2.21 kN·m	$M_{底}=3.065$ kN×1.95 m=5.98 kN·m $M_{顶}=3.065$ kN×(3.9−1.95) m=5.98 kN·m	$M_{底}=5.101$ kN×1.95 m=9.95 kN·m $M_{顶}=5.101$ kN×(3.9−1.95) m=9.95 kN·m	$M_{底}=6.701$ kN×2.365 m=15.85 kN·m $M_{顶}=6.701$ kN×(4.3−2.365) m=12.97 kN·m
D 柱	$M_{底}=0.645$ kN×1.42 m=0.916 kN·m $M_{顶}=0.645$ kN×(3.9−1.42) m=1.6 kN·m	$M_{底}=1.92$ kN×1.755 m=3.37 kN·m $M_{顶}=1.92$ kN×(3.9−1.755) m=4.12 kN·m	$M_{底}=3.194$ kN×1.81 m=5.78 kN·m $M_{顶}=3.194$ kN×(3.9−1.81) m=6.68 kN·m	$M_{底}=5.074$ kN×2.52 m=12.79 kN·m $M_{顶}=5.074$ kN×(4.3−2.52) m=9.03 kN·m

5.计算各横梁的梁端弯矩,计算公式:

边节点: $M=M_{上}+M_{下}$

中间节点: $M_{左}=(M_{上}+M_{下})\dfrac{i_{左}}{i_{左}+i_{右}}$ $\quad M_{右}=(M_{上}+M_{下})\dfrac{i_{右}}{i_{左}+i_{右}}$

具体计算结果见表 8.8。

表 8.8 各横梁的两端弯矩

单位:kN·m

层数	AB 梁	BC 梁	CD 梁
四层	$M_{A4B4}=1.6$ $M_{B4A4}=2.21\times\dfrac{1.28}{1.28+2.02}=0.86$	$M_{B4C4}=2.21\times\dfrac{2.02}{1.28+2.02}=1.35$ $M_{C4B4}=2.21\times\dfrac{2.02}{2.02+1.28}=1.35$	$M_{C4D4}=2.21\times\dfrac{1.28}{2.02+1.28}=0.86$ $M_{D4C4}=1.6$

续表

层数	AB 梁	BC 梁	CD 梁
三层	$M_{A3B3}=0.916+4.12=5.036$ $M_{B3A3}=(1.81+5.98)\times\frac{1.28}{1.28+2.02}=3.02$	$M_{B3C3}=(1.81+5.98)\times\frac{2.02}{1.28+2.02}=4.77$ $M_{C3B3}=(1.81+5.98)\times\frac{2.02}{2.02+1.28}=4.77$	$M_{C3D3}=(1.81+5.98)\times\frac{1.28}{2.02+1.28}=3.02$ $M_{D3C3}=0.916+4.12=5.036$
二层	$M_{A2B2}=3.37+6.68=10.05$ $M_{B2A2}=(5.98+9.95)\times\frac{1.28}{1.28+2.02}=6.18$	$M_{B2C2}=(5.98+9.95)\times\frac{2.02}{1.28+2.02}=9.75$ $M_{C2B2}=(5.98+9.95)\times\frac{2.02}{2.02+1.28}=9.75$	$M_{C2D2}=(5.98+9.95)\times\frac{1.28}{2.02+1.28}=6.18$ $M_{D2C2}=3.37+6.68=10.05$
一层	$M_{A1B1}=5.78+9.03=14.81$ $M_{B1A1}=(9.95+12.97)\times\frac{1.28}{1.28+2.02}=8.89$	$M_{B1C1}=(9.95+12.97)\times\frac{2.02}{1.28+2.02}=14.03$ $M_{C1B1}=(9.95+12.97)\times\frac{2.02}{2.02+1.28}=14.03$	$M_{C1D1}=(9.95+12.97)\times\frac{1.28}{2.02+1.28}=8.89$ $M_{D1C1}=5.78+9.03=14.81$

6.绘出框架的剪力图(图 8.37)和弯矩图(图 8.38)。

8.3.4 框架位移计算

在工程实际中,多层框架结构一般都是由钢筋混凝土柱、梁、板现浇成整体结构,然后在梁、板、柱之间砌筑空心砖或加气混凝土等轻质填充墙,形成房间的分隔。由于框架结构的抗侧刚度比剪力墙结构、筒体结构的抗侧刚度差,在水平荷载作用下会发生较大的侧向位移。较大的侧向位移会造成:a.混凝土柱、梁等结构构件出现裂缝;b.填充墙、隔墙等非结构构件出现裂缝、倒塌、破坏。为了保证框架结构具有必要的抗侧刚度,防止过大的侧向位移,除了选择科学合理的结构体系、采用高强材料、加大框架柱截面尺寸等措施外,更加重要的是控制框架结构的总位移和层间位移。总位移是指框架结构最顶层所发生的侧向位移,它是框架结构各层的层间位移累积而形成。因此,只要控制好层间位移,就会控制住总位移,从而控制住整个框架的侧向位移。

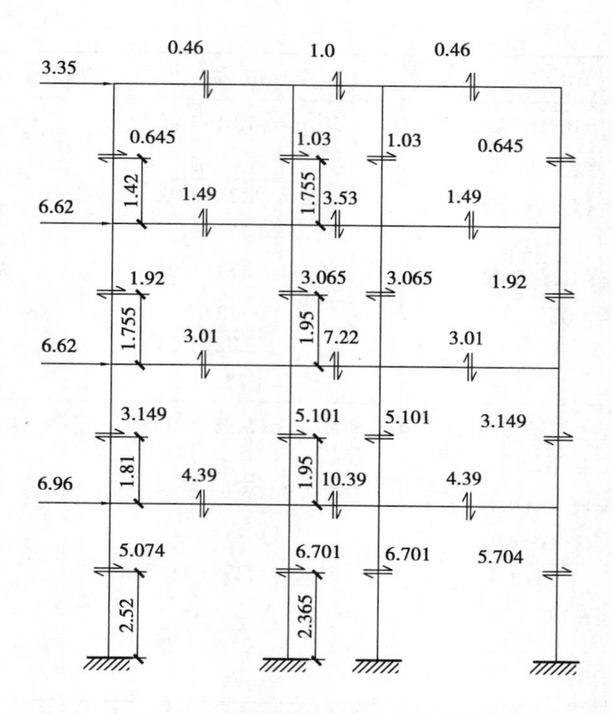

图 8.37　框架在水平荷载作用下的剪力图(单位:kN)

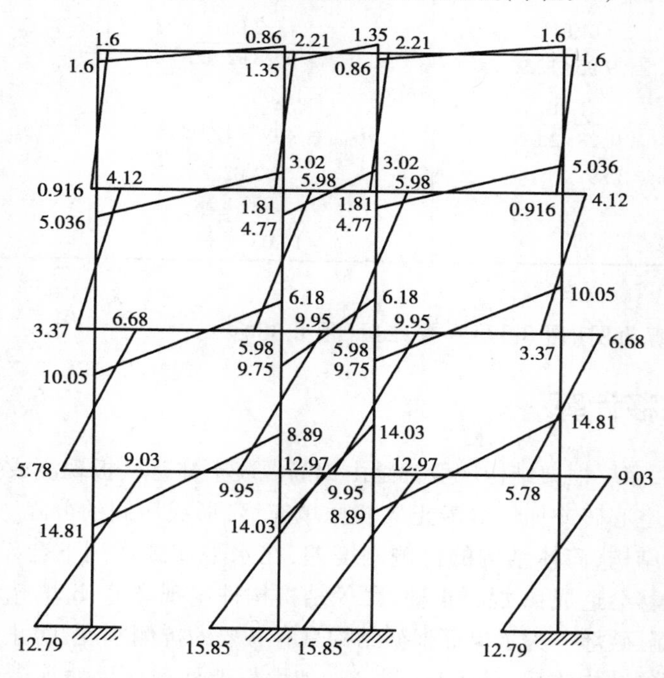

图 8.38　框架在水平荷载作用下的弯矩图(单位:kN・m)

框架结构在水平荷载(标准值)作用下所产生的侧向位移,一般可看作是梁柱弯曲变形和柱的轴向变形所引起的侧移的叠加(图 8.4)。对于多层框架而言,柱的轴向变形一般很小,所引起的侧向位移也很小,可忽略不计。因此,框架侧向位移主要是由梁柱弯曲变形所引起，其侧移曲线与悬臂梁的剪切变形曲线一致，因此又称为总体剪切变形。本节主要介绍梁柱弯曲变形引起的位移计算。

(1)框架结构层间位移和总位移的计算

①框架结构的层间位移是指第 i 层柱上下节点之间的相对位移，可按 D 值法计算，其计算公式为：

$$\Delta u_i = \frac{V_i}{\sum_{j=1}^{j} D_{ij}} \tag{8.7}$$

式中 Δu_i——按弹性方法计算的楼层层间位移；

V_i——第 i 层楼的楼层剪力标准值；

D_{ij}——第 i 层第 j 根柱的侧移刚度；

$\sum_{j=1}^{j} D_{ij}$——第 i 层 j 根柱的侧移刚度之和。

②框架结构顶点总位移 Δu 的计算：

$$\Delta u = \sum_{j=1}^{m} \Delta u_j \tag{8.8}$$

式中 m——框架总层数。

(2)框架结构层间位移的限值

框架结构楼层层间位移 Δu，应满足有关设计规范的限值要求：

$$\frac{\Delta u}{h} \leqslant \left[\frac{\Delta u}{h}\right] \tag{8.9}$$

式中 Δu——按弹性方法计算的最大楼层层间位移；

h——层高；

$[\Delta u/h]$——楼层间最大位移与层高之比的限值，对高度不大于 150 m 的框架结构取 $[\Delta u/h] = 1/550$。

8.4 框架结构的内力组合

8.4.1 荷载组合

框架结构房屋在使用过程中会受到各种荷载的作用，这些荷载包括各种恒载（如梁、板、柱自重和装修重量等）和活荷载（如人流、设备重量、风荷载、雪荷载、地震作用等）。由于这些荷载中恒载相对稳定，而活荷载同时出现并达到最大值的可能性很小，因此就存在着恒载与活荷载之间的组合问题。《荷载规范》规定了各种情况下荷载组合的方法（分承载能力极限状态和正常使用极限状态），其荷载效应组合设计值 S 的简化表达式见第 1 章。

对于非地震区无吊车荷载的多层框架，在承载能力极限状态下，其荷载组合主要有以下 3 种：a.恒载+活荷载；b.恒载+风荷载；c.恒载+0.9（风荷载+活荷载）。

8.4.2 活荷载的最不利布置

作用在框架结构上的恒载是永久荷载，它的大小、方向和作用位置在结构设计基准期内不发生变化，因此其内力计算时只需要按照恒载全部作用时的情况进行计算。恒载作用下的内力计算出来后，再与活荷载作用下的内力进行组合就可以了。然而活荷载是可变荷载，它的大小、方向以及作用位置都会变化，因此计算内力时需要考虑其最不利布置（即造成所计算杆件内力最大时的活荷载布置）。

对于多层多跨框架结构而言，由于活荷载的布置情况比较多，一般都采用计算机软件进行模拟和计算，求出每种活荷载作用下（逐层按单跨、两跨、多跨作用等）的框架内力，然后针对梁柱的各个控制截面确定几种最不利内力与恒载作用下的内力进行组合。

手算时，在保证设计精度的前提下，为了加快和简化计算过程，常采用以下几种活荷载布置方法。

1）分跨计算组合法

分跨计算组合法就是将活荷载逐层逐跨单独地布置在结构上（图 8.39），逐次求出结构的内力，然后根据各控制截面的内力种类进行组合。这种方法计算工作量比较大。当活荷载设计值与恒载设计值之比不大于 3 时，可简化为分跨布置方法（图 8.40）。对于 n 跨框架，活荷载的布置就可简化成 n 种，大大减少计算工作量。但这样的布置方法其内力组合并非最不利，因此为弥补此简化带来的误差影响，可不考虑活荷载的折减。

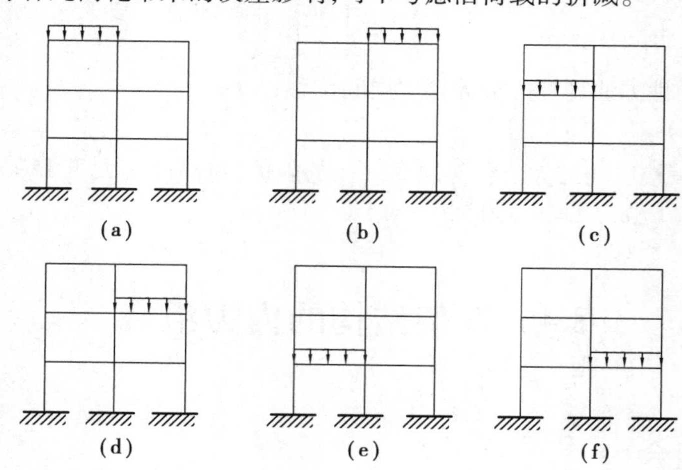

图 8.39 逐层逐跨布置活荷载

2）活荷载满跨布置法

当活荷载较小时（如民用建筑楼面活荷载标准值为 1.5~2.0 kN/m^2），或活荷载与恒载之比不大于 1 时，它所产生的内力较小，可将各层各跨的活荷载同时布置，与恒载一起作用计算内力。这种方法相当于不考虑活荷载的最不利布置，计算出来的横梁跨中弯矩偏小，因此宜乘以 1.1 的增大系数。

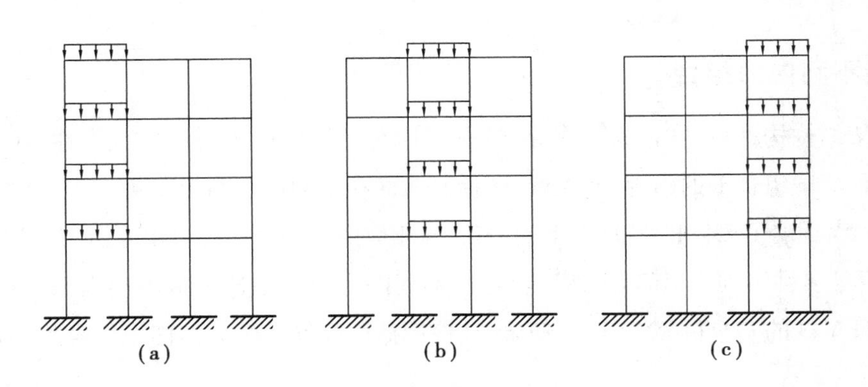

图 8.40 分跨布置活荷载

对于风荷载，需考虑左风(风向向右)和右风(风向向左)两种可能的情况，具体计算时只能选择其中一个对构件内力不利的方向来计算。

8.4.3 控制截面及最不利内力组合

在多层多跨框架的梁、柱配筋计算时，需要根据梁、柱控制截面的最不利内力来计算。

1)控制截面

控制截面是指梁、柱中内力最大的截面，也是最可能首先发生破坏的危险截面。因此，设计时首先要计算控制截面的最不利内力，并按最不利内力进行配筋计算，以保证控制截面不发生破坏。

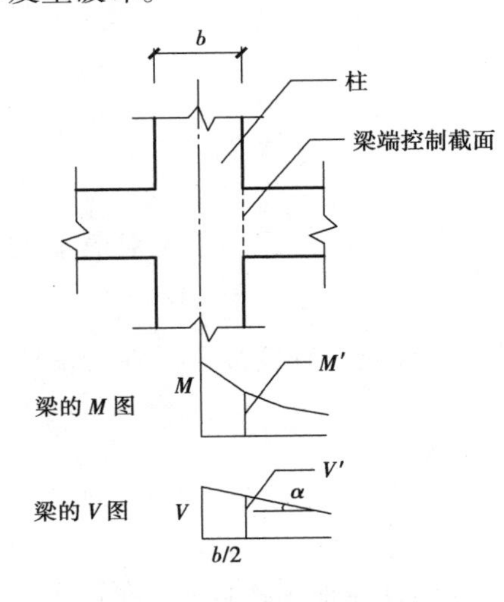

图 8.41 梁端控制截面弯矩和剪力

对于框架梁而言，其控制截面是支座截面(负弯矩大、剪力大)和跨中截面(正弯矩大)。但是，由于框架柱有一定宽度，其柱轴线处的内力虽然最大，但并不是最危险截面，最危险截面是在框架柱的边缘。因此，需取柱边缘的内力进行计算(图 8.41)。柱边缘剪力和弯矩计算公式如下：

$$V'=V-(g+q)\frac{b}{2} \tag{8.10}$$

$$M'=M-V'\frac{b}{2} \tag{8.11}$$

式中 V',M'——柱边缘处梁端截面的剪力和弯矩；

V,M——柱轴线处梁截面的剪力和弯矩；

b——柱的宽度；

g,q——作用在梁上的均布恒载和活荷载。

对于框架柱而言，弯矩最大值在柱的上下两端，剪力和轴力在同一层内变化很小，因此各层柱的控制截面是柱的上下两端。

2)最不利内力组合

在框架结构构件设计时,为了充分保证梁、柱在设计使用年限内的可靠性,我们需要全面分析各种荷载组合下的内力,并把梁、柱控制截面在不同荷载组合下可能出现的各种内力组合(M,V,N 组合)都求出来,从而得到"M_{max}与相应的 V、N""N_{max}与相应的 M、V""V_{max}与相应的 M、V"等多种不利内力组合,然后在各种不利内力组合中选出最不利内力进行配筋,这样才能保证梁柱的安全可靠。其中,使梁、柱控制截面配筋量最大的内力组合称为最不利内力组合。

对于框架梁而言,其控制截面是支座边缘截面和跨中截面。因此,其最不利内力组合就是使支座边缘截面在某种荷载组合下达到最大负弯矩和最大剪力的内力组合,以此配出的梁端纵筋与腹筋就是最大的;同样,使跨中截面在某种荷载组合下(不同于求支座边缘截面最大内力的荷载组合)达到最大正弯矩的内力组合,就是确定跨中梁底最大纵筋需要量的内力组合。

对于框架柱而言,随着 M 和 N 的比值不同以及配筋量的变化,柱的破坏形态将发生变化。当柱子出现大偏心受压时,M 越大则对柱子越不利,截面配筋量越大;反之,柱子小偏心受压时,N 越大对柱子越不利。因此,对于矩形和工字形截面柱的每一控制截面,应考虑以下几种内力组合:

①$+M_{max}$及相应的 N、V;

②$-M_{max}$及相应的 N、V;

③N_{max}及相应的 M、V;

④N_{min}及相应的 M、V;

⑤$|M|$比较大(但不是最大),而与它对应的 N 比较小或比较大(但不是绝对最小或最大),两者的组合有可能导致配筋最大。

一般多层多跨框架,考虑前 4 种最不利内力组合就可以满足工程需要了。在验算柱子斜截面强度时,也需要考虑 V_{max}及相应的 M、N 组合。

8.4.4 梁端弯矩调幅

在框架结构设计中,"强柱弱梁"是设计原则之一。特别是在地震作用下,为了合理耗能,允许梁在支座端部出现一定程度的塑性铰(合理破坏形式);而且,施工时为了便于节点处浇筑和振捣混凝土,也希望梁柱节点处梁的负弯矩钢筋放得少一些;对于装配式或装配整体式框架,节点并非绝对刚性,梁端实际弯矩将小于其弹性计算弯矩。因此,在进行框架结构设计时,允许对梁端弯矩进行调幅,即人为减小梁端负弯矩,使内力重分布,减少节点附近梁顶面的配筋量。

调幅的方法是:按规范规定将竖向荷载作用下的支座负弯矩乘以调幅系数。对于现浇框架,支座弯矩的调幅系数为 0.8~0.9;对于装配整体式框架,支座弯矩的调幅系数为 0.7~0.8。

梁端弯矩调幅后,支座能够承担的弯矩减小,内力发生重分布,梁跨中弯矩相应增加。因此,需校核梁的静力平衡条件,即调幅后梁左、右两端弯矩的平均值(取绝对值)与跨中最大正弯矩之和应大于按简支梁计算的跨中正弯矩值。同时,梁截面设计时所采用的跨中正弯矩不应小于按简支梁计算的跨中正弯矩的一半。

需要注意的是,只有竖向荷载作用下的梁端弯矩可以调幅,水平荷载作用下的弯矩不参加调幅。因此,具体内力组合时,先对竖向荷载作用下的梁端弯矩调幅,再与水平荷载作用下的梁端弯矩进行组合。

8.5 框架结构构件截面设计要点

1)框架梁

框架梁中需要配置的钢筋主要是纵筋和腹筋,其截面设计主要根据受弯构件正截面承载力和斜截面承载力计算的相关公式及构造要求进行。对于纵筋,还需要按正常使用极限状态对裂缝宽度和挠度进行验算。纵筋的弯起和截断,一般要求按弯矩包络图和抵抗弯矩图来确定。当均布活荷载与恒载之比 $q/g \leqslant 3$ 时,或考虑梁端弯矩调幅时,可参照第 8 章中次梁的作法对框架梁中的纵筋进行弯起和截断。对于框架梁中纵筋的根数、间距、直径、锚固长度、搭接位置、搭接长度,箍筋的形式、构造等要求,可参考《规范》《高层建筑混凝土结构技术规程》等相关规范内容。

2)框架柱

框架柱属于偏心受压构件。一般位于边轴线的角柱,按双向偏压构件计算;中间轴线上的框架柱,按单向偏压构件(大、小偏心受压)计算。

框架柱的计算内容:要进行正截面受压承载力计算、斜截面抗剪承载力计算。对于框架边柱,若偏心距 $e_0>0.55h_0$ 时,尚应进行裂缝宽度验算。

框架柱的计算长度、纵筋接头、箍筋加密等构造要求,可参考《规范》《高层建筑混凝土结构技术规程》等相关规范内容。

3) 多层框架设计步骤

多层框架设计步骤如图 8.42 所示。

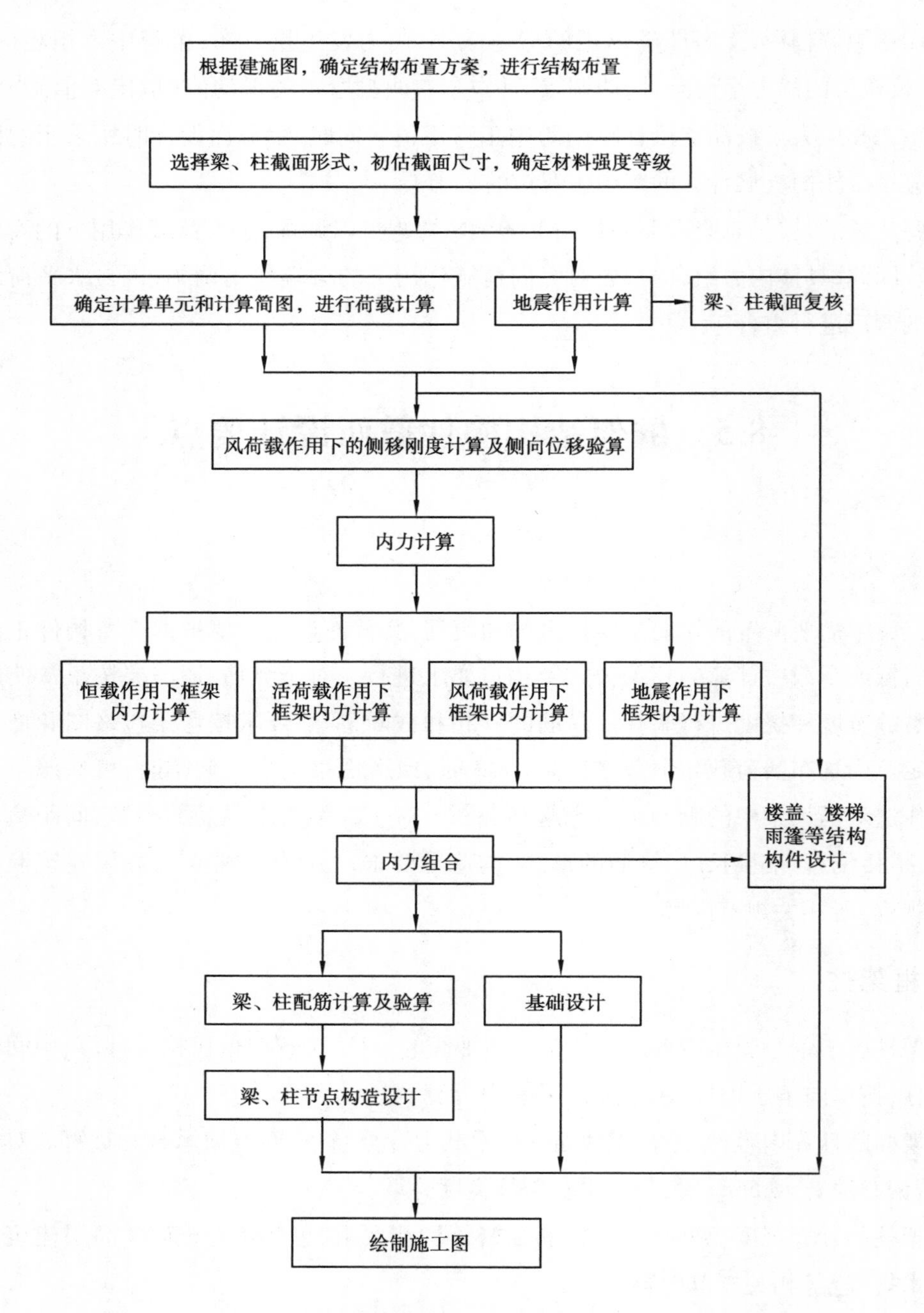

图 8.42　框架结构设计流程图

本章小结

1.框架结构按施工方法不同可分为现浇整体式、装配式、装配整体式及半现浇式，其中以现浇整体式框架应用最为广泛。

2.框架按支承楼板方式，可分为横向承重框架、纵向承重框架和双向承重框架。

3.框架结构是一个空间受力体系，可简化为横向框架和纵向框架的平面受力体系。对于多层框架，影响结构内力的主要是竖向荷载，而结构变形则主要是挠度，一般不必考虑结构的侧移。在高层框架结构中，竖向荷载的影响与多层框架类似，而水平荷载作用下的内力和位移成为控制因素。多层框架中的柱以轴力为主，而高层框架中的柱受到压、弯、剪的复合作用，其破坏形态更为复杂。

框架结构在水平荷载作用下的侧移由两部分组成：一部分侧移是由柱的轴向压缩和拉伸变形产生；另一部分侧移是由梁、柱的弯曲变形产生，两者叠加后形成框架的总位移和层间位移。

4.框架在竖向荷载作用下，其内力近似计算方法有分层法、迭代法、二次弯矩分配法，本书主要讲述分层法。在水平荷载作用下，手算方法主要有反弯点法和 D 值法计算。

5.在框架结构内力计算中，要考虑控制截面、活荷载的最不利布置与组合，以及最不利内力组合。

6.现浇钢筋混凝土框架结构的设计步骤：确定结构方案与结构布置，初步选定梁、柱截面尺寸及材料强度等级；风荷载作用下弹性位移的验算；风荷载、恒荷载和活荷载单独作用下框架的内力计算；内力组合；框架梁梁端弯矩调幅；柱、梁、楼盖、基础配筋计算，柱、梁节点有关构造；绘制结构施工图。

7.现浇框架结构梁柱的纵向钢筋和箍筋，除满足计算要求外，尚应满足钢筋直径、间距、根数、接头长度、弯起和截断以及节点配筋等构造要求。

8.本章主要介绍框架结构，其他结构形式可参考有关书籍和资料。

框架-剪力墙的受力特点

本章习题

1.按施工方法不同，钢筋混凝土框架结构可分为哪几类？各有什么优缺点？

2.简述框架结构的布置原则。钢筋混凝土框架结构的布置方案有哪几种？各有什么特点？

3.多层框架结构的计算单元宽度如何确定？计算简图是如何确定的？

4.框架梁、柱的截面尺寸如何选取？

5.为什么多层框架结构在竖向荷载作用下可采用分层法计算内力？分层法采用了哪些基本假定？简述分层法的计算步骤。

6.在水平荷载作用下，框架梁、柱中的内力分布情况如何？

7.试分析框架结构在侧向荷载作用下，框架柱反弯点高度的影响因素有哪些？

8.简述反弯点法和 D 值法的区别及计算步骤，D 值法中 D 值的物理意义是什么？

9.框架结构抗侧移刚度如何确定？如何计算框架在水平荷载作用下的侧移？计算时为什么要对结构刚度进行折减？

10.如何确定框架结构梁、柱的控制截面？如何计算框架梁、柱控制截面上的最不利内力？活荷载应怎样布置？

11.为什么要进行竖向荷载作用下的梁端弯矩塑性调幅？

12.简述现浇框架结构的节点构造要求。

13.试用分层法计算图 8.43 所示框架的弯矩图（括号内数值为相对线刚度）。

14.试分别用反弯点法和 D 值法计算图 8.44 所示框架的弯矩并绘出 D 值法的弯矩图（括号内数值为相对线刚度）。

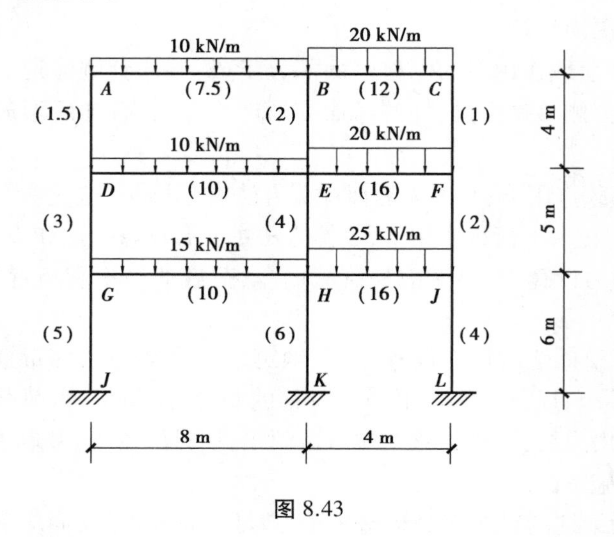

图 8.43

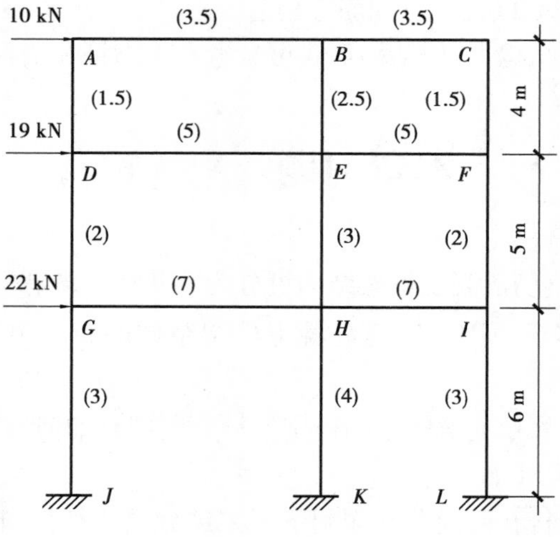

图 8.44

*第 9 章

钢筋混凝土结构的平法施工图

本章导读

- **基本要求**　熟悉平法的表示方法；掌握钢筋混凝土结构施工图的识读；树立敬畏科学、遵从规范、合理创新的严谨态度。
- **重点**　识读柱、梁、板平法施工图。
- **难点**　识读柱、梁、板平法施工图。

钢筋混凝土结构形式一般有基础、柱、楼板、屋面板、过梁、雨篷、楼梯等。钢筋混凝土结构施工图传统的表示方法一般是在结构平面确定之后，根据结构平面上板、梁、柱的编号，绘制板、梁、柱的施工详图。现在更多采用平法的表示方法，即把结构构件的尺寸和配筋等，按照平面整体表示方法制图规则，整体直接表达在各类构件的结构平面布置图上，再与标准构造详图相配合，构成一套新型完整的结构设计图。平法表示规范化，同时大大降低了绘图工作量。本章介绍现浇混凝土框架柱、梁、板的平法绘图规则和标准。

框架柱钢筋构造及施工

9.1　柱的平法施工图

柱平法施工图是在柱平面布置图上，采用列表注写方式或截面注写方式表达。

9.1.1　柱平法施工图的列表注写方式

列表注写方式，系在柱平面布置图上，分别在同一编号的柱中选择一个截面标注几何参数代号；在柱表中注写柱编号、柱段起止标高、几何尺寸与配筋的具体数值，并配以各种柱截面形状及其箍筋类型图的方式，来表达柱平法施工图。

(1)注写柱编号

柱编号由类型代号和序号组成,应符合表 9.1 的规定。

表 9.1 柱编号

柱类型	代 号	序 号
框架柱	KZ	××
转换柱	ZHZ	××
芯柱	XZ	××

(2)注写各段柱的起止标高

自柱根部往上以变截面位置或截面未变但配筋改变处为界分段注写。框架柱和转换柱的根部标高是指基础顶面标高;芯柱的根部标高是指根据结构实际需要而定的起始位置标高;梁上起框架柱的根部标高是指梁顶面标高;剪力墙上柱的根部标高为墙顶面标高;从基础起的柱,其根部标高是指基础顶面标高。

(3)几何尺寸

不仅要标明柱截面尺寸 $b \times h$,而且还要说明柱截面对轴线的偏心情况。

(4)柱纵筋

当柱纵筋直径相同,各边根数也相同时,将柱纵筋注写在"全部纵筋"一栏中。除此之外,柱纵筋分角筋、截面 b 边中部筋和 h 边中部筋三项分别注写(对称配筋的矩形截面柱,可仅注写一侧中部筋)。

(5)箍筋类型号和箍筋肢数

选择对应的箍筋类型号,在类型号后注写箍筋肢数。

(6)柱箍筋

柱箍筋包括钢筋级别、直径与间距。当为抗震设计时,用斜线"/"区分柱端箍筋加密区与柱身非加密区长度范围内箍筋的不同间距。当箍筋沿柱全高为一种间距时,则不使用"/"线。当圆柱采用螺旋箍筋时,需在箍筋前加"L"。

【例 9.1】 Φ10@100/250,表示箍筋为 HPB300 级钢筋,直径 10 mm,加密区间距 100 mm,非加密区间距 250 mm。Φ10@100,表示沿柱全高范围内箍筋均为 HPB300 级钢筋,直径为 10 mm,间距为 100 mm。LΦ10@100/200,表示采用螺旋箍筋,HPB300 级钢筋,直径 10 mm,加密区间距 100 mm,非加密区间距 200 mm。

9.1.2 柱平法施工图的截面注写方式

它是在柱平面布置图的柱截面上,分别在同一编号的柱中选择一个截面,以直接注写截面尺寸和配筋具体数值的方式来表达柱平法施工图。具体做法如下:

柱截面按照表 9.1 柱编号的规定进行编号,从相同编号的柱中选择一个截面,按另一种比例原位放大绘制柱截面配筋图,并在各配筋图上继其编号后注写柱截面尺寸 $b \times h$、角筋或全部纵筋、箍筋的具体数值以及在柱截面配筋图上标注柱截面与轴线关系的数值。

在柱截面注写方式中,如柱的分段截面尺寸和配筋均相同,仅截面与轴线的关系不同时,可将其编为同一柱号。但此时应在未画配筋的柱截面上注写柱截面与轴线关系的具体尺寸。

柱平法施工图示例如图 9.1、图 9.2 所示。

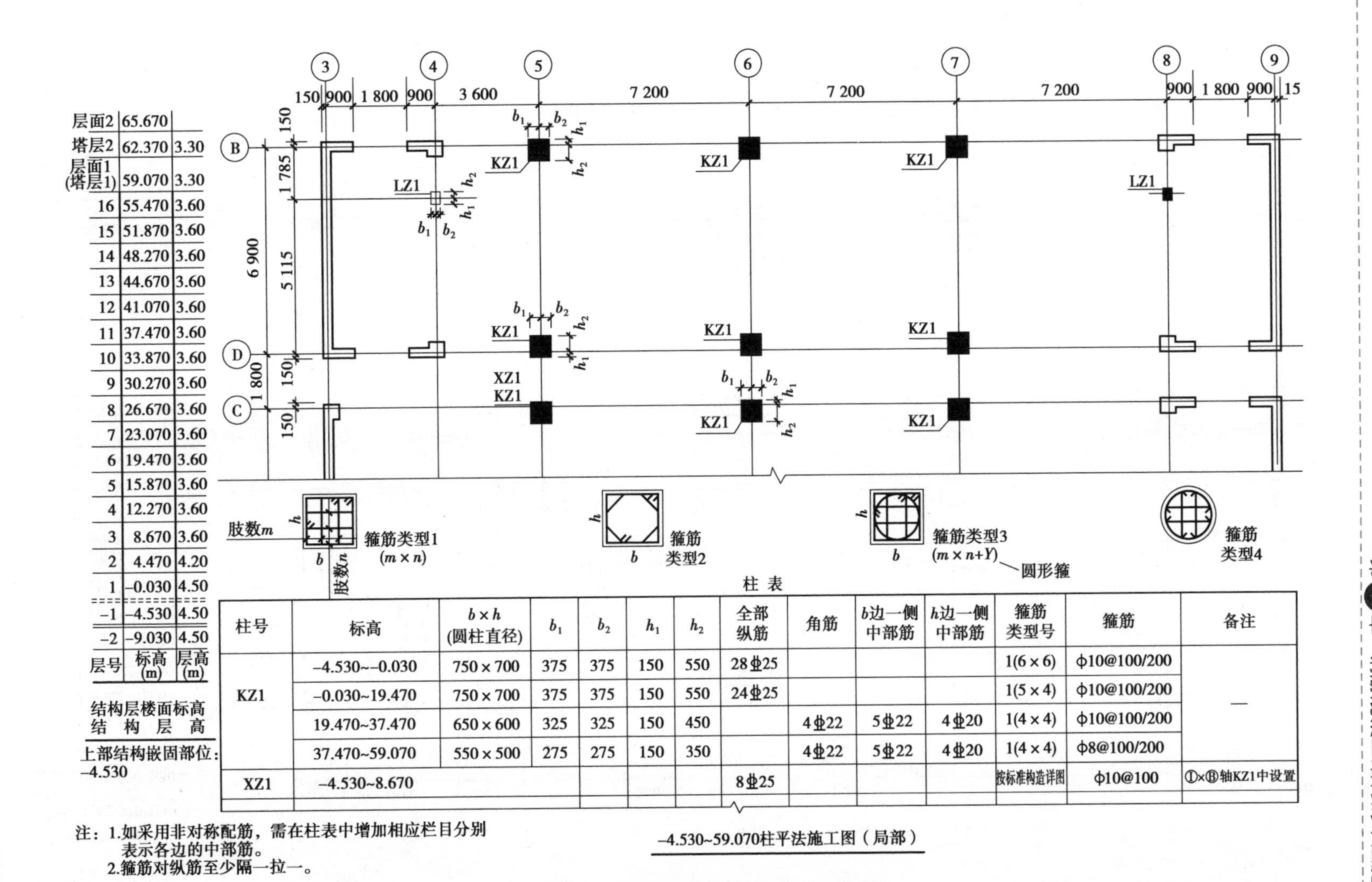

层号	标高(m)	层高(m)
层面2	65.670	
塔层2	62.370	3.30
层面1(塔层1)	59.070	3.30
16	55.470	3.60
15	51.870	3.60
14	48.270	3.60
13	44.670	3.60
12	41.070	3.60
11	37.470	3.60
10	33.870	3.60
9	30.270	3.60
8	26.670	3.60
7	23.070	3.60
6	19.470	3.60
5	15.870	3.60
4	12.270	3.60
3	8.670	3.60
2	4.470	4.20
1	-0.030	4.50
-1	-4.530	4.50
-2	-9.030	4.50

结构层楼面标高
结构层高

上部结构嵌固部位：
-4.530

柱表

柱号	标高	$b\times h$(圆柱直径)	b_1	b_2	h_1	h_2	全部纵筋	角筋	b边一侧中部筋	h边一侧中部筋	箍筋类型号	箍筋	备注
KZ1	-4.530~-0.030	750×700	375	375	150	550	28Φ25				1(6×6)	ϕ10@100/200	—
	-0.030~19.470	750×700	375	375	150	550	24Φ25				1(5×4)	ϕ10@100/200	
	19.470~37.470	650×600	325	325	150	450		4Φ22	5Φ22	4Φ20	1(4×4)	ϕ10@100/200	
	37.470~59.070	550×500	275	275	150	350		4Φ22	5Φ22	4Φ20	1(4×4)	ϕ8@100/200	
XZ1	-4.530~8.670						8Φ25				按标准构造详图	ϕ10@100	①×Ⓑ轴KZ1中设置

-4.530~59.070柱平法施工图（局部）

注：1.如采用非对称配筋，需在柱表中增加相应栏目分别表示各边的中部筋。
2.箍筋对纵筋至少隔一拉一。

图9.1　柱平法施工图列表注写方式示例

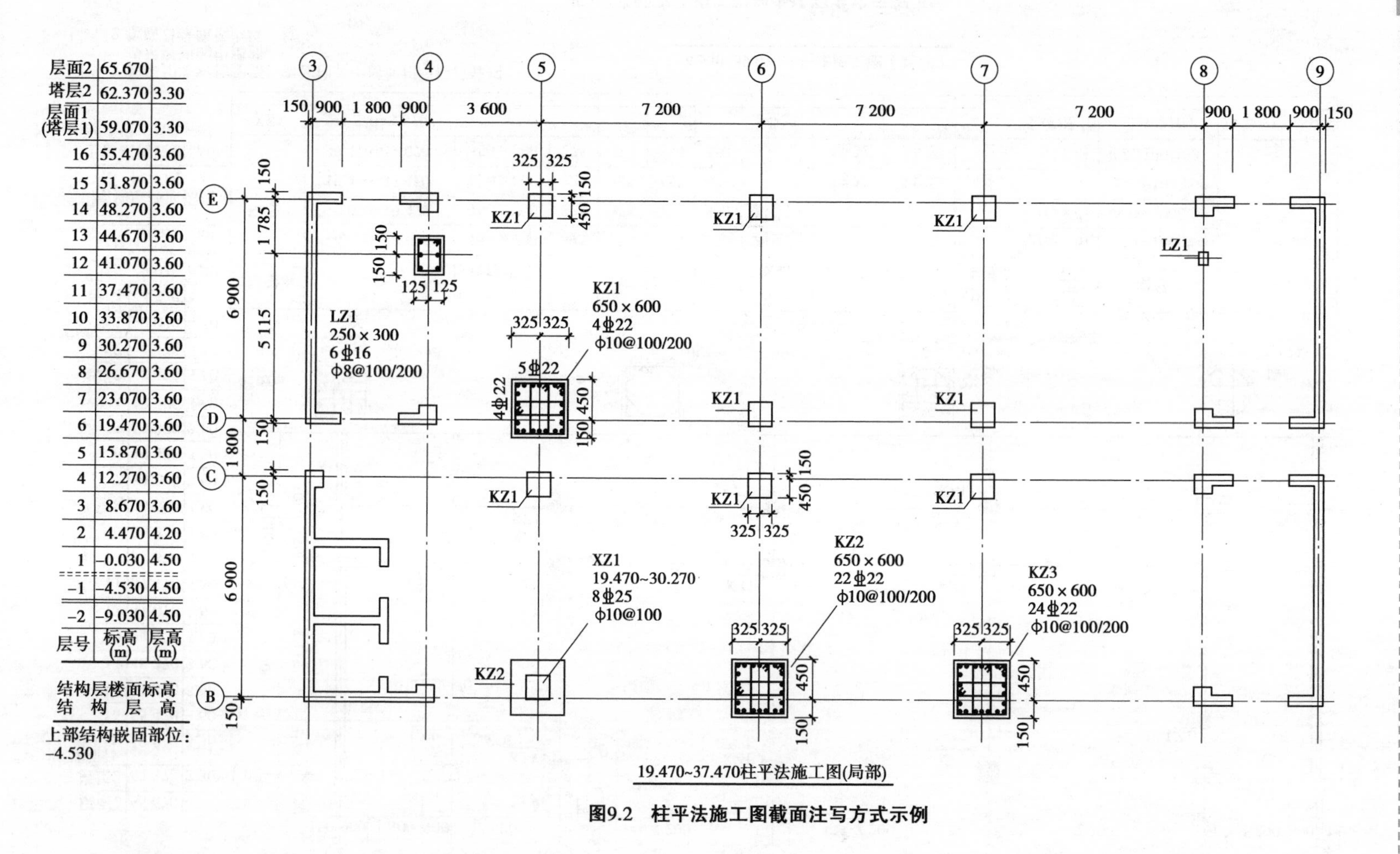

层号	标高(m)	层高(m)
层面2	65.670	
塔层2	62.370	3.30
层面1(塔层1)	59.070	3.30
16	55.470	3.60
15	51.870	3.60
14	48.270	3.60
13	44.670	3.60
12	41.070	3.60
11	37.470	3.60
10	33.870	3.60
9	30.270	3.60
8	26.670	3.60
7	23.070	3.60
6	19.470	3.60
5	15.870	3.60
4	12.270	3.60
3	8.670	3.60
2	4.470	4.20
1	-0.030	4.50
-1	-4.530	4.50
-2	-9.030	4.50

图9.2 柱平法施工图截面注写方式示例

9.2 梁的平法施工图

梁平法施工图是在梁平面布置图上采用平面注写方式或截面注写方式表达。这里主要介绍梁的平面注写方式。

9.2.1 梁编号

采用平法表示梁的施工图时，需要对梁进行分类与编号。梁编号由梁类型代号、序号、跨数及有无悬挑代号几项组成，并应符合表9.2的规定。

表9.2 梁编号

梁类型	代　号	序　号	跨数及是否带有悬挑
楼层框架梁	KL	××	(××)、(××A)或(××B)
楼层框架扁梁	KBL	××	(××)、(××A)或(××B)
屋面框架梁	WKL	××	(××)、(××A)或(××B)
框支梁	KZL	××	(××)、(××A)或(××B)
托柱转换梁	TZL	××	(××)、(××A)或(××B)
非框架梁	L	××	(××)、(××A)或(××B)
悬挑梁	XL	××	
井字梁	JZL	××	(××)、(××A)或(××B)

9.2.2 梁平面注写方式

平面注写方式，是在梁平面布置图上，分别在不同编号的梁中各选一根梁，在其上注写截面尺寸和配筋具体数值的方式表达梁平法施工图。

梁平面注写分为集中标注和原位标注。集中标注表达梁的通用数值，原位标注表达梁的特殊数值。当集中标注中的某项数值不适用于梁的某部位时，则应将该项数值原位标注，施工时，原位标注取值优先。

1）集中标注

梁集中标注的内容，有5项必标注及1项选标注（集中标注可以从梁的任意一跨引出），如图9.3框架梁集中标注的6项内容，规定如下：

（1）梁编号

此项为必标注。

【例9.2】 KL7(5A)表示第7号框架梁，5跨，一端有悬挑；L9(7B)表示第9号非框架梁，7跨，两端有悬挑。

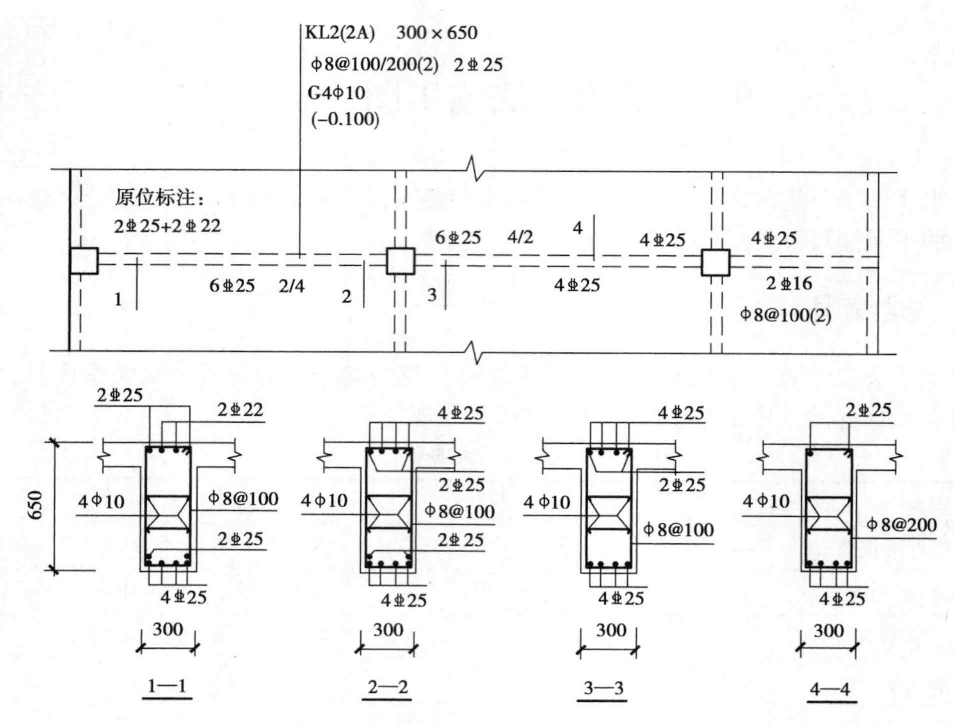

图 9.3 框架梁集中标注的 6 项内容

(2)梁截面尺寸

此项为必标注。当为等截面梁用 $b \times h$ 表示，当为竖向加腋梁时，用 $b \times h$ Y$c_1 \times c_2$ 表示，其中 c_1 为腋长，c_2 为腋高；当为水平加腋梁时，一侧加腋时用 $b \times h$ PY$c_1 \times c_2$ 表示，其中 c_1 为腋长，c_2 为腋宽，如图 9.4 所示。

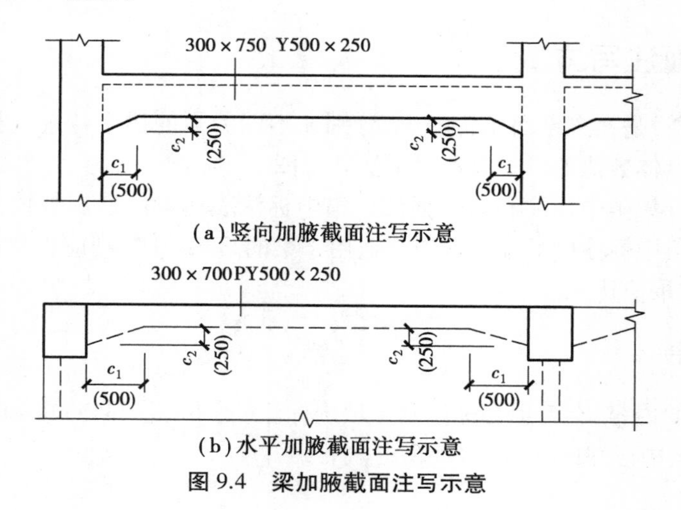

图 9.4 梁加腋截面注写示意

(3)梁箍筋

梁箍筋包括钢筋级别、直径、加密区与非加密区间距及肢数，此项为必注值。箍筋加密区与非加密区的不同间距与肢数需用斜线"/"分隔；当梁箍筋为同一种间距及肢数时，则不需用斜线；当加密区与非加密区的箍筋肢数相同时，则将肢数注写一次；箍筋肢数应写在括号里。

【例9.3】 Φ10@100/200(4),表示箍筋为HPB300级钢筋,直径10 mm,加密区间距100 mm,非加密区间距200 mm,均为四肢箍;

Φ8@100(4)/150(2)表示箍筋为HPB300级钢筋,直径8 mm,加密区间距100 mm,为四肢箍;非加密区间距150 mm,为双肢箍。

(4)梁上部通长筋或架立筋配置

此项为必注值。所注规格与根数应根据结构受力要求及箍筋肢数等要求而定。当同排纵筋中既有通长筋又有架立筋时,应用加号"+"将通长筋和架立筋相连。注写时需将角部纵筋写在加号的前面,架立筋写在加号后面的括号里,以示不同直径及与通长筋的区别。当全部采用架立筋时,则将其写入括号内。

【例9.4】 2⏀22用于双肢箍;2⏀22+(4Φ12)用于6肢箍,其中2⏀22为通长筋,4Φ12为架立筋。

当梁的上部纵筋和下部纵筋均为全跨相同,且多数跨配筋相同时,此项可加注下部纵筋的配筋值,用分号";"将上部与下部纵筋的配筋值分隔。

【例9.5】 3⏀22;3⏀20表示梁的上部配置3⏀22的通长筋,下部配置3⏀20的通长筋。

(5)梁侧面纵向构造钢筋或受扭钢筋配置

此项为必标注。当梁腹板高度 $h_w \geqslant 450$ mm时,需配置纵向构造钢筋,所注规格与根数应符合规定。此项注写值以大写字母G打头,接续注写设置在梁两个侧面的总配筋值,且对称配置。当梁侧面需配置受扭纵向钢筋时,此项注写值以大写字母N打头,接续注写设置在梁两个侧面的总配筋值,且对称配置。

【例9.6】 G4Φ12,表示梁的两个侧面共配置4Φ12的纵向构造钢筋,两侧各配置2Φ12;N6⏀22,表示梁的两个侧面共配置6⏀22的受扭纵向钢筋,两侧各配置3⏀22。

(6)梁顶面标高高差

此项为选注值。梁顶面标高高差,是指相对于结构层楼面标高的高差值;对于位于结构夹层的梁,则指相对于结构夹层楼面标高的高差。有高差时,需将其写入括号内,无高差时不注。当梁顶面标高不同于结构层楼面标高时,高于楼面为正值,低于楼面为负值。

【例9.7】 某结构标准层的楼面标高为45.950 m和49.250 m,当某梁的梁顶面标高高差注写为(-0.050)时,即表明该梁顶面标高分别相对于45.950 m和49.250 m低0.050 m。

2)原位标注

原位标注的内容包括:梁支座上部纵筋、梁下部纵筋、附加箍筋或吊筋。

(1)梁支座上部纵筋

原位标注的梁支座上部纵筋应为包括通长筋在内的所有钢筋。当上部钢筋多于一排时,用斜线"/"将各排纵筋自上而下分开;当同排纵筋有两种直径时,用加号"+"将两种直径的纵筋相连,注写时将角部纵筋写在前面;当梁中间支座两边的上部纵筋相同时,可仅在支座的一边标注配筋值;否则,须在两边分别标注。

【例9.8】 梁支座上部纵筋注写为6⏀25 4/2,表示上一排纵筋为4⏀25,下一排纵筋为2⏀25。

梁支座上部纵筋注写为 2⏀25+2⏀22，表示支座上部纵筋共 4 根一排放置，其中 2⏀25 放在角部，2⏀22 放在中部。

(2)梁下部纵筋

当下部纵筋多于一排时，用斜线“/”将各排纵筋自上而下分开；当同排纵筋有两种不同直径时，用加号“+”将两种直径的纵筋相连，且角部纵筋写在前面；当梁下部纵筋不全部伸入支座时，将梁支座下部纵筋减少的数量写在括号内。

【例 9.9】 梁下部纵筋注写为 6⏀25 2(-2)/4 表示下部纵筋共两排，上排纵筋 2⏀25，且不伸入支座；下排纵筋 4⏀25，全部伸入支座。梁下部纵筋注写为 2⏀25+3⏀22 (-3)/5⏀25，表示上排纵筋为 2⏀25 和 3⏀22，其中 3⏀22 不伸入支座；下排纵筋为 5⏀25，全部伸入支座。

(3)附加箍筋或吊筋

直接画在平面图中的主梁上，用线引注总配筋值，附加箍筋的肢数注在括号内。当多数附加箍筋或吊筋相同时，可在梁平法施工图上统一注明，少数与统一注明值不同时，再原位引注，如图 9.5 所示。

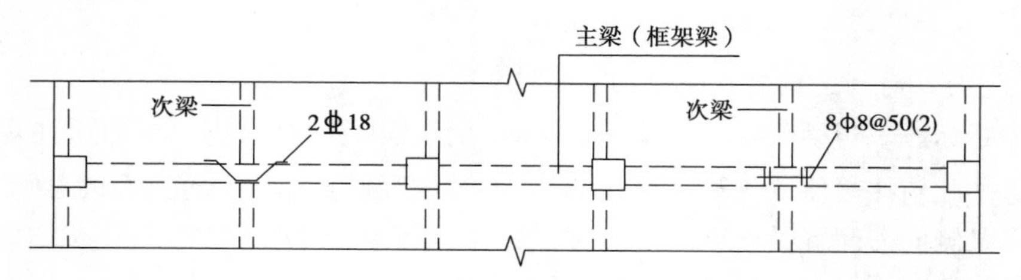

图 9.5 附加箍筋和吊筋示例图

当在梁上集中标注的内容(某一项或某几项)不适用于某跨或某悬挑部分时，则将其不同数值原位标注在该跨或该悬挑部位，如图 9.6 所示为梁平法表示图。

9.3 板的平法施工图

板平面注写主要包括板块集中标注和板支座原位标注。为方便设计表达和施工识图，规定结构平面的坐标方向为：当两向轴网正交布置时，图面从左至右为 X 向，从下至上为 Y 向；当轴网转折时，局部坐标方向顺轴网转折角度做相应转折；当轴网向心布置时，切向为 X 向，径向为 Y 向。

9.3.1 板块集中标注

板块集中标注的内容为：板块编号、板厚、贯通纵筋，以及当板面标高不同时的标高高差。

对于普通楼面，两向均以一跨为一板块；对于密肋楼盖，两向主梁(框架梁)均以一跨为一板块(非主梁密肋不计)。所有板块应逐一编号，相同编号的板块可择其一做集中标注，其他仅注写置于圆圈内的板编号，以及当板面标高不同时的标高高差。

层号	标高/m	层高/m
屋面2	65.670	
塔层2	62.370	3.30
屋面1(塔层1)	59.070	3.30
16	55.470	3.60
15	51.870	3.60
14	48.270	3.60
13	44.670	3.60
12	41.070	3.60
11	37.470	3.60
10	33.870	3.60
9	30.270	3.60
8	26.670	3.60
7	23.070	3.60
6	19.470	3.60
5	15.870	3.60
4	12.270	3.60
3	8.670	3.60
2	4.470	4.20
1	-0.030	4.50
-1	-4.530	4.50
-2	-9.030	4.50

结构层楼面标高
结构层高

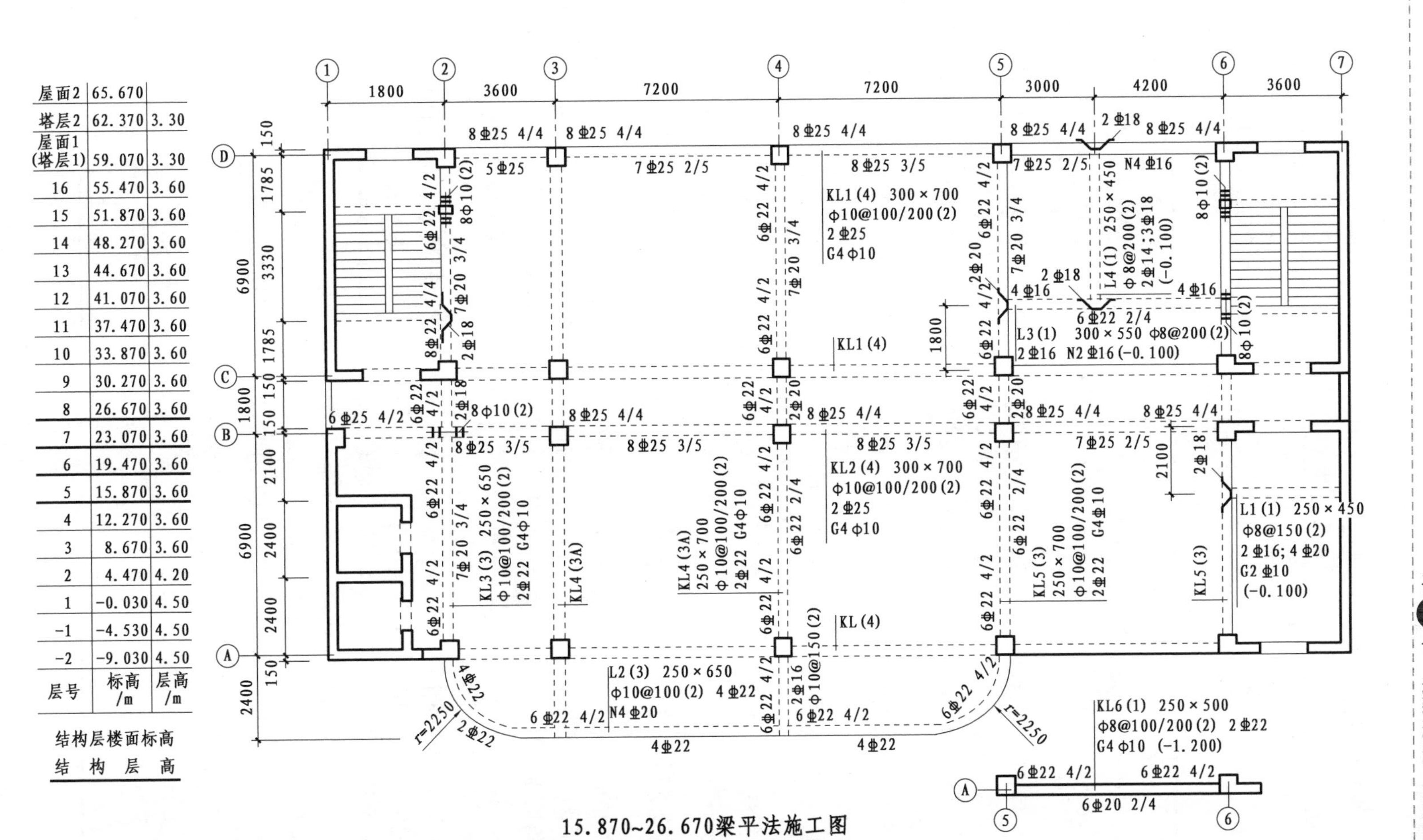

15.870~26.670梁平法施工图

注：可在结构层楼面标高、结构层高表中加设混凝土强度等级等栏目。

图9.6 梁平法施工图平面注写方式示例

板块编号的方法应符合表 9.3 的规定。

表 9.3 板块编号

板类型	代　号	序　号
楼面板	LB	××
屋面板	WB	××
悬挑板	XB	××

板厚注写为 h=×××(为垂直于板面的厚度);当悬挑板的端部改变截面厚度时,用斜线分隔根部与端部的高度值,注写为 h=×××/×××;当设计已在图注中统一注明板厚时,此项可不注。

按板块的上部贯通纵筋和下部纵篇分别注写(当板块上部不设贯通纵筋时则不注),并以 B 代表下部纵筋,以 T 代表上部贯通纵筋,B & T 代表下部和上部;x 向贯通纵筋以 X 打头,y 向贯通纵筋以 Y 打头,两向配置相同时则以 X & Y 打头。当为单向板时,分布筋可不必注写,而在图中统一注明。

板面标高高差,系指相对于结构层楼面标高的高差,应将其注写在括号内,且有高差则注,无高差不注。

【例 9.10】 有一楼面板块注写为:LB5 h=120

B:X ⏀ 12@120;Y ⏀ 10@100

表示 5 号楼面板,板厚 120 mm,板下部配置的贯通纵筋配 X 向为⏀ 12@120,Y 向为⏀ 10@100;板上部未配贯通纵筋。

9.3.2 板支座原位标注

板支座原位标注的内容为:板支座上部非贯通纵筋和悬挑板上部受力钢筋。

板支座上部非贯通纵筋自支座边线向跨内的伸出长度,注写在线段的下方位置。当中间支座上部非贯通纵筋向支座两侧对称伸出时,可仅在支座一侧线段的下方标注伸出长度,另一侧不标注,如图 9.7(a)所示;当支座两侧非对称伸出时,应分别在支座两侧线段的下方标注伸出长度,如图 9.7(b)所示。

对线段画至对边贯通全跨或贯通全悬挑长度的上部通长纵筋,贯通全跨或伸出至全悬挑一侧的长度值不标注,只注明非贯通纵筋另一侧的伸出长度值,如图 9.7(c)所示。

当板支座为弧形,支座上部非贯通纵筋呈放射状分布时,应注明配筋间距的度量位置并加注"放射分布"4 字,必要时应补绘平面配筋图,如图 9.7(d)所示。

关于悬挑板的注写方式如图 9.8 所示。

如图 9.9 所示为采用平面注写方式表达的楼面板平法施工图示例。

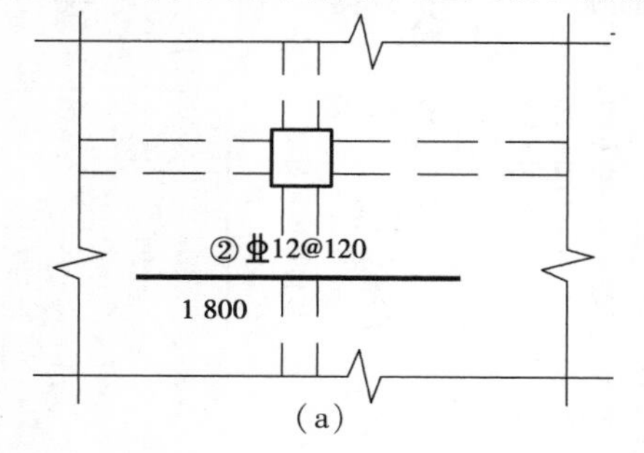

(a)

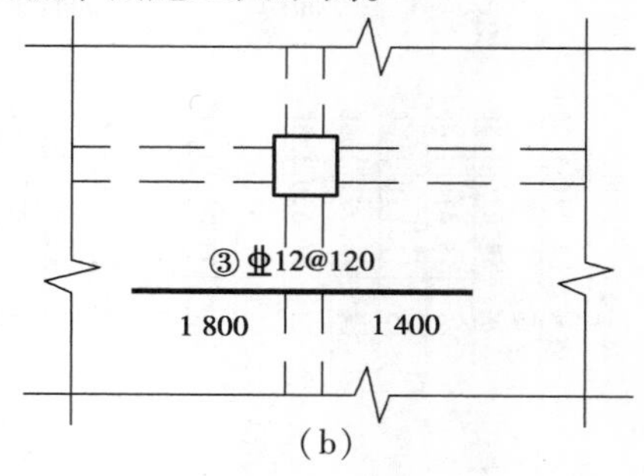

(b)

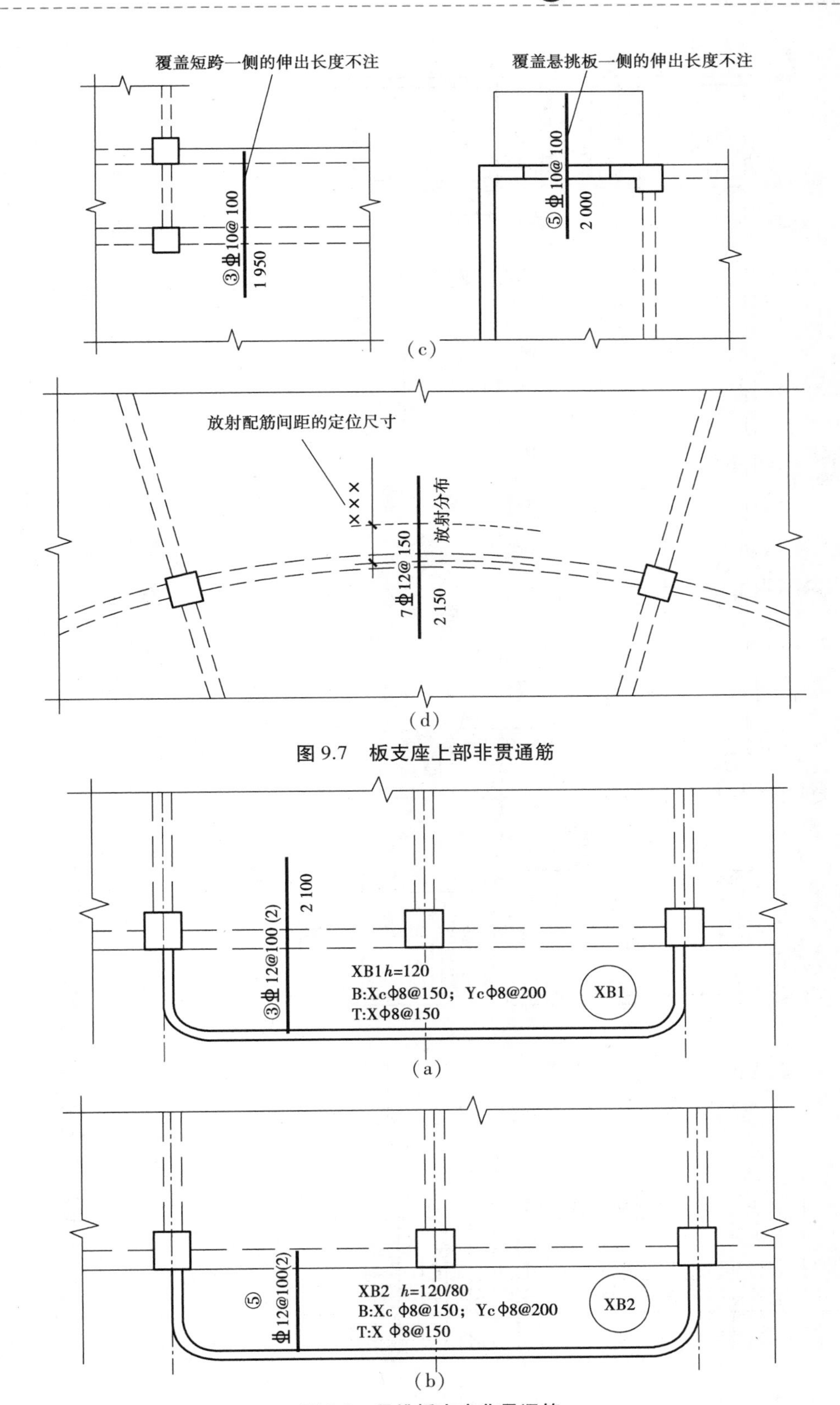

图 9.7 板支座上部非贯通筋

图 9.8 悬挑板支座非贯通筋

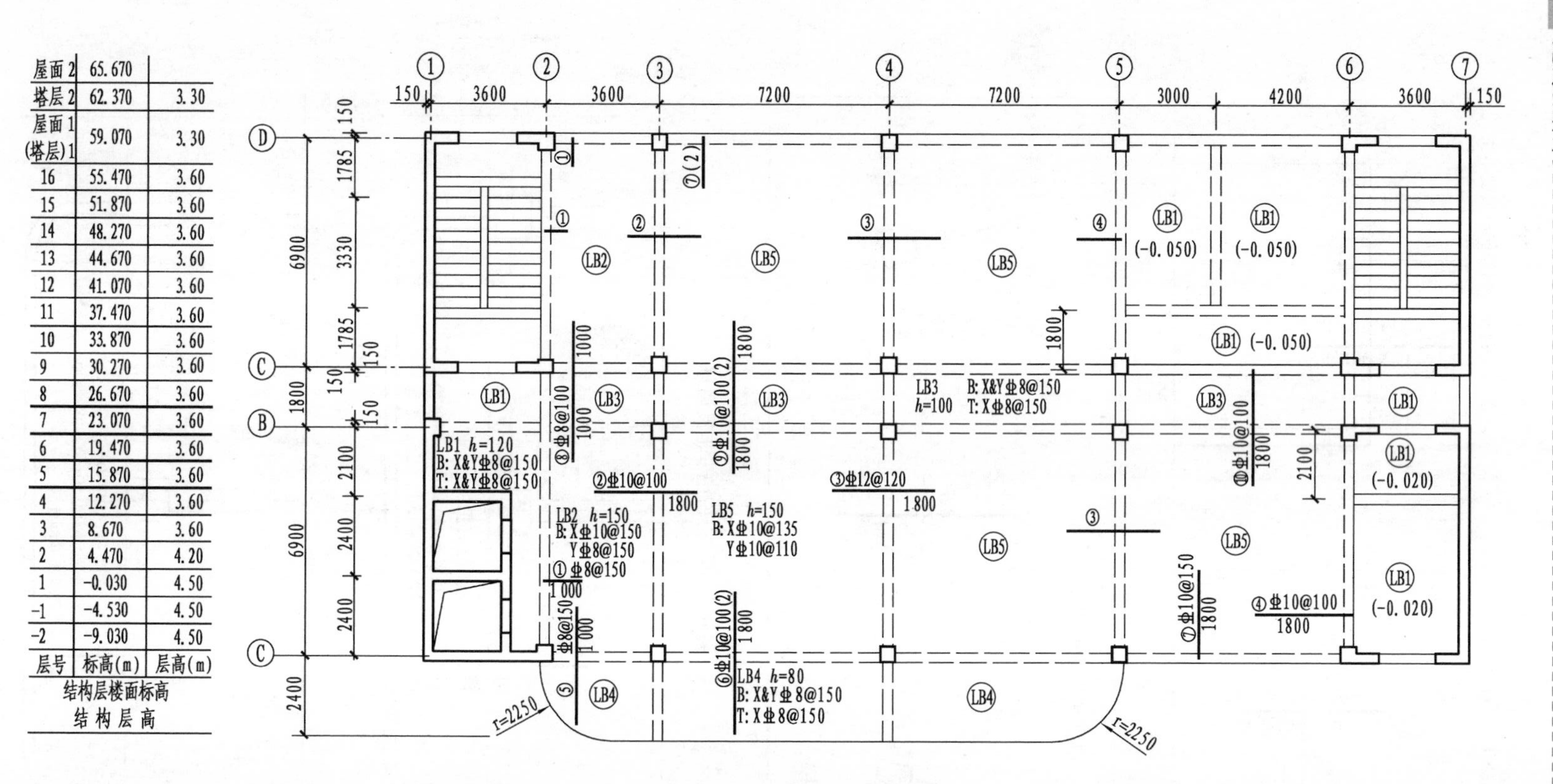

屋面2	65.670	
塔层2	62.370	3.30
屋面1 (塔层)1	59.070	3.30
16	55.470	3.60
15	51.870	3.60
14	48.270	3.60
13	44.670	3.60
12	41.070	3.60
11	37.470	3.60
10	33.870	3.60
9	30.270	3.60
8	26.670	3.60
7	23.070	3.60
6	19.470	3.60
5	15.870	3.60
4	12.270	3.60
3	8.670	3.60
2	4.470	4.20
1	-0.030	4.50
-1	-4.530	4.50
-2	-9.030	4.50
层号	标高(m)	层高(m)

结构层楼面标高
结 构 层 高

注：可在结构层楼面标高、结构层高表中加设混凝土强度等级等栏目。

图9.9　板平法施工图平面注写方式示例

剪力墙
构造及施工

本章小结

1.平法的表达形式，是把结构构件的尺寸和配筋等，按照平面整体表示方法制图规则，整体直接表达在各类构件的结构平面布置图上，再与标准构造详图相配合，即构成一套新型完整的结构设计。

2.柱平法施工图是在柱平面布置图上，采用列表注写方式或截面注写方式表达。

3.柱平法施工图采用列表注写方式：分别在同一编号的柱中选择一个截面标注几何参数代号；在柱表中注写柱编号、柱段起止标高、几何尺寸与配筋的具体数值，并配以各种柱截面形状及其箍筋类型图。

4.柱平法施工图的截面注写方式：是在柱平面布置图的柱截面上，分别在同一编号的柱中选择一个截面，以直接注写截面尺寸和配筋具体数值的方式来表达柱平法施工图。

5.梁平法施工图是在梁平面布置图上采用平面注写方式或截面注写方式表达。

6.梁集中标注的内容，有五项必标注：梁编号、梁截面尺寸、梁箍筋、梁上部通长筋或架立筋配置、梁侧面纵向构造钢筋或受扭钢筋配置；一项选标注：梁顶面标高高差。

7.梁原位标注的内容包括：梁支座上部纵筋、梁下部纵筋、附加箍筋或吊筋。

8.梁原位标注的梁支座上部纵筋应为包括通长筋在内的所有钢筋。当上部钢筋多于一排时，用斜线“/”将各排纵筋自上而下分开；当同排纵筋有两种直径时，用加号“+”将两种直径的纵筋相连，注写时将角部纵筋写在前面；当梁中间支座两边的上部纵筋相同时，可仅在支座的一边标注配筋值；否则，须在两边分别标注。

9.板平面注写主要包括板块集中标注和板支座原位标注。规定结构平面的坐标方向为：当两向轴网正交布置时，图面从左至右为 X 向，从下至上为 Y 向；当轴网转折时，局部坐标方向顺轴网转折角度做相应转折；当轴网向心布置时，切向为 X 向，径向为 Y 向。

10.板块集中标注的内容为：板块编号，板厚，贯通纵筋，以及当板面标高不同时的标高高差。

11.板支座原位标注的内容为：板支座上部非贯通纵筋和悬挑板上部受力钢筋。

本章习题

1.平法表示方法的原理是什么？

2.框架梁的集中标注内容分为哪些？

3.梁上截面标注 4⏀25 2(-2)/2 表示什么？

4.梁箍筋标注Φ8@100/200(4)表示什么？

第 10 章

砌体结构

本章导读

- **基本要求** 了解砌体的材料和力学性能;掌握无筋砌体构件的承载力计算;熟悉刚性方案多层房屋墙体设计计算方法;掌握墙体设计的构造要求、墙柱高厚比验算方法;了解过梁、挑梁的受力特点和构造要求;掌握多层砌体的构造要求;培养爱岗敬业、精益求精的工匠精神。
- **重点** 无筋砌体受压和局部受压的承载力计算;混合结构房屋墙体设计;砌体结构的构造要求。
- **难点** 无筋砌体局部受压的承载力计算;混合结构房屋墙体设计。

10.1 砌体材料及砌体的力学性能

10.1.1 砌体材料种类及强度等级

砌体的材料主要包括块材和砂浆。

1)块材

(1)块材的种类

块材是砌体的主要组成部分,占砌体总体积的 78%以上。我国目前的块材主要有以下几类:

①砖。砖主要有以下几种:

a.烧结普通砖。烧结普通砖是由煤矸石、页岩、粉煤灰或黏土为主要原料,经过焙烧而成的实心或孔洞率不大于15%的砖。分烧结煤矸石砖、烧结页岩砖、烧结粉煤灰砖、烧结黏土砖等。为了保护土地资源,利用工业废料和改善环境,国家禁止使用黏土实心砖。推广和生产采用非黏土原材料制成的砖材,已成为我国墙体材料改革的发展方向。

b.烧结多孔砖。烧结多孔砖是以煤矸石、页岩、粉煤灰或黏土为主要原料,经焙烧而成,孔洞率不大于35%,孔的尺寸小而数量多,主要用于承重部位的砖。目前多孔砖的型号有KM1型砖(190 mm×190 mm×90 mm)、KP1型砖(240 mm×115 mm×90 mm)、KP2型砖(240 mm×180 mm×115 mm)及相应配砖。烧结多孔砖与烧结普通砖相比,突出的优点是减轻墙体自重1/4~1/3,节约原料和能源,提高砌筑效率约40%,降低成本20%左右,显著改善保温隔热性能。

c.蒸压灰砂普通砖和蒸压粉煤灰普通砖。蒸压灰砂普通砖是以石灰等钙质材料和砂等硅质材料为主要原料,经坯料制备、压制排气成型、高压蒸汽养护而成的实心砖。蒸压粉煤灰普通砖是以石灰、消石灰(如电石渣)或水泥等钙质材料与粉煤灰等硅质材料及集料(砂等)为主要原料,掺加适量石膏,经坯料制备、压制排气成型、高压蒸汽养护而成的实心砖。

d.混凝土砖。混凝土砖是以水泥为胶结材料,以砂、石等为主要集料,加水搅拌、成型、养护制成的一种多孔的混凝土半盲孔砖或实心砖。多孔砖主要规格尺寸为240 mm×115 mm×90 mm,240 mm×190 mm×90 mm,190 mm×190 mm×90 mm等;实心砖的主要规格尺寸为240 mm×115 mm×53 mm,240 mm×115 mm×90 mm等。

②砌块。砌块是指用普通混凝土或轻集料混凝土以及硅酸盐材料制作的实心和空心块材。砌块按尺寸大小和质量分为可手工砌筑的小型砌块和采用机械施工的中型和大型砌块。

纳入砌体结构设计规范的砌块主要有普通混凝土砌块和轻骨料混凝土小型空心砌块。混凝土小型空心砌块的主要规格尺寸为390 mm×190 mm×190 mm,空心率为25%~50%。砌块的孔洞沿厚度方向只有一排孔的为单排孔小型砌块,有双排条形孔洞或多排条形孔洞的为双排孔小型砌块或多排孔小型砌块。

③石材。天然石材以重力密度大于或小于18 kN/m^{3}分为重石(花岗岩、砂岩、石灰岩)和轻石(凝灰岩、贝壳灰岩)两类;按加工后的外形规则程度可分为细料石、半细料石、粗料石和毛料石,形状不规则、中部厚度不小于200 mm的块石称为毛石。

(2)块材的强度等级

块材的强度等级用符号"MU"表示,按标准试验方法得出的块体极限抗压强度的平均值确定,单位为MPa。《砌体结构设计规范》(后文简称《砌体规范》)中规定的承重结构的块体强度等级分别为:

①烧结普通砖、烧结多孔砖的强度等级:MU30,MU25,MU20,MU15,MU10。

②蒸压普通灰砂砖、蒸压普通粉煤灰砖的强度等级:MU25,MU20,MU15。

③混凝土普通砖和混凝土多孔砖的强度等级:MU30,MU25,MU20,MU15。

④混凝土砌块、轻集料混凝土砌块的强度等级:MU20,MU15,MU10,MU7.5,MU5。

⑤石材的强度等级:MU100,MU80,MU60,MU50,MU40,MU30,MU20。

2)砂浆

砂浆在砌体中的作用是将块材连成整体并使应力均匀分布,以保证砌体结构的整体性。

此外,由于砂浆填满块材间的缝隙,减少了砌体的透气性,提高了砌体的隔热性及抗冻性。

(1)砂浆的种类

砂浆按其组成材料的不同,分为以下几种:

①水泥砂浆:具有强度高、耐久性好的特点,但保水性和流动性较差,适用于潮湿环境和地下砌体。

②混合砂浆:具有保水性和流动性较好、强度较高、便于施工而且质量容易保证的特点,是砌体结构中常用的砂浆。

③非水泥砂浆:有石灰砂浆、黏土砂浆、石膏砂浆。石灰砂浆具有保水性、流动性好的特点,但强度低、耐久性差,只适用于临时建筑或受力不大的简易建筑。

④混凝土砌块砌筑砂浆:是由水泥、砂、水以及根据需要掺入的掺合料和外加剂等组成,按一定的比例,采用机械拌和制成,专门用于砌筑混凝土砌块的砂浆,简称砌块专用砂浆。

(2)砂浆的强度等级

砂浆的强度等级是用龄期为28 d的边长为70.7 mm的立方体试块所测得的极限抗压强度来确定的,用符号"M"表示,单位为MPa。

《砌体规范》中规定,普通砂浆强度等级为:M15,M10,M7.5,M5,M2.5;蒸压灰砂普通砖和蒸压粉煤灰普通砖砌体采用的专用砌筑砂浆强度等级为:Ms15,Ms10,Ms7.5,Ms5。

验算施工阶段砌体结构的承载力时,砂浆强度取为0。

当采用混凝土小型空心砌块时,应采用与其配套的砌块专用砂浆(用"Mb"表示)和砌块灌孔混凝土(用"Cb"表示)。砌块专用砂浆强度等级有Mb20,Mb15,Mb10,Mb7.5,Mb5五个,砌块灌孔混凝土与混凝土强度等级等同。

10.1.2 砌体的力学性能

1)砌体的种类

砌体分为无筋砌体和配筋砌体两类。

(1)无筋砌体

无筋砌体不配置钢筋,仅由块材和砂浆组成,包括砖砌体、砌块砌体和石砌体。

砖砌体由砖和砂浆砌筑而成,可用作内外墙、柱、基础等承重结构以及围护墙和隔墙等非承重结构。墙体厚度根据强度和稳定性要求确定,对于房屋的外墙还需考虑保温、隔热的性能要求。

砌块砌体由砌块和砂浆砌筑而成,是墙体改革的一项重要措施。采用砌块砌体可以减轻劳动强度,提高生产率,并具有较好的经济技术指标。

石砌体由天然石材和砂浆(或混凝土)砌筑而成,分为料石砌体、毛石砌体和毛石混凝土砌体3类。石砌体可用作建造一般民用建筑的承重墙、柱和基础,还可用作挡土墙、石拱桥、石坝和涵洞等构筑物。在石材产地可就地取材,比较经济,应用较广泛。

无筋砌体抗震性能和抵抗地基不均匀沉降的能力较差。

(2)配筋砌体

为提高砌体强度,减少其截面尺寸,增加砌体结构(或构件)的整体性,可采用配筋砌体。配筋砌体可分为网状配筋砖砌体、组合砖砌体、砖砌体和钢筋混凝土构造柱组合墙及配筋砌块砌体。

网状配筋砖砌体又称横向配筋砌体，在砌体中每隔几皮砖在其水平灰缝设置一层钢筋网。钢筋网有方格网式和连弯式两种，如图 10.1 所示。方格网式一般采用直径为 3～4 mm 的钢筋，连弯式采用直径为 5～8 mm 的钢筋。

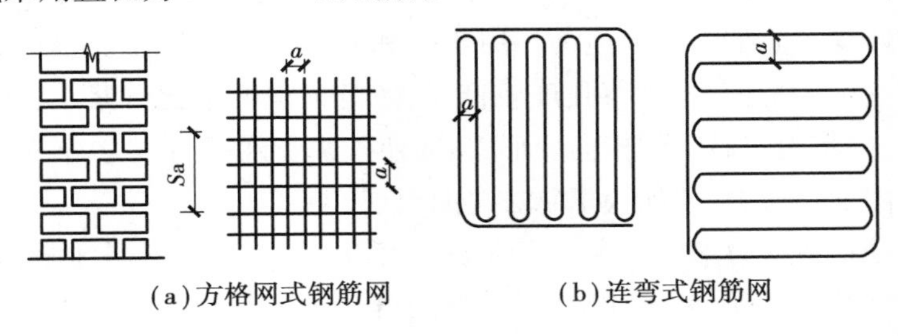

图 10.1　网状配筋砖砌体

2)砌体的轴心受压性能

(1)砌体受压破坏过程

砌体轴心受压从加荷开始直到破坏，大致经历 3 个阶段：

①当砌体加载达极限荷载的 50%～70%时，单块砖内产生细小裂缝，如图 10.2(a)所示。此时若停止加载，裂缝亦停止扩展。

②当加载达极限荷载的 80%～90%时，砖内有些裂缝连通起来，沿竖向贯通若干皮砖，如图 10.2(b)所示。此时，即使不再加载，裂缝仍会继续扩展，砌体实际上已接近破坏。

③当压力接近极限荷载时，砌体中裂缝迅速扩展和贯通，将砌体分成若干个小柱体，砌体最终因被压碎或丧失稳定而破坏，如图 10.2 (c)所示。

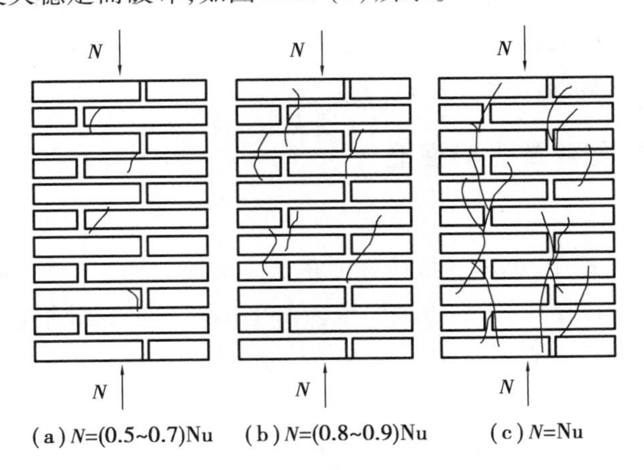

图 10.2　砖砌体的受压破坏

(2)受压砌体的受力特点

根据上述砖、砂浆和砌体的受压试验结果发现：

①砖的抗压强度和弹性模量值均大大高于砌体。

②砌体的抗压强度和弹性模量可能高于也可能低于砂浆相应的数值。

产生上述结果的原因为：

①砌体中的砖处于复合受力状态。由于砖的表面本身不平整,再加之铺设砂浆的厚度不是很均匀,水平灰缝也不很饱满,造成单块砖在砌体内并不是均匀受压,而是处于同时受压、受弯、受剪甚至受扭的复合受力状态。

由于砖的抗拉强度很低,一旦拉应力超过砖的抗拉强度,就会引起砖的开裂。

②砌体中的砖受有附加水平拉应力。由于砖和砂浆的弹性模量及横向变形系数不同,砌体受压时要产生横向变形,当砂浆强度较低时,砖的横向变形比砂浆小,在砂浆粘结力与摩擦力的影响下,砖将阻止砂浆的横向变形,从而使砂浆受到横向压力,砖就受到横向拉力。由于砖内出现了附加拉应力,便加快了砖裂缝的出现。

③竖向灰缝处存在应力集中。由于竖向灰缝往往不饱满以及砂浆收缩等原因,竖向灰缝内砂浆和砖的粘结力减弱,使砌体的整体性受到影响。因此,在位于竖向灰缝上、下端的砖内产生横向拉应力和剪应力的集中,加快砖的开裂。

(3)影响砌体抗压强度的主要因素

①块材和砂浆的强度等级。块材和砂浆的强度是决定砌体抗压强度的最主要因素。块材的强度等级高,其抗弯、抗拉、抗剪强度也较高,相应的砌体抗压强度也高;砂浆强度等级越高,砂浆的横向变形越小,砌体抗压强度也有所提高。

②砂浆的性能。砂浆的流动性和保水性越好,则砂浆容易铺砌均匀,灰缝的饱满程度就高,砌体强度也高;如果流动性过大,砂浆在硬化后的变形也大,也会降低砌体的强度。

③块材的形状、尺寸及灰缝厚度。块材的外形越规则、平整,砌体强度相对较高。砌体灰缝厚度越厚,越难保证均匀与密实;灰缝过薄又会使块体不平整造成的弯、剪作用增大,降低砌体的抗压强度。因此,砖和小型砌块砌体灰缝厚度应控制在 8~12 mm。

④砌筑质量。砌筑质量是影响砌体强度的主要因素之一。影响砌筑质量的因素很多,如砂浆饱满度,砌筑时块体的含水率、组砌方式,砂浆搅拌方式,砌筑工人技术水平,现场质量管理水平等都会影响砌筑质量。

3)砌体的受拉、受弯及受剪性能

(1)砌体的受拉性能

与砌体的抗压强度相比,砌体的抗拉强度很低。按照力作用于砌体方向的不同,砌体可能发生如图 10.3 所示的两种破坏。当轴向拉力与砌体的水平灰缝平行时,砌体可能发生沿竖向及水平方向灰缝的齿缝截面破坏[图 10.3(a)];或沿块体和竖向灰缝的截面破坏[图 10.3(b)]。

(2)砌体的受弯性能

与轴心受拉相似,砌体弯曲受拉时,也可能发生 3 种破坏形态:沿齿缝截面破坏[图 10.4(a)];沿砌体与竖向灰缝截面破坏[图 10.4(b)];沿通缝截面破坏[图 10.4(c)]。砌体的弯曲受拉破坏形态也与块体和砂浆的强度等级有关。

(3)砌体的受剪性能

砌体的受剪破坏有两种形式:一种是沿通缝截面破坏[图 10.5(a)];另一种是沿阶梯形截面破坏[图 10.5(b)],其抗剪强度由水平灰缝和竖向灰缝共同提供。如上所述,由于竖向

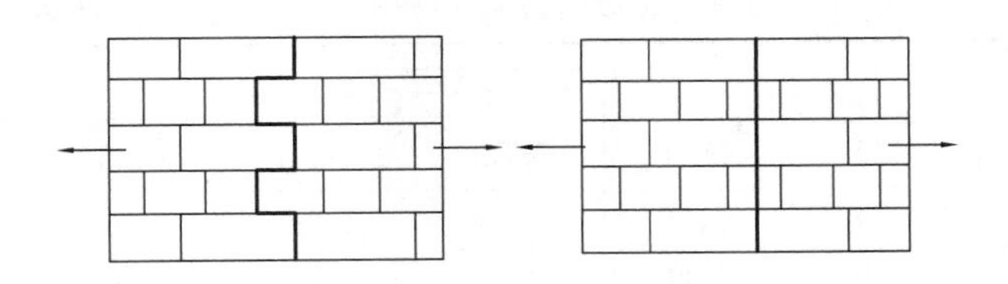

(a)沿齿缝截面的破坏 (b)沿块体和竖向灰缝截面的破坏

图 10.3 砖砌体的轴心受拉破坏形式

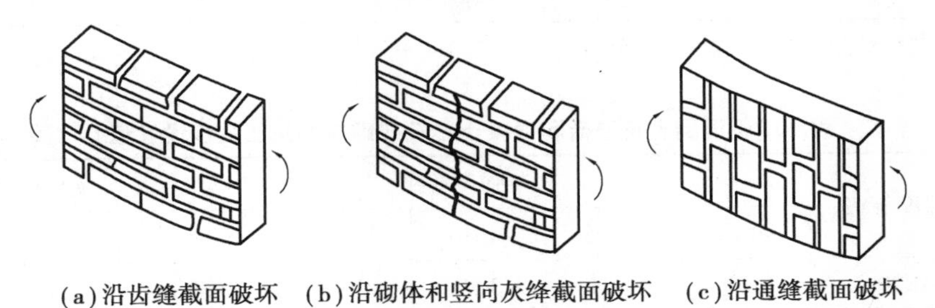

(a)沿齿缝截面破坏 (b)沿砌体和竖向灰绛截面破坏 (c)沿通缝截面破坏

图 10.4 砖砌体的弯曲受拉破坏

灰缝不饱满,抗剪能力很低,竖向灰缝强度可不予考虑。因此,可以认为这两种破坏的砌体抗剪强度相同。

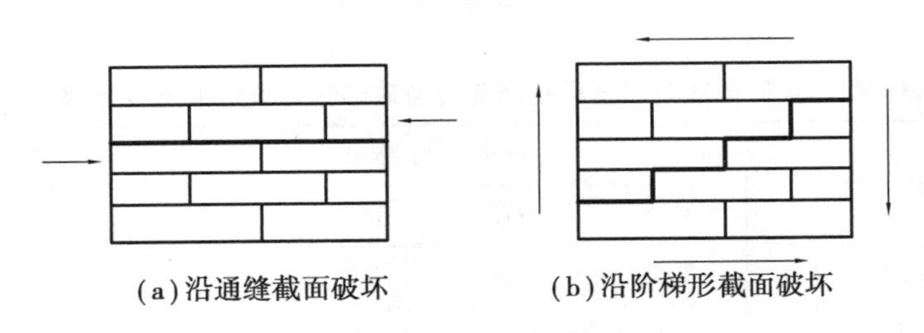

(a)沿通缝截面破坏 (b)沿阶梯形截面破坏

图 10.5 砌体的受剪破坏

4)砌体的计算指标

(1)砌体的抗压强度设计值f

龄期为28 d的以毛截面计算的砌体抗压强度设计值,当施工质量控制等级为B级时,根据块材和砂浆的强度等级可分别按表10.1~10.5采用(施工阶段砂浆尚未硬化的新砌砌体的强度和稳定性,可按砂浆强度为零进行验算)。

(2)砌体的轴心抗拉强度设计值f_t、弯曲抗拉强度设计值f_{tm}和抗剪强度设计值f_v

龄期为28 d的以毛截面计算的各类砌体的轴心抗拉强度设计值、弯曲抗拉强度设计值和抗剪强度设计值,当施工质量控制等级为B级时,根据砌体破坏特征及砌体种类、砂浆的强度等级按表10.6采用。

表 10.1　烧结普通砖和烧结多孔砖砌体的抗压强度设计值 f　　单位:MPa

砖强度等级	砂浆强度等级					砂浆强度
	M15	M10	M7.5	M5	M2.5	0
MU30	3.94	3.27	2.93	2.59	2.26	1.15
MU25	3.60	2.98	2.68	2.37	2.06	1.05
MU20	3.22	2.67	2.39	2.12	1.84	0.94
MU15	2.79	2.31	2.07	1.83	1.60	0.82
MU10	—	1.89	1.69	1.50	1.30	0.67

注:当烧结多孔砖的孔洞率大于 30%时,表中数值应乘以 0.9。

表 10.2　混凝土普通砖和混凝土多孔砖砌体的抗压强度设计值 f　　单位:MPa

砖强度等级	砂浆强度等级					砂浆强度
	Mb20	Mb15	Mb10	Mb7.5	Mb5	0
MU30	4.61	3.94	3.27	2.93	2.59	1.15
MU25	4.21	3.60	2.98	2.68	2.37	1.05
MU20	3.77	3.22	2.67	2.39	2.12	0.94
MU15	—	2.79	2.31	2.07	1.83	0.82

表 10.3　蒸压灰砂普通砖和蒸压粉煤灰普通砖砌体的抗压强度设计值 f　　单位:MPa

砖强度等级	砂浆强度等级				砂浆强度
	M15	M10	M7.5	M5	0
MU25	3.60	2.98	2.68	2.37	1.05
MU20	3.22	2.67	2.39	2.12	0.94
MU15	2.79	2.31	2.07	1.83	0.82

表 10.4　毛料石砌体的抗压强度设计值 f　　单位:MPa

毛料石强度等级	砂浆强度等级			砂浆强度
	M7.5	M5	M2.5	0
MU100	5.42	4.80	4.18	2.13
MU80	4.85	4.29	3.73	1.91
MU60	4.20	3.71	3.23	1.65
MU50	3.83	3.39	2.95	1.51
MU40	3.43	3.04	2.64	1.35
MU30	2.97	2.63	2.29	1.17
MU20	2.42	2.15	1.87	0.95

注:对细料石砌体、粗料石砌体和干砌勾缝石砌体,表中数值应分别乘以调整系数 1.4、1.2 和 0.8。

表 10.5 毛石砌体的抗压强度设计值 f 单位:MPa

毛石强度等级	砂浆强度等级			砂浆强度
	M7.5	M5	M2.5	0
MU100	1.27	1.12	0.98	0.34
MU80	1.13	1.00	0.87	0.30
MU60	0.98	0.87	0.76	0.26
MU50	0.90	0.80	0.69	0.23
MU40	0.80	0.71	0.62	0.21
MU30	0.69	0.61	0.53	0.18
MU20	0.56	0.51	0.44	0.15

下列情况的各类砌体,其砌体强度设计值应乘以调整系数 γ_a:

①对无筋砌体构件,其截面面积小于 0.3 m^{2}时,γ_a 为其截面面积加 0.7;对配筋砌体构件,当其中砌体截面面积小于 0.2 m^{2}时,γ_a为其截面面积加 0.8。构件截面面积以"m^2"计。

②当砌体用强度等级小于 M5 的水泥砂浆砌筑时,对表 10.1~10.5 各表中的数值,γ_a 为 0.9;对表 10.6 中数值,γ_a 为 0.8。

③当验算施工中房屋的构件时,γ_a 为 1.1。

表 10.6 沿砌体灰缝截面破坏时砌体的轴心抗拉强度设计值 f_t、弯曲抗拉强度设计值 f_{tm} 和抗剪强度设计值 f_v 单位:MPa

强度类别	破坏特征及砌体种类		砂浆强度等级			
			≥M10	M7.5	M5	M2.5
轴心抗拉	沿齿缝	烧结普通砖、烧结多孔砖	0.19	0.16	0.13	0.09
		混凝土普通砖、混凝土多孔砖	0.19	0.16	0.13	0.09
		蒸压灰普通砂砖、蒸压粉煤灰普通砖	0.12	0.10	0.08	0.06
		混凝土和轻集料混凝土砌块	0.09	0.08	0.07	—
		毛石	—	0.07	0.06	—
弯曲抗拉	沿齿缝	烧结普通砖、烧结多孔砖	0.33	0.29	0.23	0.17
		混凝土普通砖、混凝土多孔砖	0.33	0.29	0.23	—
		蒸压灰普通砂砖、蒸压粉煤灰普通砖	0.24	0.20	0.16	—
		混凝土和轻集料混凝土砌块	0.11	0.09	0.08	—
		毛石	—	0.11	0.09	0.07
	沿通缝	烧结普通砖、烧结多孔砖	0.17	0.14	0.11	0.08
		混凝土普通砖、混凝土多孔砖	0.17	0.14	0.11	—
		蒸压灰普通砂砖、蒸压粉煤灰普通砖	0.12	0.10	0.08	—
		混凝土和轻集料混凝土砌块	0.08	0.06	0.05	—

续表

强度类别	破坏特征及砌体种类	砂浆强度等级			
		≥M10	M7.5	M5	M2.5
抗剪	烧结普通砖、烧结多孔砖	0.17	0.14	0.11	0.08
	混凝土普通砖、混凝土多孔砖	0.17	0.14	0.11	—
	蒸压灰普通砂砖、蒸压粉煤灰普通砖	0.12	0.10	0.08	—
	混凝土和轻集料混凝土砌块	0.09	0.08	0.06	—
	毛石	—	0.19	0.16	0.11

注：1.对于用形状规则的块体砌筑的砌体，当搭接长度与块体高度的比值小于 1 时，其轴心抗拉强度设计值 f_t 和弯曲抗拉强度设计值 f_{tm} 应按表中数值乘以搭接长度与块体高度比值后采用；

2.表中数值是依据普通砂浆砌筑的砌体确定，采用经研究性试验且通过技术鉴定的专用砂浆砌筑的蒸压灰砂普通砖、蒸压粉煤灰普通砖砌体，其抗剪强度设计值按相应普通砂浆强度等级砌筑的烧结普通砖砌体采用；

3.对混凝土普通砖、混凝土多孔砖、混凝土和轻集料混凝土砌块砌体，表中的砂浆强度分别为≥Mb10、Mb7.5 及 Mb5。

10.2 砌体结构构件承载力计算

10.2.1 无筋砌体受压构件承载力计算

砌体构件的整体性较差，因此砌体构件在受压时，纵向弯曲对砌体构件承载力的影响较其他整体构件显著；同时又因为荷载作用位置的偏差、砌体材料的不均匀性以及施工误差，使轴心受压构件产生附加弯矩和侧向挠曲变形。《砌体规范》规定，把轴向力偏心距和构件的高厚比对受压构件承载力的影响采用同一系数 φ 来考虑。

《砌体规范》规定，对无筋砌体轴心受压构件、偏心受压承载力均按下式计算：

$$N \leqslant \varphi f A \tag{10.1}$$

式中 N——轴向力设计值；

φ——高厚比 β 和轴向力偏心距 e 对受压构件承载力的影响系数；

f——砌体抗压强度设计值，按表 10.1 ~ 表 10.5 采用；

A——截面面积，对各类砌体均按毛截面计算。

高厚比 β 和轴向力偏心距 e 对受压构件承载力的影响系数 φ 按下式计算：

当 $\beta \leqslant 3$ 时

$$\varphi = \frac{1}{1+12\left(\frac{e}{h}\right)^2} \tag{10.2}$$

当 $\beta > 3$ 时

$$\varphi = \frac{1}{1+12\left[\frac{e}{h}+\sqrt{\frac{1}{12}\left(\frac{1}{\varphi_0}-1\right)}\right]^2} \tag{10.3}$$

$$\varphi_0 = \frac{1}{1+\alpha\beta^2} \tag{10.4}$$

式中 e——轴向力的偏心距，按内力设计值计算，并不应大于 $0.6y$（y 为截面重心到轴向力所在偏心方向截面边缘的距离）。

h——矩形截面轴向力偏心方向的边长，当轴心受压时为截面较小边长。若为T形截面，则 $h=h_T$，h_T 为T形截面的折算厚度，可近似按 $3.5i$ 计算（i 为截面回转半径）。

φ_0——轴心受压构件的稳定系数，当 $\beta \leqslant 3$ 时，$\varphi_0=1$。

α——与砂浆强度等级有关的系数，当砂浆强度等级大于或等于M5时，α 等于0.001 5；当砂浆强度等级等于M2.5时，α 等于0.002；当砂浆强度等级等于0时，α 等于0.009。

β——构件的高厚比。

计算影响系数 φ 时，构件高厚比 β 按下式确定：

对矩形截面

$$\beta = \gamma_\beta \frac{H_0}{h} \tag{10.5}$$

对T形截面

$$\beta = \gamma_\beta \frac{H_0}{h_T} \tag{10.6}$$

式中 γ_β——不同砌体的高厚比修正系数，按表10.7采用；

H_0——受压构件计算高度，按表10.11采用；

h_T——T形截面的折算厚度，可近似按 $3.5i$ 计算（i 为截面回转半径）。

表10.7 高厚比修正系数 γ_β

砌体材料类别	γ_β
烧结普通砖、烧结多孔砖	1.0
混凝土普通砖、混凝土多孔砖、混凝土及轻集料混凝土砌块	1.1
蒸压灰砂普通砖、蒸压粉煤灰普通砖、细料石	1.2
粗料石、毛石	1.5

对带壁柱墙，其翼缘宽度 b_f 可按下列规定采用：

①多层房屋，当有门窗洞口时，可取窗间墙宽度；当无门窗洞口时，每侧翼墙宽度可取壁柱高度的1/3。

②单层房屋，可取壁柱宽加2/3墙高，但不大于窗间墙宽度和相邻壁柱间距离；计算带壁柱墙的条形基础时，可取相邻壁柱间的距离。

对于矩形截面构件，当轴向力偏心方向的截面边长大于另一方向的截面边长时，除了按偏心受压计算外，还应对较小边长，按轴心受压计算。

【例10.1】 某截面为370 mm×490 mm的砖柱，柱计算高度 $H_0=H=5$ m，采用MU10烧结普通砖及M5混合砂浆砌筑，柱底承受轴向压力设计值为 $N=150$ kN，结构安全等级为二级，施工质量控制等级为B级。试验算该柱底截面是否安全。

【解】 查表10.1得MU10烧结普通砖与M5混合砂浆砌筑的砖砌体的抗压强度设计值

$f=1.5$ MPa。

由于截面面积 $A=0.37\times0.49\ m^2=0.18\ m^2<0.3\ m^2$，因此砌体抗压强度设计值应乘以调整系数 γ_a，$\gamma_a=A+0.7=0.18+0.7=0.88$。

将 $\beta=\gamma_\beta\dfrac{H_0}{h}=1.0\times\dfrac{5\ 000}{370}=13.5$ 代入式(10.4)得：

$$\varphi=\varphi_0=\frac{1}{1+\alpha\beta^2}=\frac{1}{1+0.001\ 5\times13.5^2}=0.785$$

则柱底截面的承载力为

$$\varphi\gamma_a fA=0.785\times0.88\times1.5\times0.18\times10^3=186.5(\text{kN})>150(\text{kN})。$$

故柱底截面安全。

【例 10.2】 一偏心受压柱，截面尺寸为 490 mm×620 mm，柱计算高度 $H_0=H=5$ m，采用强度等级为 MU15 蒸压灰砂普通砖及 M5 水泥砂浆砌筑，柱底承受轴向压力设计值为 $N=160$ kN，弯矩设计值 $M=20$ kN·m(沿长边方向)，结构的安全等级为二级，施工质量控制等极为 B 级。试验算该柱底截面是否安全。

【解】 1.弯矩作用平面内承载力验算

$e=\dfrac{M}{N}=\dfrac{20\ \text{kN}\cdot\text{m}}{160\ \text{kN}}=0.125\ \text{m}=125\ \text{mm}<0.6y$(满足规范要求)。

MU15 蒸压灰砂普通砖及 M5 水泥砂浆砌筑，查表 10.7 得 $\gamma_\beta=1.2$。

将 $\beta=\gamma_\beta\dfrac{H_0}{h}=1.2\times\dfrac{5\ 000}{620}=9.68$ 及 $\dfrac{e}{h}=\dfrac{125}{620}=0.202$ 代入式(10.4)得：

$$\varphi_0=\frac{1}{1+\alpha\beta^2}=\frac{1}{1+0.001\ 5\times9.68^2}=0.877$$

将 $\varphi_0=0.877$ 代入式(10.3)得：

$$\varphi=\frac{1}{1+12\left[\frac{e}{h}+\sqrt{\frac{1}{12}\left(\frac{1}{\varphi_0}-1\right)}\right]^2}=\frac{1}{1+12\left[0.202+\sqrt{\frac{1}{12}\left(\frac{1}{0.877}-1\right)}\right]^2}=0.465$$

查表得，MU15 蒸压灰砂普通砖与 M5 水泥砂浆砌筑的砖砌体抗压强度设计值 $f=1.83$ MPa。由于水泥砂浆强度等级为 M5，因此砌体抗压强度设计值不乘调整系数 γ_a。

柱底截面承载力为：

$\varphi fA=0.465\times1.83\times0.49\times0.62\times10^3\ \text{kN}=258.5\ \text{kN}>160\ \text{kN}$。

2.弯矩作用平面外承载力验算

对较小边长方向，按轴心受压构件验算：

$\beta=\gamma_\beta\dfrac{H_0}{h}=1.2\times\dfrac{5\ 000}{490}=12.24$，将 $\beta=12.24$ 代入式(10.4)得：

$$\varphi=\varphi_0=\frac{1}{1+\alpha\beta^2}=\frac{1}{1+0.001\ 5\times12.24^2}=0.816$$

则柱底截面的承载力为：

$\varphi fA=0.816\times1.83\times0.49\times0.62\times10^3\ \text{kN}=453.7\ \text{kN}>160\ \text{kN}$。

故柱底截面安全。

【例 10.3】 如图 10.6 所示带壁柱窗间墙，采用 MU10 烧结普通砖与 M5 的水泥砂浆砌筑，计算高度 $H_0=5$ m，柱底承受轴向力设计值为 $N=150$ kN，弯矩设计值为 $M=30$ kN·m，施工质量控制等级为 B 级，偏心压力偏向于带壁柱一侧。试验算截面是否安全。

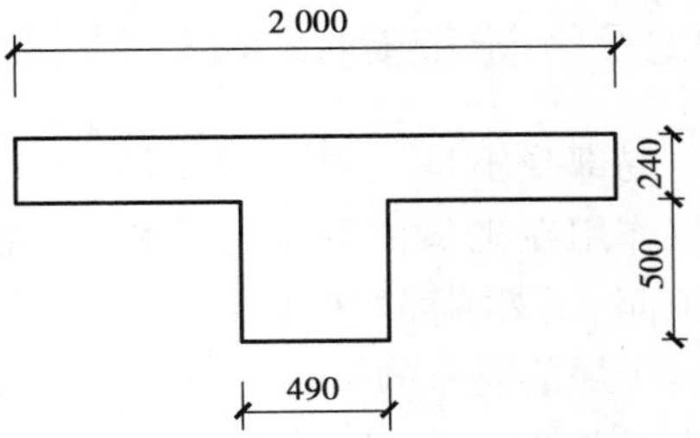

2 000
240
500
490

图 10.6 例 10.3 附图

【解】 1.计算截面几何参数

截面面积

$A=2\ 000\times240+490\times500=725\ 000(\text{mm}^2)$

截面形心至截面边缘的距离

$$y_1=\frac{2\ 000\times240\times120+490\times500\times490}{725\ 000}=245(\text{mm})$$

$$y_2=740-y_1=740-245=495(\text{mm})$$

截面惯性矩

$$I=\frac{2\ 000\times240^3}{12}+2\ 000\times240\times125^2+\frac{490\times500^3}{12}+490\times500\times245^2$$
$$=296\times10^8(\text{mm}^4)$$

回转半径

$$i=\sqrt{\frac{I}{A}}=\sqrt{\frac{296\times10^8}{725\ 000}}=202(\text{mm})$$

T 形截面的折算厚度 $h_T=3.5i=3.5\times202=707(\text{mm})$

偏心距 $e=\dfrac{M}{N}=\dfrac{30\ \text{kN}\cdot\text{m}}{150\ \text{kN}}=0.2\ \text{m}=200\ \text{mm}<0.6y=297\ \text{mm}$，故满足规范要求。

2.承载力验算

MU10 烧结普通砖与 M5 水泥砂浆砌筑，查表 10.7 得 $\gamma_\beta=1.0$。将

$\beta=\gamma_\beta\dfrac{H_0}{h_T}=1.0\times\dfrac{5\ 000}{707}=7.07$ 及 $\dfrac{e}{h_T}=\dfrac{200}{707}=0.283$，代入式(10.4)得：

$$\varphi_0=\frac{1}{1+\alpha\beta^2}=\frac{1}{1+0.001\ 5\times7.07^2}=0.930$$

将 $\varphi_0=0.930$ 代入式(10.3)得：

$$\varphi=\frac{1}{1+12\times\left[\frac{e}{h_T}+\sqrt{\frac{1}{12}\times\left(\frac{1}{\varphi_0}-1\right)}\right]^2}=\frac{1}{1+12\times\left[0.283+\sqrt{\frac{1}{12}\times\left(\frac{1}{0.930}-1\right)}\right]^2}=0.388$$

查表得，MU10 烧结普通砖与 M5 水泥砂浆砌筑的砖砌体的抗压强度设计值 $f=1.5$ MPa。由于水泥砂浆强度等级为 M5，因此砌体抗压强度设计值不乘调整系数 γ_a。

窗间墙承载力为

$\varphi fA=0.388\times1.5\times725\ 000\times10^{-3}\ \text{kN}=422\ \text{kN}>150\ \text{kN}$。

故承载力满足要求。

10.2.2 无筋砌体局部受压承载力计算

局部受压是工程中常见的情况，其特点是压力仅仅作用在砌体的局部受压面上，如独立柱基的基础顶面、屋架端部的砌体支承处、梁端支承处的砌体均属于局部受压的情况。若砌体局部受压面积上压应力呈均匀分布，则称为局部均匀受压，如图10.7所示。

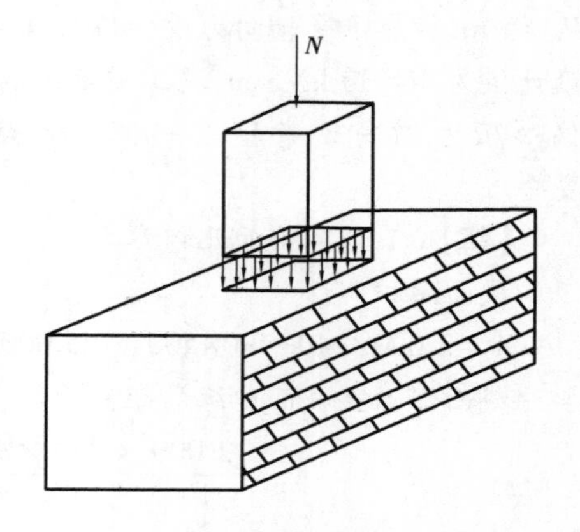

图10.7 局部均匀受压

通过大量试验发现，砖砌体局部受压可能有3种破坏形态（图10.8）：

①因纵向裂缝的发展而破坏[图10.8(a)]。在局部压力作用下有竖向裂缝、斜向裂缝，其中部分裂缝逐渐向上或向下延伸并在破坏时连成一条主要裂缝。

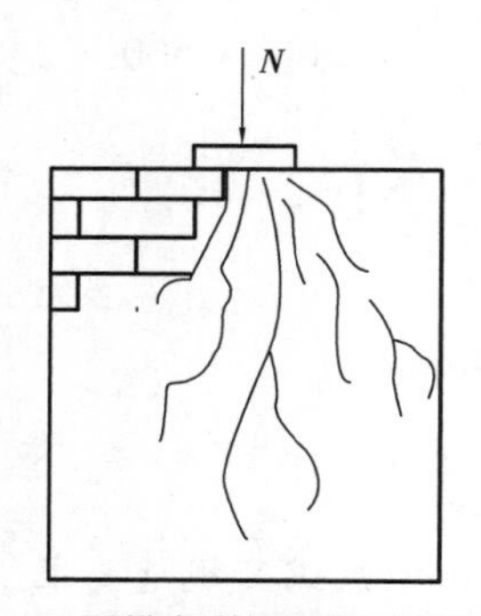

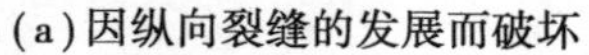

(a)因纵向裂缝的发展而破坏

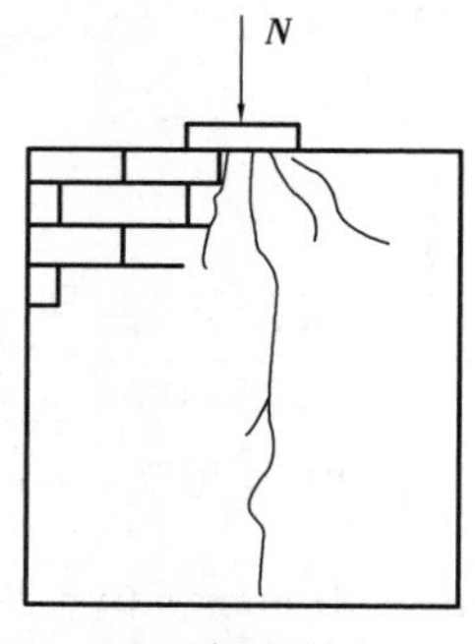

(b)劈裂破坏

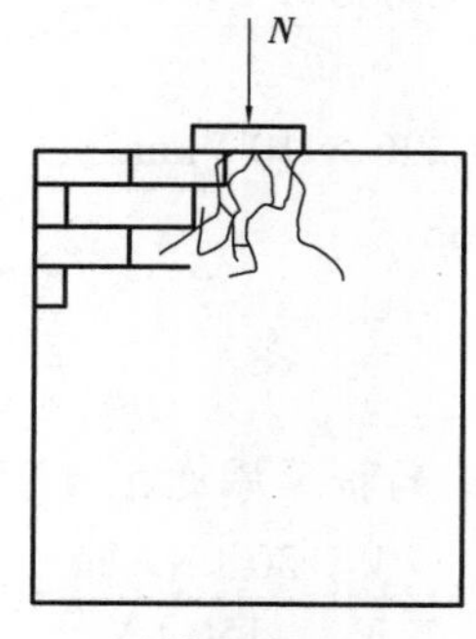

(c)局部破坏

图10.8 砌体局部受压破坏形态

②劈裂破坏[图10.8(b)]。在局部压力作用下产生的纵向裂缝少而集中，且初裂荷载与破坏荷载很接近，在砌体局部面积大而局部受压面积很小时，有可能产生这种破坏形态。

③与垫板接触的砌体局部破坏[图10.8(c)]。墙梁的墙高与跨度之比较大，砌体强度较低时，有可能产生梁支承附近砌体被压碎的现象。

1)砌体局部均匀受压时的承载力计算

砌体截面中受局部均匀压力作用时的承载力应按下式计算：

$$N_l \leqslant \gamma f A_l \tag{10.7}$$

式中 N_l——局部受压面积上的轴向力设计值；

γ——砌体局部抗压强度提高系数；

f——砌体局部抗压强度设计值，局部受压面积小于0.3 m^2可不考虑强度调整系数γ_a的影响；

A_l——局部受压面积。

由于砌体周围未直接受荷部分对直接受荷部分砌体的横向变形起着约束作用，因而砌体局部抗压强度高于砌体抗压强度。《砌体规范》用局部抗压强度提高系数γ来反映砌体局部受压时抗压强度的提高程度。

砌体局部抗压强度提高系数，按下式计算：

$$\gamma = 1 + 0.35\sqrt{\frac{A_0}{A_1} - 1} \tag{10.8}$$

式中 A_0——影响砌体局部抗压强度的计算面积，按图10.9规定采用。

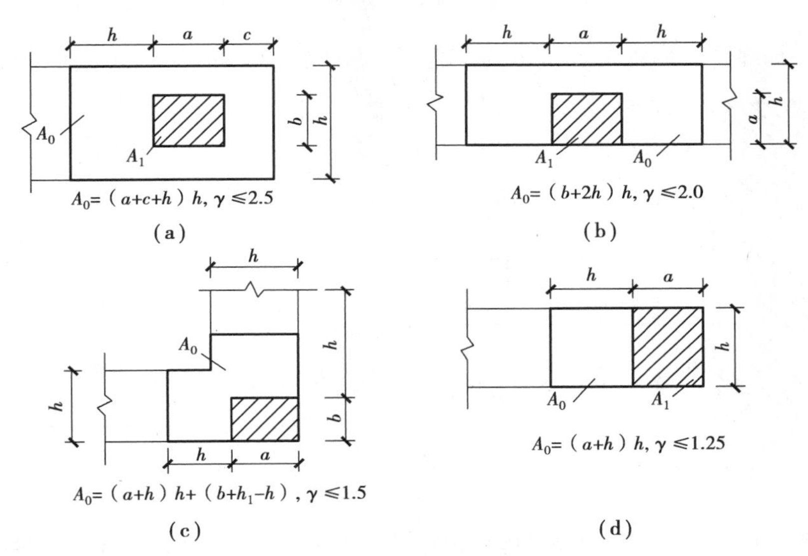

图10.9 影响局部抗压强度的面积A_0

2）梁端支承处砌体的局部受压承载力计算

(1)梁支承在砌体上的有效支承长度

当梁支承在砌体上时，由于梁的弯曲，会使梁末端有脱离砌体的趋势，因此，梁端支承处砌体局部压应力是不均匀的。将梁端底面没有离开砌体的长度称为有效支承长度a_0，因此，有效支承长度不一定等于梁端搭入砌体的长度。经过理论和研究证明，梁和砌体的刚度是影响有效支承长度的主要因素，经过简化后的有效支承长度a_0为：

$$a_0 = 10\sqrt{\frac{h_c}{f}} \tag{10.9}$$

式中 a_0——梁端有效支承长度，mm。当$a_0>a$时，取$a_0=a$(a为梁端实际支承长度)；

h_c——梁的截面高度，mm；

f——砌体的抗压强度设计值，MPa。

(2)上部荷载对局部受压承载力的影响

梁端砌体的压应力由两部分组成(图10.10)：一种为局部受压面积A_1上由上部砌体传来的均匀压应力σ_0，另一种为由本层梁传来的梁端非均匀压应力，其合力为N_l。

当梁上荷载增加时，与梁端底部接触的砌体产生较大的压缩变形，此时如果上部荷载产

生的平均压应力 σ_0 较小，梁端顶部与砌体的接触面将减小，甚至与砌体脱开，试验时可观察到有水平缝隙出现，砌体形成内拱来传递上部荷载，引起内力重分布（图 10.11）。σ_0 的存在和扩散对梁下部砌体有横向约束作用，对砌体的局部受压是有利的，但随着 σ_0 的增加，上部砌体的压缩变形增大，梁端顶部与砌体的接触面也增加，内拱作用减小，σ_0 的有利影响也减小，《砌体规范》规定 $A_0/A_1 \geqslant 3$ 时，不考虑上部荷载的影响。

上部荷载折减系数可按下式计算：

$$\psi = 1.5 - 0.5\frac{A_0}{A_1} \tag{10.10}$$

式中 A_1——局部受压面积，$A_1 = a_0 b$（b 为梁宽，a_0 为有效支承长度）。当 $A_0/A_1 \geqslant 3$ 时，取 $\psi = 0$。

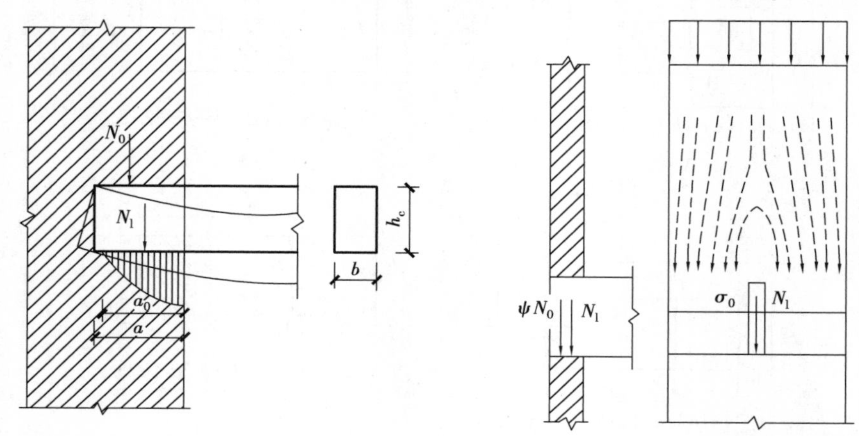

图 10.10 梁端支承处砌体的局部受压　　图 10.11 梁端上部砌体的内拱作用

（3）梁端支承处砌体的局部受压承载力计算公式

$$\psi N_0 + N_1 \leqslant \eta\gamma f A_1 \tag{10.11}$$

式中 N_0——局部受压面积内上部荷载产生的轴向力设计值，$N_0 = \sigma_0 A_1$；

σ_0——上部平均压应力设计值，MPa；

N_1——梁端支承压力设计值，N；

η——梁端底面压应力图形的完整系数，应取 0.7，对于过梁和墙梁应取 1.0；

f——砌体的抗压强度设计值，MPa。

3）梁端下设有刚性垫块的砌体局部受压承载力计算

当梁端局部受压承载力不足时，可在梁端下设置刚性垫块（图 10.12），设置刚性垫块不但增大了局部承压面积，而且还可以使梁端压应力比较均匀地传递到垫块下的砌体截面上，从而改善砌体的受力状态。

刚性垫块分为预制刚性垫块和现浇刚性垫块，在实际工程中，往往采用预制刚性垫块。为了计算简化起见，《砌体规范》规定，两者可采用相同的计算方法。

刚性垫块下的砌体局部受压承载力应按下式计算：

$$N_0 + N_1 \leqslant \varphi\gamma_1 f A_b \tag{10.12}$$

式中 N_0——垫块面积 A_b 内上部轴向力设计值，$N_0 = \sigma_0 A_b$；

A_b——垫块面积，$A_b=a_b b_b$；

a_b——垫块伸入墙内的长度；

b_b——垫块的宽度；

φ——垫块上 N_0 及 N_l 的合力的影响系数，$\varphi=\dfrac{1}{1+12\left(\dfrac{e}{h}\right)^2}$；

γ_1——垫块外砌体面积的有利影响系数，γ_1 应为 0.8γ，但不小于 1.0（γ 为砌体局部抗压强度提高系数，$\gamma=1+0.35\sqrt{\dfrac{A_0}{A_b}-1}$）。

刚性垫块的构造应符合下列规定：

①刚性垫块的高度不宜小于 180 mm，自梁边算起的垫块挑出长度不宜大于垫块高度 t_b。

②在带壁柱墙的壁柱内设置刚性垫块时（图 10.12），其计算面积应取壁柱范围内的面积，而不应计入翼缘部分，同时壁柱上垫块深入翼墙内的长度不应小于 120 mm。

③当现浇垫块与梁端整体浇注时，垫块可在梁高范围内设置。

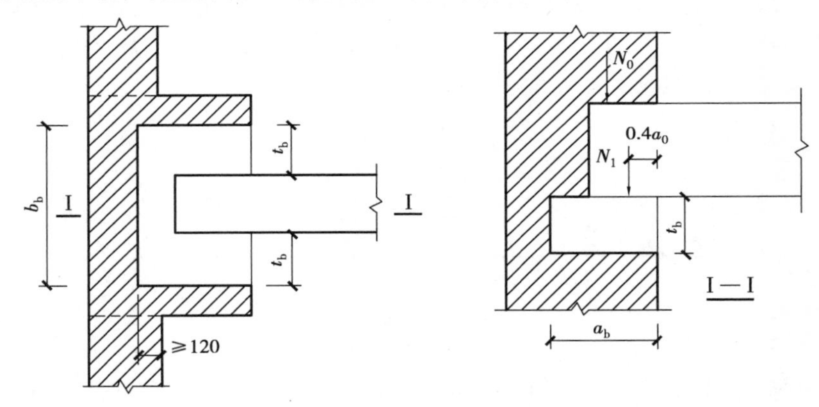

图 10.12　梁端下设预制垫块时的局部受压情况

梁端设有刚性垫块时，梁端有效支承长度 a_0 应按下式确定

$$a_0=\delta_1\sqrt{\frac{h_c}{f}} \tag{10.13}$$

式中　δ_1——刚性垫块的影响系数，可按表 10.8 采用。

垫块上 N_l 的作用点的位置可取 $0.4a_0$。

表 10.8　系数 δ_1 取值表

σ_0/f	0	0.2	0.4	0.6	0.8
δ_1	5.4	5.7	6.0	6.9	7.8

注：中间的数值可采用插入法求得。

【例 10.4】　一钢筋混凝土柱截面尺寸为 250 mm×250 mm，支承在厚为 370 mm 的砖墙上，作用位置如图 10.13 所示，砖墙用 MU10 烧结普通砖和 M5 水泥砂浆砌筑，柱传到墙上的荷载设计值为 120 kN。试验算柱下砌体的局部受压承载力。

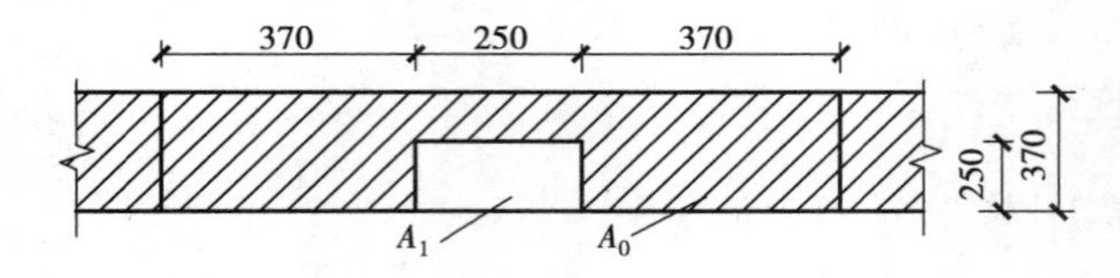

图 10.13　例 10.4 附图

【解】　局部受压面积　$A_1=250\times250\ \text{mm}^2=62\ 500\ \text{mm}^2$

局部受压影响面积　$A_0=(b+2h)h=(250+2\times370)\times370\ \text{mm}^2=366\ 300\ \text{mm}^2$

砌体局部抗压强度提高系数　$\gamma=1+0.35\sqrt{\dfrac{A_0}{A_1}-1}=1+0.35\sqrt{\dfrac{366\ 300}{62\ 500}-1}=1.77<2$

查表得 MU10 烧结普通砖和 M5 水泥砂浆砌筑的砌体的抗压强度设计值为 $f=1.5$ MPa；

砌体局部受压承载力为 $\gamma fA_1=1.77\times1.5\times62\ 500\times10^{-3}\ \text{kN}=165.9\ \text{kN}>120\ \text{kN}$。

故砌体局部受压承载力满足要求。

【例 10.5】　窗间墙截面尺寸为 370 mm×1 200 mm，如图 10.14 所示，砖墙用 MU10 烧结普通砖和 M5 混合砂浆砌筑。大梁的截面尺寸为 200 mm×550 mm，在墙上的搁置长度为 240 mm。大梁的支座反力为 100 kN，窗间墙范围内梁底截面处的上部荷载设计值为 240 kN，试对大梁端部下砌体的局部受压承载力进行验算。

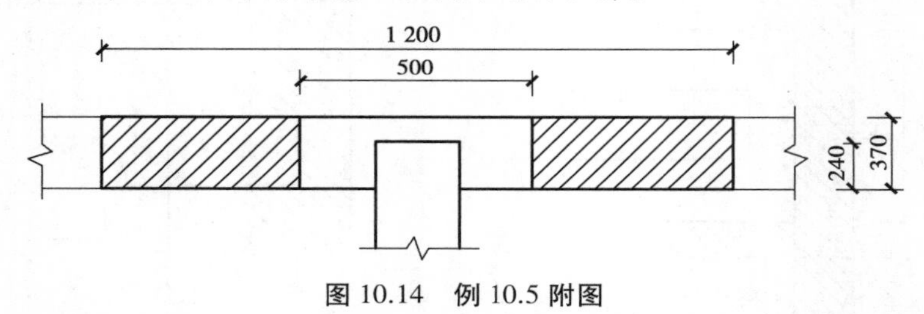

图 10.14　例 10.5 附图

【解】　查表得 MU10 烧结普通砖和 M5 水泥砂浆砌筑的砌体的抗压强度设计值为 $f=$ 1.5 MPa。

梁端有效支承长度为：

$$a_0=10\sqrt{\frac{h_c}{f}}=10\times\sqrt{\frac{550}{1.5}}=191(\text{mm})$$

局部受压面积　$A_0=a_0b=191\times200=38\ 200(\text{mm}^2)$

局部受压影响面积　$A_1=(b+2h)h=(200+2\times370)\times370=347\ 800(\text{mm}^2)$

$\dfrac{A_0}{A_1}=\dfrac{347\ 800}{38\ 200}=9.1>3$，取 $\psi=0$。

砌体局部抗压强度提高系数

$$\gamma=1+0.35\sqrt{\frac{A_0}{A_1}-1}=1+0.35\sqrt{\frac{347\ 800}{38\ 200}-1}=1.996<2$$

砌体局部受压承载力为：

$\eta\gamma fA_1=0.7\times1.996\times1.5\times38\ 200\times10^{-3}\ \text{kN}=80\ \text{kN}<\psi N_0+N_1=100\ \text{kN}$。

故局部受压承载力不满足要求。

【例10.6】 梁下设预制刚性垫块设计(条件同上题)。

【解】 根据上题计算结果,局部受压承载力不足,需设置垫块。

设垫块高度为 $t_b = 180$ mm,平面尺寸 $a_b b_b = 370$ mm×500 mm,垫块自梁边两侧挑出 150 mm<$t_b = 180$ mm。

垫块面积:$A_b = a_b b_b = 370 \times 500 = 185\ 000(\text{mm}^2)$

局部受压影响面积:

$$A_0 = (b+2h)h = (500+2\times350)\times370 = 444\ 000(\text{mm}^2)$$

砌体局部抗压强度提高系数:

$$\gamma = 1+0.35\sqrt{\frac{A_0}{A_l}-1} = 1+0.35\sqrt{\frac{458\ 800}{185\ 000}-1} = 1.41<2$$

垫块外砌体的有利影响系数

$$\gamma_1 = 0.8\gamma = 0.8\times1.41 = 1.13$$

上部平均压应力设计值 $\sigma_0 = \dfrac{240\times10^3}{370\times1\ 200} = 0.54(\text{MPa})$

垫块面积 A_b 内上部轴向力设计值

$$N_0 = \sigma_0 A_b = 0.54\times185\ 000 = 99\ 900 = 99.9(\text{kN})$$

$\sigma_0/f = 0.54/1.5 = 0.36$,查表10.8得 $\delta_1 = 5.724$。

梁端有效支承长度 $a_0 = \delta_1\sqrt{\dfrac{h_c}{f}} = 5.724\times\sqrt{\dfrac{550}{1.5}} = 109(\text{mm})$

N_l 对垫块中心的偏心距 $e_l = \dfrac{a_b}{2} - 0.4a_0 = \dfrac{370}{2} - 0.4\times109 = 141(\text{mm})$

轴向力对垫块中心的偏心距 $e = \dfrac{N_l e_l}{N_0+N_l} = \dfrac{100\times141}{99.9+100} = 70(\text{mm})$

将 $\dfrac{e}{h} = \dfrac{70}{370} = 0.189$ 代入式 $\varphi = \dfrac{1}{1+12\left(\dfrac{e}{h}\right)^2} = \dfrac{1}{1+12\times0.189^2} = 0.7$

$N_0+N_l = 199.9(\text{kN}) < \varphi\gamma_1 f A_b = 0.7\times1.13\times1.5\times185\ 000\times10^{-3} = 221(\text{kN})$

刚性垫块设计满足要求。

10.3 混合结构房屋墙体设计

10.3.1 混合结构房屋的结构布置

混合结构房屋通常是指主要的承重构件由不同的材料组成的房屋,如房屋楼(屋)盖采用钢筋混凝土,而墙、柱、基础等采用砌体。在混合结构房屋中,墙体既是混合结构房屋中的主要承重结构,又是围护结构,承重墙体的布置直接影响着房屋造价、房屋平面的划分和空间的大小。此外,还涉及楼(屋)盖结构的选择及房屋的空间刚度。

按结构承重体系和荷载传递路线的不同,混合结构房屋的结构布置方案可以分为以下几种。

1)横墙承重方案

图 10.15 所示为横墙承重的结构平面布置。横墙承受楼面荷载及自身墙重,因此是承重墙;而纵墙仅承受自重,为非承重墙。其竖向荷载的主要传递路线是:楼(屋)盖荷载→板→横墙→基础→地基。

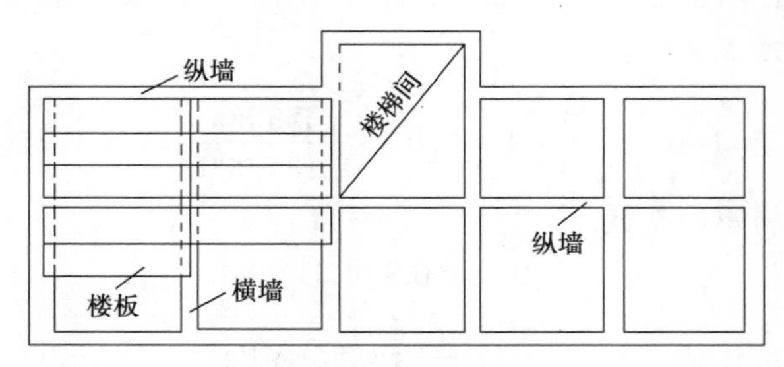

图 10.15　横墙承重方案

横墙承重体系的特点是:横墙多、房屋刚度大、整体性好;口开设灵活;楼盖结构简单,合理、经济;墙体材料用量多。横墙承重方案主要用于小开间住宅、宿舍、办公楼、旅馆等。

2)纵墙承重方案

图 10.16 所示为纵墙承重的结构平面布置。楼(屋)面板可直接搁置在内外纵墙上,或楼(屋)盖大梁搁置在纵墙上,再搁置楼(屋)面板。其竖向荷载的主要传递路线是:楼(屋)盖荷载→板→(横向大梁)→纵墙→基础→地基。

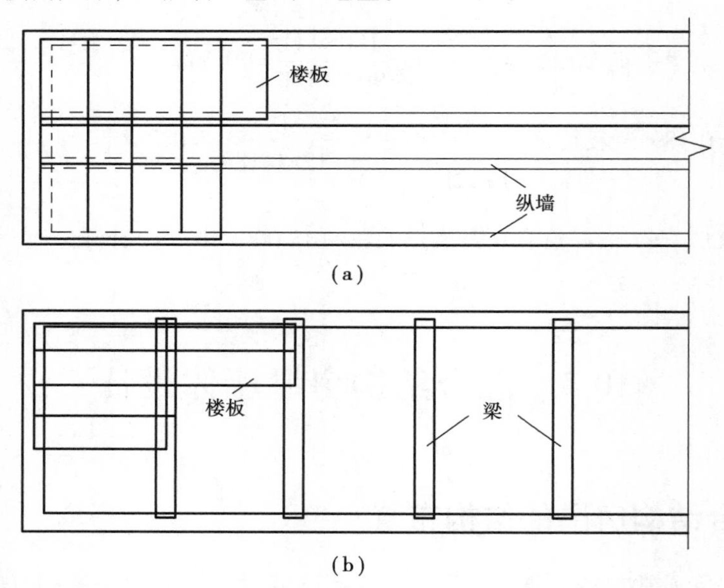

图 10.16　纵墙承重方案

纵墙承重体系的特点是:横墙少、室内空间大、房屋刚度较差;窗洞口宽度、位置受限;楼盖构件用材料多、墙体材料用量少。纵墙承重方案主要用于教学楼、图书馆等较大开间房屋。

3)纵横墙承重方案

楼(屋)面板既可以支承在横墙上,又可以支承在纵墙上,共楼(屋)面荷载通过纵、横墙传给基础。其竖向荷载的主要传递路线是:

$$楼(屋)面荷载\rightarrow\begin{cases}纵墙\rightarrow纵墙基础\\横墙\rightarrow横墙基础\end{cases}\rightarrow地基$$

纵横墙承重体系的特点是:纵横向刚度均较大;平面布置灵活;砌体应力分布较均匀。纵墙承重方案适用于教学楼、办公楼、医院、图书馆等。

4)内框架承重方案

图10.17所示为内框架承重的结构平面布置。房屋内部由钢筋混凝土柱代替内承重墙,楼(屋)面板的荷载一部分经由外纵墙传给墙基础,一部分经由柱子传给柱基础。此类结构既不是全框架承重,也不是全由墙承重。其竖向荷载的主要传递路线是:

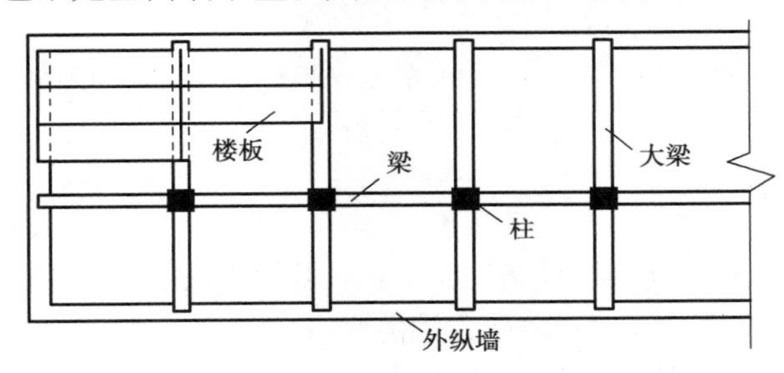

图10.17 内框架承重方案

$$楼(屋)面荷载\rightarrow\begin{cases}外纵墙\rightarrow纵墙基础\\梁\rightarrow柱\rightarrow柱基础\end{cases}\rightarrow地基$$

内框架承重体系的特点是:房屋开间大、布置灵活;横墙少(上刚下柔)、刚度较差、抗震能力较差;外墙、内柱材料不同,压缩变形不一致,可能导致墙体开裂;砌体和混凝土制作方法不同,施工麻烦。

10.3.2 混合结构房屋的静力计算方案

1)混合结构房屋的空间工作

在混合结构房屋中,屋盖、楼盖、纵墙、横墙和基础等构件是相互关联、相互制约的,在荷载作用下是一个空间受力体系。在外荷载作用下,不仅直接承受荷载的构件在工作,与其相连的其他构件也都不同程度地参与工作。房屋的空间刚度就是指这些构件参与共同工作的程度。

试验研究表明,房屋的空间工作性能主要取决于楼(屋)盖的水平刚度、横墙间距的大小和横墙自身的刚度。当楼(屋)盖的水平刚度大,横墙间距小,横墙自身的刚度大时,房屋的空间工作性能越好,即空间刚度越大,则在水平荷载作用下,水平侧移小;反之,则房屋的空间刚度小,则在水平荷载作用下,水平侧移大。

2)房屋静力计算方案的分类

《砌体规范》考虑楼(屋)盖刚度和横墙间距两个主要因素的影响,按房屋空间刚度的大小,将混合结构房屋静力计算方案分成 3 种,即刚性方案、刚弹性方案和弹性方案,见表 10.9。

表 10.9 房屋的静力计算方案

	屋盖或楼盖类别	刚性方案	刚弹性方案	弹性方案
1	整体式、装配整体和装配式无檩体系钢筋混凝土屋盖或钢筋混凝土楼盖	$s<32$	$32\leqslant s\leqslant 72$	$s>72$
2	装配式有檩体系钢筋混凝土屋盖、轻钢屋盖和有密铺望板的木屋盖或木楼盖	$s<20$	$20\leqslant s\leqslant 48$	$s>48$
3	瓦材屋面的木屋盖和轻钢屋盖	$s<16$	$16\leqslant s\leqslant 36$	$s>36$

注:1.表中 s 为房屋横墙间距,其长度单位为 m。
2.当楼盖、屋盖类别不同或横墙间距不同时,可按本表的规定分别确定各层(底层或顶部各层)房屋的静力计算方案。
3.对无山墙或伸缩缝处无横墙的房屋,应按弹性方案考虑。

(1)刚性方案

当房屋的横墙间距较小、楼盖(屋盖)的水平刚度较大时,房屋的空间刚度较大,在荷载作用下,房屋的水平位移很小,可视墙、柱顶端的水平位移等于零。在确定墙、柱的计算简图时,可将楼盖或屋盖视为墙、柱的水平不动铰支座,墙、柱内力按不动铰支承的竖向构件计算[图 10.18(a)],按这种方法进行静力计算的方案为刚性方案,按刚性方案进行静力计算的房屋为刚性方案房屋。一般多层砌体房屋的静力计算方案都是属于这种方案。

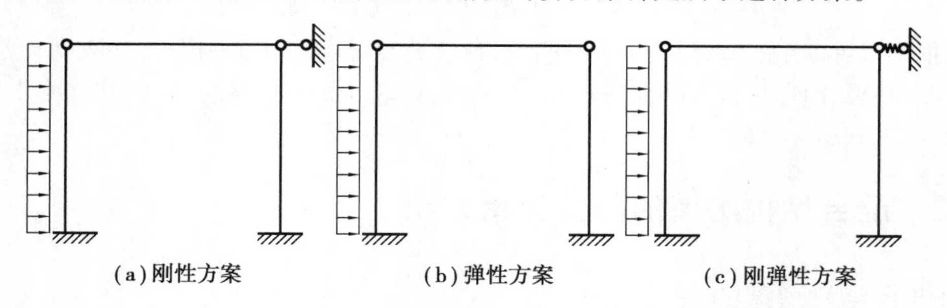

(a)刚性方案　(b)弹性方案　(c)刚弹性方案

图 10.18 混合结构单层房屋计算简图

(2)弹性方案

当房屋横墙间距较大,楼盖(屋盖)水平刚度较小时,房屋的空间刚度较小,在荷载作用下房屋的水平位移较大,在确定计算简图时,不能忽略水平位移的影响,不能考虑空间工作性能,按这种方法进行静力计算的方案为弹性方案,按弹性方案进行静力计算的房屋为弹性方案房屋。一般的单层厂房、仓库、礼堂的静力计算方案多属此种方案[图 10.18(b)]。静力计算时,可按屋架或大梁与墙(柱)铰接的、不考虑空间工作性能的平面排架或框架计算。

(3)刚弹性方案

房屋空间刚度介于刚性方案和弹性方案房屋之间。在荷载作用下,房屋的水平位移也介于两者之间。在确定计算简图时,按在墙、柱有弹性支座(考虑空间工作性能)的平面排架或框架计算[图10.18(c)]。按这种方案法进行静力计算的方案为刚弹性方案,按刚弹性方案进行静力计算的房屋为刚弹性方案房屋。

3)刚性和刚弹性方案房屋的横墙

由上面分析可知,房屋墙、柱的静力计算方案是根据房屋空间刚度的大小确定的。作为刚性和刚弹性方案的房屋的横墙必须有足够的刚度。《砌体规范》规定,刚性和刚弹性方案房屋的横墙应符合下列要求:

①横墙开有洞口时,洞口的水平截面面积不应超过横墙截面面积的50%。

②横墙的厚度不宜小于180 mm。

③单层房屋的横墙长度不宜小于其高度,多层房屋的横墙长度不宜小于横墙总高度的1/2。

当横墙不能同时符合上述要求时,应对横墙的刚度进行验算。若其最大水平位移值$u_{max} \leqslant H/4\ 000$($H$为横墙总高度)时,仍可视为刚性或刚弹性方案房屋的横墙。凡符合此刚度要求的一段横墙或其他结构构件(如框架等),也可视为刚性或刚弹性方案房屋的横墙。

10.3.3 墙、柱高厚比验算

砌体结构房屋中,作为受压构件的墙、柱除了满足承载力要求之外,还必须满足高厚比的要求。墙、柱的高厚比验算是保证砌体房屋施工阶段和使用阶段稳定性与刚度的一项重要构造措施。

所谓高厚比β是指墙、柱计算高度H_0与墙厚h(或与矩形柱的计算高度相对应的柱边长)的比值,即$\beta=\dfrac{H_0}{h}$。墙柱的高厚比过大,虽然强度满足要求,但是可能在施工阶段因过度的偏差倾斜以及施工和使用过程中的偶然撞击、振动等因素而导致丧失稳定;同时,过大的高厚比,还可能使墙体发生过大的变形而影响使用。

1)允许高厚比及影响因素

砌体墙、柱的允许高厚比[β]系指墙、柱高厚比的限值,其取值与承载力无关,仅是从构造上规定。《砌体规范》规定的墙、柱允许高厚比[β]值见表10.10。

表10.10 墙、柱的允许高厚比[β]值

砌体类型	砂浆强度	墙	柱
无筋砌体	M2.5	22	15
	M5.0或Mb5.0、Ms5.0	24	16
	≥M7.5或Mb7.5、Ms7.5	26	17

续表

砌体类型	砂浆强度	墙	柱
配筋砌块砌体	—	30	21

注：1.毛石墙、柱允许高厚比应按表中数值降低 20%；

2.带有混凝土或砂浆面层的组合砖砌体构件的允许高厚比，可按表中数值提高 20%，但不得大于 28；

3.验算施工阶段砂浆尚未硬化的新砌砌体高厚比时，允许高厚比对墙取 14，对柱取 11。

影响墙、柱允许高厚比[β]的因素很多，如砂浆强度等级、横墙间距、砌体类型及截面形式、支承条件和承重情况等，这些因素在计算中通过修正允许高厚比[β]或对计算高度进行修正来体现。

2）矩形截面墙、柱的高厚比验算

矩形截面墙、柱高厚比应按下式验算：

$$\beta = \frac{H_0}{h} \leqslant \mu_1 \mu_2 [\beta] \tag{10.14}$$

式中 [β]——墙、柱的允许高厚比，按表 10.10 采用；

H_0——墙、柱的计算高度，应按表 10.11 采用；

h——墙厚或矩形柱与 H_0 相对应的边长；

μ_1——自承重墙允许高厚比的修正系数，按下列规定采用：$h=240$ mm，$\mu_1=1.2$；$h=90$ mm，$\mu_1=1.5$；240 mm>h>90 mm，μ_1 可按插入法取值。

表 10.11 受压构件的计算高度 H_0

<table>
<tr><th colspan="3" rowspan="2">房屋类别</th><th colspan="2">柱</th><th colspan="3">带壁柱墙或周边拉接的墙</th></tr>
<tr><th>排架方向</th><th>垂直排架方向</th><th>$s>2H$</th><th>$2H \geqslant s>H$</th><th>$s \leqslant H$</th></tr>
<tr><td rowspan="3">有吊车的单层房屋</td><td rowspan="2">变截面柱上段</td><td>弹性方案</td><td>$2.5H_u$</td><td>$1.25H_u$</td><td colspan="3">$2.5H_u$</td></tr>
<tr><td>刚性、刚弹性方案</td><td>$2.0H_u$</td><td>$1.25H_u$</td><td colspan="3">$2.0H_u$</td></tr>
<tr><td colspan="2">变截面柱下段</td><td>$1.0H_l$</td><td>$0.8H_l$</td><td colspan="3">$1.0H_l$</td></tr>
<tr><td rowspan="5">无吊车的单层和多层房屋</td><td rowspan="2">单跨</td><td>弹性方案</td><td>$1.5H$</td><td>$1.0H$</td><td colspan="3">$1.5H$</td></tr>
<tr><td>刚弹性方案</td><td>$1.2H$</td><td>$1.0H$</td><td colspan="3">$1.2H$</td></tr>
<tr><td rowspan="2">多跨</td><td>弹性方案</td><td>$1.25H$</td><td>$1.0H$</td><td colspan="3">$1.25H$</td></tr>
<tr><td>刚弹性方案</td><td>$1.10H$</td><td>$1.0H$</td><td colspan="3">$1.1H$</td></tr>
<tr><td colspan="2">刚性方案</td><td>$1.0H$</td><td>$1.0H$</td><td>$1.0H$</td><td>$0.4s+0.2H$</td><td>$0.6s$</td></tr>
</table>

注：1.表中 H_u 为变截面柱的上段高度，H_l 为变截面柱的下段高度；

2.对于上端为自由端的构件，$H_0=2H$；

3.独立砖柱，当无柱间支撑时，柱在垂直排架方向的 H_0 应按表中数值乘以 1.25 后采用；

4.s 为房屋横墙间距；

5.自承重墙的计算高度应根据周边支承或拉结条件确定。

上端为自由端的允许高厚比，除按上述规定提高外，尚可提高30%；对厚度小于90 mm的墙，当双面用不低于M10的水泥砂浆抹面，包括抹面层的墙厚不小于90 mm时，可按墙厚等于90 mm验算高厚比。

μ_2 为有门窗洞口墙允许高厚比的修正系数，按下式计算：

$$\mu_2 = 1 - 0.4\frac{b_s}{s} \tag{10.15}$$

式中 b_s——在宽度 s 范围内的门窗洞口总宽度（图10.19）；

s——相邻横墙或壁柱之间的距离。

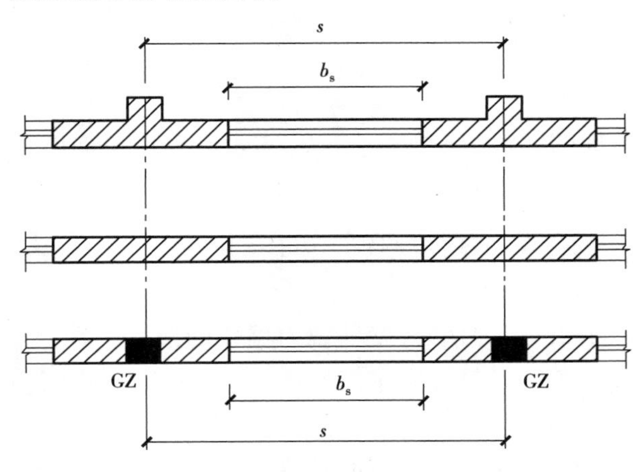

图10.19 门窗洞口宽度示意图

当按式（10.15）计算得到的 μ_2 值小于0.7时，μ_2 取0.7；当洞口高度等于或小于墙高的1/5时，可取 $\mu_2 = 1.0$；当洞口高度大于或等于墙高的4/5时，可按独立墙段验算高厚比。

表10.11中构件高度 H 应按下列规定采用：

①在房屋底层，为楼板顶面到构件下端支点的距离。下端支点的位置，可取在基础顶面。当埋置较深且有刚性地坪时，可取室外地面下500 mm处。

②在房屋其他层，为楼板或其他水平支点间的距离。

③对于无壁柱的山墙，可取层高加山墙尖高度的1/2；对于带壁柱的山墙，可取壁柱处的山墙高度。

对有吊车的房屋，当荷载组合不考虑吊车作用时，变截面柱上段的计算高度可按表10.11规定采用；变截面柱下段的计算高度可按下列规定采用：

①当 $H_u/H \leqslant 1/3$ 时，取无吊车房屋的 H_0。

②当 $1/3 < H_u/H < 1/2$ 时，取无吊车房屋的 H_0 乘以修正系数，修正系数 μ 可按下式计算：

$$\mu = 1.3 - 0.3I_u/I_l$$

式中 I_u——变截面柱上段的惯性矩；

I_l——变截面柱下段的惯性矩。

③当 $H_u/H \geqslant 1/2$ 时，取无吊车房屋的 H_0。但在确定 β 值时，应采用上柱截面。

3)带壁柱墙的高厚比验算

带壁柱墙的高厚比验算包括两部分内容:即带壁柱墙的高厚比验算和壁柱之间墙体局部高厚比的验算。

(1)带壁柱整片墙体高厚比的验算

视壁柱为墙体的一部分,整片墙截面为T形截面,将T形截面墙按惯性矩和面积相等的原则换算成矩形截面,其高厚比验算公式为:

$$\beta = \frac{H_0}{h_T} \leqslant \mu_1\mu_2[\beta] \tag{10.16}$$

式中 h_T——带壁柱墙截面折算厚度,$h_T = 3.5i$;

i——带壁柱墙截面的回转半径,$i = \sqrt{\frac{I}{A}}$(I为带壁柱墙截面的惯性矩,A为带壁柱墙截面的面积);

H_0——墙、柱截面的计算高度,应按表10.11采用。

(2)壁柱之间墙局部高厚比验算

验算壁柱之间墙体的局部高厚比时,壁柱视为墙体的侧向不动支点,计算H_0时,s取壁柱之间的距离,且不管房屋静力计算方案采用何种方案,在确定计算高度H_0时,都按刚性方案考虑。

如果壁柱之间墙体的高厚比超过限制时,可在墙高范围内设置钢筋混凝土圈梁。设有钢筋混凝土圈梁的带壁柱墙或带构造柱墙,当$b/s \geqslant 1/30$时,圈梁可视为壁柱间墙或构造柱间墙的不动铰支点(b为圈梁宽度)。如果不允许增加圈梁宽度,可按墙体平面外等刚度原则增加圈梁高度,此时,圈梁仍可视为壁柱间墙或构造柱间墙的不动铰支点。这样,墙高就降低为基础顶面(或楼层标高)到圈梁底面的高度。

4)带构造柱墙的高厚比验算

带构造柱墙的高厚比验算包括两部分内容:整片墙高厚比的验算和构造柱间墙体局部高厚比的验算。

(1)整片墙体高厚比的验算

考虑设置构造柱对墙体刚度的有利作用,墙体允许高厚比$[\beta]$可以乘以提高系数μ_c:

$$\beta = \frac{H_0}{h} \leqslant \mu_1\mu_2\mu_c[\beta] \tag{10.17}$$

式中 μ_c——带构造柱墙允许高厚比$[\beta]$的提高系数,可按下式计算:

$$\mu_c = 1+\gamma\frac{b_c}{l} \tag{10.18}$$

式中 γ——系数。对细料石、半细料石砌体,$\gamma = 0$;对混凝土砌块、混凝土多孔砖、粗料石、毛料石及毛石砌体,$\gamma = 1.0$;其他砌体,$\gamma = 1.5$。

b_c——构造柱沿墙长方向的宽度。

l——构造柱间距。

当 $b_c/l>0.25$ 时,取 $b_c/l=0.25$;当 $b_c/l<0.05$ 时,取 $b_c/l=0$。

需注意的是,构造柱对墙体允许高厚比的提高只适用于构造柱与墙体形成整体后的使用阶段,并且构造柱与墙体有可靠的连接。

(2)构造柱间墙体高厚比的验算

构造柱间墙体的高厚比仍按式(10.14)验算,验算时仍视构造柱为柱间墙的不动铰支点,计算 H_0 时,取构造柱间距,并按刚性方案考虑。

【例10.7】 某单层房屋层高为4.5 m,砖柱截面为490 mm×370 mm,采用M5混合砂浆砌筑,房屋的静力计算方案为刚性方案。试验算此砖柱的高厚比。

【解】 查表10.11得 $H_0=1.0H=1.0\times(4\ 500\ \text{mm}+500\ \text{mm})=5\ 000\ \text{mm}$(500 mm为单层砖柱从室内地坪到基础顶面的距离)

查表10.10得 $[\beta]=16$

$$\beta=\frac{H_0}{h}=\frac{5\ 000}{370}=13.5<[\beta]=16$$

高厚比满足要求。

【例10.8】 某单层单跨无吊车的仓库,柱间距离为4 m,中间开宽为1.8 m的窗,车间长40 m,屋架下弦标高为5 m,壁柱为370 mm×490 mm,墙厚为240 mm,房屋的静力计算方案为刚弹性方案,试验算带壁柱墙的高厚比。

【解】 带壁柱墙采用窗间墙截面,如图10.20所示。

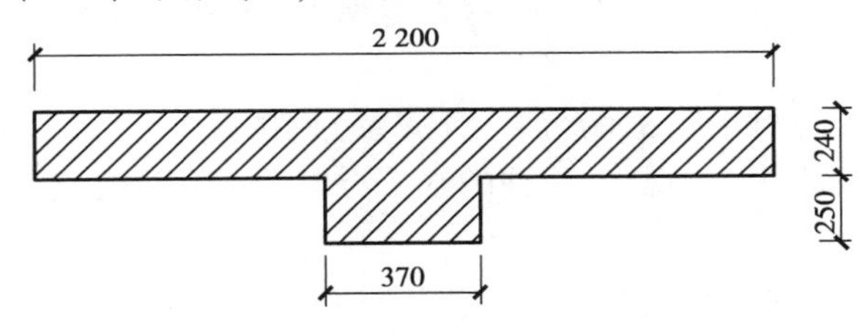

图10.20 例10.8附图

1.求壁柱截面的几何特征

$A=240\times2\ 200+370\times250=620\ 500(\text{mm}^2)$

$$y_1=\frac{240\times2\ 200\times120+250\times370\times(240+250/2)}{620\ 500}=156.5(\text{mm})$$

$y_2=240+250-156.5=333.5(\text{mm})$

$$I=\frac{1}{12}\times2\ 200\times2\ 40^3+2\ 200\times240\times(156.5-120)^2+\frac{1}{12}\times370\times2\ 50^3+370\times250\times(333.5-125)^2=7.74\times10^9(\text{mm}^4)$$

$$i=\sqrt{\frac{I}{A}}=\sqrt{\frac{7.74\times10^9}{620\ 500}}=111.7(\text{mm})$$

$h_T=3.5i=3.5\times111.7=391(\text{mm})$

2.确定计算高度

$H=5\ 000\ \text{mm}+500\ \text{mm}=5\ 500\ \text{mm}$(式中500 mm为壁柱下端嵌固处至室内地坪的距离)

查表10.11,得 $H_0=1.2H=1.2\times5\ 500\ \text{mm}=6\ 600\ \text{mm}$

3.整片墙高厚比验算

采用 M5 混合砂浆时，查表 10.10 得$[\beta]=24$。开有门窗洞口时，$[\beta]$的修正系数μ_2为

$$\mu_2=1-0.4\times\frac{b_s}{s}=1-0.4\times\frac{1\ 800}{4\ 000}=0.82$$

自承重墙允许高厚比修正系数$\mu_1=1$。

$$\beta=\frac{H_0}{h}=\frac{6\ 600}{391}=16.9<\mu_1\mu_2[\beta]=0.82\times24=19.68$$

4.壁柱之间墙体高厚比的验算

$s=4\ 000$ mm$<H=5\ 500$ mm，查表 10.11 得 $H_0=0.6\ s=0.6\times4\ 000$ mm$=2\ 400$ mm

$$\beta=\frac{H_0}{h}=\frac{2\ 400}{240}=10<\mu_1\mu_2[\beta]=0.82\times24=19.68$$

因此，高厚比满足规范要求。

10.3.4 单层刚性方案房屋计算

1）单层房屋承重纵墙的计算

（1）静力计算假定

刚性方案的单层房屋，由于其屋盖刚度较大，横墙间距较密，其水平变位可不计，内力计算时有以下基本假定：

①纵墙、柱下端与基础固接，上端与大梁（屋架）铰接。

②屋盖刚度等于无限大，可视为墙、柱的水平方向为不动铰支座。

（2）计算单元

计算单层房屋承重纵墙时，一般选择有代表性的一段或荷载较大以及截面较弱的部位作为计算单元。有门窗洞口的外纵墙，取一个开间为计算单元；无门窗洞口的纵墙，取 1 m 长的墙体为计算单元。其受荷宽度为该墙左右各$\frac{1}{2}$的开间宽度。

（3）计算简图［图 10.21（a）］

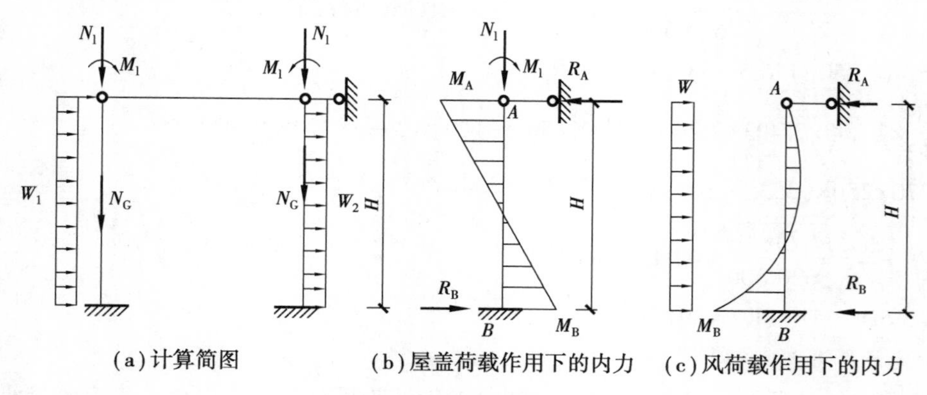

（a）计算简图　（b）屋盖荷载作用下的内力　（c）风荷载作用下的内力

图 10.21　单层刚性方案房屋

(4)纵墙、柱的荷载

①屋面荷载:包括屋盖构件自重、屋面活荷载或雪荷载,这些荷载以集中力(N_1)的形式通过屋架或大梁作用于墙、柱顶部。对屋架,其作用点一般距墙体中心线150 mm;对屋面梁,N_1 距墙体边缘的距离为 $0.4a_0$,则其偏心距 $e_1=h/2-0.4a_0$(a_0 为梁端的有效支承长度)。因此,作用于墙顶部的屋面荷载通常由轴向力(N_1)和弯矩($M_1=N_1e_1$)组成。

②风荷载:包括作用于屋面上和墙面上的风荷载。屋面上(包括女儿墙上)的风荷载可简化为作用于墙、柱顶部的集中荷载 W,作用于墙面上的风荷载为均布荷载 w。

③墙体荷载(N_G):包括砌体自重、内外墙粉刷和门窗等自重,作用于墙体轴线上。等截面柱(墙)不产生弯矩,若为变截面则上柱(墙)自重对下柱产生弯矩。

(5)内力计算

①在屋盖荷载作用下的内力计算。在屋盖荷载作用下,该结构可按一次超静定结构计算内力,其计算结果为:

$$R_A=-R_B=-\frac{3M_1}{2H}$$

$$M_A=M_1 \qquad M_B=-\frac{M_1}{2}$$

$$N_A=N_1 \qquad N_B=N_1+N_G$$

②在风荷载作用下的内力计算。由于由屋面风荷载作用下产生的集中力 W,将由屋盖传给山墙再传到基础,因此计算时将不予考虑,而仅仅只考虑墙面风荷载 w。

$$R_A=\frac{3}{8}wH \qquad R_B=\frac{5}{8}wH$$

$$M_B=\frac{1}{8}wH^2$$

在距离上端 x 处弯矩:

$$M_x=\frac{wH_x}{8}\left(3-4\frac{x}{H}\right)$$

$$x=\frac{3}{8}H\text{ 时},M_{max}=-\frac{9}{128}wH^2$$

对迎风面,$w=w_1$;对背风面,$w=w_2$。

(6)墙、柱控制截面与内力组合

控制截面为内力组合最不利处,一般指墙柱顶端、墙柱底端及风荷载作用的最大弯矩对应的截面。其组合有:

①M_{max} 与相应的 N、V;

②M_{min} 与相应的 N、V;

③N_{max} 与相应的 M、V;

④N_{min} 与相应的 M、V。

2)单层房屋承重横墙的计算

单层刚性方案房屋采用横墙承重时,可将屋盖视为横墙的不动铰支座,其计算与承重纵墙相似。

10.3.5 多层刚性方案房屋计算

1) 多层房屋承重纵墙的计算

(1)计算单元

在进行多层房屋纵墙的内力及承载力计算时,通常选择有代表性的一段或荷载较大以及截面较弱的部位作为计算单元。计算单元的受荷宽度为$\frac{l_1+l_2}{2}$,如图 10.22 所示。一般情况下,对有门窗洞口的墙体,计算截面宽度取窗间墙宽度;对无门窗洞口的墙体,计算截面宽度取$\frac{l_1+l_2}{2}$;对无门窗洞口且受均布荷载的墙体,取 1 m 宽的墙体计算。

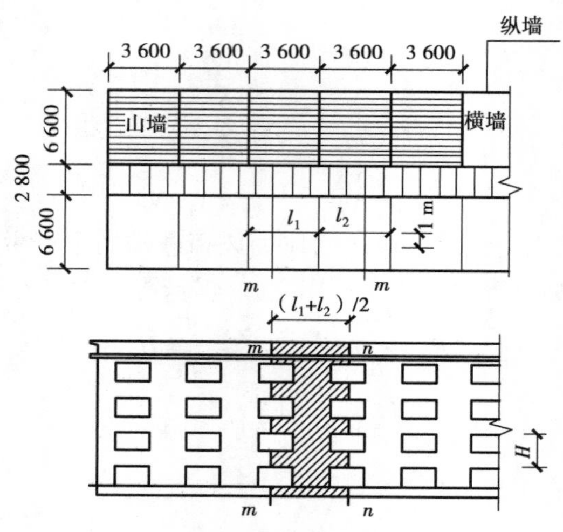

图 10.22 多层刚性方案房屋计算单元

(2)计算简图

①竖向荷载作用下墙体的计算简图。对多层民用建筑,在竖向荷载作用下,多层房屋的墙体相当于一竖向连续梁,由于楼盖嵌砌在墙体内,使墙体在楼盖处被削弱,使此处墙体所能传递的弯矩减小,可假定墙体在各楼盖处均为不连续的铰支承[图 10.23(a)]。在刚性方案房屋中,墙体与基础连接的截面竖向力较大,弯矩值较小,按偏心受压与轴心受压计算的结果相差很小,为简化计算,也假定墙铰支于基础顶面[图 10.23(b)],因此,在竖向荷载作用下,多层砌体房屋的墙体可假定为以楼盖和基础为铰支的多跨简支梁。计算每层内力时,分层按简支梁分析墙体内力,其计算高度等于每层层高,底层计算高度要算至基础顶面。

因此,竖向荷载作用下多层刚性方案房屋的计算原则为:

a.上部各层荷载沿上一层墙体的截面形心传至下层;

b.在计算某层墙体弯矩时,要考虑梁、板支承压力对本层墙体产生的弯矩,当本层墙体与上层墙体形心不重合时,要考虑上层墙体传来的荷载对本层墙体产生的弯矩,其荷载作用点如图 10.24 所示;

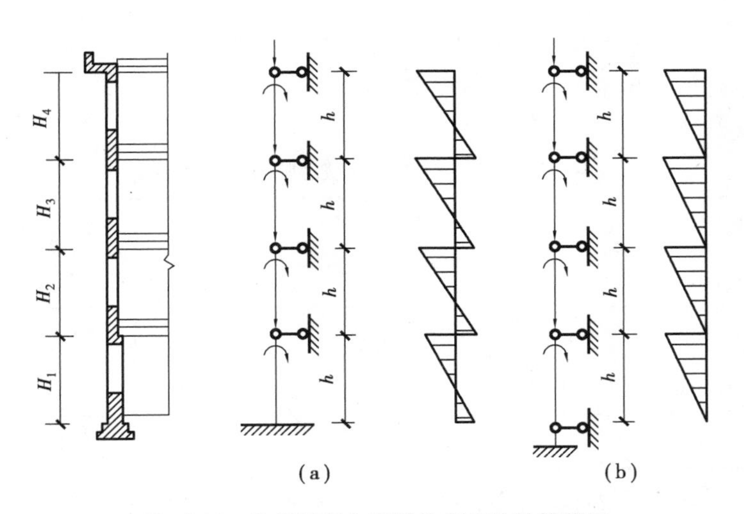

图 10.23　外纵墙竖向荷载作用下的计算简图

c.每层墙体的弯矩按三角形变化,上端弯矩最大,下端为零。

②水平荷载作用下墙体的计算简图。作用于墙体上的水平荷载是指风荷载,在水平风载作用下,纵墙可按连续梁分析其内力,其计算简图如图 10.25 所示。

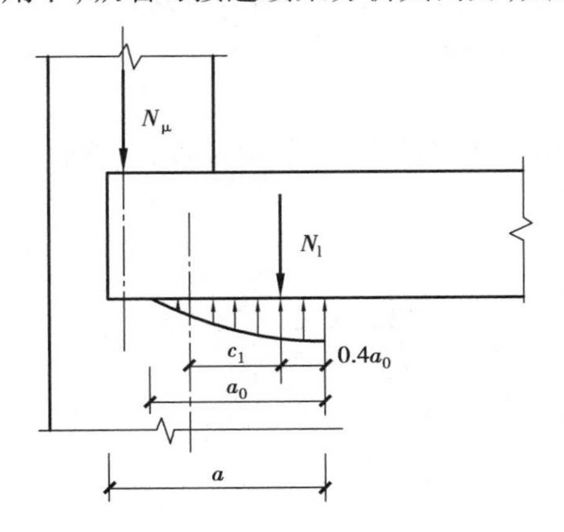

图 10.24　竖向荷载的作用位置

N_u—上层墙体传来的竖向荷载;

N_l—本层楼盖传来的竖向荷载

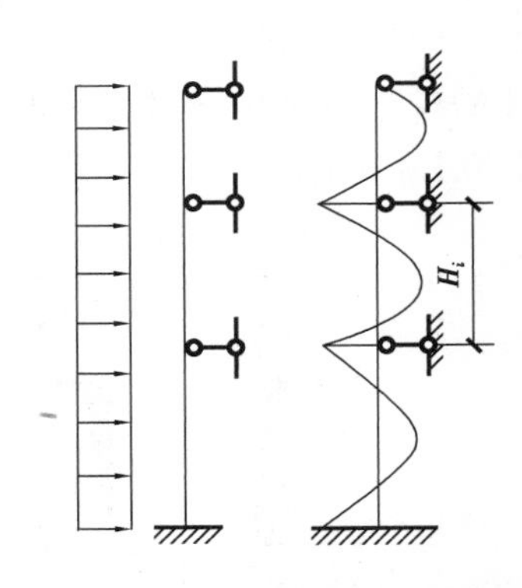

图 10.25　水平风荷载作用下外纵墙计算简图

由风荷载引起的纵墙的弯矩可近似按下式计算:

$$M=\frac{1}{12}wH_i^2$$

式中　w——计算单元内,沿每米墙高的风荷载设计值;

H_i——第 i 层墙高。

在迎风面,风荷载表现为压力;在背风面,风荷载表现为吸力。

在一定条件下,风荷载在墙截面中产生的弯矩很小,对截面承载力影响不显著,因此风荷载引起的弯矩可以忽略不计。《砌体规范》规定:刚性方案多层房屋的外墙符合下列要求时,静力计算可不考虑风荷载的影响:

a.洞口水平截面面积不超过全截面面积的 2/3；

b.层高和总高度不超过表 10.12 的规定；

c.屋面自重不小于 0.8 kN/m²。

表 10.12　外墙不考虑风荷载影响时的最大高度

基本风压值(kN/m²)	层高(m)	总高(m)
0.4	4.0	28
0.5	4.0	24
0.6	4.0	18
0.7	3.5	18

注:对于多层混凝土砌块房屋,当外墙厚度不小于 190 mm、层高不大于 2.8 m、总高不大于 19.6 m、基本风压不大于 0.7 kN/m² 时,可不考虑风荷载的影响。

(3)控制截面与截面承载力验算

对于多层砌体房屋,如果每一层墙体的截面与材料强度都相同,则只需验算底层墙体承载力;如有截面或材料强度的变化,则还需要验算变截面处墙体的承载力。对于梁下支承处,尚应进行局部受压承载力验算。

每层墙体的控制截面有:楼盖大梁底面处、窗口上边缘处、窗口下边缘处、下层楼盖大梁底面处,如图 10.26 所示。

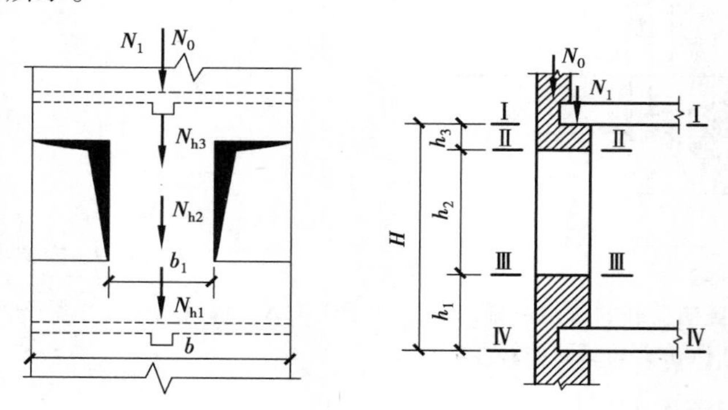

图 10.26　控制截面内力

求出墙体最不利截面的内力后,按受压构件承载力计算公式进行截面承载力验算。

2)多层刚性方案房屋承重横墙的计算

(1)计算单元与计算简图

横墙承重的房屋,横墙间距一般较小,所以通常属于刚性方案房屋。房屋的楼盖和屋盖均可视为横墙的不动铰支座,其计算简图如图 10.27 所示。

一般沿墙长取 1 m 宽为计算单元,每层横墙视为两端为不动铰接的竖向构件,构件高度为每层层高。顶层若为坡屋顶,则构件高度取顶层层高加上山尖高度 h 的平均值,底层算至

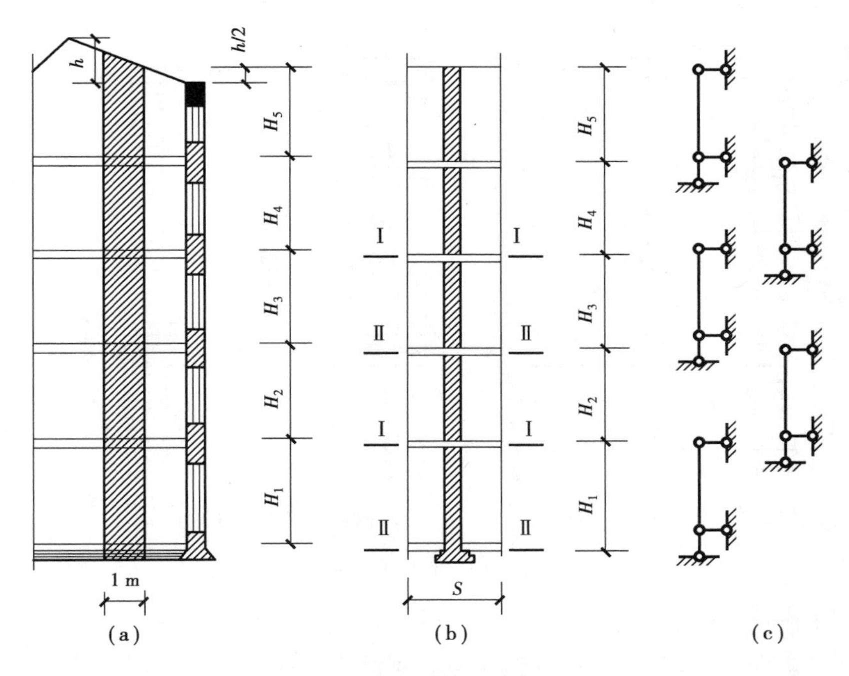

图 10.27　多层刚性方案房屋承重横墙的计算简图

基础顶面或室外地面以下 500 mm 处。

(2) 内力分析要点

作用在横墙上的本层楼盖荷载或屋盖荷载的作用点均作用于距墙边 $0.4a_0$ 处。

如果横墙两侧开间相差不大,则视横墙为轴心受压构件,如果相差悬殊或只是一侧承受楼盖传来的荷载,则横墙为偏心受压构件。

承重横墙的控制截面一般取该层墙体截面Ⅱ—Ⅱ,如图 10.28 所示,此处的轴向力最大。

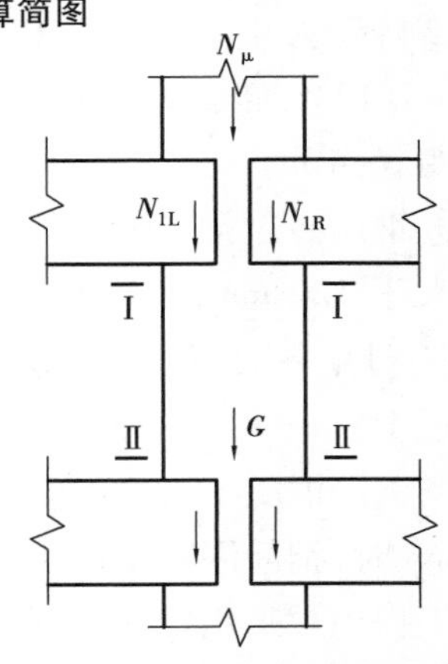

图 10.28　横墙上作用的荷载

10.4　过梁、挑梁及砌体房屋构造要求

10.4.1　过梁

1) 过梁的种类与构造

过梁是砌体结构中门窗洞口上承受上部墙体自重和上层楼盖传来的荷载的梁。常用的过梁有 4 种类型(图 10.29)。

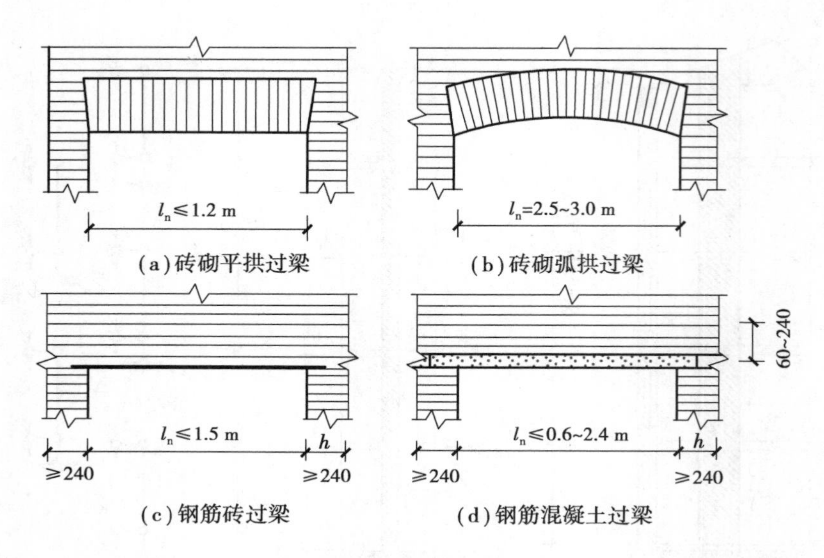

图 10.29　过梁的常用类型

①砖砌平拱过梁[图 10.29(a)]。高度不应小于 240 mm,跨度不应超过 1.2 m。砂浆强度等级不应低于 M5。此类过梁适用于无振动、地基土质好、无抗震设防要求的一般建筑。

②砖砌弧拱过梁[图 10.29(b)]。竖放砌筑砖的高度不应小于 120 mm,当矢高 $f=(1/8\sim1/12)l$,砖砌弧拱的最大跨度为 2.5~3 m;当矢高 $f=(1/5\sim1/6)l$ 时,砖砌弧拱的最大跨度为 3~4 m。

③钢筋砖过梁[图 10.29(c)]。过梁底面砂浆层处的钢筋,其直径不应小于 5 mm,间距不宜大于 120 mm,钢筋伸入支座砌体内的长度不宜小于 240 mm,砂浆层厚度不宜小于 30 mm;过梁截面高度内砂浆强度等级不应低于 M5;砖的强度等级不应低于 MU10;跨度不应超过 1.5 m。

④钢筋混凝土过梁[图 10.29(d)]。其端部支承长度,不宜小于 240 mm,当墙厚不小于 370 mm 时,钢筋混凝土过梁宜做成 L 形。

工程中常采用钢筋混凝土过梁。

2)过梁上的荷载

作用在过梁上的荷载有砌体自重和过梁计算高度内的梁板荷载。

(1)墙体荷载

对于砖砌墙体,当过梁上的墙体高度 $h_w<l_n/3$ 时,应按全部墙体的均布自重采用;当过梁上的墙体高度 $h_w\geq l_n/3$ 时,应按高度为 $l_n/3$ 墙体的均布自重采用。对于混凝土砌块砌体,当过梁上的墙体高度 $h_w<l_n/2$ 时,应按全部墙体的均布自重采用;当过梁上的墙体高度 $h_w\geq l_n/2$ 时,应按高度为 $l_n/2$ 墙体的均布自重考虑。

(2)梁板荷载

对砖和小型砌块砌体,当梁、板下的墙体高度 $h_w<l_n$ 时,应计算梁、板传来的荷载;如 $h_w\geq l_n$,则可不计梁、板荷载。

3)过梁的承载力计算

(1)过梁的破坏特征

砖过梁在荷载作用下,墙体上部受压、下部受拉,像受弯构件一样地受力。随着荷载的不断增大,当跨中竖向截面的拉应力或支座斜截面的主拉应力超过砌体的抗拉强度时,将先后在跨中出现竖向裂缝,在靠近支座处出现阶梯形斜裂缝,这时过梁像一个拱一样地工作,可能出现3种破坏形式:

①因过梁跨中正截面的受弯承载力不足而造成的破坏。

②因过梁支座附近截面受剪承载力不足,沿灰缝产生45°方向的阶梯形斜裂缝不断扩展而造成的破坏。

③因过梁支座端部墙体宽度不够,引起水平灰缝的受剪承载力不足而发生支座滑移而产生的破坏。

(2)过梁承载力的计算

①砖砌平拱受弯承载力的计算:

$$M \leqslant f_{tm} W \tag{10.19}$$

式中 M——按简支梁并取净跨计算的过梁跨中弯矩设计值;

f_{tm}——砌体沿齿缝截面的弯曲抗拉强度设计值;

W——过梁的截面抵抗矩。

②砖砌平拱受剪承载力的计算:

$$V \leqslant f_v bz \tag{10.20}$$

式中 V——按简支梁并取净跨计算的过梁支座剪力设计值;

f_v——砌体的抗剪强度设计值;

b——过梁的截面宽度,取墙厚;

z——内力臂,取 $z=I/S$,当截面为矩形时,取 $z=2h/3$:

I——截面惯性矩;

S——截面面积矩;

h——过梁的截面计算高度。

③钢筋砖过梁受弯承载力的计算:

$$M \leqslant 0.85 f_y A_s h_0 \tag{10.21}$$

式中 M——按简支梁并取净跨计算的过梁跨中弯矩设计值;

f_y——钢筋的抗拉强度设计值;

A_s——受拉钢筋的截面面积;

h_0——过梁截面的有效高度,$h_0=h-a_s$:

h——过梁的截面计算高度,取过梁底面以上的墙体高度,但不大于 $l_n/3$;当考虑梁、板传来的荷载时,则按梁、板下的高度采用;

a_s——受拉钢筋重心至截面下边缘的距离,一般取 $a_s=15\sim20$ mm。

10.4.2 挑梁

1)挑梁的受力特点

挑梁在悬挑端集中力 F、墙体自重以及上部荷载的作用下,共经历 3 个工作阶段:

(1)弹性工作阶段

在外荷载达到倾覆破坏荷载的 20%~30%,水平裂缝出现,在此之前为弹性阶段。

(2)梁尾斜裂缝出现阶段

随着荷载的增加,挑梁上面水平裂缝也随之向砌体内部发展,同时受压区长度逐渐减小,压应力值逐渐增大。一般梁尾出现斜裂缝时的荷载约为破坏荷载的 80%。试验表明,在挑梁后部 α 角以上的砌体和梁上砌体可以共同抵抗外倾覆荷载(图 10.30)。

(3)破坏阶段

挑梁可能发生的破坏形态有以下 3 种(图 10.31):

①挑梁倾覆破坏:挑梁倾覆力矩大于抗倾覆力矩,挑梁尾端墙体斜裂缝不断开展,挑梁绕倾覆点发生倾覆破坏。

②梁下砌体局部受压破坏:当挑梁埋入墙体较深、梁上墙体高度较大时,挑梁下靠近墙边小部分砌体由于压应力过大发生局部受压破坏。

③挑梁弯曲破坏或剪切破坏。

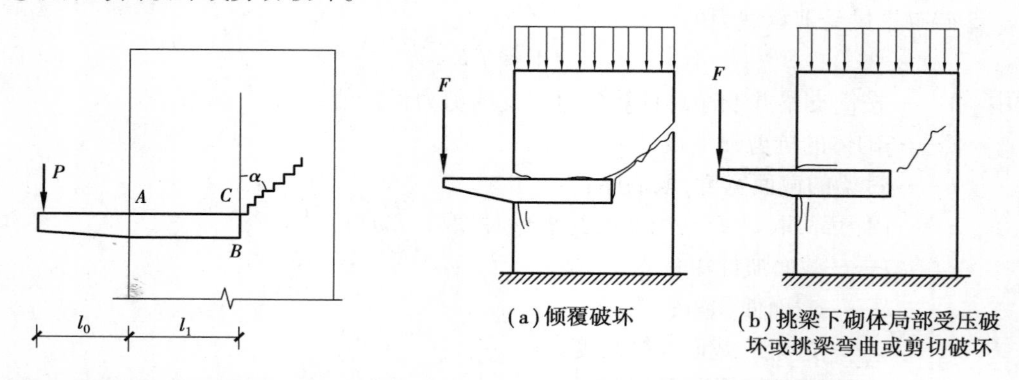

图 10.30 挑梁受力情形及梁尾出现斜裂缝

图 10.31 挑梁的破坏形态

2)挑梁的构造要求

挑梁设计除应满足现行《规范》的有关规定外,尚应满足下列要求:

①纵向受力钢筋至少应有 1/2 的钢筋面积伸入梁尾端,且不少于 2ϕ12。其余钢筋伸入支座的长度不应小于 $2l_1/3$。

②挑梁埋入砌体长度 l_1 与挑出长度 l 之比宜大于 1.2;当挑梁上无砌体时,l_1 与 l 之比宜大于 2。

10.4.3 砌体房屋构造要求

1)一般构造要求

工程实践表明,为了保证砌体结构房屋有足够的耐久性和良好的整体工作性能,必须采取合理的构造措施。

(1)最小截面规定

为了避免墙柱截面过小导致稳定性能变差,以及局部缺陷对构件的影响增大,《规范》规定了各种构件的最小尺寸:承重的独立砖柱截面尺寸不应小于240 mm×370 mm;毛石墙的厚度不宜小于350 mm;毛料石柱截面较小边长不宜小于400 mm;当有振动荷载时,墙、柱不宜采用毛石砌体。

(2)墙、柱连接构造

为了增强砌体房屋的整体性和避免局部受压损坏,《规范》规定:

①跨度大于6 m的屋架和跨度大于下列数值的梁,应在支承处砌体设置混凝土或钢筋混凝土垫块。当墙中设有圈梁时,垫块与圈梁宜浇成整体。

a.对砖砌体为4.8 m;

b.对砌块和料石砌体为4.2 m;

c.对毛石砌体为3.9 m。

②当梁的跨度大于或等于下列数值时,其支承处宜加设壁柱或采取其他加强措施:

a.对240 mm厚的砖墙为6 m,对180 mm厚的砖墙为4.8 m;

b.对砌块、料石墙为4.8 m。

③预制钢筋混凝土板的支承长度,在墙上不宜小于100 mm;在钢筋混凝土圈梁上不宜小于80 mm;当利用板端伸出钢筋拉结和混凝土灌注时,其支承长度可为40 mm,但板端缝宽不小于80 mm,灌缝混凝土强度等级不宜低于C20。

④预制钢筋混凝土梁在墙上的支承长度不宜小于180~240 mm,支承在墙、柱上的吊车梁、屋架以及跨度大于或等于下列数值的预制梁的端部,应采用锚固件与墙、柱上的垫块锚固。

a.砖砌体为9 m;

b.对砌块和料石砌体为7.2 m。

⑤填充墙、隔墙应采取措施与周边构件可靠连接。一般是在钢筋混凝土结构中预埋拉结筋,在砌筑墙体时,将拉结筋砌入水平灰缝内。

⑥山墙处的壁柱宜砌至山墙顶部,屋面构件应与山墙可靠拉结。

(3)砌块砌体房屋

①砌块砌体应分皮错缝搭砌,上下皮搭砌长度不得小于90 mm。当搭砌长度不满足上述要求时,应在水平灰缝内设置不少于2Φ4的焊接钢筋网片(横向钢筋间距不宜大于200 mm),网片每段均应超过该垂直缝,其长度不得小于300 mm。

②砌块墙与后砌隔墙交接处,应沿墙高每400 mm在水平灰缝内设置不少于2Φ4、横筋间距不大于200 mm的焊接钢筋网片(图10.32)。

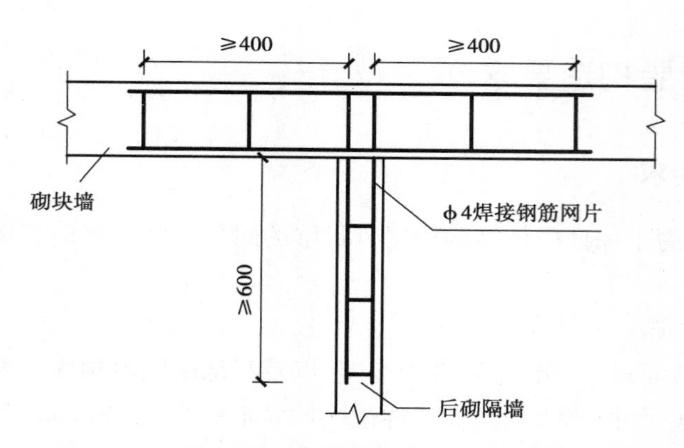

图 10.32　砌块墙与后砌隔墙交接处的焊接钢筋网片

③混凝土砌块房屋，宜将纵横墙交接处、距墙中心线每边不小于 300 mm 范围内的孔洞，采用不低于 Cb20 灌孔混凝土将孔洞灌实，灌实高度应为墙身全高。

④混凝土砌块墙体的下列部位，如未设圈梁或混凝土垫块，应采用不低于 Cb20 灌孔混凝土将孔洞灌实：

a.搁栅、檩条和钢筋混凝土楼板的支承面下，高度不应小于 200 mm 的砌体；

b.屋架、梁等构件的支承面下，高度不应小于 600 mm，长度不应小于 600 mm 的砌体；

c.挑梁支承面下，距墙中心线每边不应小于 300 mm，高度不应小于 600 mm 的砌体。

（4）砌体中留槽洞或埋设管道时的规定

①不应在截面长边小于 500 mm 的承重墙体、独立柱内埋设管线。

②不宜在墙体中穿行暗线或预留、开凿沟槽，无法避免时应采取必要的措施或按削弱后的截面验算墙体承载力。对受力较小或未灌孔砌块砌体，允许在墙体的竖向孔洞中设置管线。

构造柱

2）防止或减轻墙体开裂的主要措施

（1）墙体开裂的原因

产生墙体裂缝的原因主要有 3 个：外荷载、温度变化和地基不均匀沉降。墙体承受外荷载后，按照规范要求，通过正确的承载力计算，选择合理的材料并满足施工要求，受力裂缝是可以避免的。

①因温度变化和砌体干缩变形引起的墙体裂缝（图 10.33）。

a.温度裂缝形态有水平裂缝、八字裂缝两种。水平裂缝多发生在女儿墙根部、屋面板底部、圈梁底部附近以及比较空旷、高大房间的顶层外墙门窗洞口上下水平位置处；八字裂缝多发生在房屋顶层墙体的两端，且多数出现在门窗洞口上下，呈八字形。

b.干缩裂缝形态有垂直贯通裂缝、局部垂直裂缝两种。

②因地基发生过大的不均匀沉降而产生的裂缝（图 10.34）。常见的因地基不均匀沉降引起的裂缝形态有：正八字形裂缝、倒八字形裂缝、高层沉降引起的斜向裂缝、底层窗台下墙体的斜向裂缝。

（2）防止墙体开裂的措施

①为了防止或减轻房屋在正常使用条件下，由温度和砌体干缩引起的墙体竖向裂缝，应

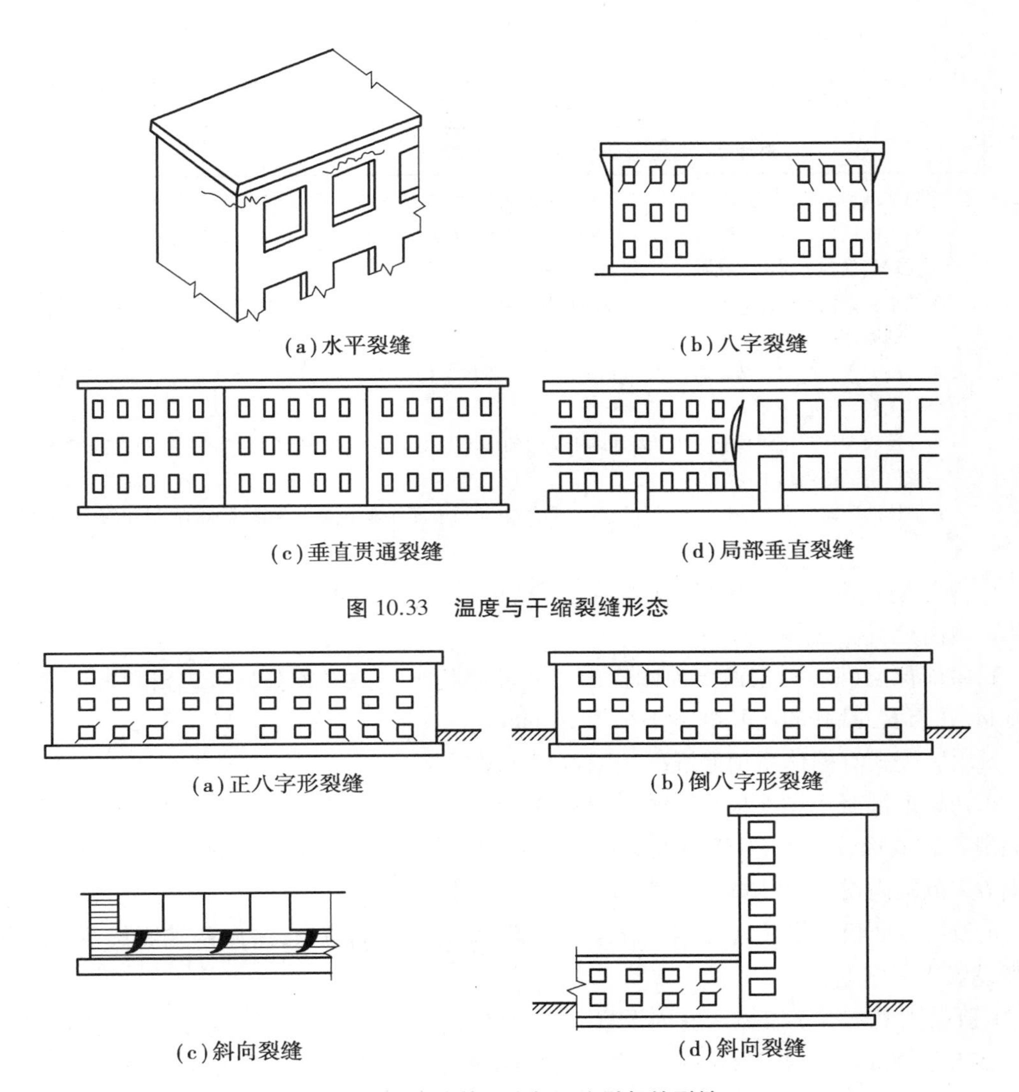

(a)水平裂缝　(b)八字裂缝　(c)垂直贯通裂缝　(d)局部垂直裂缝

图 10.33　温度与干缩裂缝形态

(a)正八字形裂缝　(b)倒八字形裂缝　(c)斜向裂缝　(d)斜向裂缝

图 10.34　由地基不均匀沉降引起的裂缝

在墙体中设置伸缩缝。伸缩缝应设置在因温度和收缩变形可能引起应力集中、砌体产生裂缝可能性最大的地方。伸缩缝的间距可按表 10.13 采用。

表 10.13　砌体房屋伸缩缝的最大间距

屋盖或楼盖类别		间距(m)
整体式或装配整体式钢筋混凝土楼盖	有保温层或隔热层的屋盖、楼盖	50
	无保温层或隔热层的屋盖	40
装配式无檩体系钢筋混凝土楼盖	有保温层或隔热层的屋盖、楼盖	60
	无保温层或隔热层的屋盖	50
装配式有檩体系钢筋混凝土楼盖	有保温层或隔热层的屋盖	75
	无保温层或隔热层的屋盖	60

续表

屋盖或楼盖类别	间距(m)
瓦材屋盖、木屋盖或楼盖、轻钢屋盖	100

注:1.对烧结普通砖、多孔砖、配筋砌块砌体房屋取表中数值;对石砌体、蒸压灰砂砖、蒸压粉煤灰砖和混凝土砌块房屋取表中数值乘以0.8的系数。当有实践经验并采取可靠措施时,可不遵守本表规定。

2.在钢筋混凝土屋面上挂瓦的屋盖应按钢筋混凝土屋盖采用。

3.按本表设置的墙体伸缩缝,一般不能同时防止由于钢筋混凝土屋盖的温度变形和砌体干缩变形引起的墙体局部裂缝。

4.层高大于5 m的烧结普通砖、多孔砖、配筋砌块砌体结构单层房屋,其伸缩缝间距可按表中数值乘以1.3。

5.温差较大且变化频繁地区和严寒地区不采暖的房屋及构筑物墙体的伸缩缝的最大间距,应按表中数值予以适当减小。

6.墙体的伸缩缝应与结构的其他变形缝相重合,在进行立面处理时,必须保证缝隙的伸缩作用。

②为了防止和减轻房屋顶层墙体的开裂,可根据情况采取下列措施:

a.屋面设置保温、隔热层;

b.屋面保温(隔热)层或屋面刚性面层及砂浆找平层应设置分格缝,分格缝间距不宜大于6 m,并与女儿墙隔开,其缝宽不小于30 mm;

c.用装配式有檩体系钢筋混凝土屋盖和瓦材屋盖;

d.在钢筋混凝土屋面板与墙体圈梁的接触面处设置水平滑动层,滑动层可采用两层油毡夹滑石粉或橡胶片等,对于长纵墙可只在其两端的2~3隔开间设置,对于横墙可只在其两端$l/4$范围内设置(l为横墙长度);

e.顶层屋面板下设置现浇钢筋混凝土圈梁,并沿内外墙拉通,房屋两端圈梁下的墙体宜适当设置水平钢筋;

f.顶层挑梁末端下墙体灰缝内设置3道焊接钢筋网片(纵向钢筋不宜少于2 ϕ 4,横筋间距不宜大于200 mm)或2 ϕ 6钢筋,钢筋网片或钢筋应自挑梁末端伸入两边墙体不小于1 m(图10.35);

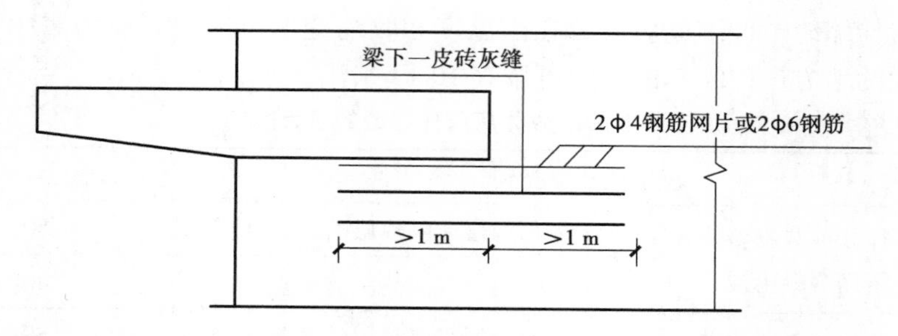

图10.35　顶层挑梁末端钢筋网片或钢筋

g.墙体有门窗洞口时,在过梁上的水平灰缝内设置2~3道焊接钢筋网片或2 ϕ 6钢筋,并应伸入过梁两边墙体不小于600 mm;

h.顶层及女儿墙砂浆强度等级不低于M5;

i.女儿墙应设置构造柱，构造柱间距不宜大于 4 m，构造柱应伸至女儿墙顶并与现浇钢筋混凝土压顶整浇在一起；

j.房屋顶层端部墙体内应适当增设构造柱。

③防止或减轻房屋底层墙体裂缝的措施。底层墙体的裂缝主要是地基不均匀沉降或地基反力不均匀引起的，因此防止或减轻房屋底层墙体裂缝可根据情况采取下列措施：

a.增加基础圈梁的刚度；

b.在底层的窗台下墙体灰缝内设置 3 道焊接钢筋网片或 2 Φ6 钢筋，并应伸入两边窗间墙内，长度不小于 600 mm；

c.采用钢筋混凝土窗台板，窗台板嵌入窗间墙内，长度不小于 600 mm。

④墙体转角处和纵横墙交接处宜沿竖向每隔 400~500 mm 设置拉结钢筋，其数量为每 120 mm 墙厚不少于 1 Φ6 或焊接钢筋网片，埋入长度从墙的转角或交接处算起，每边不少于 600 mm。

⑤对于灰砂砖、粉煤灰砖、混凝土砌块或其他非烧结砖，宜在各层门、窗过梁上方的水平灰缝内及窗台下第一、第二道水平灰缝内设置焊接钢筋网片或 2 Φ6 钢筋，焊接钢筋网片或钢筋应伸入两边窗间墙内不小于 600 mm。

⑥为防止或减轻混凝土砌块房屋顶层两端和底层第一、二开间门窗洞口处开裂，可采取下列措施：

a.在门窗洞口两侧不少于一个孔洞中设置 1 Φ12 的钢筋，钢筋应在楼层圈梁或基础锚固，并采取不低于 Cb20 的灌孔混凝土灌实；

b.在门窗洞口两边的墙体的水平灰缝内，设置长度不小于 900 mm、竖向间距为 400 mm 的 2 Φ4 焊接钢筋网片；

c.在顶层和底层设置通长钢筋混凝土窗台梁，窗台梁的高度宜为块高的模数，纵筋不少于 4 Φ10，箍筋 ϕ6@200，Cb20 混凝土。

⑦当房屋刚度较大时，可在窗台下或窗台角处墙体内设置竖向控制缝。在墙体的高度或厚度突然变化处也宜设置竖向控制缝，或采取可靠的防裂措施。竖向控制缝的构造和嵌缝材料应能满足墙体平面外传力和防护的要求。

⑧灰砂砖、粉煤灰砖砌体宜采用粘结性好的砂浆砌筑，混凝土砌块砌体应采用砌块专用砂浆砌筑。

⑨对防裂要求较高的墙体，可根据实际情况采取专门措施。

⑩防止墙体因为地基不均匀沉降而开裂的措施有：

a.设置沉降缝。在地基土性质相差较大，房屋高度、荷载、结构刚度变化较大处，房屋结构形式变化处，高低层的施工时间不同处设置沉降缝，将房屋分割为若干刚度较好的独立单元。

b.加强房屋整体刚度。

c.对处于软土地区或土质变化较复杂地区，利用天然地基建造房屋时，房屋体形力求简单，采用对地基不均匀沉降不敏感的结构形式和基础形式。

d.合理安排施工顺序，先施工层数多、荷载大的单元，后施工层数少、荷载小的单元。

本章小结

1.砌体结构是指用各种块材通过砂浆铺缝砌筑而成的结构。块材的符号用MU表示,砂浆的符号用M表示。材料的强度等级用上述符号与按标准试验方法得到的材料抗压极限强度的平均值来表示。

2.砌体材料中的块材主要有烧结普通砖、烧结多孔砖、蒸压灰砂普通砖、蒸压粉煤灰普通砖、混凝土普通砖和混凝土多孔砖、砌块和石材;砂浆按其成分分为水泥砂浆、混合砂浆、非水泥砂浆、专用砌筑砂浆。如无特殊要求,一般砌体宜采用混合砂浆。

3.砌体可分为无筋砌体和配筋砌体。为使砌体中的块材能均匀地承受外力,使砌体构成一个整体,砌体中的竖向灰缝必须错缝。

4.砌体主要用于抗压。影响砌体抗压强度的因素主要有块材和砂浆和强度等级、砂浆的性能、块材的形状、尺寸及灰缝厚度、砌筑质量等。砌体抗压强度设计值可根据块材和砂浆的强度等级由表10.1至表10.7确定。同时还要考虑构件截面大小以及是否采用强度等级M5以下的水泥砂浆等因素乘以调整系数。

5.受压构件承载力的计算公式为$N \leqslant \varphi f A$,其中φ为高厚比β和轴向力的偏心距e对受压构件承载力的影响系数,不论偏心受压或轴心受压均采用此公式(轴心受压时$e=0$)。

6.砌体的局部受压有3种情况:局部均匀受压、梁端支承处砌体局部压以及梁端设有垫块时砌体局部受压。梁端下砌体的局部受压易出现问题,要引起重视。

7.根据房屋的空间工作性能,砌体结构房屋静力计算方案分为刚性方案、刚弹性方案、弹性方案3种。一般混合结构多层房屋多为刚性方案。

8.高厚比的验算是砌体结构的一项重要的构造措施。带壁柱墙与一般墙柱的高厚比验算不同,带壁柱墙除验算整片墙的高厚比外,还应验算壁柱间的高厚比。

9.多层刚性方案房屋承重纵墙的计算要点是:取门窗洞口间墙体为计算单元;在竖向荷载作用下,墙体可视为竖向的、以楼盖为铰支承的梁,且墙体与基础也视为铰接;在水平荷载(风荷载)作用下,墙可视为竖向的连续梁,但一般多不考虑风荷载的作用。

10.过梁计算中的主要问题是过梁上荷载的计算。对于砖砌体,过梁上墙体荷载最多按高为$l_n/3$(l_n为净跨)的墙体采用。如梁、板下墙体高度$h_w<l_n$,则考虑梁、板荷载;否则不考虑梁、板荷载。

11.砌体结构除应进行承载力计算和高厚比验算外,同时还必须符合《砌体规范》规定的构造要求。

本章习题

1.砌体可分为哪几类?常用的砌体材料有哪些?

2.影响砌体抗压强度的因素有哪些?

3.砌体的强度设计值在什么情况下应乘以调整系数？

4.怎样计算砌体构件的承载力？

5.砌体局部受压有几种情况？试述其计算要点。

6.什么是高厚比？砌体房屋限制高厚比的目的是什么？

7.简述带壁柱墙高厚比的计算要点。

8.砌体房屋静力计算方案有哪些？影响砌体房屋静力计算方案的主要因素有哪些？

9.画出单层及多层刚性方案房屋的计算简图，简述刚性方案房屋的计算要点。

10.挑梁的破坏与形态有哪些？简述挑梁的构造要求。

11.产生墙体开裂的主要原因是什么？防止墙体开裂的主要措施有哪些？

12.某截面为 490 mm×490 mm 的砖柱，柱计算高度 $H_0=H=5$ m，采用强度等级为 MU10 的烧结普通砖及 M5 的水泥砂浆砌筑，柱底承受轴向力设计值为 $N=180$ kN，结构安全等级为二级，施工质量控制等级为 B 级。试验算该柱底截面是否安全。

13.一偏心受压柱，柱截面尺寸为 490 mm×620 mm，柱计算高度 $H_0=H=4.8$ m，采用强度等级为 MU15 蒸压灰砂普通砖及 M5 混合砂浆砌筑，柱底承受轴向压力设计值为 $N=200$ kN，弯矩设计值 $M=24$ kN · m(沿长边方向)，结构的安全等级为二级，施工质量控制等级为 B 级。试验算该柱底截面是否安全。

14.如图 10.36 所示带壁柱窗间墙，采用 MU10 烧结普通砖及 M5 水泥砂浆砌筑，计算高度 $H_0=H=5$ m，柱底承受轴向力设计值为 $N=150$ kN，弯矩设计值为 $M=30$ kN · m，施工质量控制等级为 B 级，偏心压力偏向于带壁柱一侧。试验算截面是否安全。

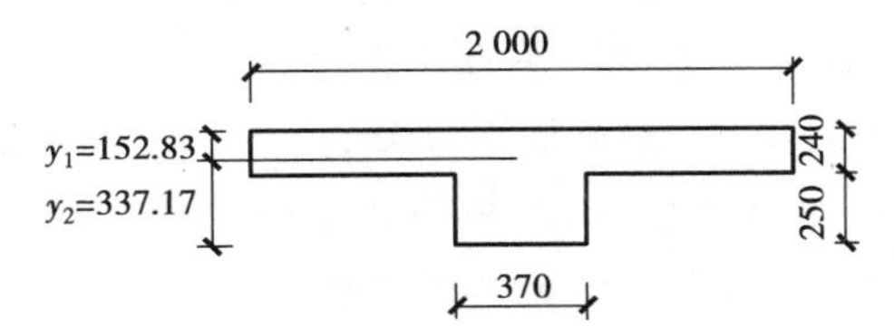

图 10.36 习题 12.14 附图

15.窗间墙截面尺寸为 370 mm×1 200 mm，砖墙采用 MU10 烧结普通砖和 M5 水泥砂浆砌筑。位于窗间墙中部的大梁的截面尺寸为 200 mm×500 mm，在墙上的搁置长度为 240 mm。大梁的支座反力为 80 kN，窗间墙范围内梁底截面处的上部荷载设计值为240 kN。试对大梁端部下砌体的局部受压承载力进行验算。

16.某单层房屋层高为 4.8 m，砖柱截面为 490 mm×370 mm，采用 M5 混合砂浆砌筑，房屋的静力计算计算方案为刚性。试验算此砖柱的高厚比。

第 11 章

钢结构

本章导读

- **基本要求** 了解钢材的选用要求；了解钢结构连接的种类、形式、特点及构造要求，掌握焊接、螺栓连接的计算；了解钢结构构件的种类、形式及构造要求，掌握钢结构轴心受力构件、受弯构件的计算；理解钢屋盖的类型及基本构造；学会识读简单的钢结构施工图；培养爱岗敬业、精益求精的工匠精神。
- **重点** 钢结构连接的计算；钢结构轴心受力构件、受弯构件的构造与计算；钢屋盖的类型及基本构造；钢结构施工图识读。
- **难点** 钢结构连接的计算；钢结构轴心受力构件、受弯构件的计算；钢屋盖的类型及基本构造；钢结构施工图识读。

钢结构未来发展

11.1 结构用钢的要求

钢材的选择既要确定所用钢材的钢号，又要提出应有的机械性能和化学成分保证项目，是钢结构设计的首要环节。选材的基本原则是既要保证安全可靠，又经济合理。钢材的质量等级越高，其价格也越高。因此应根据结构的不同特点，来选择适宜的钢材。

对于重要的、直接承受动力荷载的、处于低温条件工作的、采用焊接连接的特别是厚度大的焊接连接的结构和构件，应采用质量较高的钢材。

钢结构所用的钢材通常应有 f_y、f_u、δ 和 S、P 极限含量的合格保证。对于焊接结构，还应有碳含量的合格保证。对于较大房屋的柱、屋架、托架、直接承受动力荷载的结构、容器钢板结构的钢材，还应具有冷弯合格的保证。对于重级工作制和起重量≥50 t 的中级工作制焊接吊车梁或类似结构的钢材，应具有常温(20 ℃)冲击韧性合格的保证。当计算温度较低时，则应根据温度需要具有0 ℃或-20 ℃(对Q235钢)，0 ℃、-20 ℃或-40 ℃(对低合金结构钢)低温冲击韧性合格的保证。

梁的连接

11.2　钢结构的连接

钢结构的连接方法有焊缝连接、螺栓连接和铆钉连接3种(图11.1)，其中铆钉连接因费料费工，现在已基本不被采用。

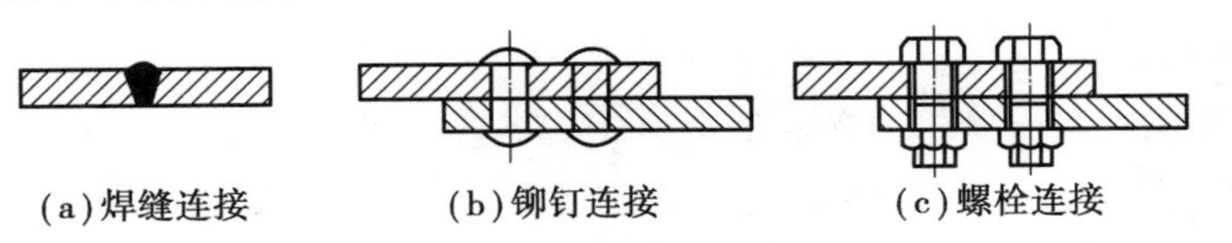

(a)焊缝连接　(b)铆钉连接　(c)螺栓连接

图11.1　钢结构的连接方法

1)焊缝连接

焊缝连接是目前钢结构最主要的连接方法。其优点是构造简单，加工方便，节约钢材，连接的刚度大，密封性能好，易于采用自动化作业。但焊缝连接会产生残余应力和残余变形，且连接的塑性和韧性较差。

2)螺栓连接

螺栓连接可分为普通螺栓连接和高强度螺栓连接两种。

(1)普通螺栓连接

普通螺栓分为A、B、C三级。其中A级和B级为精制螺栓，须经车床加工精制而成，尺寸准确，表面光滑，要求配用Ⅰ类孔，其抗剪性能比C级螺栓好，但成本高，安装困难，故较少采用。C级螺栓为粗制螺栓，加工粗糙，尺寸不很准确，只要求Ⅱ类孔。C级螺栓传递剪力时，连接的变形大，但传递拉力的性能尚好，且成本低，故多用于承受拉力的安装螺栓连接、次要结构和可拆卸结构的受剪连接及安装时的临时连接。

(2)高强度螺栓连接

高强度螺栓连接传递剪力的机理和普通螺栓连接不同，后者靠螺栓杆承压和抗剪来传递剪力，而高强度螺栓连接主要是靠被连接板件间的强大摩擦阻力来传递剪力。可见，要保证高强度螺栓连接的可靠性，就必须首先保证被连接板件间具有足够大的摩擦阻力。

高强度螺栓连接的优点是施工简便、受力好、耐疲劳、可拆换、工作安全可靠。因此，已广泛用于钢结构连接中，尤其适用于承受动力荷载的结构中。

高强度螺栓连接受剪力时，按其传力方式又可分为摩擦型和承压型两种。前者仅靠被连接板件间的强大摩擦阻力传递剪力，以摩擦阻力刚被克服作为连接承载力的极限状态。其对螺栓孔的质量要求不高(Ⅱ类孔)，但为了增大被连接板件接触面间的摩阻力，对连接的各接触面应进行处理。后者是靠被连接板件间的摩擦力和螺栓杆共同传递剪力，以螺栓杆被剪坏或被压(承压)坏作为承载力的极限。其承载力比摩擦型高,可节约螺栓。但因其剪切变形比摩擦型大,故只适用于承受静力荷载和对结构变形不敏感的结构中,不得用于直接承受动力荷载的结构中。

11.2.1 焊缝连接

1)焊接的方式

钢结构常用的焊接方法是电弧焊,包括手工电弧焊、自动或半自动埋弧焊及气体保护焊等。

(1)手工电弧焊

手工焊常用的焊条有碳钢焊条和低合金钢焊条。其牌号为 E43、E50 和 E55 型等,其中 E 表示焊条,两位数字表示焊条熔敷金属抗拉强度的最小值(单位为 kgf/mm^2)。手工焊采用的焊条应符合国家标准的规定,焊条的选用应与主体金属相匹配。一般情况下,对 Q235 钢采用 E43 型焊条,对 Q345 钢采用 E50 型焊条,对 Q390 和 Q420 钢采用 E55 型焊条。当不同强度的两种钢材进行连接时,宜采用与低强度钢材相适应的焊条。

手工焊具有设备简单,适用性强的优点,特别是短焊缝或曲折焊缝的焊接时,或在施工现场进行高空焊接时,只能采用手工焊接,所以它是钢结构中最常用的焊接方法。但其生产效率低,劳动强度大,焊缝质量取决于焊工的技术水平和状态,焊缝质量波动较大。

(2)自动或半自动埋弧焊

自动或半自动埋弧焊主要设备是自动电焊机,它可沿轨道按设定的速度移动。如果焊机的移动是由人工操作,则称为半自动埋弧焊。

自动埋弧焊焊缝质量稳定,焊缝内部缺陷少,塑性和韧性好,因此其质量比手工电弧焊好。但它只适合焊接较长的直线焊缝。半自动埋弧焊质量介于自动焊和手工焊之间,因由人工操作,故适合于焊接曲线或任意形状的焊缝。自动焊或半自动焊应采用与焊件金属强度相匹配的焊丝和焊剂。焊丝应符合《熔化焊接用钢丝》(GB/T 14957—1994)的规定,焊剂种类根据焊接工艺要求确定。

(3)气体保护焊

气体保护焊又称气电焊,它是利用惰性气体或 CO_2 气体作为保护介质的一种电弧熔焊方法。它直接依靠保护气体在电弧周围形成局部的保护层,以防止有害气体的侵入,从而保持焊接过程的稳定。

气体保护焊的优点是焊工能够清楚地看到焊缝成型的过程,熔滴过渡平缓,焊缝强度比手工电弧焊高,塑性和抗腐蚀性能好。适用于全位置的焊接,但不适用于野外或有风的地方施焊。

2)焊缝的形式

焊缝连接形式按被连接钢材的相互位置可分为对接、搭接、T 形连接和角接 4 种形式,这些连接所采用的焊缝形式主要为对接焊缝和角焊缝(图 11.2)。

根据焊缝的熔敷金属是否充满整个连接截面,对接焊缝还可分为焊透和不焊透两种形式。在承受动荷载的结构中,垂直于受力方向的焊缝不宜采用不焊透的对接焊缝。不焊透的对接焊缝必须在设计图中注明坡口形式和尺寸,其计算厚度 h_e 不得小于 $1.5\sqrt{t}$(t 为坡口所在焊件的较大厚度,单位为 mm)。

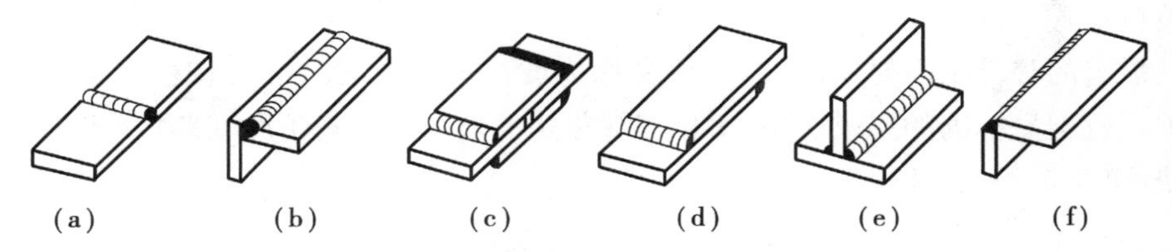

图 11.2 焊缝的连接形式

(a)、(b)对接接头;(c)、(d)搭接接头;(e)T 形接头;(f)角接接头

(a)、(b)为对接焊缝;(c)、(d)为角焊缝

对接焊缝按所受力方向分为正对接和斜对接焊缝[图 11.3(a)、(b)]。角焊缝可分为正面角焊缝(端缝)、侧面角焊缝和斜焊缝[图 11.3(c)]。

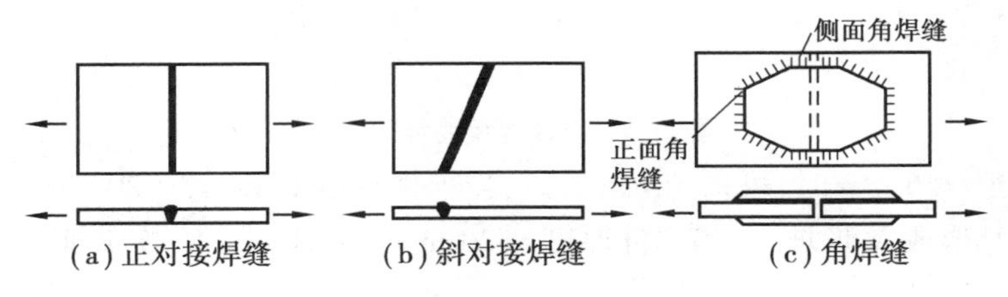

图 11.3 焊缝的形式

焊缝沿长度方向的布置分为连续角焊缝和间断角焊缝(图 11.4)。连续角焊缝的受力性能较好,为主要的角焊缝形式。间断角焊缝容易引起应力集中现象,重要的结构应避免,但可用于一些次要的构件或次要的焊接连接中。一般的受压构件中应满足 $l \leqslant 15\ t$;受拉构件中应满足 $l \leqslant 30\ t$(t 为较薄焊件的厚度)。

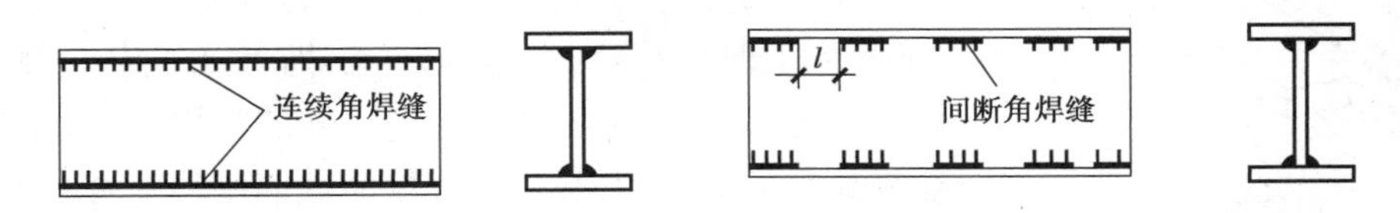

图 11.4 连续角焊缝和间断角焊缝

焊缝按施焊位置分为平焊、立焊(竖焊)、横焊、仰焊 4 种(图 11.5),平焊焊接工作最方便,质量也最好,应用较多。立焊和横焊的质量及生产效率比平焊差一些;仰焊的操作最困难,且焊缝质量不易保证,应避免采用。

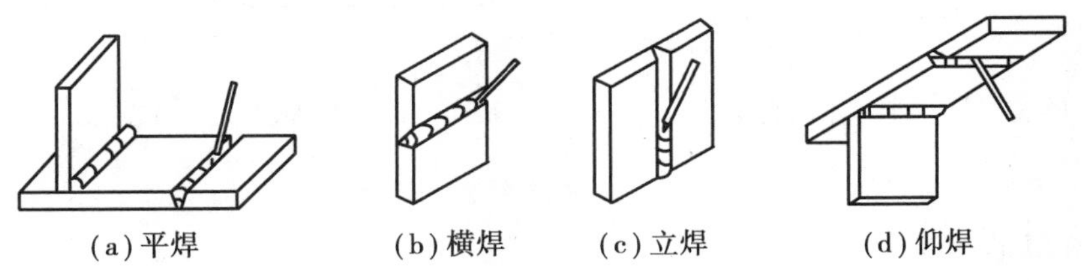

图 11.5 焊缝按施焊位置分类

3)焊缝的构造

(1)对接焊缝的构造

①坡口形式

对接焊缝的焊件常需要做成坡口,故又称为坡口焊缝。坡口形式宜根据板厚和施工条件按有关现行国家标准的要求选用,对接焊缝板边的坡口形式有I形、单边V形、V形、J形、U形、K形和X形等(图11.6)。

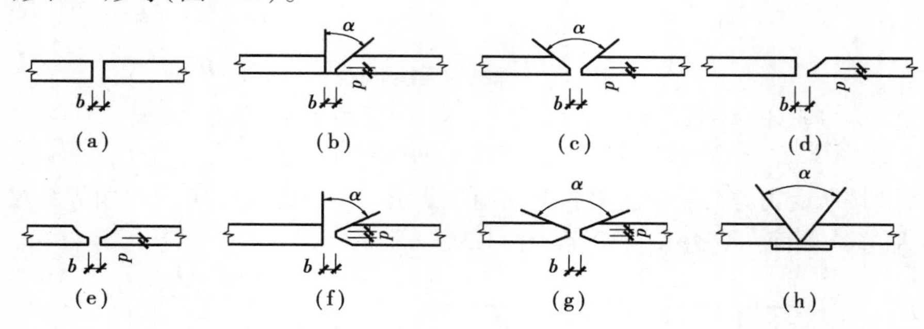

图11.6　对接焊缝的坡口形式

当焊件厚度 $t \leqslant 6$ mm时,可采用I形坡口;当焊件厚度6 mm$<t\leqslant$20 mm时,可采用具有斜坡口的单边V形或V形坡口;当焊件厚度 $t>20$ mm时,则采用U形、K形或X形坡口。

②引弧板

对接焊缝施焊时的起点和终点,常因起弧和灭弧出现弧坑等缺陷,此处极易产生裂纹和应力集中,对承受动力荷载的结构尤为不利。为避免焊口缺陷,可在焊缝两端设引弧板(图11.7),起弧灭弧只在这里发生,焊完后将引弧板切除,并将板边沿受力方向修磨平整。

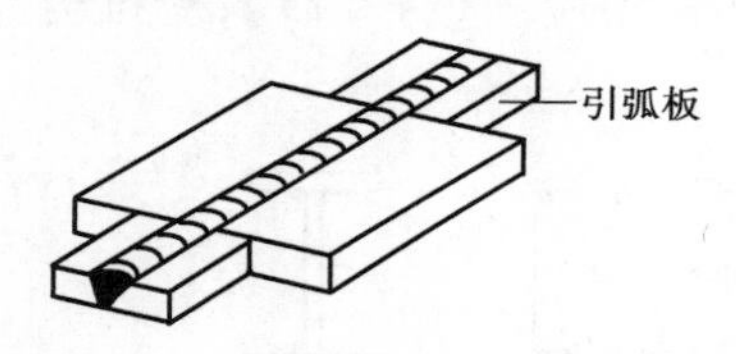

图11.7　对接焊缝用引弧板

③截面的改变

在对接焊缝的拼接处,当焊件的宽度不同或厚度相差4 mm以上时,应分别在宽度方向或厚度方向从一侧或两侧做成坡度不大于1/4(对承受动荷载的结构)或1/2.5(对承受静荷载的结构)(图11.8),以使截面平缓过渡,使构件传力平顺,减少应力集中。当厚度不同时,坡口形式应根据较薄焊件厚度来取用,焊缝的计算厚度等于较薄焊件的厚度。

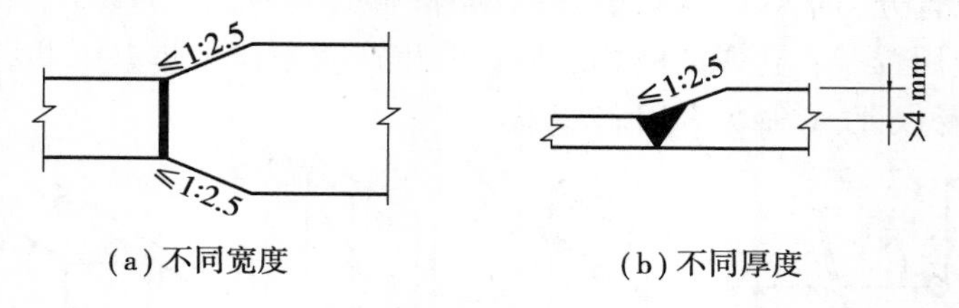

图11.8　变截面钢板的拼接

(2)角焊缝的构造

①截面形式

角焊缝按两焊脚边的夹角可分为直角角焊缝[图11.9(a)、(b)、(c)]和斜角角焊缝[图

11.9(d)、(e)、(f)、(g)]两种。在建筑钢结构中,最常用的是直角角焊缝,斜角角焊缝主要用于钢管结构中。

②构造要求

a.最小焊脚尺寸。为保证角焊缝的最小承载能力,并防止焊缝因冷却过快而产生裂纹,角焊缝的最小焊脚尺寸应满足:$h_f \geqslant 1.5\sqrt{t}$($t$ 为较厚焊件的厚度;当采用低氢型碱性焊条施焊时,t 可采用较薄焊件厚度)。对埋弧自动焊,$h_{f,min}$ 可减小 1 mm;对 T 形连接的单面角焊缝,$h_{f,min}$ 应增加 1 mm。当焊件厚度≤4 mm 时,$h_{f,min}$ 应与焊件厚度相同。

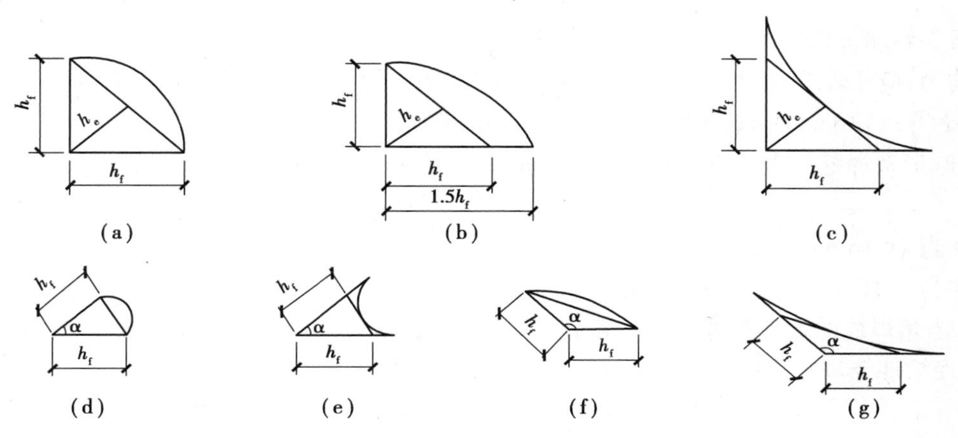

图 11.9 角焊缝的截面形式

(a)、(b)、(c)直角焊缝;(d)、(e)、(f)、(g)斜角焊缝

b.最大焊脚尺寸。角焊缝的焊脚尺寸过大,焊缝收缩时将产生较大的焊接残余应力和残余变形,且热影响区扩大易产生脆裂,较薄焊件易烧穿。角焊缝的焊脚尺寸不宜大于较薄焊件的 1.2 倍,但板件(厚度为 t)边缘的角焊缝最大焊脚尺寸,尚应符合下列要求:

- 当 $t \leqslant 6$ mm 时,取 $h_{f,max} \leqslant t$;
- 当 $t > 6$ mm 时,取 $h_{f,max} \leqslant t-(1\sim2)$ mm。

c.最小计算长度。角焊缝的焊缝长度过短,焊件局部受热严重,且施焊时起落弧坑相距过近,加之其他缺陷的存在,就可能使焊缝不够可靠。因此,侧面角焊缝或正面角焊缝的最小计算长度不得小于 $8h_f$,且不小于 40 mm。

d.侧面角焊缝的最大计算长度。侧面角焊缝在弹性阶段的应力沿长度方向分布不均匀,两端大,中间小。当侧焊缝长度太长时,焊缝两端应力可能达到极限而破坏,而焊缝中部的应力还较低,这种应力分布不均匀对承受动荷载的结构尤为不利。因此,侧面角焊缝的计算长度不宜大于 $60h_f$,当大于上述数值时,其超过部分在计算中不予考虑。但当内力沿侧焊缝全长分布时则不受此限。

e.在搭接连接中,为减小因焊缝收缩产生过大的残余应力及因偏心产生的附加弯矩,要求搭接长度不得小于较小焊件厚度的 5 倍,且不小于 25 mm(图 11.10)。

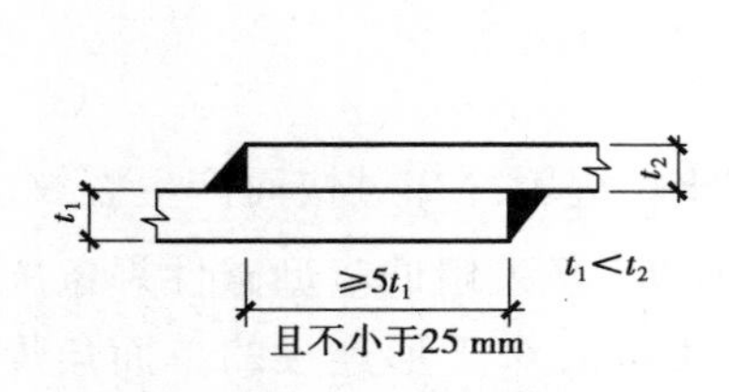

图 11.10　搭接长度要求

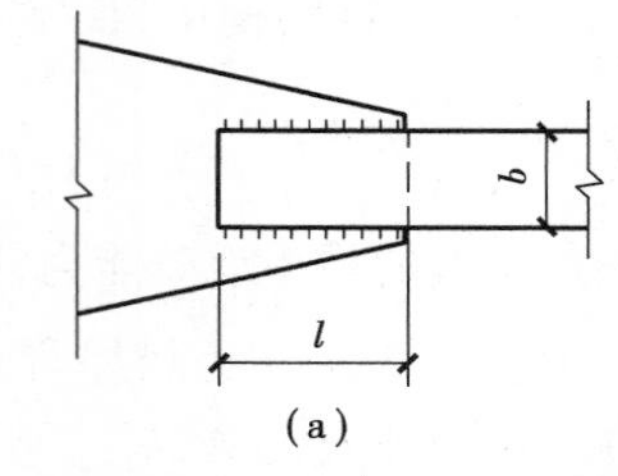

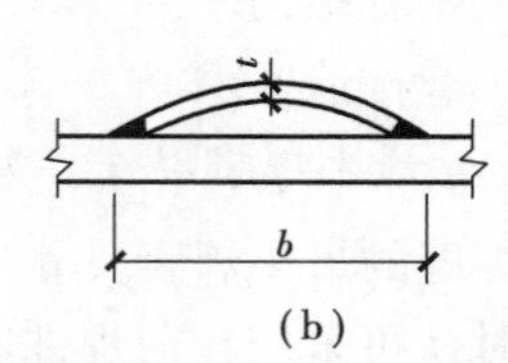

图 11.11　仅两侧焊缝连接的构造要求

板件的端部仅用两侧缝连接时(图 11.11),为避免应力传递过于弯折而致使板件应力过于不均匀,应使焊缝长度 $l \geqslant b$;同时,为避免因焊缝收缩引起板件变形拱曲过大,应满足 $b \leqslant 16t$(当 $t>12$ mm 时)或 190 mm(当 $t \leqslant 12$ mm 时),t 为较薄焊件的厚度。

f.圆形塞焊缝的直径不应小于 $t+8$ mm,t 为开孔焊件的厚度,且焊脚尺寸应符合下列要求:

- 当 $t \leqslant 16$ mm 时,$h_f = t$;
- 当 $t>16$ mm 时,$h_f > t/2$ 且 $h_f > 16$ mm。

g.当角焊缝的端部在焊件的转角处时,为避免起落弧缺陷发生在应力集中较大的转角处,宜连续地绕过转角加焊 $2h_f$,并计入焊缝的有效长度之内(图 11.12)。

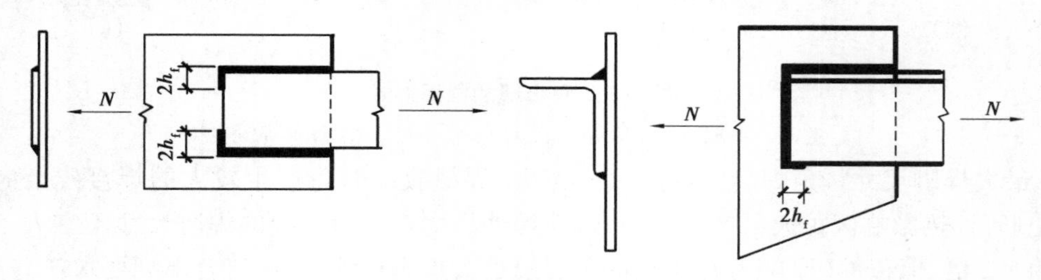

图 11.12　角焊缝的绕角焊

4)焊缝的计算

(1)对接焊缝

本书只介绍焊透对接焊缝的计算。

①轴心受力对接焊缝的计算

对接焊缝受垂直于焊缝长度方向的轴心力(拉力或压力)[图 11.13(a)]时,其焊缝强度按下式计算:

$$\sigma = \frac{N}{A_w} = \frac{N}{l_w t} \leqslant f_t^w \text{或} f_c^w \tag{11.1}$$

式中　N——轴心力(拉力或压力);

l_w——焊缝的计算长度,当未采用引弧板施焊时,每条焊缝取实际长度减去 $2t$,即 $l_w = l - 2t$,当采用引弧板施焊时,取焊缝的实际长度;

t——在对接接头中取连接件的较小厚度,在 T 形接头中取腹板厚度;

A_w——焊缝的计算截面面积,$A_w = l_w t$;

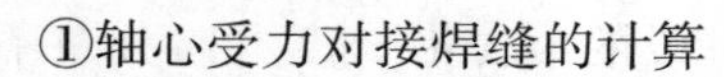

f_t^w，f_c^w——对接焊缝的抗拉、抗压强度设计值，见表 11.1。

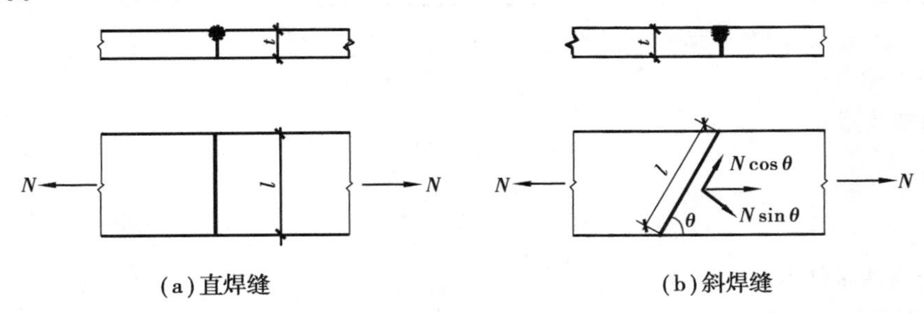

(a)直焊缝　　(b)斜焊缝

图 11.13　轴心受力对接焊缝

表 11.1　焊缝的强度设计值

焊接方法和焊条型号	钢材牌号规格和标准号		对接焊缝				角焊缝
	牌号	厚度或直径(mm)	抗压 f_c^w	焊缝质量为下列等级时，抗拉 f_t^w		抗剪 f_v^w	抗拉、抗压和抗剪 f_f^w
				一级、二级	三级		
自动焊、半自动焊和E43型焊条手工焊	Q235钢	≤16	215	215	185	125	160
		>16~40	205	205	175	120	
		>40~60	200	200	170	115	
		>60~100	200	200	170	115	
自动焊、半自动焊和E50、E55型焊条手工焊	Q345钢	≤16	305	305	260	175	200
		>16~40	295	295	250	170	
		>40~63	290	290	245	165	
		>63~80	280	280	240	160	
		>80~100	270	270	230	155	
自动焊、半自动焊和E50、E55型焊条手工焊	Q390钢	≤16	345	345	295	200	200(E50) 220(E55)
		>16~40	330	330	280	190	
		>40~63	310	310	265	180	
		>63~80	295	295	250	170	
		>80~100	295	295	250	170	
自动焊、半自动焊和E55、E60型焊条手工焊	Q420钢	≤16	375	375	320	215	220(E55) 240(E60)
		>16~40	355	355	300	205	
		>40~63	320	320	270	185	
		>63~80	305	305	260	175	
		>80~100	305	305	260	175	

续表

焊接方法和焊条型号	钢材牌号规格和标准号		对接焊缝				角焊缝
	牌号	厚度或直径(mm)	抗压 f_c^w	焊缝质量为下列等级时,抗拉 f_t^w		抗剪 f_v^w	抗拉、抗压和抗剪 f_f^w
				一级、二级	三级		
自动焊、半自动焊和E55、E60型焊条手工焊	Q460钢	≤16	410	410	350	235	220(E55) 240(E60)
		>16~40	390	390	330	225	
		>40~63	355	355	300	205	
		>63~80	340	340	290	195	
		>80~100	340	340	290	195	
自动焊、半自动焊和E50、E55型焊条手工焊	Q345GJ钢	>16~35	310	310	265	180	200
		>35~50	290	290	245	170	
		>50~100	285	285	240	165	

注:1.手工焊用焊条、自动焊和半自动焊所采用的焊丝和焊剂,应保证其熔敷金属的力学性能不低于母材的性能。

2.焊缝质量等级应符合现行国家标准《钢结构焊接规范》GB 50661 的规定,其检验方法应符合现行国家标准《钢结构工程施工质量验收规范》GB 50205 的规定。其中厚度小于 8 mm 钢材的对接焊缝,不应采用超声波探伤确定焊缝质量等级。

由于一级或二级焊缝与母材强度相等。因此只有焊缝质量等级为三级时才需按式(11.1)进行抗拉强度验算。如果采用直焊缝不能满足强度要求时,可采用斜对接焊缝[图11.13(b)]。计算表明,焊缝与作用力间的夹角满足:$\tan\theta \leqslant 1.5$ 时,斜焊缝的强度不低于母材强度,可不再进行验算。但斜对接焊缝比正对接焊缝费料,不宜多用。

【例 11.1】 试验算图 11.13 所示钢板的对接焊缝强度,图中 $l=550$ mm,$t=22$ mm,轴心力的设计值为 $N=2\ 300$ kN。钢材为 Q235-B·F,手工焊,焊条 E43 型,焊缝质量标准三级。

【解】 由表 11.1 查得焊缝抗拉强度设计值 $f_t^w=175$ N/mm²

直缝连接时计算长度 $l_w=550-2\times22=506$(mm)。焊缝正应力为:

$\sigma=\dfrac{N}{A_w}=\dfrac{N}{l_w t}=\dfrac{2\ 300\times10^3}{506\times22}=206.61(\text{N/mm}^2)>f_t^w=175(\text{N/mm}^2)$ 不满足要求。改用斜对接焊缝,取截割斜度为 1.5∶1,即 $\theta=56°$,则焊缝长度:$l_w=\dfrac{l}{\sin\theta}-2t=\dfrac{550}{\sin 56°}-2\times22=620(\text{mm})$

故此时焊缝的正应力为:$\sigma=\dfrac{N\sin\theta}{l_w t}=\dfrac{2\ 300\times10^3\times\sin 56°}{620\times22}=139.79(\text{N/mm}^2)<f_t^w=175(\text{N/mm}^2)$

剪应力为:$\tau=\dfrac{N\cos\theta}{l_w t}=\dfrac{2\ 300\times10^3\times\cos 56°}{620\times22}=94.29(\text{N/mm}^2)<f_v^w=120(\text{N/mm}^2)$

经验算该焊缝连接满足强度要求。

②弯矩、剪力共同作用时对接焊缝的计算

对接焊缝在弯矩和剪力共同作用下,应分别验算其最大正应力和剪应力。正应力和剪应力的验算公式如下(图 11.14):

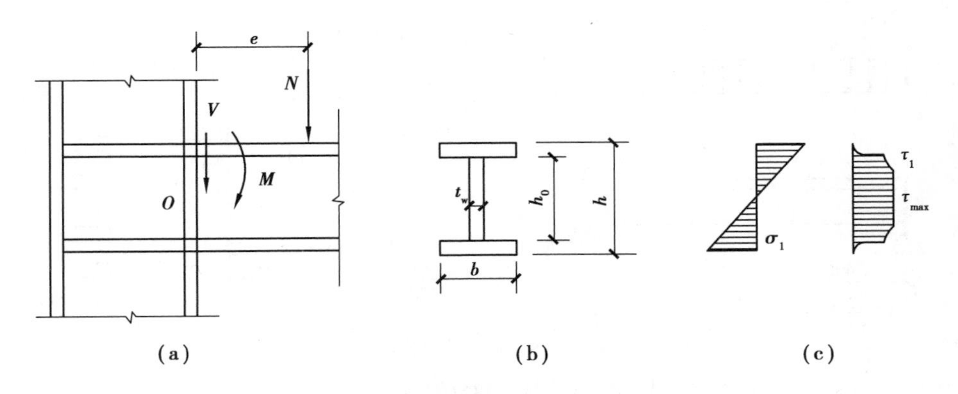

图 11.14 对接焊缝受弯矩和剪力共同作用

$$\sigma_{max} = \frac{M}{W_w} \leqslant f_t^w \tag{11.2}$$

$$\tau_{max} = \frac{VS_w}{I_w t_w} \leqslant f_v^w \tag{11.3}$$

式中 M, V——焊缝承受的弯矩和剪力；

I_w, W_w——焊缝计算截面的惯性矩和抵抗矩；

S_w——计算剪应力处以上(或以下)焊缝计算截面对中和轴的面积矩；

t_w——计算剪应力处焊缝计算截面的宽度；

f_v^w——对接焊缝的抗剪强度设计值。

对于矩形焊缝截面，因最大正(或剪)应力处正好剪(或正)应力为零，故可按式(11.2)、式(11.3)分别进行验算。对于工字形或T形焊缝截面，除按式(11.2)和式(11.3)验算外，在同时承受较大正应力 σ_1 和较大剪应力 τ_1 处(图11.18中梁腹板横向对接焊缝的端部)，则还应按下式验算其折算应力：

$$\sigma_2 = \sqrt{\sigma_1^2 + 3\tau_1^2} \leqslant 1.1 f_t^w \tag{11.4}$$

$$\sigma_1 = \sigma_{max} \frac{h_0}{h} \qquad \tau_1 = \frac{VS_{w1}}{I_w t_w}$$

式中系数1.1是考虑要验算折算应力的地方只是局部区域，在该区域同时遇到材料最坏的概率是很小的，因此将强度设计值提高10%。

【例11.2】 某8 m跨度简支梁的截面和荷载设计值(含梁自重)如图11.15所示。在距支座2.4 m处有翼缘和腹板的拼接连接，试设计其拼接的对接焊缝。已知钢材为Q345，采用E50型焊条，手工焊，三级质量标准，施焊时采用引弧板。

【解】 ①距支座2.4 m处的内力

$$M = qab/2 = 150 \times 2.4 \times (8 - 2.4)/2 = 1\,008 (\text{kN} \cdot \text{m})$$

$$V = q(l/2 - a) = 150(8/2 - 2.4) = 240(\text{kN})$$

②焊缝计算截面的几何特征值

$$I_w = (250 \times 1\,032^3 - 240 \times 1\,000^3)/12 = 2\,898 \times 10^6 (\text{mm}^4)$$

$$W_w = 2\,898 \times 10^6 / 516 = 5.616\,3 \times 10^6 (\text{mm}^3)$$

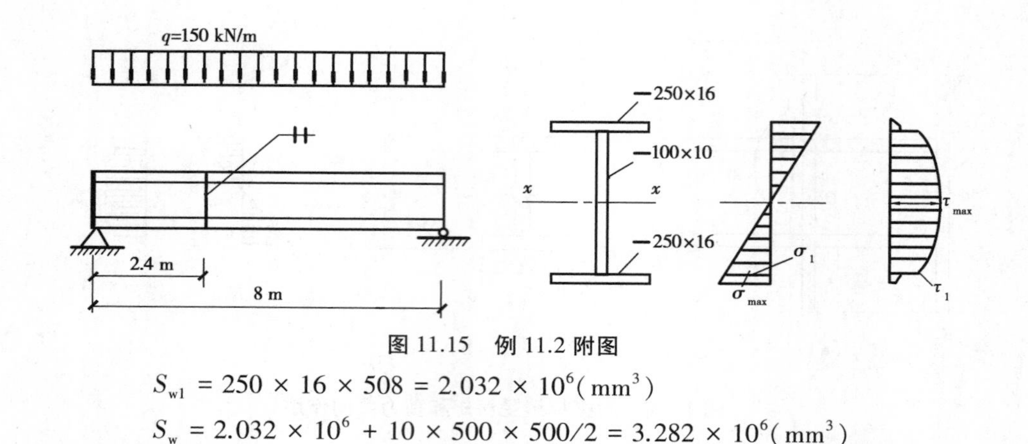

图 11.15 例 11.2 附图

$$S_{w1} = 250 \times 16 \times 508 = 2.032 \times 10^6 (\text{mm}^3)$$

$$S_w = 2.032 \times 10^6 + 10 \times 500 \times 500/2 = 3.282 \times 10^6 (\text{mm}^3)$$

③焊缝强度计算

查附表,查得 $f_t^w = 265\ \text{N/mm}^2$,$f_V^w = 180\ \text{N/mm}^2$。

$$\sigma_{max} = \frac{M}{W_w} = \frac{1\,008 \times 10^6}{5.616\,3 \times 10^6} = 179.5(\text{N/mm}^2) < f_t^w = 265(\text{N/mm}^2)\text{,满足。}$$

$$\tau_{max} = \frac{VS_w}{I_w t_w} = \frac{240 \times 10^3 \times 3.282 \times 10^6}{2\,898 \times 10^6 \times 10} = (27.2\ \text{N/mm}^2) < f_v^w = 180(\text{N/mm}^2)\text{,满足。}$$

$$\sigma_1 = \sigma_{max} \frac{h_0}{h} = 179.5 \times 1\,000/1\,032 = 173.9(\text{N/mm}^2)$$

$$\tau_1 = \frac{VS_{w1}}{I_w t_w} = \frac{240 \times 10^3 \times 3.282 \times 10^6}{2\,898 \times 10^6 \times 10} = 16.8(\text{N/mm}^2)$$

$$\sigma_2 = \sqrt{\sigma_1^2 + 3\tau_1^2} = \sqrt{173.9^2 + 3 \times 16.8^2} = 176.3(\text{N/mm}^2) < 1.1 f_t^w$$
$$= 1.1 \times 185 = 203.5(\text{N/mm}^2)\text{,满足要求。}$$

(2)角焊缝

①直角角焊缝的受力特点

角焊缝(图 11.16)受力后,其应力状态极度为复杂。通过对直角角焊缝进行的大量试验结果表明:侧焊缝的破坏截面以 45°喉部截面居多;而端焊缝则多数不在该截面破坏,并且端焊缝的破坏强度是侧焊缝的 1.35~1.55 倍。因此,偏于安全地假定直角角焊缝的破坏截面在 45°喉部截面处,即图 11.16 中的 AE 截面。AE 截面(不考虑余高)为计算时采用的截面,称为有效截面,其截面高度为 h_g,截面面积为 $h_e l_w$。

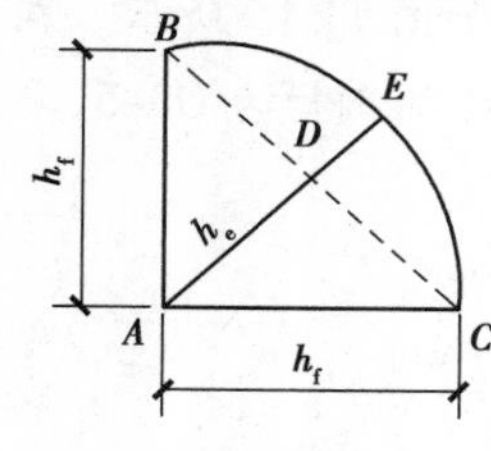

图 11.16 角焊缝截图

由于角焊缝的应力分布十分复杂,因此正面焊缝与侧面角焊缝工作差别很大,要精确计算很困难。因此,计算时均按破坏时计算截面上的平均应力来确定其强度,并采用统一的强度设计值 f_f^w,见表 11.1。

②直角角焊缝的计算公式

a.在通过焊缝形心的拉力、压力或剪力作用下

当作用力垂直于焊缝长度方向时:

$$\sigma_f = \frac{N}{h_e l_w} \leqslant \beta_f f_f^w \tag{11.5}$$

当作用力平行于焊缝长度方向时：

$$\tau_f = \frac{N}{h_e l_w} \leqslant f_f^w \tag{11.6}$$

式中 N——轴心力（拉力、压力或剪力）；

σ_f——按焊缝有效截面计算的垂直于焊缝长度方向的应力；

τ_f——按焊缝有效截面计算的沿焊缝长度方向的剪应力；

β_f——端焊缝的强度设计值增大系数，对承受静荷载和间接承受动荷载的结构，β_f = 1.22，对直接随动荷载的结构，$\beta_f = 1.0$；

h_e——角焊缝的有效高度，取 $h_e = 0.7h_f$（h_f 焊脚尺寸）；

l_w——焊缝的计算长度，考虑到角焊缝的两端不可避免地会有弧坑等缺陷，所以角焊缝的计算长度等于其实际长度减去 $2h_f$。

b.在弯矩、剪力和轴心力共同作用下

如图 11.17 所示，焊缝的 A 点为最危险点。

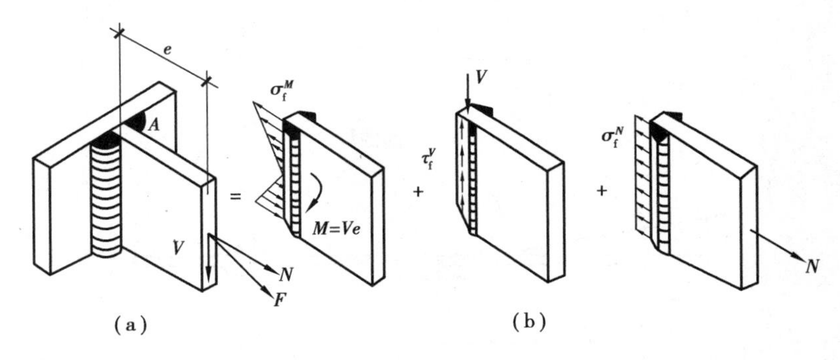

图 11.17 弯矩、剪力和轴心力共同作用时 T 形接头角焊缝

由轴心力 N 产生的垂直于焊缝长度方向的应力为

$$\sigma_f^N = \frac{N}{A_w} = \frac{N}{2h_e l_w} \tag{11.7a}$$

由剪力 V 产生的平行于焊缝长度方向的应力为

$$\tau_f = \frac{V}{A_w} = \frac{V}{2h_e l_w} \tag{11.7b}$$

由弯矩 M 引起的垂直于焊缝长度方向的应力为

$$\sigma_f^M = \frac{M}{W_w} = \frac{6M}{2h_e l_w^2} \tag{11.7c}$$

将垂直于焊缝方向的应力 σ_f^N 和 σ_f^M 相加，于是有

$$\sqrt{\left(\frac{\sigma_f^N + \sigma_f^M}{\beta_f}\right)^2 + \tau_f^2} \leqslant f_f^w \tag{11.8}$$

式中 A_w——角焊缝的有效截面面积；

W_w——角焊缝的有效截面模量。

注意：对于承受静荷载和间接承受动荷载的结构中的斜角角焊缝，按式（11.5）~（11.8）

计算时，应取 $\beta_f=1.22$；对直接承受动荷载的结构 $\beta_f=1.0$。

c.角钢连接角焊缝的计算

角钢与连接板用角焊缝连接可以采用两侧面焊缝、三面围焊缝和 L 形围焊缝 3 种形式（图 11.18），为避免偏心受力，应使焊缝传递的合力作用线与角钢杆件的轴线相重合。

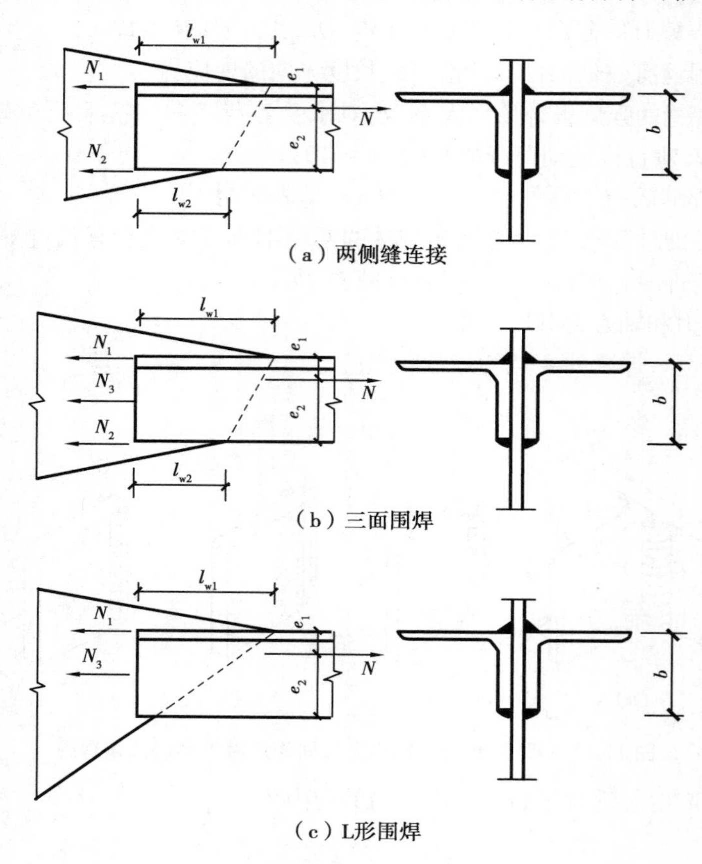

图 11.18　角钢与钢板的角焊缝连接

• 采用两侧焊缝连接时

设 N_1、N_2 分别为角钢肢背和肢尖焊缝承受的内力，由平衡条件得

$$N_1=\frac{e_2}{b}N=K_1N \tag{11.9a}$$

$$N_1=\frac{e_1}{b}N=K_2N \tag{11.9b}$$

式中　e_1,e_2——角钢与连接板贴合肢重心轴线到肢背与肢尖的距离；

b——角钢与连接板贴合肢的肢宽；

K_1,K_2——角钢肢背与肢尖焊缝的内力分配系数，按表 11.2 采用。

计算出 N_1、N_2 后，可根据构造要求确定肢背和肢尖的焊脚尺寸 h_{f1} 和 h_{f2}，然后分别计算角钢肢背和肢尖焊缝所需的长度：

$$\sum l_{w1} = \frac{N_1}{0.7h_{f1}f_f^w} \tag{11.10a}$$

$$\sum l_{w2} = \frac{N_2}{0.7h_{f2}f_f^w} \tag{11.10b}$$

• 采用三面围焊连接时

首先根据构造要求选取端焊缝的焊脚尺寸 h_f，并计算其所能承受的内力（设截面为双角钢的T形截面）：

$$N_3 = 2 \times 0.7h_f l_w \beta_f f_f^w \tag{11.11}$$

由平衡条件得

$$N_1 = K_1 N - \frac{N_3}{2} \tag{11.12a}$$

$$N_2 = K_2 N - \frac{N_3}{2} \tag{11.12b}$$

这样即可由 N_1、N_2 分别计算角钢肢背和肢尖的侧面焊缝长度。

• 采用L形围焊缝时

L形围焊中由于角钢肢尖无焊缝，在式（11.12b）中，令 $N_2 = 0$，则有

$$N_3 = 2K_2 N \tag{11.13a}$$

$$N_1 = N - N_3 = (1 - 2K_2)N \tag{11.13b}$$

显然，求得 N_1、N_3 后，即可分别计算角钢正面角焊缝和肢背侧面角焊缝长度。

表11.2　角钢侧面角焊缝内力分配系数

角钢类型		等边角钢	不等边角钢（短边相连）	不等边角钢（长边相连）
连接情况				
分配系数	角钢肢背 K_1	0.70	0.75	0.65
	角钢肢尖 K_2	0.30	0.25	0.35

【例11.3】　在图11.19所示角钢和节点板采用两侧面焊缝的连接中，$N = 660$ kN（静荷载设计值），角钢为2L110×10，节点板厚度 $t_1 = 12$ mm，钢材为Q235-A·F，焊条E43型，手工焊。试确定所需角焊缝的焊脚尺寸 h_f 和焊缝长度。

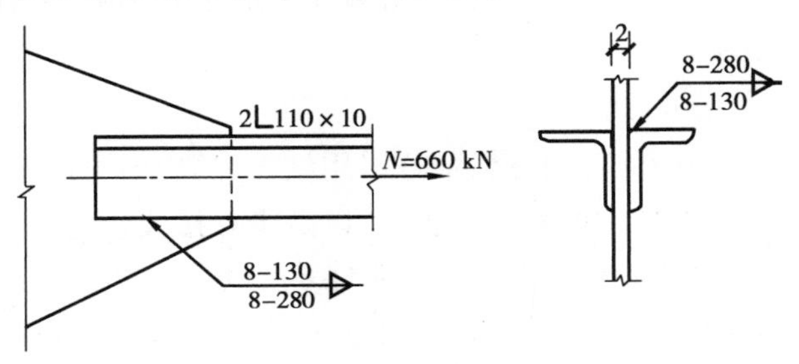

图11.19　例11.3附图

【解】　查表11.1得角焊缝的强度设计值 $f_f^w = 16$ N/mm²。

由构造要求：$h_f > 1.5\times\sqrt{t} = 1.5\times\sqrt{12} = 5.2$ mm，$h_f \leqslant t-(1\sim2) = 10-(1\sim2) = 8\sim9$(mm)，角钢肢尖和肢背都取 $h_f = 8$ mm

焊缝受力：$N_1 = K_1 N = 0.7\times660 = 462$(kN)，$N_2 = K_2 N = 0.3\times660 = 198$(kN)

所需焊缝长度：

$$l_{w1} = \frac{N_1}{2h_e f_f^w} = \frac{462\times10^3}{2\times0.7\times8\times160} = 257(\text{mm})$$

$$l_{w2} = \frac{N_2}{2h_e f_f^w} = \frac{198\times10^3}{2\times0.7\times8\times160} = 110(\text{mm})$$

因需增加 $2h_f = 16$ mm 长的焊口，故肢背侧焊缝的实际长度取 275 mm，肢尖侧焊缝的实际长度取 130 mm。

5）焊接应力与焊接变形

（1）焊接应力与焊接变形的产生

焊接过程是一个局部热源（焊条端产生的电弧）不断移动的过程，在施焊位置及其邻近区域温度最高可达到 1 600 ℃以上，而且加热速度非常快，加热极不均匀，而在这以外的区域温度却急剧下降，因而焊件上的温度梯度极大；此外，由于焊件冷却一般是在自然条件下连续进行的，先焊的区域先冷却，后焊的区域后冷却，先后施焊的区域表现出明显的热不均匀性。这将使得焊缝及其附近热影响区金属的应力状态及金属组织将发生明显变化。

在施焊过程中，焊件由于受到不均匀的电弧高温作用所产生的变形和应力，称为热变形和热应力。而冷却后，焊件中所存在的反向应力和变形，称为焊接应力和焊接变形。由于这种应力和变形是焊件经焊接并冷却至常温以后残留于焊件中的，故又称为焊接残余应力和残余变形。

（2）焊接残余应力与焊接残余变形的危害及应对措施

①危害。焊接应力会使钢材抗冲击断裂能力及抗疲劳破坏能力降低，尤其是低温下受冲击荷载的结构，焊接应力的存在更容易引起低温工作应力状态下的脆断。焊接变形会使结构构件不能保持正确的设计尺寸及位置，影响结构正常工作，严重时还可使各个构件无法安装就位。

②应对措施。为减少或消除焊接应力与焊接变形的不利影响，可在设计、制造和焊接工艺等方面采取相应的措施：

a.设计方面：

- 选用适宜的焊脚尺寸和焊缝长度，最好采用细长焊缝，不用粗短焊缝。
- 焊缝应尽可能布置在结构的对称位置上，以减少焊接残余变形。
- 对接焊缝的拼接处，应做成平缓过渡（图 11.8），以减少连接处的应力集中。
- 不宜采用带锐角的板料作为肋板[图 11.20(a)]，板料的锐角应切掉，以免焊接时锐角处板材被烧损，影响连接质量。
- 焊缝不宜过于集中[图 11.20(b)]，以防焊接变形受到过大的约束而产生过大的残余应力导致裂纹。

• 当拉力垂直于受力板面时，要考虑板材有分层破坏的可能，应采用如图 11.20(c)右图传递拉力的连接构造。

• 尽量避免三向焊缝相交。应采用使次要焊缝中断而主要焊缝连续通过的构造。对于直接承受动荷载的吊车梁受拉翼缘处，尚应将加劲肋切短 50~100 mm，以提高抗疲劳强度。

• 要注意施焊方便，尽量避免采用仰焊及立焊等。

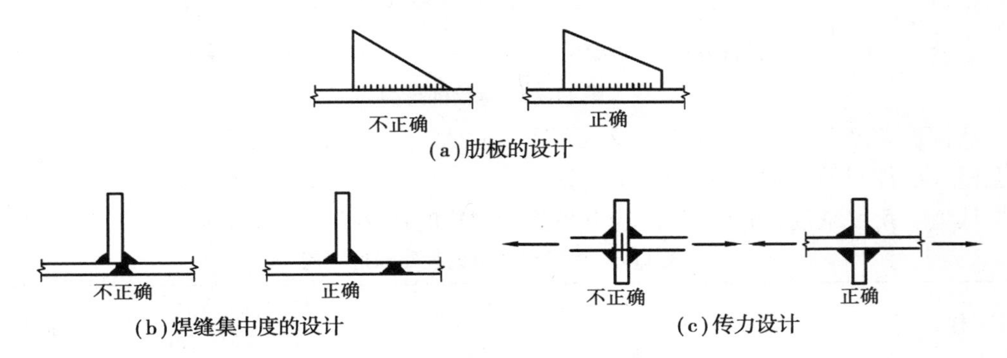

图 11.20　焊缝连接的构造设计

b.制造方面：

• 焊前预热和焊后热处理。对于小尺寸焊件，焊前预热或焊后回火加热至 60 ℃左右，然后缓慢冷却，可以消除焊接应力与焊接变形。

• 选择合理的施焊次序。例如：钢板对接时采用分段退焊，厚焊缝采用分层施焊，工字形截面按对角跳焊等。

• 施焊前给构件施加一个与焊接变形方向相反的预变形，使之与焊接所引起的变形相互抵消，从而达到减小焊接变形的目的。

11.2.2　螺栓连接

1)普通螺栓连接的构造和计算

(1)普通螺栓连接的构造

①螺栓的规格。钢结构采用的普通螺栓形式为六角头型，其代号用字母 M 和公称直径的毫米数表示。螺栓直径 d 应根据整个结构及其主要连接的尺寸和受力情况选定，受力螺栓一般采用 M16、M20、M24 等。

②螺栓的排列。螺栓的排列有并列和错列两种基本形式(图 11.21)。并列布置简单，但栓孔对截面削弱较大；错列布置紧凑，可减少截面削弱，但排列较繁杂。

螺栓在构件上的排列应同时考虑受力要求、构造要求及施工要求。据此，《钢结构设计标准》作出了螺栓最小和最大容许距离的规定，见表 11.3。

从受力角度出发，螺栓端距不能太小，否则孔前钢板有被剪坏的可能；螺栓端距也不能过大，螺栓端距过大不仅会造成材料的浪费，对受压构件而言还会发生压屈鼓肚现象。

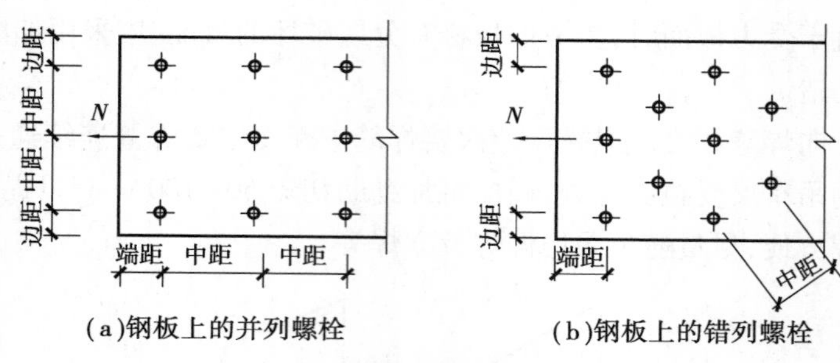

(a)钢板上的并列螺栓　　(b)钢板上的错列螺栓

图 11.21　螺栓的排列

从构造角度考虑，螺栓的栓距及线距不宜过大，否则被连接构件间的接触不紧密，潮气就会侵入板件间的缝隙内，造成钢板锈蚀。

从施工角度来说，布置螺栓还应考虑拧紧螺栓时所必需的施工空隙。

表 11.3　螺栓或铆钉的孔距和边距值

名 称	位置和方向			最大容许距离（取两者的较小值）	最小容许距离
中心间距	外排（垂直或顺内力方向）			$8d_0$ 或 $12t$	$3d_0$
	中间排	垂直内力方向		$16d_0$ 或 $24t$	
		顺内力方向	构件受压力	$12d_0$ 或 $18t$	
			构件手拉力	$16d_0$ 或 $24t$	
	沿对角线方向			—	
中心至构件边缘距离	顺内力方向			$4d_0$ 或 $8t$	$2d_0$
	垂直内力方向	剪切边或人工气割边			$1.5d_0$
		轧制边、自动气割或锯割边	高强度螺栓		
			其他螺栓或铆钉		$1.2d_0$

注：1.d_0 为螺栓或铆钉的孔径，t 为外层较薄板件的厚度；

2.钢板边缘与刚性构件（如角钢、槽钢等）相连的螺栓或铆钉的最大间距，可按中间排的数值采用。

③螺栓的其他构造要求：

a.每一杆件在节点上以及拼接接头的一端，永久性的螺栓数不宜少于 2 个。对组合构件的缀条，其端部连接可采用一个螺栓。

b.C 级螺栓宜用于沿其杆轴方向的受拉连接，在下列情况下可用于受剪连接：

- 承受静荷载或间接承受动荷载结构中的次要连接；
- 不承受动荷载的可拆卸结构的连接；
- 临时固定构件用的安装连接。

c.对直接承受动荷载的普通螺栓连接应采用双螺帽或其他能防止螺帽松动的有效措施。

(2)普通螺栓连接的计算

普通螺栓连接的受力形式（图 11.22）可分为 3 类：外力与栓杆垂直的受剪螺栓连接；外力与栓杆平行的受拉螺栓连接；同时受剪和受拉的螺栓连接。

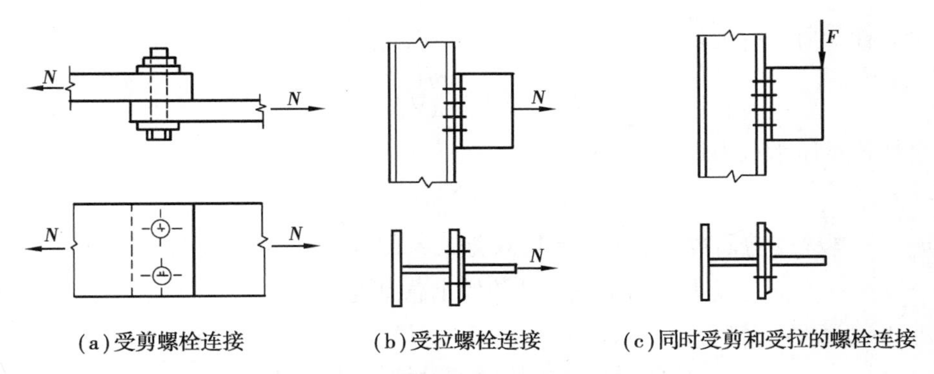

(a)受剪螺栓连接 (b)受拉螺栓连接 (c)同时受剪和受拉的螺栓连接

图 11.22 普通螺栓连接受力方式分类

①受剪螺栓连接

a.受力特点

受剪螺栓连接依靠栓杆抗剪和栓杆对孔壁的承压传力。规范规定普通螺栓以螺栓最后被剪断或孔壁被挤压破坏为极限承载能力。

受剪螺栓连接达到极限承载力时,可能出现以下5种破坏形式:a.当栓杆较细、板件较厚时,栓杆可能先被剪断[图11.23(a)];b.当栓杆较粗、板件相对较薄时,板件可能先被挤压破坏[图11.23(b)],由于栓杆和板件的挤压是相对的,故薄板被挤压破坏就用螺栓承压破坏代替;c.当栓孔对板的削弱过于严重时,板可能在栓孔削弱的净截面处被拉(或压)破坏[图11.23(c)];d.当端距太小如 $a_1<2d_0$(d_0 为栓孔直径)时,端距范围内的板件可能被栓杆冲剪破坏[图11.23(d)];e.当栓杆太长,如 $\sum t>5d$(d 为栓杆直径)时,栓杆可能产生过大的弯曲变形,称为栓杆的受弯破坏[图11.23(e)]。

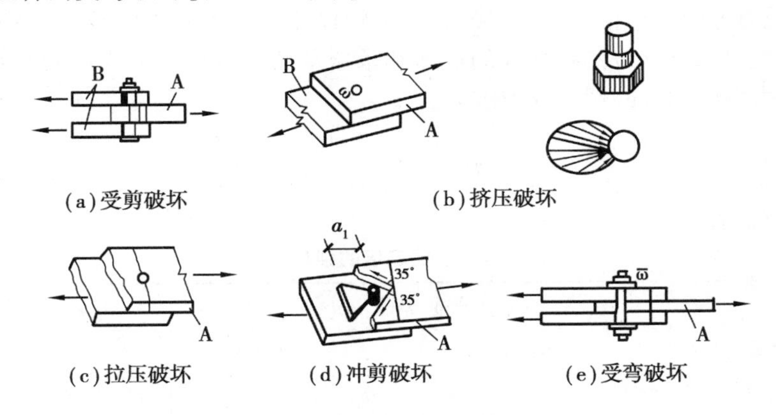

(a)受剪破坏 (b)挤压破坏

(c)拉压破坏 (d)冲剪破坏 (e)受弯破坏

图 11.23 螺栓连接的破坏类型

为保证螺栓连接能安全承载,对于图11.23中(a)、(b)类型的破坏,通过计算单个螺栓承载力来控制;对于(c)类型的破坏,则由验算构件净截面强度来控制;对于(d)、(e)类型的破坏,通过保证螺栓间距及边距不小于规定值(表11.3)来控制。

b.计算方法

受剪螺栓中,假定栓杆剪应力沿受剪面均匀分布,孔壁承压应力换算为沿栓杆直径投影宽度内板件面上均匀分布的应力。那么

一个螺栓受剪承载力设计值为

$$N_{v}^{b}=n_{v}\frac{\pi d^{2}}{4}f_{v}^{b} \tag{11.14}$$

一个螺栓承压承载力设计值为

$$N_{c}^{b}=d\sum tf_{c}^{b} \tag{11.15}$$

式中 n_v——螺栓受剪面数。单剪 $n_v=1$,双剪 $n_v=2$,四剪 $n_v=4$(图 11.24);

$\sum t$——在同一受力方向承压构件的较小总厚度;

d——螺栓杆直径;

f_v^b,f_c^b——分别为螺栓的抗剪和承压强度设计值,见表 11.4。

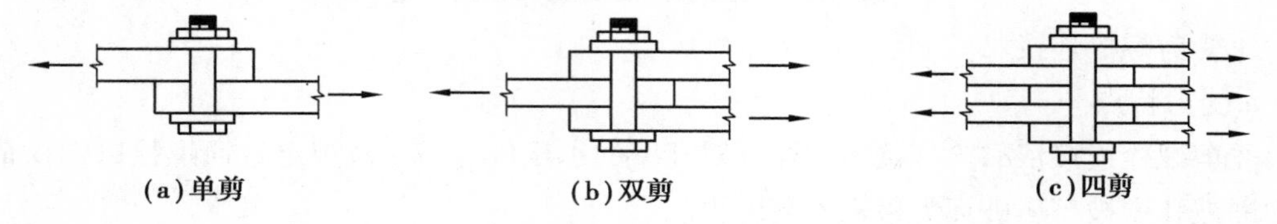

图 11.24 受剪螺栓连接

这样,单个受剪螺栓的承载力设计值应取 N_v^b、N_c^b 中的较小值,即 $N_{min}^b=\min(N_v^b,N_c^b)$。每个螺栓在外力作用下所受实际剪力应满足:$N_v^b\leqslant N_{min}^b$。

受剪螺栓连接受轴心力作用时:

首先,计算出连接所需螺栓数目。由于轴心拉力通过螺栓群中心,可假定每个螺栓受力相等,则连接一侧所需螺栓数 n 为:

$$n\geqslant\frac{N}{N_{min}^{b}} \tag{11.16}$$

由于沿受力方向的连接长度 $l_1>15d_0$(d_0 为螺栓孔径)时,上述关于每个螺栓受力相等的假定才能成立。当 $l_1\leqslant15d_0$ 时,螺栓的抗剪和承压承载力设计值应乘以折减系数 β 予以降低,以防沿受力方向两端的螺栓提前破坏。

$$\beta=1.1-\frac{l_1}{150d_0} \tag{11.17}$$

当 $l_1>60d_0$ 时,一律取 $\beta=0.7$。

表 11.4 螺栓连接的强度设计值 单位:MPa

螺栓的性能等级、锚栓和构件钢材的牌号		普通螺栓						锚栓	承压型或网架用高强度螺栓		
		C 级螺栓			A 级、B 级螺栓						
		抗拉 f_t^b	抗剪 f_v^b	承压 f_c^b	抗拉 f_t^b	抗剪 f_v^b	承压 f_c^b	抗拉 f_t^b	抗拉 f_t^b	抗剪 f_v^b	承压 f_c^b
普通螺栓	4.6 级、4.8 级	170	140	—	—	—	—	—	—	—	—
	5.6 级	—	—	—	210	190	—	—	—	—	—
	8.8 级	—	—	—	400	320	—	—	—	—	—

续表

螺栓的性能等级、锚栓和构件钢材的牌号		普通螺栓						锚栓	承压型或网架用高强度螺栓		
		C级螺栓			A级、B级螺栓						
		抗拉 f_t^b	抗剪 f_v^b	承压 f_c^b	抗拉 f_t^b	抗剪 f_v^b	承压 f_c^b	抗拉 f_t^b	抗拉 f_t^b	抗剪 f_v^b	承压 f_c^b
锚栓	Q235钢	—	—	—	—	—	—	140	—	—	—
	Q345钢	—	—	—	—	—	—	180	—	—	—
	Q390钢	—	—	—	—	—	—	185	—	—	—
承压型连接高强度螺栓	8.8级	—	—	—	—	—	—	—	400	250	—
	10.9级	—	—	—	—	—	—	—	500	310	—
螺栓球网架用高强度螺栓	9.8级	—	—	—	—	—	—	—	385	—	—
	10.9级	—	—	—	—	—	—	—	430	—	—
构件	Q235钢	—	—	305	—	—	405	—	—	—	470
	Q345钢	—	—	385	—	—	510	—	—	—	590
	Q390钢	—	—	400	—	—	530	—	—	—	615
	Q420钢	—	—	425	—	—	560	—	—	—	655
	Q460钢	—	—	450	—	—	595	—	—	—	695
	Q345GJ钢	—	—	400	—	—	530	—	—	—	615

注：1.A级螺栓用于$d \leqslant 24$ mm和$L \leqslant 10d$或$L \leqslant 150$ mm（按较小值）的螺栓；B级螺栓用于$d>24$ mm和$L>10d$或$L>150$ mm（按较小值）的螺栓；d为公称直径，L为螺栓公称长度。

2.A、B级螺栓孔的精度和孔壁表面粗糙度，C级螺栓孔的允许偏差和孔壁表面粗糙度，均应符合现行国家标准《钢结构工程施工质量验收规范》GB 50205的要求。

3.用于螺栓球节点网架的高强度螺栓，M12~M36为10.9级，M39~M64为9.8级。

其次，对构件净截面强度进行验算。构件开孔处净截面强度应满足：

$$\sigma = \frac{N}{A_n} \leqslant f \tag{11.18}$$

式中 A_n——连接件或构件在所验算截面处的净截面面积；

N——连接件或构件验算截面处的轴心力设计值；

f——钢材的抗拉（或抗压）强度设计值。

【例11.4】 两截面为14 mm×400 mm的钢板，采用双盖板和C级普通螺栓拼接，螺栓M20，钢材Q235，承受轴心拉力设计值N=940 kN，试设计此连接。

【解】 （1）确定连接盖板截面

采用双盖板拼接，截面尺寸选7 mm×400 mm，与被连接钢板截面面积相等，钢材亦采用Q235。

（2）确定所需螺栓数目和螺栓排列布置。由表11.4查得$f_v^b = 140$ N/mm²，$f_c^b = 305$ N/mm²。

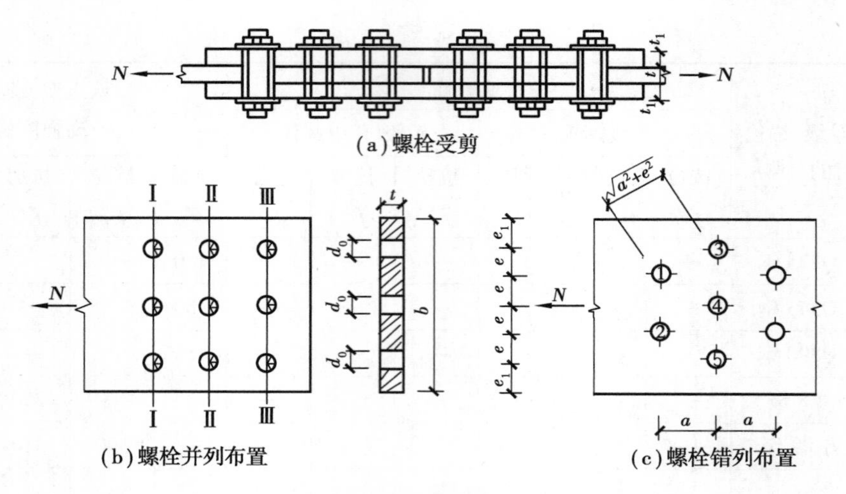

(a)螺栓受剪

(b)螺栓并列布置

(c)螺栓错列布置

图 11.25　螺栓连接轴心力作用

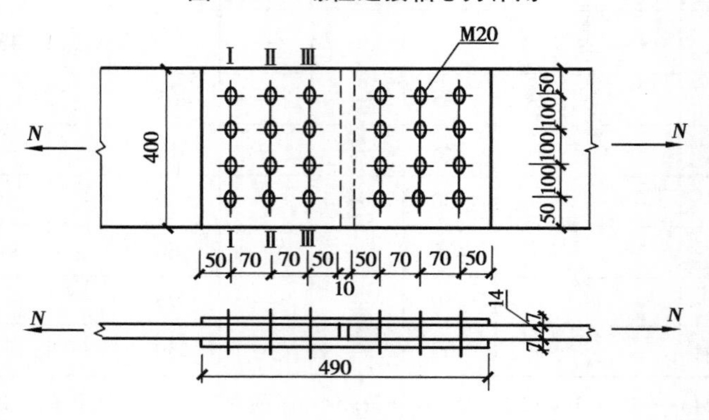

图 11.26　例 11.4 附图

单个螺栓受剪承载力设计值

$$N_v^b = n_v \frac{\pi d^2}{4} f_v^b = 2 \times \frac{\pi \times 20^2}{4} = 87\ 964(\mathrm{N})$$

单个螺栓承压承载力设计值

$$N_c^b = d \sum t f_v^b = 20 \times 14 \times 305 = 85\ 400(\mathrm{N})$$

则连接一侧所需螺栓数目为

$$n = \frac{N}{N_{\min}^b} = \frac{940 \times 10^3}{85\ 400} = 11,取\ n = 12。$$

采用图 11.26 所示的并列布置。连接盖板尺寸采用 2－7×400，其螺栓的中距、边距和端距均满足表 11.3 的构造要求。

(3)验算连接板件的净截面强度

由表 11.1 查得 f=215 N/mm²，连接钢板在截面Ⅰ—Ⅰ受力最大为 N，连接盖板则是截面Ⅲ—Ⅲ受力最大为 N，但因两者钢材、截面均相同，故只验算连接钢板。取螺栓孔径 d_0=22mm。

$$A_n = (b - n_1 d_0)t = (400 - 4 \times 22) \times 14 = 4\ 368(\mathrm{mm}^2)$$

$$\sigma = \frac{N}{A_n} = \frac{940 \times 10^3}{4\ 368} = 215(\text{N/mm}^2) = f = 215(\text{N/mm}^2)$$，满足。

②受拉螺栓连接

a.受力特点

在受拉螺栓连接接头中，普通螺栓所受拉力的大小与被连接板件的刚度有关。假如被连接板件的刚度很大，如图 11.27(a)所示的情况，连接的竖板端受拉力 $2N_t$，因被连接板件无变形，所以一个螺栓所受拉力为 $P_f = N_t$。但是，实际的被连接板件的刚度常较小，受拉后和拉力垂直的角钢水平肢会发生较大的变形，因而在角钢水平肢的端部因杠杆作用而产生反力 Q[图 11.27(b)]，由平衡条件可知，普通螺栓所受拉力将会增大至 $P_f = N_t + Q$。由于精确计算 Q 十分困难，设计时一般不计算 Q，规范是将螺栓抗拉强度设计值 f_t^b 取值降低(f_t^b 取为螺栓钢材抗拉强度设计值的 0.8 倍，见表 11. 4)来考虑 Q 的不利影响。

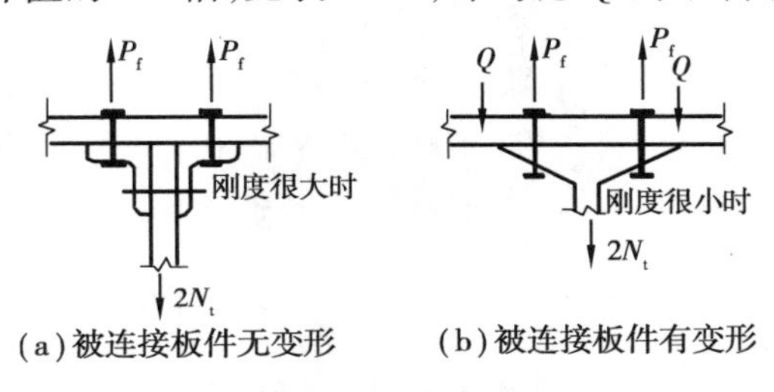

图 11.27　螺栓受拉时的杠杆作用

b.受拉螺栓连接受轴心力作用时的计算方法

由于受拉螺栓的最不利截面在螺栓削弱处，因此，计算时应根据螺纹削弱处的有效直径 d_e 或有效面积 A_e 来确定其承载力。一个受拉螺栓的承载力设计值为：

$$N_t^b = A_e f_t^b = \frac{1}{4}\pi d_e^2 f_t^b \tag{11.19}$$

式中　d_e, A_e——分别为螺栓螺纹处的有效直径和有效面积，见表 11.5；

f_t^b——螺栓抗拉强度设计值，见表 11.4。

表 11.5　螺栓的有效面积　　单位：mm²

螺栓直径 d/mm	螺距 P/mm	螺栓有效直径 d_e/mm	螺栓有效面积 A_e/mm	螺栓直径 d/mm	螺距 P/mm	螺栓有效直径 d_e/mm	螺栓有效面积 A_e/mm
16	2.0	14.123 6	156.7	30	3.5	26.716 3	560.6
18	2.5	15.654 5	192.5	33	3.5	29.716 3	693.6
20	2.5	17.654 5	244.8	36	4.0	32.247 2	816.7
22	2.5	19.654 5	303.4	39	4.0	35.247 2	975.8
24	3.0	21.185 4	352.5	42	4.5	37.778 1	1 121
27	3.0	24.185 4	459.4	45	4.5	40.778 1	1 306

假定各个螺栓所受拉力相等，则连接所需螺栓数目为

$$n = \frac{N}{N_t^b} \tag{11.20}$$

③同时承受剪力和拉力的螺栓连接

当螺栓同时承受剪力和拉力时,连接螺栓安全工作的强度条件是连接中最危险螺栓所承受的剪力和拉力应满足下面的相关公式:

$$\sqrt{\left(\frac{N_v}{N_v^b}\right)^2+\left(\frac{N_t}{N_t^b}\right)^2}\leqslant 1 \tag{11.21}$$

且 $N_v \leqslant N_c^b$

式中 N_v——连接中一个螺栓所承受的剪力;

N_t——连接中一个螺栓所承受的拉力;

N_v^b, N_c^b, N_t^b——一个螺栓的抗剪、承压和抗拉承载力设计值。

【例 11.5】 试验算图 11.28 所示普通螺栓连接的强度。螺栓 M20,孔径 21.5 mm,钢材 Q235。

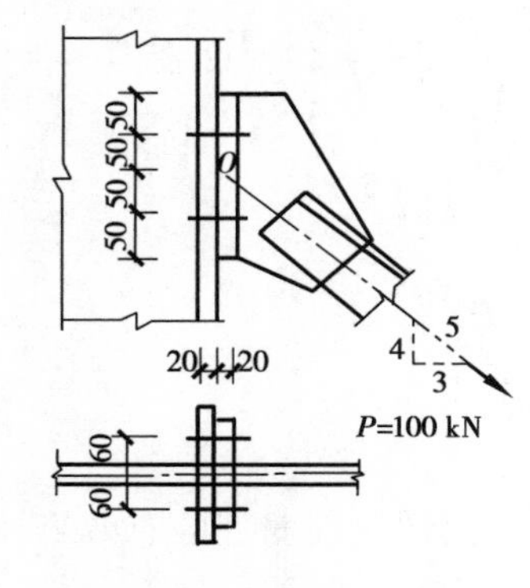

图 11.28 例 11.5 附图

【解】 螺栓同时受拉和受剪,剪力和拉力分别为

$$V = 100 \times 4/5 = 80\ \text{kN}, N = 100 \times 3/5 = 60(\text{kN})$$

一个螺栓承受的剪力和拉力分别为

$$N_v = \frac{V}{n} = \frac{80}{4} = 20\ \text{kN}, N_t = \frac{N}{n} = \frac{60}{4} = 15(\text{kN})$$

一个普通螺栓的抗剪和抗拉承载力设计值为

$$N_v^b = n_v \frac{\pi d^2}{4} f_v^b = 1 \times \frac{\pi \times 20^2}{4} \times 130 = 40\ 820(\text{N}) = 40.82(\text{kN})$$

$$N_t^b = A_e f_t^b = 244.8 \times 170 \times 10^{-3} = 41.6(\text{kN})$$

当螺栓同时承受剪力和拉力时,

$$\sqrt{\left(\frac{N_v}{N_v^b}\right)^2+\left(\frac{N_t}{N_t^b}\right)^2} = \sqrt{\left(\frac{20}{40.82}\right)^2+\left(\frac{15}{41.6}\right)^2} = 0.61 \leqslant 1$$

$$N_v = 20\ \text{kN} < N_v = d\sum t f_c^b = 20 \times 20 \times 305 \times 10^{-3} = 122(\text{kN})$$,符合要求。

2)高强度螺栓连接的受力性能与构造要求

如图 11.29 所示,高强螺栓连接主要是靠被连接板件间的强大摩阻力来抵抗外力。其中摩擦型高强螺栓连接单纯依靠被连接件间的摩阻力传递剪力,以摩阻力刚被克服,连接钢板间即将产生相对滑移为承载能力极限状态。而承压型高强螺栓连接的传力特征是剪力超过摩擦力时,被连接件间发生相互滑移,螺栓杆与孔壁接触,螺杆受剪,孔壁承压,以螺栓受剪或钢板承压破坏为承载能力极限状态,其破坏形式同普通螺栓连接。

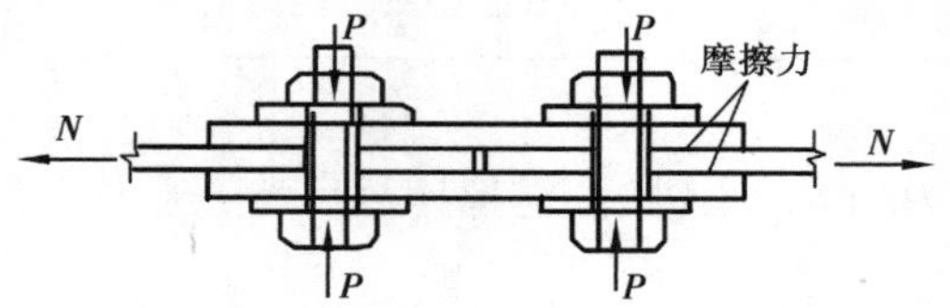

图 11.29 高强螺栓连接

为保证高强螺栓连接具有连接所需要的摩擦阻力,必须采用高强钢材,在螺栓杆轴方向应有强大的预拉力(其反作用力使被压接板件受压),且被连接板件间应通过处理使其具有较大的抗滑移系数。

(1)高强螺栓的预拉力

高强螺栓的预拉力,是通过拧紧螺帽实现的。一般采用扭矩法、转角法和扭断螺栓尾部法来控制预拉力。扭矩法是采用可直接显示扭矩的特制扳手,根据事先测定的扭矩与螺栓拉力之间的关系施加扭矩至规定的扭矩值;转角法分初拧和终拧两步,初拧是先用普通扳手使被连接构件相互紧密贴合,终拧是以初拧贴紧作出的标记位置为起点[图 11.30(a)],根据按螺栓直径和板厚度所确定的终拧角度,用长扳手旋转螺母,拧至预定角度的梅花头切口处截面[图 11.30(b)]来控制预拉力数值。

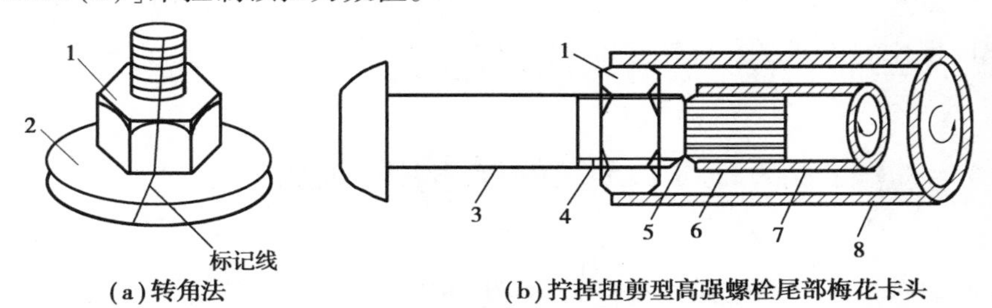

(a)转角法　(b)拧掉扭剪型高强螺栓尾部梅花卡头

图 11.30　高强螺栓的紧固方法

1—螺母;2—垫圈;3—栓杆;4—螺纹;5—槽口;
6—螺栓尾部梅花卡头;7,8—电动扳手小套筒和大套筒

高强度螺栓的设计预拉力值由材料强度和螺栓有效截面确定,每个高强度螺栓的预拉力设计值见表 11.6。

(2)高强度螺栓连接的摩擦面抗滑移系数

高强度螺栓连接的摩擦阻力的大小与螺栓的预拉力和连接件间的摩擦面的抗滑移系数 μ 有关。规范规定的摩擦面抗滑移系数 μ 值见表 11.7。

表 11.6　每个高强度螺栓的预拉力 P　　单位:kN

螺栓的性能等级	螺栓公称直径					
	M16	M20	M22	M24	M27	M30
8.8 级	80	125	150	75	230	280
10.9 级	100	155	190	225	290	355

表 11.7　摩擦面的抗滑移系数 μ

连接处构件接触面的处理方法		构件的钢号				
		Q235 钢	Q345 钢	Q390 钢	Q420 钢	Q460 钢
普通钢结构	喷硬质石英砂或铸钢棱角砂	0.45	0.45		0.45	
	抛丸(喷砂)	0.40	0.40		0.40	
	钢丝刷清除浮锈或未经处理的干净轧制面	0.30	0.35		—	

续表

连接处构件接触面的处理方法		构件的钢号				
		Q235 钢	Q345 钢	Q390 钢	Q420 钢	Q460 钢
冷弯薄壁型钢结构	抛丸(喷砂)	0.35	0.40	—	—	
	热轧钢材轧制面清除浮锈	0.30	0.35	—	—	
	冷轧钢材轧制面清除浮锈	0.25	—	—	—	

注:当连接构件采用不同钢号时,μ 值应按相应的较低值取用。

(3)高强度螺栓的排列

高强度螺栓的排列要求与普通螺栓相同。

11.3 钢结构的构件

钢材是一种接近于理想弹性材料的具有较好各向同性的弹塑性材料,具有良好的受拉、受压、受弯、受剪、受扭等性能,因此在工程中应用十分普遍。在钢结构受力体系中,用钢材制作的受力构件主要有轴心受力构件(如钢柱、屋架受拉弦杆)、受弯构件(如钢梁)、偏心受力构件(屋架上弦杆)等。本节主要介绍轴心受力构件、受弯构件、偏心受力构件的计算和有关构造。

11.3.1 轴心受力构件

建筑钢材的种类

1)轴心受力构件的截面形式及要求

轴心受力构件在桁架、刚架、排架、网架、塔架、支撑以及网壳等钢结构受力体系中都有广泛的应用。这类结构通常假设其节点为铰连接,其受力特点是只承受通过截面形心的轴向力作用。根据轴向力方向的不同,可分为轴心受拉构件和轴心受压构件。

在建筑钢结构中,属于轴心受拉构件的主要有:桁架或网架中的受拉弦杆和某些腹杆、受拉支撑杆件、吊挂天花板的吊杆、钢索等,其截面形式主要有型钢截面(包括热轧型钢、冷弯薄壁型钢)和由型钢组成的实腹式截面(T 形、十字形等)(图 11.31)。属于轴心受压构件的主要有:柱、墩、桩、压杆等。轴心受压构件按截面形式可分为实腹式和格构式两大类。实腹式构件在腹部处往往有钢板直接承受压力,如工字钢截面(图 11.32)。格构式的截面一般多由两个或多个型钢分支通过缀板或缀条连接而成(图 11.33)。

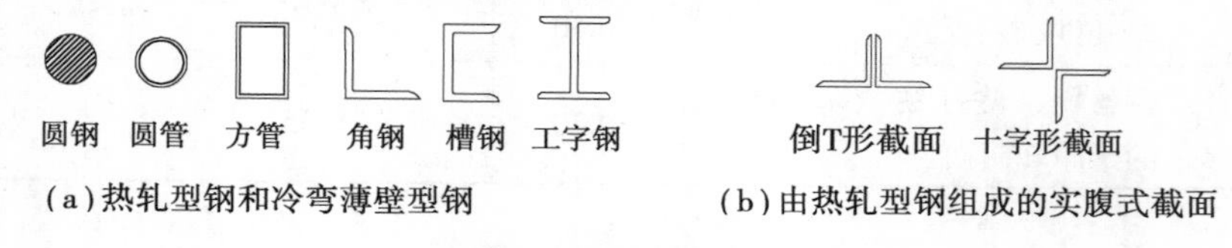

(a)热轧型钢和冷弯薄壁型钢　(b)由热轧型钢组成的实腹式截面

图 11.31　轴心受拉杆件截面形式

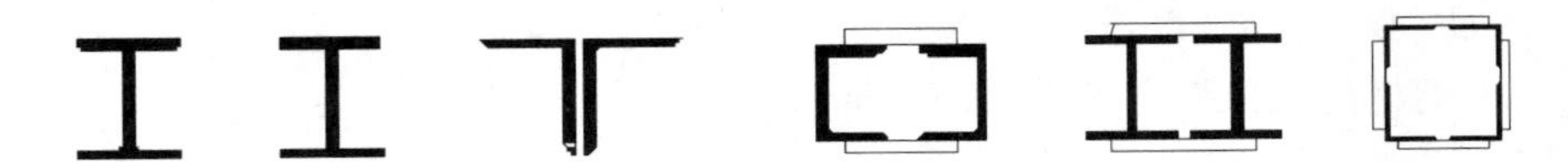

图 11.32 实腹式受压构件截面　　图 11.33 格构式受压构件截面

无论是轴心受拉还是轴心受压构件,在正常工作时其截面形式都应该:满足强度所需的截面面积,满足刚度要求所需的惯性矩和回转半径,便于制作和安装。轴心受压构件还应满足整体稳定性和局部稳定性要求。

2)轴心受力构件的计算

对于轴心受拉构件,应进行强度和刚度的计算。轴心受压构件应进行强度、整体稳定、局部稳定和刚度的计算。强度、整体稳定、局部稳定的计算属于承载能力极限状态要求;刚度计算属于正常使用极限状态要求,主要是指构件的长细比 $\lambda=l_0/i$(l_0 为构件的计算长度;i 为构件截面的回转半径)不应超过规定的容许长细比$[\lambda]$。

(1)强度计算

轴心受拉和轴心受压构件均应进行截面强度计算,以确保构件截面的承载能力符合设计要求。在实际工程中,轴心受力构件都不是理想的直杆件,一方面,会存在制作和安装过程中产生的初弯曲和残余应力;另一方面,也会存在构件的拼接问题,无论在端部还是在中部拼接,都会存在拼接节点处连接件的传力问题。构件拼接连接的方式主要有焊接和螺栓连接。焊接会造成焊接残余应力和构件截面变化,螺栓连接会因板件开孔而造成截面削弱和形成应力集中现象。这些因素都会对轴心受力构件的受力和传力造成影响。经大量实验和理论分析,由于钢材的良好塑性性能,初弯曲、残余应力、应力集中对轴心受拉构件影响很小,可以忽略不计,而开孔所形成的截面减小,需要计算板件净截面承载力。而初弯曲、残余应力、应力集中对轴心受压构件,会带来稳定性的影响,需要在稳定性计算时考虑。

在构件的拼接节点处有两种传力形态:一种是节点连接使全部板件直接传力;另一种是节点连接并非使全部板件直接传力。

①构件各板件直接传力时

轴心受拉构件各板件在正常工作时,材料处于单向受拉的应力状态,其极限状态有"毛截面屈服"和"净截面断裂"两种情况,根据《钢结构设计标准》(以下简称《标准》),应分别满足下列规定:

毛截面屈服:

$$\sigma=\frac{N}{A}\leqslant f \tag{11.22a}$$

净截面断裂:

$$\sigma=\frac{N}{A_n}\leqslant 0.7f_u \tag{11.22b}$$

式中 N——所计算截面处的拉力设计值,N;

A——构件的毛截面面积,mm^2;

A_n——构件的净截面面积,mm^2,当构件多个截面有孔时,取最不利的截面,mm^2;

f——钢材的抗拉强度设计值，N/mm^2，见《标准》表 4.4.1；

f_u——钢材的抗拉强度最小值，N/mm^2。

采用高强度螺栓摩擦型连接的轴心受拉构件，在计算净截面强度时，应考虑截面上每个螺栓所传之力的一部分已由摩擦力在孔前传走，净截面上所受内力应扣除该部分传走的力。此时，其截面强度计算除应满足毛截面强度式（11.22a）外，其净截面强度应按下式计算：

$$\sigma = \left(1 - 0.5\frac{n_1}{n}\right)\frac{N}{A_n} \leqslant 0.7f_u \tag{11.22c}$$

式中　n——在节点或拼接处，构件一端连接的高强度螺栓数目；

n_1——所计算截面（最外列螺栓处）高强度螺栓数目。

当构件为沿全长都有排列较密螺栓或铆钉的组合构件时，应以“净截面屈服”作为其承载能力极限状态，以免构件变形过大。因此，其截面强度应按式（11.22d）计算：

$$\sigma = \frac{N}{A_n} \leqslant f \tag{11.22d}$$

轴心受压构件的承载能力大多由其稳定条件决定，截面强度计算一般不起控制作用。若构件截面没有孔洞削弱，可不必计算其截面强度。当有孔洞削弱时，若孔洞压实（实孔，如螺栓孔或铆钉孔），截面无削弱，则可仅按毛截面公式（11.22a）计算；若孔洞为没有紧固件的虚孔，则还应对孔心所在截面按净截面公式（11.22b）计算。

②构件各板件非全部直接传力时

当构件端部的节点连接并非使全部板件直接传力时，应计及剪切滞后的影响。如图 11.34（a）所示的平板受拉构件在端部仅用侧面角焊缝连接时，板在 A—A 截面上的应力分布是不均匀的，但只要角焊缝足够长，则通过应力重分布可以达到全截面屈服的极限状态。但当单根 T 形截面受拉构件在端部采用翼缘两侧角焊缝和节点板相连接时［图 11.34（b）］，情况则有所不同。此时由于腹板没有与节点板连接，其内力需要通过剪切变形传至翼缘（剪切滞后效应），再传递到连接焊缝，在 A—A 截面的应力分布不均匀现象十分突出，截面并非全部有效，在达到全截面屈服之前就会出现裂缝，进而发生强度破坏。

因此，《标准》规定轴心受拉构件当其组成板件在节点或拼接处为非全部直接传力时，对危险截面面积应进行折减，乘以表 11.8 中的有效截面系数（$\eta<1$）。若构件受压，危险截面（如图 11.34 所示的 A—A 截面）同样也难以达到均匀屈服的状态，虽然没有被拉断的危险，但标准规定也宜同受拉构件一样，对危险截面面积乘以有效截面系数 η 进行强度验算。

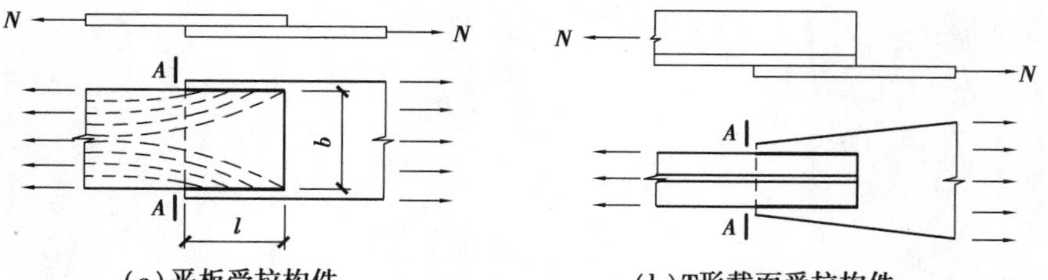

（a）平板受拉构件　　（b）T形截面受拉构件

图 11.34　端部部分连接的构件

表 11.8 轴心受力构件节点或拼接处危险截面有效截面系数

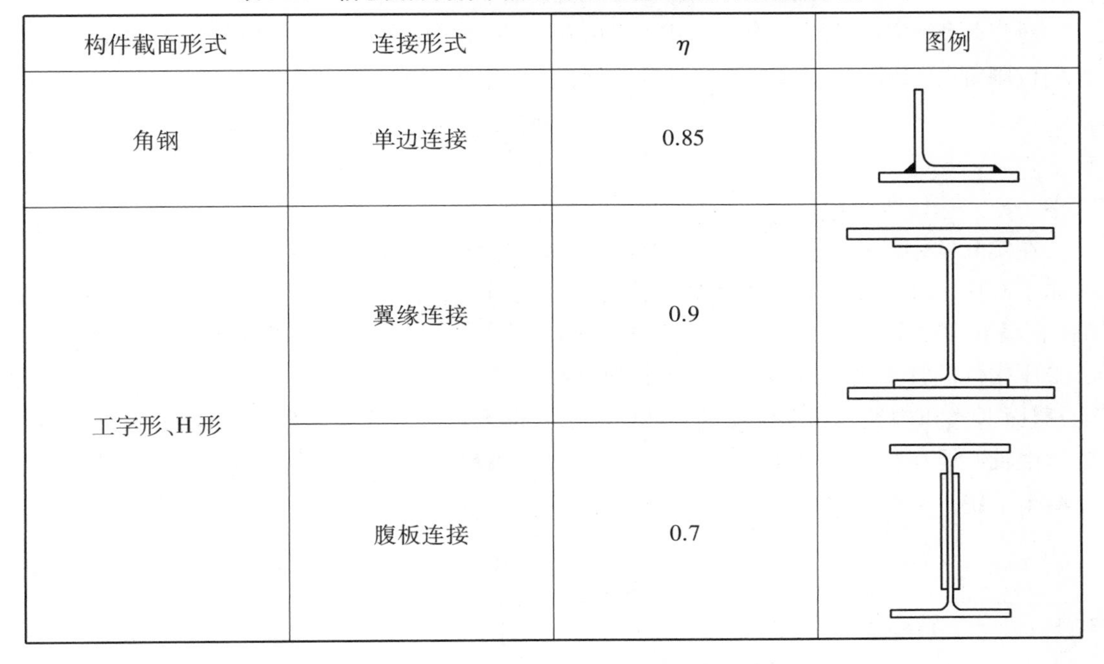

构件截面形式	连接形式	η	图例
角钢	单边连接	0.85	
工字形、H 形	翼缘连接	0.9	
	腹板连接	0.7	

(2)实腹式轴心受压构件整体稳定性计算

轴心受压构件在正常工作条件下,其承载能力极限状态除了要满足强度条件外,还必须满足稳定性要求(包括整体稳定和局部稳定)。对于柔细的受压构件而言,很小的横向荷载或轻微扰动就可能使结构或其组成构件产生很大的侧向变形或局部变形,导致结构或构件在远未达到极限承载力之前就因失去稳定性而被破坏,丧失继续承载的能力,这种现象称为"失稳破坏"。目前,失稳破坏是钢结构工程中的一种重要破坏形式。特别是近年来,随着钢结构形式不断发展和高强钢材的应用,截面惯性矩和回转半径较大的宽肢薄壁的构件应用越来越普遍,发生失稳破坏的概率就更大。因此,受压构件的稳定性就显得更加重要。特别是长细比较大的受压构件,稳定性是导致其破坏的主要因素。因此,轴压构件往往是由其稳定性来确定其构件截面的,而受拉构件不存在稳定性问题。

①轴心受压构件整体稳定性计算

在材料力学中,理想的轴压细长直杆,杆端铰接时在弹性范围的临界力可由欧拉(Euler)公式计算:

$$N_{cr}=\frac{\pi^2 EI}{l^2} \tag{11.23a}$$

其临界应力为:

$$\sigma_{cr}=\frac{\pi^2 E}{\lambda^2} \tag{11.23b}$$

式中 E——钢材的弹性模量;

I——杆件的截面惯性矩;

l——杆件的长度;

λ——杆件的长细比，$\lambda = l/i$，其中 i 为杆件截面回转半径。

对于长细比不是很大的轴心受压构件，构件应力往往在到达欧拉临界应力之前已超过比例极限，此时必须考虑材料的非弹性性能，可采用切线模量公式计算：

$$\sigma_{cr} = \frac{\pi^2 E_t}{\lambda^2} \tag{11.23c}$$

式中　E_t——切线模量。

在实际的钢结构工程中，理想的弹性、弹塑性轴心受压构件并不存在。由于钢结构构件在加工制作、运输、安装等过程中会存在几何缺陷（初始弯曲、初始扭曲、初始偏心）和力学缺陷（屈服点在整个截面上并非均匀、存在残余应力等），因此，不能简单地按照材料力学中轴心受压构件的计算公式计算，而应考虑钢材品种、物理力学性能、加工及制作工艺、原始缺陷、截面形式和构件的长细比等因素的影响。根据大量实验和实测数据统计分析，结合材料力学中轴心受压构件的计算公式，《标准》提出了用稳定系数 φ 来综合考虑上述各种因素，并给出了统一的整体稳定性计算公式

$$\frac{N}{\varphi A f} \leqslant 1.0 \tag{11.24}$$

式中　N——轴心压力设计值，N；

A——构件的毛截面面积，mm^2；

f——钢材的抗压强度设计值，N/mm^2；

φ——轴心受压构件的整体稳定系数，$\varphi = \sigma_{cr}/f_y$。

在式(11.24)中，稳定系数 φ 是反映构件整体稳定性对承载能力影响程度的一个系数，φ 可根据构件的长细比（或换算长细比）、钢材屈服强度和截面分类，按《标准》附录 D 采用。构件整体稳定性越好，φ 越大；构件整体稳定性越差，φ 越小；φ 是小于 1 的数。φ 应取截面尺寸两主轴稳定系数中的较小者。

②轴心受压构件的截面分类

由于轴心受压构件的截面形式（有无对称轴）、截面尺寸、材料性能、加工条件、残余应力等因素各不相同，因此会对构件整体稳定性和极限承载能力造成不同程度的影响，轴心受压构件的整体稳定系数 φ 与长细比 λ（或换算长细比）、钢材屈服强度之间并不能归纳整理出规律比较集中的函数关系，而是比较离散。为了便于轴心受压构件的整体稳定性验算，《标准》在实验分析的基础上，对轴心受压构件按截面分成了 4 类（表 11.9-1、表 11.9-2）。根据截面分类、长细比（或换算长细比）和钢材屈服强度，可以查《标准》附录 D，找到对应的稳定系数 φ 值。

表 11.9-1　轴心受压构件的截面分类（板厚 t<40 mm）

截面形式	对 x 轴	对 y 轴
（圆管截面，x—x，y—y）轧制	a 类	a 类

续表

截面形式		对 x 轴	对 y 轴
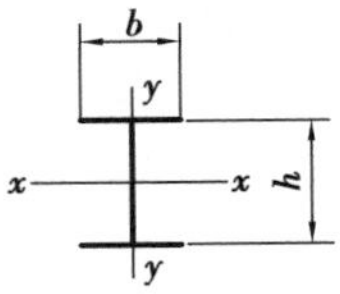 轧制	$b/h \leqslant 0.8$	a 类	b 类
	$b/h > 0.8$	a^* 类	b^* 类
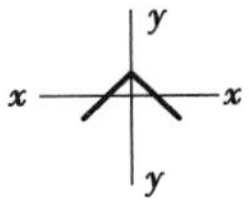 轧制等边角钢		a^* 类	a^* 类
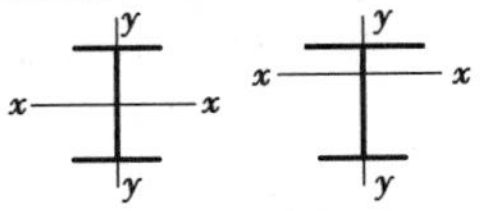 焊接、翼缘为焰切边	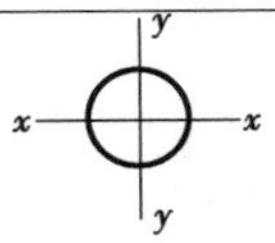 焊接	b 类	b 类
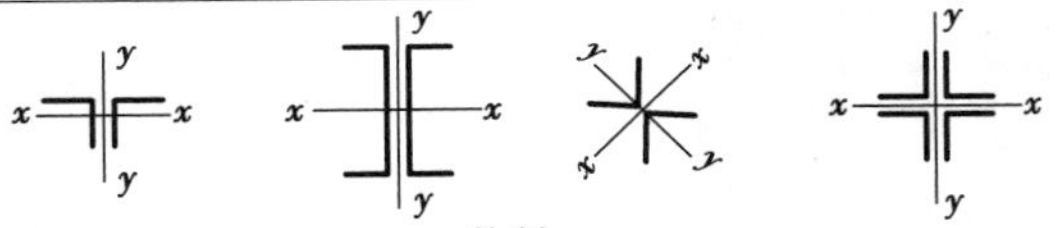 轧制			
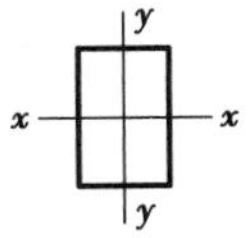 轧制、焊接(板件宽厚比>20)	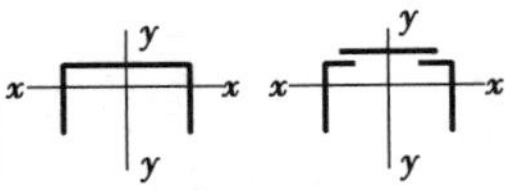 轧制或焊接	b 类	b 类
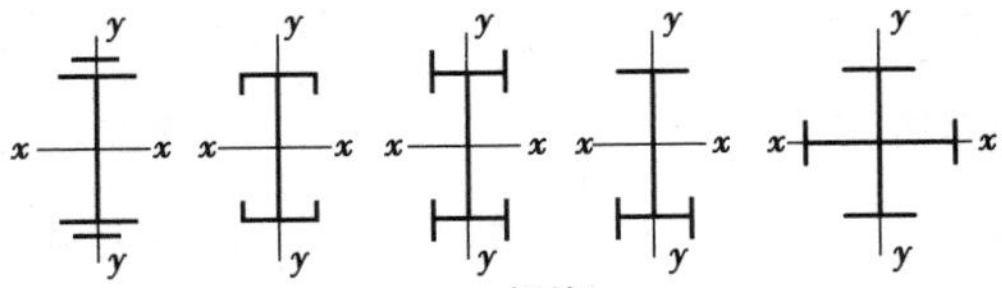 焊接	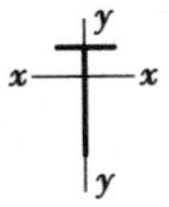 轧制截面和翼缘为焰切边的焊接截面		
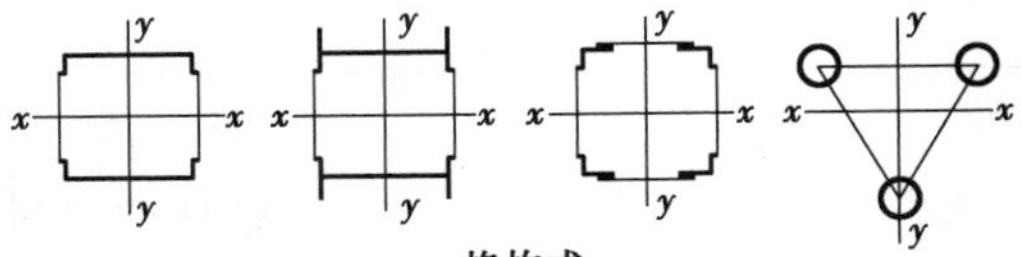 格构式	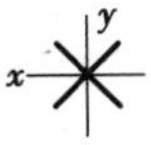 焊接，板件边缘焰切		
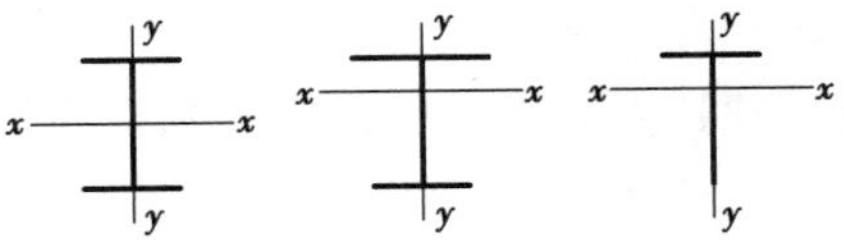 焊接，翼缘为轧制或剪切边		b 类	c 类

续表

截面形式		对 x 轴	对 y 轴
焊接，板件边缘轧制或剪切	轧制、焊接(板件宽厚比≤20)	c 类	c 类

注:1.a* 类含义为 Q235 钢取 b 类,Q345、Q390、Q420 和 Q460 钢取 a 类;b* 类含义为 Q235 钢取 c 类,Q345、Q390、Q420 和 Q460 钢取 b 类。

2.无对称轴且剪心和形心不重合的截面,其截面分类可按有对称轴的类似截面确定,如不等边角钢采用等边角钢的类别;当无类似截面时,可取 c 类。

表 11.9-2　轴心受压构件的截面分类(板厚 $t \geq 40$ mm)

截面形式		对 x 轴	对 y 轴
轧制工字形或H形截面	$t<80$ mm	b 类	c 类
	$t \geq 80$ mm	c 类	d 类
焊接工字形截面	翼缘为焰切边	b 类	b 类
	翼缘为轧制或剪切边	c 类	d 类
焊接箱形截面	板件宽厚比>20	b 类	b 类
	板件宽厚比≤20	c 类	c 类

大多数常用截面都属于 b 类;a 类含轧制工字钢之宽高比不超过 0.8 的绕强轴屈曲和轧制钢管对任意轴屈曲，a 类还增加了高强度钢材的 H 型钢($b/h>0.8$)和等边角钢,这主要是因为热轧型钢的残余应力峰值和钢材强度无关,它的不利影响随钢材强度的提高而减弱;c 类则包括大多数单轴对称截面绕对称轴屈曲,无对称轴的截面和板件厚度大于 40 mm 的焊接实腹截面;d 类主要针对板件厚度大于 40 mm 的 H 形截面(残余应力较高)绕弱轴屈曲。

③实腹式轴心受压构件的长细比计算

轴心受压构件的稳定系数中是以弯曲失稳为依据而确定的,可是绕截面主轴弯曲失稳并不是轴心受压构件失稳的唯一形式。双轴对称截面的轴心受压构件可能发生扭转屈曲；单轴对称截面轴心受压构件绕截面对称轴失稳时，由于截面剪心和形心不重合而发生弯扭屈曲。《标准》考虑扭转屈曲和弯扭屈曲的计算方法是按弹性稳定理论算得的临界力换算成长细比较大的弯曲屈曲构件，再按换算长细比确定相应的稳定系数 φ。因此，《标准》给出了不同截面形式实腹式构件的换算长细比计算公式：

a.截面形心与剪心重合的构件：

• 当计算弯曲屈曲时，长细比按下列公式计算：

$$\lambda_x = \frac{l_{0x}}{i_x} \tag{11.25a}$$

$$\lambda_y = \frac{l_{0y}}{i_y} \tag{11.25b}$$

式中 l_{0x}，l_{0y}——分别为构件对截面主轴 x 和 y 的计算长度，mm；

i_x，i_y——分别为构件截面对主轴 x 和 y 的回转半径，mm。

• 当计算扭转屈曲时，长细比应按下式计算，双轴对称十字形截面板件宽厚比不超过 $15\varepsilon_k$ 者，可不计算扭转屈曲。

$$\lambda_z = \sqrt{\frac{I_0}{I_t/25.7 + I_\omega/l_\omega^2}} \tag{11.25c}$$

式中 I_0，I_t，I_w——分别为构件毛截面对剪心的极惯性矩（mm^4）、自由扭转常数（mm^4）和扇性惯性矩（mm^6），对十字形截面可近似取 $I_w=0$；

l_w——扭转屈曲的计算长度，两端铰支且端截面可自由翘曲者，取几何长度 l；两端嵌固且端部截面的翘曲完全受到约束者，取 $0.5l$（mm）。

b.截面为单轴对称的构件：

• 当计算绕非对称主轴的弯曲屈曲时，长细比应由式（11.25a）、式（11.25b）、式（11.25c）计算确定。

• 计算绕对称主轴的弯扭屈曲时，长细比应按下式计算确定：

$$\lambda_{yz} = \left[\frac{(\lambda_y^2+\lambda_z^2)+\sqrt{(\lambda_y^2+\lambda_z^2)^2-4\left(1-\dfrac{y_s^2}{i_0^2}\right)\lambda_y^2\lambda_z^2}}{2}\right]^{1/2} \tag{11.25d}$$

式中 y_s——截面形心至剪心的距离，mm；

i_0——截面对剪心的极回转半径，mm，单轴对称截面 $i_0^2=y_s^2+i_x^2+i_y^2$；

λ_z——扭转屈曲换算长细比，由式（11.25c）确定。

• 等边单角钢轴心受压构件当绕两主轴弯曲的计算长度相等时，可不计算弯扭屈曲。这主要是由于等边单角钢轴心受压构件当两端铰支且没有中间支点时，绕强轴弯扭屈曲的承载力总是高于绕弱轴弯曲屈曲的承载力。塔架单角钢压杆应符合《标准》第7.6节的相关规定。

• 双角钢组合T形截面构件绕对称轴的换算长细比 λ_{yz} 可按下列简化公式确定：

等边双角钢［图11.35（a）］：

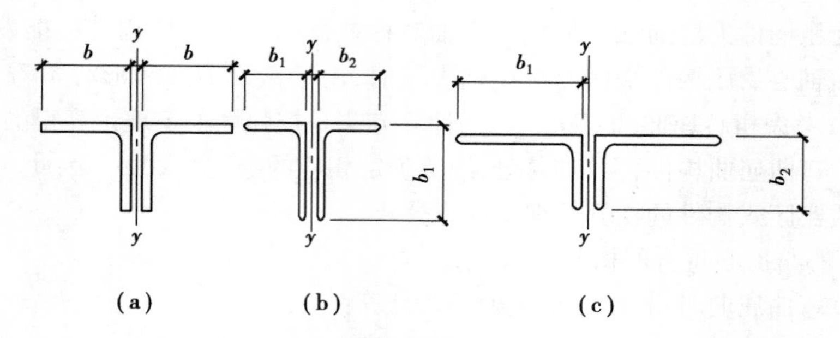

图 11.35　双角钢组合 T 形截面

b—等边角钢肢宽度；b_1—不等边角钢长肢宽度；b_2—不等边角钢短肢宽度

当 $\lambda_y \geqslant \lambda_z$ 时：

$$\lambda_{yz} = \lambda_y \left[1 + 0.16\left(\frac{\lambda_z}{\lambda_y}\right)^2\right] \tag{11.25e}$$

当 $\lambda_y < \lambda_z$ 时：

$$\lambda_{yz} = \lambda_z \left[1 + 0.16\left(\frac{\lambda_y}{\lambda_z}\right)^2\right] \tag{11.25f}$$

$$\lambda_z = 3.9\,\frac{b}{t} \tag{11.25g}$$

长肢相并的不等边双角钢[图 11.35(b)]：

当 $\lambda_y \geqslant \lambda_z$ 时：

$$\lambda_{yz} = \lambda_y \left[1 + 0.25\left(\frac{\lambda_z}{\lambda_y}\right)^2\right] \tag{11.25h}$$

当 $\lambda_y < \lambda_z$ 时：

$$\lambda_{yz} = \lambda_z \left[1 + 0.25\left(\frac{\lambda_y}{\lambda_z}\right)^2\right] \tag{11.25i}$$

$$\lambda_z = 5.1\,\frac{b_2}{t} \tag{11.25j}$$

短肢相并的不等边双角钢[图 11.35(c)]：

当 $\lambda_y \geqslant \lambda_z$ 时：

$$\lambda_{yz} = \lambda_y \left[1 + 0.06\left(\frac{\lambda_z}{\lambda_y}\right)^2\right] \tag{11.25k}$$

当 $\lambda_y < \lambda_z$ 时：

$$\lambda_{yz} = \lambda_z \left[1 + 0.06\left(\frac{\lambda_y}{\lambda_z}\right)^2\right] \tag{11.25l}$$

$$\lambda_z = 3.7\,\frac{b_1}{t} \tag{11.25m}$$

c.截面无对称轴且剪心和形心不重合的构件，应采用下列换算长细比：

$$\lambda_{xyz} = \pi\sqrt{\frac{EA}{N_{xyz}}} \tag{11.25n}$$

$$(N_x - N_{xyz})(N_y - N_{xyz})(N_z - N_{xyz}) - N_{xyz}^2(N_x - N_{xyz})\left(\frac{y_s}{i_0}\right)^2 - N_{xyz}^2(N_y - N_{xyz})\left(\frac{x_s}{i_0}\right)^2 = 0 \tag{11.25o}$$

$$i_0^2 = i_x^2 + i_y^2 + x_s^2 + y_s^2 \tag{11.25p}$$

$$N_x = \frac{\pi^2 EA}{\lambda_x^2} \tag{11.25q}$$

$$N_y = \frac{\pi^2 EA}{\lambda_y^2} \tag{11.25r}$$

$$N_z = \frac{1}{i_0^2}\left(\frac{\pi^2 EI_\omega}{l_\omega^2} + GI_t\right) \tag{11.25s}$$

式中 N_{xyz}——弹性完善受压构件的弯扭屈曲临界力(N),由式(11.25o)确定;

x_s, y_s——截面剪心的坐标(mm);

i_0——截面对剪心的极回转半径(mm);

N_x, N_y, N_z——分别为绕 x 轴和 y 轴的弯曲屈曲临界力和扭转屈曲临界力(N);

E, G——分别为钢材弹性模量和剪变模量(N/mm^2)。

d.不等边角钢轴心受压构件的换算长细比可按下列简化公式确定(图 11.36):

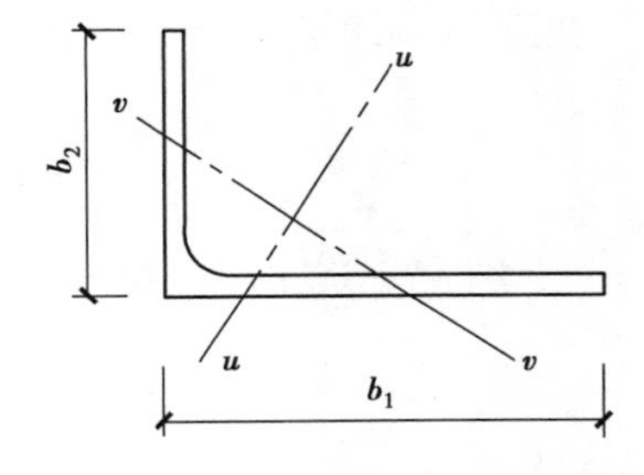

图 11.36 不等边角钢

注:v 轴为角钢的弱轴,b_1 为角钢长肢宽度

当 $\lambda_v \geqslant \lambda_z$ 时:

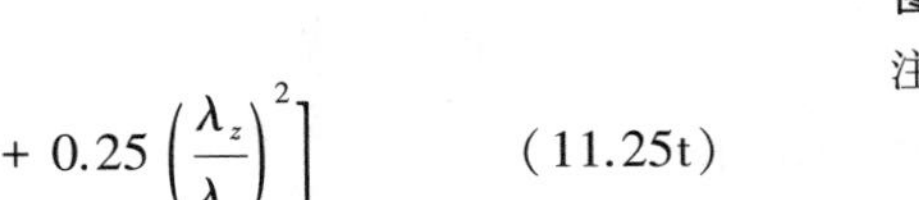

$$\lambda_{xyz} = \lambda_v\left[1 + 0.25\left(\frac{\lambda_z}{\lambda_v}\right)^2\right] \tag{11.25t}$$

当 $\lambda_v < \lambda_z$ 时:

$$\lambda_{xyz} = \lambda_z\left[1 + 0.25\left(\frac{\lambda_v}{\lambda_z}\right)^2\right] \tag{11.25u}$$

$$\lambda_z = 4.21\frac{b_1}{t} \tag{11.25v}$$

(3)格构式轴心受压构件稳定性计算

对实轴的长细比应按《标准》式(11.23a)或式(11.23b)计算,对虚轴[图 11.37(a)]的 x 轴及图 11.37(b)、图 11.37(c)的 x 轴和 y 轴应取换算长细比。换算长细比应按下列公式计算:

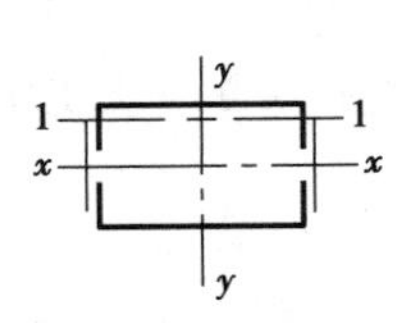

(a)双肢组合构件

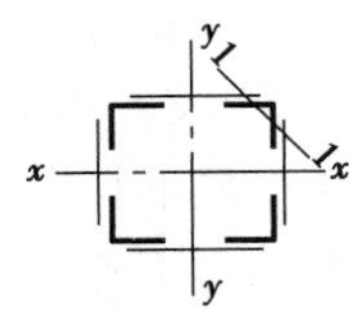

(b)四肢组合构件

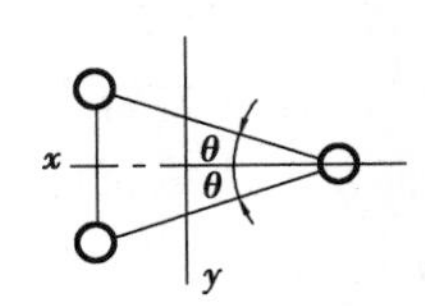

(c)三肢组合构件

图 11.37 格构式组合构件截面

①双肢组合构件[图 11.37(a)]：

当缀件为缀板时：

$$\lambda_{0x}=\sqrt{\lambda_x^2+\lambda_1^2} \tag{11.26a}$$

当缀件为缀条时：

$$\lambda_{0x}=\sqrt{\lambda_x^2+27\frac{A}{A_{1x}}} \tag{11.26b}$$

式中 λ_x——整个构件对 x 轴的长细比；

λ_1——分肢对最小刚度轴 1-1 的长细比，其计算长度取为：焊接时，为相邻两缀板的净距离；螺栓连接时，为相邻两缀板边缘螺栓的距离；

A_{1x}——构件截面中垂直于 x 轴的各斜缀条毛截面面积之和，mm^2。

②四肢组合构件[图 11.37(b)]：

当缀件为缀板时：

$$\lambda_{0x}=\sqrt{\lambda_x^2+\lambda_1^2} \tag{11.26c}$$

$$\lambda_{0y}=\sqrt{\lambda_y^2+\lambda_1^2} \tag{11.26d}$$

当缀件为缀条时：

$$\lambda_{0x}=\sqrt{\lambda_x^2+40\frac{A}{A_{1x}}} \tag{11.26e}$$

$$\lambda_{0y}=\sqrt{\lambda_y^2+40\frac{A}{A_{1y}}} \tag{11.26f}$$

式中 λ_y——整个构件对 y 轴的长细比；

A_{1y}——构件截面中垂直于 y 轴的各斜缀条毛截面面积之和，mm^2。

③缀件为缀条的三肢组合构件[图 11.37(c)]：

$$\lambda_{0x}=\sqrt{\lambda_x^2+\frac{42A}{A_1(1.5-\cos^2\theta)}} \tag{11.26g}$$

$$\lambda_{0y}=\sqrt{\lambda_y^2+\frac{42A}{A_1\cos^2\theta}} \tag{11.26h}$$

式中 A_1——构件截面中各斜缀条毛截面面积之和，mm^2；

θ——构件截面内缀条所在平面与 x 轴的夹角。

④缀件面宽度较大的格构式柱宜采用缀条柱，斜缀条与构件轴线间的夹角应为 40°~70°。缀条柱的分肢长细比 λ_1 不应大于构件两方向长细比较大值 λ_{max} 的 0.7 倍，对虚轴取换算长细比。格构式柱和大型实腹式柱，在受有较大水平力处和运送单元的端部应设置横隔，横隔的间距不宜大于柱截面长边尺寸的 9 倍且不宜大于 8 m。

⑤缀板柱的分肢长细比 λ_1 不应大于 $40\varepsilon_k$，并不应大于 λ_{max} 的 0.5 倍，当 $\lambda_{max}<50$ 时，取 $\lambda_{max}=50$。缀板柱中同一截面处缀板或型钢横杆的线刚度之和不得小于柱较大分肢线刚度的 6 倍。

⑥用填板连接而成的双角钢或双槽钢构件，采用普通螺栓连接时应按格构式构件进行计算；除此之外，可按实腹式构件进行计算，但受压构件填板间的距离不应超过 $40i$，受拉构件填板间的距离不应超过 $80i$。i 为单肢截面回转半径，应按下列规定采用：

a.当为图 11.38(a)、图 11.38(b)所示的双角钢或双槽钢截面时,取一个角钢或一个槽钢与填板平行的形心轴的回转半径;

b.当为图 11.38(c)所示的十字形截面时,取一个角钢的最小回转半径。

受压构件的两个侧向支承点之间的填板数不应少于 2 个。

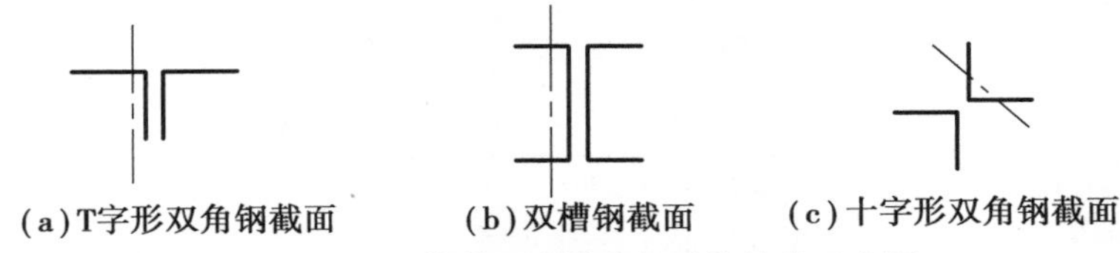

(a)T字形双角钢截面　(b)双槽钢截面　(c)十字形双角钢截面

图 11.38　计算截面回转半径时的轴线示意图

对于两端铰支的梭形圆管或方管状截面轴心受压构件的换算长细比计算,可参考《标准》相关内容。

(4)轴心受压构件的局部稳定

①局部稳定的概念

以实腹式工字钢柱为例(图 11.39),当其受到轴心压力时,轴心压力主要由腹板和翼缘承担。如果腹板和翼缘的钢板又宽又薄,当轴心压力达到一定程度时,整个构件还没有产生强度破坏和整体失稳破坏,而单个的腹板或翼缘板件就已经发生凹凸鼓出变形,形成板件局部失稳或局部屈曲,这种破坏叫作局部失稳破坏。局部失稳使部分杆件屈服退出工作,造成构件应力分布恶化,加速了构件的整体失稳和丧失整体承载力。

《钢结构设计标准》规定,受压构件中板件的局部失稳不应先于构件的整体失稳。保证板件局部失稳不先于整体失稳的最常用办法,是对其宽厚比加以限制。板件的容许宽厚比通常按不同情况采用两种方法之一进行确定:一是等稳原则,即使"板件稳定临界应力等于构件整体稳定临界应力";二是屈服原则,即使"板件稳定临界应力等于钢材的屈服强度"。实践证明,通过对受压构件板件的宽厚比的有效限制可以保证构件的局部稳定。对于轧制型钢,由于翼缘、腹板较厚,一般都能满足局部稳定要求,无须计算。

②实腹式轴心受压构件的板件宽厚比要求

针对实腹式轴心受压构件,《标准》采用了屈服准则和等稳准则综合运用的方法,并充分考虑相邻板件的相互约束关系,给出了有关轴心受压构件板件宽厚比的限值要求。

a.H 形截面腹板:

$$h_0/t_w \leqslant (25 + 0.5\lambda)\varepsilon_k \tag{11.27a}$$

式中　λ——构件的较大长细比;当 $\lambda<30$ 时,取为 30;当 $\lambda>100$ 时,取为 100;

ε_k——钢号修正系数,$\varepsilon_k=\sqrt{235/f_y}$;

h_0,t_w——分别为腹板计算高度和厚度,按《标准》表 3.5.1注 2 取值,mm。

图 11.39　工字钢柱局部失稳

b.H 形、T 形截面翼缘:

$$b/t_f \leqslant (10 + 0.1\lambda)\varepsilon_k \tag{11.27b}$$

式中　b,t_f——分别为翼缘板自由外伸宽度和厚度,按《标准》表 3.5.1 注 2 取值。

c.箱形截面壁板(箱形构件各部分位置尺寸见图 11.40):

$$b/t \leqslant 40\varepsilon_k \tag{11.27c}$$

式中　b——壁板的净宽度，当箱形截面设有纵向加劲肋时，为壁板与加劲肋之间的净宽度。

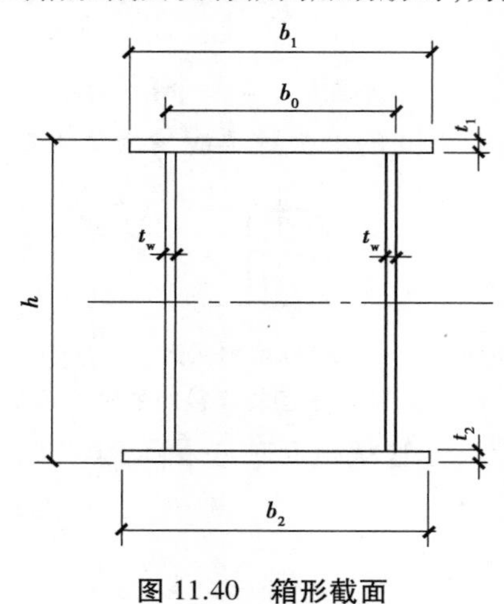

图 11.40　箱形截面

d.T 形截面腹板：

热轧部分 T 形钢

$$h_0/t_w \leqslant (15 + 0.2\lambda)\varepsilon_k \tag{11.27d}$$

焊接 T 形钢

$$h_0/t_w \leqslant (13 + 0.17\lambda)\varepsilon_k \tag{11.27e}$$

对焊接构件，h_0 取腹板高度 h_w；对热轧构件，h_0 取腹板平直段长度，简要计算时，可取 $h_0=h_w-t_f$，但不小于(h_w-20)mm。

e.等边角钢肢件：

当 $\lambda \leqslant 80\varepsilon_k$ 时：

$$w/t \leqslant 15\varepsilon_k \tag{11.27f}$$

当 $\lambda > 80\varepsilon_k$ 时：

$$w/t \leqslant 5\varepsilon_k + 0.125\lambda \tag{11.27g}$$

式中　w,t——分别为角钢的平板宽度和厚度，简要计算时 w 可取为 $b-2t$（b 为角钢宽度）；

　　λ——按角钢绕非对称主轴回转半径计算的长细比。

f.圆钢管：

$$D/t \leqslant 100\varepsilon_k^2 \tag{11.27h}$$

式中　D——圆钢管的外径；

　　t——圆钢管的壁厚。

③实腹式轴心受压构件的屈曲后强度利用

实际工程中的轴心受压构件可能由刚度（长细比）控制，其轴压力较小，由此根据等稳准则确定板件宽厚比限值往往不经济，同时板件失稳后还存在屈曲后强度，因此设计中有时允许板件先于构件失稳。

当轴心受压构件的压力小于稳定承载力 φAf 时，相应的局部屈曲临界力可适当降低，从而放宽板件的宽厚比限值。《标准》规定，可将式（11.27a～11.27h）算得的宽厚比限值乘以放大系数 $\alpha=\sqrt{\varphi Af/N}$ 确定。

④板件宽厚比超过（11.27a～11.27h）算得的限值时，可采用纵向加劲肋加强；当可考虑

屈曲后强度时，轴心受压杆件的强度和稳定性可按下列公式计算：

强度计算

$$\frac{N}{A_{ne}} \leqslant f \tag{11.28a}$$

稳定性计算

$$\frac{N}{\varphi A_e f} \leqslant 1.0 \tag{11.28b}$$

$$A_{ne} = \sum \rho_i A_{ni} \tag{11.28c}$$

$$A_e = \sum \rho_i A_i \tag{11.28d}$$

式中　A_{ne}，A_e——分别为有效净截面面积和有效毛截面面积（mm^2）；

A_{ni}，A_i——分别为各板件净截面面积和毛截面面积（mm^2）；

φ——稳定系数，可按毛截面计算；

ρ_i——各板件有效截面系数，可按《标准》第7.3.4条的规定计算。

a.H形、工字形、箱形和单角钢截面轴心受压构件的有效截面系数ρ可按下列规定计算：

• 箱形截面的壁板、H形或工字形的腹板：

当$b/t \leqslant 42\varepsilon_k$时：

$$\rho = 1.0 \tag{11.29a}$$

当$b/t > 42\varepsilon_k$时：

$$\rho = \frac{1}{\lambda_{n,p}}\left(1 - \frac{0.19}{\lambda_{n,p}}\right) \tag{11.29b}$$

$$\lambda_{n,p} = \frac{b/t}{56.2\varepsilon_k} \tag{11.29c}$$

当$\lambda > 52\varepsilon_k$时：

$$\rho \geqslant (29\varepsilon_k + 0.25\lambda)\ t/b \tag{11.29d}$$

式中　b，t——分别为壁板或腹板的净宽度和厚度。

当$\lambda > 52\varepsilon_k$时，由式（11.29b）计算所得的$\rho$值不应小于$(0.29\varepsilon_k + 0.25\lambda)t/b$。

• 单角钢：

当$w/t > 15\varepsilon_k$时：

$$\rho = \frac{1}{\lambda_{n,p}}\left(1 - \frac{0.1}{\lambda_{n,p}}\right) \tag{11.29e}$$

$$\lambda_{n,p} = \frac{w/t}{16.8\varepsilon_k} \tag{11.29f}$$

当$\lambda > 80\varepsilon_k$时：

$$\rho \geqslant (5\varepsilon_k + 0.13\lambda)\ t/w \tag{11.29g}$$

b.H形、工字形和箱形截面轴心受压构件的腹板，当用纵向加劲肋加强以满足宽厚比限值时，加劲肋宜在腹板两侧成对配置，其一侧外伸宽度不应小于$10t_w$，厚度不应小于$0.75t_w$。

（5）轴心受力构件的计算长度和容许长细比

①轴心受压构件的计算长度

轴心受压构件的稳定承载力计算主要来源于两端铰支的情况，对于理想的两端铰支情况，轴心受压构件的计算长度 l_0 等于其几何长度 l。而实际构件节点往往具有一定刚性，构件受压发生失稳时会受到其他构件约束，因此轴心受压构件的计算长度 l_0 往往小于其几何长度 l，通常表示成 $l_0=\mu l$，μ 称为计算长度系数。

b.桁架杆件的计算长度

• 弦杆。由于腹杆的刚度通常比弦杆小很多，腹杆对弦杆的约束作用一般忽略不计。因此，弦杆在桁架平面内可视为铰支的连续杆件，其计算长度 $l_0=l$（计算长度系数 $\mu=1.0$）。桁架平面外弦杆的计算长度应取为侧向支承点间的距离 l_1，不考虑节点处的约束。

• 腹杆。单系腹杆（非交叉杆腹杆）受压时受拉弦杆对其有一定约束作用，因此其桁架平面内计算长度系数 $\mu=0.8$，计算长度 $l_0=0.8l$。对于支座斜杆和支座竖杆，由于其下端只与下弦的一端相连，且线刚度较大，因此不考虑杆端约束，取 $\mu=1.0$。在桁架平面外，节点板刚度很小，对腹杆端部向平面外转动的约束作用可忽略不计，认为铰接，因此腹杆在桁架平面外的计算长度系数统一取 $\mu=1.0$。而对于单角钢或双角钢十字形截面腹杆，其两个主轴既不在桁架平面内，也不在垂直于桁架平面的平面外，其端部约束可认为介于两者之间，因此《标准》对此情况取 $\mu=0.9$（0.8 与 1.0 的平均数）。

桁架弦杆和单系腹杆（用节点板与弦杆连接）的计算长度 l_0 可按表 11.10 采用。

表 11.10　桁架弦杆和单系腹杆的计算长度 l_0

弯曲方向	弦杆	腹杆	
		支座斜杆和支座竖杆	其他腹杆
桁架平面内	l	l	$0.8l$
桁架平面外	l_1	l	l
斜平面	—	l	$0.9l$

注：1.l 为构件的几何长度（节点中心间距离），l_1 为桁架弦杆侧向支承点之间的距离。

2.斜平面系指与桁架平面斜交的平面，适用于构件截面两主轴均不在桁架平面内的单角钢腹杆和双角钢十字形截面腹杆。

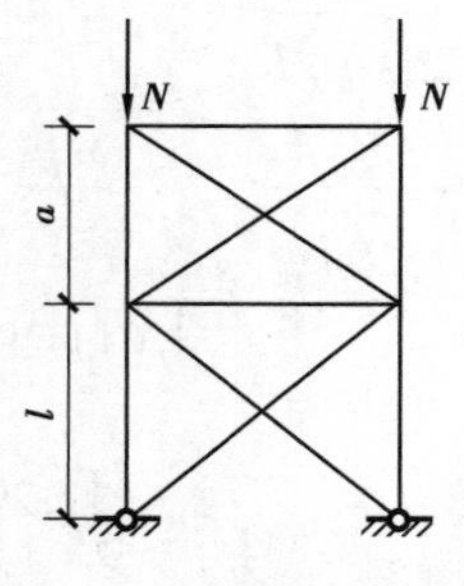

图 11.41　有支撑的两段柱

b.对于钢管桁架构件、交叉腹杆的计算长度，变轴力弦杆的平面外计算长度以及塔架单角钢主杆的计算长细比可按《标准》所给表格采用或公式计算。

c.考虑柱脚构造的轴压柱计算长度。上端与梁或桁架铰接且不能侧向移动的轴心受压柱，其计算长度系数应根据柱脚构造情况采用，对铰轴柱脚应取 1.0。平板柱脚在柱压力作用下有一定转动刚度，刚度大小和底板厚度有关，当底板厚度不小于柱翼缘厚度的 2 倍时，柱的计算长度系数可取 0.8。由侧向支撑分为多段的柱，当柱发生屈曲时，上、下柱段会相互约束，当各段长度相差 10% 以上时，宜根据相关屈曲的原则确定柱在支撑平面内的计算长度，充分利用材料的潜力。当柱分为两段时（图 11.41），其计算长度可由下式确定：

$$l_0=\mu l \tag{11.29h}$$

$$\mu=1-0.3(1-\beta)^{0.7} \tag{11.29i}$$

式中　β——短段与长段长度之比，$\beta=a/l$。

②轴心受力构件的容许长细比

构件容许长细比的规定，主要是为了避免构件柔度太大，在自重作用下产生过大挠度和在运输、安装过程中造成弯曲，以及在动力荷载作用下发生较大振动。受压构件的容许长细比要比受拉构件严格，原因是细长构件的初弯曲容易受压增大，有损构件的稳定承载能力，即刚度不足对受压构件产生的不利影响远比受拉构件严重。调查表明，主要受压构件的容许长细比取150，一般的支撑压杆取200，能满足正常使用的要求。内力不大于承载能力50%的受压构件，参考国外资料，其长细比可放宽到200。

a.验算容许长细比时，可不考虑扭转效应。计算单角钢受压构件的长细比时，应采用角钢的最小回转半径，但计算在交叉点相互连接的交叉杆件平面外的长细比时，可采用与角钢肢边平行轴的回转半径。轴心受压构件的容许长细比宜符合表11.11的规定。

表11.11　受压构件的长细比容许值

项次	构件名称	容许长细比
1	轴心受压柱、桁架和天窗架中的压杆	150
2	柱的缀条、吊车梁或吊车桁架以下的柱间支撑	150
3	支撑	200
4	用以减小受压构件计算长度的杆件	200

注：①跨度等于或大于60 m的桁架，其受压弦杆、端压杆和直接承受动力荷载的受压腹杆的长细比不宜大于120。

②轴心受压构件的长细比不宜超过表11.11规定的容许值，但当杆件内力设计值不大于承载能力的50%时，容许长细比值可取200。

b.验算容许长细比时，在直接或间接承受动力荷载的结构中，计算单角钢受拉构件的长细比时，应采用角钢的最小回转半径，但计算在交叉点相互连接的交叉杆件平面外的长细比时，可采用与角钢肢边平行轴的回转半径。受拉构件的容许长细宜符合表11.12的规定。

表11.12　受拉构件的容许长细比

项次	构件名称	承受静力荷载或间接承受动力荷载的结构			直接承受动力荷载的结构
		一般建筑结构	对腹杆提供平面外支点的弦杆	有重级工作制起重机的厂房	
1	桁架的杆件	350	250	250	250
2	吊车梁或吊车桁架以下柱间支撑	300	—	200	—
3	除张紧的圆钢外的其他拉杆、支撑、系杆等	400	—	350	—

注：①除对腹杆提供平面外支点的弦杆外，承受静力荷载的结构受拉构件，可仅计算竖向平面内的长细比。

②中级、重级工作制吊车桁架下弦杆的长细比不宜超过200。

③在设有夹钳或刚性料耙等硬钩起重机的厂房中，支撑的长细比不宜超过300。

④受拉构件在永久荷载与风荷载组合作用下受压时，其长细比不宜超过250。

⑤跨度≥60 m的桁架，其受拉弦杆和腹杆的长细比，承受静力荷载或间接承受动力荷载时不宜超过300，直接承受动力荷载时不宜超过250。

⑥受拉构件的长细比不宜超过表11.12规定的容许值。柱间支撑按拉杆设计时，竖向荷载作用下柱子的轴力应按无支撑时考虑。

(6)刚度验算

轴心受力构件一般比较细长,为了防止构件过于柔细,使构件在制造、运输和安装过程中或在正常使用中产生过大的变形,或在动载作用下发生较大振动等,必须保证构件具有足够的刚度。轴心受力构件的刚度是以其长细比的容许值来控制的。《标准》规定,受拉及受压构件的长细比 λ,不得超过规定的容许值$[\lambda]$。受拉及受压构件的长细比 λ 的计算,可参照前述公式计算。构件的容许长细比$[\lambda]$,可参照表 11.11 和表 11.12 取值。

【例题 11.6】 某一轴心受拉构件(如图 11.42 所示截面),当不考虑端部连接及中部拼接时,试确定该轴心受拉杆的最大承载能力设计值和最大容许计算长度,钢材为 Q345,容许长细比为 350。

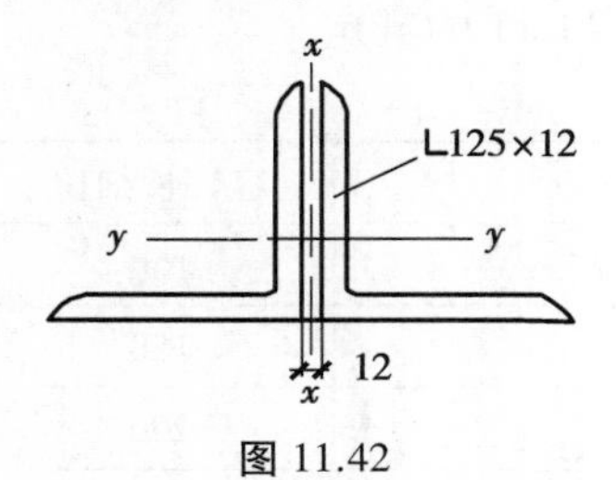

图 11.42

【解】 由表 11.1 查得 $f=310\ \text{N/mm}^2$;由型钢表查得 $A=2\times28.9\ \text{cm}^2=57.8\ \text{cm}^2$,$i_x=3.83\ \text{cm}$,$i_y=5.63\ \text{cm}$。

按式 $\sigma=\dfrac{N}{A_n}\leqslant f$ 可得,该轴心拉杆最大承载能力设计值为

$$N=Af=57.8\times100\ \text{mm}^2\times310\ \text{N/mm}^2$$
$$=1\ 791\ 800\ \text{N}=1\ 791.8\ \text{kN}$$

按式 $\lambda_x=\dfrac{l_{0x}}{i_x}\leqslant[\lambda]$ 和 $\lambda_y=\dfrac{l_{0y}}{i_y}\leqslant[\lambda]$ 可得,该轴心拉杆的长度为

$l_{0x}=[\lambda]i_x=350\times3.83\ \text{cm}=1\ 340.5\ \text{cm}$

$l_{0y}=[\lambda]i_y=350\times5.63\ \text{cm}=1\ 970.5\ \text{cm}$

则该杆的最大容许计算长度为 1 340.5 cm。

(7)实腹式轴心受压构件的截面设计

①截面的设计原则

a.等稳定性原则。应尽可能使杆件在两个主轴方向上的稳定性系数或长细比相等,充分发挥其承载能力。

b.宽肢薄壁。在满足局部稳定性的条件下,应使截面面积分布尽量远离形心轴,以增大其截面惯性矩和回转半径,提高构件整体稳定性和刚度。

c.构造简单。杆件截面应便于梁或柱间支撑连接和传力。因此,一般应选用双轴对称的组合 H 形截面。对于封闭的箱形或管形截面,虽能满足等稳定性要求,但加工制作比较费工费时,连接不便,因此只宜在特殊情况下采用。

d.制作方便。在现有型钢截面不能满足要求的情况下,可充分利用工厂自动焊接等现代设备加工制作,尽量减少工地焊接,以节约成本、保证质量。

e.尽量选用市场上能够购买到的钢材规格和类型。

②截面设计的步骤

a.初选截面形式

在满足设计原则的基础上,应根据轴压构件类型、部位、受力情况、支撑及连接情况、经济性等综合考虑,也可参考其他类似工程设计确定。工程中常用的截面形式有:钢柱一般采用热轧工字钢、热轧 H 型钢或焊接工字形、箱形截面;在桁架结构中多采用单角钢、钢管以及双角钢组成的 T 形截面。

b.初定截面尺寸

• 假定构件长细比 λ

根据经验，λ 一般可取 60～100。当轴心压力 N 较大而计算长度 l_0 较小时，λ 应取较小值；反之，λ 取较大值；当 N 很小时，λ 可取容许长细比$[\lambda]$。

• 初算截面面积 A 和回转半径 i_x、i_y

根据假定的 λ 值和构件截面形式，查表得到稳定系数 φ 值，并按下式初算截面面积 A 和回转半径 i_x、i_y：

$$A=\frac{N}{\varphi f} \qquad i_x=\frac{l_{0x}}{\lambda} \qquad i_y=\frac{l_{0y}}{\lambda}$$

• 初定截面各部分尺寸

对于型钢截面，可以直接查找型钢表，选取大致符合要求的型钢号。

如果选用组合截面，可查手册中的截面回转半径的近似值，按照各种截面的回转半径近似计算公式初选截面外轮廓尺寸。

c.截面验算

初选的截面是否满足要求，需要经过强度、刚度及稳定性的验算才能确定。如果经过验算，截面满足要求，则可以按初选的截面确定构件截面形式和尺寸。如果不满足要求，则必须重新修改截面、调整尺寸，直至满足要求为止。

(8)格构式轴心受压构件的整体稳定

格构柱绕实轴的稳定与实腹柱相同，但绕虚轴的稳定性比具有同等长细比的实腹式受压柱要小。因为格构柱各分肢是每隔一定距离用缀材连接的(图 11.43)，当格构式柱绕虚轴失稳时引起的变形就比较大。所以格构柱的整体稳定主要是对虚轴的整体稳定。

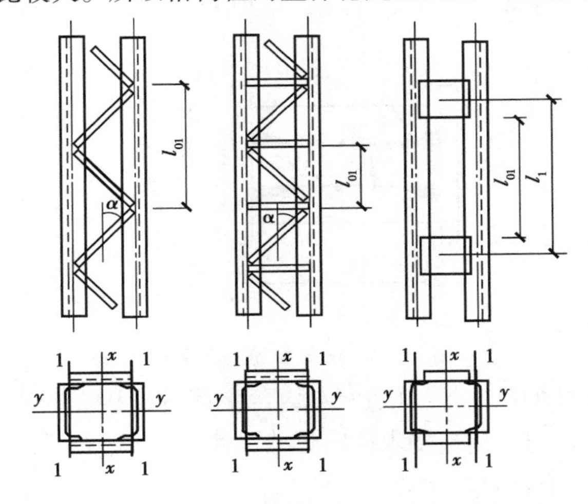

图 11.43 格构式柱的组成

格构柱绕虚轴方向失稳时，构件的长细比 λ_x，必须按规范要求采用各肢件绕虚轴的换算长细比 λ_{0x}，来求它的稳定系数 φ，然后按实腹式整体稳定计算公式进行计算。

3)轴心受力构件的构造

(1)实腹式轴心受压柱的构造要求

①当 H 形或箱形截面柱的翼缘自由外伸宽厚比不满足式(11.27b、13.27c)时,可采用增大翼缘板厚的方法。对腹板而言,当其高厚比不满足时,常采用沿腹板腰部两侧对称设置纵向加劲肋的方法。纵向加劲肋的厚度 t 不小于 $0.75t_w$,外伸宽度 b 不小于 $10t_w$,设置纵向加劲肋后,应根据新的腹板高度重新验算腹板的宽厚比。

②当实腹式 H 形截面柱腹板高厚比 $h_0/t_w \geqslant 80$ 时,在运输和安装过程中可能产生扭转变形,因此常在腹板两侧上下翼缘间对称设置横向加劲肋,尺寸要求与梁的横向加劲肋相同。

③柱在承受有集中水平荷载处及运输单元端部等处,应设置横隔,其间距不大于较大柱宽度的 9 倍或 8 m。横向加劲肋和横隔如图 11.44 所示。

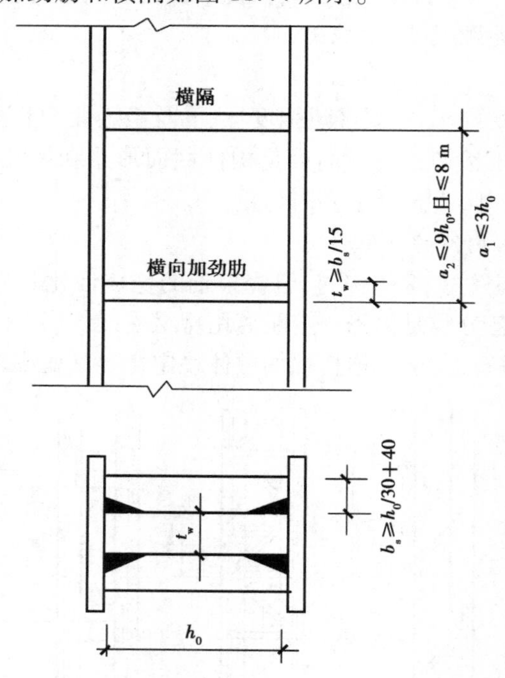

图 11.44　横向加劲肋与横隔

④实腹式轴心受压柱的纵向焊缝(腹板与翼缘之间的连接焊缝)主要起连接作用,受力很小,一般不做强度验算,可按构造要求确定焊缝尺寸。

(2)格构式轴心受压柱的构造要求

①格构式组合柱一般翼缘朝内,可增加截面的惯性矩,另外可使柱外面平整。

②荷载小时,可用缀板组合;荷载大时,可采用缀条组合。缀条与柱肢的轴线应交会于一点。为增加构件的抗扭刚度,格构柱也要设横隔。

③缀条不宜小于∟45×4 或∟56×36×4。缀板厚不宜小于 6 mm。

④当有横缀条且肢件翼缘较小时,采用节点板连接,节点板与肢件翼缘厚度相同。

(3)柱头的连接及构造

柱头是柱的上端与梁的连接部分。柱头设计要求传力可靠、构造简单和便于安装，柱头的构造与梁端的构造密切相关。为了适应梁的传力要求，轴心受压柱的柱头有两种构造方案：一种是将梁设置于柱顶(图 11.45)；另一种是将梁设置于柱的侧面(图 11.46)。

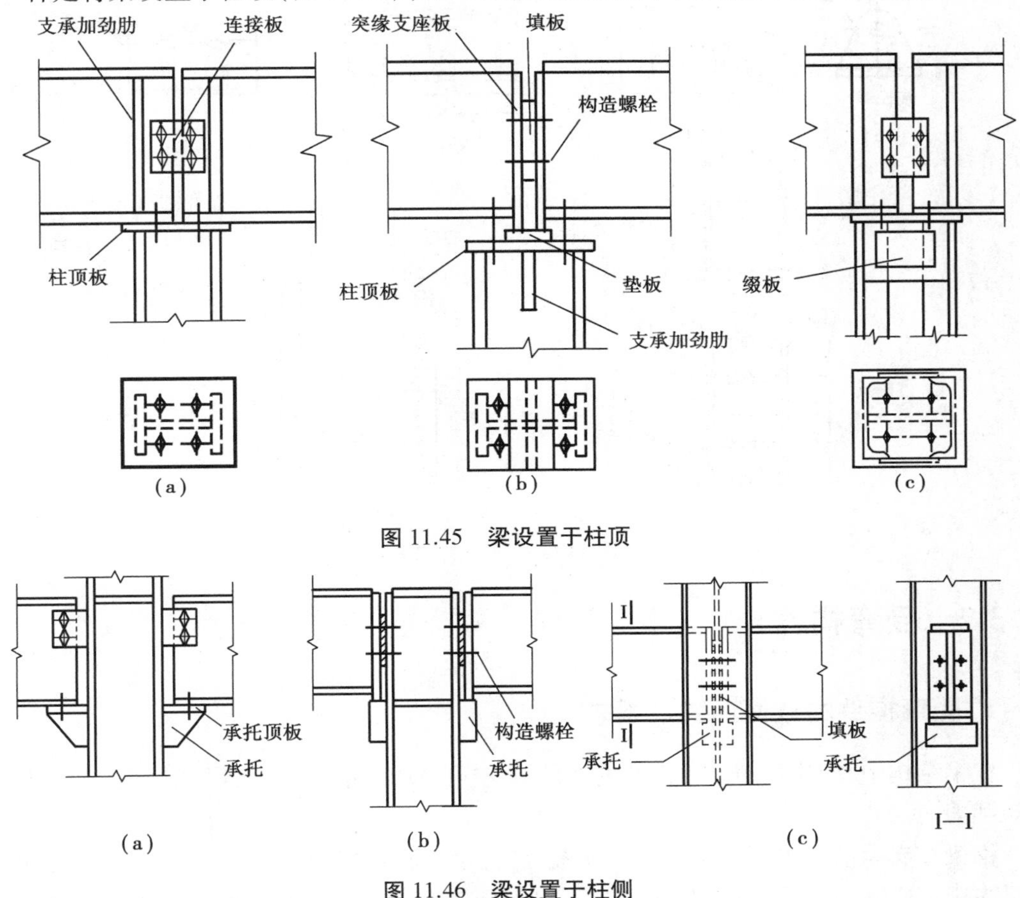

图 11.45　梁设置于柱顶

图 11.46　梁设置于柱侧

(4)柱脚的形式及构造

柱脚是将柱身荷载传给基础的部分。柱脚根据连接方式的不同可分为铰接和刚接两种构造形式(图 11.47)。

对于铰接柱脚，当柱轴力较小时，可采用轴承式或单块底板的形式[图 11.47(a)、(b)]。当柱轴力较大时，可采用在底板上加焊靴梁的形式[图 11.47(c)、(d)]。当柱轴力更大时，可采用加焊隔板和肋板的形式[图 11.47(e)]。柱脚用锚栓固定在基础上。锚栓直径一般为 20~25 mm，底板上锚栓孔的直径一般为锚栓直径的 1.1~1.8 倍，垫板上的孔径比锚栓直径大 1~2 mm。柱吊装就位后，用垫板套住锚栓并与底板焊牢。

刚接柱脚一般是在铰接柱脚的基础上，在钢柱底板四周与基础中预埋钢板焊接或用螺栓连接固定，使柱脚不能转动，形成刚接[图 11.47(f)]。

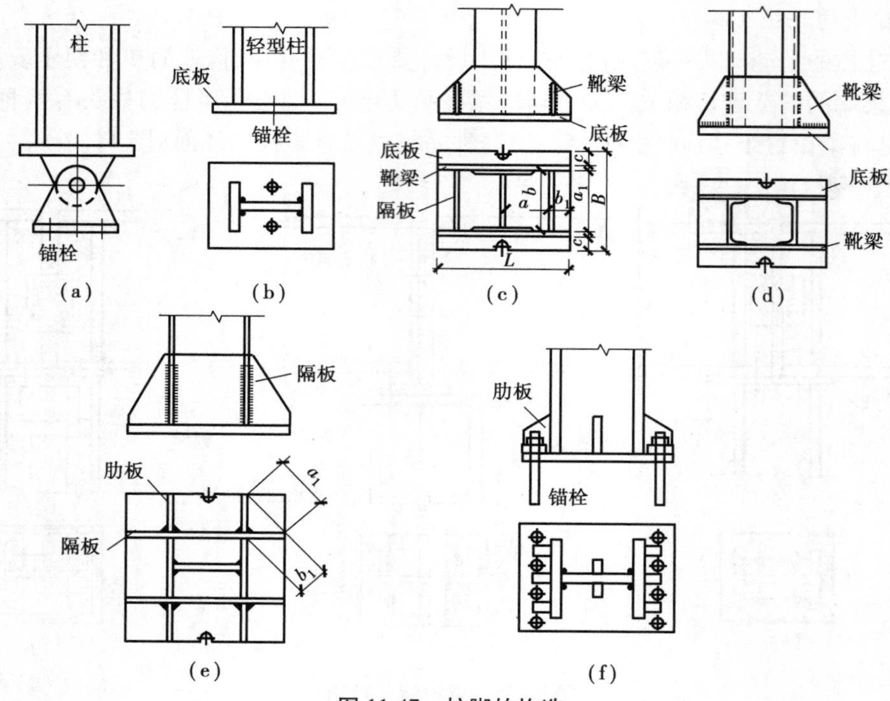

图 11.47　柱脚的构造

11.3.2　受弯构件

1)受弯构件的截面形式及要求

在钢结构中,最典型的受弯构件主要是承受横向荷载而受弯的实腹式钢梁,它主要承受弯矩和剪力。

钢梁按支承情况的不同可分为简支梁、悬臂梁、固端梁和连续梁等几种形式。其中,简支梁应用最广泛,它不仅制造简单、安装方便,而且可以避免支座沉陷所产生的不利影响。在房屋建筑中,梁主要用来支承屋面板、楼板、吊车以及墙体等。支承屋面板的梁通常称为檩条;支承楼板的梁称为楼层梁;支承吊车行车轨道的梁称为吊车梁以及工作平台梁等。各种不同形式的梁如图 11.48 所示。

根据受力情况的不同,钢梁可分为单向受弯梁和双向受弯梁(图 11.49)。

①梁的截面形式

钢梁的截面形式有型钢梁和组合梁两类,其截面形式如图 11.50 所示。

型钢梁可分为热轧型钢梁[工字钢、槽钢、H 形钢等,图 11.50(a)、(b)、(c)]和冷弯薄壁型钢梁[C 形钢、Z 形钢等,图 11.50(d)、(e)、(f)]两种。梁一般在工厂加工制作,安装方便,成本低,主要用于荷载和跨度较小的情况。

当荷载和跨度较大时多采用组合梁,如楼盖主梁、平台梁、重型吊车梁等。组合梁由钢板、型钢用焊缝、铆钉或螺栓连接而成。组合梁通常用两块翼缘板和一块腹板焊接成工字形截面[图 11.50(g)、(h)],此结构构造简单,加工制作方便,可根据受力情况调整截面尺寸,

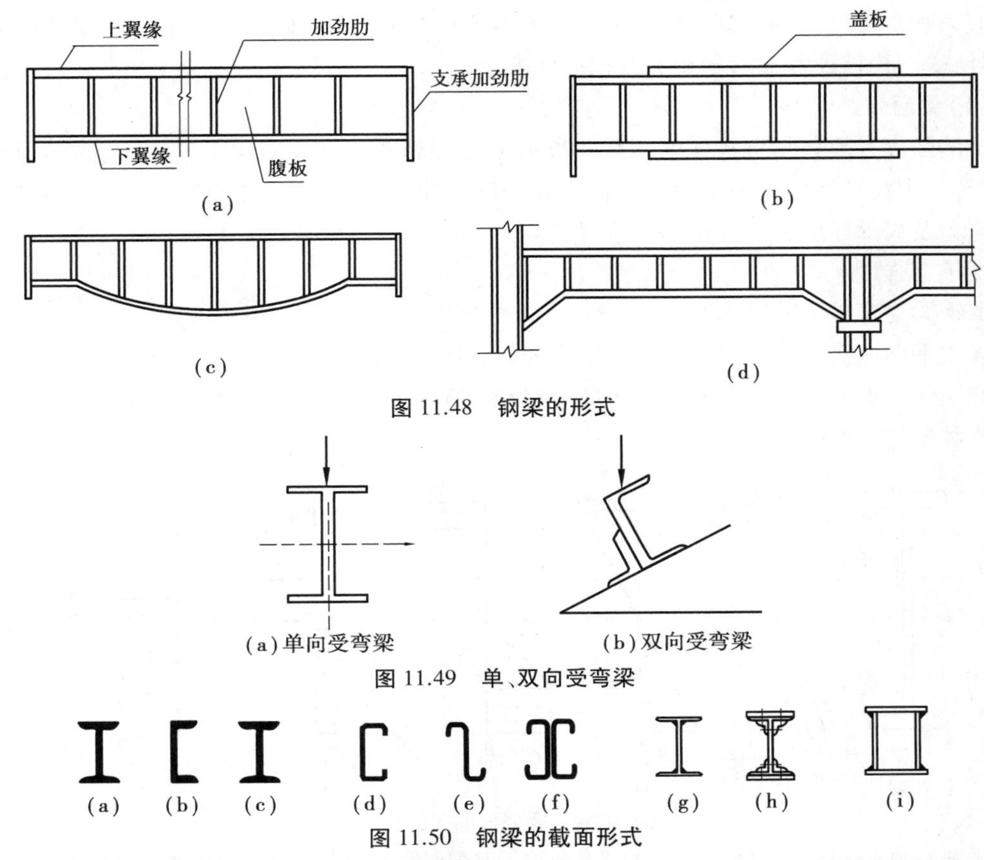

图 11.48 钢梁的形式

(a)单向受弯梁 (b)双向受弯梁

图 11.49 单、双向受弯梁

(a) (b) (c) (d) (e) (f) (g) (h) (i)

图 11.50 钢梁的截面形式

用钢量省。当荷载或跨度较大且梁高受限制或扭矩较大时,可采用双腹板式的箱形截面梁[图 11.50(i)]。

另外,根据荷载大小和分布不同,还可以采用蜂窝梁(图 11.51)、变截面梁等(图 11.52)。目前,钢与混凝土组合梁也得到了一定的应用(图 11.53)。

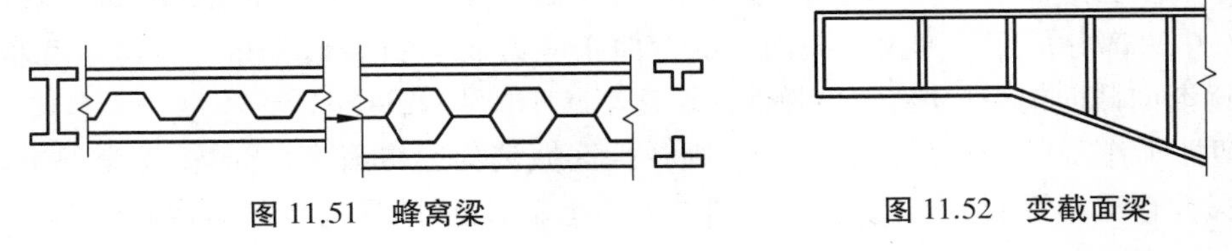

图 11.51 蜂窝梁

图 11.52 变截面梁

②梁的要求。

钢梁的类型和截面形式的选取应保证安全适用,并尽可能符合用料节省、制造安装简便的要求,强度、刚度(或挠度)和稳定性要求是钢梁安全工作的基本条件。

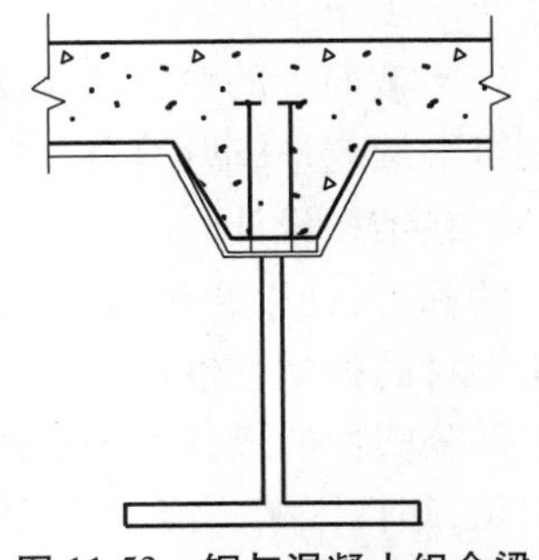

图 11.53 钢与混凝土组合梁

2)受弯构件的计算

受弯构件的计算包括强度、整体稳定性、局部稳定性、挠度以及疲劳计算。其中,强度计算又包括抗弯强度、抗剪强度、局部压应力和折算应力的计算。由于疲劳计算仅对个别构件,因此本书省略。除要进行上述计算外,受弯构件还需要满足相关的构造要求。

(1)梁的强度计算

梁的强度计算包括抗弯强度计算和抗剪强度计算两个方面。对于工字形、箱形等截面梁,在有集中荷载作用处还应验算腹板边缘局部压应力是否满足,必要时还应对弯曲应力、剪切应力及局部压应力共同作用处进行验算。

①抗弯强度

A.钢梁受弯破坏的基本原理

以主平面内受弯的实腹式工字形钢梁为例,从开始加载至受弯承载力达到极限状态,钢梁在弯矩作用下最危险截面的弯曲正应力将经过 3 个发展阶段,即弹性工作阶段、弹塑性工作阶段和塑性工作阶段(图 11.54)。

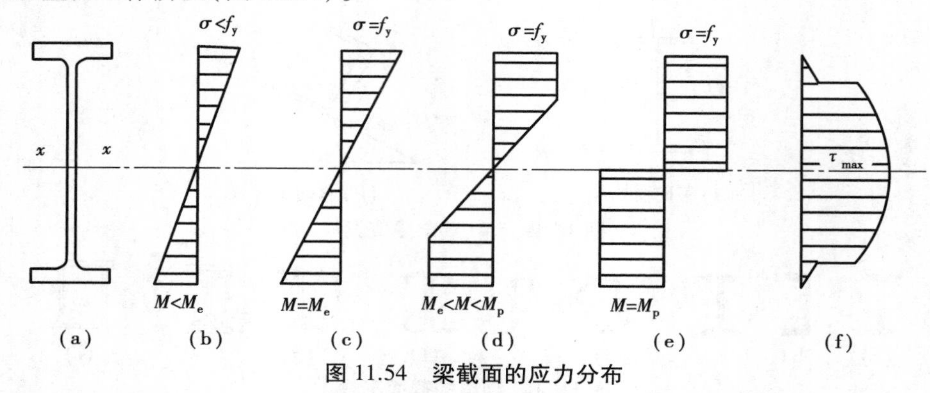

图 11.54 梁截面的应力分布

(a)梁的截面形状;(b)、(c)弹性工作阶段;(d)弹塑性工作阶段;(e)、(f)塑性工作阶段

a.弹性工作阶段:当弯矩 M 较小时,截面弯曲正应力 $\sigma<f_y$,且呈三角形分布,中性轴处 $\sigma=0$,截面外缘正应力最大。当截面外缘 $\sigma=f_y$ 时,其外缘最大应力为 $\sigma=M_e/W_n$。M_e 为弹性极限弯矩,W_n 为净截面弹性抵抗矩。

b.弹塑性工作阶段:达到弹性极限弯矩后,弯矩继续增加,截面外缘部分进入塑性状态($\sigma=f_y$),中央部分仍保持弹性。截面上的弯曲正应力 σ 呈折线形分布。随弯矩逐步加大,塑性区逐渐向截面中央扩展,中央弹性区域逐渐减小[图 11.54(d)]。

c.塑性工作阶段:若弯矩继续增大,则弹性区域就会逐步消失,此时截面全部进入塑性工作阶段并形成塑性铰,截面上的应力图成为两个矩形,梁的受弯承载力达到极限状态。弯矩 M 达到极限塑性弯矩 M_p。$M_p=W_{pn}f_y$。

当截面上的弯矩达到 M_p 时,梁上承受的荷载不能再增加,但梁在极限塑性弯矩作用下还可继续变形,截面可以转动,犹如一个铰,称为塑性铰。

在结构设计时,如果把梁最危险截面上外缘弯曲正应力 σ 达到屈服强度 f_y 作为钢梁破坏的标志,并以此作为设计的极限状态,则叫作弹性设计。弹性设计偏于保守,不能充分利用钢材的弹塑性性能。如果允许 $\sigma\geqslant f_y$,且允许钢梁部分截面进入塑性状态工作,则这种考虑部分塑性的设计称为塑性设计。塑性设计能够充分发挥钢材的塑性性能,充分利用钢材。但是,塑性区域不能太大,否则梁的抗弯刚度减小太多,受压翼缘容易因局部失稳而造成钢梁提前破坏。在实际设计时,既要充分发挥梁的截面抗弯刚度,又必须限制梁在工作阶段的过大变形。因此,《钢结构设计标准》根据大量的实验研究,结合国际经验,根据钢构件在工作时截面允许达到的塑性状态对钢结构板件的截面进行了分类。

B.截面板件宽厚比等级

截面板件宽厚比是指截面板件平直段的宽度和厚度之比,受弯或压弯构件腹板平直段的高度与腹板厚度之比也可称为板件高厚比。

由于绝大多数钢构件由板件构成,而板件宽厚比大小直接决定了钢构件的承载力和受弯及压弯构件的塑性转动变形能力,因此钢构件截面的分类是钢结构设计技术的基础,尤其是钢结构抗震设计方法的基础。根据截面承载力和塑性转动变形能力的不同,《钢结构设计标准》将截面根据其板件宽厚比分为5个等级。截面的分类及其转动能力如图11.55所示。

a.S1级截面:可达全截面塑性,保证塑性铰具有塑性设计要求的转动能力,且在转动过程中承载力不降低,称为一级塑性截面,也可称为塑性转动截面;此时图11.55所示的曲线1可以表示其弯矩-曲率关系,也一般要求达到塑性弯矩 M_p 除以弹性初始刚度得到的曲率 φ_p 的8~15倍;

b.S2级截面:可达全截面塑性,但由于局部屈曲,塑性铰转动能力有限,称为二级塑性截面;此时的弯矩-曲率关系如图11.55所示的曲线2,在 φ_{p_1} 处是 φ_p 的2~3倍;

c.S3级截面:翼缘全部屈服,腹板可发展不超过1/4截面高度的塑性,称为弹塑性截面;作为梁时,其弯矩-曲率关系如图11.55所示的曲线3;

d.S4级截面:边缘纤维可达屈服强度,但由于局部屈曲而不能发展塑性,称为弹性截面;作为梁时,其弯矩-曲率关系如图11.55所示的曲线4;

e.S5级截面:在边缘纤维达屈服应力前,腹板可能发生局部屈曲,称为薄壁截面;作为梁时,其弯矩-曲率关系为图11.55所示的曲线5。

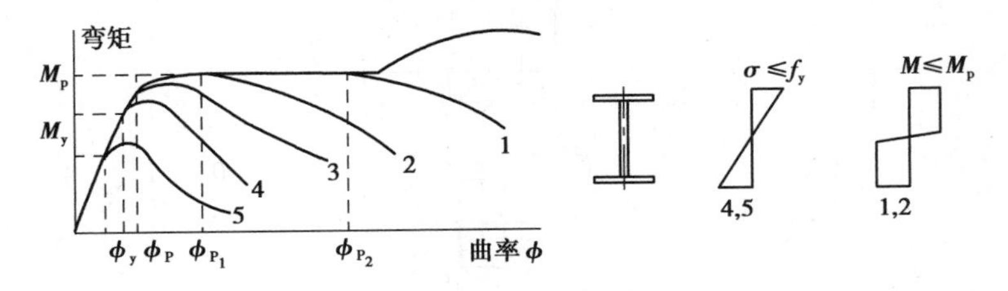

图11.55 截面的分类及其转动能力

截面的分类决定于组成截面板件的分类。通过截面板件宽厚比(或高厚比)限制的规定,就可以控制钢构件板件的塑性状态和避免发生局部失稳。

C.梁的抗弯强度计算

《钢结构设计标准》规定,梁的抗弯强度应按下列公式计算:

单向受弯时:

$$\frac{M_x}{\gamma_x W_{nx}} \leqslant f \tag{11.30}$$

双向受弯时:

$$\frac{M_x}{\gamma_x W_{nx}} + \frac{M_y}{\gamma_y W_{ny}} \leqslant f \tag{11.31}$$

式中　M_x,M_x——同一截面处绕 x 轴和 y 轴的弯矩设计值,kN · m;对于工字形截面 x 轴为强轴,y 轴为弱轴;

W_{nx},W_{ny}——截面对 x 轴和 y 轴的净截面模量,mm^3。当截面板件宽厚比等级为 S1 级、S2 级、S3 级或 S4 级时,应取全截面模量,当截面板件宽厚比等级为 S5 级时,应取有效截面模量。

γ_x,γ_y——截面塑性发展系数,其值按下列规定采用:

a.对工字形和箱形截面,当截面板件宽厚比等级为 S4 或 S5 级时,截面塑性发展系数应取为 1.0,当截面板件宽厚比等级为 S1 级、S2 级及 S3 级时,截面塑性发展系数应按下列规定取值:

- 工字形截面(x 轴为强轴,y 轴为弱轴):$\gamma_x=1.05,\gamma_y=1.20$;
- 箱形截面:$\gamma_x=\gamma_y=1.05$。

b.其他截面的塑性发展系数可按《标准》表 11.13 采用;

c.对需要计算疲劳的梁,宜取 $\gamma_x=\gamma_y=1.0$ 。

表 11.13　截面塑性发展系数表 γ_x、γ_y

项次	截面形式	γ_x	γ_y
1	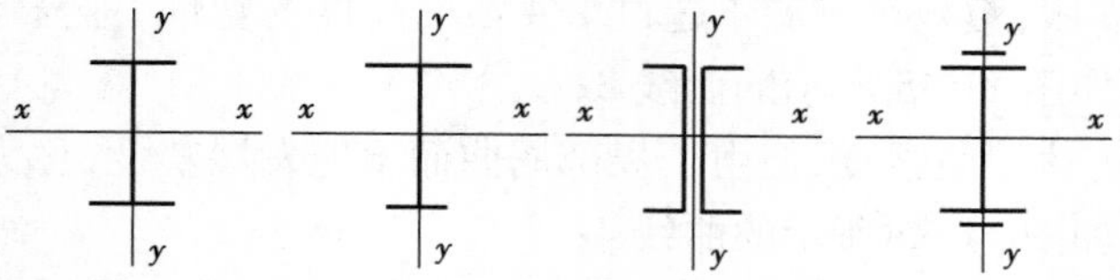	1.05	1.2
2	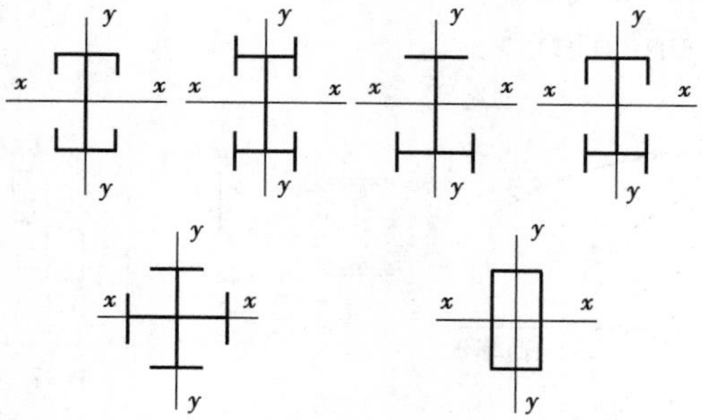		1.05
3	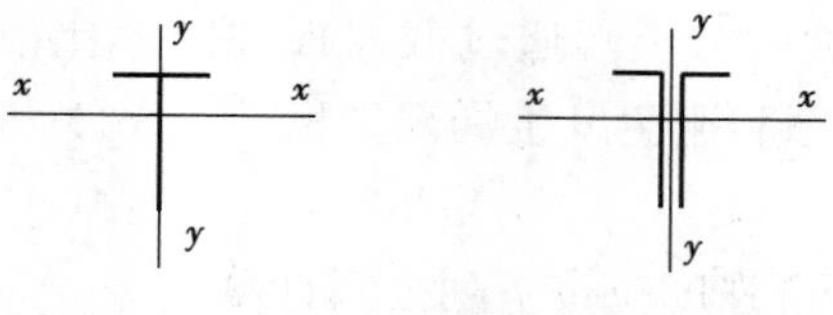	$\gamma_{x1}=1.05$ $\gamma_{x2}=1.2$	1.2
4	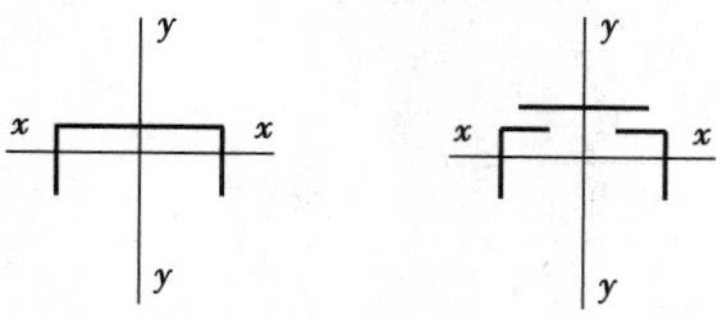		1.05

续表

项次	截面形式	γ_x	γ_y
5	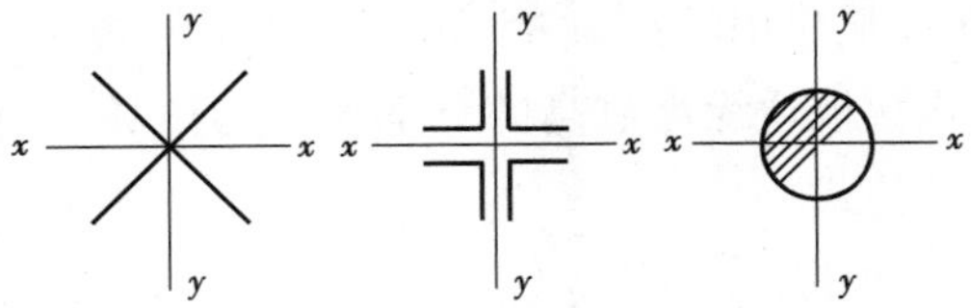 (截面图)	1.2	1.2
6	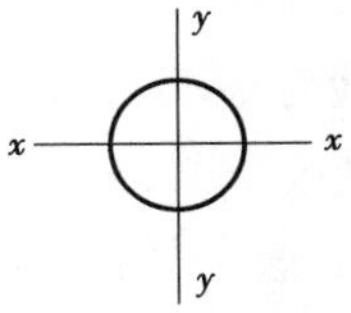 (截面图)	1.15	1.15
7	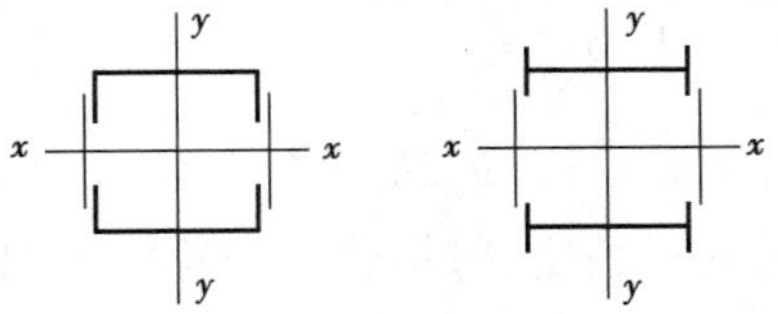 (截面图)	1.0	1.05
8	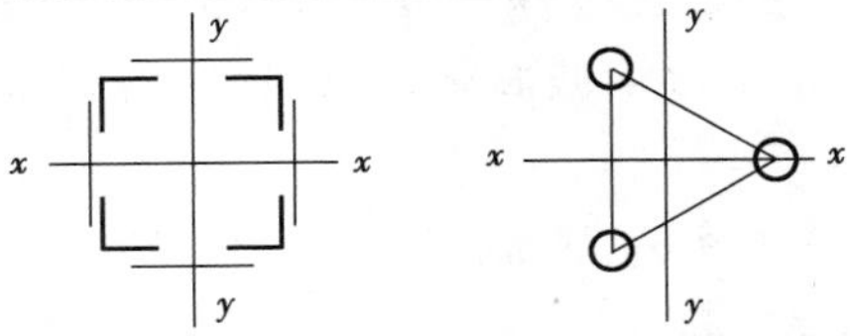 (截面图)		1.0

②抗剪强度

对于受弯的工字形钢梁而言,梁内一般同时存在弯矩和剪力,弯矩由翼缘和腹板共同承担,而剪力则主要由腹板承担。由于钢材在剪切破坏时具有脆性破坏的性质,因此钢梁的抗剪强度计算不考虑塑性工作状态,按弹性设计。规范以截面最大剪应力达到所用钢材剪应力屈服点作为抗剪承载力极限状态。于是,在主平面内受弯的实腹式构件(考虑腹板屈曲后强度者除外),其抗剪强度计算公式为:

$$\tau = \frac{VS}{It_w} \leqslant f_v \tag{11.32}$$

式中 V——计算截面沿腹板平面作用的剪力,N;

S——计算剪应力处以上(或以下)毛截面对中和轴的面积矩,mm^3;

I——构件的毛截面惯性矩,mm^4;

t_w——构件的腹板厚度,mm;

f_v——钢材的抗剪强度设计值,N/mm^2。

对于轧制工字钢和槽钢而言,因腹板较厚,当无较大的截面削弱(无孔洞、无切割等)时,均能满足满足抗剪强度要求,可不计算剪应力。

③局部承压强度

当梁的上翼缘受有沿腹板平面作用的静态或动态集中荷载(如吊车轮压),而该荷载处又未设置支承加劲肋时,集中荷载会从作用处沿着45°角扩散至腹板边缘,在腹板边缘产生很高的局部横向压应力。为了防止腹板边缘被过高的局部压应力压坏,《标准》给出了腹板计算高度上边缘局部压应力的计算公式:

$$\sigma_c = \frac{\psi F}{t_w l_z} \leqslant f \tag{11.33}$$

式中 F——集中荷载设计值,N,对动力荷载应考虑动力系数;

ψ——集中荷载增大系数,对重级工作制吊车梁,$\psi = 1.35$;对其他梁,$\psi = 1.0$。

l_z——集中荷载在腹板计算高度上边缘的假定分布长度,按下式计算:

$$l_z = 3.25\sqrt[3]{\frac{I_R + I_f}{t_w}} \tag{11.34a}$$

简化式:

$$l_z = a + 5h_y + 2h_R \tag{11.34b}$$

a——集中荷载沿梁跨度方向的支承长度,对钢轨上的轮压可取50 mm;

h_y——自梁顶面至腹板计算高度上边缘的距离,mm,对焊接梁为上翼缘厚度[图11.56(a)],对轧制工字形钢截面梁,为梁顶面到腹板过渡完成点的距离[图11.56(b)];

h_R——轨道的高度,mm,如梁顶无轨道,则 $h_R = 0$;

f——钢材的抗压强度设计值,N/mm^2。

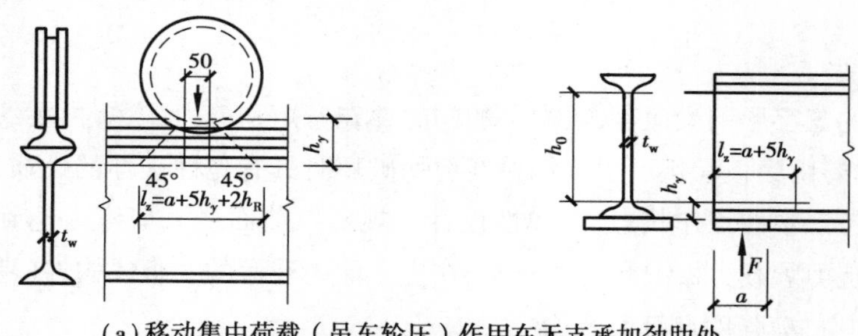

(a)移动集中荷载(吊车轮压)作用在无支承加劲肋处
(b)固定集中荷载(支座反力)作用在无支承加劲肋处

图11.56 梁腹板局部压应力

在梁的支座处,当不设支承加劲肋时,应按式(11.33)计算腹板计算高度下边缘的局部压应力,但 ψ 取1.0。支座集中反力的假定分布长度 l_z 可按式(11.34b)计算,$h_R = 0$。

对于固定集中荷载(包括支座反力),若 σ_c 不满足式(11.33)的要求,则应在集中荷载处设置加劲肋,这时集中荷载考虑全部由加劲肋传递,腹板局部压应力可以不再计算。

对于移动集中荷载(如吊车轮压),若 σ_c 不满足式(11.33)的要求,则应加厚腹板,或采取措施使 a 或 h_y 增加,从而加大荷载扩散长度,减小 σ_c 值。

④折算应力

当组合梁的腹板计算高度边缘处,同时受有较大的正应力、剪应力和局部压应力,或同时受有较大的正应力和剪应力作用,此时除应满足弯曲正应力强度条件和剪应力强度条件外,还应验算其折算应力。根据《标准》规定,折算应力验算公式如下:

$$\sqrt{\sigma^2 + \sigma_c^2 - \sigma\sigma_c + 3\tau^2} \leqslant \beta_1 f \tag{11.35}$$

式中 σ, τ, σ_c——腹板计算高度边缘验算点处的正应力、剪应力和局部压应力,τ 和 σ_c 应按式(11.32)和式(11.33)计算,σ 按下式计算(σ 和 σ_c 以拉应力为正值,压应力为负值):

$$\sigma = \frac{M}{I_n} y_1 \tag{11.36}$$

式中 M——验算截面的弯矩设计值,N · mm;

I_n——梁净截面惯性矩,mm^4;

y_1——计算点至中和轴的距离,mm;

β_1——强度设计值增大系数,当 σ 与 σ_c 异号时,取 $\beta_1 = 1.2$;当 σ 与 σ_c 同号或 $\sigma_c = 0$ 时,取 $\beta_1 = 1.1$。

(2)梁的挠度计算

在钢梁设计时,不仅要保证其强度,还应保证其挠度。否则,即使梁不会破坏,也会因挠度过大而造成使用不便或附属构件破坏。如楼盖梁或屋盖梁挠度太大,就会引起居住者不适或面板开裂;支撑吊顶的梁挠度太大,则会引起吊顶抹灰开裂脱落等。因此,钢梁应限制其挠度,满足如下要求:

$$v \leqslant [v] \text{ 或 } v/l \leqslant [v]/l \tag{11.37}$$

式中 v——梁的最大挠度,mm,按荷载标准值计算;

$[v]$——受弯构件的容许挠度,对于吊车梁、楼盖梁、屋盖梁、工作平台梁以及墙架构件的挠度不宜超过表11.14所列的容许值;

l——梁的跨度,m。

梁的挠度属于正常使用极限状态,故计算时应采用荷载标准值,而且不考虑螺栓孔引起的截面削弱,对动力荷载标准值不乘以动力系数。

表11.14 受弯构件的挠度容许值

项次	构件类别	挠度容许值	
		$[v_T]$	$[v_Q]$
1	吊车梁和吊车桁架(按自重和起重量最大的一台吊车计算挠度): (1)手动起重机和单梁起重机(含悬挂起重机) (2)轻级工作制桥式起重机 (3)中级工作制桥式起重机 (4)重级工作制桥式起重机	 $l/500$ $l/750$ $l/900$ $l/1\ 000$	
2	手动或电动葫芦的轨道梁	$l/400$	
3	有重轨(质量等于或大于38 kg/m)轨道的工作平台梁 有轻轨(质量等于或小于24 kg/m)轨道的工作平台梁	$l/600$ $l/400$	

续表

项次	构件类别	挠度容许值	
		$[v_T]$	$[v_Q]$
4	楼(屋)盖梁或桁架,工作平台梁(第3项除外)和平台板:		
	(1)主梁或桁架(包括设有悬挂起重设备的梁和桁架)	$l/400$	$l/500$
	(2)仅支承压型金属板屋面和冷弯型钢檩条	$l/180$	
	(3)除支承压型金属板屋面和冷弯型钢檩条外,尚有吊顶	$l/240$	
	(4)抹灰顶棚的次梁	$l/250$	$l/350$
	(5)除第(1)~(4)款外的其他梁(包括楼梯梁)	$l/250$	$l/300$
	(6)屋盖檩条:		
	支承压型金属板屋面者	$l/150$	—
	支承其他屋面材料者	$l/200$	—
	有吊顶	$l/240$	—
	(7)平台板	$l/150$	—
5	墙架构件(风荷载不考虑阵风系数):		
	(1)支柱(水平方向)	—	$l/400$
	(2)抗风桁架(作为连续支柱的支承时,水平位移)	—	$l/1\ 000$
	(3)砌体墙的横梁(水平方向)	—	$l/300$
	(4)支承压型金属板的横梁(水平方向)	—	$l/100$
	(5)支承其他墙面材料的横梁(水平方向)	—	$l/200$
	(6)带有玻璃窗的横梁(竖直和水平方向)	$l/200$	$l/200$

注:①l 为受弯构件的跨度(对悬臂梁和伸臂梁为悬伸长度的2倍)。

②$[v_T]$为永久和可变荷载标准值产生的挠度(如有起拱应减去拱度)的容许值,$[v_Q]$为可变荷载标准值产生的挠度的容许值。

③当吊车梁或吊车桁架跨度大于12 m时,其挠度容许值$[v_T]$应乘以0.9的系数。

④当墙面采用延性材料或与结构采用柔性连接时,墙架构件的支柱水平位移容许值可采用$l/300$,抗风桁架(作为连续支柱的支承时)水平位移容许值可采用$l/800$。

(3)梁的整体稳定性验算

在大多数情况下,只要按梁的强度和挠度条件进行设计,钢梁在弯矩和剪力作用下的最终破坏都是以截面达到屈服为特征的材料破坏。但是,在实际工程中也会出现由于荷载不能准确地作用于梁的对称平面内,或者高而窄的梁因无侧向支承点或侧向支承点太少,当荷载增加到某一数值时,梁将突然发生侧向弯曲(绕弱轴的弯曲)和扭转(图11.57),并使梁在未达到强度破坏之前就失去承载能力,这种现象称为梁的弯曲扭转屈曲(弯扭屈曲)或梁丧失整体稳定。

使梁丧失整体稳定的弯矩或荷载称为临界弯矩或临界荷载。通过对梁临界弯矩的影响因素的分析,可得出如下结论:梁的侧向抗弯刚度和抗扭刚度越大,梁的临界弯矩越大;梁受压翼缘的自由长度越小,梁的侧弯及扭转变形越小,因此梁的临界弯矩也越大;荷载作用在梁的上翼缘时[图11.58(a)],荷载将产生附加扭矩Pe,对梁侧向弯曲和扭转起助长作用,使梁的临界弯矩降低。当荷载作用在梁的下翼缘时[图11.58(b)],将产生反方向的扭矩Pe,有利于阻止梁的侧向弯曲扭转,使梁的临界弯矩增大。

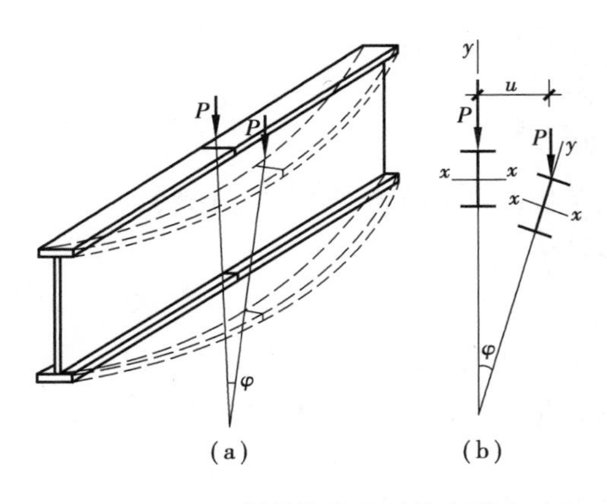

图 11.57 梁整体失稳时的变形

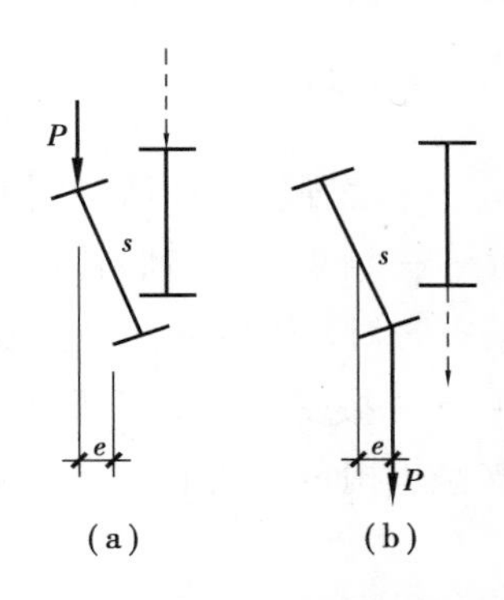

图 11.58 荷载位置对整体稳定的影响

由于梁丧失整体稳定是突然发生的，事先无明显征兆，因此比强度破坏更危险。影响钢梁整体稳定的因素很多，也很复杂。《标准》对钢梁整体稳定有如下规定：

①符合下列情况之一时，可不计算梁的整体稳定：

a.有铺板（各种钢筋混凝土板或钢板）密铺在梁的受压翼缘上并与其牢固相连，能阻止梁受压翼缘的侧向位移时；

b.当箱形截面简支梁截面尺寸（图 11.59）满足 $h/b_0 \leqslant 6, l_1/b_0 \leqslant 95\varepsilon_k^2$ 时，l_1 为受压翼缘侧向支承点间的距离（梁的支座处视为有侧向支承）。

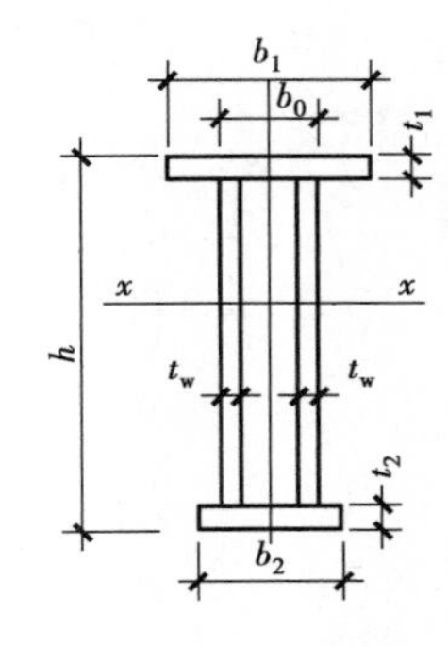

图 11.59 箱形截面梁

②受压翼缘的自由长度 l_1 应按下列规定采用：

a.对跨中无侧向支承点的梁，l_1 为其跨度；

b.对跨中有侧向支承点的梁，l_1 为受压翼缘侧向支承点间的距离，当简支梁仅腹板与相邻构件相连，钢梁稳定性计算时侧向支承点距离应取实际距离的 1.2 倍。在支座处应采取构造措施以防止端部截面发生扭转。

③用作减小梁受压翼缘自由长度的侧向支撑，其支撑力应将梁的受压翼缘视为轴心压杆按《标准》第 7.5.1 条计算。

④若梁不满足第①条的要求，则应计算梁的整体稳定性。

a.在最大刚度主平面内受弯的构件：

$$\frac{M_x}{\varphi_b W_x f} \leqslant 1.0 \tag{11.38}$$

式中 M_x——绕强轴（x 轴）作用的最大弯矩设计值，N · mm；

φ_b——梁的整体稳定性系数，应按《标准》附录 C 确定；

W_x——按受压最大纤维确定的对 x 轴的毛截面模量，mm^3。当截面板件宽厚比等级为 S1 级、S2 级、S3 级或 S4 级时，应取全截面模量；当截面板件宽厚比等级为 S5 级时，应取有效截面模量，均匀受压翼缘有效外伸宽度可取 $15\varepsilon_k$，腹板有效截面可按《标准》第 8.4.2 条的规定采用。

b.在两个主平面内受弯的H形钢截面或工字形截面构件：

$$\frac{M_x}{\varphi_b W_x f}+\frac{M_y}{\gamma_y W_y f}\leqslant 1.0 \tag{11.39}$$

式中 φ_b——绕强轴弯曲所确定的梁整体稳定系数，应按《标准》附录C计算；

M_y——绕弱轴（y轴）作用的最大弯矩设计值，N·mm；

γ_y——对y轴的截面塑性发展系数；

W_y——按受压最大纤维确定的对y轴的毛截面模量，mm^3。

⑤支座承担负弯矩且梁顶有混凝土楼板时，框架梁下翼缘的稳定性计算应符合下列规定：

a.当$\lambda_{n,b}\leqslant 0.45$时，可不计算框架梁下翼缘的稳定性；

b.当不满足本条第a款时，框架梁下翼缘的稳定性应按下列公式计算：

$$\frac{M_x}{\varphi_d W_{1x} f}\leqslant 1.0 \tag{11.40a}$$

$$\lambda_e=\pi\lambda_{n,b}\sqrt{\frac{E}{f_y}} \tag{11.40b}$$

$$\lambda_{n,b}=\sqrt{\frac{f_y}{\sigma_{cr}}} \tag{11.40c}$$

$$\sigma_{cr}=\frac{3.46b_1t_1^3+h_wt_w^3(7.27\gamma+3.3)\varphi_1}{h_w^2(12b_1t_1+1.78h_wt_w)}E \tag{11.40d}$$

$$\gamma=\frac{b_1}{t_w}\sqrt{\frac{b_1t_1}{h_wt_w}} \tag{11.40e}$$

$$\varphi_1=\frac{1}{2}\left(\frac{5.436\gamma h_w^2}{l^2}+\frac{l^2}{5.436\gamma h_w^2}\right) \tag{11.40f}$$

式中 b_1——受压翼缘的宽度，mm；

t_1——受压翼缘的厚度，mm；

W_{1x}——弯矩作用平面内对受压最大纤维的毛截面模量，mm^3；

φ_d——稳定系数，根据换算长细比λ_e按《标准》附录D表D.0.2采用；

$\lambda_{n,b}$——正则化长细比；

σ_{cr}——畸变屈曲临界应力，N/mm^2；

l——当框架主梁支承次梁且次梁高度不小于主梁高度一半时，取次梁到框架柱的净距；除此情况外，取梁净距的一半，mm。

c.当不满足第⑤条的第a、b款时，在侧向未受约束的受压翼缘区段内，应设置隅撑或沿梁长设间距不大于2倍梁高并与梁等宽的横向加劲肋。

（4）型钢梁的设计

在钢结构中，普通热轧工字钢、H型钢应用十分普遍。型钢梁应满足强度、挠度和整体稳定性要求。型钢梁的设计包括截面选择和验算两个内容，可按以下步骤进行：

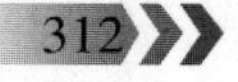

①选择截面

a.计算梁的最大弯矩，再选钢号和确定抗弯强度设计值f。

b.按抗弯强度或整体稳定性要求计算型钢需要的净截面模量W_n，然后由W_n（或W_{nx}）查型钢表，选择与其相近的型钢（尽量选用腹板较厚的a类）。

②截面验算

A.强度验算：

a.抗弯强度验算，式中M_x应包括自重产生的弯矩；

b.抗剪强度验算；

c.局部承压强度验算。型钢只要截面没有太大削弱，一般均可不作验算。折算应力也可不作验算。

B.整体稳定验算。若没有能阻止梁受压翼缘侧向位移的密铺板时，按式(11.38)计算整体稳定性。

C.挠度验算，按式(11.37)计算。

(5)梁的局部稳定性

①梁局部失稳的概念

在设计组合截面梁时，为了既保证强度、挠度和整体稳定性，又尽量节约材料，一般我们都把梁截面设计成宽肢薄壁（翼缘板宽而薄，腹板高而薄）形式。但是，当钢板过薄或翼缘板宽厚比、腹板高厚比过大时，翼缘或腹板在荷载作用下就有可能在尚未达到强度极限或在梁丧失整体稳定之前，就发生波浪形屈曲（图11.60），从而局部偏离原来的位置，这种现象称为失去局部稳定或局部失稳。梁的翼缘或腹板局部失稳后，虽然整个构件还不至于立即丧失承载能力，但对称截面转化成了非对称截面，继而会使梁产生扭转，乃至部分截面退出工作，这就使得构件的承载能力大为降低，导致整个结构早期破坏。

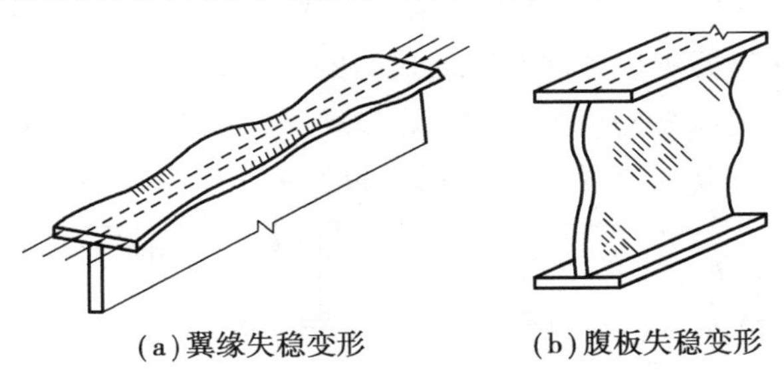

(a)翼缘失稳变形　　(b)腹板失稳变形

图11.60　梁的局部失稳变形情况

②避免焊接截面梁局部失稳的措施

对于型钢梁，其组成部分翼缘的宽厚比、腹板高厚比都满足标准《规定》，一般不需要计算。对于焊接截面梁，就需要采取措施以避免梁的局部失稳。主要措施有两个：一是限制板件的宽厚比或高厚比；二是设置加劲肋。

A.截面板件宽厚比限值

《标准》规定，压弯和受弯构件的截面板件宽厚比等级及限值，应符合表11.15要求。

表 11.15 压弯和受弯构件的截面板件宽厚比等级及限值

构件	截面板件宽厚比等级		S1 级	S2 级	S3 级	S4 级	S5 级
压弯构件(框架柱)	H 形截面	翼缘 b/t	$9\varepsilon_k$	$11\varepsilon_k$	$13\varepsilon_k$	$15\varepsilon_k$	20
		腹板 h_0/t_w	$(33+13\alpha_0^{1.3})\varepsilon_k$	$(38+13\alpha_0^{1.39})\varepsilon_k$	$(40+18\alpha_0^{1.5})\varepsilon_k$	$(45+25\alpha_0^{1.66})\varepsilon_k$	250
	箱形截面	壁板(腹板)间翼缘 b_0/t	$30\varepsilon_k$	$35\varepsilon_k$	$40\varepsilon_k$	$45\varepsilon_k$	—
	圆钢管截面	径厚比 D/t	$50\varepsilon_k^2$	$70\varepsilon_k^2$	$90\varepsilon_k^2$	$100\varepsilon_k^2$	—
受弯构件(梁)	工字形截面	翼缘 b/t	$9\varepsilon_k$	$11\varepsilon_k$	$13\varepsilon_k$	$15\varepsilon_k$	20
		腹板 h_0/t_w	$65\varepsilon_k$	$72\varepsilon_k$	$93\varepsilon_k$	$124\varepsilon_k$	250
	箱形截面	壁板(腹板)间翼缘 b_0/t	$25\varepsilon_k$	$32\varepsilon_k$	$37\varepsilon_k$	$42\varepsilon_k$	—

注:1.ε_k 为钢号修正系数,其值为 235 与钢材牌号中屈服点数值的比值的平方根。

2.b 为工字形、H 形截面的翼缘外伸宽度,t、h_0、t_w 分别是翼缘厚度、腹板净高和腹板厚度,对轧制型截面,腹板净高不包括翼缘腹板过渡处圆弧段;对于箱形截面,b_0、t 分别为壁板间的距离和壁板厚度;D 为圆管截面外径。

3.箱形截面梁及单向受弯的箱形截面柱,其腹板限值可根据 H 形截面腹板采用。

4.腹板的宽厚比可通过设置加劲肋减小。

5.当按国家标准《建筑抗震设计规范》GB 50011—2010 第 9.2.14 条第 2 款的规定设计,且 S5 级截面的板件宽厚比小于 S4 级经 ε_σ 修正的板件宽厚比时,可视作 C 类截面,ε_σ 为应力修正因子,$\varepsilon_\sigma=\sqrt{f_y/\sigma_{max}}$。

B.加劲肋的配置规定

钢梁的腹板主要承受弯矩和剪力,如果用加厚腹板的方法来增强梁的稳定性,则很不经济。因此,通常采用在腹板两侧对称设置加劲肋的方法来保证其局部稳定。加劲肋有横向加劲肋、纵向加劲肋和短加劲肋(图 11.61)等几种。这些加劲肋将腹板划分成相对于由翼缘、加劲肋支承的小区格板,就能有效地提高腹板的临界应力,从而使其局部稳定得到保证。

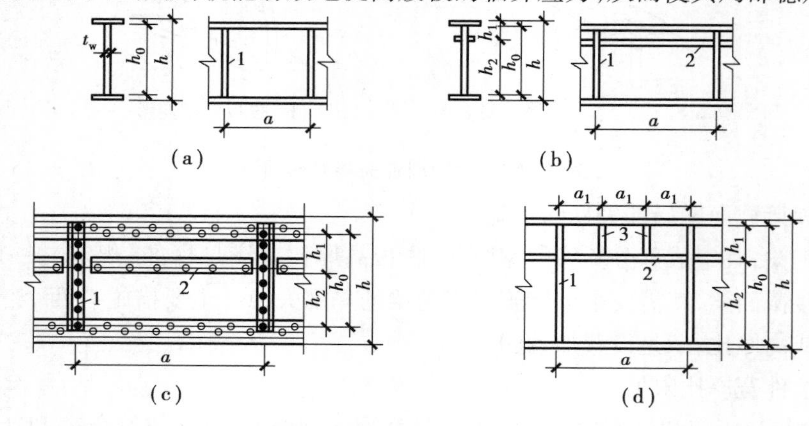

图 11.61 钢板组合梁中的加劲肋

1—横向加劲肋;2—纵向加劲肋;3—短加劲肋

《标准》对腹板加劲肋的配置做了明确规定：

a.当 $h_0/t_w \leq 80\varepsilon_k$ 时，对有局部压应力的梁（$\sigma_c \neq 0$），宜按构造配置横向加劲肋；当局部压应力较小时（$\sigma_c \approx 0$），可不配置加劲肋。

b.直接承受动力荷载的吊车梁及类似构件，应按下列规定配置加劲肋（图 11.61）：

- 当 $h_0/t_w > 80\varepsilon_k$ 时，应配置横向加劲肋；
- 当受压翼缘扭转受到约束且 $h_0/t_w > 170\varepsilon_k$ 时、受压翼缘扭转未受到约束且 $h_0/t_w > 150\varepsilon_k$ 时，或按计算需要时，应在弯曲应力较大区格的受压区增加配置纵向加劲肋。局部压应力很大的梁，必要时尚宜在受压区配置短加劲肋；对单轴对称梁，当确定是否要配置纵向加劲肋时，h_0 应取腹板受压区高度 h_c 的 2 倍。

c.不考虑腹板屈曲后强度时，当 $h_0/t_w > 80\varepsilon_k$ 时，宜配置横向加劲肋。

d.h_0/t_w 不宜超过 250。

e.梁的支座处和上翼缘受有较大固定集中荷载处，宜设置支承加劲肋。

f.腹板的计算高度 h_0 应按下列规定采用：对轧制型钢梁，为腹板与上、下翼缘相接处两内弧起点间的距离；对焊接截面梁，为腹板高度；对高强度螺栓连接（或铆接）梁，为上、下翼缘与腹板连接的高强度螺栓（或铆钉）线间最近距离（图 11.61）。

C.加劲肋的设置应符合下列规定：

a.加劲肋宜在腹板两侧成对配置［图 11.62（a）］，也可单侧配置［图 11.62（b）］，但支承加劲肋、重级工作制吊车梁的加劲肋不应单侧配置。

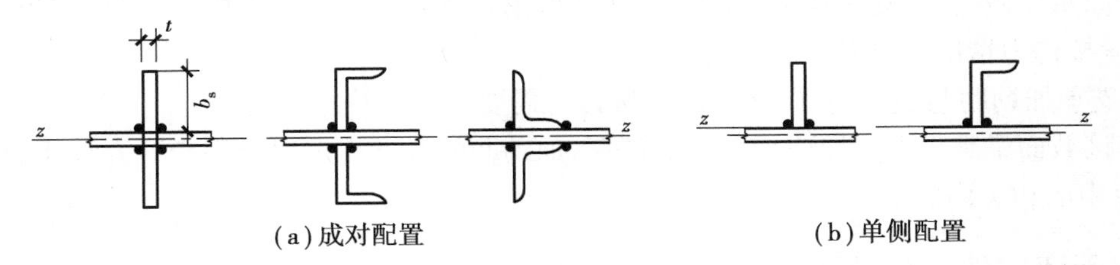

图 11.62 加劲肋的形式

b.横向加劲肋的最小间距应为 $0.5h_0$，除无局部压应力的梁，当 $h_0/t_w \leq 100$ 时，最大间距可采用 $2.5h_0$ 外，最大间距应为 $2h_0$。纵向加劲肋至腹板计算高度受压边缘的距离应为$\dfrac{h_c}{2.5} \sim \dfrac{h_c}{2}$。

c.只设横向加劲肋时，在腹板两侧成对配置的钢板横向加劲肋，其截面尺寸应符合下列公式规定：

外伸宽度：
$$b_s = \frac{h_0}{30} + 40(\text{mm}) \tag{11.41}$$

厚度：
$$\text{承压加劲肋 } t_s \geq \frac{b_s}{15}, \text{不受力加劲肋 } t_s \geq \frac{b_s}{19} \tag{11.42}$$

d.在腹板一侧配置的横向加劲肋，其外伸宽度不应大于按式（11.41）算得的 1.2 倍，厚度应符合式（11.42）的规定。

e.在同时采用横向加劲肋和纵向加劲肋加强的腹板中，横向加劲肋的截面尺寸除符合本条第 b～e 款规定外，其截面惯性矩 I_z 尚应符合下式要求：

$$I_z \geqslant 3h_0t_w^3 \quad (11.43)$$

纵向加劲肋的截面惯性矩 I_y,应符合下列公式要求:

当 $a/h_0 \leqslant 0.85$ 时 $$I_y \geqslant 1.5h_0t_w^3 \quad (11.44a)$$

当 $a/h_0 > 0.85$ 时 $$I_y \geqslant (2.5 - 0.45\, a/h_0)(a/h_0)^2h_0t_w^3 \quad (11.44b)$$

f.短加劲肋的最小间距为 $0.75h_1$(h_1 为纵肋到腹板受压边缘的距离),其外伸宽度应取为横向加劲肋外伸宽度的 0.7~1.0 倍,厚度不应小于短加劲肋外伸宽度的 1/15。

g.用型钢(H 形钢、工字钢、槽钢、肢尖焊于腹板的角钢)做成的加劲肋,其截面惯性矩不得小于相应钢板加劲肋的惯性矩。在腹板两侧成对配置的加劲肋,其截面惯性矩应按梁腹板中心线为轴线进行计算。在腹板一侧配置的加劲肋,其截面惯性矩应按加劲肋相连的腹板边缘为轴线进行计算。

h.焊接梁的横向加劲肋与翼缘板、腹板相接处应切角,当作为焊接工艺孔时,切角宜采用半径 R=30 mm 的 1/4 圆弧。横向加劲肋的切角形式以及其与翼缘板、纵向加劲肋的构造关系如图 11.63 所示。

D.梁的支承加劲肋应符合下列规定:

a.应按承受梁支座反力或固定集中荷载的轴心受压构件计算其在腹板平面外的稳定性;此受压构件的截面应包括加劲肋和加劲肋每侧 $15h_w\varepsilon_k$ 范围内的腹板面积(图 11.64),计算长度取 h_0;

b.当梁支承加劲肋的端部为刨平顶紧时,应按其所承受的支座反力或固定集中荷载计算其端面承压应力;突缘支座的突缘加劲肋的伸出长度不得大于其厚度的 2 倍;当端部为焊接时,应按传力情况计算其焊缝应力;

c.支承加劲肋与腹板的连接焊缝,应按传力需要进行计算。

焊接截面梁腹板考虑屈曲后强度的计算、加劲肋的设计规定以及腹板开孔要求,可查阅《标准》中的相关内容。

3)受弯构件的构造要求

当弧曲杆沿弧面受弯时宜设置加劲肋,在强度和稳定计算中应考虑其影响。

焊接梁的翼缘宜采用一层钢板,当采用两层钢板时,外层钢板与内层钢板厚度之比宜为 0.5~1.0 。不沿梁通长设置的外层钢板,其理论截断点处的外伸长度 l_1 应符合下列规定:

①端部有正面角焊缝:

当 $h_f \geqslant 0.75t$ 时 $$l_1 \geqslant b \quad (11.45a)$$

当 $h_f < 0.75t$ 时 $$l_1 \geqslant 1.5b \quad (11.45b)$$

②端部无正面角焊缝:

$$l_1 \geqslant 2b \quad (11.45c)$$

式中 b——外层翼缘板的宽度,mm;

t——外层翼缘板的厚度,mm;

h_f——侧面角焊缝和正面角焊缝的焊脚尺寸,mm。

(1)梁的拼接

所谓梁的拼接,是指将规格有限的钢材(如钢板、型钢等)通过一定的加工方式(切割、焊接等)连接成整个钢梁的过程。梁的拼接分为工厂拼接和工地拼接两种类型。

①工厂拼接

在工厂的生产车间里通过专用设备将翼缘或腹板拼宽或接长的工艺方式称为工厂拼接。工厂拼接有利于批量生产规格尺寸比较统一、便于运输的中小型钢梁,由于生产环境较好,采用专用设备进行自动或半自动生产,切割、焊接等加工质量容易保证。因此,很多大型构件都采用局部组成构件在工厂拼接的方式生产。

工厂拼接时应注意以下几点:翼缘和腹板的拼接位置宜错开;避免交叉焊缝,与加劲肋和次梁的连接位置应错开,错开距离不小于 $10t_w$,以便各种焊缝布置分散,减小焊接应力与变形;尽可能用直缝对接,不得已时用斜缝或加拼接钢板;拼接部位应选在梁受力较小处,并与材料规格相协调。

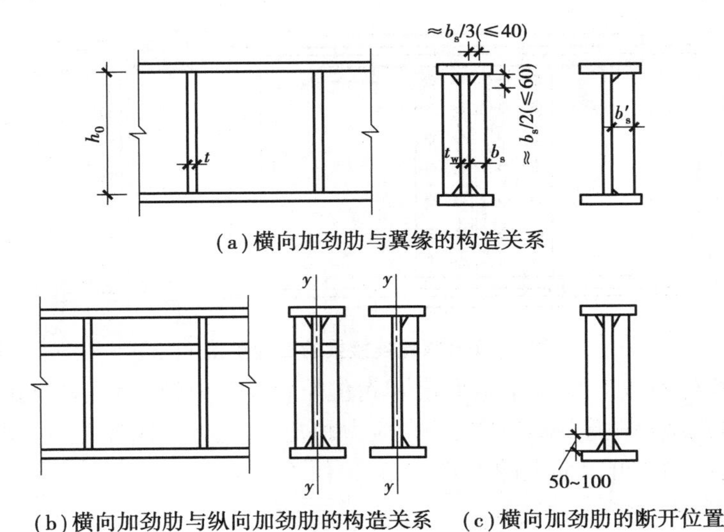

(a)横向加劲肋与翼缘的构造关系

(b)横向加劲肋与纵向加劲肋的构造关系 (c)横向加劲肋的断开位置

图 11.63 加劲肋构造

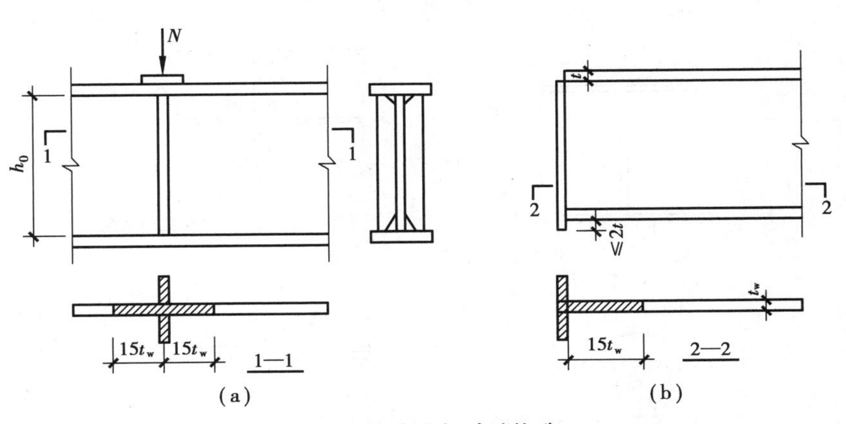

图 11.64 支承加劲肋构造

②工地拼接

对于跨度较大的钢梁,当运输和吊装条件受到限制时,需将梁分成几段制作并分段运至施工现场拼接或吊至高空就位后再进行拼接的工艺方式称为工地拼接(图 11.65)。由于工地施焊条件较差、焊缝质量难以保证,因此对于较重要的或承受动力荷载的大型组合梁,宜采用高强度螺栓连接(图 11.66)。

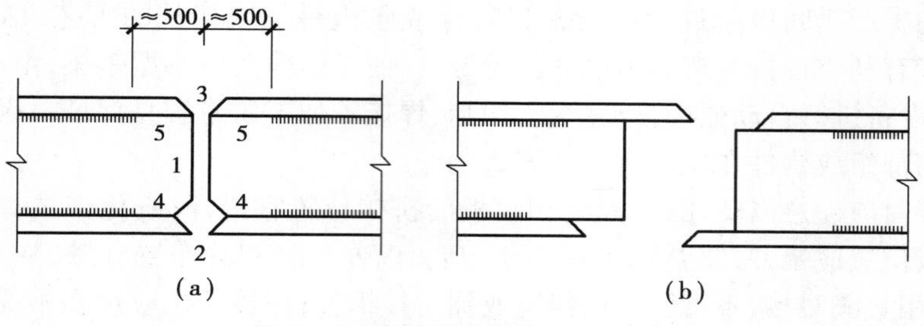

图 11.65　焊接连接梁的工地拼接

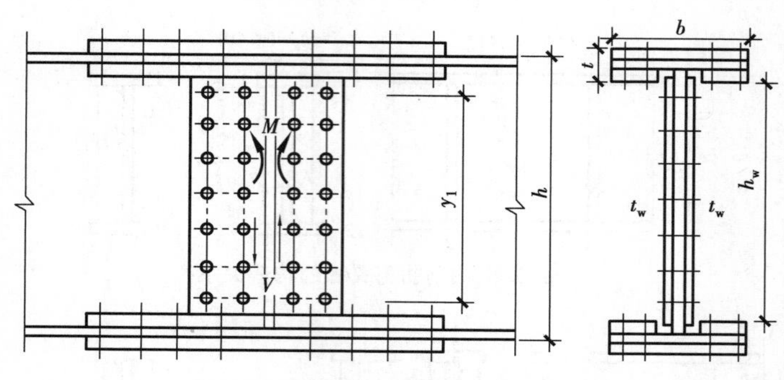

图 11.66　螺栓连接梁的工地拼接

工地拼接时应注意以下几点:拼接位置尽可能布置在受力较小处;翼缘和腹板应尽量在同一截面断开;注意施焊顺序,减小焊接残余应力和变形,宜将翼缘焊缝留一段到工地施焊;上、下翼缘拼接边缘做成开口向上的 V 形坡口,以便平焊。

(2)主次梁的连接

主、次梁的连接分为铰接[图 11.67(a)、(b)、(c)]和刚接[图 11.67(d)]两种类型。

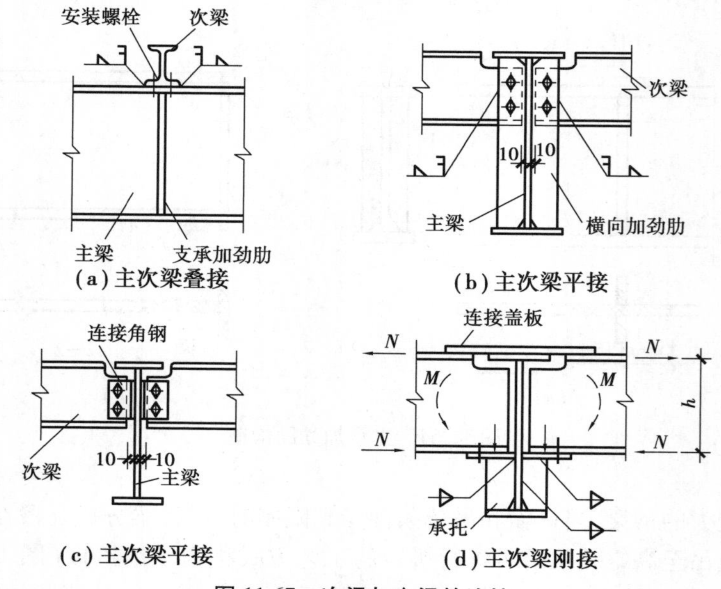

图 11.67　次梁与主梁的连接

4)梁的支座

梁上的各种荷载最终通过支座传递给下部支承结构,较常见的下部支承结构有墩支座、钢筋混凝土柱或钢柱。梁与钢柱的连接在钢柱柱头的构造中已介绍过了,此处主要介绍梁与墩支座或钢筋混凝土柱的连接形式。

常用的墩支座或钢筋混凝土支座有3种形式,分别是平板支座、弧形支座和滚轴支座(图11.68)。

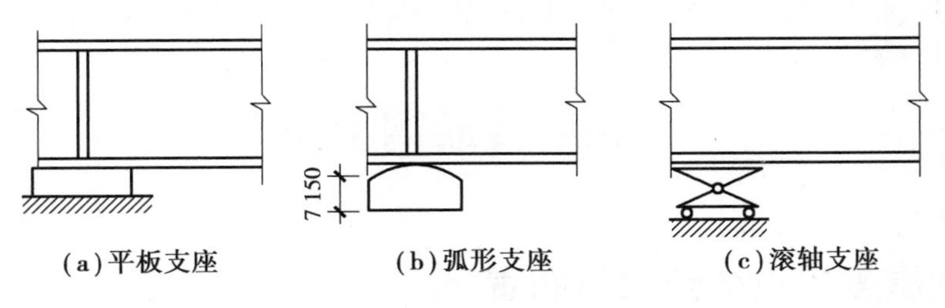

图11.68　梁的支座形式

11.3.3　偏心受力构件

1)偏心受力构件的类型

偏心受力构件可分为偏心受拉构件(拉弯构件)和偏心受压构件(压弯构件)两类。轴心拉力和弯矩共同作用下的构件称为拉弯构件。轴心压力和弯矩共同作用下的构件称为压弯构件。在钢结构工程中,拉弯构件较少(如钢屋架下弦杆节点之间吊挂有荷载时属于拉弯构件),大多数都属于压弯构件(如框架边柱、偏心荷载作用下的厂房排架柱、天窗架侧立柱、有节间荷载的屋架上弦杆,以及某些工作平台结构的支柱等)。

拉弯和压弯构件根据弯矩作用的不同可分为单向拉弯、压弯构件和双向拉弯、压弯构件。

2)偏心受力构件的截面形式

拉弯、压弯构件根据截面形式可分为型钢截面和组合截面两类。组合截面又分为实腹式和格构式两种截面。截面形式如图11.69所示。

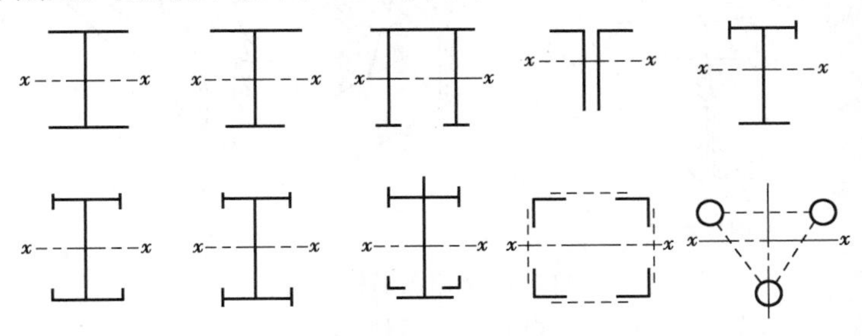

图11.69　拉、压弯构件常见截面形式

3)偏心受力构件要求及破坏特点

对于拉弯构件,在保证刚度(长细比)的条件下,一般按强度设计,以截面出现塑性铰作为强度极限。对于轴心拉力较小而弯矩较大的拉弯构件,受压部分的板件也存在局部屈曲的可能性,因此也需要验算其整体稳定和局部稳定。

对于压弯构件,根据轴心压力和弯矩的大小不同,其破坏形式有多种,如:强度破坏、在弯矩作用平面内的弯曲失稳破坏、在弯矩作用平面外的弯扭失稳破坏以及局部失稳破坏等。因此,压弯构件需要进行强度计算、刚度验算、整体稳定性验算以及局部稳定性验算。

11.4 普通钢屋盖

11.4.1 钢屋盖的结构组成与布置

1)钢屋盖的结构组成

钢屋盖结构主要由屋架、屋面板、檩条、屋盖支撑系统、天窗架(有突出屋面的天窗时)和托架(厂房边柱抽柱时)等构件组成。根据屋面结构布置及传力方式的不同,可分为有檩体系屋盖结构和无檩体系屋盖结构。

(1)有檩体系屋盖结构

有檩体系屋盖结构是指由轻型屋面板、檩条、屋架及支撑系统组成,屋面荷载由屋面板传给檩条,檩条再将荷载传给屋架的屋盖结构承重体系[图 11.70(a)]。轻型屋面板主要有压型钢板、压型铝合金板、石棉瓦、钢丝网水泥波形瓦、预应力混凝土槽瓦和加气混凝土屋面板等类型。檩条主要有普通型钢(热轧工字钢、热轧槽钢、H 形钢)、冷弯薄壁型钢(槽钢、Z 形钢等)等类型。

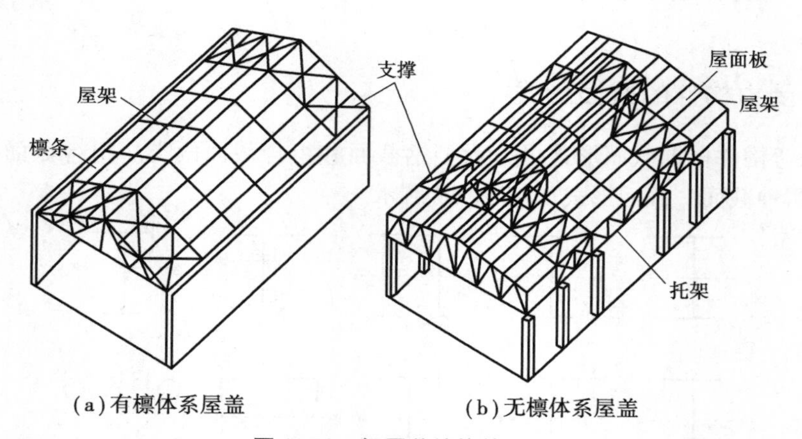

图 11.70 钢屋盖结构的组成

有檩体系屋盖结构的优点主要是自重轻、用料省、运输和安装方便;缺点主要是构件种类和数量多、构造复杂、吊装次数多、安装周期长、屋盖整体刚度较差。

有檩体系屋盖结构中屋架的间距和跨度较为灵活，屋架间距通常为 6 m，经济间距为 4～6 m；当屋架间距为 12～18 m 时，宜将檩条直接支承在钢屋架上；当屋架间距大于 18 m 时，以纵横方向的次桁架来支承檩条较好。

有檩屋盖一般适用于较陡的屋面坡度，以便排水，常用坡度为 1∶2～1∶3。

(2)无檩体系屋盖结构

无檩体系屋盖结构是指由钢筋混凝土大型屋面板、屋架、支撑系统及托架组成，屋面荷载由屋面板直接传给屋架的屋盖结构承重体系[图 11.70(b)]。

无檩体系屋盖结构的优点主要是屋面构件的种类和数量都较少，构造简单、安装方便、施工速度快、屋盖刚度大、整体性好、便于做保温层，耐久性好；缺点主要是屋面自重大、用料费、抗震不利、运输和安装不便。

无檩体系屋盖结构中屋架的间距一般为大型屋面板的跨度，多为 6 m 或 6 m 的倍数，当柱距较大时，可在柱间设置托架或中间屋架。

无檩屋盖一般适用于较小的屋面坡度，常用坡度为 1∶8～1∶12，多采用卷材防水。

在选择屋盖结构体系时，应全面考虑房屋的使用要求、设备布置、跨度和柱距、受力特点、材料供应、运输和安装条件等，以确定最佳方案。

2)钢屋架的形式及主要尺寸

在钢结构工程中，最常用的钢屋架分为普通钢屋架和轻型钢屋架两种。普通钢屋架采用普通角钢和节点板焊接而成。这种屋架受力性能好、构造简单、施工方便，原材料容易买到，在工业与民用建筑的屋盖中应用广泛。

轻型钢屋架是指用小角钢(小于L 45×4 或L 56×36×4)、圆钢通过焊接而组成的屋架以及冷弯薄壁型钢屋架。这种屋架杆件截面小、轻薄、荷载小、取材方便、用料省，适用于跨度及屋面荷载均较小的民用或工业建筑。但不宜用于高温、高湿及强烈侵蚀性环境或直接承受动力荷载的结构。本节主要介绍普通钢屋架的形式及构造。

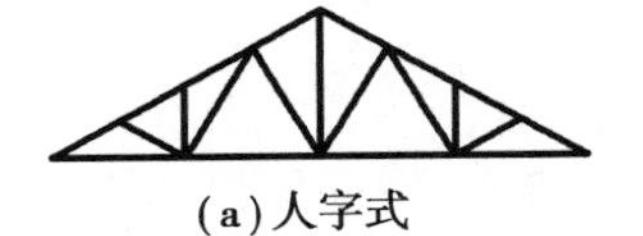

(a)人字式

(b)芬克式

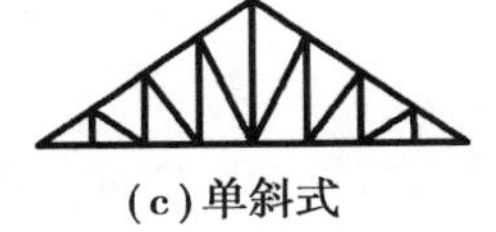

(c)单斜式

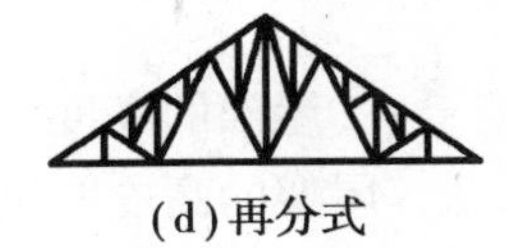

(d)再分式

图 11.71　三角形屋架

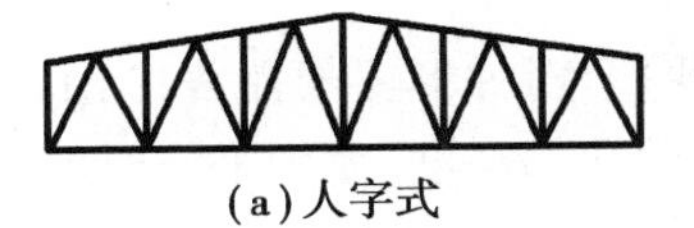

(a)人字式

(b)单斜式

(d)再分式

图 11.72　梯形屋架

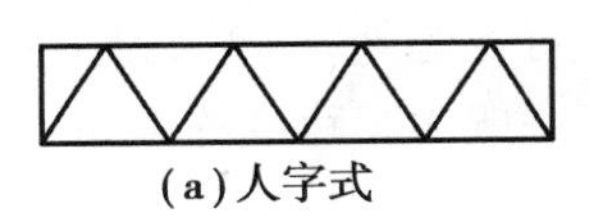

(a)人字式

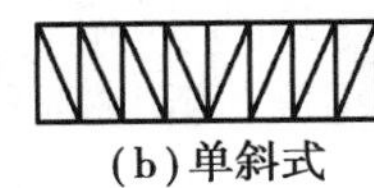

(b)单斜式

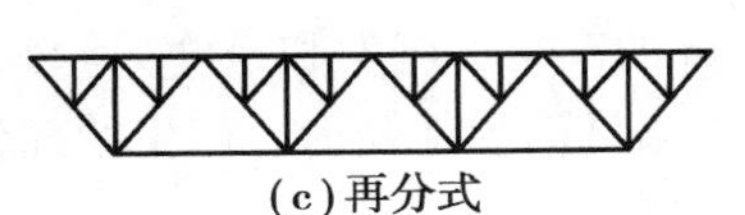

(c)再分式

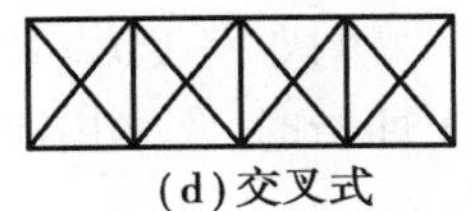

(d)交叉式

图 11.73　平行弦屋架

(1)钢屋架的形式

普通钢屋架按其外形可分为三角形屋架(图 11.71)、梯形屋架(图 11.72)和平行弦屋架(图 11.73)3 种。

根据屋架腹杆形式的不同,又可将钢屋架分成人字式[图 11.71(a)、11.72(a)、11.73(a)]、芬克式[图 11.71(b)]、单斜式[图 11.71(c)、11.72(b)、11.73(b)]、再分式[图 11.71(d)、11.72(d)、11.73(c)]及交叉式[图 11.73(d)])。

(2)钢屋架的主要尺寸

钢屋架的主要尺寸包括屋架的跨度、跨中高度和端部高度(梯形屋架要考虑)。

①屋架的跨度

屋架的跨度由柱网布置决定,而柱网的布置又由生产工艺、设备布置、吊车布置、结构类型以及经济合理等因素决定,因此需要综合考虑。屋架的标志跨度(l)是指柱网纵向轴线的间距,一般以 3 m 为模数。屋架的计算跨度(l_0)是指屋架两端支座反力之间的距离。当屋架简支于钢筋混凝土柱或砖柱上,柱网采用封闭结合时,一般取 $l_0 = l-(300-400)$ mm[图 11.74(a)];当屋架支承于钢筋混凝土柱上,且柱网采用非封闭结合时,$l_0 = l$[图 11.74(b)];当屋架与钢柱刚接时,其计算跨度取钢柱内侧面之间的距离[图 11.74(c)]。

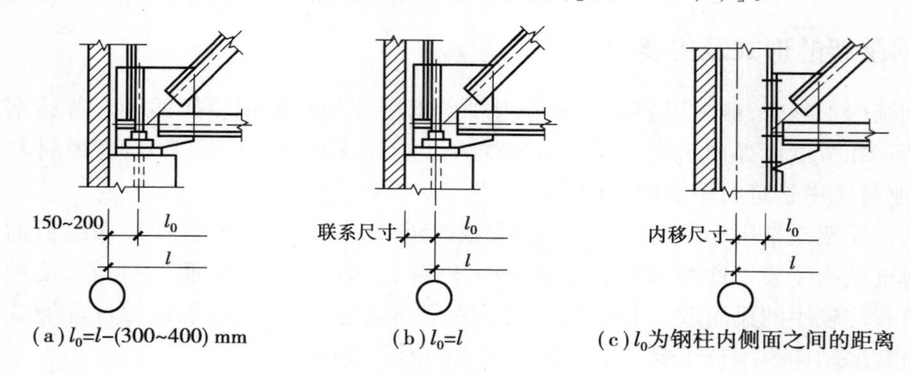

图 11.74　屋架的计算跨度

②屋架的高度

屋架的高度取决于建筑要求、屋面坡度、运输界限、刚度条件和经济高度等因素。屋架的最大高度取决于运输界限;屋架的最小高度取决于容许挠度;经济高度则根据上、下弦杆及腹杆的总重为最小来确定。

三角形屋架的跨中高度一般取 $h=(1/6\sim1/4)l$(l 为屋架跨度)。对梯形屋架而言,当上弦坡度为 1/12~1/8 时,跨中高度取 $h=(1/10\sim1/6)l$。梯形屋架的端部高度,如为平坡时取 1 800~2 100 mm;为陡坡时,取 500~1 000 mm,但不小于 1/18 屋架跨度。当屋架与柱铰接时取 1 600~2 200 mm,刚接时取 1 800~2 400 mm。

对于跨度 $l \geqslant 15$ m 的三角形屋架和跨度 $l \geqslant 24$ m 的梯形屋架、平行弦屋架,当下弦无向上曲折时,宜采用起拱来抵消屋架受荷后产生的部分挠度。起拱高度一般为其跨度的 1/500 左右。

3)天窗架和托架

(1)天窗架

天窗架是考虑采光和通风需要而在厂房屋顶多榀屋架间设置的支承并固定于屋架上弦节点的桁架。天窗的形式可分为纵向天窗、横向天窗和井式天窗等,一般多采用纵向天窗。纵向天窗的天窗架形式有多竖杆式、三铰拱式、三点支承式等(图 11.75)。有时为了避免外面气流的干扰,还在纵向天窗外设置挡风板。

天窗架的宽度和高度应根据工艺和建筑要求确定,一般为厂房跨度的 1/3 左右,高度为其宽度的 1/5~1/2。

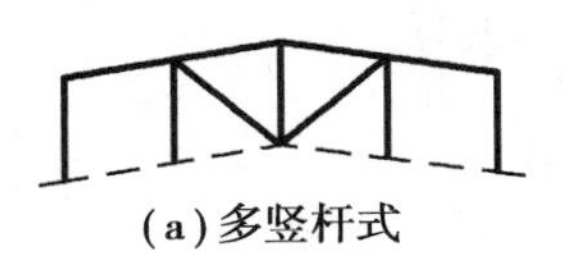
(a)多竖杆式

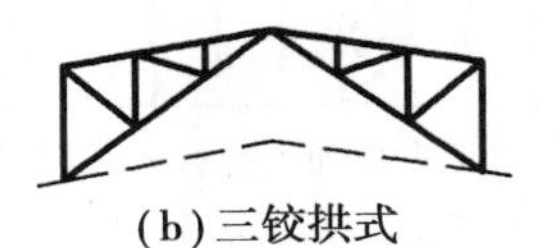
(b)三铰拱式

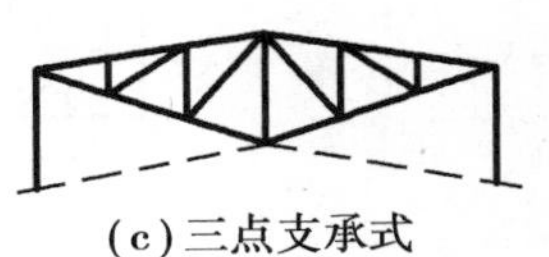
(c)三点支承式

图 11.75　天窗架的形式

(2)托架

托架是厂房需要局部扩大柱距(抽柱)时采用的支承上部屋架的桁架。一般采用平行弦桁架,属于屋盖系统中的支承结构。托架的高度根据所支承的屋架端部高度和刚度要求、经济要求以及节点构造来确定。托架的高度一般为其跨度的 1/5~1/10,托架的节间长度一般为 2 m 或 3 m。

4)支撑布置

对于钢屋架而言,其自身平面内的强度和刚度一般都通过设计计算来保证,能够承受屋架平面内的各种荷载。但是,垂直于钢屋架平面方向的强度和刚度却比较差,在较小的水平荷载作用下就很容易发生侧向倾覆(图 11.76)。因此,为了增加屋架的侧向稳定性,需要在屋架间、屋架和山墙之间加设支撑,使整个屋盖结构连成一个整体,形成由屋架与支撑桁架组成的稳定的空间结构体系。

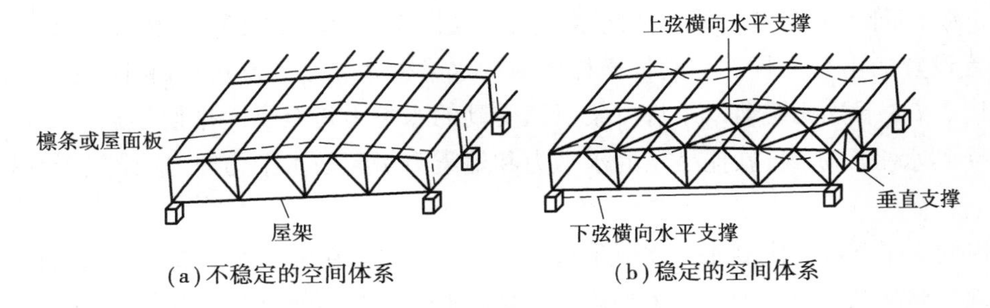

(a)不稳定的空间体系　(b)稳定的空间体系

图 11.76　屋盖的支撑体系

(1)支撑的作用

主要是保证整个屋盖的空间几何不变性、整体稳定性和整体刚度;为弦杆提供适当的侧向支撑点,阻止屋架上、下弦侧移,保证屋架上下弦平面外的稳定性;承担和传递水平荷载(如吊车水平刹车力、风力、地震力等),并传递给下部支承结构;保证屋盖结构安装时的稳定和方便。

(2)支撑的布置

钢屋盖的支撑的类型主要有上弦横向水平支撑、下弦横向水平支撑、纵向水平支撑、竖向支撑和系杆(图 11.77)。

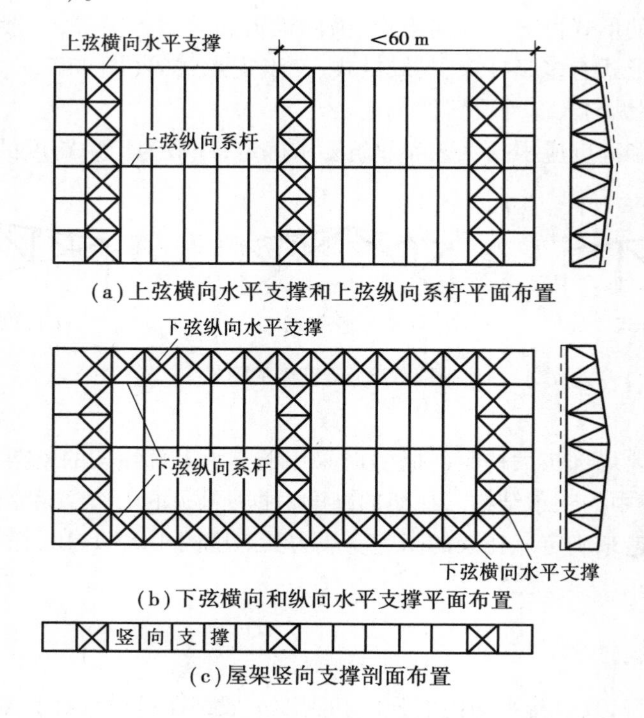

(a)上弦横向水平支撑和上弦纵向系杆平面布置

(b)下弦横向和纵向水平支撑平面布置

(c)屋架竖向支撑剖面布置

图 11.77 屋盖支撑布置

①上弦横向水平支撑。上弦横向水平支撑是指设置在两榀屋架上弦之间的由交叉斜撑和刚性横杆组成的水平桁架体系。它可以减小屋架上弦杆平面外计算长度,提高上弦杆的侧向稳定性,并作为山墙抗风柱的上部支承点,保证荷载的有效传递。

②下弦横向水平支撑。下弦横向水平支撑是指在屋架下弦之间与上弦横向水平支撑对应位置设置的由交叉杆件和刚性横杆组成的水平桁架体系。它可以减小下弦的平面外计算长度、减少下弦的振动以及将屋架下弦受到的水平力传至纵向排架柱顶。所以,当屋架下弦受到水平风荷载、悬挂吊车的水平力和地震力引起的水平力时,应设置下弦横向水平支撑。

③纵向水平支撑。纵向水平支撑是指沿厂房长度方向在屋架上弦或下弦之间设置的由交叉杆件和屋架弦杆组成的水平桁架体系。纵向水平支撑可分为上弦纵向水平支撑和下弦横向水平支撑。一般可设在屋架两端的端节间内,与横向支撑连通组成封闭的支撑体系,增强房屋的整体性和空间刚度。同时也可保证托架的稳定,承受和传递纵墙水平风荷载和地震力。

④竖向支撑。竖向支撑是指沿厂房长度方向在屋架中部、两端及其他位置垂直设置的由交叉杆件和刚性系杆组成的竖向桁架体系。竖向支撑一般布置在设有横向支撑的开间

内。当采用三角形屋架且跨度小于 24 m 时,只在屋架跨度中央布置一道;当跨度大于 24 m 时,宜在屋架跨度大约 1/3 处两侧各布置一道。当采用梯形屋架且跨度小于 30 m 时,在屋架两端及跨度中央均应设置竖向支撑;当跨度大于 30 m 时,除两端设置外,应在跨中 1/3 处各设一道。当屋架两端有托架时,可用托架代替。

⑤系杆。系杆是指沿厂房长度方向在没有竖向支撑的开间内设置在屋架中部上、下节点之间的连接杆件(钢杆)。它与竖向支撑共同将各榀屋架连成整体,其作用是保证无支撑处屋架的稳定和传递水平荷载,防止在吊车工作或有其他振动时屋架上下弦的侧向颤动和侧向稳定。在安装过程中还可起到临时固定和架立屋架的作用。系杆必须与横向水平支撑的节点相连,以便将力传至横向水平支撑。

系杆可分为刚性系杆与柔性系杆两种。刚性系杆一般由两个角钢组成,能承受压力;柔性系杆则常由单角钢或圆钢组成,只能承受拉力。

11.4.2 钢屋架节点构造

(1)一般节点

一般节点是指无集中荷载和无弦杆拼接的节点,如无悬吊荷载的屋架下弦的中间节点。下弦杆一般由肢背向上的双角钢组成,节点板夹在组成下弦杆的两角钢之间,节点板下边缘伸出下弦杆肢背 10~15 mm,用直角角焊缝与下弦杆焊接。下弦杆内力差较小,一般按构造要求将下弦杆焊缝沿节点板全长焊满即可。具体构造如图 11.78 所示。

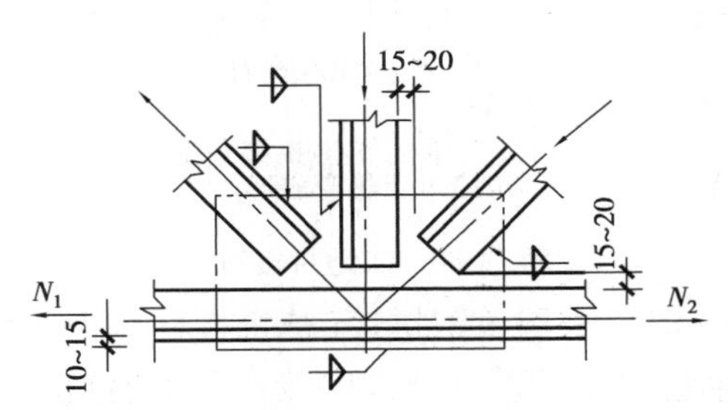

图 11.78 屋架下弦中间节点(一般节点)的连接构造

(2)有集中荷载的节点(如屋架上弦中间节点)

屋架上弦一般由肢背向下的双角钢组成,中间节点处一般放置有大型屋面板或檩条,节点处形成集中荷载。根据其节点板是否伸出角钢肢背可将其构造分为 3 种,即:节点板不向上伸出肢背、节点板全部向上伸出肢背、节点板部分向上伸出肢背(图 11.79)。

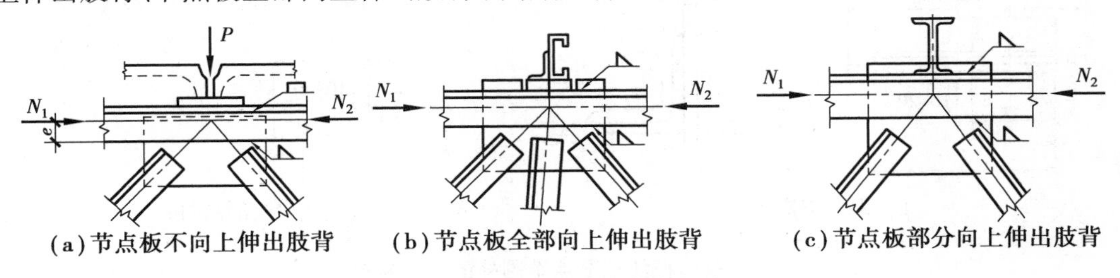

(a)节点板不向上伸出肢背　(b)节点板全部向上伸出肢背　(c)节点板部分向上伸出肢背

图 11.79 上弦中间节点构造

①节点板不向上伸出肢背的方案中,节点板缩进上弦角钢肢背,采用塞焊方式焊接,节点板与上弦之间由槽焊缝和角焊缝传力。节点板缩进的深度不宜小于 $t_1/2+2$ mm,也不宜大于 t_1(t_1 为节点板的厚度)。

②节点板全部向上伸出肢背的方案。

③节点板部分向上伸出肢背的方案。

当节点板伸出不妨碍屋面构件的安装时,可采用②、③方案。

(3)拼接节点

当角钢长度不足、弦杆截面有所改变或屋架需要分成更小单元运输时,弦杆就需要拼接。弦杆的拼接分为工厂拼接和工地拼接两种。工厂拼接的拼接点一般设在节点范围之外,以简化拼接构造;工地拼接的拼接点一般设在节点范围内,亦方便拼接,如图 11.80 所示。

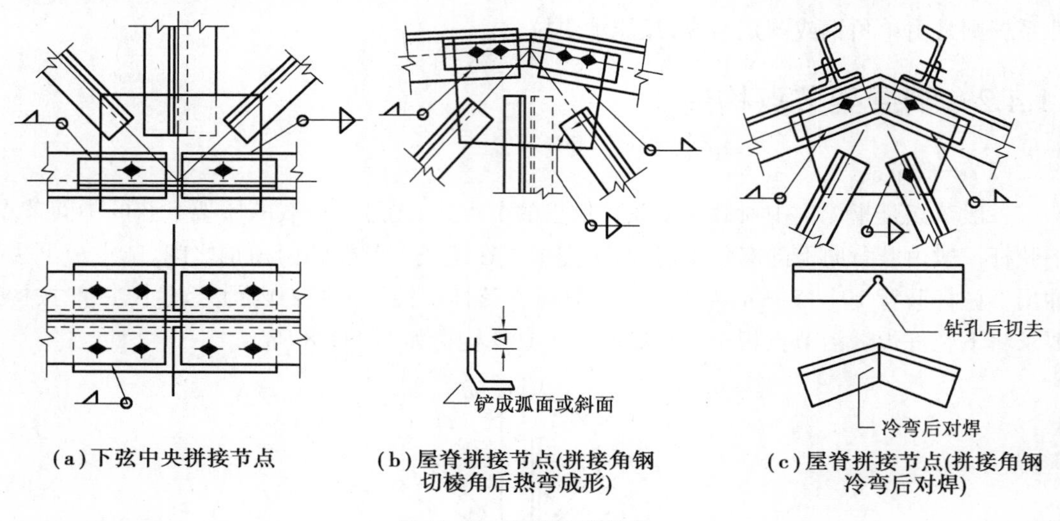

(a)下弦中央拼接节点　(b)屋脊拼接节点(拼接角钢切棱角后热弯成形)　(c)屋脊拼接节点(拼接角钢冷弯后对焊)

图 11.80　工地拼接节点

①工厂拼接。工厂拼接时可采用角钢拼接(被拼接杆件为双角钢时)[图 11.81(a)]或钢板拼接(被拼接杆件为单角钢时)[图 11.81(b)]。采用角钢拼接时,拼接角钢宜采用与弦杆相同的规格(弦杆截面改变时,与较小截面的弦杆相同)。为使拼接角钢与弦杆紧密相贴,应切去拼接角钢的棱角(切去竖肢及角钢肢背直角边棱的长度为 Δ),切去部分由节点板或填板补偿。$\Delta=t+h_f+5$ mm(t 为拼接角钢肢厚,h_f 为角焊缝焊脚尺寸,5 mm 为余量以避开肢尖圆角)。采用钢板拼接时,拼接钢板的截面面积不得小于角钢的截面面积。

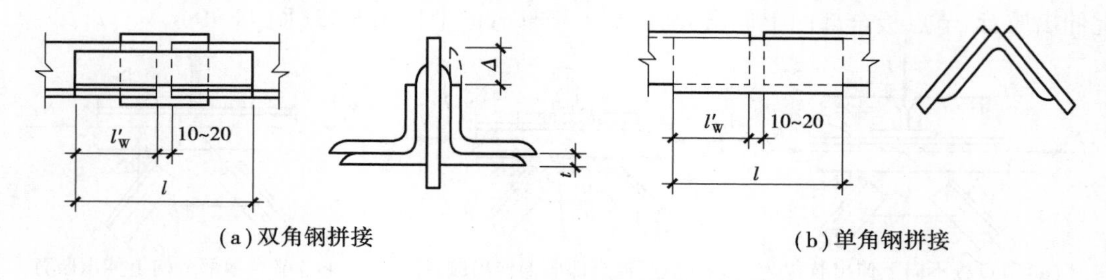

(a)双角钢拼接　(b)单角钢拼接

图 11.81　杆件在节点范围外的工厂拼接

②工地拼接。屋架的工地拼接节点，一般采用拼接角钢来拼接和传递弦杆内力。拼接时通过安装螺栓定位，夹紧所连接的弦杆，然后施焊。下弦中央拼接节点如图 11.80(a)所示。拼接角钢的长度应为 $l=2l_w+a$(l_w为下弦杆一侧与拼接角钢连接焊缝的长度，a 为孔隙尺寸，一般取 $a=10\sim20$ mm)。l 应不小于 400~600 mm。

屋脊拼接节点的拼接角钢一般采用热弯成形，当屋面较陡需要弯折较大且角钢肢宽不易弯折时，可将角钢竖肢切成斜口，再弯折焊牢[图 11.80(c)]。拼接角钢的长度 $l=2l_w+a$，一般取 $a=10\sim20$ mm，当截面垂直上弦切割时所需间隙较大，则取 $a=50$ mm 左右。

为了便于现场拼装，出厂前应将拼接角钢与节点板焊于不同的运输单元，以免拼装时定位和连接的困难。

(4)支座节点

支座节点一般由节点板、底板、加劲肋和锚栓等组成，用于固定屋架并传递荷载。屋架支座节点有铰接和刚接两种。

①屋架铰接支座节点。对于支承于混凝土柱或砌体柱的屋架，其支座节点通常设计成铰接(图 11.82)。由于屋架支座节点处各杆件汇交于一点，各种内力也集中于此，因此，为保证底板的刚度、力的传递以及节点板平面外刚度，在支座节点处应对称设置连接底板和节点板的加劲板。加劲板的厚度取等于或略小于节点板的厚度，加劲板厚度的中心线应与各杆件合力线重合。

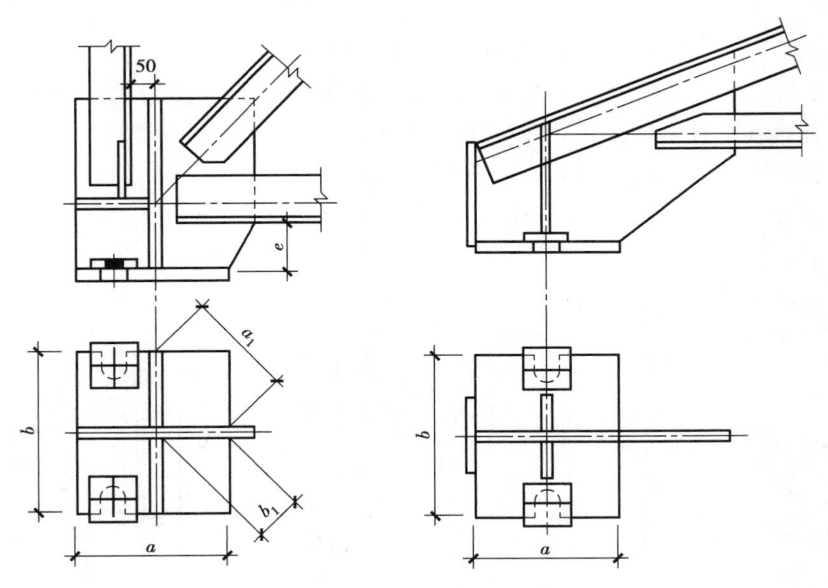

图 11.82 屋架铰接支座节点

为便于施焊，下弦角钢背与底板之间的距离 e 一般应不小于下弦伸出肢的宽度，且不小于 130 mm；梯形屋架端竖杆角钢肢朝外时，角钢边缘与加劲板中线距离不宜小于 50 mm。

②屋架刚接支座节点。当屋架支座节点设计成刚性连接时，节点不仅要承受屋架的竖向支座反力，同时还要承受屋架作为框架横梁的支座弯矩和水平力。为了利于抗弯和减小支座节点板尺寸，屋架弦杆和斜腹杆的轴线一般汇交于柱的内边缘。

a.采用普通 C 级螺栓加承力支托的刚接支座节点(图 11.83)。在屋架下弦支承节点处，

采用“T”形的连接钢板(节点板)将屋架与钢柱相连。“T”形板的翼缘部分与柱用成对配置的普通螺栓相连,螺栓不宜小于6M20。在“T”形板下方柱子上焊接一块厚度为30~40 mm的钢板承力支托。其宽度取屋架支承连接“T”形板的翼缘宽度加50~60 mm,高度不应小于140 mm。当竖向支座反力较小时,可采用不小于∟140×90×14的角钢切去部分水平肢作成。

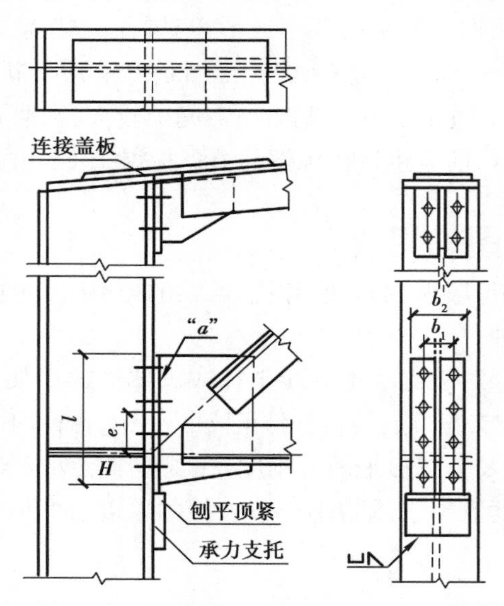

图11.83　采用普通螺栓加承力支托的刚接支座节点

b.采用安装焊缝加支托的刚接支座节点(图11.84)。这种连接方式是采用屋架端部上、下节点板与焊接在钢柱上的竖直角钢用螺栓相连,然后在上弦或下弦处竖直角钢下方设置短角钢支托(焊在钢柱上)的方式。

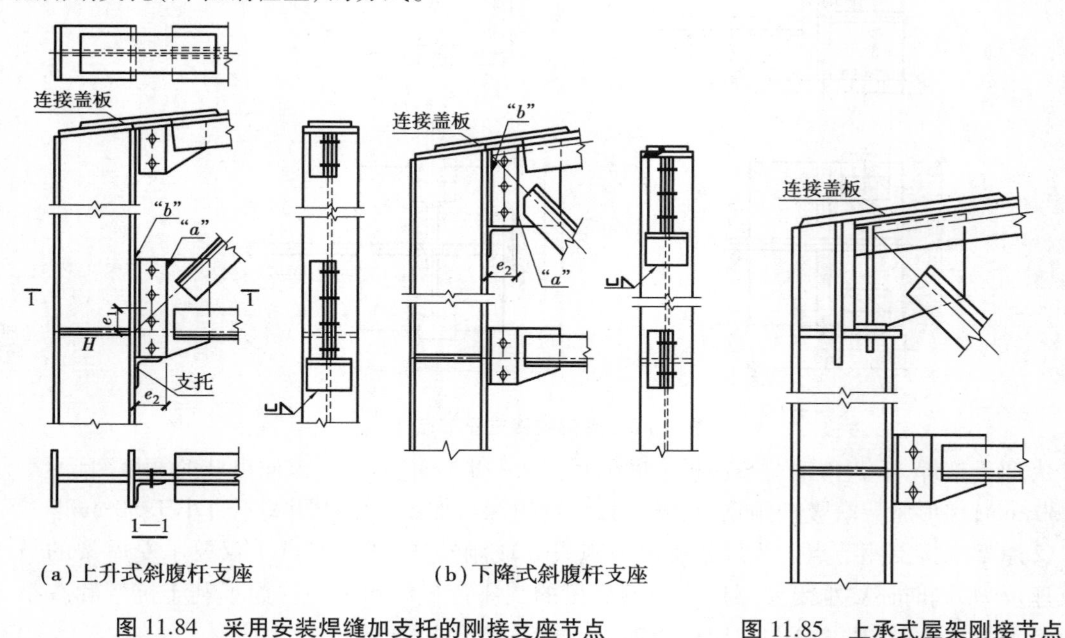

(a)上升式斜腹杆支座　(b)下降式斜腹杆支座

图11.84　采用安装焊缝加支托的刚接支座节点

图11.85　上承式屋架刚接节点

上弦节点一般另加盖板连接,连接盖板的厚度一般为8~14 mm,连接角焊缝的焊脚尺寸为6~10 mm。

③柱顶设置切口台阶的上承式屋架刚性支座节点(图11.85)。当钢柱截面高度较大时,可采用这种支承形式。

11.5 钢结构施工图

11.5.1 钢结构施工图的组成

1)钢结构施工图的两阶段设计

钢结构施工图设计分两个阶段完成,即设计图和结构详图两个阶段。前者由设计单位编制完成,后者则由钢结构加工单位根据设计图深化编制完成。设计图和结构详图结合起来作为钢结构加工与安装的依据。

在两阶段设计中,钢结构设计图一般主要给出设计总说明、功能布局、结构类型、主要构件和连接以及局部构造详图等内容,其设计深度还达不到施工图的深度。而结构详图的编制则从加工制作以及安装的角度,为生产加工和安装提供详细可操作的施工图纸,因此其编制工作较为琐细、费工(其图纸量是设计图图纸量的2.5~3倍),设计周期较长。所以,建设单位及承包单位都应了解钢结构工程所特有的设计分工特点,在编制施工计划中予以考虑。本节重点讨论钢结构施工详图的有关内容,钢结构设计图与施工详图的区别见表11.16。

表11.16 钢结构设计图与施工详图的区别

设计图	施工详图
1.根据使用功能、工艺、建筑要求及初步设计等编制,并经过施工设计方案与计算等工作而编制的较高阶段施工设计图; 2.目的、深度及内容均为编制详图提供依据; 3.由设计单位编制; 4.图纸表示较简明,图纸量不大,其内容一般包括设计总说明与布置图、构件图、节点图、钢材订货表等	1.直接根据设计图编制的工厂施工及安装详图(可含有少量连接、构造等计算),只对深化设计负责; 2.目的为直接供制造、加工及安装的施工用图; 3.一般应由制造厂家或施工单位编制; 4.图纸表示很详细,内容主要有:构件安装布置图、构件详图、节点安装详图,构配件及零件订货表等

施工详图设计包括详图设计构造、计算与图纸绘制两部分。设计图在深度上一般只绘出构件布置、构件截面与内力及主要节点构造。详图设计中需要补充部分构造设计与连接计算,一般包括以下内容:

(1)构造设计

构造设计包括桁架、支撑等节点板设计与放样;桁架或大跨度实腹梁起拱构造与设计;

梁支座加腋或纵横加劲肋构造设计；构件运输单元横隔设计；组合截面构件缀板、填板布置、构造；板件、构件变截面构造设计；螺栓群或焊缝群的布置与构造；拼接、焊接坡口及构造切槽构造；张紧可调圆钢支撑构造；隅撑、弹簧板、椭圆孔、板铰、滚轴支座、橡胶支座、抗剪键、托座、连接板、刨边及人孔、手孔等细部构造；施工施拧最小空间构造，现场组装的定位，夹具耳板设计等。

(2)构造及连接计算

一般连接节点的焊接长度与螺栓数量计算；局部拼接计算；材料或构件焊接变形调整及加工余量计算；起拱高度、高强螺栓连接长度、材料量及几何尺寸与相贯线等计算。

2)钢结构详图的组成

详图图纸绘制可按构件系统(如屋盖结构、刚架结构、吊车梁、工作平台等)，分别绘制各系统的布置图(含必要的节点详图)、施工设计总说明、构件详图(含材料表)。绘制详图所用的图线、字体、比例、符号、定位轴线图样画法，尺寸标注及常用建筑材料图例等均应按照现行国家标准《房屋建筑制图统一标准》的有关规定采用。

3)常用型钢的表示方法

常用型钢的表示方法应符合表11.17中的规定。

表11.17　常用型钢的表示方法

序号	名称	截面形式	标注	备注
1	等边角钢	∟	∟ $b\times t$	b 为肢宽 t 为肢厚
2	不等边角钢	∟	∟ $B\times b\times t$	B 为长肢宽 b 为短肢宽 t 为肢厚
3	工字钢	I	I N Q I N	轻型工字钢需加注 Q，N 为工字钢的型号
4	槽钢	[	[N Q [N	轻型槽钢需加注 Q，N 为槽钢的型号
5	方钢	▨	▨ b	
6	扁钢	▬	▬ $b\times t$	
7	钢板	—	$\frac{-b\times t}{l}$	$\frac{宽\times厚}{板长}$

续表

序号	名称	截面形式	标注	备注
8	圆钢		ϕd	
9	钢管		DN×× d×t	DN 为内径 外径×壁厚
10	薄壁方钢管		B □ b×t	薄壁型钢需加注 B 字母,t 为壁厚
11	薄壁等肢角钢		B └ b×t	
12	薄壁等肢卷边角钢		B B×a×t	
13	薄壁槽钢		B [h×b×t	
14	薄壁卷边槽钢		B h×b×a×t	
15	薄壁卷边 Z 形钢		B h×b×a×t	
16	T 形钢		TW×× TM×× TN××	TW 为宽翼缘 T 形钢 TM 为中翼缘 T 形钢 TN 为窄翼缘 T 形钢
17	H 形钢		HW×× HM×× HN××	HW 为宽翼缘 H 形钢 HM 为中翼缘 H 形钢 HN 为窄翼缘 H 形钢
18	起重机钢轨		QU××	详细说明产品规格型号
19	轻轨及钢轨		××kg/m钢轨	

4）螺栓、孔及电焊铆钉的表示方法

螺栓、孔、电焊铆钉的表示方法应符合表 11.18 中的规定。

表 11.18　螺栓、孔、电焊铆钉的表示方法

序号	名称	图例	说明
1	永久螺栓		1.细“十”线表示定位线； 2.M 表示螺栓序号； 3.ϕ 表示螺栓孔直径； 4.d 表示膨胀螺栓、电焊铆钉直径； 5.采用引出线标注螺栓时，横线上标注螺栓规格，横线下标注螺栓孔直径
2	高强螺栓		
3	安装螺栓		
4	圆形螺栓孔		
5	长圆形螺栓孔		
6	电焊铆钉		
7	膨胀锚螺栓		

5）常用焊缝的表示方法

①焊接钢构件的焊缝除应按现行的国家标准《焊缝符号表示法》（GB 324—1988）中的规定外，还应符合本节的各项规定。

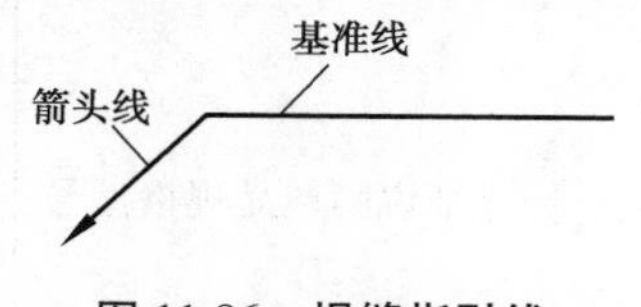

图 11.86　焊缝指引线

②指引线由箭头和基准线组成，线性均为细实线（图11.86）。

③各种焊接方法及接口坡口形状尺寸代号和标记应符合下列规定：

a.焊接方法及焊透种类代号应符合表 11.19 的规定。

b.接头形式及坡口形状代号应符合表 11.20 的规定。

表 11.19　焊接方法及焊透种类代号

代　号	焊接方法	焊透种类
MC	手工电弧焊	完全焊透焊接
MP		部分焊透焊接
GC	气体保护电焊焊接 自保护电弧焊接	完全焊透焊接
GP		部分焊透焊接
SC	埋弧焊接	完全焊透焊接
SP		部分焊透焊接

表 11.20　接头形式及坡口形状的代号

接头形式		坡口形状	
代　号	名　称	代　号	名　称
		I	I 形坡口
B	对接接头	V	V 形坡口
		X	X 形坡口
U	U 形坡口	L	单边 V 形坡口
		K	K 形坡口
T	T 形坡口	U	U 形坡口
		J	单面 U 形坡口
C	角接头		

注:当钢板厚度≥50 mm 时,可采用 U 形或 J 形坡口。

c.焊接面及垫板种类代号应符合表 11.21 的规定。

表 11.21　焊接面及垫板的代号

反面垫板种类		焊接面	
代　号	使用材料	代　号	焊接面规定
Bs	钢衬垫	1	单面焊接
BF	其他材料衬垫	2	双面焊接

d.焊接位置代号应符合 11.22 的规定。

表 11.22　焊接位置代号

代　号	焊接位置	代　号	焊接位置
F	平焊	V	立焊
H	横焊	O	仰焊

e.坡口各部分尺寸代号应符合表 11.23 的规定。

表 11.23　坡口各部分尺寸代号

代　号	坡口各部分的尺寸
t	接缝部位的板厚(mm)
b	坡口根部间隙(mm)
H	坡口深度(mm)
p	坡口钝边(mm)
α	坡口角度(°)

f.焊接接口坡口形状和尺寸标记应符合以下规定：

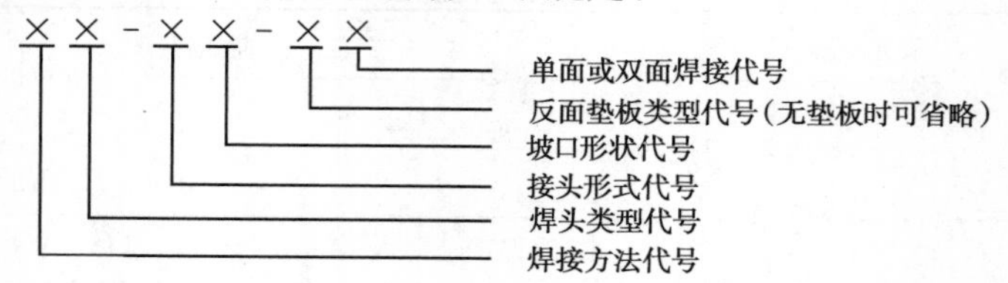

标记示例：手工电弧焊、完全焊透、对接、I 形坡口、背面加钢衬垫的单面焊接接头表示为：MC-BI-Bsl。

④单面焊缝的标注方法应符合以下规定：

a.当箭头指向焊缝所在的一面时，应将图形符号和尺寸标注在横线的上方[图 11.87(a)]；当箭头指向焊缝所在的另一面(相对的那面)时，应将图形符号和尺寸标注在横线的下方[图 11.87(b)]。

b.表示环绕工作件周围的焊缝时，其围焊焊缝符号为圆圈，绘在引出线的转折处，并标注焊角尺寸 K[图 11.87(c)]。

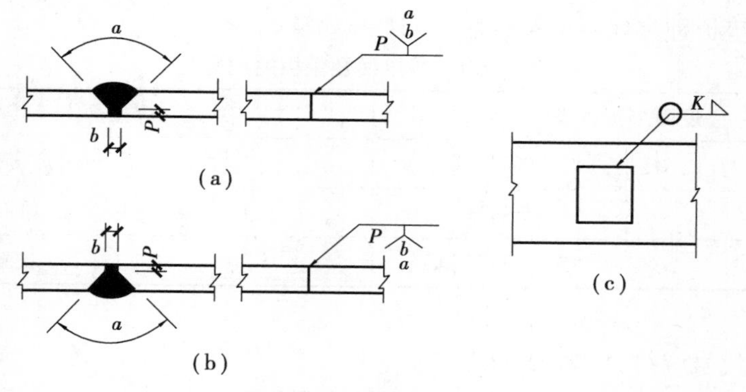

图 11.87　单面焊缝的标注方法

⑤双面焊缝的标注，应在横线的上下都标注符号和尺寸。上方表示箭头一面的符号和尺寸，下方表示另一面的符号和尺寸[图 11.88(a)]；当两面的焊缝尺寸相同时，只需要在横线上方标注焊缝的符号和尺寸[图 11.88(b)、(c)、(d)]。

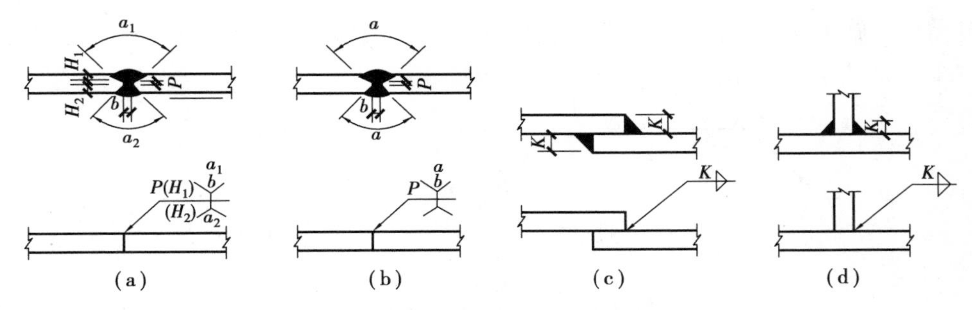

图 11.88 双面焊缝的标注方法

⑥3 个和 3 个以上的焊件相互焊接的焊缝，不得作为双面焊缝标注。其焊缝符号和尺寸应分别标注(图 11.89)。

⑦相互焊接的 2 个焊件中，当只有 1 个焊件带坡口时(如单面 V 形)，引出线箭头必须指向带坡口的焊件(图 11.90)。

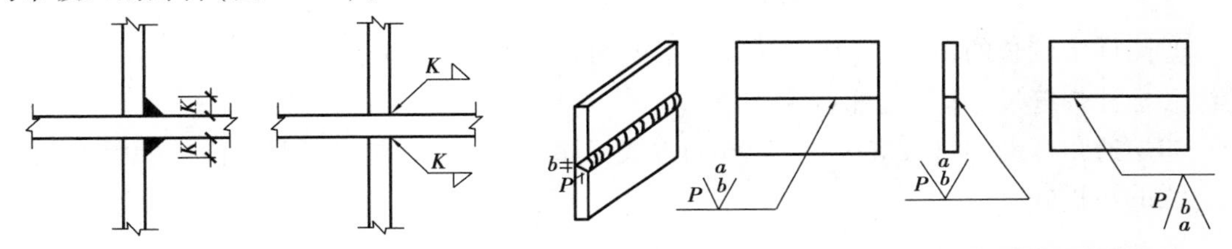

图 11.89 3 个以上焊件的焊缝标注方法　　图 11.90 1 个焊件带坡口的焊缝标注方法

⑧相互焊接的两个焊件中，当为单面带双边不对称坡口焊缝时，引出线箭头必须指向较大坡口的焊件(图 11.91)。

⑨当焊缝分布不规则时，在标注焊缝符号的同时，宜在焊缝处加中实线(表示可见焊缝)，或加细栅线(表示不可见焊缝)(图 11.92)。

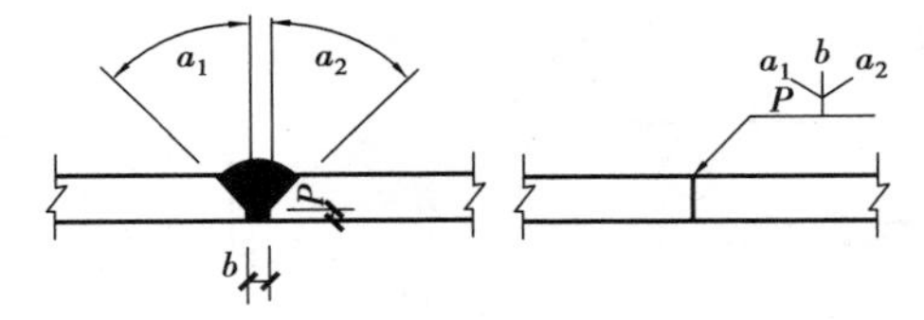

图 11.91 不对称坡口焊缝的标注方法

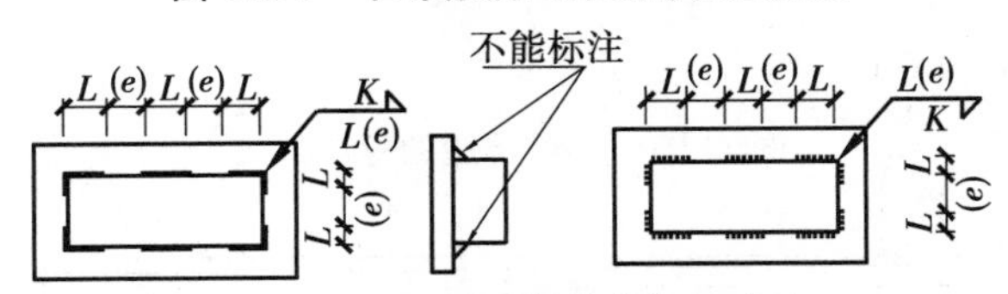

图 11.92 不规则焊缝的标注方法

⑩相同焊缝符号应按下列方法表示：

a.在同一图形上，当焊缝形式、断面尺寸和辅助要求均相同时，可只选择一处标注焊缝的符号和尺寸，并加注“相同焊缝符号”，相同焊缝符号为 3/4 圆弧，绘在引出线的转折处[图 11.93(a)]。

b.在同一图形上，当有数种相同的焊缝时，可将焊缝分类编号标注。在同一类焊缝中可选择一处标注焊缝符号和尺寸。分类编号采用大写的字母 A、B、C 等[图 11.93(b)]。

⑪需要在施工现场进行焊接的焊件焊缝,应标注“现场焊缝”符号。现场焊缝符号为涂黑的三角形旗号,绘在引出线的转折处(图 11.94)。

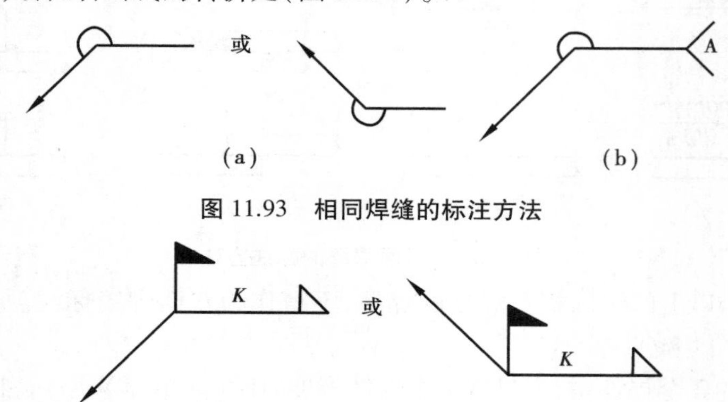

图 11.93　相同焊缝的标注方法

图 11.94　现场焊缝的标注方法

⑫图样中较长的角焊缝(如焊接实腹钢梁的翼缘焊缝),可不用引出线标注,而直接在角焊缝旁标注焊缝尺寸值 K(图 11.95)。

⑬熔透角焊缝的符号应按图 11.96 的方式标注。熔透角焊缝的符号为涂黑的圆圈,绘在引出线的转折处。

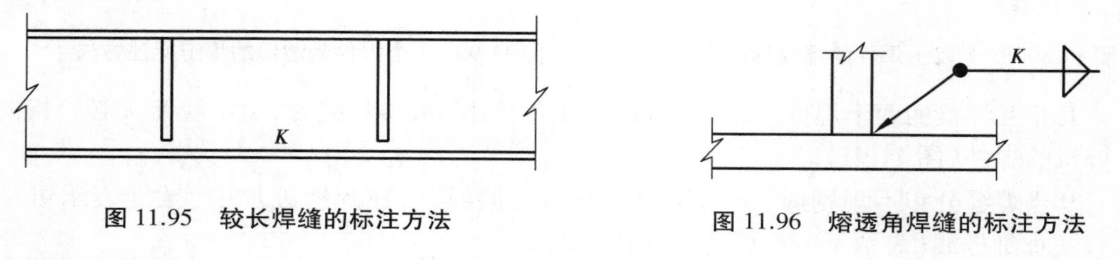

图 11.95　较长焊缝的标注方法

图 11.96　熔透角焊缝的标注方法

⑭局部焊缝应按图 11.97 的方式标注。

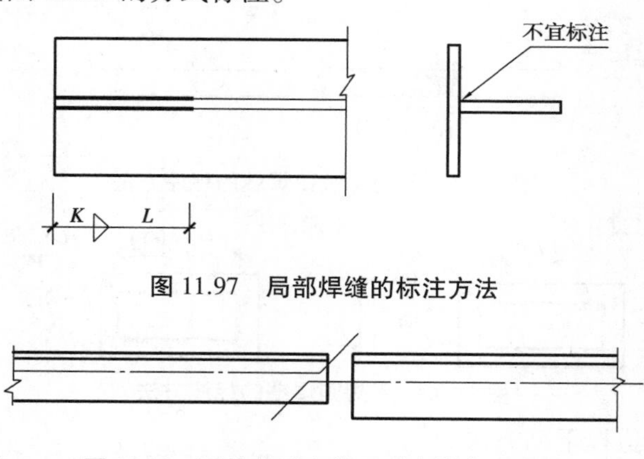

图 11.97　局部焊缝的标注方法

图 11.98　两构件重心线不重合的表示方法

6)尺寸标注

①两构件的两条重心线如距离很近,应在交汇处将其各自向外错开(图 11.98);

②弯曲构件的尺寸应沿其弧度的曲线标注弧的轴线长度(图 11.99);

③切割的板材,应标注各线段的长度及位置(图 11.100);

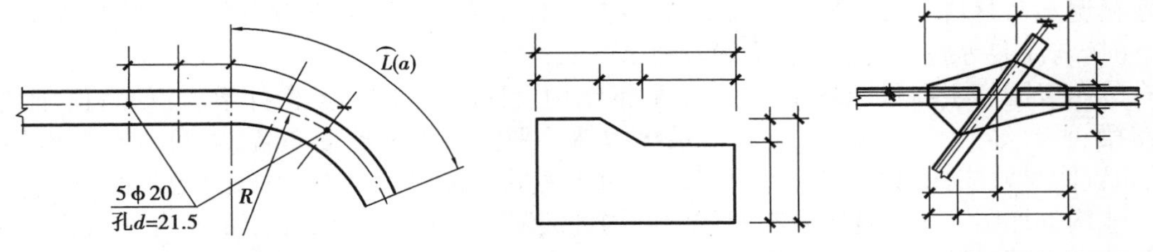

图 11.99　弯曲构件尺寸的标注方法　　图 11.100　切割板材尺寸的标注方法

④不等边角钢的构件,必须标注出角钢一肢的尺寸(图 11.101)。

⑤节点尺寸,应注明节点板的尺寸和各杆件螺栓孔中心或中心距,以及杆件端部至几何中心线交点的距离(图 11.101、图 11.102)。

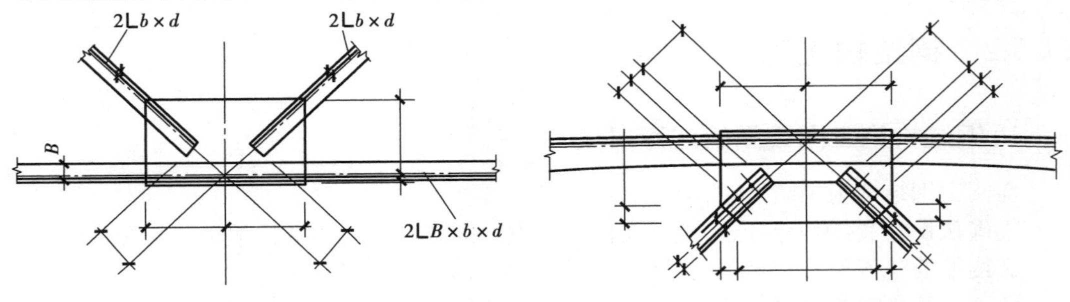

图 11.101　节点板尺寸及不等边角钢的标注方法　　图 11.102　节点尺寸的标注方法

⑥双型钢组合截面的构件,应注明缀板的数量和尺寸(图 11.103)。引出横线上方标注缀板的数量及缀板的宽度、厚度,引出横线下方标注缀板的长度尺寸。

⑦非焊接的节点板,应注明节点板的尺寸和螺栓孔中心与几何中心线交点的距离(图 11.104)。

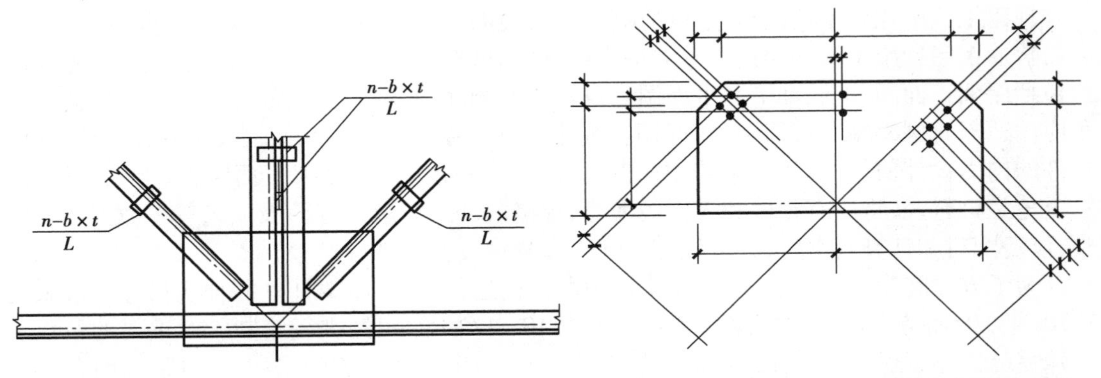

图 11.103　缀板的标注方法　　图 11.104　非焊接节点板尺寸的标注方法

7)施工详图编制内容

钢结构施工详图在编制时,一般包括以下内容:

①图纸目录。

②钢结构设计总说明。应根据设计图总说明编写,内容一般应有设计依据、设计荷载、工程概况和对材料、焊接、焊接质量等级、高强螺栓摩擦面抗滑移系数、预拉力、构件加工、预装、防锈与涂装等施工要求及注意事项等。

③布置图。主要供现场安装用,依据钢结构设计图,以同一类构件系统(如屋顶、刚架、吊车梁、平台等)为绘制对象,绘制本系统构件的平面布置和剖面布置,并对所有的构件编号、布置图尺寸应标明各构件的定位尺寸、轴线关系、标高以及构件表、设计总说明等。

④构件详图。按设计图及布置图中的构件编制,主要供构件加工厂加工并组装构件用,也是构件出厂运输的构件单元图。绘制时应按主要表示面绘制每一构件的图形零配件及组装关系,并对每一构件中的零件编号编制各构件的材料表和本图构件的加工说明等,绘制桁架式构件时,应放大样确定杆件端部尺寸和节点板尺寸。

⑤安装节点图。详图中一般不再绘制节点详图,仅当构件详图无法清楚表示构件相互连接处的构造关系时,可绘制相关的节点图。

11.5.2 钢结构施工图的识读

1)钢结构施工图读图的注意事项

在阅读钢结构施工图纸时,应注意:

①确认设计文件是否齐全,设计文件包括设计图、施工图、图纸技术说明和变更等。

②构件的几何尺寸和相关构件的连接尺寸是否标注齐全和正确。

③节点是否清楚,构件之间的连接形式是否合理。

④材料表内构件的数量是否符合工程实际数量。

⑤加工符号、焊接符号是否齐全、清楚,标注方法是否符合国家的相关标准和规定。

⑥结合本单位的设备和技术条件,考虑能否满足图纸要求的技术标准。

2)钢结构施工图读图的分析方法

现以工程中比较常见的钢屋架结构图为例,说明钢结构图纸的读图顺序及分析方法。

普通钢屋架施工图按照运输单元进行绘制,当屋架对称时,可仅绘制半榀屋架。施工图应包括屋架正面图、上弦和下弦平面图以及必要的侧面图、剖面图和零件图。在图纸的左上角应用适当比例绘制屋架简图(单线图),左半跨标注屋架杆件的几何轴线尺寸,右半跨标注杆件的内力设计值,并标明屋架跨中的起拱高度。图纸中央为屋架正面和上、下弦平面图。右上角是材料表,将所有杆件和零件的编号、规格、长度、数量(正反)及质量等参数标注在表中,以备配料和计算用钢量,并可供配备起重和运输设备时进行参考。

为了方便阅读,屋架施工图通常采用两种比例进行绘制,屋架杆件的轴线尺寸一般采用1:20~1:30,而节点尺寸和杆件截面尺寸用1:10~1:15的比例进行绘制。对重要的节点和特殊零部件还可适当加大比例,以清楚表达节点和细部尺寸。施工图上应清楚标明各零部件的型号和主要几何尺寸,包括加工尺寸(宜取5 mm的倍数)、定位尺寸、孔洞位置以及对工厂安装的要求。定位尺寸包括:节点中心至各杆件端和节点板边缘(上、下、左、右)的距离、轴线至角钢肢背的距离等。螺栓孔位置要符合螺栓排列的要求。工厂制造和工地安装要求包括:零部件切角、切肢、削楞,孔洞直径和焊缝尺寸等。工地安装焊缝和螺栓应标注其符号,宜适应运输单元划分的需要。

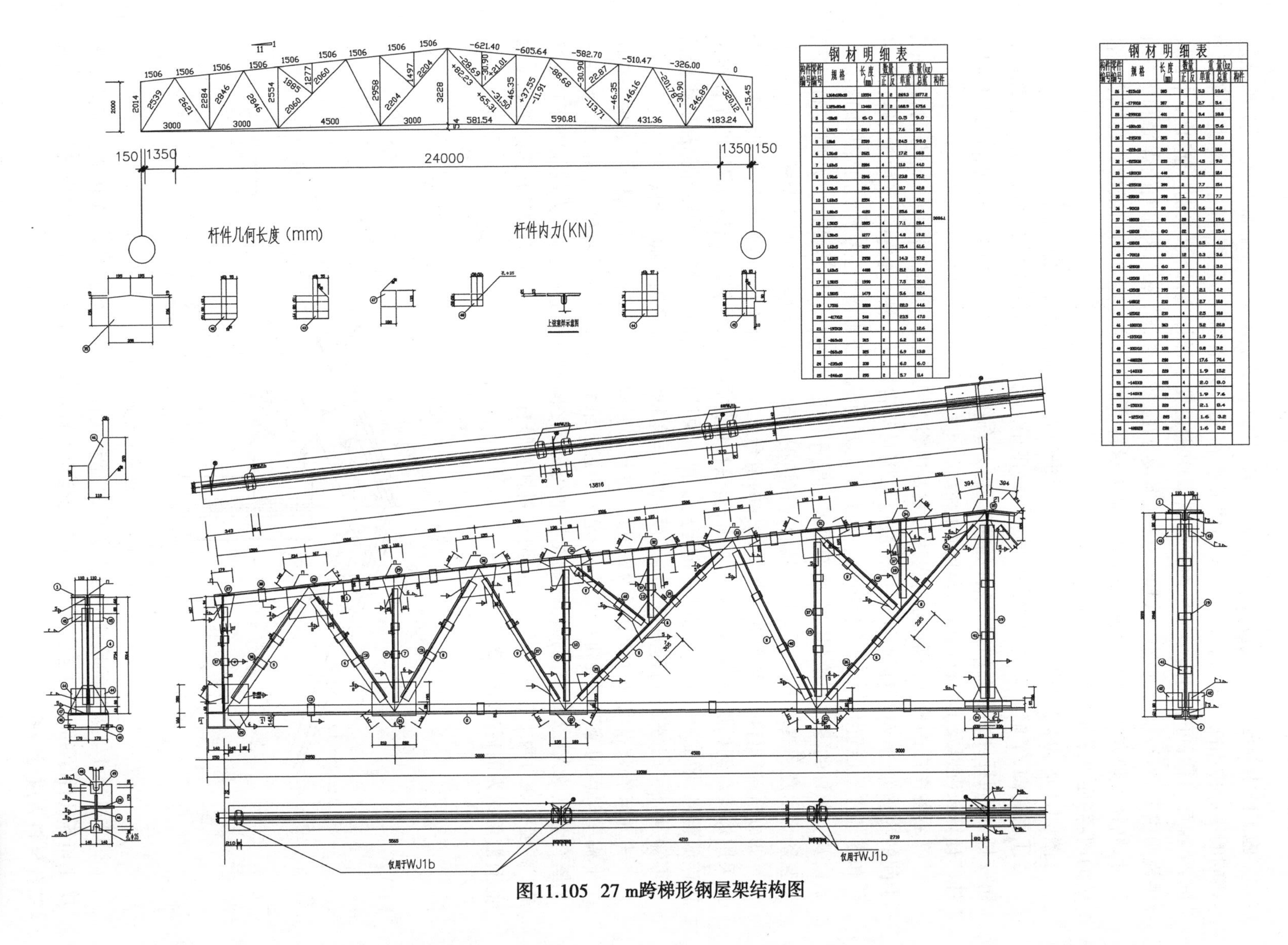

图11.105 27 m跨梯形钢屋架结构图

施工图中的各零部件应加以详细编号，其次序按主次、上下和左右顺序进行排列，完全相同的零部件用同一编号，如两个零部件形状和尺寸完全相同，但其开孔位置或切角等不同，呈镜面对称，可采用同一编号而在材料表中用正反字样标注，以示区别。施工图上的文字说明主要涉及：钢材的钢号、焊条型号和焊接方法、质量要求，图中未注明的焊缝和螺栓孔尺寸，防锈处理方法，以及运输、安装和制造要求等。此外，对一些采用图纸形式难以表达清楚的内容，亦可采用文字形式加以说明。

图 11.105 为某厂房钢屋架结构图，在读图时应着重阅读以下方面内容：

①看简图，了解屋架结构形式及尺寸。简图中上边倾斜的杆件为上弦杆，水平的杆件为下弦杆，中间杆件为腹杆（包括竖杆和斜杆）。从图纸应了解屋架的跨度、高度、节点之间杆件的计算长度以及上弦杆的倾斜角度等内容。

②看各图形的相互关系，分析表达方案及内容。一般钢屋架施工图由 5 部分内容组成，中间的为立面图，左右对称，在表达方法上采用对称省略的方法。它表示了屋架形状、各杆件和零部件的位置、形状及连接情况。立面图上方为辅助投影图，是为表示上弦杆的实际形状以及上弦杆的零件而绘制的。侧面图表示竖杆与上、下弦杆的连接情况以及填板的位置，上弦塞焊示意图表示上弦杆与节点板的连接情况，断面图表示主要节点的大样。

③分析各杆件的组合形式。屋架杆件的组合形式一般有 T 形、倒 T 形和十字形 3 种，全部采用焊接。例如从图 11.105 可以看出，上弦杆杆件是由两块等边角钢组成的，为了使两角钢连成整体，增加杆件刚性，每隔一定距离安置一块填板。从上弦杆示意图和标注的焊接符号可知，填板与上弦杆角钢的水平肢采用塞焊，与角钢的竖肢采用单面贴角焊。

④弄清节点。现以屋脊节点为例，进行分析。屋脊节点主要由立面图表示，如果是将两个半榀屋架运到施工现场拼接成形，一定要注意图纸标注的现场焊接符号。图 11.106 是一个屋脊节点放大图，其中上弦杆的端面与轴线交点之间留有一定的空隙，为的是便于拼接角钢，在接头处与两上弦杆焊接。左右两根斜杆和竖杆，都与节点板相连，需要注意的是竖杆的两根角钢为前后交错布置。

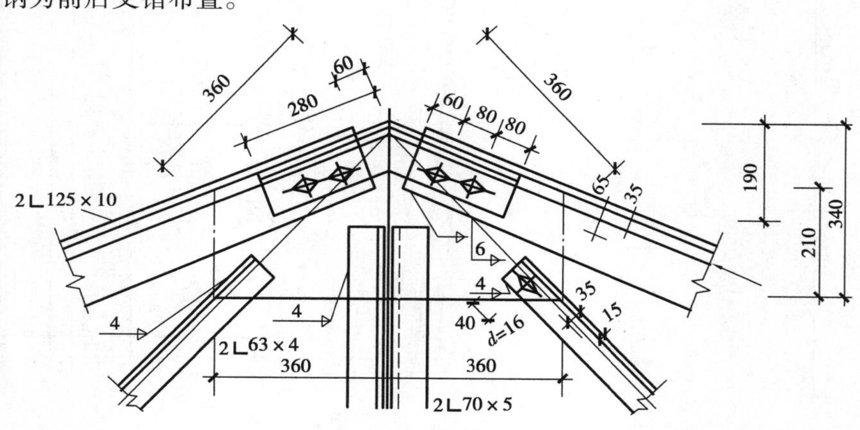

图 11.106　屋脊节点大样图

⑤分析尺寸。屋架的尺寸可分为定形尺寸和定位尺寸，主要查清杆件和节点板的定形尺寸和各杆件、零部件的定位尺寸。一般定位尺寸可从图中直接查到，而定形尺寸有时需要结合材料表进行查找。

本章小结

1.钢材的性能主要包括力学性能和工艺性能两方面。力学性能包括抗拉性能、塑性、冲击韧性、耐疲劳性和硬度;工艺性能包括冷弯性能、焊接性能、冷加工性能等。影响钢材性能的主要因素有化学成分、冶炼、温度、冷加工硬化、复杂应力、应力集中等。钢材可分为碳素结构钢、低合金高强度结构钢和优质碳素结构钢。

2.钢结构的连接包括焊缝连接、螺栓连接和铆钉连接3种。焊缝连接应通过计算确定其焊脚尺寸、焊缝长度并符合构造要求;焊接过程中要采取措施减少焊接应力与焊接变形。螺栓连接包括普通螺栓连接和高强螺栓连接,两者的工作机理不同。螺栓连接要通过计算确定其个数和排列,并应符合构造要求。

3.轴心受力构件是钢结构的基本构件形式,根据轴力方向不同可分为轴心受压构件和轴心受拉构件,根据截面形式不同可分为实腹式和格构式两种。

4.轴心受力构件的计算包括强度计算、刚度验算、整体稳定性验算和局部稳定性验算等内容。实腹式轴心受压构件的截面设计还应满足相应的构造要求。

5.柱与梁的连接构造称为柱头,柱与基础的连接构造称为柱脚。柱头的构造分为柱顶连接和柱侧连接两种形式;柱脚的构造主要由底板、靴梁和隔板组成。

6.钢梁是典型受弯构件,它分为型钢梁、组合梁、简支梁、悬臂梁、固端梁和连续梁等形式。钢梁应满足强度、刚度和稳定性要求,其计算包括强度计算(抗弯强度、抗剪强度、局部承压强度、折算应力计算)、刚度验算、整体稳定性验算以及局部稳定性验算等。型钢梁不用验算局部稳定性。当组合梁局部稳定不满足时,需按构造要求合理设置加劲肋。加劲肋分为腹板加劲肋和支承加劲肋。

7.梁的拼接分为工厂拼接和工地拼接两种,各有不同的适用范围。主、次梁的连接分为铰接和刚接两种类型。梁的支座常见的有平板支座、弧形支座和滚轴支座3种。

8.拉弯、压弯构件根据截面形式可分为型钢截面和组合截面。组合截面又分为实腹式和格构式两种截面。拉弯和压弯构件应满足强度、刚度和稳定性的要求。

9.钢屋盖结构由屋面板或檩条、屋架、托架、天窗架和屋盖支撑系统等构件组成,分为有檩屋盖和无檩屋盖。常用的屋架形式有三角形、梯形、平行弦和多边形等。

10.屋盖体系必须设置支撑,使屋架、天窗架、山墙等平面结构形成空间几何不变体系。钢屋盖的支撑有上弦横向水平支撑、下弦横向水平支撑、纵向水平支撑、竖向支撑和系杆等。当有天窗时,还应设置天窗架支撑。

11.钢屋架的杆件一般采用由两个角钢组成的T形截面,所选截面在两个主轴方向应满足等稳定性要求。上弦杆和下弦杆采用两个不等肢角钢短肢相连;支座斜杆采用两个不等肢角钢长肢相连;其他腹杆采用两个等肢角钢组成的T形截面;中央竖杆采用两个等肢角钢组成的十字形截面。

12.钢屋架的各个杆件通过节点处的节点板连接。在节点处,杆件重心线应汇交于一点。节点板的形状应规整、简单。

13.钢屋架施工图是制作钢屋架的依据。施工图主要包括屋架详图,各杆件正面图、剖面图和零件详图、材料表及施工图说明等。

14.钢结构施工图由设计图和结构详图组成,分两阶段设计完成。设计图一般包括图纸目录、设计总说明与布置图、构件图、节点图、钢材订货表等;钢结构详图一般包括图纸目录、施工设计总说明、构件系统布置图、构件详图、安装节点图、材料表等。要读懂钢结构施工图,就必须弄懂了钢结构详图的绘制方法和各种表示方法,同时还要掌握读图的顺序和方法。

本章习题

11.1 填空题

1.钢材有两种性质完全不同的破坏形式是________破坏和________破坏。

2.钢材 Q345AF 中,345 代表________,按脱氧方法该钢材属于________钢。15MnV 表示________。

3.在低碳钢单向均匀拉伸的应力-应变曲线中,有代表性的强度指标为________、________、________和________。

4.没有明显屈服点和塑性平台的钢材,可以卸荷后试件的残余应变 $\varepsilon=0.2\%$ 所对应的应力为其屈服点,称为________。

5.________是钢材破坏前能够承受的最大应力。

6.塑性是指钢材破坏前产生________的能力。

7.________是衡量钢材在常温下冷加工弯曲时产生塑性变形的能力。

8.韧性是衡量钢材抵抗________破坏的机械性能指标。

9.钢的基本元素是________和________。

10.硫与铁的化合物硫化铁散布于纯铁体中时,会使钢材在热加工过程中产生________现象,而磷在低温时会使钢材出现________现象。

11.冶炼和轧制对钢材机械性能的影响主要是____________、____________、____________和________。

12.钢材轧制后进行________,可改善钢的组织,消除残余应力。

13.当温度升高至 250 ℃左右时,钢材的抗拉强度有所提高,而塑性和冲击韧性则下降,出现脆性破坏特征,这种现象称为________。

14.钢材的选用原则是:________,________,________。

15.建筑钢结构采用的连接方法主要是________连接、________连接和________连接。

16.角焊缝中的最小焊缝尺寸 $h_{f\max}=1.2t_1$,其中 t_1 为________。

17.C 级螺栓属于________螺栓。

18.普通螺栓和高强承压型螺栓都是以________或________为极限承载力;而摩擦性高强度螺栓则以________为极限承载力。

19.选择手工电弧焊焊条型号时，首先应按________的原则确定焊条系列。

20.为了保证组合工字形钢梁的局部稳定，往往采取限制受压翼缘的________、限制腹板的________以及在腹板上设置________等措施。

21.施工详图设计包括________与________两部分。

11.2　单选题

1.在钢结构设计中，通常以下列中(　　)的值作为设计承载力的依据。

A.屈服点　　B.比例极限　　C.抗拉强度　　D.伸长率

2.下列各选项中，属于焊接连接的优点的是(　　)。

A.产生焊接残余应力和残余变形　　B.不削弱构件截面

C.低温下易发生脆断　　D.使疲劳强度降低

3.当构件为Q235钢材时，焊接连接时焊条宜采用(　　)。

A.E43型焊条　　B.E50型焊条　　C.E55型焊条　　D.前三种型焊条均可

4.对于Q235钢板，其厚度越大(　　)。

A.塑性越好　　B.韧性越好　　C.内部缺陷越少　　D.强度越低

5.如下图所示，两块钢板焊接，根据手工焊构造要求，焊角高度 h_f 应满足(　　)要求。

h_f　10 mm　16 mm

A.$6 \leqslant h_f \leqslant 8\sim9$ mm　　B.$6 \leqslant h_f \leqslant 12$ mm　　C.$5 \leqslant h_f \leqslant 8\sim9$ mm　　D.$6 \leqslant h_f \leqslant 10$ mm

6.承受静力荷载的结构，其钢材应保证的基本力学性能指标是(　　)。

A.抗拉强度、伸长率　　B.抗拉强度、屈服强度、伸长率

C.抗拉强度、屈服强度、冷弯性能　　D.屈服强度、冷弯性能、伸长率

7.螺栓在构件上的排列不需要考虑(　　)因素。

A.受力要求　　B.构造要求　　C.加工精度　　D.施工要求

8.在钢屋盖中，宜设下弦横向支撑的情况是(　　)。

A.按空间工作进行计算厂房框架　　B.屋架下弦有纵向和横向吊车轨

C.屋架跨度大于18 m　　D.当设有托架时，在托架局部加设

11.3　判断题

1.屈强比越小，强度储备越大。(　　)

2.钢材的伸长率 δ 越大，则钢材的塑性性能越差。(　　)

3.冲击韧性除和钢材的质量密切相关外，还与钢材的轧制方向有关。(　　)

4.随着含碳量的增加，钢材的塑性和冲击韧性也逐步提高。(　　)

5.当温度从常温下降时，钢材的强度将会降低，而塑性和韧性则有所提高。(　　)

6.应力集中会造成钢材抗拉强度提高、塑性降低。(　　)

7.影响钢材疲劳强度的主要因素是应力集中、作用的应力幅或应力比以及应力的循环次数，而与钢材的静力强度无关。(　　)

8.γ 称为塑性发展系数或形状系数，它只取决于截面的几何形状，而与材料的强度无关。（ ）

11.4 名词解释

1.塑性破坏（脆性破坏）：
2.名义屈服强度：
3.塑性：
4.伸长率：
5.韧性：
6.时效硬化（人工时效）：
7.冷作硬化：
8.蓝脆现象：
9.应力集中：
10.钢材的疲劳：

11.5 简答题

1.简述钢结构连接方法的种类。
2.简述钢结构的主要的优缺点。
3.受剪螺栓连接破坏有哪5种形式？采取什么措施解决？
4.结构的可靠性要求有哪些？
5.建筑钢材的选材原则是什么？
6.轴心受拉和轴心受压构件的计算内容有哪些？
7.轴心受拉、受压构件截面形式有何特点？轴心受力构件在正常工作时应满足哪些要求？
8.轴心受力构件的强度验算中截面面积取净截面而刚度验算中取毛截面面积的理由是什么？
9.轴心受压构件整体失稳的形式及其物理意义？
10.轴心受压构件稳定系数 φ 的物理意义？φ 值如何确定？
11.什么叫受压构件整体失稳？如何保证实腹式轴心受压构件的整体稳定？
12.什么叫受压构件局部失稳？轴心受压实腹式构件局部失稳的原因是什么？如何保证实腹式轴心受压构件的局部稳定？
13.实腹式轴心受压构件截面设计的原则是什么？
14.试说明提高两端铰接柱整体稳定性的措施。
15.柱头和柱脚的作用是什么？有哪些连接形式？
16.柱头和柱脚的构造及其传力途径如何？
17.钢梁怎样分类？其截面形式有哪些？
18.钢梁的工作过程可分为哪几个阶段？为什么规范以梁内塑性发展到一定深度作为钢梁设计时的极限状态，而不以塑性弯矩作为设计极限弯矩？

19.梁在什么情况下产生弯扭屈曲？它的影响是什么？
20.简述梁的强度、刚度和稳定性要求。
21.如何保证梁的整体稳定和局部稳定？
22.试述实腹式压弯构件截面的设计步骤。
23.组合梁腹板设置加劲肋的原则有哪些？
24.钢梁的工厂拼接与工地拼接各有什么要求？
25.钢屋架有哪些基本形式？各有什么特点？
26.钢屋架的主要尺寸是指什么？应如何确定？
27.钢屋盖有哪几种支撑？分别说明各在什么情况下设置，设置在什么位置？
28.钢屋架的各基本节点有何构造要求？
29.钢屋架施工图主要包括哪些内容？
30.钢结构施工详图编制有哪些内容？
31.常用的焊缝表示方法有哪些？
32.阅读钢结构施工图时，应注意解决哪些问题？

11.6 计算题

1.如图 11.107 所示为板与柱翼缘用直角角焊缝连接，钢材为 Q235，焊条 E43 型，手工焊，焊脚尺 $h_f = 10$ mm，$f_t^w = 160$ N/mm^2，受静力荷载作用，试求：

①只承受 F 作用时，最大的轴向力 F=？②只承受 P 作用时，最大的斜向力 P=？

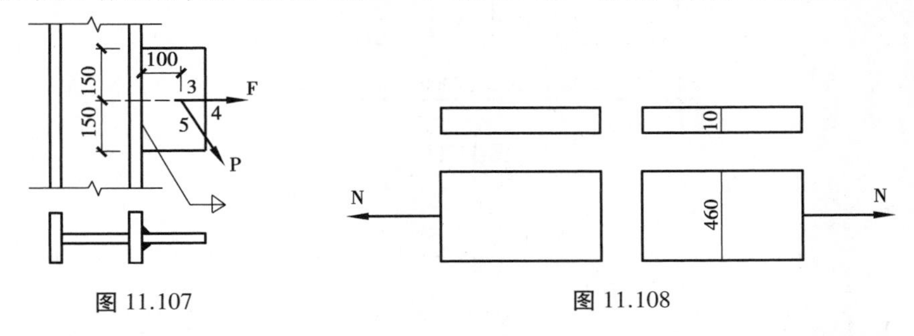

图 11.107　　图 11.108

2.计算图 11.108 所示的两块钢板的对接焊缝。已知板的截面为 460 mm×10 mm，承受轴心拉力设计值 N=850 kN，钢材为 Q235，采用手工电弧焊，焊条为 E43，焊缝质量为三级。此连接是否满足强度要求？

3.试计算一屋架下弦杆所能承受的最大拉力 N，下弦截面为 2∟100 mm×10 mm，如图 11.109所示，有两个安装螺栓，螺栓孔径为 21.5 mm，钢材为 Q235。

4.试验算图 11.110 所示焊接工字形截面柱（翼缘为焰切边），轴心压力设计值为 N=4 450 kN，柱的计算长度 $l_{0x} = l_{0y} = 6.0$ m，Q235 钢材，截面无削弱。

5.两个轴心受压柱，如图 11.111 所示，截面面积相等，两端铰接，柱高 10 m，翼缘为轧制边，钢材为 Q235。试计算这两个柱的承载能力，并验算局部稳定，作出分析比较说明。

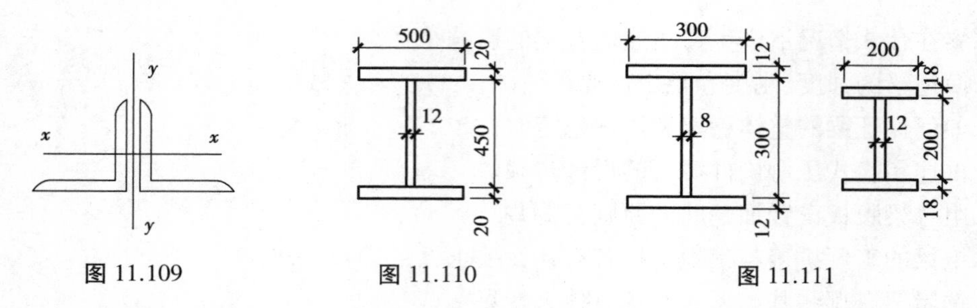

图 11.109　　图 11.110　　图 11.111

6.试设计某工作平台轴心受压柱的截面尺寸，柱高 6 m，两端铰接，截面为焊接工字形，翼缘为轧制边，柱的轴心压力设计值为 4 500 kN，钢材为 Q235，焊条为 E43 型，采用自动焊。

7.一平台梁格如图 11.112 所示。平台无动力荷载，平台板刚性连接于次梁上，永久荷载标准值为 10 kN/m^2，可变荷载标准值为 20 kN/m^2。钢材为 Q345，试选择工字钢次梁截面。若铺板不是刚性连接时情况如何？

8.有一个悬挂电动葫芦的简支梁轨道，跨度为 6 m，电动葫芦的自重为 8 kN，起重能力为 50 kN（均为标准值）。钢材选用 Q235B 钢。试选择此简支梁轨道的截面。

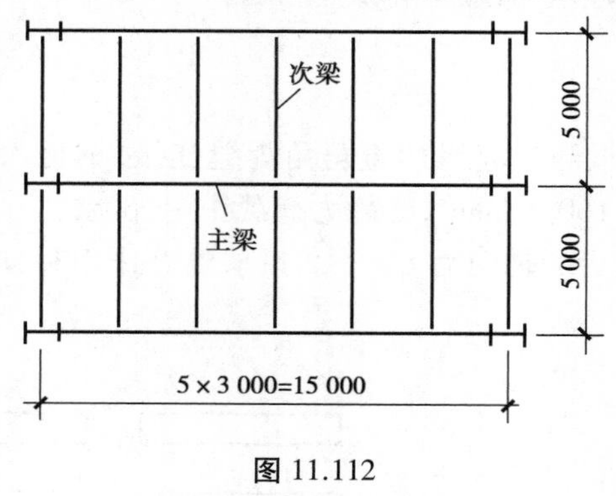

图 11.112

第 12 章

装配式混凝土结构(电子阅读)

附　录

附录 1　各种钢筋的公称直径、公称面积及理论质量

附表 1.1　钢筋的公称截面面积、计算截面面积及理论质量

公称直径(mm)	不同根数钢筋的计算截面面积(mm^2)									单根钢筋理论质量(kg/m)
	1	2	3	4	5	6	7	8	9	
6	28.3	57	85	113	142	170	198	226	255	0.222
6.5	33.2	66	100	133	166	199	232	265	299	0.26
8	50.3	101	151	201	252	302	352	402	453	0.395
8.2	52.8	106	158	211	264	317	370	423	475	0.432
10	78.5	157	236	314	393	471	550	628	707	0.617
12	113.1	226	339	452	565	678	791	904	1 017	0.888
14	153.9	308	461	615	769	923	1 077	1 231	1 385	1.21
16	201.1	402	603	804	1 005	1 206	1 407	1 608	1 809	1.58
18	254.5	509	763	1 017	1 272	1 527	1 781	2 036	2 290	2
20	314.2	628	942	1 256	1 570	1 884	2 199	2 513	2 827	2.47
22	380.1	760	1 140	1 520	1 900	2 281	2 661	3 041	3 421	2.98
25	490.9	982	1 473	1 964	2 454	2 945	3 436	3 927	4 418	3.85
28	615.8	1 232	1 847	2 463	3 079	3 695	4 310	4 926	5 542	4.83
32	804.2	1 609	2 413	3 217	4 021	4 826	5 630	6 434	7 238	6.31
36	1 017.9	2 036	3 054	4 072	5 089	6 107	7 125	8 143	9 161	7.99
40	1 256.6	2 513	3 770	5 027	6 283	7 540	8 796	10 053	11 310	9.87
50	1 964	3 928	5 892	7 856	9 820	11 784	13 748	15 712	17 676	15.42

注:表中直径 $d=8.2$ mm 的计算截面面积及理论质量仅适用于有纵肋的热处理钢筋。

附表 1.2　每米板宽各种钢筋间距时的钢筋截面面积

钢筋间距(mm)	当钢筋直径(mm)为下列数值时的钢筋截面面积(mm^2)												
	4	4.5	5	6	8	10	12	14	16	18	20	22	25
70	180	227	280	404	718	1 122	1 616	2 199	2 872	3 635	4 488	5 430	7 012
75	168	212	262	377	670	1 047	1 508	2 053	2 681	3 393	4 189	5 068	6 545
80	157	199	245	353	628	982	1 414	1 924	2 513	3 181	3 927	4 752	6 136
90	140	177	218	314	559	873	1 257	1 710	2 234	2 827	3 491	4 224	5 454
100	126	159	196	283	503	785	1 131	1 539	2 011	2 545	3 142	3 801	4 909
110	114	145	178	257	457	714	1 028	1 399	1 828	2 313	2 856	3 456	4 462
120	105	133	164	236	419	654	942	1 283	1 676	2 121	2 618	3 168	4 091
125	101	127	157	226	402	628	905	1 232	1 608	2 036	2 513	3 041	3 927
130	97	122	151	217	387	604	870	1 184	1 547	1 957	2 417	2 924	3 776
140	90	114	140	202	359	561	808	1 100	1 436	1 818	2 244	2 715	3 506
150	84	106	131	188	335	524	754	1 026	1 340	1 696	2 094	2 534	3 272
160	79	99	123	177	314	491	707	962	1 257	1 590	1 963	2 376	3 068
170	74	94	115	166	296	462	665	906	1 183	1 497	1 848	2 236	2 887
175	72	91	112	162	287	449	646	880	1 149	1 454	1 795	2 172	2 805
180	70	88	109	157	279	436	628	855	1 117	1 414	1 745	2 112	2 727
190	66	84	103	149	265	413	595	810	1 058	1 339	1 653	2 001	2 584
200	63	80	98	141	251	392	565	770	1 005	1 272	1 571	1 901	2 454
250	50	64	79	113	201	314	452	616	804	1 018	1 257	1 521	1 963
300	42	53	65	94	168	262	377	513	670	848	1 047	1 267	1 636
钢筋间距	4	4.5	5	6	8	10	12	14	16	18	20	22	25

附录 2　钢筋混凝土矩形截面受弯构件正截面受弯承载力计算系数表

ξ	γ_s	α_s	ξ	γ_s	α_s	ξ	γ_s	α_s	ξ	γ_s	α_s
0.01	0.995	0.01	0.17	0.915	0.155	0.33	0.835	0.275	0.49	0.755	0.37
0.02	0.99	0.02	0.18	0.91	0.164	0.34	0.83	0.282	0.5	0.75	0.375
0.03	0.985	0.03	0.19	0.905	0.172	0.35	0.825	0.289	0.51	0.745	0.38
0.04	0.98	0.039	0.2	0.9	0.18	0.36	0.82	0.295	0.52	0.74	0.385
0.05	0.975	0.048	0.21	0.895	0.188	0.37	0.815	0.301	0.528	0.736	0.389
0.06	0.97	0.058	0.22	0.89	0.196	0.38	0.81	0.309	0.53	0.735	0.39
0.07	0.965	0.067	0.23	0.885	0.203	0.39	0.805	0.314	0.54	0.73	0.394
0.08	0.96	0.077	0.24	0.88	0.211	0.4	0.8	0.32	0.544	0.728	0.396
0.09	0.955	0.085	0.25	0.875	0.219	0.41	0.795	0.326	0.55	0.725	0.4
0.1	0.95	0.095	0.26	0.87	0.226	0.42	0.79	0.332	0.556	0.722	0.401
0.11	0.945	0.104	0.27	0.865	0.234	0.43	0.785	0.337	0.56	0.72	0.403
0.12	0.94	0.113	0.28	0.86	0.241	0.44	0.78	0.343	0.57	0.715	0.408
0.13	0.935	0.121	0.29	0.855	0.248	0.45	0.775	0.349	0.58	0.71	0.412
0.14	0.93	0.13	0.3	0.85	0.255	0.46	0.77	0.354	0.59	0.705	0.416
0.15	0.925	0.139	0.31	0.845	0.262	0.47	0.765	0.359	0.6	0.7	0.42
0.16	0.92	0.147	0.32	0.84	0.269	0.48	0.76	0.365	0.61	0.693	0.426

附录3 等截面等跨连续梁在常用荷载作用下的内力系数表

说明：

(1)在均布荷载作用下 M=表中系数×ql^2(或×gl^2)，V=表中系数×ql(或×gl)

(2)在集中荷载作用下 M=表中系数×Ql(或×Gl)，V=表中系数×Q(或×Gl)

(3)内力正负号规定 M——使截面上部受压、下部受拉为正；V——对邻近截面所产生的力矩沿顺时针方向者为正。

附表3.1 两跨梁

序号	荷载简图	跨内最大弯矩		支座弯矩	支座剪力			
		M_1	M_2	M_B	V_A	V_{Bl}	V_{Br}	V_C
1	g; A B C; l_0 l_0	0.070	0.070 3	−0.125	0.375	−0.625	0.625	−0.375
2	q; M_1 M_2	0.096	−0.025	−0.063	0.437	−0.563	0.063	0.063
3	G G	0.156	0.156	−0.188	0.312	−0.688	0.688	−0.312
4	Q	0.203	−0.047	−0.094	0.406	−0.594	0.094	0.094
5	G G G G	0.222	0.222	−0.333	0.667	−1.334	1.334	−0.667
6	Q Q	0.278	−0.056	−0.167	0.833	−1.167	0.167	0.167

注：V_{Bl}，V_{Br}分别为支座B左、右截面的剪力。

附表 3.2　三跨梁

序号	荷载简图	跨内最大弯矩		支座弯矩		支座剪力					
		M_1	M_2	M_B	M_C	V_A	V_{Bl}	V_{Br}	V_{Cl}	V_{Cr}	V_D
1	q; A B C D; l_0 l_0 l_0	0.080	0.025	−0.100	−0.100	0.400	−0.600	0.500	−0.500	0.600	−0.400
2	q q; M_1 M_2 M_3	0.101	−0.050	−0.050	−0.050	0.450	−0.550	0.000	0.000	0.550	−0.450
3	q	−0.025	0.075	−0.050	−0.050	−0.050	−0.050	0.500	−0.500	0.050	0.050
4	q	0.073	0.054	−0.117	−0.033	0.383	−0.617	0.583	−0.417	0.033	0.033
5	q	0.094	—	−0.067	0.017	0.433	−0.567	0.083	0.083	−0.017	−0.017
6	G G G	0.175	0.100	−0.150	−0.150	0.350	−0.650	0.500	−0.500	0.650	−0.350
7	Q Q	0.213	−0.075	−0.075	−0.075	0.425	−0.575	0.000	0.000	0.575	−0.425
8	Q	−0.038	0.175	−0.075	−0.075	−0.075	−0.075	0.500	−0.500	0.075	0.075
9	Q Q	0.162	0.137	−0.175	−0.050	0.325	−0.675	0.625	−0.375	0.050	0.050
10	Q	0.200	—	−0.100	0.025	0.400	−0.600	0.125	0.125	−0.025	−0.025
11	GG GG GG	0.244	0.067	−0.267	−0.267	0.733	−1.267	1.000	−1.000	1.267	−0.733
12	Q Q Q Q	0.289	−0.133	−0.133	−0.133	0.866	−1.134	0.000	0.000	1.134	−0.866
13	Q Q	−0.044	0.200	−0.133	−0.133	−0.133	−0.133	−1.000	−1.000	0.133	0.133
14	Q QQ Q	0.229	0.170	−0.311	−0.089	0.689	−1.311	1.222	−0.778	0.089	0.089
15	Q Q	0.274	—	−0.178	0.044	0.822	−1.178	0.222	0.222	−0.044	−0.044

注：V_{Bl}，V_{Br}分别为支座 B 左、右截面的剪力；V_{Cl}，V_{Cr}分别为支座 C 左、右截面的剪力。

附表 3.3　四跨梁

序号	荷载简图	跨内最大弯矩		支座弯矩					支座剪力								
		M_1	M_2	M_3	M_4	M_B	M_C	M_D	V_A	V_{Bl}	V_{Br}	V_{Cl}	V_{Cr}	V_{Dl}	V_{Dr}	V_E
1	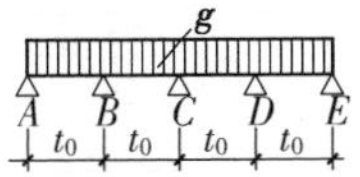 g; A B C D E; t_0 t_0 t_0 t_0	0.077	0.036	0.036	0.077	-0.107	-0.071	-0.107	0.393	-0.607	0.536	-0.464	0.464	-0.536	0.607	-0.303
2	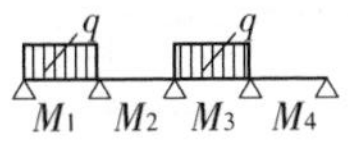 q q; M_1 M_2 M_3 M_4	0.100	-0.045	0.081	-0.023	-0.054	-0.036	-0.054	0.446	-0.554	0.018	0.018	0.482	-0.518	0.054	0.054
3	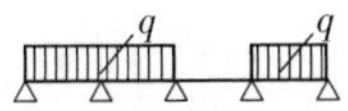 q q	0.072	0.061	—	0.098	-0.121	-0.018	-0.058	0.380	-0.620	0.603	-0.397	-0.040	-0.040	0.558	-0.442
4	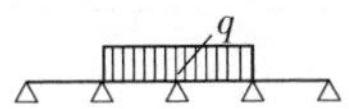 q	—	0.056	0.056	—	-0.036	-0.107	-0.036	-0.036	-0.036	0.429	-0.571	0.571	-0.429	0.036	0.036
5	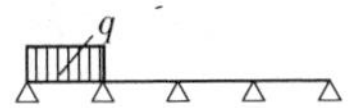 q	0.094	—	—	—	-0.067	0.018	-0.004	0.433	0.433	0.085	0.085	-0.022	-0.022	0.004	0.004
6	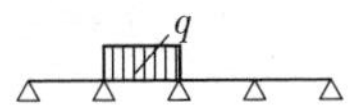 q	—	0.071	—	—	-0.049	-0.054	0.013	-0.049	-0.049	0.496	-0.504	0.067	0.067	-0.013	-0.013
7	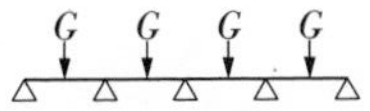 G G G G	0.169	0.116	0.116	0.169	-0.161	-0.107	-0.161	0.339	-0.661	0.554	-0.446	0.446	-0.554	0.661	-0.339
8	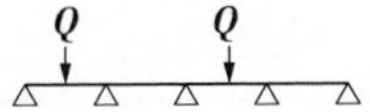 Q Q	0.210	-0.067	0.183	-0.040	-0.080	-0.054	-0.080	0.420	-0.580	0.027	0.027	0.473	-0.527	0.080	0.080

续表

序号	荷载简图	跨内最大弯矩				支座弯矩			支座剪力								
		M_1	M_2	M_3	M_4	M_B	M_C	M_D	V_A	V_{Bl}	V_{Br}	V_{Cl}	V_{Cr}	V_{Dl}	V_{Dr}	V_E
9		0.159	0.148	—	0.206	-0.181	-0.027	-0.087	0.319	-0.681	0.654	-0.346	-0.060	-0.060	0.587	-0.413
10		—	0.142	0.142	—	-0.054	-0.161	-0.054	-0.054	-0.054	0.393	-0.607	0.607	-0.393	0.354	0.054
11		0.200	—	—	—	-0.100	0.027	-0.007	0.400	-0.600	0.127	0.127	-0.033	-0.033	0.007	0.007
12		—	0.173	—	—	-0.074	-0.080	0.020	-0.074	-0.074	0.493	-0.507	0.100	0.100	-0.020	-0.020
13		0.238	0.111	0.111	0.238	-0.286	-0.191	-0.286	0.714	-1.286	1.095	-0.905	0.905	-1.095	1.286	-0.714
14		0.286	-0.111	0.222	-0.048	-0.143	-0.095	-0.143	0.857	-1.143	0.048	0.048	0.952	-1.048	0.143	0.143
15		0.226	0.194	—	0.282	-0.321	-0.048	-0.155	0.679	-1.321	1.274	-0.726	-0.107	-0.107	1.155	-0.845
16		—	0.175	0.175	—	-0.095	-0.286	-0.095	-0.095	-0.095	0.810	-1.190	1.190	-0.810	0.095	0.095
17		0.274	—	—	—	-0.178	0.048	-0.012	0.822	-1.178	0.226	0.226	-0.060	-0.060	0.012	0.012
18		—	0.198	—	—	-0.131	-0.143	0.036	-0.131	-0.131	0.988	-1.012	0.178	0.178	-0.036	-0.036

附表 3.4　五跨梁

序号	荷载简图	跨内最大弯矩			支座弯矩				支座剪力									
		M_1	M_2	M_3	M_B	M_C	M_D	M_E	V_A	V_{Bl}	V_{Br}	V_{Cl}	V_{Cr}	V_{Dl}	V_{Cr}	V_{El}	V_{Er}	V_F
1	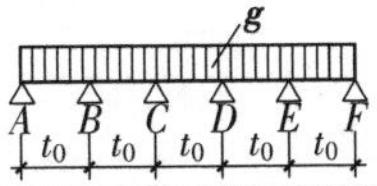	0.078	0.033	0.046	−0.105	−0.079	−0.079	−0.105	0.394	−0.606	0.526	−0.474	0.500	−0.500	0.474	−0.526	0.606	−0.394
2	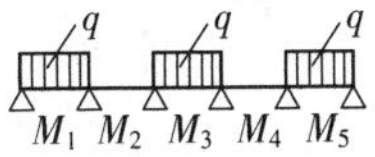	0.100	−0.046	0.085	−0.053	−0.040	−0.040	−0.053	0.447	−0.553	0.013	0.013	0.500	−0.500	−0.013	−0.013	0.553	−0.447
3	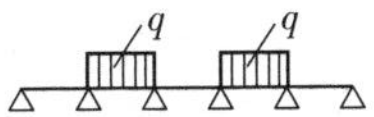	−0.026	0.079	−0.040	−0.053	−0.040	−0.040	−0.053	−0.053	−0.053	0.513	−0.487	0.000	0.000	0.487	−0.513	0.053	0.053
4	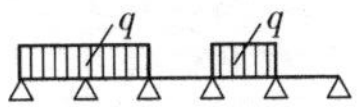	0.073	0.059	—	−0.119	−0.022	−0.044	−0.051	0.380	0.620	0.598	−0.402	−0.023	−0.023	0.493	−0.507	0.052	0.052
5	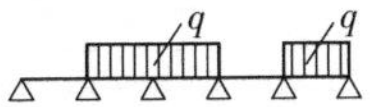	—	0.055	0.064	−0.035	−0.111	−0.020	−0.057	−0.035	−0.035	−0.424	−0.576	0.591	−0.409	−0.037	−0.037	0.557	−0.443
6	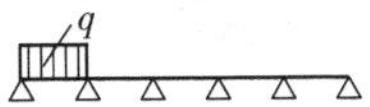	0.094	—	—	−0.067	0.018	−0.005	0.001	0.433	−0.567	0.085	0.085	−0.023	−0.023	0.006	0.006	−0.001	−0.001
7	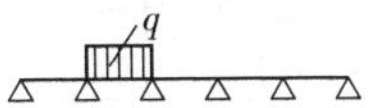	—	0.074	—	−0.049	−0.054	0.014	−0.004	−0.019	−0.049	0.495	−0.505	0.068	0.068	−0.018	−0.018	0.004	0.004
8	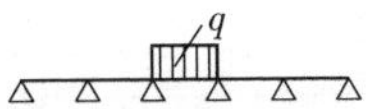	—	—	0.072	0.013	−0.053	−0.053	0.013	0.013	0.013	−0.066	−0.066	0.500	−0.500	0.066	0.066	−0.013	−0.013
9	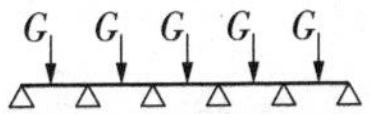	0.171	0.112	0.132	−0.158	−0.118	−0.118	−0.158	0.342	−0.658	0.540	−0.460	0.500	−0.500	0.460	−0.540	0.658	−0.342
10	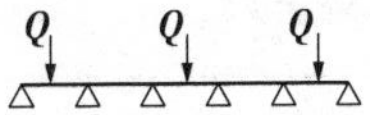	0.211	−0.069	0.191	−0.079	−0.059	−0.059	−0.079	0.421	−0.579	0.020	0.020	0.500	−0.500	−0.020	−0.020	0.579	−0.421

续表

序号	荷载简图	跨内最大弯矩			支座弯矩				支座剪力										
		M_1	M_2	M_3	M_B	M_C	M_D	M_E	V_A	V_{Bl}	V_{Br}	V_{Cl}	V_{Cr}	V_{Dl}	V_{Cr}	V_{El}	V_{Er}	V_F
11	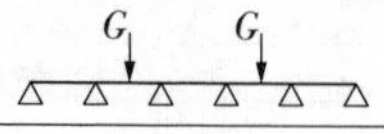	0.039	0.181	−0.059	−0.079	−0.059	−0.059	−0.079	−0.079	−0.079	0.520	−0.480	0.000	0.000	0.480	−0.520	0.079	0.079
12	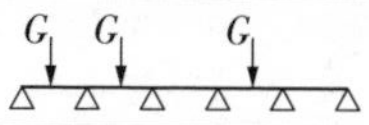	0.160	0.144	—	−0.179	−0.032	−0.066	−0.077	0.321	−0.679	0.647	−0.353	−0.034	−0.034	0.489	−0.511	0.077	0.077
13	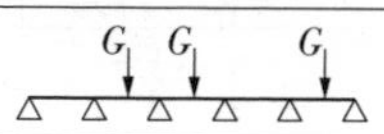	—	0.140	0.151	−0.052	−0.167	−0.031	−0.086	−0.052	−0.052	0.385	−0.615	0.637	−0.363	−0.056	−0.056	0.586	−0.414
14	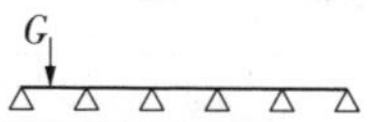	0.200	—	—	−0.100	0.027	−0.007	0.002	0.400	−0.600	0.127	0.127	−0.034	−0.034	0.009	0.009	−0.002	−0.002
15	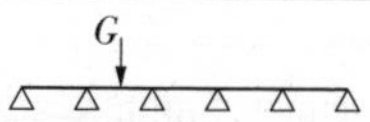	—	0.173	—	−0.073	−0.081	0.022	−0.005	−0.073	−0.073	−0.507	−0.507	0.102	0.102	−0.027	−0.027	0.005	0.005
16	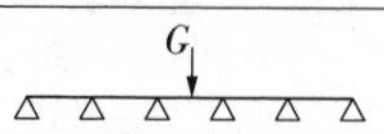	—	—	0.171	0.020	−0.079	−0.079	0.020	0.020	0.020	−0.099	−0 .099	0.500	−0.500	0.099	0.099	−0.020	−0.020
17	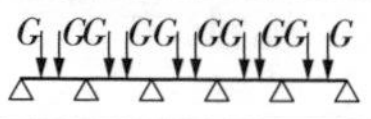	0.240	0.100	0.122	−0.281	−0.211	−0.211	−0.281	0.719	−1.281	1.070	−0.930	1.000	−1.000	0.930	−1.070	1.281	−0.719
18	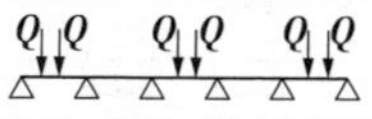	0.287	−0.117	0.228	−0.140	−0.105	−0.105	−0.140	0.860	−1.140	0.035	0.035	1.000	−1.000	−0.035	−0.035	1.140	−0.860
19	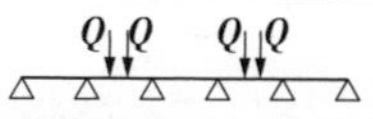	−0.047	0.216	−0.105	−0.140	−0.105	−0.105	0.140	−0.140	−0.140	1.035	−0.965	0.000	0.000	0.965	−1.035	0.140	0.140
20	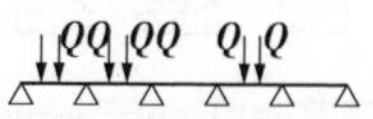	0.227	0.189	—	−0.319	−0.057	−0.118	−0.137	0.681	−1.319	1.262	−0.738	−0.061	−0.061	0.981	−1.019	0.137	0.137
21	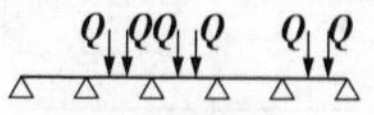	—	0.172	0.198	−0.093	−0.297	−0.054	−0.153	−0.093	−0.093	0.796	−1.204	1.243	−0.757	−0.099	−0.099	1.153	−0.847
22	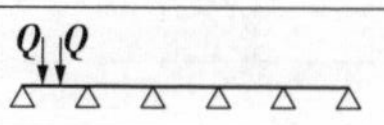	0.274	—	—	−0.179	0.048	−0.013	0.003	0.821	−1.179	0.227	0.227	−0.061	−0.061	0.016	0.016	−0.003	−0.003
23	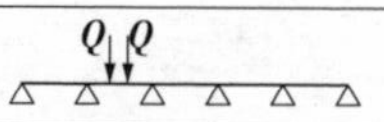	—	0.198	—	−0.131	−0.144	−0.038	−0.010	−0.131	−0.131	0.987	−1.013	−0.182	0.182	−0.048	−0.048	0.010	0.010
24	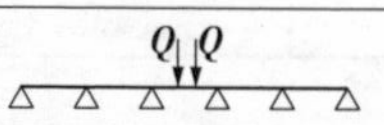	—	—	0.193	0.035	−0.140	−0.140	0.035	0.035	0.035	−0.175	−0.175	1.000	−1.000	0.175	0.175	−0.035	−0.035

附录 4　双向板在均布荷载作用下的挠度和弯矩系数表

说明：

(1)板单位宽度的截面抗弯刚度按下列公式计算(按弹性理论计算方法)：

$$B_C = \frac{Eh^3}{12(1-\mu^2)}$$

式中　B_C——板宽 1 m 的截面抗弯刚度；

E——弹性模量；

h——板厚；

μ——泊松比。

(2)表中符号含义如下：

f, f_{max}——分别为板中心点的挠度和最大挠度；

M_x, M_{xmax}——分别为平行于 l_x 方向板中心点单位板宽内的弯矩和板跨内最大弯矩；

M_y, M_{ymax}——分别为平行于 l_y 方向板中心点单位板宽内的弯矩和板跨内最大弯矩；

M_x^0——固定边中点沿 l_x 方向单位板宽内的弯矩；

M_y^0——固定边中点沿 l_y 方向单位板宽内的弯矩。

(3)板支承边的符号为：固定边 ⊔⊔⊔⊔⊔　简支边 ———

(4)弯矩和挠度正负号的规定如下：

弯矩——使板的受荷面受压者为正；

挠度——变位方向与荷载作用方向相同者为正。

(5)表中的弯矩系数是按 $\mu=0$ 计算的。对于钢筋混凝土，μ 一般可取 1/5，此时，对于挠度、支座中点弯矩，仍可按表中系数计算；对于跨中弯矩可按下式计算：

$$M_x^{(\mu)} = M_x + \mu M_y$$

$$M_y^{(\mu)} = M_y + \mu M_x$$

附表 4.1　四边简支双向板

挠度 = 表中系数 × $\frac{ql_0^4}{B_C}$

弯矩 = 表中系数 × ql_0^2

式中，l_0 取用 l_x 和 l_y 中的较小者。

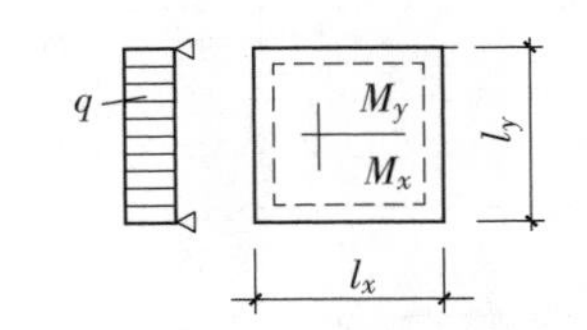

l_x/l_y	f	M_x	M_y	l_x/l_y	f	M_x	M_y
0.50	0.010 13	0.096 5	0.017 4	0.80	0.006 03	0.056 1	0.033 4
0.55	0.009 40	0.089 2	0.021 0	0.85	0.005 47	0.050 6	0.034 9
0.60	0.008 67	0.082 0	0.024 1	0.90	0.004 96	0.045 6	0.035 3
0.65	0.007 96	0.075 0	0.027 1	0.95	0.004 49	0.041 0	0.036 4

续表

l_x/l_y	f	M_x	M_y	l_x/l_y	f	M_x	M_y
0.70	0.007 27	0.068 3	0.029 6	1.00	0.004 06	0.036 8	0.036 8
0.75	0.006 63	0.062 0	0.031 7				

附表 4.2　三边简支、一边固定双向板

挠度=表中系数× $\frac{ql_0^4}{B_C}$

弯矩=表中系数× ql_0^2

式中，l_0取用l_x和l_y中的较小者。

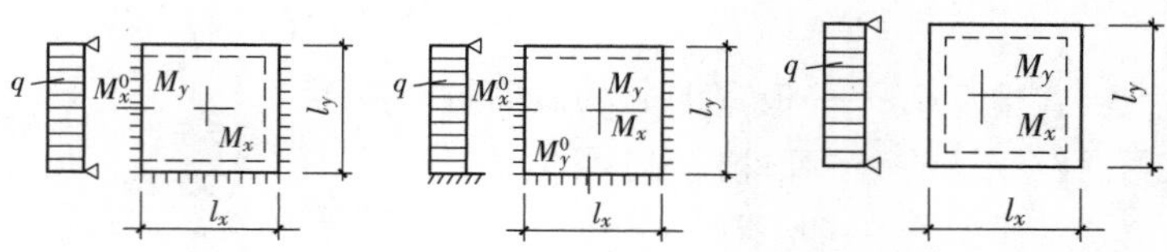

l_x/l_y	l_y/l_x	f	f_{max}	M_x	M_{xmax}	M_y	M_{ymax}	M_x^0
0.50		0.004 88	0.005 04	0.058 3	0.064 6	0.006 0	0.006 3	−0.121 2
0.55		0.004 71	0.004 92	0.056 3	0.061 8	0.008 1	0.008 7	−0.118 7
0.60		0.004 53	0.004 72	0.053 9	0.058 9	0.010 4	0.011 1	−0.115 8
0.65		0.004 32	0.004 48	0.051 3	0.055 9	0.012 6	0.013 3	−0.112 4
0.70		0.004 10	0.004 22	0.048 5	0.052 9	0.014 8	0.015 4	−0.108 7
0.75		0.003 88	0.003 99	0.045 27	0.049 8	0.016 8	0.017 4	−0.104 8
0.80		0.003 65	0.003 76	0.042 8	0.046 3	0.018 7	0.019 3	−0.100 7
0.85		0.003 43	0.003 52	0.040 0	0.043 1		0.021 1	−0.096 5
0.90		0.003 21	0.003 29	0.037 2	0.040 0		0.022 6	−0.092 2
0.95		0.002 99	0.003 06	0.034 5	0.036 9		0.023 3	−0.088 0
1.00	1.00	0.002 79	0.002 85	0.031 9	0.034 0		0.024 9	−0.083 9
	0.95	0.003 16	0.003 24	0.032 4	0.034 5		0.028 7	−0.088 2
	0.90	0.003 60	0.003 68	0.032 8	0.034 7		0.033 0	−0.092 6
	0.85	0.004 09	0.004 17	0.032 9	0.034 7		0.037 8	−0.097 0
	0.80	0.004 64	0.004 73	0.032 6	0.034 3		0.043 3	−0.101 4
	0.75	0.005 26	0.005 36	0.031 9	0.033 5		0.049 4	−0.105 6
	0.70	0.005 95	0.006 05	0.030 8	0.032 3		0.056 2	−0.109 6

续表

l_x/l_y	l_y/l_x	f	f_{max}	M_x	M_{xmax}	M_y	M_{ymax}	M_x^0
	0. 65	0. 006 70	0. 006 80	0. 029 1	0. 030 6		0. 063 7	−0. 113 3
	0. 60	0. 007 52	0. 007 62	0. 026 8	0. 028 9		0. 071 7	−0. 116 6
	0. 55	0. 008 38	0. 008 48	0. 023 9	0. 027 1		0. 080 1	−0. 119 3
	0. 50	0. 009 27	0. 009 35	0. 020 5	0. 024 9		0. 088 8	−0. 121 5

附表 4. 3　两对边简支、两对边固定双向板

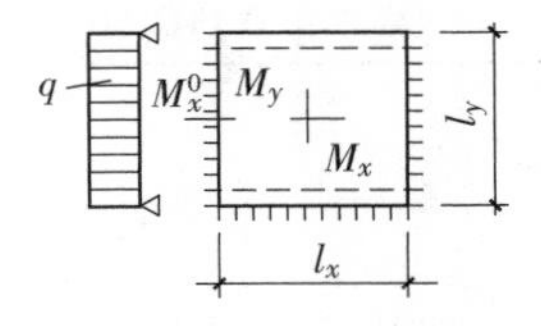

挠度 = 表中系数 × $\frac{ql_0^4}{B_C}$

弯矩 = 表中系数 × ql_0^2

式中，l_0取用 l_x和 l_y中的较小者。

l_x/l_y	l_y/l_x	f	M_x	M_y	M_x^0	l_x/l_y	l_y/l_x	f	M_x	M_y	M_x^0
0.50		0.002 61	0.041 6	0.001 7	−0.084 3		0.95	0.002 23	0.029 6	0.018 9	−0.074 6
0.55		0.002 59	0.041 0	0.002 8	−0.084 0		0.90	0.002 60	0.030 6	0.022 4	−0.079 7
0.60		0.002 55	0.040 2	0.004 2	−0.083 4		0.85	0.003 03	0.031 4	0.026 6	−0.085 0
0.65		0.002 50	0.039 2	0.005 7	−0.082 6		0.80	0.003 54	0.031 9	0.031 6	−0.090 4
0.70		0.002 43	0.037 9	0.007 2	−0.081 4		0.75	0.004 13	0.032 1	0.037 4	−0.095 9
0.75		0.002 36	0.036 6	0.008 8	−0.079 9		0.70	0.004 82	0.031 8	0.044 1	−0.101 3
0.80		0.002 28	0.035 1	0.010 3	−0.078 2		0.65	0.005 60	0.030 8	0.051 8	−0.106 6
0.85		0.002 20	0.033 5	0.011 8	−0.076 3		0.60	0.006 47	0.029 2	0.030 4	−0.111 4
0.90		0.002 11	0.031 9	0.013 3	−0.074 3		0.55	0.007 43	0.026 7	0.069 8	−0.115 6
0.95		0.002 01	0.030 2	0.014 6	−0.072 1		0.50	0.008 44	0.023 4	0.079 8	−0.119 1
1.00	1.00	0.001 92	0.028 5	0.015 8	−0.069 8						

附表 4.4　两邻边简支、两邻边固定双向板

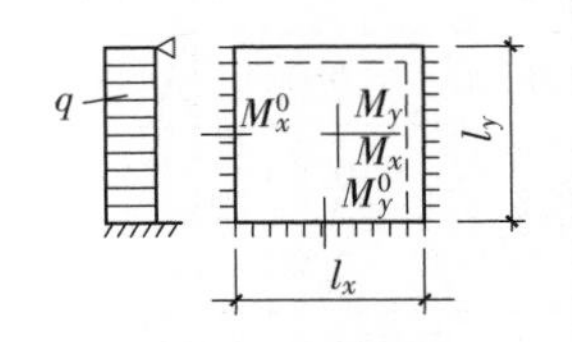

挠度 = 表中系数 × $\frac{ql_0^4}{B_C}$

弯矩 = 表中系数 × ql_0^2

式中，l_0取用 l_x和 l_y中的较小者。

l_x/l_y	f	f_{max}	M_x	M_{xmax}	M_y	M_{ymax}	M_x^0	M_y^0
0. 50	0. 004 68	0. 004 71	0. 055 9	0. 056 2	0. 007 9	0. 013 5	−0. 117 9	−0. 078 6
0. 55	0. 004 45	0. 004 54	0. 052 9	0. 053 0	0. 010 4	0. 015 3	−0. 114 0	−0. 078 5
0. 60	0. 004 19	0. 004 29	0. 049 6	0. 049 8	0. 012 9	0. 016 9	−0. 109 5	−0. 078 2

续表

l_x/l_y	f	f_{max}	M_x	M_{xmax}	M_y	M_{ymax}	M_x^0	M_y^0
0. 65	0. 003 91	0. 003 99	0. 046 1	0. 046 5	0. 015 1	0. 018 3	−0. 104 5	−0. 077 7
0. 70	0. 003 63	0. 003 68	0. 042 6	0. 043 2	0. 017 2	0. 019 5	−0. 099 2	−0. 077 0
0. 75	0. 003 35	0. 003 40	0. 039 0	0. 039 6	0. 018 9	0. 020 6	−0. 093 8	−0. 076 0
0. 80	0. 003 08	0. 003 13	0. 035 6	0. 036 1	0. 020 4	0. 021 8	−0. 088 3	−0. 074 8
0. 85	0. 002 81	0. 002 86	0. 032 2	0. 032 8	0. 021 5	0. 022 9	−0. 082 9	−0. 073 3
0. 90	0. 002 56	0. 002 61	0. 029 1	0. 029 7	0. 022 4	0. 023 8	−0. 077 6	−0. 071 6
0. 95	0. 002 32	0. 002 37	0. 026 1	0. 026 7	0. 023 0	0. 024 4	−0. 072 6	−0. 069 8
1. 00	0. 002 10	0. 002 15	0. 023 4	0. 024 0	0. 023 4	0. 024 9	−0. 067 7	−0. 067 7

附表 4. 5　一边简支、三边固定双向板

挠度=表中系数× $\frac{ql_0^4}{B_C}$

弯矩=表中系数× ql_0^2

式中, l_0 取用 l_x 和 l_y 中的较小者。

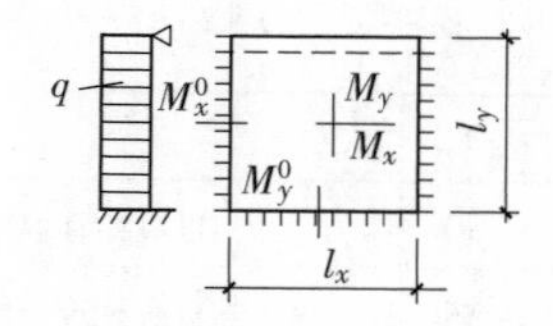

l_x/l_y	l_y/l_x	f	f_{max}	M_x	M_{xmax}	M_y	M_{ymax}	M_x^0	M_y^0
0. 50		0. 002 57	0. 002 58	0. 040 8	0. 040 9	0. 002 8	0.008 9	−0. 083 6	−0. 056 9
0. 55		0. 002 52	0. 002 55	0. 039 8	0. 039 9	0. 004 2	0. 009 3	−0. 082 7	−0. 057 0
0. 60		0. 002 45	0. 002 49	0. 038 4	0. 038 6	0. 005 9	0. 010 5	−0. 081 4	−0. 057 1
0. 65		0. 002 37	0. 002 40	0. 036 8	0. 037 1	0. 007 6	0. 011 6	−0. 079 6	−0. 057 2
0.70		0. 002 27	0. 002 29	0. 035 0	0. 035 4	0. 009 3	0. 012 7	−0. 077 4	−0. 057 2
0. 75		0. 002 16	0. 002 19	0. 033 1	0. 033 5	0. 010 9	0. 013 7	−0. 075 0	−0. 057 2
0. 80		0. 002 05	0. 002 08	0. 031 0	0. 031 4	0. 012 4	0. 014 7	−0. 072 2	−0. 057 0
0. 85		0. 001 93	0. 001 96	0. 028 9	0. 029 3	0. 013 8	0. 015 5	−0. 069 3	−0. 056 7
0. 90		0. 001 81	0. 001 84	0. 028 8	0. 027 3	0. 015 9	0. 016 3	−0. 066 3	−0. 056 3
0. 95		0. 001 69	0. 001 72	0. 024 7	0. 025 2	0. 016 0	0. 017 2	−0. 063 1	−0. 055 8
1. 00	1. 00	0. 001 57	0. 001 60	0. 022 7	0. 023 1	0. 016 8	0. 018 0	−0. 060 0	−0. 055 0
	0. 95	0. 001 78	0. 001 82	0. 022 9	0. 023 4	0. 019 4	0. 020 7	−0. 062 9	−0. 059 9
	0. 90	0. 002 01	0. 002 06	0. 022 8	0. 023 4	0. 022 3	0. 023 8	−0. 065 6	−0. 065 3
	0. 85	0. 002 27	0. 002 22	0. 022 5	0. 023 1	0. 025 5	0. 027 3	−0. 063 3	−0.071 1

续表

l_x/l_y	l_y/l_x	f	f_{max}	M_x	M_{xmax}	M_y	M_{ymax}	M_x^0	M_y^0
	0.80	0.002 56	0.002 62	0.021 9	0.022 4	0.029 0	0.031 1	−0.070 7	−0.077 2
	0.75	0.002 86	0.002 94	0.020 8	0.021 4	0.032 9	0.035 4	−0.072 9	−0.083 7
	0.70	0.003 19	0.003 27	0.019 4	0.020 0	0.037 0	0.040 0	−0.074 8	−0.090 3
	0.65	0.003 52	0.003 85	0.017 5	0.018 2	0.041 2	0.044 6	−0.076 2	−0.097 0
	0.60	0.003 86	0.004 03	0.015 3	0.016 0	0.045 4	0.049 3	−0.077 3	−0.103 3
	0.55	0.004 19	0.004 37	0.012 7	0.013 3	0.049 6	0.054 1	−0.078 0	−0.109 3
	0.50	0.004 49	0.004 63	0.009 9	0.010 3	0.053 4	0.058 8	−0.078 4	−0.114 6

附表 4.6 四边固定双向板

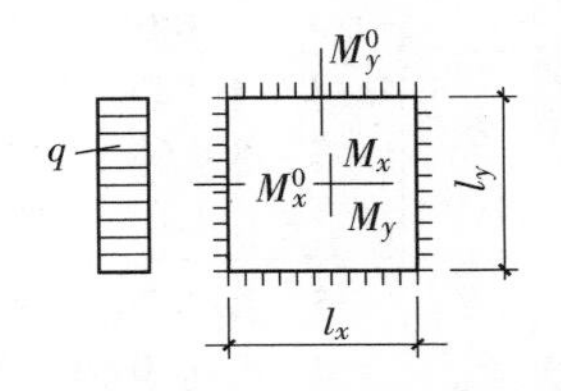

挠度＝表中系数×$\frac{ql_0^4}{B_C}$

弯矩＝表中系数×ql_0^2

式中，l_0取用l_x和l_y中的较小者。

l_x/l_y	f	M_x	M_y	M_x^0	M_y^0
0.50	0.002 53	0.040 0	0.003 8	−0.082 9	−0.057 0
0.55	0.002 46	0.038 5	0.005 6	−0.081 4	−0.057 1
0.60	0.002 36	0.036 7	0.007 6	−0.079 3	−0.057 1
0.65	0.002 24	0.034 5	0.009 5	−0.076 6	−0.057 1
0.70	0.002 11	0.032 1	0.011 3	−0.073 5	−0.056 9
0.75	0.001 97	0.029 6	0.013 0	−0.070 1	−0.056 5
0.80	0.001 82	0.027 1	0.014 4	−0.066 4	−0.055 9
0.85	0.001 68	0.024 6	0.015 6	−0.062 6	−0.055 1
0.90	0.001 53	0.022 1	0.016 5	−0.058 8	−0.054 1
0.95	0.001 40	0.019 8	0.017 2	−0.055 0	−0.052 8
1.00	0.001 27	0.017 6	0.017 6	−0.051 3	−0.051 3

附录 5 反弯点高度修正值

附表 5.1 均布水平荷载下各层柱标准反弯点高度比 y_0

n	j	$\overline{K}$													
		0.1	0.2	0.3	0.4	0.5	0.6	0.7	0.8	0.9	1.0	2.0	3.0	4.0	5.0
1	1	0.80	0.75	0.70	0.65	0.65	0.60	0.60	0.60	0.60	0.55	0.55	0.55	0.55	0.55
2	2	0.45	0.40	0.35	0.35	0.35	0.35	0.40	0.40	0.40	0.40	0.45	0.45	0.45	0.45
	1	0.95	0.80	0.75	0.70	0.65	0.65	0.65	0.60	0.60	0.60	0.55	0.55	0.55	0.50
3	3	0.15	0.20	0.20	0.25	0.30	0.30	0.30	0.35	0.35	0.35	0.40	0.45	0.45	0.45
	2	0.55	0.50	0.45	0.45	0.45	0.45	0.45	0.45	0.45	0.45	0.45	0.50	0.50	0.50
	1	1.00	0.85	0.80	0.75	0.70	0.70	0.65	0.65	0.65	0.60	0.55	0.55	0.55	0.55
4	4	−0.05	0.05	0.15	0.20	0.25	0.30	0.30	0.35	0.35	0.35	0.40	0.45	0.45	0.45
	3	0.25	0.30	0.30	0.35	0.35	0.40	0.40	0.40	0.40	0.45	0.45	0.50	0.50	0.50
	2	0.65	0.55	0.50	0.50	0.45	0.45	0.45	0.45	0.45	0.45	0.50	0.50	0.50	0.50
	1	1.10	0.90	0.80	0.75	0.70	0.70	0.65	0.65	0.65	0.60	0.55	0.55	0.55	0.55
5	5	−0.20	0.00	0.15	0.20	0.25	0.30	0.30	0.30	0.35	0.35	0.40	0.45	0.45	0.45
	4	0.10	0.20	0.25	0.30	0.35	0.35	0.40	0.40	0.40	0.40	0.45	0.45	0.50	0.50
	3	0.40	0.40	0.40	0.40	0.40	0.45	0.45	0.45	0.45	0.45	0.50	0.50	0.50	0.50
	2	0.65	0.55	0.50	0.50	0.50	0.50	0.50	0.50	0.50	0.50	0.50	0.50	0.50	0.50
	1	1.20	0.95	0.80	0.75	0.75	0.70	0.70	0.65	0.65	0.65	0.55	0.55	0.55	0.55
6	6	−0.30	0.00	0.10	0.20	0.25	0.25	0.30	0.30	0.35	0.35	0.40	0.45	0.45	0.45
	5	0.00	0.20	0.25	0.30	0.35	0.35	0.40	0.40	0.40	0.40	0.45	0.45	0.50	0.50
	4	0.20	0.30	0.35	0.35	0.40	0.40	0.40	0.45	0.45	0.45	0.45	0.50	0.50	0.50
	3	0.40	0.40	0.40	0.45	0.45	0.45	0.45	0.45	0.45	0.45	0.50	0.50	0.50	0.50
	2	0.70	0.60	0.55	0.50	0.50	0.50	0.50	0.50	0.50	0.50	0.50	0.50	0.50	0.50
	1	1.20	0.95	0.85	0.80	0.75	0.70	0.70	0.65	0.65	0.65	0.55	0.55	0.55	0.55
7	7	−0.35	−0.05	0.10	0.20	0.20	0.25	0.30	0.30	0.35	0.35	0.40	0.45	0.45	0.45
	6	−0.10	0.15	0.25	0.30	0.35	0.35	0.35	0.40	0.40	0.40	0.45	0.45	0.50	0.50
	5	0.10	0.25	0.30	0.35	0.40	0.40	0.40	0.45	0.45	0.45	0.45	0.50	0.50	0.50
	4	0.30	0.35	0.40	0.40	0.40	0.45	0.45	0.45	0.45	0.45	0.50	0.50	0.50	0.50
	3	0.50	0.45	0.45	0.45	0.45	0.45	0.45	0.45	0.45	0.45	0.50	0.50	0.50	0.50
	2	0.75	0.60	0.55	0.50	0.50	0.50	0.50	0.50	0.50	0.50	0.50	0.50	0.50	0.50
	1	1.20	0.95	0.85	0.80	0.75	0.70	0.70	0.65	0.65	0.65	0.55	0.55	0.55	0.55
8	8	−0.35	−0.15	0.10	0.15	0.25	0.25	0.30	0.30	0.35	0.35	0.40	0.45	0.45	0.45
	7	−0.10	0.15	0.25	0.30	0.35	0.35	0.40	0.40	0.40	0.40	0.45	0.50	0.50	0.50
	6	0.05	0.25	0.30	0.35	0.40	0.40	0.40	0.45	0.45	0.45	0.45	0.50	0.50	0.50
	5	0.20	0.30	0.35	0.40	0.40	0.45	0.45	0.45	0.45	0.45	0.50	0.50	0.50	0.50
	4	0.35	0.40	0.40	0.45	0.45	0.45	0.45	0.45	0.45	0.45	0.50	0.50	0.50	0.50
	3	0.50	0.45	0.45	0.45	0.45	0.45	0.45	0.45	0.50	0.50	0.50	0.50	0.50	0.50
	2	0.75	0.60	0.55	0.50	0.50	0.50	0.50	0.50	0.50	0.50	0.50	0.50	0.50	0.50
	1	1.20	1.00	0.85	0.80	0.75	0.70	0.70	0.65	0.65	0.65	0.55	0.55	0.55	0.55

续表

n	j	$\overline{K}$													
		0.1	0.2	0.3	0.4	0.5	0.6	0.7	0.8	0.9	1.0	2.0	3.0	4.0	5.0
9	9	−0.40	−0.05	0.10	0.20	0.25	0.25	0.30	0.30	0.35	0.35	0.45	0.45	0.45	0.45
	8	−0.15	0.15	0.25	0.30	0.35	0.35	0.35	0.40	0.40	0.40	0.45	0.45	0.50	0.50
	7	0.05	0.25	0.30	0.35	0.40	0.40	0.40	0.45	0.45	0.45	0.45	0.50	0.50	0.50
	6	0.15	0.30	0.35	0.40	0.40	0.45	0.45	0.45	0.45	0.45	0.50	0.50	0.50	0.50
	5	0.25	0.35	0.40	0.40	0.45	0.45	0.45	0.45	0.45	0.45	0.50	0.50	0.50	0.50
	4	0.40	0.40	0.40	0.45	0.45	0.45	0.45	0.45	0.45	0.45	0.50	0.50	0.50	0.50
	3	0.55	0.45	0.45	0.45	0.45	0.45	0.45	0.45	0.50	0.50	0.50	0.50	0.50	0.50
	2	0.80	0.65	0.55	0.55	0.50	0.50	0.50	0.50	0.50	0.50	0.50	0.50	0.50	0.50
	1	1.20	1.00	0.85	0.80	0.75	0.70	0.70	0.65	0.65	0.65	0.55	0.55	0.55	0.55
10	10	−0.40	−0.05	0.10	0.20	0.25	0.30	0.30	0.30	0.35	0.35	0.40	0.45	0.45	0.45
	9	−0.15	0.15	0.25	0.30	0.35	0.35	0.40	0.40	0.40	0.40	0.45	0.45	0.50	0.50
	8	−0.00	0.25	0.30	0.35	0.40	0.40	0.40	0.45	0.45	0.45	0.45	0.50	0.50	0.50
	7	−0.10	0.30	0.35	0.40	0.40	0.45	0.45	0.45	0.45	0.45	0.50	0.50	0.50	0.50
	6	0.20	0.35	0.40	0.40	0.45	0.45	0.45	0.45	0.45	0.45	0.50	0.50	0.50	0.50
	5	0.30	0.40	0.40	0.45	0.45	0.45	0.45	0.45	0.45	0.50	0.50	0.50	0.50	0.50
	4	0.40	0.40	0.45	0.45	0.45	0.45	0.45	0.45	0.45	0.50	0.50	0.50	0.50	0.50
	3	0.55	0.50	0.45	0.45	0.45	0.50	0.50	0.50	0.50	0.50	0.50	0.50	0.50	0.50
	2	0.80	0.65	0.55	0.55	0.55	0.50	0.50	0.50	0.50	0.50	0.50	0.50	0.50	0.50
	1	1.30	1.00	0.85	0.80	0.75	0.70	0.70	0.65	0.65	0.65	0.60	0.55	0.55	0.55

注：n 为总层数；j 为所在楼层的位置，$\overline{K}$ 为梁柱线刚度比。

附表 5.2　倒三角形荷载下各层柱标准反弯点高度比 y_0

n	j	$\overline{K}$													
		0.1	0.2	0.3	0.4	0.5	0.6	0.7	0.8	0.9	1.0	2.0	3.0	4.0	5.0
1	1	0.80	0.75	0.70	0.65	0.65	0.60	0.60	0.60	0.60	0.55	0.55	0.55	0.55	0.55
2	2	0.50	0.45	0.40	0.40	0.40	0.40	0.40	0.40	0.40	0.45	0.45	0.45	0.45	0.50
	1	1.00	0.85	0.75	0.70	0.70	0.65	0.65	0.65	0.60	0.60	0.55	0.55	0.55	0.55
3	3	0.20	0.25	0.25	0.30	0.30	0.35	0.35	0.35	0.40	0.40	0.45	0.45	0.45	0.50
	2	0.60	0.50	0.50	0.50	0.50	0.45	0.45	0.45	0.45	0.45	0.50	0.50	0.50	0.50
	1	1.15	0.90	0.80	0.75	0.75	0.70	0.70	0.65	0.70	0.70	0.60	0.55	0.55	0.55
4	4	0.10	0.15	0.20	0.25	0.30	0.30	0.35	0.35	0.35	0.40	0.45	0.45	0.45	0.45
	3	0.35	0.35	0.35	0.40	0.40	0.40	0.40	0.45	0.45	0.45	0.45	0.50	0.50	0.50
	2	0.70	0.60	0.55	0.50	0.50	0.50	0.50	0.50	0.50	0.50	0.50	0.50	0.50	0.50
	1	1.20	0.95	0.85	0.80	0.75	0.70	0.70	0.70	0.65	0.65	0.55	0.55	0.55	0.55
5	5	−0.05	0.10	0.20	0.25	0.30	0.30	0.35	0.35	0.35	0.35	0.40	0.45	0.45	0.45
	4	0.20	0.25	0.35	0.35	0.40	0.40	0.40	0.40	0.40	0.45	0.45	0.50	0.50	0.50
	3	0.45	0.40	0.45	0.45	0.45	0.45	0.45	0.45	0.45	0.45	0.50	0.50	0.50	0.50
	2	0.75	0.60	0.55	0.55	0.50	0.50	0.50	0.50	0.50	0.50	0.50	0.50	0.50	0.50
	1	1.30	1.00	0.85	0.80	0.75	0.70	0.70	0.65	0.65	0.65	0.65	0.55	0.55	0.55

续表

n	j	$\overline{K}$													
		0.1	0.2	0.3	0.4	0.5	0.6	0.7	0.8	0.9	1.0	2.0	3.0	4.0	5.0
6	6	−0.015	0.05	0.15	0.20	0.25	0.30	0.30	0.35	0.35	0.35	0.40	0.45	0.45	0.45
	5	0.10	0.25	0.30	0.35	0.35	0.40	0.40	0.40	0.45	0.45	0.45	0.50	0.50	0.50
	4	0.30	0.35	0.40	0.40	0.45	0.45	0.45	0.45	0.45	0.45	0.50	0.50	0.50	0.50
	3	0.50	0.45	0.45	0.45	0.45	0.45	0.45	0.45	0.45	0.50	0.50	0.50	0.50	0.50
	2	0.80	0.65	0.55	0.55	0.55	0.55	0.50	0.50	0.50	0.50	0.50	0.50	0.50	0.50
	1	1.30	1.00	0.85	0.80	0.75	0.70	0.70	0.65	0.65	0.65	0.60	0.55	0.55	0.55
7	7	−0.20	0.05	0.15	0.20	0.25	0.30	0.30	0.35	0.35	0.35	0.45	0.45	0.45	0.45
	6	0.05	0.20	0.30	0.35	0.35	0.40	0.40	0.40	0.40	0.45	0.45	0.50	0.50	0.50
	5	0.20	0.30	0.35	0.40	0.40	0.45	0.45	0.45	0.45	0.45	0.50	0.50	0.50	0.50
	4	0.35	0.40	0.40	0.45	0.45	0.45	0.45	0.45	0.45	0.45	0.50	0.50	0.50	0.50
	3	0.55	0.50	0.50	0.50	0.50	0.50	0.50	0.50	0.50	0.50	0.50	0.50	0.50	0.50
	2	0.80	0.65	0.60	0.55	0.55	0.55	0.50	0.50	0.50	0.50	0.50	0.50	0.50	0.50
	1	1.30	1.00	0.90	0.80	0.75	0.70	0.70	0.70	0.65	0.65	0.60	0.55	0.55	0.55
8	8	−0.20	0.05	0.15	0.20	0.25	0.30	0.30	0.35	0.35	0.35	0.45	0.45	0.45	0.45
	7	0.00	0.20	0.30	0.35	0.35	0.40	0.40	0.40	0.40	0.45	0.45	0.50	0.50	0.50
	6	0.15	0.30	0.35	0.40	0.40	0.45	0.45	0.45	0.45	0.45	0.50	0.50	0.50	0.50
	5	0.30	0.45	0.40	0.45	0.45	0.45	0.45	0.45	0.45	0.45	0.50	0.50	0.50	0.50
	4	0.40	0.45	0.45	0.45	0.45	0.45	0.45	0.50	0.50	0.50	0.50	0.50	0.50	0.50
	3	0.60	0.50	0.50	0.50	0.50	0.50	0.50	0.50	0.50	0.50	0.50	0.50	0.50	0.50
	2	0.85	0.65	0.60	0.55	0.55	0.55	0.50	0.50	0.50	0.50	0.50	0.50	0.50	0.50
	1	1.30	1.00	0.90	0.80	0.75	0.70	0.70	0.70	0.65	0.65	0.60	0.55	0.55	0.55
9	9	−0.25	0.00	0.15	0.20	0.25	0.30	0.30	0.35	0.35	0.40	0.45	0.45	0.45	0.45
	8	−0.00	0.20	0.30	0.35	0.35	0.40	0.40	0.40	0.40	0.45	0.45	0.50	0.50	0.50
	7	0.15	0.30	0.35	0.40	0.40	0.45	0.45	0.45	0.45	0.45	0.50	0.50	0.50	0.50
	6	0.25	0.35	0.40	0.40	0.45	0.45	0.45	0.45	0.45	0.50	0.50	0.50	0.50	0.50
	5	0.35	0.40	0.45	0.45	0.45	0.45	0.45	0.45	0.50	0.50	0.50	0.50	0.50	0.50
	4	0.45	0.45	0.45	0.45	0.45	0.50	0.50	0.50	0.50	0.50	0.50	0.50	0.50	0.50
	3	0.65	0.50	0.50	0.50	0.50	0.50	0.50	0.50	0.50	0.50	0.50	0.50	0.50	0.50
	2	0.80	0.65	0.60	0.55	0.55	0.55	0.55	0.50	0.50	0.50	0.50	0.50	0.50	0.50
	1	1.35	1.00	0.90	0.80	0.75	0.75	0.70	0.70	0.65	0.65	0.60	0.55	0.55	0.55
10	10	−0.25	0.00	0.15	0.20	0.25	0.30	0.30	0.35	0.35	0.40	0.45	0.45	0.45	0.45
	9	−0.05	0.20	0.30	0.35	0.35	0.40	0.40	0.40	0.40	0.45	0.45	0.50	0.50	0.50
	8	0.10	0.30	0.35	0.40	0.40	0.40	0.40	0.45	0.45	0.45	0.50	0.50	0.50	0.50
	7	0.20	0.35	0.40	0.40	0.45	0.45	0.45	0.45	0.45	0.50	0.50	0.50	0.50	0.50
	6	0.30	0.40	0.40	0.45	0.45	0.45	0.45	0.45	0.45	0.50	0.50	0.50	0.50	0.50
	5	0.40	0.45	0.45	0.45	0.45	0.45	0.45	0.50	0.50	0.50	0.50	0.50	0.50	0.50
	4	0.50	0.45	0.45	0.45	0.50	0.50	0.50	0.50	0.50	0.50	0.50	0.50	0.50	0.50
	3	0.60	0.55	0.50	0.50	0.50	0.50	0.50	0.50	0.50	0.50	0.50	0.50	0.50	0.50
	2	0.85	0.65	0.60	0.55	0.55	0.55	0.55	0.50	0.50	0.50	0.50	0.50	0.50	0.50
	1	1.35	1.00	0.90	0.80	0.75	0.75	0.70	0.70	0.65	0.65	0.60	0.55	0.55	0.55

注：n 为总层数；j 为所在楼层的位置，$\overline{K}$ 为梁柱线刚度比。

附表 5.3　上下梁相对刚度变化时的修正值 y_1

a_1	$\overline{K}$													
	0.1	0.2	0.3	0.4	0.5	0.6	0.7	0.8	0.9	1.0	2.0	3.0	4.0	5.0
0.4	0.55	0.40	0.30	0.25	0.20	0.20	0.20	0.15	0.15	0.15	0.05	0.05	0.05	0.05
0.5	0.45	0.30	0.20	0.20	0.15	0.15	0.15	0.10	0.10	0.10	0.05	0.05	0.05	0.05
0.6	0.30	0.20	0.15	0.15	0.10	0.10	0.10	0.10	0.05	0.05	0.05	0.05	0.00	0.00
0.7	0.20	0.15	0.10	0.10	0.10	0.10	0.05	0.05	0.05	0.05	0.05	0.00	0.00	0.00
0.8	0.15	0.10	0.05	0.05	0.05	0.05	0.05	0.05	0.05	0.00	0.00	0.00	0.00	0.00
0.9	0.05	0.05	0.05	0.05	0.00	0.00	0.00	0.00	0.00	0.00	0.00	0.00	0.00	0.00

附表 5.4　上下层柱高度变化时的修正值 y_2 和 y_3

a_2	a_3	$\overline{K}$													
		0.1	0.2	0.3	0.4	0.5	0.6	0.7	0.8	0.9	1.0	2.0	3.0	4.0	5.0
2.0		0.25	0.15	0.15	0.10	0.10	0.10	0.10	0.10	0.05	0.05	0.05	0.05	0.00	0.00
1.8		0.20	0.15	0.10	0.10	0.10	0.05	0.05	0.05	0.05	0.05	0.05	0.00	0.00	0.00
1.6	0.4	0.15	0.10	0.10	0.05	0.05	0.05	0.05	0.05	0.05	0.05	0.00	0.00	0.00	0.00
1.4	0.6	0.10	0.05	0.05	0.05	0.05	0.05	0.05	0.05	0.05	0.00	0.00	0.00	0.00	0.00
1.2	0.8	0.05	0.05	0.05	0.00	0.00	0.00	0.00	0.00	0.00	0.00	0.00	0.00	0.00	0.00
1.0	1.0	0.00	0.00	0.00	0.00	0.00	0.00	0.00	0.00	0.00	0.00	0.00	0.00	0.00	0.00
0.8	1.2	−0.05	−0.05	−0.05	0.00	0.00	0.00	0.00	0.00	0.00	0.00	0.00	0.00	0.00	0.00
0.6	1.4	−0.10	−0.05	−0.05	−0.05	−0.05	−0.05	−0.05	−0.05	−0.05	−0.00	−0.00	−0.00	−0.00	−0.00
0.4	1.8	−0.15	−0.10	−0.10	−0.05	−0.05	−0.05	−0.05	−0.05	−0.05	−0.05	−0.00	−0.00	−0.00	−0.00
	1.6	−0.20	−0.15	−0.10	−0.10	−0.10	−0.05	−0.05	−0.05	−0.05	−0.05	−0.05	−0.00	−0.00	−0.00
	2.0	−0.25	−0.15	−0.15	−0.10	−0.10	−0.10	−0.10	−0.10	−0.05	−0.05	−0.05	−0.05	−0.00	−0.00

参考文献

[1] 中国工程建设标准化协会.建筑结构荷载规范:GB 50009—2012[S].北京:中国建筑工业出版社,2012.

[2] 中华人民共和国住房和城乡建设部.混凝土结构设计规范:GB 50010—2010[S].北京:中国建筑工业出版社,2011.

[3] 中华人民共和国住房和城乡建设部.高层建筑混凝土结构技术规程:JGJ 3—2010[S].北京:中国建筑工业出版社,2011.

[4] 中华人民共和国住房和城乡建设部.砌体结构设计设计规范:GB 50003—2011[S].北京:中国建筑工业出版社,2012.

[5] 中国建筑标准设计研究院.混凝土结构施工图平面整体表示方法制图规则和构造详图(现浇混凝土框架、剪力墙、梁、板):22G101—1[M].北京:中国计划出版社,2022.

[6] 黄明.混凝土结构及砌体结构[M].重庆:重庆大学出版社,2014.

[7] 胡兴福.建筑结构[M].北京:高等教育出版社,2005.

[8] 罗向荣.钢筋混凝土结构[M].北京:高等教育出版社,2003.

[9] 吕西林.高层建筑结构[M].武汉:武汉理工大学出版社,2011.

[10] 徐锡权.建筑结构[M].北京:北京大学出版社,2011.